普通高等教育“十一五”国家级规划教材

矿 物 岩 石 学

唐洪明 主编

石油工业出版社

内 容 提 要

本书共分 9 章，内容包括结晶学基础、矿物通论、矿物各论、岩浆岩总论、岩浆岩各论、岩浆岩的成因、变质岩总论、变质岩各论等。

本书适用于资源勘查工程、石油地质勘查、煤田地质勘查、金属及非金属矿产地质勘查等专业方向的本科教学，也可供相关专业工作人员参考。

图书在版编目（CIP）数据

矿物岩石学/唐洪明主编．
北京：石油工业出版社，2007.12（2020.8 重印）
普通高等教育“十一五”国家级规划教材

ISBN 978-7-5021-6034-0

Ⅰ．矿…
Ⅱ．唐…
Ⅲ．①矿物学—高等学校—教材
②岩石学—高等学校—教材
Ⅳ．P57　P58

中国版本图书馆 CIP 数据核字（2007）第 172931 号

出版发行：石油工业出版社
（北京安定门外安华里 2 区 1 号　100011）
网　址：www.petropub.com
编辑部：（010）64251362　图书营销中心：（010）64523633
经　销：全国新华书店
排　版：北京创意弘图文化发展有限公司
印　刷：北京中石油彩色印刷有限责任公司

2007 年 12 月第 1 版　2020 年 8 月第 6 次印刷
787 毫米×1092 毫米　开本：1/16　印张：21.5
字数：546 千字

定价：45.00 元
（如出现印装质量问题，我社图书营销中心负责调换）

前　　言

《矿物岩石学》是资源勘查工程专业的一门重要的专业基础课程，是《沉积岩石学》、《沉积相》、《矿床学》等后续课程的基础，更是石油地质勘查、煤田地质勘查、金属及非金属矿产地质勘查等专业方向的重要基础课程。

矿物岩石学课程由矿物学和岩石学两大部分组成。全书共分九章，第一章绪论简单介绍了矿物及矿物学、岩石和岩石学、矿物岩石学与石油等沉积矿产的关系；第二章结晶学基础介绍了晶体与空间格子的概念、晶体的形成、晶体的对称、晶体的理想形态、晶体的定向与晶面符号及晶体的连生等问题；第三、四章矿物学部分讨论了矿物的化学成分、矿物的晶体化学特性、矿物的物理性质与化学性质、矿物的成因与研究方法以及矿物各论等内容，重点介绍了资源勘查工作中常见矿物；第五、六、七章岩浆岩部分较系统地介绍了岩浆岩石学的概念、岩浆岩的物质成分、岩浆岩的结构和构造、岩浆岩的产状和相、岩浆岩的分类和命名，并对超基性岩、基性岩、中性岩、酸性岩、碱性岩和脉岩类分别进行了系统的描述，还对岩浆岩的形成、演化、主要岩浆岩的成因、板块构造与岩浆活动、中国不同地质时期的岩浆活动作了简要介绍；第八、九章变质岩石学部分比较系统地介绍了变质作用和变质岩的概念、变质作用的方式、变质岩的物质成分、变质岩的结构和构造、变质岩的分类和命名，并对接触变质岩、气成热液变质岩、动力变质岩、区域变质岩和混合岩等主要岩石类型分别作了较系统的描述，同时对变质带、变质相及变质相系等有关内容也作了简要的介绍。

本来沉积岩是岩石学的重要内容，但由于以后要单独开设《沉积岩石学》课程，故本教材中未涉及沉积岩石学的内容。

本教材是根据西南石油大学现行《矿物岩石学》教学大纲的要求，在原有历年教材的基础之上修改补充编写完成的。内容力求系统丰富、翔实具体，文字力求严谨精炼、深入浅出，力求较好满足教学要求、达到夯实基础的目的，在一定程度上满足同学自学及拓宽知识的需求，同时尽力突出石油勘查特色。

本教材由唐洪明、雷卞军、赵敬松共同编写完成，具体章节分工为：第一、二、三、四章由唐洪明编写，第五、六、七章由赵敬松编写，第八、九章由雷卞军编写，唐洪明对全书进行统稿。在编写过程中，西南石油大学郗爱华教授提出了很多中肯的意见，使本书内容更加充实。书稿完成后，由成都理工大学肖渊甫教授和西南石油大学王兴志教授进行了仔细审阅，并提出了许多宝贵的修改意见。在此一并致谢！

限于编者水平有限，本书疏漏、不足之处在所难免，敬请广大读者不吝指教，以便再版时更加完善。

编　者

2007年6月

目　录

第一章 绪 论

第一节 矿物及矿物学

人们对“矿物”的认识来源于生产实践，并可追溯到远古时期。在我国古代，“矿”字写作“𠥊”，字形象征采矿工具，其读音为“况”（kuàng）或“巩”（gǒng），象征采矿的声音。在西方，矿物一词来自拉丁文“minera”，原意为矿、矿石或矿山的意思。可见在古代，矿物及矿物的知识与采矿实践密不可分，而我国是从事采矿活动最早的国家之一。

矿物是地壳中的化学元素经由各种地质作用形成并赋存于地壳中的自然物质，绝大多数是由两种或多种元素构成的化合物，少数是由一种元素构成的单质。在实验室条件下，虽可获得某些成分和性质与矿物相同的物质，因其不是地质作用的产物而称其为“人造矿物”或“合成矿物”。陨石和月球岩石来自其他天体，其中的矿物称为“陨石矿物”、“月岩矿物”，或统称它们为“宇宙矿物”，以此与地壳中形成的矿物相区别。

在地壳形成及演化过程中，由各种地质作用形成的矿物是多种多样的，它们可以是气态的（如火山喷气中的二氧化碳和水蒸气等），也可以是液态的（如水、自然汞等），更多的是固态的（如石英、方解石、磁铁矿、石盐等晶体及蛋白石等非晶体）。岩石和地壳均由矿物组成，地壳的岩石圈、水圈和气圈正是依据矿物存在的主要物理状态来划分的。

矿物均具有一定的化学成分、各不相同的物理性质和化学性质，固体矿物还具有一定的内部结构、确定的几何形态。由于地质条件的复杂性及地质作用的多样性，矿物的成分、结构和形态、物理性质和化学性质等并非是绝对恒定的，而是在一定范围内变化的。如我国山东产出的金刚石与南非产出的金刚石，基本属性相同，但其色泽、透明度、微量元素及杂质等常有明显差异，这些差异的存在也为深入研究其形成条件提供了资料。

任何矿物都是经由一定地质作用形成于一定的环境条件（物理的及化学的条件）之中，并稳定于其形成时的环境条件下的。当环境条件发生改变时，或在新的地质作用过程中，原有的矿物必将发生程度不同的变化，甚至形成新的矿物。也就是说，矿物是地壳中化学元素（物质）运动某一阶段的产物及存在的基本形式。矿物的稳定是相对的，运动变化是绝对的。如黄铁矿（FeS_2）在地表与空气和水长期接触，将逐渐发生氧化与水化而形成可溶性硫酸盐与褐铁矿（$Fe_2O_3 \cdot nH_2O$）。当然，其变化的难易与变化的速率，因矿物的不同及环境条件改变程度的不同而有极大差异。

矿物是地壳中岩石和矿石的组成单位，是成分、结构和性质都稳定的、均匀的、可以独立区分出来加以研究的自然物质。如花岗岩主要由长石、石英、白云母及少量黑云母、普通角闪石组成；石灰岩主要由方解石等矿物组成；铅锌矿石主要由方铅矿和闪锌矿等矿物组成。

从上述可见，矿物是地壳中自然元素经由各种地质作用形成和发展着的、在一定环境条件下相对稳定的单质和化合物，是相对具有一定的化学成分、稳定的内部结构、确定的外部形态、固定的物理性质和化学性质、能相互区别的自然物质，是组成岩石、矿石及地壳的基本物质单元。

矿物学，是以固体矿物为研究对象，以矿物的化学成分、内部结构、外表形态、物理性质、化学性质、形成条件、分布规律、应用价值、演化历史为研究内容的学科。气态和液态矿物各有其特殊的属性而纳入其他学科的研究领域。

按研究内容侧重点的差异，矿物学可细分为：形态矿物学（研究矿物晶体形态、矿物个体的发芽、生长、发展变化及它们的连生规律）；成因矿物学（研究矿物综合体的形成与起源，从化学、物理学、物理化学和地质学观点探讨它们的成因）；实验矿物学（从事合成矿物以及在各种物理化学条件下模拟和探索矿物的形成过程）；矿物晶体结构学和晶体化学（探索新矿物晶体结构，研究晶体结构与成分间的关系，并进一步阐明矿物晶体成分、结构与性能以及生成条件的关系）；矿物物理学（是近年来固体物理学理论和新实验技术引入矿物学后新兴的一门边缘学科，它不仅体现着矿物研究的新领域，并对矿物材料的研究有极大的帮助）。上述矿物学的各分支相互联系、互为补充，组成统一的矿物学整体。

矿物学是地质科学极重要的一门分支学科，是属于研究地壳物质成分特性及其历史的学科之一，与多种地质学科关系极为密切。地球化学以元素的分布、迁移、分散和富集为研究内容，而地壳中自然化学元素均是以矿物的形式暂时、稳定地存在，又通过矿物的分解破坏而分离迁移，即矿物是元素赋存的主要形式，也是元素运动迁移的中间站，所以地球化学研究与矿物学密不可分。岩石和矿石均由矿物组成，欲了解其特征、成因及分布都必须应用矿物学的知识，即矿物学与岩石学、矿石学及矿床学同样密不可分。地壳中局部地段的构造演化和应力变动往往以矿物破坏、改造和位移的方式记录下来，这些记录有助于恢复构造变动的历史；地层岩石中重矿物组合特征与其形成环境及时间有关，这些特征在岩石地层及储集层的划分对比中获得经常应用，即矿物学与构造地质学、地层学等同样有相当密切的联系。显然，矿物学是地学类多种专业的重要基础课程之一。

矿物学与物理学、化学等自然学科的关系十分密切并获得其有力支撑与促进。19 世纪中叶，偏光显微镜应用于矿物晶体的鉴定与研究；20 世纪初叶，X 射线衍射技术应用于矿物结构分析；而后的物理化学条件和相平衡理论应用于矿物形成的研究等，均是矿物学发展史上里程碑性的变革。近 30 多年来，固体物理学及量子化学理论及现代测试技术的应用，已经和正在促使矿物学理论及研究方法不断取得新的进展。

第二节　岩石和岩石学

“岩石”一词应用十分广泛，早在远古时期即开始有了“石头”知识的萌芽，伴随生产活动的实践及采矿事业的兴起，关于岩石和矿物的知识逐渐积累，大约在 18 世纪开始从地质学中分出了矿物学，以后又从矿物学中分出了岩石学，但对岩石却一直没有严格的定义。

岩石（rock）是构成地球表层（地壳和软流圈之上的上地幔，即岩石圈）的主要物质成分，是在特定地质条件下，由各种地质作用所形成的具有稳定外形的固体矿物（包括部分玻璃质和生物残骸）的集合体。

岩石常由多种矿物组成，有时也可由单一矿物组成（称为“单矿物岩”）。石油和天然气由于不是固体，不能称作岩石；由水泥胶结的砂砾、烧锅炉的炉渣及各种陶瓷、铸石材料等，虽然都是固体矿物的集合体，但不是地质作用形成的也不能称作岩石，只能称为“人造岩石”或“工艺岩石”。

地壳中岩石种类有数千种之多，根据成因及特征一般可归纳为以下三大类：

(1) 岩浆岩 (magmatic rock)，主要是由地壳深处或上地幔形成的高温熔融的岩浆，在地质构造运动的驱使下，侵入地下或喷出地表冷凝而形成的岩石，如花岗岩、玄武岩等。

(2) 变质岩 (metamorphic rock)，是在温度压力升高及活动性流体参与的条件下，由地壳中已存在的、先期形成的各种岩石发生矿物成分、结构、构造转化而重新形成的岩石，如片岩、片麻岩和大理岩等。

(3) 沉积岩 (sedimentary rock)，是在地表条件下，由风化作用、生物作用及某些火山作用等形成的沉积岩原始物质经搬运、沉积和沉积后作用所形成的岩石，如砂岩、泥岩、石灰岩、白云岩和火山碎屑岩等。

一般来说，三大类岩石成因不同、特征各异，但它们之间又彼此密切相关，可以相互转化。例如，岩浆岩、变质岩和先期的沉积岩经风化、搬运、沉积和沉积后作用可形成沉积岩；沉积岩、变质岩及先期的岩浆岩经熔融作用可形成岩浆，而后再经冷凝又可形成岩浆岩；岩浆岩和沉积岩等岩石经变质作用可转变为变质岩。这种不同岩石类型的相互转化不是简单地循环重复，而是不断形成特征各异的新岩石。由于地质作用的复杂性，自然界还可见到特征相似、成因逐渐过渡的岩石，也可见到仅仅依据成分、结构、构造特征难以确定其成因及类型的岩石。例如，岩浆作用形成的花岗岩与交代变质作用形成的混合花岗岩极为相似，岩浆成因的辉石岩和角闪石岩与变质成因的辉石岩和角闪岩同样不易区分。对于这些岩石，只有经过全面深入研究，方可得出正确结论。

三大类岩石在地壳中的分布情况各不相同。沉积岩主要分布于地表，约占大陆表面积的75%，海底几乎全部被沉积岩及沉积物所覆盖。随深度的增加，岩浆岩和变质岩增多、沉积岩相应减少，在地壳下部至上地幔主要是岩浆岩和变质岩。根据地球物理资料和高温高压实验判断，从地表向下16km的范围内，岩浆岩和变质岩的体积可达95%，沉积岩只占5%。

岩浆岩和变质岩均是内动力地质作用的产物，主要由肉眼可辨的矿物晶体组成，故二者也可统称为“结晶岩”(crystalline rock)。

岩石学 (petrology) 是以岩石为研究对象，以岩石的物质成分、结构、构造、野外产状、共生组合、分布规律以及岩石成因、与成矿的关系等为研究内容的一门独立学科。

岩石学是地质学的一门重要的分支学科。根据研究侧重点的不同，岩石学可分为：岩类学 (petrography)，或称描述岩石学，主要研究岩石的物质成分、结构、构造、分类、命名以及产状与分布等方面的内容；岩理学 (petrogenesis)，或称成因岩石学或理论岩石学 (theoretical petrology)，主要探讨岩石的形成条件和形成过程等岩石成因方面的问题。岩类学虽然是岩石学的重要方面，但不是岩石学的全部内容，它的科学体系是建立在一定成因概念基础上的；而岩理学的发展又是建筑在更深入细致的岩类学的基础之上。因此，现代的岩石学一般将岩类学和岩理学统一起来，综合分析岩石产出条件与实验成果，全面研究岩石的基本特征、组合、成因及在时间上和空间上的分布规律。

从岩石的成因角度考虑，岩石学通常分为岩浆岩石学、变质岩石学和沉积岩石学，目前岩石学正沿着这三个主要的分支方向各自独立地发展着。

岩浆岩石学 (magmatic petrology) 着重研究岩浆岩的物质组成、结构构造、产状分布、共生组合、成矿关系、成因机制以及岩浆的形成、活动、演化规律、与全球构造的关系等内容。近年来，岩浆岩石学的研究范围已扩大到上地幔和宇宙星体岩石。

变质岩石学（metamorphic petrology）着重研究变质岩的物质组成、结构构造、共生组合、成因成矿、原岩恢复、变质相和相系、变质作用与构造活动及地壳演化发展的关系等内容。

沉积岩石学（sedimentary petrology）着重研究沉积岩原始物质的形成、搬运、沉积、成岩作用以及沉积岩的岩石学特征、沉积矿产、沉积环境和沉积相的关系等内容。

从资源勘查专业的角度考虑，由于石油及天然气等沉积矿产主要形成在沉积盆地内，绝大部分也储集于沉积岩中。因此，要了解和掌握石油天然气等沉积矿产的生成、储集以及在空间上和时期上的分布规律，就必须牢固地掌握沉积岩石学的基本知识、基本理论和基本技能，所以沉积岩石学是资源勘查专业的主干课程之一。矿物学、岩浆岩石学和变质岩石学则是沉积岩石学的先行基础课，也是资源勘查和相关学科、相关专业的重要基础课程之一，因而，本教材将矿物学、岩浆岩石学和变质岩石学合并，统称为矿物岩石学。

第三节　矿物岩石学与石油等沉积矿产的关系

矿物岩石学是学习沉积岩石学和沉积相的基础，即必须具备矿物岩石学的基本知识、基本理论和基本技能，方能学好石油天然气等沉积矿产的主干课程——沉积岩石学。这是因为：形成沉积岩的原始物质成分主要来自于岩浆岩和变质岩，尤其是陆源碎屑岩和火山碎屑岩的物质成分与结晶岩石十分相近，即结晶岩是沉积岩最重要的、最原始的母岩；沉积盆地的周缘和基底常由古老的结晶岩石组成，通过对结晶岩的研究，可以较深入地了解基底岩系并圈定沉积盆地的边界轮廓，也可为地球物理勘探成果的解释提供地质基础资料和数据；在研究含油气盆地的沉积相时，常根据沉积岩的物质成分、重矿物组合来分析推断母岩的性质和物源方向，而其成分和重矿物组合除受风化、搬运、沉积作用影响外，更取决于结晶岩等母岩的类型与性质，对结晶岩知识的充分掌握更有利于准确地推断母岩性质和物源方向，更有效地解决盆地的沉积相问题。因此，不论是沉积矿产的综合研究，还是沉积矿产的现场勘探生产实践，均常常会遇到与结晶岩有关的问题。

世界上的油气勘探历史经历了100多年，已发现了数以万计的各种类型的油气藏，其中非沉积岩系油气藏因不断被发现而成为不可忽视的油气藏类型之一。一般认为，非沉积岩系油气藏又可分为基岩型油气藏和火山岩型油气藏两种类型。

基岩型油气藏，即石油与天然气储集于沉积盆地基底结晶岩系中的油气藏，主要以花岗岩基岩油气藏和变质岩基岩油气藏较为常见。

委内瑞拉的拉帕斯油田即是花岗岩基岩油藏，它的油井最高日产量可达2000t以上。位于北非利比亚锡尔特盆地东部的奥季拉油田，也是花岗石基岩油藏，前震旦系的花岗岩长期暴露于地表，加之各种构造运动和火山活动，使岩体普遍遭受绢云母化和高岭石化并发生破裂产生大量裂隙，从而形成多种储集空间，其孔隙度达11%～25%，渗透率达（700～900）$\times 10^{-3} \mu m^2$，该油田目前是世界上探明的产油量最高的基岩型油藏。

美国加利福尼亚州豪金谷东侧边缘的爱迪生油田是典型变质岩基岩型油气藏，是该州石油最丰富的地区之一，基岩由绿色—灰色云母片岩、绿泥石及阳起石片岩组成。

鸭儿峡油田是我国最早发现的变质岩油藏。位于酒泉西部盆地的老君庙背斜带西段，石油产自志留系泉脑沟群，储集层岩性为灰绿色—紫红色千枚岩及变质砂岩，岩石本身储油物性很差，孔隙度低（小于2.5%），渗透率大都接近于零，但在多期构造运动及长期风化作用下形成大量裂隙，据岩心裂隙统计，其平均密度 3.9 条/m，裂缝平均宽度 0.38mm，在斜交和垂直裂隙中均有原油充填，这些裂隙是主要的储集空间。

东胜堡油田是以花岗岩为储集层的基岩型古潜山油气藏。东胜堡油田位于大民屯凹陷中部，古潜山由太古宇的混合花岗岩及数量不等的侵入伟晶岩脉及基性岩脉组成，古潜山顶面经历强烈的风化作用和地下水淋滤溶蚀作用，溶缝、溶洞十分发育，成为良好的储集层。

兴隆台油田位于辽河西部凹陷的中央隆起带，基底岩石为前震旦系花岗片麻岩，曾经长期暴露于地表，裂缝发育，与上覆盖的古近系沙河街组第四段玄武岩共同组成储集层。

东渤海湾地区，胜利油田太古宇花岗片麻岩基底岩系中打出日产千吨的油井。

火山岩型油气藏中以玄武岩型油气藏所占比例最多。自 19 世纪末在墨西哥发现富贝罗油田古近系玄武岩油藏以来，相继在日本、印度尼西亚、古巴、阿根廷、美国、加纳及俄罗斯发现了众多的玄武岩油藏，特别是在美国得克萨斯州、墨西哥湾沿岸已发现 29 个成串分布的玄武岩油藏。其他火山岩型油气藏也有发现，如日本新潟盆地见附油田，大部分油气产自早中新世的安山岩和流纹岩。

我国的新疆、内蒙古、渤海湾、华北等地也发现有玄武岩油藏。著名的准噶尔盆地克拉玛依油田石炭系的玄武岩油藏，拥有原油储量亿吨以上。二连盆地阿尔善油田的阿北玄武岩层状油藏，含油面积 $15km^2$，探明储量 2100×10^4t。近年来，在四川雅安至天全县间周公山背斜的二叠系玄武岩中也获工业性油藏，这意味着在西南地区同样不可忽视岩浆岩型油气藏的勘探。另外，在辽河油田见有古近系安山岩储油岩系，在渤海湾地区中生界火山岩和火山碎屑岩也有良好的油气显示。

玄武岩具有间歇性、多期性喷发的特点，气孔构造和柱状节理发育，原生及次生的孔隙也发育较好，有利于油气储集，当含油气盆地之中油源充足且区域盖层发育时往往可形成油气藏，尤其是在不整合侵蚀面附近的、在断裂发育地段的玄武岩层中，常可形成块状、层状的高产油气藏。

总之，岩浆岩及变质岩等结晶岩石不仅是沉积盆地内沉积岩的母岩，往往也是盆地基底岩系，结晶岩虽然通常不是生油岩系，但可以改造发展成为油气等矿产不可忽视的储集层。因此，结晶岩与沉积岩等岩石一样，都与石油天然气等沉积矿产有着不同程度的密切关系。作为以石油天然气勘探、评价为主要方向的资源勘查专业的大学生，不仅要掌握沉积岩有关知识，同样必须具备和掌握结晶岩方面的基本知识，为科研、生产及未来从事专业工作打下坚实基础。

第二章　结晶学基础

自然界的矿物绝大多数都是晶体，晶体都具有自身固有的特性及规律。了解并掌握晶体的特性和规律是学习矿物学必需的基础。本章将对晶体、晶体的形态特征、晶体的内部结构与物质质点的关系等问题作简要讨论。

第一节　晶体及其基本性质

一、晶体的概念

人们认识晶体，首先是从观察它的外部形态开始的。在古代，人们通常把具有规则的几何多面体形态的石英——水晶称为晶体（crystal），后来发现石盐、方解石、磁铁矿等也具有规则的多面体形态（图 2－1），于是这一术语得到推广，把凡是天然产出的具有规则几何多面体形态的固体称为晶体。显然，这种认识也是不全面的，如岩石洞穴中生长的石英常呈多面体形态，而花岗岩中的石英则是不规则的粒状。科学研究证明，这两种形态的石英，除了形态差异外，其他性质都完全相同；实验还证明，将不规则粒状的石英颗粒放入过饱和 SiO_2 溶液中，让其自由生长最终也能够长成与水晶一样的规则几何多面体形态。由此可见，是否具有规则的几何多面体形态并不是晶体的本质，晶体的多面体形态只是晶体内部结构在一定条件下的外在反映。

(a)
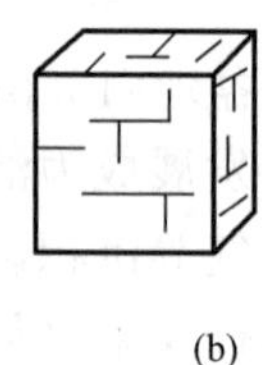
(b)
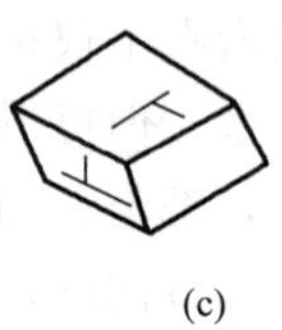
(c)
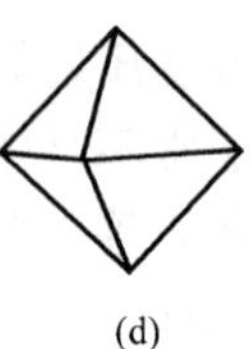
(d)

图 2－1　几种不同形态的自形晶体

（a）水晶；（b）石盐；（c）方解石；（d）磁铁矿

对晶体本质的研究进行了几个世纪，直到 1912 年应用 X 射线分析晶体的内部结构之后才真正获得实质性进展。

研究表明，自然界所有晶体，不论其外形如何，组成晶体的质点（原子、离子或分子等）在晶体内部都是规律性重复排列的。这种规律性主要表现为，同属性的质点在三维空间的任何方向上均呈周期性重复，即构成空间格子。例如，石盐（NaCl）晶体内的 Cl^- 在任意方向上均是等间距重复出现的，Na^+ 同样是在任何方向上等间距重复出现的（图 2－2）。内部质点是否规律性重复排列是晶体与非晶质体的根本区别。

因此认为，晶体是内部质点（类型与环境均相同的原子、离子或分子等）在三维空间呈周期性重复排列的固态物体，或者称内部具有格子状结构的固体为晶体，晶体也可称为结晶质（crystalline）；相反，凡内部质点不能在三维空间作周期性重复排列的物质为非晶质。水和空气都是非晶质，玻璃、胶体物质（蛋白石、琥珀、松香等）也是非晶质。

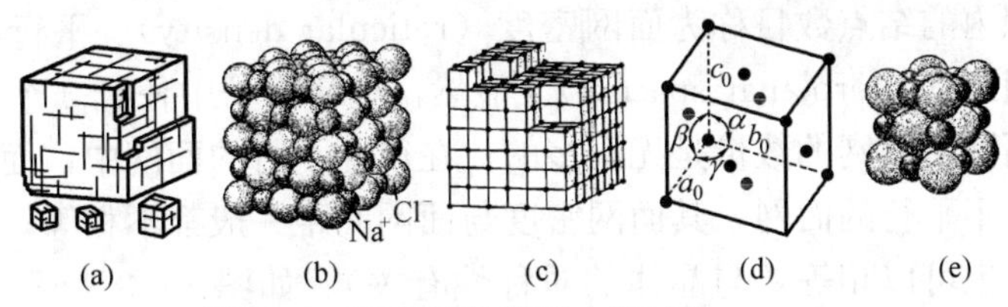

图 2-2　石盐晶体及其内部结构

(a) 晶体及解理；(b) 晶体结构；(c) 立方面心空间格子；(d) 单位立方面心空间格子；(e) 石盐的晶胞

在矿物学、岩石学等许多学科中，习惯上往往将晶体这一名称专门用于指具有几何多面体外形的晶体，将不具有几何多面体外形的晶体称为晶粒（crystalline grain）或称为结晶质，还常常依据晶粒的大小将结晶质分为显晶质和隐晶质：凡是在裸眼及放大镜下可以分辨晶粒大小与形态者为显晶质（phanerocrystalline）；凡是在放大镜下无法分辨者为隐晶质（cryptocrystalline），隐晶质还可进一步细分为显微晶质和显微隐晶质。

晶体分布极为广泛，天然矿物绝大多数是晶体，许多工业产品，如钢铁、合金、陶瓷以及绝大多数药品（包括牛胰岛素）等都是晶体。

二、晶体的空间格子

1. 空间格子

晶体内部质点在三维空间上分布的规律性，常用空间格子来描述。

石盐晶体（NaCl）是由 Cl^- 离子和 Na^+ 离子在空间相间排列而组成的［图 2-2（b）］，从石盐晶体中任意选取一个“几何点”作为原始点，晶体内必有无数多个与该原始点在性质、环境和方位上完全相同的几何点，晶体中这些彼此完全相同的几何点称“相当点”。如果以任意一个 Cl^- 的中心为原始点，该点周围有 6 个 Na^+ 与之相邻，晶体中其余每一个 Cl^- 中心点的周围同样也有 6 个 Na^+，这些 Cl^- 中心点在性质、环境和方位上与原始点完全相同，属同一类相当点。这些相当点（Cl^- 中心点）所构成的无限的立体几何图形，能表现石盐晶体内各种质点（Cl^- 或 Na^+）在三维空间的分布重复规律，称其为空间格子［图 2-2（c）］。

也就是说，从晶体内部结构中抽象出来的，同一类“相当点”所组成的无限的立体几何图形称为空间格子（space lattice）。或者说，从晶体内部结构中抽象出来的、用以表示晶体内部质点分布重复规律的无限的立体几何图形称为空间格子，又称为空间点阵。

相当点是纯粹的几何点，没有任何物理上的和化学上的意义，不表示具体质点的种类、大小及相互关系。同一种晶体中，相当点有多种选取方式，但其空间格子均是相同的；不同种类的晶体，其空间格子通常是各不相同的，即空间格子的形态特征与相当点的选择无关，仅取决于晶体的内部结构。

2. 空间格子的组成要素

组成空间格子的相当点又称为结点（node）［图 2-3（a）］。

空间格子中由排列在一条直线上的结点构成的几何图形称为行列（row）［图 2-3（b）］。每一行列上相邻结点之间的距离称为结点间距（row spacing）。显然，任意两结点即构成一个行列，在同一空间格子内有无数多个行列，同一行列或相互平行行列中的结点间距恒定相等；相互不平行的行列之结点间距一般不相等（也可以相等，与晶体对称性有关）。

空间格子中由分布在一个平面上的结点构成的几何图形称为面网（net）［图 2-3（b）］。

面网中单位面积内的结点数目称为面网密度（reticular density）。平行且相邻的两面网间的距离称为面网间距（interplanar spacing）。显然，空间格子中任意 3 个不在同一行列上的结点就构成一个面网，面网的数量是无限多的；在彼此平行的面网中，面网密度恒定相等且面网间距也相等；不平行的面网，其面网密度与面网间距一般都不相等，并且面网密度较大者面网间距较大（也可以相等，与晶体的对称性有关）。如图 2－3（c）所示，垂直纸面的面网与纸面相交的行列分别为 AA′、BB′、CC′等，显然面网 AA′的面网密度最大，面网 DD′的面网密度最小；假设各行列与 AD（结点间距为 d）的交角依次为 β_1、β_2、β_3 等，各面网的面网间距依次为 d_1、d_2、d_3 等，则面网间距 d_i 与 $\sin\beta_i$（$i=1$，2，3…）成正比，即：

$$d_i = b\sin\beta_i \tag{2-1}$$

由此表明，同一空间格子内，面网密度较大的面网，相应的面网间距较大；面网密度较小的面网，相应的面网间距较小。

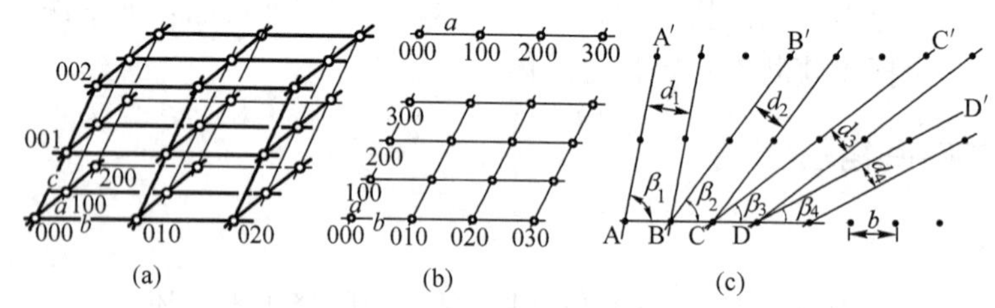

图 2－3　空间格子的组成要素示意图

（a）空间格子与结点；（b）行列与面网；（c）面网间距与面网密度的关系

需要指出的是，行列、面网以及空间格子都是几何上的无限图形，但对实际晶体而言，不论晶体如何巨大，在空间上终究是有限的。不过，以晶体内部质点的重复周期与晶体颗粒的通常大小相比较时，后者远远大于前者。例如，在 $1mm^3$ 的石盐（NaCl）晶体内，包含有大约 2.23×10^{18} 个 Cl^- 离子和同样数目的 Na^+ 离子。因此，从微观的范畴来讲，可以近似地将实际晶体的格子结构看成是在三维空间无限延伸的几何图形。

3. 单位空间格子及晶胞

从几何学的知识容易得出，三条不共面的行列就可以决定一个空间格子的形状，即在空间格子中，平行六面体是其基本单位。平行六面体由 6 个两两平行且相等的面构成［图 2－2（d）］。整个空间格子可以看成是由平行六面体在三维空间毫无间隙地平行叠置而成，且平行六面体的 8 个角顶都必定被结点占据（其面心或体心也可能有结点分布）。

在一个空间格子中，可选取多种类型的平行六面体。其中，能反映空间格子对称特性的、行列间相互正交或近于正交的且体积最小的（唯一的）平行六面体，称为单位空间格子（或单位平行六面体）。空间格子可理解为由单位空间格子无间断的平移叠置而成。

单位空间格子的选取原则：

（1）所选取平行六面体的对称性应符合整个空间格子的对称性；

（2）在满足对称性的前提下，选取行列（或称为棱）之间直角关系最多的平行六面体；

（3）在满足前述条件的前提下，选取体积最小的平行六面体；

（4）当由于对称性无正交棱时，在满足前 3 个条件的前提下，选取结点间距最小的行列为棱。

表征单位空间格子形状及大小的 3 个棱长（即 3 个行列方向上的结点间距）a_0、b_0、c_0 和三者间的交角 α、β、γ 称为“单位空间格子参数”，或简称格子参数［图 2－2（d）］。在实际应用中，格子参数的 3 个棱长 a_0、b_0、c_0 也常常可以用简化的 a、b、c 表示。

实际晶体中，由具体质点（离子、原子、络离子及分子等）所构成的、其形状和大小与对应的单位空间格子一致的最小晶体，称为晶胞（cell）［图 2－2（e）］。可以认为，晶体是由晶胞在三维空间无间断的平移叠置而成［图 2－2（b）］。

由于晶胞的形状大小与对应的单位空间格子完全一致，因此，表征单位空间格子形状及大小的 3 个棱长 a、b、c 和三者之间的交角 α、β、γ 又称为晶胞参数，或者说，单位空间格子参数即相应晶体的晶胞参数。晶胞参数仅与晶体的内部结构有关，即同种晶体晶胞参数均相同，不同种晶体的晶胞参数各不相同，因此晶胞参数是矿物晶体相互区别的极重要的、极可靠的标志。

4. 空间格子的分类

各类空间格子之间的相互区别主要表现在两个方面：一是由格子参数决定的空间格子的形态；二是单位空间格子中结点的分布位置。

依据单位空间格子的三个棱长 a、b、c 及其夹角 α、β、γ 的相互关系，即依据格子参数的特征，常将空间格子划分为如下七类（图 2－4）。

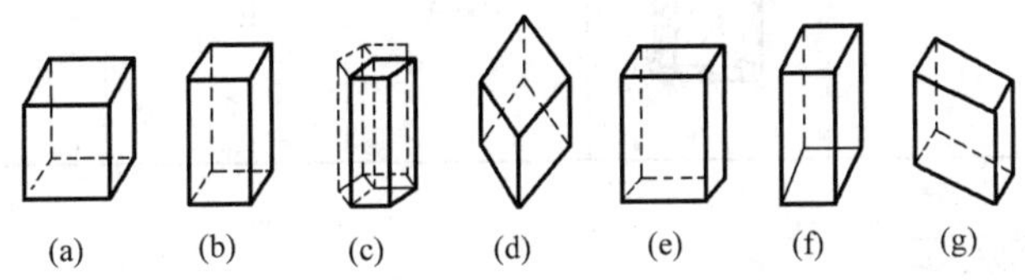

图 2－4 空间格子的形状与参数分类

（a）立方格子；（b）四方格子；（c）六方格子；（d）三方格子；（e）斜方格子；（f）单斜格子；（g）三斜格子

（1）立方格子：$a=b=c$，$\alpha=\beta=\gamma=90°$。

（2）四方格子：$a=b\neq c$，$\alpha=\beta=\gamma=90°$。

（3）六方格子：$a=b\neq c$，$\alpha=\beta=90°$，$\gamma=120°$。

（4）三方格子：$a=b=c$，$\alpha=\beta=\gamma\neq 90°$（或 60°）。可划分为三方格子的空间格子还可按六方格子划分，其格子常数与六方格子相同，即 $a=b\neq c$，$\alpha=\beta=90°$，$\gamma=120°$，但体积相应为原来的三倍。如方解石（Ca［CO_3］）的三方格子参数为 $a=0.637$nm，$\alpha=46°5'$，晶胞内含两个分子；其六方格子参数为 $a=0.499$nm，$c=1.076$nm，晶胞内含六个分子。

（5）斜方格子：$a\neq b\neq c$，$\alpha=\beta=\gamma=90°$。

（6）单斜格子：$a\neq b\neq c$，$\alpha=\gamma=90°$，$\beta\neq 90°$。

（7）三斜格子：$a\neq b\neq c$，$\alpha\neq\beta\neq\gamma\neq 90°$。

按结点分布位置，又可将空间格子划分为四种基本类型：原始格子（代号 P），结点只分布在平行六面体的角顶（其中，三方菱面体原始格子的代号 R）；底心格子（代号 C），结点分布于平行六面体的角顶及一对面的中心；体心格子（代号 I），结点分布于平行六面体的角顶及六面体的中心；面心格子（代号 F），结点分布于平行六面体的角顶及每个面的中心。结合单位格子参数与形态的不同，共十四种空间格子，又称为十四种布拉维格子（表 2－1）。

表 2-1　十四种布拉维格子

	三斜格子	单斜格子	斜方格子	三方格子	四方格子	六方格子	立方格子
原始格子（P）		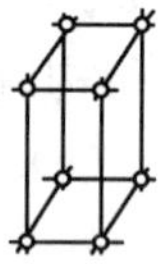	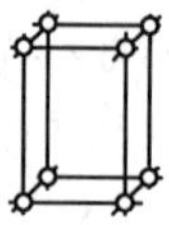	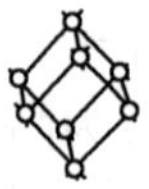	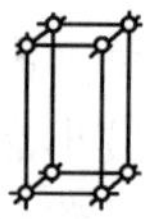	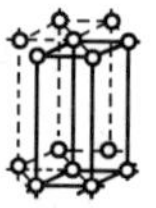	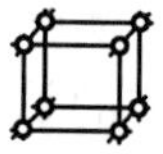
底心格子（C）	C=P	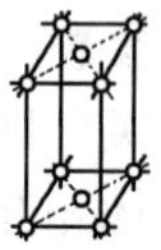	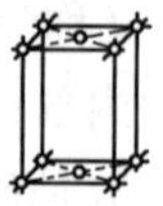	—	C=P	—	—
体心格子（I）	I=P	I=C	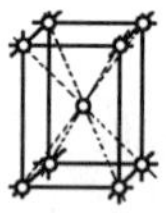	I=P	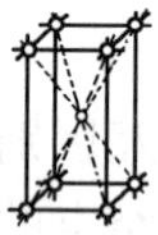	—	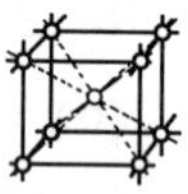
面心格子（F）	F=P	F=C	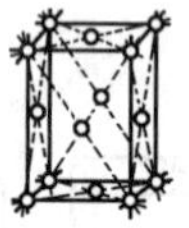	F=P	F=I	—	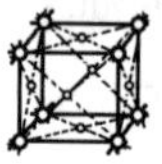

三、晶体的形成方式

1. 由液相结晶析出晶体

由液相（液体或熔体）中结晶析出晶体，是晶体形成的主要方式，又可分为以下两种情况。

（1）从熔体中结晶，当温度低于熔点时，晶体开始析出，也就是说，只有当熔体过冷却时晶体才能形成。如金属熔体冷却到熔点以下结晶形成金属晶体。岩浆中的晶体矿物都是由这种方式形成的。因此，由熔体形成的矿物晶体都具有较高的熔点。

（2）从溶液中结晶，是实验室获得晶体常用的方法，也是自然界中常见的现象。物质从溶液中结晶，必须在该物质达到过饱和时才能发生。过饱和的实现有多种途径：温度降低，如岩浆期后热水溶液随着与岩浆源距离的增加，温度逐渐降低，某些物质的溶解度随之减小至过饱和，相应的晶体陆续析出；水分蒸发，如天然盐湖卤水经过蒸发浓缩，石膏、石盐等盐类矿物按溶解度依次结晶沉积；通过化学反应，生成溶解度小的难溶物质结晶析出。

2. 由气相结晶为晶体

从气相直接转变为晶体的条件是要有足够的蒸气压力。在火山口附近，常常可见到由火山喷气直接结晶生成的硫、碘、氯化钠等矿物晶体。这样的作用在地下深处亦有发生，如萤石、绿柱石、电气石等矿物就可以在岩浆期后作用阶段由气相直接结晶形成。雪花也是由于水蒸气压力超过一定数值而直接由气相结晶形成的晶体。这些都是由气相直接结晶成为晶体的实例，此种现象又称为凝华作用。

3. 由固态再结晶为新晶体

环境条件的变化可以引起原有物质成分在固体状态下进行改组，使原矿物由非晶质变为结晶体、由小晶粒变为大晶粒或者生成新矿物晶体。这是变质作用、成岩作用、某些岩浆作用及火山作用过程中新矿物形成的主要途径，可分以下几种情况。

（1）由固态非晶质（玻璃质或胶态物质）转变为结晶质。例如，火山玻璃经过漫长的地质年代后可以发生结晶作用形成石英等矿物晶体，这种形成晶体的途径常常称为脱玻化作用（devitrification）或重结晶作用。脱玻化初期往往形成一些针状、毛发状、球粒状、羽毛状的极细小晶体，称为雏晶（crystallite）[图 2-5（a)]，而后逐渐长大成为真正的不同粒径不同形态的晶体。

（2）同质多象转变形成新晶体的过程也是在固体状态下进行的。同质多象转变，是指在热力学条件改变时，晶体化学组成不变化，晶体结构却发生改变而形成另一种在新条件下稳定晶体的过程。例如，当温度升高至 573℃以上时，α-石英将转变为β-石英的晶体结构；当温度降低到 573℃以下时，β-石英又会重新转变为α-石英的晶体结构［图 2-5（b)]。

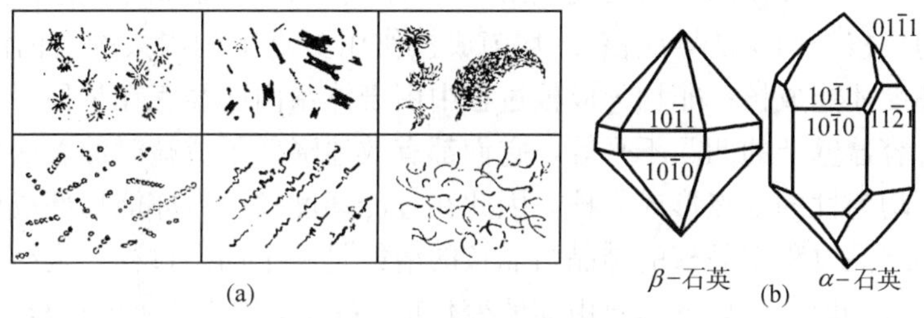

图 2-5 雏晶与石英

（a）脱玻化作用形成的雏晶；（b）α-石英与β-石英

（3）原本晶粒微细的矿物或岩石经过重结晶作用常常可形成较为粗大的新的矿物晶体。例如，由隐晶质方解石组成的石灰岩，在区域变质过程中或与岩浆岩接触时，在固体状态下常常可重结晶形成由粗粒方解石晶体组成的大理岩。

（4）在温度等条件变化时，固溶体常常发生分离而形成新的矿物晶体。例如，由一定比例的闪锌矿（ZnS）和黄铜矿（$CuFeS_2$）在高温时组成均一相的固溶体，在低温时就发生分离形成两种独立矿物；又如，高温时钾长石和钠长石组成均一相的固溶体（透长石），随温度降低二者发生分离而变为具条纹结构的正长石或具条纹结构的微斜长石（条纹长石）。

（5）在固态下通过变质结晶作用常可形成新的矿物晶体。例如，在区域变质条件影响下，矿物在定向压应力高的方向上溶解，而在垂直于高压应力的方向上再结晶，从而形成一向伸长或二向延展的角闪石、云母等变质矿物晶体；又如，在较高的温度和压力作用下，粘土矿物通过变质结晶作用可形成分子体积较小、相对密度较大且晶体较粗大的红柱石、蓝晶石等变质矿物，这样的矿物称为变晶，当其晶体远大于周围晶体时又称为变斑晶。

上述各种形成晶体的结晶过程，最初都需要先形成微小的晶核，然后再发育长大成为一定粒径和一定形态的晶体。

四、晶体生长的一般规律

晶体的生长过程，实质上是组成晶体的质点（离子、络离子、原子、分子等）按照空间格子结构的规律相互结合并继而生长加大的过程。整个结晶过程一般将经历两个阶段：首先是发生阶段，即形成作为结晶中心的所谓晶核；然后是成长阶段，即在晶核的基础上成长加大而成为晶体。

1. 晶核的形成

介质达到过饱和或过冷却状态，是从液相或气相形成晶体的先决条件，但介质体系过饱和、过冷却状态的出现，并不意味着整个体系同时结晶。这是由于温度或浓度的局部变化、质点间的撞击或一些杂质粒子的影响，都会导致体系中出现局部过饱和度、过冷却度较高的区域，这些局部区域首先出现瞬时的微细结晶粒子，其中某些微细晶粒的大小可以达到临界值以上而成为结晶中心——晶核（nucleus），这种形成结晶中心——晶核的作用称之为成核作用（nucleation）。

在介质体系内的各个微区均可同等地由不稳定状态形成新相，即体系内各处的成核几率相等的过程称为均匀成核作用（自发成核）；在体系内的某些局部微区能够优先形成新相的过程称为不均匀成核作用（诱导成核）。均匀成核作用要克服相当大的表面能位垒，因此需要较大的过冷却度才能成核；非均匀成核过程中由于体系内已经存在某种不均匀性，例如悬浮的杂质微粒、容器壁上的凹凸不平等，它们都有效地降低了成核时的表面能位垒，常可优先在这些具有不均匀性的地点形成晶核，因此在过冷却度较小时亦能局部成核。

应注意，在结晶过程中晶核的结晶与晶核的溶解是一个动态过程，是结晶方向占优势还是溶解方向占优势，取决于体系总自由能的变化值 ΔG（又称为体系的成核能）。

在过饱和蒸气中均匀成核时，设成核后体系自由能的减少为 $-\Delta G_1$，晶核与气相界面自由能的增加为 ΔG_2，则体系总自由能 ΔG（成核能）的变化有如下的关系式；

$$\Delta G = -\Delta G_1 + \Delta G_2 \tag{2-2}$$

根据穆林（Mullin，1972）的研究，若所产生的晶核为球形微粒，其半径为 r，则 ΔG 是 r 的函数，ΔG 随 r 变化的曲线如图 2-6 所示。从图中可以看出，ΔG 曲线在核半径 r_c 处有一峰值。当晶核半径 $r<r_c$ 时，随着核半径 r 的增大，体系总自由能 ΔG 有增大的趋势，则晶核的溶解占优势而不能自发地继续生长；当核半径 $r \geqslant r_c$ 时，随着核半径的增大，体系总自由能 ΔG 趋向于降低，则晶核的结晶占优势而有可能继续生长。因此，核半径 r_c 的大小是一个表示体系总自由能升高或降低的关键数值，亦即表示晶核可能溶解消失或可能继续生长的临界半径。这种半径为 r_c 的晶核称为临界核（critical nucleus）。

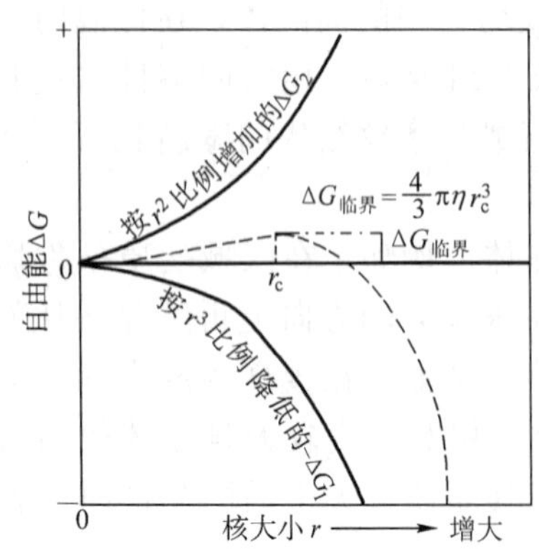

图 2-6　核半径与成核能 ΔG 的关系（据 Mullin，1972）

临界核的大小与结晶时的过冷却温度和介质的过饱和度等诸多因素有关。一般是过冷却温度和过饱和度越大，临界核的半径 r_c 越小，成核速率越快，反之亦然。

上面所讨论的是在气相中结晶时成核能与成核作用的基本情况，液相中的成核过程比较复杂，但成核能 ΔG 与核半径 r 的关系仍然基本与上述类似。

核的形成速率是指在单位时间内、单位体积中所形成的核的数目，它决定于气相或液相物质的过饱和度（或熔融物质的过冷却度）等因素。通常，过饱和度或过冷却度越高，临界核越小，则成核速率越大；反之，则成核速率越小。成核速率又与介质的粘度有关，当过饱和度和过冷却度增大时，介质的粘度也增大，阻碍物质的扩散，进而影响成核速率。由于这种互相矛盾的制约关系，当介质的过饱和度和过冷却度增加到一定数值以上时，晶核形成的速率反而降低。

塔曼（Tamman，1903）早已在实验中证明了上述关系。他在显微镜下观测各种过冷却度时熔体中形成晶核并发育成晶体的数目，得出如图 2-7 所示的成核速率与过冷却度及介质粘度的关系。从图中可以看出，在熔体结晶过程中，过冷却度增大时，成核速率随之增大；在过冷却度 $\Delta T=80$℃时，成核速率最大；当过冷却度大于 80℃时，介质的粘度急剧增加，成核速率迅速减小；当成核速率趋近于零时，冷凝形成的固相为玻璃质。

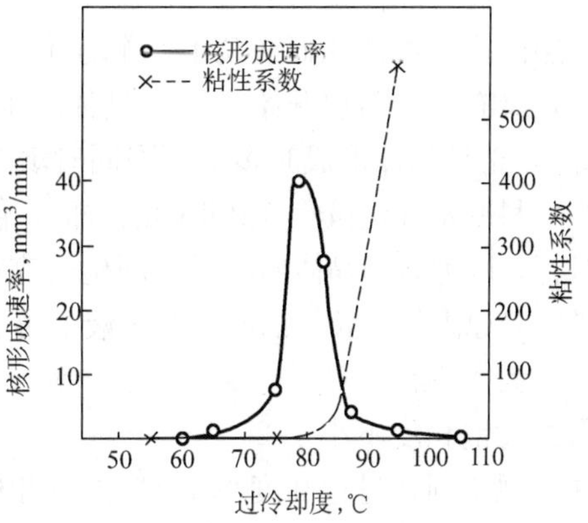

介质粘度与成核速率的关系在岩浆的结晶过程中表现最为明显。

图 2-7　成核速率与过冷却度及粘度的关系（据 Tamman，1903）

2. 晶体的生长

由微小晶核长大成晶体的过程，就是结晶格子不断扩大的过程。溶液中的质点以什么方式和顺序向晶核上粘附呢？许多学者根据不同的实践，提出了不同的看法。

科塞尔（Kossel，1927）首先提出的后经斯特兰斯基（Stranski）加以发展的晶体的层生长理论较有代表性。科塞尔—斯特兰斯基认为，质点在晶核表面生长时进入晶格“座位”的顺序与质点的成键数目及释放能量的多少有关，即晶核表面上成键数目较大、释放能量较多的位置优先被质点占据，成键数目较小、释放能量较少的位置较后被质点充填。

图 2-8（a）表示质点在晶核表面上所有可能存在的典型生长位置：K 为曲折面，具有三面凹入角，成键数目最多，是最有利的生长位置；S 为阶梯面，具有二面凹入角，成键数目次之，是次有利的生长位置；P 为平坦面，成键数目最少，是最不利的生长位置。由此可以得出结论：晶体在理想情况下生长时，总是首先生长一条行列，然后再生长相邻的行列；在长满一层面网之后，再开始生长第二层面网；晶面（最外的面网）总是平行向外推移而生长增大的。这就是晶体的层生长理论，这一理论得到如下许多事实的支持：

（1）晶体常常形成晶面平整、晶棱平直、角顶尖锐的规则的凸多面体的几何形态；

（2）在晶体生长的过程中，环境可能有所变化，不同时刻生成的晶体在物性（如颜色）和成分等方面可能有细微的变化，因而在晶体的断面上常常可以看到环带状结构［图 2-8（b）］，表明晶面是平行向外推移生长的；

（3）由于晶面是向外平行推移生长的，所以同种矿物不同晶体上对应晶面间的夹角不变（这种规律又称为晶体的面角恒等定律）；

（4）在矿物薄片中或晶体的截面上常常能够看到以晶体中心（晶核）为顶点的锥状生长痕迹，称为生长锥（或砂钟状结构），这也是晶面向外平行移动轨迹形成的［图 2-8（c）］。

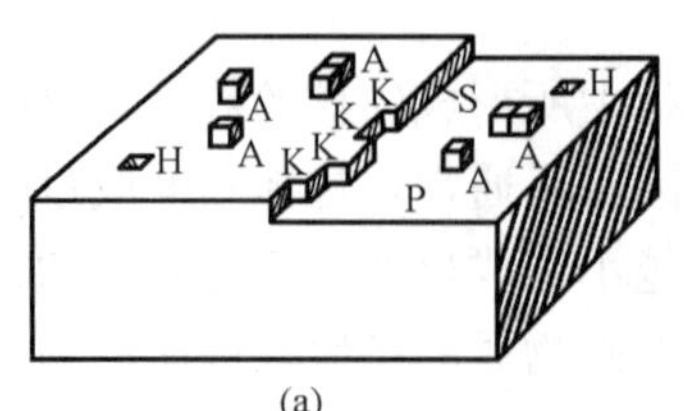

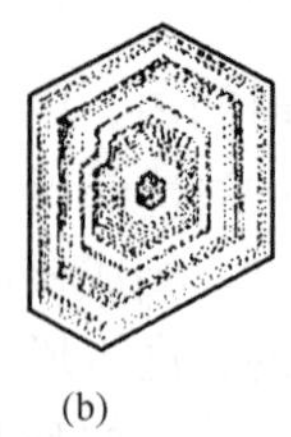
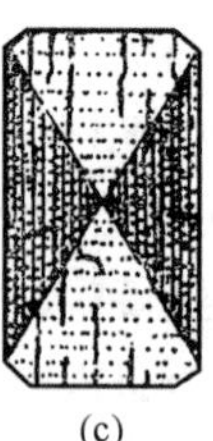

(a) (b) (c)

图 2-8 层生长理论示意图

(a) 生长过程中晶体表面情况；(b) 长石的环带结构；(c) 辉石的砂钟结构

A—吸附分子；K—曲折面；P—平坦面；S—阶梯面；H—孔

然而，晶体生长的实际情况要比层生长理论复杂得多，往往一次沉淀在一个晶面上的物质层的厚度可达几万或几十万个分子层，也不一定是一层一层地顺序堆积，而是一层尚未填满，又有一个新层开始生长。晶体表面常常可以见到的不平坦的阶梯状晶面（称为晶面阶梯），正是晶体形成时多层面网同时填充、平行向外推移生长的结果。

科塞尔理论虽然有其正确的方面，但实际晶体的生长过程并非绝对按照二维层生长的机制进行。因为，当晶体的一层面网生长完成之后，要在其上开始生长第二层面网时有很大的困难，其原因是已长好的面网对溶液中质点的引力较小，不易克服质点的热振动而使质点就位。

弗兰克（F. C. Frank，1951）等人研究了气相中的晶体生长情况，计算出二维层生长所需的过饱和度不小于 25%～50%，然而在实验中却难以达到与过饱和度相应的生长速率，并且观测到在过饱和度小于 1%的气相中晶体也能生长。这些现象是层生长理论所不能解释的。于是，他们根据实际晶体结构各种缺陷中最常见的位错现象，提出了晶体螺旋生长理论，即在晶体生长界面上螺旋位错露头点的凹角面及其延伸线所形成的二面凹角［图 2-9 (a)］可作为晶体生长的台阶源，能促使质点在平整的晶面上充填生长。这样便成功地解释了晶体在很低过饱和度下也能够生长的实际现象。

印度结晶学家弗尔麻（Verma，1951）对 SiC 晶体表面上的生长螺旋纹［图 2-9 (b)］及其他螺旋纹的观察，证实晶体螺旋生长理论在晶体生长过程中的重要作用。

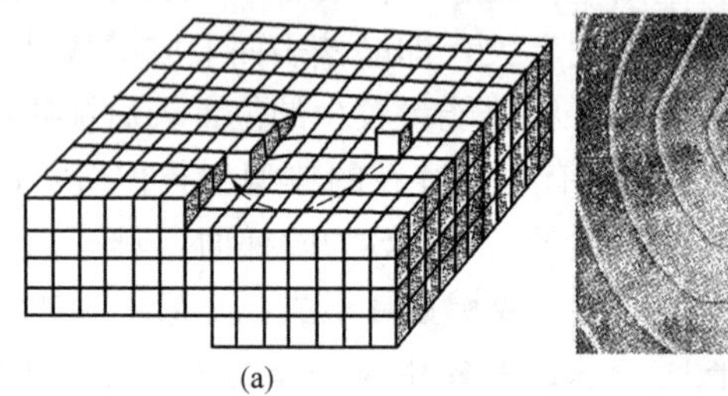
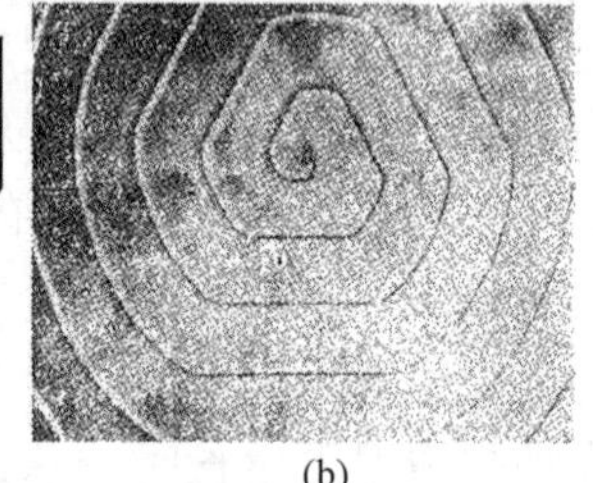

(a) (b)

图 2-9 位错现象与生长螺纹

(a) 晶体的位错及晶面的凹角；(b) SiC 晶体表面的生长螺旋

法国结晶学家布拉维（A. Bravis，1855）从空间格子结构中网面密度较大的面其面网间距也较大的规律出发，分析了同一晶体上不同面网的生长速率与网面密度的关系，得出晶体生长时在垂直面网的方向上的生长速率与该面网上的结点密度成反比的推论。如图 2-10 (a) 和 (b) 表示，AB、BC 和 CD 为垂直于纸面的面网，其中 AB 面网的面密度较大且面网间距也较大，CD 面网次之，BC 面网的面网密度最小且间距也最小。显然，质点在图中 1 处所受到的引力最大，在 2 处次之，在 3 处最小。因此，在相同的条件下，质点优先在 BC 网面上充填，相应 BC 面网生长速率快，最后消失，AB 面网和 CD 面网的生长速率较慢，最终可以被保留。

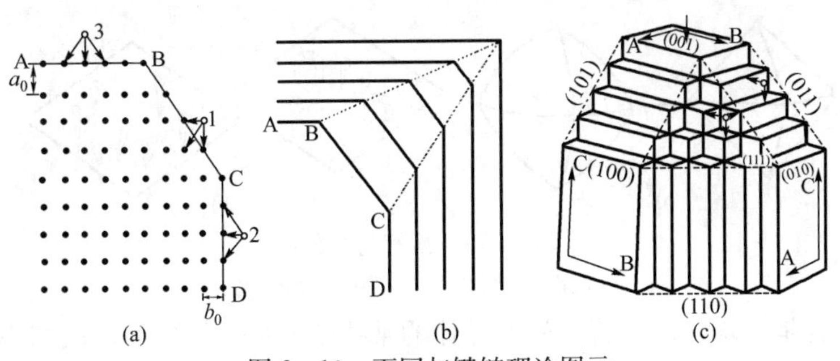

图 2-10　面网与键链理论图示

(a) 面网密度与间距；(b) 面网的生长速率；(c) 键链与晶面的关系

在晶体生长过程中，面网密度较大、面网间距也较大的面网，质点充填时的引力较小，垂直方向上的生长速率相应较小，常常被最后保留下来形成晶面；面网密度较小、面网间距亦较小的面网，垂直方向上的生长速率相应较快而逐渐消失；实际晶体总是被面网密度较大的晶面所包围，或者说实际晶体的晶面常常平行于密度较大的面网。这就是晶体实际晶面与空间格子结构中面网之间关系的著名的布拉维法则。

需要注意的是，布拉维法则在 1855 年提出时，只是以空间格子的几何概念初步说明在结晶多面体上实际晶面与空间格子结构中面网结点密度的关系。尽管当时对具体物质的质点在晶体结构中存在的情况还没能深入了解，不能详尽阐述晶体的生长过程，但这一法则至今仍然具有重要意义。许多矿物如方铅矿（PbS），其立方体晶面的面网密度最大，所以方铅矿的面网密度最大的立方体面网被保留成为晶面，常常形成立方体晶形。

哈特曼（Hartman，1955）等从晶体结构的几何特点和质点能量两个方面探讨晶面的生长发育，提出了周期性键链（PBC）理论。他认为晶体内存在有一系列的由强键不间断地周期性地连接而形成的链，称为周期性键链（periodic bond chain，缩写为 PBC），PBC 方向由 PBC 矢量来表征，后者等于一个周期范围内之各个键矢量的合成。晶面的发育受周期性键链的控制。依据键链的方向，晶面可以划分为三种基本类型［图 2-10（c），图中长箭头 A、B、C 表示 **PBC** 矢量，短箭头表示键矢量］。

P 面，含（100）、（010）、（001）等晶面：有两个以上的 **PBC** 矢量与之平行，称为平坦面；其面网密度较大，法线方向上结合力较弱，生长速率慢，易保留成为结晶多面体的主要晶面。

S 面，含（110）、（011）、（101）等晶面：只有一个 **PBC** 矢量与之平行，称为阶梯面；其面网密度中等，法线方向上结合力中等，生长速率中等。

K 面，含（111）等晶面：不平行于任何 **PBC** 矢量，称为曲折面；其面网密度较小，法线方向上的结合力较强，质点易于在此面上进入晶格，故 K 面生长速率快，易消失，不易于被最后保留成为结晶多面体的主要晶面。

显然，哈特曼的"周期性键链（PBC）理论"得出与布拉维法则相同的结论，即实际晶体常常被面网密度较大的晶面所包围。

3. 晶体的溶解与再生

晶体的结晶生长与溶解是两种相反的过程。如把晶体置于不饱和溶液中晶体就可能发生溶解，这是晶格上的质点在溶剂作用下进入溶液的过程。晶体发生溶解时，晶体的角顶和晶棱与溶剂接触的机会较多，溶解得较快，而晶面部位溶解得较慢，晶体常可因溶解而成为近似球体的形状，如八面体的明矾晶体溶解后成为近于球形的八面体［图 2-11（a）］。

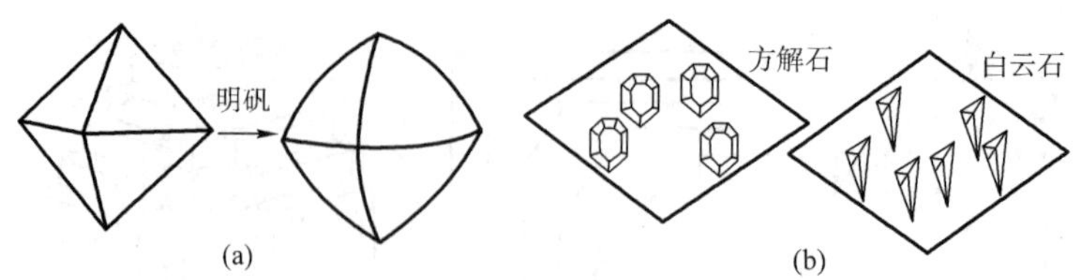

图 2-11　溶解与蚀象

（a）明矾晶体的溶解；（b）晶体溶解时的蚀象

晶面溶解时也是不均匀的，将首先在晶体的某些薄弱部位发生而形成细小的凹坑称为蚀象（etch figure）。在体视显微镜下观察可以发现，这些蚀象是由各种次生的小晶面组成［图 2-11（b）］。蚀象形态与晶面性质及溶剂种类、浓度有关，在相同条件下，同种晶体的同一单形的各晶面上的蚀象常常具有相同的形态及取向关系。因此，常可以利用蚀象来判识晶体的单形、对称、双晶、左形与右形。

破坏了的和溶解了的晶体处于合适的环境中又可恢复多面体形态，称为晶体的再生。溶解和再生不是简单的可逆现象，晶体溶解时，溶解速率是随方向的变化而逐渐变化的，因而晶体溶解常常可形成近球形的晶体形态；晶体再生时，生长速率是随方向的改变而突变的，因此晶体常常又可以恢复形成规则几何多面体晶体形态。

晶体在自然界的生长往往不是直线形地连续进行的，相反，溶解和再生在自然界常交替出现，使晶体表面呈现复杂的形态。如在晶体上生成一些窄小的晶面，或者在晶面上生成一些特殊的突起和花纹。

对天然矿物晶体生长现象的研究，有助于了解矿物、岩石、地质体的形成及发展的历史，并为矿物资源的开发和利用提供诸多有益的启发性的资料。

五、影响晶体生长的主要外部因素

上面根据科塞尔理论和布拉维法则讨论了决定晶体生长的内部因素，没有涉及外部因素。事实证明，外部因素对晶面生长速率及晶体的生长也具有程度不同的影响。

1. 温度

一般情况下，较低的温度有利于质点结合，因此，过冷却度是熔体结晶的必要条件，即熔体只有达到足够的过冷却度时方可结晶形成晶体。在某些情况下，晶体形成时温度的高低还影响矿物晶体的形态。如方解石（Ca［CO_3］）在较高温度下生成的晶体多呈板片状，而在较低温度的地表水溶液中结晶则往往形成细长的或柱状的晶体［图 2-12（a）］；石英和锡石矿物晶体也有类似的情况。为什么同种晶体在不同的温度条件下能生长形成不同的形态呢？这是因为，同种类晶体的不同单形的晶面在不同温度下生长速率不同，所以晶体形态也就发生相应变化。利用这一特性可判定矿物结晶时的温度，即作为“地质温度计”。

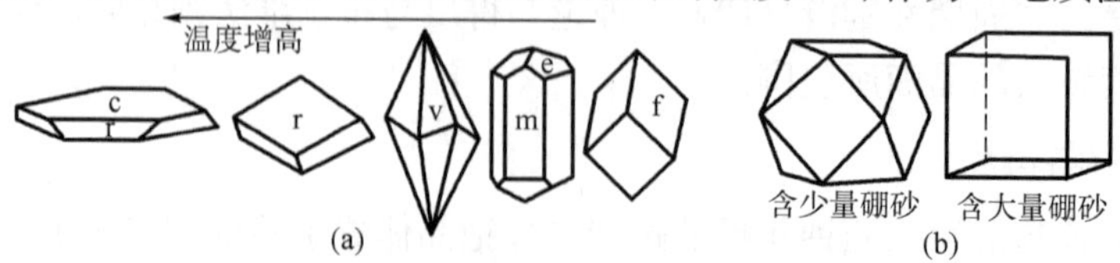

图 2-12　温度和杂质对晶体的影响

（a）方解石晶体形态与温度的关系；（b）杂质对明矾晶形的影响

图中 c、r、v、m、e、f 表示特定的单形，余同

温度变化的速率对结晶作用及晶体的大小与形态也有明显影响。一般快速冷却常常形成极细小的晶体甚至形成玻璃质，缓慢冷却有利于形成粗大的结晶良好的晶体。

2. 杂质

不能组成晶体的质点均称为杂质。在晶体生长的溶液中含杂质时，会影响晶面生长速率，从而导致晶体形态的变化。杂质对晶体生长的影响程度决定于杂质的种类和含量。例如，在纯净的石盐过饱和溶液中生成的晶体呈立方体，加入少量硼酸时形成八面体与立方体的聚形。再如，明矾在纯净过饱和溶液中生成八面体晶体［图 2 - 11（a)］，当加入少量硼砂时明矾结晶成为八面体和立方体的聚形，当加入大量硼砂时，则生成呈立方体的明矾晶体［图 2 - 12（b)］。天然形成的晶体形态常是多种多样的，其形成时杂质的存在是主要原因之一。

3. 涡流

在生长着的晶体周围，溶液中的溶质粘附于晶体上，使邻近晶粒的溶液浓度降低，同时晶体生长时放出的热量也使邻近晶粒的溶液相对密度减小，这些较轻的溶液会向上升，周围较重的溶液会进行补充，从而形成了向上的涡流［图 2 - 13（a)］。当晶核位于溶液内时，下侧质点供应充分相应生长较快［图 2 - 13（b)］；当晶核位于底部时，两侧质点供应充足相应生长较快［图 2 - 13（c)］，于是在涡流的作用下，晶体将生长形成不同形态。若溶解时涡流方向与此相反，也可相应影响晶体形态。

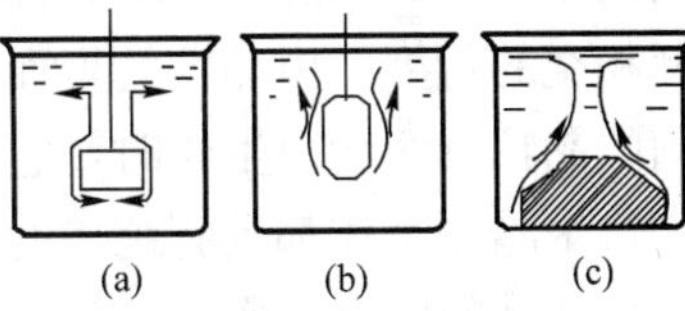

图 2 - 13　涡流对晶体生长的影响

4. 粘度

溶液的粘度也影响晶体的生长。粘度加大，将妨碍涡流的产生与运动，质点的供给主要以扩散的方式来进行，结晶物质的供给十分困难。相对而言，晶棱与角顶部位较容易获得质点生长较快，晶面部位质点供给更为困难生长缓慢，晶面中心部位甚至完全停止生长，从而形成晶棱及角顶凸出、晶面内凹形态的晶体——骸晶。

在快速生长的情况下也可造成晶面与棱、角部位质点供应差异而形成骸晶，如石盐的骸晶［图 2 - 14（a)］。还有一些骸晶，如雪花，则是由凝华作用快速生长形成的［图 2 - 14（b)］。

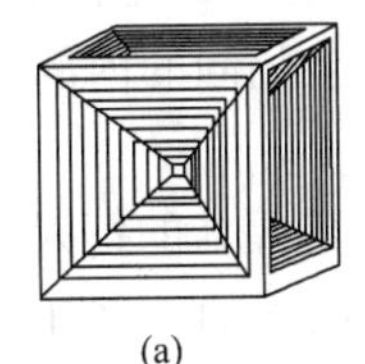
(a)

(b)

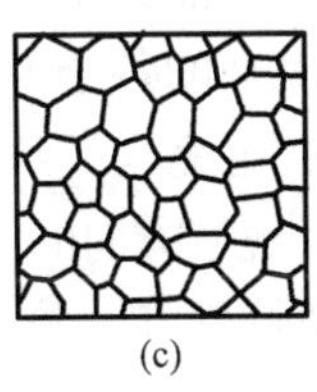
(c)

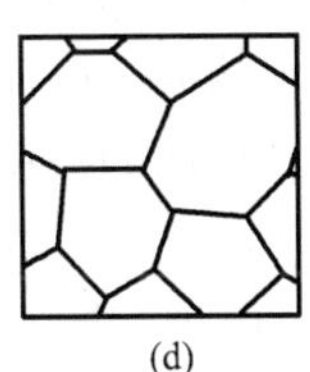
(d)

图 2 - 14　骸晶及结晶速率与晶粒大小的关系

（a）石盐的骸晶；（b）雪花（水的骸晶）；（c）结晶速率大；（d）结晶速率小

5. 结晶速率

结晶速率大，则结晶中心（晶核）快速增多，往往长成针状、树枝状或极细小的晶体；反之，结晶速率小，少数晶核得以生长常形成粗大晶体［图 2 - 14（c)，（d)］。例如，岩浆在地下缓慢结晶常常生长形成具中—粗粒结构的深成岩，如花岗岩、辉长岩等；岩浆在地表快速冷凝结晶常常生成由细粒晶体、隐晶质及玻璃质组成的喷出岩，如流纹岩、黑曜岩等。

结晶速率还影响晶体的纯净度。快速结晶形成的晶体往往不纯净，常常含有数量大、种类多的包裹体等机械混入的杂质。

此外，结晶的先后、介质酸碱度和浓度等因素也影响晶体的生长。一般先期结晶析出者有较多自由空间，晶形完好而呈自形晶；较后生长者则多呈半自形晶或他形晶。

在不同地质条件下形成的同种矿物的天然晶体，其形态、物理性质等特征都可能具有一定的差异，这些能够反映晶体不同形成条件的差异特征，统称为标型特征。

六、晶体的基本性质

晶体的本质是具有格子结构，由格子结构所决定的性质即晶体的基本性质。这些性质为所有晶体所共有，非晶体不具备格子结构也不可能具备这些性质。

1. 自限性

自限性，是指晶体在生长过程中，如果环境适宜且有足够的自由空间，能自发地形成封闭的几何凸多面体外形的特性。晶体的多面体形态是其格子结构在外形上的反映，是受其格子结构控制的。“晶面”相当于晶体结构中最外的一层面网；“晶棱”相当于晶体结构中最外面网相交的行列；由晶棱会聚而形成的“角顶”则与格子结构中的结点相当。如果让外形不规则的晶粒继续自由生长时，它们还是可以自发地形成几何凸多面体外形。

每个晶体个体都具有统一的一致的空间格子，即可由一个晶胞不间断地平移叠置形成。因形成条件的限制，实际晶体往往并不表现出几何多面体的外形。晶体的不同个体有各自的空间格子，不能由一个晶胞平移来实现。

非晶质体内部质点的分布是不规则的，不具有格子结构。因此，它在任何条件下都不会自发地形成规则的几何凸多面体外形，即非晶体不具有自限性。

2. 均一性和异向性

均一性，是指晶体的任何部分都具有相同性质的特性，即同一晶体不同部分的成分、密度、热容等性质都相同。例如，假定把一个晶体分割为许多小晶块，那么每一个小晶块都具有相同的相对密度，也具有相同的其他物理化学性质，即在三维空间上晶体是均一的、等同的。

从空间格子结构的规律可知，晶体中的任何质点都是在三维空间呈周期性重复分布的。因此，对于从同一晶体中分割出来的各个部分而言，它们必定具有完全相同的内部结构，从而它们所表现出的各项性质也必定完全一致，也就是具有均一性。

异向性，是指晶体的性质因观察方向的不同而表现出差异的特性，即晶体的折射率、吸收性、硬度、解理、导电性等各种特性在一维（及二维）空间上是各不相同的。例如，蓝晶石（又称为二硬石）的不同方向上具有不同的硬度（图2-15）。又如，云母、方解石、长石等矿物在受力后都仅在一定方向上产生解理，即在解理特性方面具有明显的异向性。

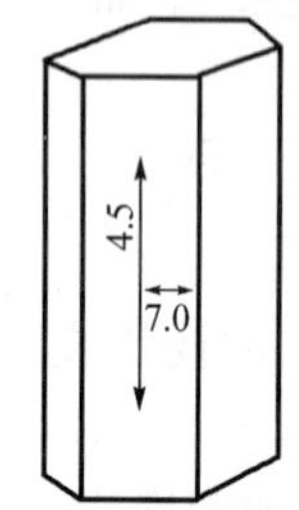

图2-15　蓝晶石硬度的异向性
平行于柱面为4.5，垂直柱面为7.0

据空间格子规律可知，晶体中质点排列的方式和间距在相互平行的方向上都是一致的，但在不相平行的方向上，一般说来都是有差异的。因此，沿着不同方向进行观察时，晶体的各项性质将表现出程度不同的差异。这就是晶体具有异向性的根本原因。

晶体的均一性和异向性同时、共同表现在晶体上，而非晶体只具有均一性而没有异向性。例如玻璃、琥珀及各种胶体矿物，它们的不同部分的导热性、折射率、吸收性、导电性等特性都是相同的。非晶体的均一性属于宏观统计的均一性，与晶体的结晶均一性有本质的差别。

3. 对称性

对称性，是指晶体中的各相同部分（如外形上的相同晶面、晶棱，内部结构上的相同面网、行列或原子、离子等）或性质，经由对称操作能够重复出现的特性。

从空间格子的规律可知，在格子结构的不同方向上质点的排列一般是不同的，但在某些特殊的方向上常常出现排列性质相同的情况。晶体内部结构中这种相同排列的重复，必然导致晶体上相同晶面、晶棱和角顶的有规律地重复，这就是对称性。晶体的对称性，不仅表现在外部形态上，还表现在内部结构上及物理性质与化学性质上。对称性是晶体最重要的基本性质之一，是区分晶体与非晶体的重要依据之一，是晶体分类的基础。

不同晶体的对称程度是各不相同的。非晶体不具备晶体这样的对称性。

4. 固定的熔点

晶体具有固定的熔点，非晶体则没有固定的熔点。例如，对冰块加热，冰块随之升温，当温度上升到0℃（常压下冰的熔点）的时候，冰开始熔化，这时温度停止升高，直到冰块完全融化成水之后温度又才继续上升［图 2-16（a)］；玻璃的加热熔融曲线则不同，在加热时，玻璃的温度逐渐升高玻璃先变软，伴随温度的继续升高逐渐熔融成液体。可见，玻璃没有一个明显的熔化温度，即在熔融的同时温度是连续逐渐上升的，没有升温的停顿［图 2-16（b)］。这是因为晶体具有格子结构，同一个晶体的各个部分质点排列相同，破坏其不同部分所需温度是一样的，故有固定的熔点；而非晶体中各部分质点排列疏密不一，熔化各个部分所需要的温度不同，因此没有固定的熔点。

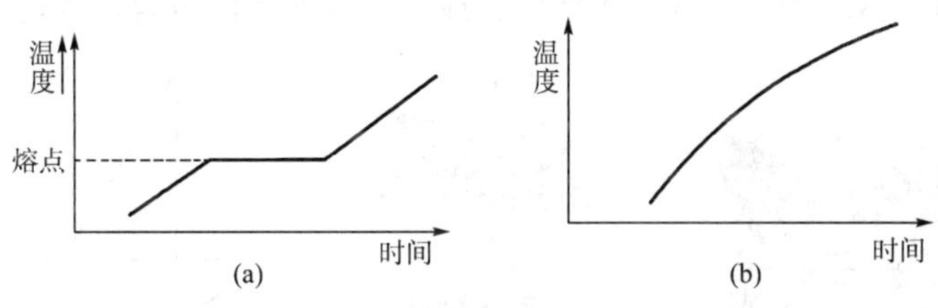

图 2-16　冰和玻璃的熔融曲线

（a）冰的熔融曲线；（b）玻璃的熔融曲线

5. 最小内能和稳定性

晶体与气体、液体以及非晶质体相比较，其内能最小，形成晶体时放出的能量最多，熔融晶体时吸入的热能也最多。

上述冰的熔融曲线同样说明了破坏晶格需要一定的能量。0℃的冰转化成0℃的水时，虽然加热是继续不断的，但温度并未上升，增加的热能能被用于破坏晶体的格子结构，即晶体熔融时要吸收热能；反之，在晶体生成时，就要放热，如水结冰。可见晶体内部所储藏的热量比该物质处于气态、液态或非晶质固态时的要小，因此晶体具有最小内能。

由于晶体的内能最小，所以晶体较与之成分相同的非晶体处于更稳定的状态，即内能较高的非晶体具有转化为内能较低的晶体的自然趋势，或者更准确地说，非晶质必然将自发地逐步转化为结晶质。例如，火山玻璃属于非晶体，其性质不稳定，经历一定的时间火山玻璃会自发地逐步转变为结晶质。正是由于这种原因，晶体在自然界的分布极为广泛，而火山玻璃、蛋白石等非晶质矿物一般仅仅存在于古近纪之后的新地层之中。

除上述特性外，晶体还有许多其他特性，如内部质点成分、质点间的结合力类型、物理性质（外形、硬度、颜色、条痕、解理等）与化学性质等，这些特性往往是各不相同的，依据这些特性差异，各种晶体方能相互区别。这些正是后面讨论的主要内容。

第二节　晶体的对称及晶体的分类

一、对称的概念及晶体对称的特点

1. 对称的概念

物体的相同部分能够有规律地彼此重合的现象，称为“对称”(symmetry)。

在自然界中，人们经常看到对称现象。日常生活中所见到的蝴蝶、花朵、许多建筑物和工艺美术品等，其外形都是对称的图形。为什么说上述物体的外形都是对称的？其一，各自都具有同形等大的部分；其二，这些同形等大的部分借助某种几何要素（点、线、面）的对称操作之后，彼此之间能够相互重合。

例如，蝴蝶左右两个同形等大的部分［图 2-17 (a)］，可以通过垂直且平分它的镜面的反映而彼此重合；花朵通过围绕一条通过它中心的直线旋转，可以多次重复出现其原来的形象［图 2-17 (b)］。因此，对称就是物体的相同部分经由有规律地反伸、反映、旋转等对称变换能够彼此重复的现象。

应注意，事物具有相同的部分还不一定是对称的图形。图 2-17 (c) 是由两个全等的三角形组成的图形，但是二者不能经由有规律地旋转或反映等变换而重合，因此不是对称图形。

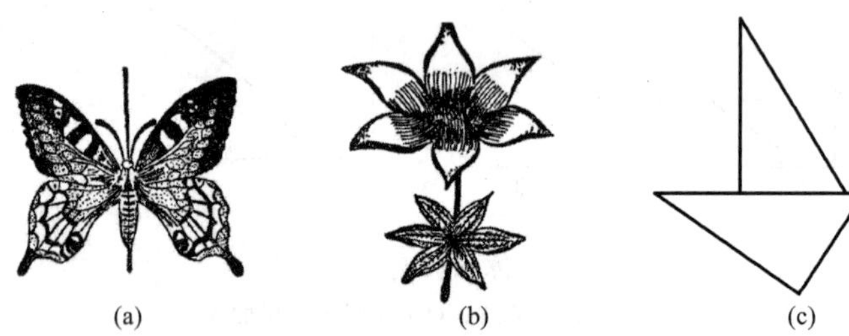

图 2-17　对称与不对称

(a) 对称的蝴蝶；(b) 对称的花朵；(c) 不对称的二全等三角形

2. 晶体对称的特点

晶体的对称与其他物体的对称有着很大的区别，动植物的对称是由于生存的需要而不断进化的结果，建筑物和工艺美术品的对称是为了美化而人为制造形成的。同时，上述物体的对称仅表现在外形上，其内部结构及性质等常常并不具有对称性。晶体的对称是取决于其内在的格子结构，因此，具有下列特点：

(1) 由于晶体是具有空间格子结构的固体，而空间格子就是质点在三维空间周期性重复的体现。因此，从这种意义上说，所有的晶体都具有对称性。

(2) 晶体的对称性受到空间格子的限制，只有符合格子结构规律（如平行行列结点间距恒定相等、平行面网之面网密度恒定相等）的对称才能在晶体上存在。因此，晶体的对称要素的类型及数目是有限制的，而不是任意的。

（3）晶体的对称性是其内部微观格子结构在宏观上的表现，因此，晶体的对称性不仅体现在外形上，同时也体现在物理性质（如光学、力学、热学、电学性质等）及化学性质等方面，还表现在微观结构方面。也就是说，晶体的对称性不仅包含着几何意义，也包含着物理意义、化学意义及微观意义。

综合上述，晶体对称的特点是：凡晶体皆具对称性（对称的完全性）；晶体的对称是有限制的（对称的有限性）；晶体的对称性既表现在外形上又表现在物理化学性质及内部结构上（对称的彻底性）。所以，晶体的对称性是晶体分类的最好依据。无论在矿物晶体形态，还是在矿物晶体物理性质及化学性质的研究中，晶体的对称性都得到了极为广泛的应用。

二、对称操作和对称要素

欲使对称图形中相同部分重复或重合，必须通过一定的“反映”、“旋转”及“反伸”等变换操作方能实现，这种变换操作称之为对称操作（symmetry operation）。

例如，图 2-17 中，欲使蝴蝶的两个相等部分重复，必须凭借一个镜面的“反映”变换；欲使花瓣重复必须使花冠围绕一条直线的“旋转”变换等，这种变换就是对称操作。

对称要素（symmetry element），是在进行对称操作时所凭借的、所应用的点、线、面等辅助几何图形。

现将晶体外形可能存在的对称要素和相应的对称操作介绍如下。

1. 对称面（P）

对称面（symmetry plane），是一假想的平面（以 P 表示），它把晶体或图形平分为两个相等的部分，相应的对称操作为对于此假想平面的“反映”。

图 2-18 中，P_1 和 P 都是（垂直纸面的）对称面，因为它们都可以把图形 ABDE 平分成两个互为镜像的相等部分；但 AD 不是图形 ABDE 的对称面，因为它虽然把图形 ABDE 平分为△AED 与△ABD 两个相等部分，但这两个全等三角形并不具有镜像关系。所以 AD 不是△AED 与△ABD 的对称面，而是△AED 与△AE_1D 的对称面。

对称面的特征是：该平面能够把图形平分为两个相等的部分；这两部分中的任意一部分通过该平面的镜像反映操作之后，可与另一部分重合；对应点的连线被对称面平分并与之垂直；晶体只可能有 0～9 个对称面，即晶体中可以没有对称面，也可以有一个至若干个对称面，最多可达 9 个。在描述中，一般把对称面的数目写在符号 P 的前面，如立方体有 9 个对称面，记作 9P（图 2-19）。

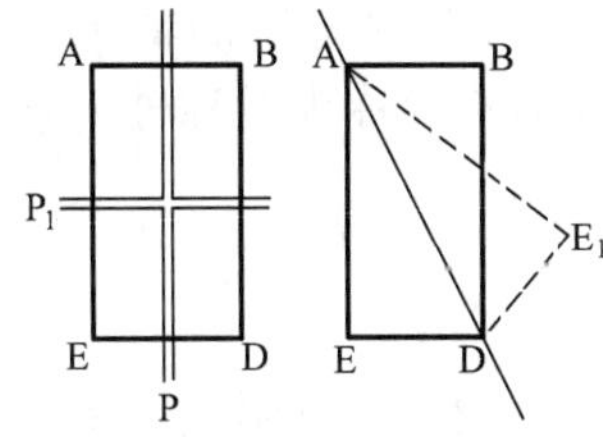

图 2-18　对称面图解

P_1 和 P 是对称面，AD 非对称面

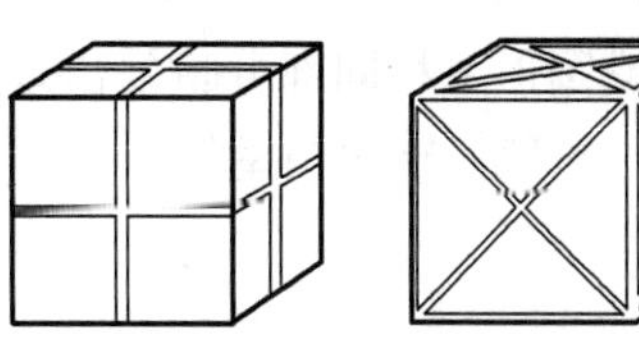

图 2-19　立方体的九个对称面

晶体中的对称面与晶面、晶棱之间具有如下一种至多种关系：

（1）垂直并平分二平行晶面；

（2）垂直并平分二平行晶棱；

（3）包含二条相交的或平行的晶棱；

（4）包含一条晶棱，同时平分一个晶面。

在对晶体进行对称分析时，依据上述关系即可确定晶体对称面的位置及数目。

2. 对称中心（C）

对称中心（center of symmetry），是一个假想的几何学上的“点”，常以 C 表示，相应的对称操作是对于此“点”的“反伸”。

对称中心必是晶体（或对称图形）的“几何中心（点）”，即对应点的连线均通过对称中心（点）且被对称中心（点）平分。

图 2－20（a）为具有对称中心的晶体，该晶体中对应角顶的连线 AA_1、BB_1 和 DD_1 等，均通过对称中心 C 点，并被对称中心 C 点平分；而且可以证明，晶体上所有的对应点（包括对应晶面的中点、对应晶棱的中点等）的连线均通过对称中心且被对称中心平分。对称的两个三角形或对称的两个四边形亦有类似的特点［图 2－20（b），（c）］。由此可见，晶体具有对称中心时，该晶体上相对应的晶角、晶棱、晶面都表现为反向平行而且相等的特色。

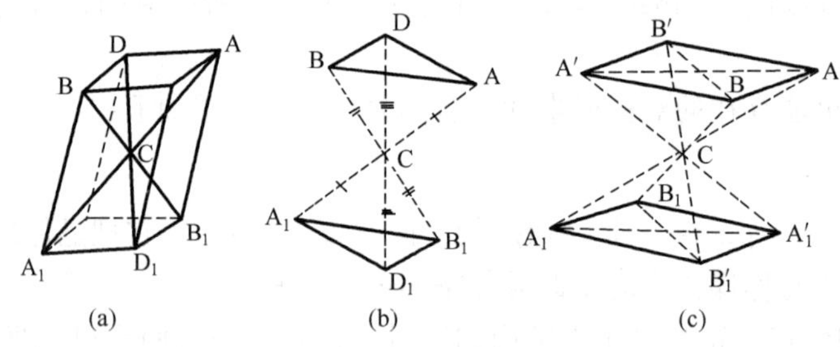

图 2－20　对称中心示意图

（a）具有对称中心的晶体；（b）对称的两个三角形；（c）对称的两个四边形

晶体可以没有对称中心，最多只有一个对称中心，即晶体对称中心的数目为 0 或 1。

在晶体中，若存在对称中心，其晶面和晶棱必然都是两两平行而且相等的。这一点可以用来作为判别晶体或晶体模型有无对称中心的依据。

3. 对称轴（L^n）

对称轴（symmetry axis），是一条假想的直线，相应的对称操作是围绕该直线的旋转。

当晶体和图形围绕对称轴旋转一定的、相等的角度后，可使晶体或图形上相同的部分重复出现。旋转一周（360°）晶体上相同部分重复出现的次数称为对称轴的轴次（常用 n 表示）；晶体或图形上相同部分重复出现时所旋转的相同的最小角度称为对称轴的基转角（常用 α 表示）。显然，轴次与基转角之间有如下关系：

$$n = 360°/\alpha \tag{2-3}$$

晶体外形上可能存在的对称轴仅有 5 种（表 2－2 及图 2－21）。其中轴次大于 2 的对称轴称为高次对称轴，简称高次轴。在所有的晶体上，都没有 5 次对称轴和大于 6 次的对称轴。这就是晶体对称有限性的表现之一，或者称为晶体的对称定律。

表 2-2　晶体外形可能的对称轴

名　称	符　号	基 转 角	作 图 符 号
1 次对称轴	L^1	360°	
2 次对称轴	L^2	180°	●
3 次对称轴	L^3	120°	▲
4 次对称轴	L^4	90°	◆
6 次对称轴	L^6	60°	⬢

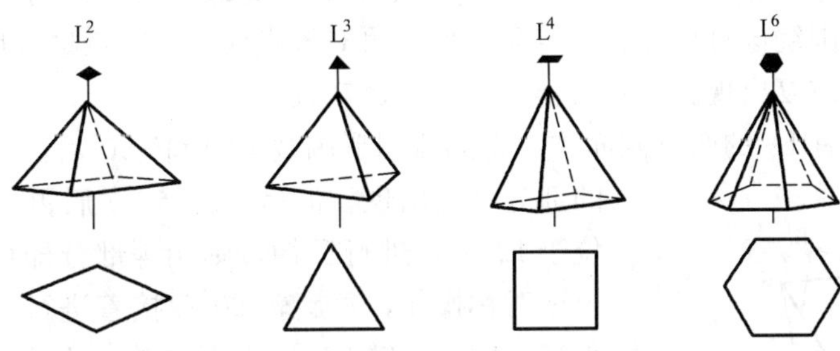

图 2-21　具有 L^2、L^3、L^4 和 L^6 的单锥及其横断面形态

关于晶体上不存在 5 次和大于 6 次的对称轴的问题，可用晶体的空间格子理论作出解释。在空间格子中，常常有垂直对称轴的面网存在，围绕对称轴转动所形成的多边形网孔，应该符合该面网结点分布的规律，从图 2-22 可以看出：围绕 L^1、L^2、L^3、L^4、L^6 所形成的多边形网孔，都能以相同密度在平面上均匀分布，它们都是符合空间格子规律的网孔。但是，如图 2-22（d）所示，垂直 L^5 的正五边形网孔却不能以相同密度在平面上均匀分布，或者不符合平行的行列结点间距相等的规律。同样的道理，垂直高于 6 次的对称轴所形成正七边形、正八边形等等网孔［图 2　22（f），(g)］，都不能以相同密度在平面空间均匀分布，也不符合平行行列结点间距相等的规律，也都是不符合空间格子结构的网孔。所以，在晶体中不可能存在 L^5、L^7 及更高次的对称轴。

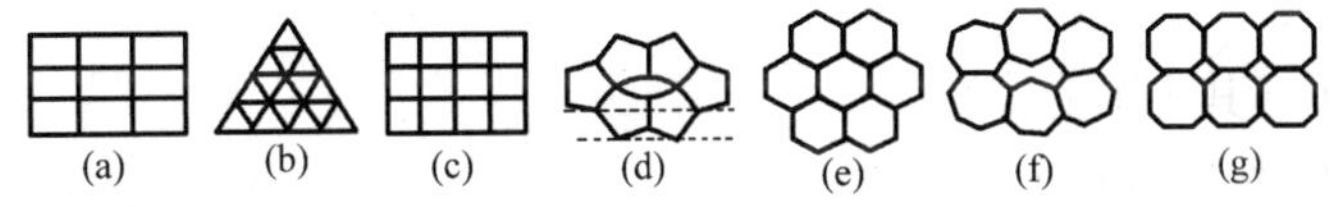

图 2-22　垂直对称轴截面上的多边形面网结点分布形态

(a)，(b)，(c)，(d)，(e)，(f)，(g) 分别为垂直于 L^2、L^3、L^4、L^5、L^6、L^7、L^8 的截面面网

同一晶体中可出现多条相同轴次的对称轴，不同轴次的对称轴也可同时出现，还可以没有对称轴存在。对称轴通常用 L 表示，并把轴次 n 写在 L 的右上角，记作 L^n。在表示同种对称轴的数目时，是把对称轴的数目写在符号 L^n 的前面，如 $3L^4$、$4L^3$ 等。

晶体的对称轴与晶面、晶棱和晶角之间具有如下的一种或多种关系（图 2-23)：

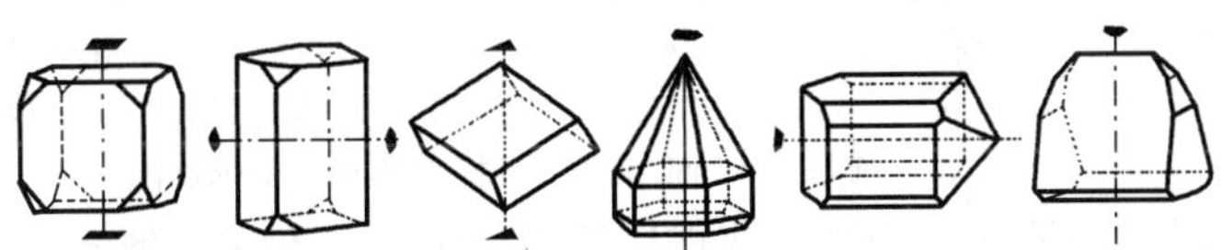

图 2-23　晶体对称轴与晶面、晶棱和晶角的关系

（1）通过两个平行晶面的中心，并与晶面垂直；

（2）垂直并通过两条晶棱的中点；

(3) 通过两个对应的晶角；

(4) 通过一个晶角和一个晶面中心并与该晶面垂直；

(5) 通过一个晶角和一条晶棱的中心，并与该晶棱垂直；

(6) 通过一条晶棱的中点和一个晶面的中心，并与晶棱及晶面垂直。

在进行对称分析时，依据上述关系即可确定晶体中对称轴的位置、类型及数目。

4. 旋转反伸对称轴（L_i^n）

旋转反伸轴（rotary inversion axis），是一条假想的直线，对应的对称操作是旋转并反伸，即晶体或图形围绕该直线旋转一定角度后，再对该直线上的一点进行反伸，可使晶体或图形上相等的部分重复出现。旋转反伸轴又称为倒转轴。

图 2-24 是具有 L_i^4 的四方四面体，将晶体图形围绕 L_i^4 旋转 90°后，并没有使图形相等的部分重复出现。但是，旋转 90°后再对中心 C 点（此点位于 L_i^4 上）进行反伸，则相等部分即可重复出现。按照上述对称操作，每旋转 90°后接着进行反伸，四方四面体重复一次，旋转 360°并反伸 4 次，图形上相等的部分可以重复出现 4 次。

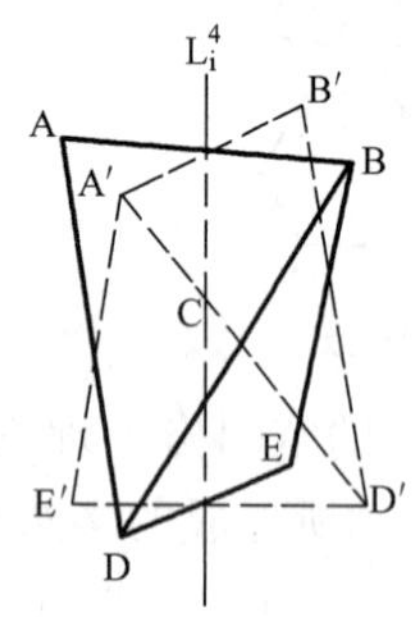

图 2-24 四方四面体的 L_i^4 图解

由此可见，旋转反伸轴的特点是：晶体或图形绕轴旋转一定角度同时反伸后，可以使晶体或图形重复；绕一周所重复的次数 n 称为旋转反伸轴的轴次；旋转的最小角度称基转角 α，基转角 α 与轴次 n 的关系与前述对称轴的关系相同，即 $n=360°/\alpha$。

经推导证明，旋转反伸对称轴仅可能有 5 种，即 L_i^1、L_i^2、L_i^3、L_i^4 和 L_i^6，相应的基转角为 360°、180°、120°、90°、60°。

在晶体中独立的不能用其他对称要素组合替代的旋转反伸轴只有 L_i^4，其他旋转反伸轴 L_i^1、L_i^2、L_i^3 和 L_i^6 均可用简单的对称要素的组合代替（图 2-25），即：

$L_i^1=L^1+C=C$；

$L_i^2=L^1+P=P$（其中 $P\perp L_i^2$）；

$L_i^3=L^3+C$（其中 $L^3 /\!/ L_i^3$）；

$L_i^6=L^3+P$（其中 $L^3 /\!/ L_i^6$ 而 $P\perp L^3$）。

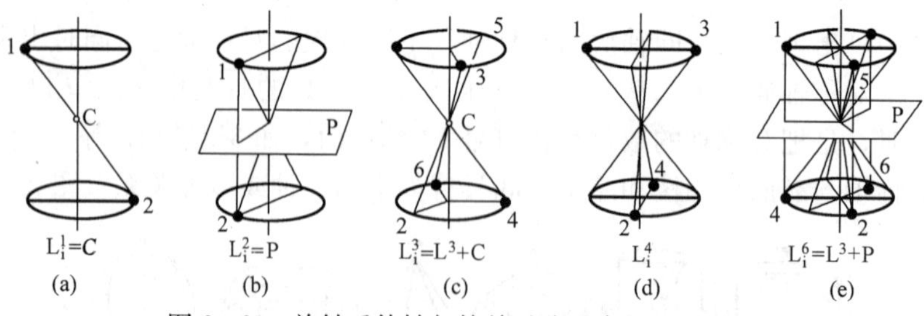

图 2-25 旋转反伸轴与简单对称要素的替换图解

旋转反伸轴在对称型的国际符号中获得广泛应，因此，有必要熟悉上述的替换关系。

矿物晶体中可以没有旋转反伸轴，也可出现一条或出现 3 条旋转反伸轴。

旋转反伸轴以 L_i^n 表示，i 是反伸的意思，n 为轴次，记为 L_i^4、L_i^6，当有多条旋转反伸轴同时出现时（如 3 条）记为 $3L_i^4$。

三、对称要素的组合及晶体的分类

1. 对称要素的组合

在结晶多面体中，可以有一个对称要素单独存在，也可以有若干个对称要素组合在一起共存。并且，对称要素的组合不是随便的，而是有固定规律的。

对称要素的组合遵从以下 4 条规律。

【定理一】 对称面的交线必为一对称轴，其基转角为相邻二对称面夹角的 2 倍。这条定理也可理解为如有一个对称面 P 包含 n 次对称轴 L^n，则必有 n 个对称面 nP，包含 n 次对称轴 L^n（图 1－26），即：

$L^2+P_{/\!/}=L^2 2P$，一个对称面包含 L^2 必有 2 个对称面包含 L^2，且对称面之夹角为 90°；

$L^3+P_{/\!/}=L^3 3P$，一个对称面包含 L^3 必有 3 个对称面包含 L^3，相邻对称面夹角为 60°；

$L^4+P_{/\!/}=L^4 4P$，一个对称面包含 L^4 必有 4 个对称面包含 L^4，相邻对称面夹角为 45°；

$L^6+P_{/\!/}=L^6 6P$，一个对称面包含 L^6 必有 6 个对称面包含 L^6，相邻对称面夹角为 30°。

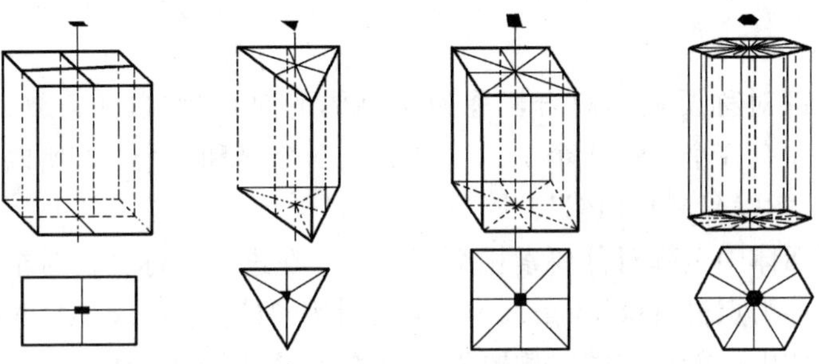

图 2－26　对称面的交线必为对称轴

【定理二】 如果有一个二次轴 L^2 垂直 L^n，则必有 n 个 L^2 垂直 L^n（图 2－27），即：

$L^2+L^2_{\perp}=L^2 2L^2=3L^2$，一个 L^2 垂直于 L^2，必有 2 个 L^2 垂直于 L^2；

$L^3+L^2_{\perp}=L^3 3L^2$，一个 L^2 垂直于 L^3，必有 3 个 L^2 垂直于 L^3；

$L^4+L^2_{\perp}=L^4 4L^2$，一个 L^2 垂直于 L^4，必有 4 个 L^2 垂直于 L^4；

$L^6+L^2_{\perp}=L^6 6L^2$，一个 L^2 垂直于 L^6，必有 6 个 L^2 垂直于 L^2。

【定理三】 如果有一个对称面 P 垂直于偶次对称轴 L^n（n 为偶数），则其交点必定是对称中心 C（图 2－28）。即：

$L^2+P_{\perp}=L^2PC$，对称面 P 垂直于 L^2，其交点必为对称中心 C；

$L^4+P_{\perp}=L^4PC$，对称面 P 垂直于 L^4，其交点必为对称中心 C；

$L^6+P_{\perp}=L^6PC$，对称面 P 垂直于 L^6，其交点必为对称中心 C。

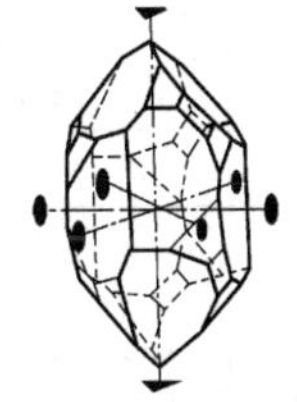

图 2－27　石英晶体的对称轴（$L^3 3L^2$）

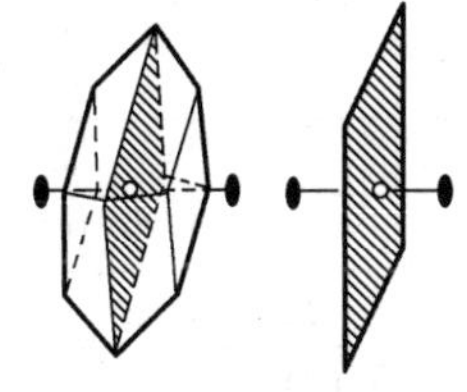

图 2－28　石膏晶体的对称要素（L^2PC）

【定理四】 如果有一个二次轴 L^2 垂直旋转反伸轴 L^n_i 或者有一个对称面 P 包含 L^n_i，若 n 为奇数（图 2－29），则必有 n 个二次轴 L^2 垂直旋转反伸轴 L^n_i，同时有 n 个对称面 P 包含

L_i^n；若 n 为偶数（图 2－30），则必有 $n/2$ 个二次轴 L^2 垂直旋转反伸轴 L_i^n，同时有 $n/2$ 个对称面 P 包含 L_i^n，即：

$L_i^3+L_{\perp}^2=L_i^3 3L^2 3P$（$=L^3 3L^2 3PC$）或 $L_i^3+P_{/\!/}=L_i^3 3L^2 3P$（$=L^3 3L^2 3PC$）；

$L_i^2+L_{\perp}^2=L_i^2 L^2 P$（$=L^2 2P$）或 $L_i^2+P_{/\!/}=L_i^2 L^2 P$（$=L^2 2P$）；

$L_i^4+L_{\perp}^2=L_i^4 2L^2 2P$ 或 $L_i^4+P_{/\!/}=L_i^4 2L^2 2P$；

$L_i^6+L_{\perp}^2=L_i^6 3L^2 3P$ 或 $L_i^6+P_{/\!/}=L_i^6 3L^2 3P$。

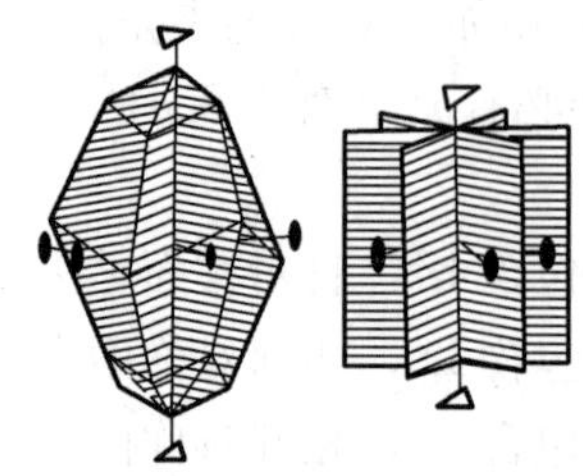

图 2－29　具有 $L_i^3 3L^2 3P$ 的图形（方解石）

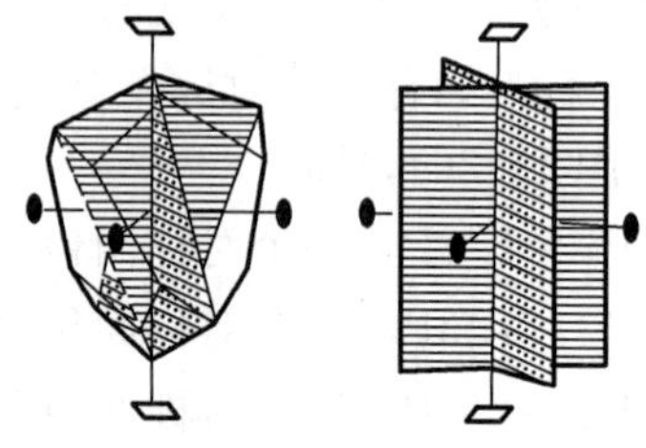

图 2－30　具有 $L_i^4 2L^2 2P$ 的图形（黄铜矿）

2. 对称型

一个晶体中全部对称要素的总合，称为该晶体的对称型（class of symmetry）。例如，呈立方体形态的晶体有 3 个 L^4、4 个 L^3、6 个 L^2、9 个 P 和 1 个 C，所以，呈立方体形态的晶体，其对称型为“$3L^4 4L^3 6L^2 9PC$”。

由于在结晶多面体中全部对称要素相交于一点，在进行对称分析时至少有一点是不移动的，因此对称型又称为点群（point group），还常常称为晶类（crystal class）。

根据结晶多面体中可能存在的对称要素和对称要素组合的规律，可以推导出晶体中所有可能出现的对称型总共有 32 种。对称型的推导方法如下所述。

结晶多面体中可能存在的对称要素有：

对称轴 L^1、L^2、L^3、L^4、L^6；

对称面 P（或者 L_i^2，因为 $L_i^2=P$）；

对称中心 C（或者 L_i^1，因为 $L_i^1=C$）；

旋转反伸轴 $L_i^1=C$，$L_i^2=P$，$L_i^3=L^3+C$，L_i^4，$L_i^6=L^3+P$。

为了便于推导，常将这些对称要素的组合分为两类：高次轴不多于一个的组合称为 A 类，高次轴多于一个的组合称为 B 类（表 2－3）。

表 2－3　32 种对称型的推导表

名称		原始式	轴式	中心式	面式	轴面式	倒转原始式	倒转轴面式	晶系
共同式		L^n	$L^n nL_{\perp}^2$	$L^n P_{\perp}$（C）	$L^n nP_{/\!/}$	$L^n nL^2$（$n+1$）PC	L_i^n	$L_i^n nL^2 nP$（n 为奇数） L_i^n（$n/2$）L^2（$n/2$）P （n 为偶数）	晶系
A类	$n=1$	L^1					$L_i^1=C$		三斜
	$n=2$	L^2		L^2PC			$L_i^2=P$		单斜
			$3L^2$		$L^2 2P$	$3L^2 3PC$			斜方
	$n=3$	L^3	$L^3 3L^2$		$L^3 3P$		$L_i^3=L^3C$	$L_i^3 3L^2 3P=L^3 3L^2 3PC$	三方
	$n=4$	L^4	$L^4 4L^2$	L^4PC	$L^4 4P$	$L^4 4L^2 5PC$	L_i^4	$L_i^4 2L^2 2P$	四方
	$n=6$	L^6	$L^6 6L^2$	L^6PC	$L^6 6P$	$L^6 6L^2 7PC$	L_i^6（$=L^3P$）	$L_i^6 3L^2 3P$（$=L^3 3L^2 4P$）	六方
B类		$3L^2 4L^3$	$3L^4 4L^3 6L^2$	$3L^2 4L^3 3PC$	$3L_i^4 4L^3 6P$	$3L^4 4L^3 6L^2 9PC$			等轴

对于 A 类对称型而言，上列对称要素可能的组合共有表 2-3 中的 7 种情况，结合高次轴的轴次变化，即可演化出 27 种对称型。

有多个高次对称轴的 B 类对称型的推导较为复杂，但据晶体的对称规律及立体几何的知识，仍可导出 5 个对称型（从略）。

因此，自然界的矿物晶体总计仅有 32 种对称型。

3. 对称型的国际符号及圣佛利斯符号

国际符号是表示晶体对称型的一种通用而简明的符号，其特征是：突出了相应对称要素（对称轴、反伸轴及对称面）在晶体坐标体系内的取向，同时表明了对称要素间的组合关系，简单明晰，因此获得普遍而广泛的应用。

表 2-4 中第 6 列为 32 种对称型的国际符号，完全式由（1）至（3）个方向上对称要素严格按顺序排列组成，（1）、（2）、（3）的方向因晶系不同而异，如图 2-31 所示。图中 X、Y、Z 为通过晶体中心的三维空间坐标轴（X 为前后轴、Y 为左右轴、Z 为直立轴，三方和六方晶系为四轴定向，多一个 U 轴）。如果用晶棱符号表示（有关晶棱符号，请参见本章第四节）：等轴晶系依次为 [001]、[111]、[110]；三方及六方晶系依次为 [00・1]、[10・0]、[21・0]；四方晶系依次为 [001]、[100]、[110]；斜方晶系依次为 [100]、[010]、[001]；单斜晶系仅有一个方向 [010]；三斜晶系仅有一个任意方向。

表 2-4 晶体的分类及对称型

晶族	晶系	对称特点	格子常数	对称型种类	对称型国际符号	晶 类 名 称
低级晶族（无高次轴）	三斜晶系	无 L^2，无 P	$a \neq b \neq c$ $\alpha \neq \beta \neq \gamma \neq 90°$	1. L^1		单面晶类
				2. $\underline{C}$	$\frac{1}{1}$	平行双面晶类
	单斜晶系	L^2 或 P 不多于 1 个	$a \neq b \neq c$ $\alpha = \gamma = 90°$ $\beta > 90°$	3. L^2	2	轴双面晶类
				4. P	m	反映双面晶类
				5. $\underline{L^2PC}$	2/m	斜方柱晶类
	斜方晶系	L^2 或 P 多于 1 个	$a \neq b \neq c$ $\alpha = \beta = \gamma = 90°$	6. $3L^2$	222	斜方四面体晶类
				7. $L^2 2P$	mm（mm2）	斜方单锥晶类
				8. $\underline{3L^2 3PC}$	mmm$\left(\frac{2}{m}\frac{2}{m}\frac{2}{m}\right)$	斜方双锥晶类
中级晶族（只有一个高次轴）	四方晶系	有一个 L^4 或 L_i^4	$a = b \neq c$ $\alpha = \beta = \gamma = 90°$	9. L^4	4	四方单锥晶类
				10. $L^4 4L^2$	42（422）	四方偏方面体晶类
				11. L^4PC	4/m	四方双锥晶类
				12. $L^4 4P$	4mm	复四方单锥晶类
				13. $\underline{L^4 4L^2 5PC}$	4/mmm$\left(\frac{4}{m}\frac{2}{m}\frac{2}{m}\right)$	复四方双锥晶类
				14. L_i^4	$\bar{4}$	四方四面体晶类
				15. $L_i^4 2L^2 2P$	$\bar{4}2m$	复四方偏三角面体晶类
	三方晶系	有一个 L^2	$a = b \neq c$ $\alpha = \beta = 90°$ $\gamma = 120°$	16. L^3	3	三方单锥晶类
				17. $\underline{L^3 3L^2}$	32	三方偏方面体晶类
				18. $\underline{L^3 3P}$	3m	复三方单锥晶类
				19. L^3C	$\bar{3}$	菱面体晶类
				20. $\underline{L^3 3L^2 3PC}$	$\bar{3}$m$\left(\bar{3}\frac{2}{m}\right)$	复三方偏三角面体晶类

续表

晶族	晶系	对称特点	格子常数	对称型种类	对称型国际符号	晶 类 名 称
中级晶族（只有一个高次轴）	六方晶系	有一个 L^6 或 L_i^6	$a=b\neq c$ $\alpha=\beta=90°$ $\gamma=120°$	21. L^6	6	六方单锥晶类
				22. $L^6 6L^2$	62（622）	六方偏方面体晶类
				23. L^6PC	6/m	六方双锥晶类
				24. $L^6 6P$	6mm	复六方单锥晶类
				25. $\underline{L^6 6L^2 7PC}$	6/mmm$\left(\frac{6}{m}\frac{2}{m}\frac{2}{m}\right)$	复六方双锥晶类
				26. L_i^6	$\bar{6}$	三方双锥晶类
				27. $L_i^6 3L^3 3P$	$\bar{6}2m$	复三方双锥晶类
高级晶族（有数个高次轴）	等轴晶系	有四个 L^3	$a=b=c$ $\alpha=\beta=\gamma=90°$	28. $3L^2 L^3$	23	五角三四面体晶类
				29. $\underline{3L^2 4L^3 3PC}$	m3$\left(\frac{2}{m}\bar{3}\right)$	偏方复十二面体晶类
				30. $\underline{3L_i^4 4L^3 6P}$	$\bar{4}3m$	六四面体晶类
				31. $3L^4 4L^3 6L^2$	43（432）	五角三八面体晶类
				32. $\underline{3L^4 4L^3 6L^3 9PC}$	m3m$\left(\frac{4}{m}\bar{3}\frac{2}{m}\right)$	六八面体晶类

注：下边划有横线者为较常见的重要对称型。国际符号栏中有括号者为完全式，无括号者为简化式或完全式。

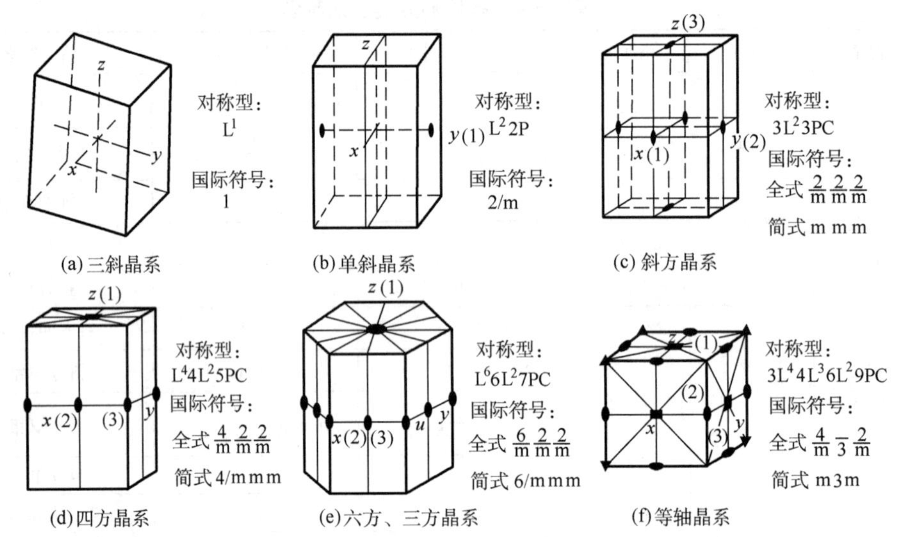

图 2-31 各晶系的定向与典型对称要素及国际符号书写顺序

x、y、z 为晶轴，对称面（细线）及对称轴，(1)、(2)、(3) 为国际符号选取及书写顺序

每一方向上的 1、2、3、4、6 和 $\bar{1}$、$\bar{2}$、$\bar{3}$、$\bar{4}$、$\bar{6}$ 及 m 分别表示与该方向平行的各种轴次的对称轴、旋转反伸轴和与之垂直的对称面；每一方向上的$\frac{2}{m}$、$\frac{4}{m}$、$\frac{6}{m}$分别表示与该方向平行的 2、4、6 次对称轴及与之垂直的对称面。

例如：对称型 L^2PC，各对称要素的配置如图 2-31（b）所示，属单斜晶系，L^2 与［010］平行，同时 P 与之垂直，其国际符号完全式为$\frac{2}{m}$；对称型 $3L^4 4L^3 6L^2 9PC$，属等轴晶系，各对称要素的配置如图 2-31（f），与［001］方向平行的是 L^4 及与之垂直的 P，与

[111] 方向平行的是 L^3 及对称中心 C（$=L_i^3$），与 [110] 方向平行的是 L^2 及与之垂直的 P，其国际符号的完全式为 $\frac{4}{m}\bar{3}\ \frac{2}{m}$；对称型 $L^6 6L^2 7PC$，属六方晶系，各要素的配置如图 2-31（e）所示，与 [00·1] 方向平行的是 L^6 及与之垂直的 P，与 [10·0] 方向平行是 L^2 及与之垂直的 P，与 [21·0] 方向平行的是 L^2 及与之垂直的 P，其国际符号的完全式为 $\frac{6}{m}\frac{2}{m}\frac{2}{m}$；对称型 $L^3 3L^2$ 属三方晶系，与 [00·1] 方向平行的是 L^3，与 [10·0] 方向平行的是 L^2，其国际符号的完全式为 32。

可见，国际符号中仅列出了规定方向上的主要对称要素，而省略了所有的经由对称操作能相互重复的相同对称要素以及作为派生对称要素的对称中心。如果进一步省略完全式中的某些经对称要素组合规律可以推导出的派生对称要素，同时将分式 $\frac{n}{m}$ 改写为斜线式 n/m，则构成了国际符号的简化式。例如，对称型 $3L^2 3PC$ 的国际符号完全式为 $\frac{2}{m}\frac{2}{m}\frac{2}{m}$，其中 L^2 可由正交的二对称面推导出，因此其简式为 m m m；又如对称型 $L^6 6L^2 7PC$ 的国际符号完全式为 $\frac{6}{m}\frac{2}{m}\frac{2}{m}$，其中 L^2 可由正交的二对称面导出，因此其简化式为 6/m m m。

对称型的圣佛利斯（Schönflies）符号也是以对称要素组合的形式来表示的，它与国际符号不同之处在于，其复合对称要素是采用旋转反映轴 L_s^n 而不是旋转反伸轴 L_i^n。旋转反映轴 L_s^n 与旋转反伸轴 L_i^n 之间的对应等效关系是：

$$L_s^1 = L^1 + P = L_i^2; L_s^2 = L^1 + C = L_i^1$$

$$L_s^3 = L^3 + P = L_i^6; L_s^4 = L_i^4$$

$$L_s^6 = L^3 + C = L_i^3$$

圣佛利斯符号中各记号的含义是：

C_i 和 C_s 分别代表单独一个对称中心 C 和单独一个对称面 P；

C_n 和 S_n 分别代表直立安置的与结晶轴 z 轴平行的 n 次对称轴 L^n 和单独的一个 n 次旋转反映轴 L_s^n；

D_n 代表 $L^n nL^2$ 组合中直立安置的与结晶轴 z 轴平行的 n 次对称轴 L^n；

T 和 O 分别代表 $3L^2 4L^3$ 和 $3L^4 4L^3 6L^2$ 的组合，且 T 中相互正交的 $3L^2$ 及 O 中相互正交的 $3L^4$ 均按上下、前后、左右安置，即分别与结晶轴 z 轴、x 轴及 y 轴平行；

以上的 C_n、S_n、D_n 以及 T 和 O 被看成是对称型的主轴或基本组合，然后，还可能有对称中心或对称面与它们再进行组合。所增加的对称中心或对称面均以字母下标来表示，其中 i 代表对称中心，h 代表水平的对称面，v 代表直立的对称面，d 代表直立的沿对角线方向的对称面，位于相邻的二水平二次轴 L^2 交角的等分线位置上。

例如，对称型 L^4PC 中，L^4 直立安置与结晶轴 z 平行，P 与之垂直，其圣佛利斯符号为 C_{4h}。又如，对称型 $L^3 3L^2 3PC$ 中，L^3 为直立安置的主轴且具有 $L^3 3L^2$ 组合，同时有直立的沿对角线方向的对称面 P，其圣佛利斯符号为 D_{3d}。

据国际结晶学联合会（IUCR）决议，圣佛利斯符号可以与国际符号并用，因此，二者都经常出现在各种文献中。

4. 晶体的分类

对称性是晶体的基本性质，同时，晶体的对称性是有限制的，而不是任意的，即只有对称中心、对称面、对称轴及旋转反伸轴四种对称要素，各对称要素的数量也是有限的，其组合共计 32 种，即总计 32 种对称型。因此，常常根据对称特性，将自然界的晶体分为三晶族、七晶系、32 种晶类（以及 230 种空间群），这样的分类与按空间格子参数对晶体的分类完全一致。各晶族及各晶系的对称特征及包含的晶类介绍如下。

高级晶族，有多个高次对称轴，只有一个晶系，即等轴晶系，细分为 5 个晶类。

中级晶族，仅有唯一的一个高次对称轴，根据轴次的不同细分为 3 个晶系：

六方晶系，有且仅有一个 6 次对称轴，可细分为 7 个晶类；

四方晶系，有且仅有一个 4 次对称轴，可细分为 7 个晶类；

三方晶系，有且仅有一个 3 次对称轴，可细分为 5 个晶类。

低级晶族，无高次对称轴，根据对称轴和对称面的数目可分为 3 个晶系：

斜方晶系，2 次对称轴或对称面多于一个，可细分为 3 个晶类；

单斜晶系，2 次对称轴和对称面的数目均不多于一个，可细分为 3 个晶类；

三斜晶系，无对称轴也无对称面，细分为 2 个晶类。

各晶系的对称特点、格子常数、晶类的国际符号及晶类的名称见表 2－4。

五、晶体的微观对称及空间群

晶体的对称包含两个部分与层次：一部分是在宏观晶体及晶体微观结构中均能出现的对称要素，即前述的对称中心、对称面、对称轴及旋转反伸轴；另一部分是只能在无限图形的晶体微观结构中才能出现的对称要素。在微观对称变换中包含有平移操作，显然，平移变换在有限图形中是不能成立的，因此，微观对称要素不可能直接在宏观晶体中观测到。

1. 微观对称要素

只见于晶体内部结构的微观对称要素包括平移轴、滑移面及螺旋轴。

平移轴（translation axis），为一条假想的直线，图形沿此直线移动一定距离后可使图形相同的部分重复，即整个图形复原。在平移对称变换中，能使图形复原的最小平移距离称为平移轴的移距。在空间格子中沿任意一行列移动一个或若干个结点间距，均可使空间格子复原，因此，任意一行列均是平移轴。晶体内有无数多个平移轴。

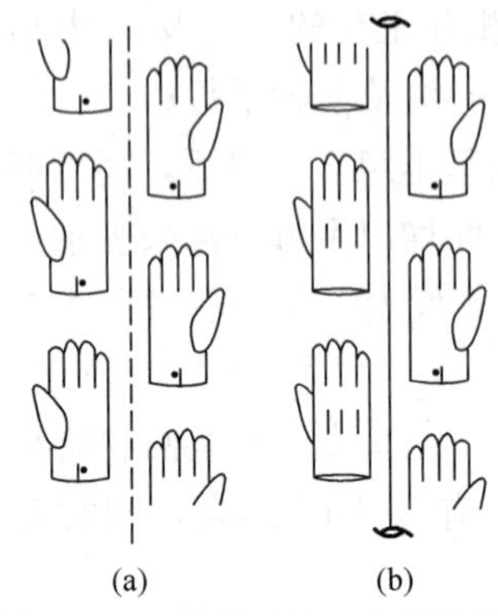

图 2－32　滑移面与二次螺旋轴

（a）滑移面；（b）二次螺旋轴 2_1

滑移面（glide plane of symmetry），又称象移面（glide reflection plane），是一个假想平面和某一方向的假想直线。相应的对称变换是，沿此平面反映同时沿直线平移一定距离后整个图形复原。先平移而后再反映的结果与此完全相同［图 2－32（a）］。

在滑移面的对称操作中，平移是平行于反映面的平移，按平移方向与距离的不同，可分为 5 种滑移面（图 2－33）：

沿结晶轴方向平移的滑移面（国际符号分别为 a、b、c），其平移方向和距离分别为 $\boldsymbol{a}_0/2$、$\boldsymbol{b}_0/2$、$\boldsymbol{c}_0/2$，在菱面体格子中为（$\boldsymbol{a}_0+\boldsymbol{b}_0+\boldsymbol{c}_0$）/2；

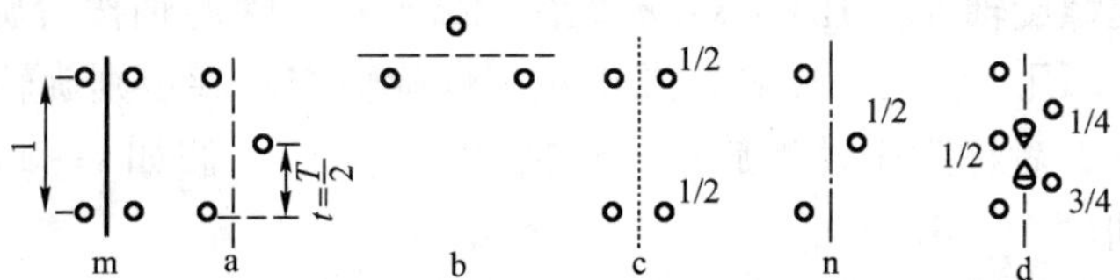

图 2-33　对称面 m 及滑移面 a、b、c、n、d

图中结点间距为 $T=1$，分数 1/2、1/4、3/4 表示在垂直纸面的方向上质点滑移的距离

沿对角线方向平移的滑移面（国际符号为 n），其平移方向和距离分别为（$\boldsymbol{a}_0+\boldsymbol{b}_0$）/2 或（$\boldsymbol{b}_0+\boldsymbol{c}_0$）/2 或（$\boldsymbol{c}_0+\boldsymbol{a}_0$）/2，在六方格子中为（$2\boldsymbol{a}_0+\boldsymbol{b}_0$）/2 或（$2\boldsymbol{a}_0+\boldsymbol{b}_0+\boldsymbol{c}_0$）/2，在四方格子及立方格子中还可为（$\boldsymbol{a}_0+\boldsymbol{b}_0+\boldsymbol{c}_0$）/2；

所谓的金刚石平移的滑移面（国际符号为 d），其平移方向和距离为（$\boldsymbol{a}_0\pm\boldsymbol{b}_0$）/4 或（$\boldsymbol{b}_0\pm\boldsymbol{c}_0$）/4 或（$\boldsymbol{c}_0\pm\boldsymbol{a}_0$）/4，在四方体心格子和立方体心格子中还可以为（$\boldsymbol{a}_0\pm\boldsymbol{b}_0\pm\boldsymbol{c}_0$）/4。

当平移距离为 0 时，滑移面即蜕变为对称面（国际符号为 m）。

螺旋轴（screw axis），也是一种复合的对称要素，为一条假想的直线。相应的对称变换是，绕此直线旋转一定角度并沿此直线方向平移一定距离后，图形能够复原［图 2-32（b)］。

与对称轴的情况相同，螺旋轴也有一定的基转角 α 和轴次 n，且轴次 n 只能是 1、2、3、4 和 6，相应的基转角为 360°、180°、120°、90°和 60°。螺旋轴中所包含的平移变换，其平移距离等于沿螺旋前进方向上的行列结点间距 T 的 s/n（在此，n 为轴次，s 为小于 n 的自然数)。依据平移距离（s/n）T 及轴次 n 的不同，晶体微观结构中共计有 2_1、3_1、3_2、4_1、4_2、4_3、6_1、6_2、6_3、6_4、6_5 等 11 种螺旋轴，这 11 种编号也就是螺旋轴的国际符号，或者说，螺旋轴国际符号的通式为 n_s，其中 n 为 1、2、3、4 和 6，s 为小于 n 的自然数。至于 1 次螺旋轴，由于没有小于 1 的自然数，因此实际上就等同于 1 次旋转轴。

在上述螺旋轴的对称变换中，基转角为 α，平移距离为（$s/n)T$，且其旋转和平移方向是符合所谓“右旋定则”的，即假设把右手的大拇指竖直，其余四指并拢弯曲，那么，四指所指的方向为旋转方向，大拇指所指的方向为平移的方向［图 2-34（a)］；螺旋轴还可以按“左旋定则”的方式旋转并平移，即按左手四指的方向旋转并按左手大拇指的方向平移［图 2-34（b)］。一条基转角为 α 的螺旋轴 n_1，如果按右旋定则旋转并平移，其平移距离为 $(s/n)T$，那么，将其按左旋定则旋转并平移时，其平移距离变为（$1-s/n)T$（图 2-35）。

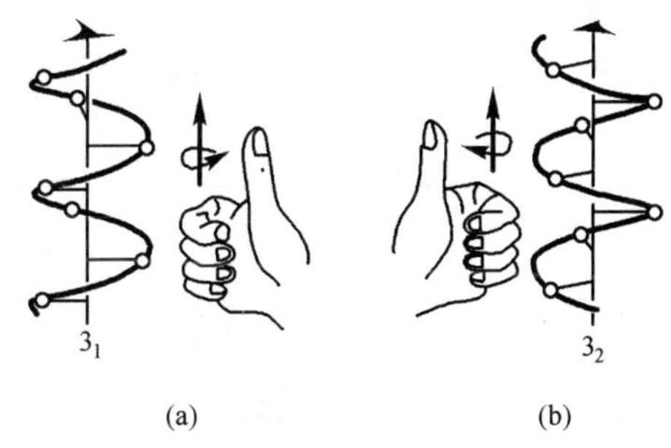

图 2-34　三次螺旋轴

（a）右旋三次螺旋轴；（b）左旋三次螺旋轴

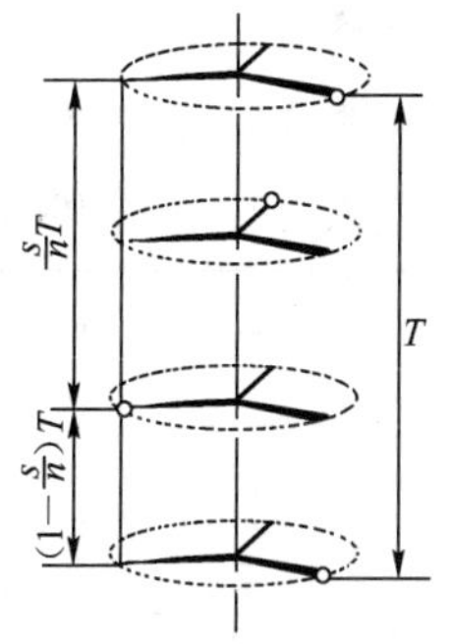

图 2-35　左旋与右旋螺旋轴平移距之关系

所以，一般规定螺旋轴 n_s：凡 $0<s<n/2$ 者，属于右旋螺旋轴按右旋定则旋转并平移，包括 3_1、4_1、6_1、6_2；凡 $n/2<s<n$ 者，属于左旋螺旋轴按左旋定则旋转并平移，包括 3_2、4_3、6_4、6_5；凡 $s=n/2$ 者称为中性螺旋轴，包括 2_1、4_2、6_3。假如 $s=0$ 的话，螺旋轴则蜕变为同轴次的对称轴。

图 2-36 为具有各种螺旋轴的几何图形，为了便于比较，图中同时还列出了具有各种对称轴和旋转反伸轴的几何图形。各种螺旋轴、对称轴和反伸轴的图示符号如表 2-5 所示。

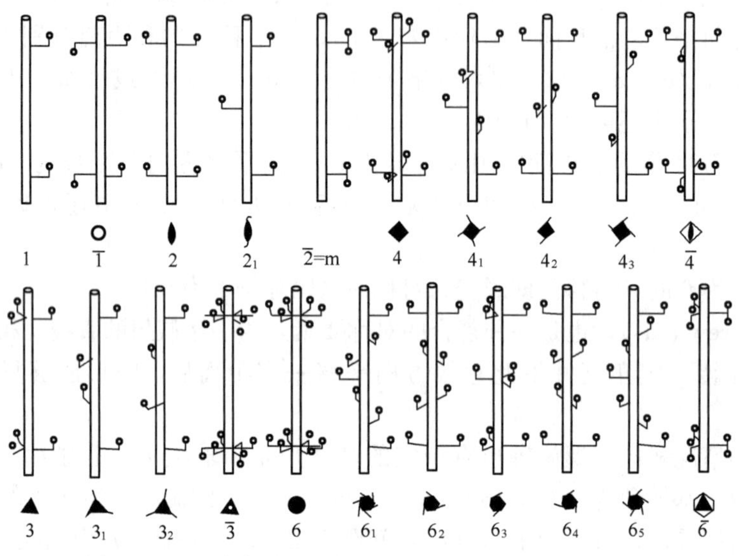

图 2-36　具有各种对称轴、反伸轴及螺旋轴的几何图形

表 2-5　晶体内部微观对称要素的图示符号

	垂　直　的	水　平　的	倾　斜　的
对称轴	2 2_1 4 4_2 4_1 4_3 3 3_1 3_2 6 6_3 6_2 6_4 6_1 6_5 $\bar{1}$ $\bar{4}$ $\bar{6}$	2 2_1 4 4_2 4_1 4_3 $\bar{4}$	2 2_1 3 3_1 3_2
对称面	m a, b c n d	m a b n d	m a, b n d

还必须注意，晶体的微观结构是无限图形，有无限多方向的平移轴存在，由于平移变换的作用，晶体结构中对称面、对称轴、旋转反伸轴、滑移面、螺旋轴等对称要素在空间的分布必然呈周期性的重复。也就是说，晶体结构中的每一种对称要素的数量都是无限的，它们不仅有方向的意义，而且每一对称要素还有确定的位置，相互间可以借助于平移变换而重复。或者说，在某一方向上存在着某种（或多种）对称要素时，那么在该方向上必定同时存在着数量无限的相互平行的同种对称要素，在空间呈平移重复的形式分布。宏观晶体的几何形态是有限图形，无法进行平移变换，其所有对称要素均相交于一点，只具有方向的意义。

2. 空间群

空间群（space group）是指晶体内部微观结构中全部对称要素的集合。晶体总共只能有 230 种不同的空间群。空间群是由费德洛夫（E. C. ФедороВ）和圣佛利斯分别独立推导完成的，故而又称为费德洛夫群或圣佛利斯群。

晶体微观结构中的空间群相当于宏观晶体中的对称型。晶体上晶面、晶棱的分布均符合该晶体的对称型，晶体微观结构中的所有质点（原子、离子、离子团及分子）的空间分布，同样都符合该晶体的空间群。

由于晶体的宏观对称是以晶体内部微观结构中的对称为依据的，所以，晶体的对称型与空间群必然是统一的，230 种空间群分属于 32 种对称型（表 2-6）。例如，单斜晶系 2/m（或 L^2PC）对称型即包含有 P2/m、$P2_1/m$、C2/m、P2/c、$P2_1/c$、C2/c 等 6 种空间群。如果设想将空间群中的平移因素消除掉的话，230 种空间群就将蜕变成为 32 种对称型。

表 2-6　230 种空间群及 32 种对称型的国际符号及圣佛利斯符号

晶系	对称型		空间群符号	
	国际符号	圣佛利斯符号	国际符号	圣佛利斯符号
三斜	1	C_1	P1	C_1
	$\bar{1}$	Ci	$P\bar{1}$	Ci
单斜	2	C_2	P2　$P2_1$　C2	$C_2^1 \sim C_2^3$
	m	Cs	Pm　Pc　Cm	$Cs^1 \sim Cs^3$
	2/m	C_{2h}	P2/m　$P2_1/m$　C2/m　P2/c　$P2_1/c$　C2/c	$C_{2h}^1 \sim C_{2h}^6$
斜方	222	D_2	P2　$P222_1$　$P2_12_12$　$P2_12_12_1$　C2221　C222　F222　I222　$I2_12_12_1$	$D_2^1 \sim D_2^9$
	mm2	C_{2v}	Pmm2　$Pmc2_1$　Pcc2　Pma2　$Pca2_1$　Pnc2　$Pmn2_1$　Pba2　$Pna2_1$　Pnn2　Cmm2　$Cmc2_1$　Ccc2　Amm2　Abm2　Ama2　Aba2　Fmm2　Fdd2　Imm2　Iba2　Ima2	$C_{2v}^1 \sim C_{2v}^{22}$
	mmm	D_{2h}	Pmmm　Pnnn　Pccm　Pban　Pmma　Pnna　Pmna　Pcca　Pbam　Pccn　Pbcm　Pnnm　Pmmn　Pbcn　Pbca　Pnma　Cmcm　Cmca　Cmmm　Cccm　Cmma　Ccca　Fmmm　Fddd　Immm　Ibam　Ibca　Imma	$D_{2h}^1 \sim D_{2h}^{28}$

晶系	对称型		空间群符号	
	国际符号	圣佛利斯符号	国际符号	圣佛利斯符号
四方	4	C_4	P4 $P4_1$ $P4_2$ $P4_3$ I4 $I4_1$	$C_4^1 \sim C_4^6$
	$\bar{4}$	S_4	$P\bar{4}$ $I\bar{4}$	$S_4^1 \sim S_4^2$
	4/m	C_{4h}	P4/m $P4_2/m$ P4/n $P4_2/n$ I4/m $I4_1/n$	$C_{4h}^1 \sim C_{4h}^6$
	422	D4	P422 $P42_12$ $P4_122$ $P4_12_12$ $P4_222$ $P4_22_12$ $P4_322$ $P4_32_12$ I422 $I4_122$	$D_4^1 \sim D_4^{10}$
	4mm	C_{4v}	P4mm P4bm $P4_2cm$ P42nm P4cc P4nc $P4_2mc$ $P4_2bc$ I4mm I4cm $I4_1md$ $I4_1cd$	$C_{4v}^1 \sim C_{4v}^{12}$
	$\bar{4}2m$	D_{2d}	$P\bar{4}2m$ $P\bar{4}2c$ $P\bar{4}2_1m$ $P\bar{4}2_1c$ $P\bar{4}m2$ $P\bar{4}c2$ $P\bar{4}b2$ $P\bar{4}n2$ $I\bar{4}m2$ $I\bar{4}c2$ $I\bar{4}2m$ $I\bar{4}2d$	$D_{2d}^1 \sim D_{2d}^{12}$
	4/mmm	D_{4h}	P4/mm P4/mcc P4/nbm P4/nnc P4/mbm P4/mnc P4/nmm P4/ncc $P4_2/mmc$ $P4_2/mcm$ $P4_2/nbc$ $P4_2/nnm$ $P4_2/mbc$ $P4_2/mnm$ $P4_2/nmc$ $P4_2/ncm$ I4/mmm I4/mcm $I4_1/amd$ $I4_1/acd$	$D_{4h}^1 \sim D_{4h}^{20}$
三方	3	C_3	P3 $P3_1$ $P3_2$ R3	$C_3^1 \sim C_3^4$
	$\bar{3}$	C_{3i}	$P\bar{3}$ $R\bar{3}$	$C_{3i}^1 \sim C_{3i}^2$
	32	D_3	P312 P321 $P3_112$ $P3_121$ $P3_212$ $P3_221$ R32	$D_3^1 \sim D_3^7$
	3m	C_{3v}	P3m1 P31m P3c1 P31c R3m R3c	$C_{3v}^1 \sim C_{3v}^6$
	$\bar{3}m$	D_{3d}	$P\bar{3}1m$ $P\bar{3}1c$ $P\bar{3}m1$ $P\bar{3}c1$ $R\bar{3}m$ $R\bar{3}c$	$D_{3d}^1 \sim D_{3d}^6$
六方	6	C_6	P6 $P6_1$ $P6_5$ $P6_2$ $P6_4$ $P6_3$	$C_6^1 \sim C_6^6$
	$\bar{6}$	C_{3h}	$P\bar{6}$	C_{3h}^1
	6/m	C_{6h}	P6/m $P6_3/m$	$C_{6h}^1 \sim C_{6h}^2$
	622	D_6	P622 $P6_122$ $P6_522$ $P6_222$ $P6_422$ $P6_322$	$D_6^1 \sim D_6^6$
	6mm	C_{6v}	P6mm P6cc $P6_3cm$ $P6_3mc$	$C_{6v}^1 \sim C_{6v}^4$
	$\bar{6}m2$	D_{3h}	$P\bar{6}m2$ $P\bar{6}c2$ $P\bar{6}2m$ $P\bar{6}2c$	$D_{3h}^1 \sim D_{3h}^4$
	6/mmm	D_{6h}	P6/mmm P6/mcc $P6_3/mcm$ $P6_3/mmc$	$D_{6h}^1 \sim D_{6h}^4$
等轴	23	T	P23 F23 I23 $P2_13$ $I2_13$	$T^1 \sim T^5$
	m3	Th	Pm3 Pn3 Fm3 Fd3 Im3 Pa3 Ia3	$T_h^1 \sim T_h^7$
	432	O	P432 $P4_232$ F432 $F4_132$ I432 $P4_332$ $P4_132$ $I4_132$	$O^1 \sim O^8$
	$\bar{4}3m$	Td	$P\bar{4}3m$ $F\bar{4}3m$ $I\bar{4}3m$ $P\bar{4}3n$ $F\bar{4}3c$ $I\bar{4}3d$	$T_d^1 \sim T_d^6$
	m3m	O_h	Pm3m Pn3n Pm3n Pn3m Fm3m Fm3c Fd3m Fd3c Im3m Ia3d	$O_h^1 \sim O_h^{10}$

空间群的符号目前一般采用国际符号及圣佛利斯符号。

空间群的国际符号包含两个部分：前半部分为布拉维格子符号，也就是平移群的符号，即以 P、R、I、C、F 分别代表原始格子、三方菱面体（原始）格子、体心格子、底心格子和面心格子；后半部分为空间群中对称要素之集合的符号，由（1）至（3）规定方向上对称性轴（对称轴、旋转反伸轴、螺旋轴）或与该方向垂直的对称性平面（对称面、滑移面）的符号按顺序组成。当在同一方向上有对称性轴和与之垂直的对称性面存在时，则写成分式的形式；如果晶体中某个规定方向上没有对称要素存在时，则用 1 来填补或将该方向空着。此外，派生的对称要素在符号中一般不予列出。各晶系的（1）至（3）方向的规定与对称型国际符号相同（图 2-31）。

如 $P2_1/m$，表明属单斜晶系 2/m（L^2PC）对称型，具单斜原始格子，在（1）方向上（即晶胞 b_0 方向上或［010］方向上）有螺旋轴 2_1 及与之垂直的对称面 m；又如 $P42_12$，表明属四方晶系 422（或 L^44L^2）对称型，具四方原始格子，在（1）方向（即［001］方向）上有 4 次对称轴，在（2）方向（即［100］方向）上有螺旋轴 2_1，在（3）方向（即［110］方向）上有 2 次对称轴。

空间群的圣佛利斯符号，是在其对称型的圣佛利斯符号的右上角添加一序号，如前述单斜晶系 2/m 对称型的圣佛利斯符号为 C_{2h}，则其所包含的 P2/m、$P2_1/m$、C2/m、P2/c、$P2_1/c$、C2/c 等 6 种空间群的圣佛利斯符号依次为 C_{2h}^1、C_{2h}^2、C_{2h}^3、C_{2h}^4、C_{2h}^5、C_{2h}^6。

3. 等效点系及等效位置

晶体结构中，通过空间群各个对称要素的作用能够彼此重合的一系列点的总和，称为等效点系（equivalent point system）。晶体结构中借助空间群各个对称要素的作用而相互联系起来的一组质点（原子、离子等）分布的空间位置，称为等效位置（equivalent position）。显然，以质点的中点来表示其空间位置时，等效位置即演变为等效点系。如前所述，晶体结构的空间群对应于宏观晶体的对称型，那么，等效点系即对应于宏观晶体的单形。

在分析等效点系时，通常都只考虑在一个单位晶胞范围内的情况。此时，单位晶胞的三条交棱为三个坐标轴，棱上的结点间距 a_0、b_0、c_0 为轴单位，坐标原点选在左后下方角顶上。各点的坐标值以轴单位的分数或小数以及 0 来表示。坐标值的书写顺序必须依次与 a_0、b_0、c_0 相对应。

当等效点系中的点都位于空间群中的某个或某些对称要素上时，则称为特殊等效点系；当等效点中的点全部位于对称要素之外时，则称为一般等效点系。每个等效点系在单位晶胞中所占有的点数是一定的，这一数目称为等效点系的重复点数。在同一空间群内，特殊等效点系的重复点数总是小于一般等效点系的重复点数。

例如，空间群 $P2_1/m$ 中所可能出现的性质不同的等效点系有 6 种，其点的坐标、重复点数如表 2-7 所示。

表 2-7　空间群 $P2_1/m$ 中可能出现的性质不同的六种等点系

	重复点数	韦考夫记号①	点的对称性	点的坐标值
一般等效点系	4	f	1	$x, y, z; \bar{x}, \bar{y}, \bar{z}; \bar{x}, (1/2)+y, \bar{z}; x, (1/2)-y, z$
特殊等效点系	2	e	m	$x, 1/4, z; \bar{x}, 3/4, \bar{z}$
	2	d	$\bar{1}$	1/2，0，1/2；1/2，1/2，1/2
	2	c	$\bar{1}$	0，0，1/2；0，1/2，1/2
	2	b	$\bar{1}$	1/2，0，0；1/2，1/2，0
	2	a	$\bar{1}$	0，0，0；0，1/2，0

①表中韦考夫记号是在每一空间群内按各等效点系之点的对称性的不同，依次用小写斜体拉丁字母按顺序进行标记。一般等效点系因其点的对称性总是最低的，故其标记的顺序在最后。

图 2-37 为空间群 $P2_1/m$ 及其一般等效点系的投影图。图中等效点以圆圈表示，空白圆圈与有逗号的圆圈之间可以通过空间群的对称中心、对称面、滑移面、旋转反伸轴的作用

相互重复，而不能凭借对称轴、螺旋轴或平移轴的作用而重复；全部空白（或有逗号）的小圆圈之间可以通过对称轴、螺旋轴及平移轴的作用而相互重复，但不能借助其他对称要素的作用而重复。圆圈旁的＋或－号，表示该点位于投影面之上或之下，且距投影平面的距离相等；如果一个点位于另一点的上方，其投影位置重叠时，则在小圆圈中画一直径表示。

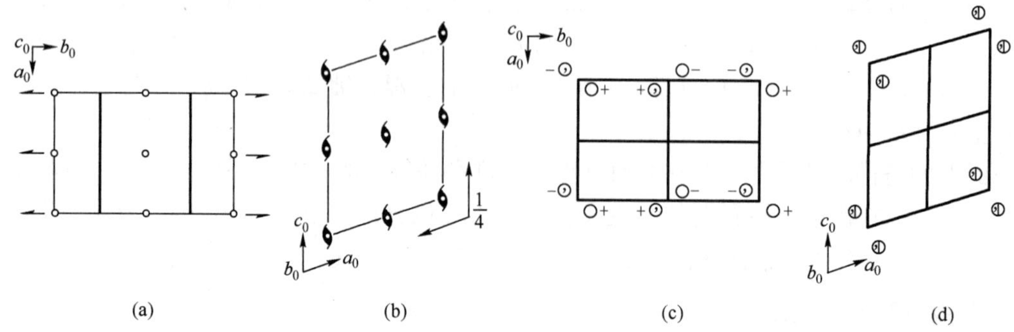

图 2-37　空间群 $P2_1/m$ 及其一般等效点系的投影图

(a)，(b) $P2_1/m$ 沿 c_0 和沿 b_0 的投影；(c)，(d) $P2_1/m$ 的一般等效点系沿 c_0 和沿 b_0 的投影

等效点系的意义在于，晶体结构中的原子（或离子）在空间都是按等效点系分布的，每一种原子（或离子）各自占据一种或几种等效点系，但除类质同象者外，不同的原子（或离子）不能共同占据同一种等效点系的位置。在描述具体矿物的结构时，常用一定的标记来代表等效点系的位置，如第四章图 4-14 辉石晶体结构中的 M_1、M_2 等。所以，等效点系及等效位置的理论从几何方面解决了晶体结构中质点在空间分布的规律性问题。

第三节　晶体的理想形态

每一种晶体都具有一定的格子结构，因而通常具有一定的特殊形态，研究晶体的形态有助于鉴定矿物。此外，晶体的形状又受生长环境的影响，研究晶体的形态又有助于阐明矿物晶体的形成条件。总之，对晶体形态的研究具有重要的理论意义和实际意义。晶体的理想形态严格地遵循格子结构规律，同时受晶体的质点类型及对称型等因素的影响。因此，属于同一种对称型的晶体可以具有完全不同的形态。例如，$3L^4 4L^3 6L^2 9PC$ 对称型的晶体，可有立方体、八面体和菱形十二面体等多种迥然不同的形态（图 2-38）。可见，晶体的具体形态也是结晶学矿物学的重要研究内容之一。

晶体的理想形态可分为两种层次及类型：一类由同形等大的晶面组成，称为单形（图 2-38）；另一类是由两种或两种以上的单形聚合组成，称为聚形，如锡石的两个四方柱与两个四方双锥组成的聚形［图 2-39 (a)］、石盐的立方体和八面体的聚形［图 2-39 (b)］。

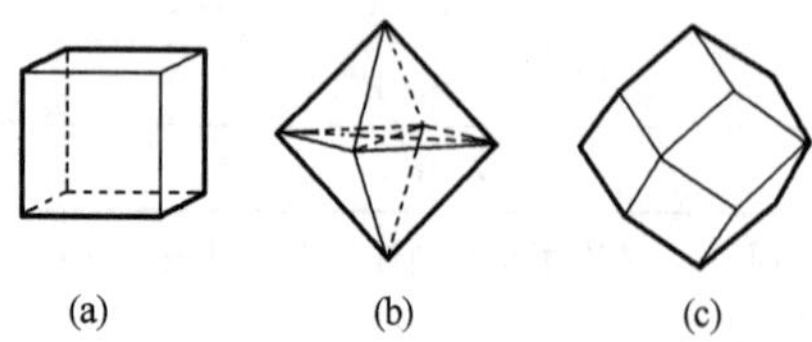

图 2-38　立方体 (a)、八面体 (b) 和菱形十二面体 (c) 的单形

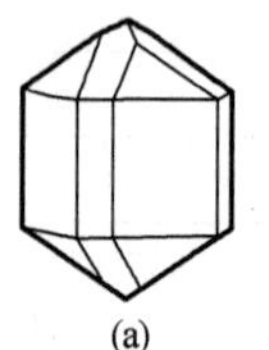

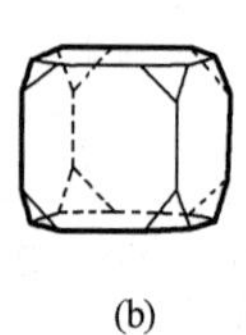

图 2-39　锡石 (a) 和石盐 (b) 的聚形

一、单形及其特性

1. 单形的概念

单形（simple form）是由对称要素联系起来的一组同形等大晶面的总和。换言之，单形也就是凭借对称型中全部对称要素的作用可以使它们相互重合的一组晶面。因此，在理想条件下，同一晶体的同一种单形的所有晶面彼此都是形状相同、大小相等的，且各个晶面的性质也相同。例如图 2-38 中单形菱形十二面体的各晶面均为等大的菱形，共 12 个。

2. 单形的推导

根据上述单形的概念可以导出如下结论：

第一，以单形中任意一个晶面作为原始晶面，通过对称型中全部对称要素的变换操作，必可以导出该单形的全部晶面。

第二，在同一对称型中，由于原始晶面与对称要素的相对位置不同，可以导出不同的单形，即同一对称型可导出多种单形。下面将证明，只可导出 1～7 种单形。

第三，不同对称型所导出单形的形态及晶面数目等几何特征可以相同，但就其对称特性来说常常是各不相同的，即单形有几何单形与结晶单形之分。

例如，对称型 $L^2 2P$ 的对称要素在空间的配置如图 2-40。原始晶面与对称要素有如下 7 种相对位置关系。

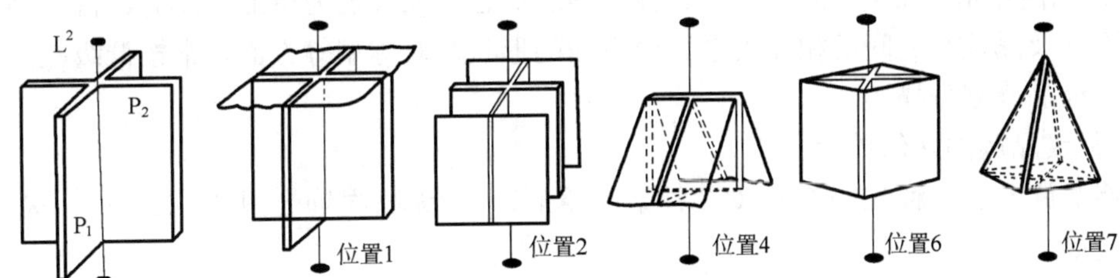

图 2-40　对称型 $L^2 2P$ 中单形的推导图解

位置 1，原始晶面同时垂直于 L^2、P_1 和 P_2。通过 L^2 和 P_1、P_2 的作用不能产生新的晶面，这一个晶面就构成一种单形——单面。

位置 2，原始晶面平行于 L^2 和一个对称面 P_2，而垂直于另一个对称面 P_1。通过 L^2 或 P_2 的作用可以产生另一平行于它的新面，这两个彼此平行的面构成一个单形——平行双面。

位置 3，原始晶面平行于 L^2 和一个对称面 P_1，而垂直于另一对称面 P_2，其推导结果为平行双面，相当于位置 2 的平行双面绕 L^2 旋转了 90°。

位置 4，原始晶面与 L^2 及 P_2 斜交，而与 P_1 垂直，由于 L^2 或 P_2 的作用可以产生一个与原始晶面相交的晶面，这两个晶面组成一个单形——双面。

位置 5（相当于位置 4 绕 L^2 旋转 90°），即原始晶面与 L^2 及 P_1 斜交，而与 P_2 垂直，其推导结果应与原始晶面处于位置 4 的情况相同。

位置 6，原始晶面与 L^2 平行，而与 P_1、P_2 斜交，通过 P_1、P_2 或通过 L^2 与 P_1（或 P_2）的作用可获得平行 L^2 的 4 个晶面，它们组成一个单形——斜方柱。

位置 7，原始晶面与 L^2 及 P_1、P_2 都斜交，通过 P_1、P_2 或 L^2 与 P_1（或 P_2）的作用可获得相交于一个顶点的 4 个晶面，它们组成一个单形——斜方单锥。

总结起来说，在对称型 $L^2 2P$ 中，原始晶面与对称要素有 7 种相对位置，相应推导出 7

种（结晶）单形，去除重复者后共推导出 5 种（几何）单形。

每一种对称型中，原始晶面与对称要素的相对位置最多只可能有 7 种。因此，同一对称型中，最多只可能推导出 7 种单形。对于那些包含对称要素较少的对称型来说，晶面与对称要素可能的相对位置的数目相应减少，可导出单形的数目也相应减少。32 种对称型所能导出的单形共计 146 种单形，称为 146 种结晶单形。

单从几何外形上考察，146 种结晶单形有许多外形是相同的。因此，在几何形态上不同的单形共计 47 种，称为 47 种几何单形。

几何单形与结晶单形数目不同，这是因为有些单形虽然几何形态相同，但其本身的对称性是不同的。例如，等轴晶系的 5 种对称型均可导出立方体单形，但各立方体晶面的对称特性各不相同（图 2－41），即可导出 5 种立方体形状的结晶单形，一种立方体几何单形。

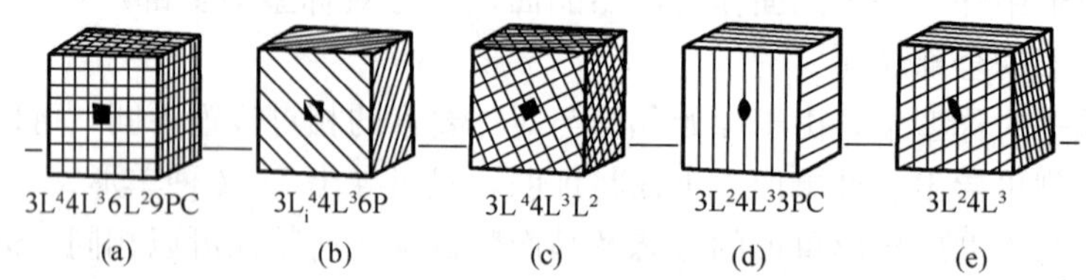

图 2－41　等轴晶系五种立方体结晶单形的晶面对称性示意图

3. 几何单形的特征及在各晶系的分布

47 种几何单形的形状见图 2－42。各单形的形态特征表现为单形晶面的数目、晶面的形状、晶面（及晶棱）之间的相互关系、横截面的形状及对称型等方面，常按低级晶族、中级晶族、高级晶族划分描述。

1）低级晶族的几何单形

低级晶族共有 7 种几何单形（22 种结晶单形），均无高次轴［图 2－42（a），表 2－8］，分别描述如下。

表 2－8　低级晶族的单形与对称型

<table>
<tr><th>单形
对称型</th><th>{hkl}①</th><th>{0kl}</th><th>{hk0}</th><th>{h0l}</th><th>{100}</th><th>{010}</th><th>{001}</th></tr>
<tr><td>L^1（1）②</td><td colspan="7">1.③单面（1）④</td></tr>
<tr><td>C（$\bar{1}$）</td><td colspan="7">2. 平行双面（2）</td></tr>
<tr><td>L^2（2）</td><td colspan="3">3. 轴双面（3）</td><td colspan="2">2. 平行双面（2）</td><td>5. 单面（1）</td><td>4. 平行双面（2）</td></tr>
<tr><td>P（m）</td><td colspan="3">6. 反映双面（3）</td><td colspan="2">7. 单面（1）</td><td>8. 平行双面（2）</td><td>7. 单面（1）</td></tr>
<tr><td>L^2PC（2/m）</td><td colspan="3">9. 斜方柱（4）</td><td colspan="2">10. 平行双面（2）</td><td>11. 平行双面（2）</td><td>10. 平行双面（2）</td></tr>
<tr><td>$3L^2$（222）</td><td>12. 斜方四面体（5）</td><td colspan="3">13. 斜方柱（4）</td><td colspan="3">14. 平行双面（2）</td></tr>
<tr><td>$L^2 2P$（mm）</td><td>15. 斜方单锥（6）</td><td>16. 反映双面（3）</td><td>17. 斜方柱（4）</td><td>16. 反映双面（3）</td><td colspan="2">18. 平行双面（2）</td><td>19. 单面（1）</td></tr>
<tr><td>$3L^2 3PC$（mmm）</td><td>20. 斜方双锥（7）</td><td colspan="3">21. 斜方柱（4）</td><td colspan="3">22. 平行双面（2）</td></tr>
</table>

①单形符号，见本章第四节，低级晶族中 h、k、l 彼此可以相等也可以不相等。

②括号内为对称型的国际符号。

③为 146 种结晶单形的序号。

④括号内数字为该几何单形在图 2－42 中的编号。后同。

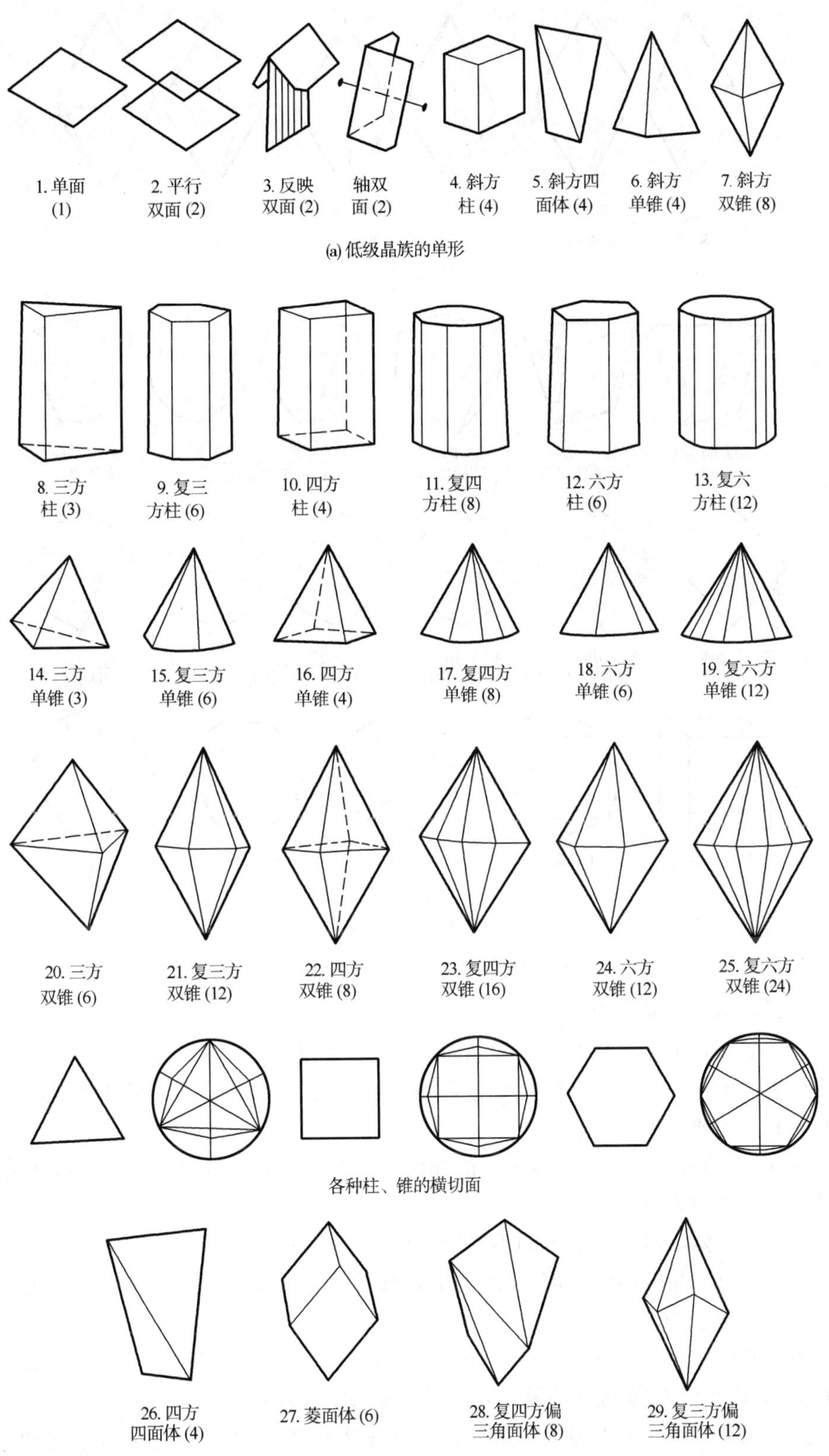

图 2-42　47 种几何单形的名称及形态（晶面数目）

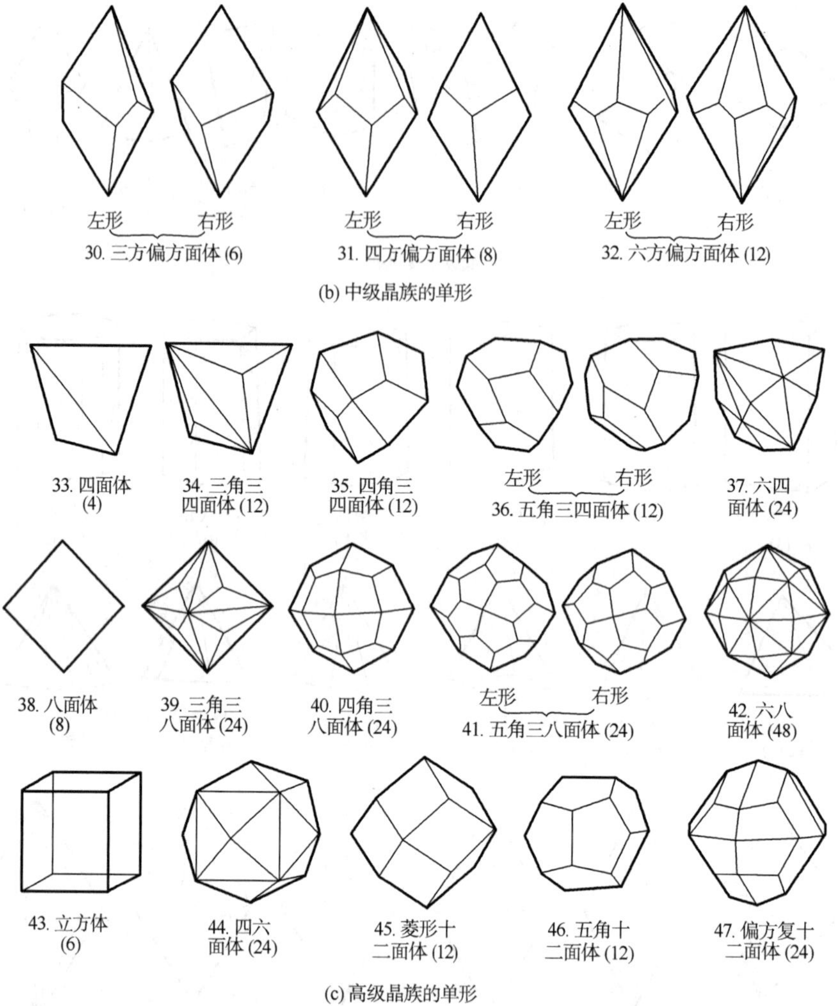

图 2－42　47 种几何单形名称及形态（晶面数目）(续)

（1）单面，由一个晶面组成。

（2）平行双面，由一对相互平行的晶面组成，又称板面。

（3）双面，由两个相交的晶面组成，若此二晶面由二次轴 L^2 相联系时称轴双面；若由对称面 P 相联系时称反映双面。

（4）斜方柱（面），由 4 个两两平行的晶面组成，它们相交的晶棱互相平行而组成柱面，垂直于晶棱的横截面为菱形。

（5）斜方四面体，由 4 个全等的不等边三角形的晶面组成。晶面互不平行，相对的晶棱相等而不平行，每一晶棱的中点都是 L^2 的出露点，通过晶体中心且垂直于 L^2 的横截面为菱形，这一单形仅见于 $3L^2$ 晶类中。

（6）斜方单锥（面），也称斜方锥（面），由 4 个相互不平行而相交于一点晶面组成，锥顶出露 L^2，垂直于 L^2 的横截面为菱形，仅见于 $L^2 2P$ 晶类中。

（7）斜方双锥，由 8 个不等边三角形的晶面所组成的双锥体，犹如两个斜方单锥以底面联结而成，每 4 个相邻的晶面会聚于一点，晶面成对平行，晶棱也成对平行，垂直于 L^2 的横截面为菱形，仅见于 $3L^2 3PC$ 晶类中。

2）中级晶族的几何单形

中级晶族的单形数量较多，共有 25 种几何单形（及 89 种结晶单形），此外还有垂直于高次轴的单面和平行双面，均仅有唯一的高次轴［表 2－9，图 2－42（b）］。按其形态及横截面特征可分为 6 组。

表 2－9　中级晶族的单形与对称型

<table>
<tr><th>单形
对称型</th><th>$\{hkl\}$
$\{hkil\}$①</th><th>$\{hhl\}$
$\{hh\overline{2h}l\}$
$\{2k\bar{k}\bar{k}l\}$</th><th>$\{h0l\}$、$\{0kl\}$
$\{h0\bar{h}l\}$
$\{0k\bar{k}l\}$</th><th>$\{hk0\}$
$\{hki0\}$</th><th>{110}
$\{11\bar{2}0\}$
$\{\bar{2}\bar{1}10\}$</th><th>{100}
$\{10\bar{1}0\}$
$\{01\bar{1}0\}$</th><th>{001}
{0001}</th></tr>
<tr><td>L^4（4）</td><td colspan="3">23. 四方单锥（16）</td><td colspan="3">24. 四方柱（10）</td><td>25. 单面（1）</td></tr>
<tr><td>$L^4 4L^2$（42）</td><td>26. 四方偏方面体（31）</td><td colspan="2">27. 四方双锥（22）</td><td>28. 复四方柱（11）</td><td colspan="2">29. 四方柱（10）</td><td>30. 平行双面（2）</td></tr>
<tr><td>L^4PC（4/m）</td><td colspan="3">31. 四方双锥（22）</td><td colspan="3">32. 四方柱（10）</td><td>33. 平行双面（2）</td></tr>
<tr><td>$L^4 4P$（4mm）</td><td>34. 复四方单锥（17）</td><td colspan="2">35. 四方单锥（16）</td><td>36. 复四方柱（11）</td><td colspan="2">37. 四方柱（10）</td><td>38. 单面（1）</td></tr>
<tr><td>$L^4 4L^2 5PC$
（4/mmm）</td><td>39. 复四方双锥（23）</td><td colspan="2">40. 四方双锥（22）</td><td>41. 复四方柱（11）</td><td colspan="2">42. 四方柱（10）</td><td>43. 平行双面（2）</td></tr>
<tr><td>L_i^4（$\bar{4}$）</td><td colspan="3">44. 四方四面体（26）</td><td colspan="3">45. 四方柱（10）</td><td>46. 平行双面（2）</td></tr>
<tr><td>$L_i^4 2L^2 2P$
（$\bar{4}2m$）</td><td>47. 复四方偏三角面体(28)</td><td>48. 四方四面体（26）</td><td>49. 四方双锥（22）</td><td>50. 复四方柱（11）</td><td>51. 四方柱（10）</td><td>52. 四方柱（10）</td><td>53. 平行双面（2）</td></tr>
<tr><td>L^3（3）</td><td colspan="3">54. 三方单锥（14）</td><td colspan="3">55. 三方柱（8）</td><td>56. 单面（1）</td></tr>
<tr><td>$L^3 3L^2$（32）</td><td>57. 三方偏方面体（30）</td><td>58. 三方双锥（20）</td><td>59. 菱面体（27）</td><td>60. 复三方柱（9）</td><td>61. 三方柱（8）</td><td>62. 六方柱（12）</td><td>63. 平行双面（2）</td></tr>
<tr><td>$L^3 3P$（3m）</td><td>64. 复三方单锥（15）</td><td>65. 六方单锥（18）</td><td>66. 三方单锥（14）</td><td>67. 复三方柱（9）</td><td>68. 六方柱（12）</td><td>69. 三方柱（8）</td><td>70. 单面（1）</td></tr>
<tr><td>L^3C（$\bar{3}$）</td><td colspan="3">71. 菱面体（27）</td><td colspan="3">72. 六方柱（12）</td><td>73. 平行双面（2）</td></tr>
<tr><td>$L^3 3L^2 3PC$
（$\bar{3}m$）</td><td>74. 复三方偏三角面体(29)</td><td>75. 六方双锥（24）</td><td>76. 菱面体（27）</td><td>77. 复六方柱（13）</td><td>78. 六方柱（12）</td><td>79. 六方柱（12）</td><td>80. 平行双面（2）</td></tr>
<tr><td>L^6（6）</td><td colspan="3">81. 六方单锥（18）</td><td colspan="3">82. 六方柱（12）</td><td>83. 单面（1）</td></tr>
<tr><td>$L^6 6L^2$（62）</td><td>84. 六方偏方面体（32）</td><td colspan="2">85. 六方双锥（24）</td><td>86. 复六方柱（13）</td><td colspan="2">87. 六方柱（12）</td><td>88. 平行双面（2）</td></tr>
<tr><td>L^6PC（6/m）</td><td colspan="3">89. 六方双锥（24）</td><td colspan="3">90. 六方柱（12）</td><td>91. 平行双面（2）</td></tr>
<tr><td>$L^6 6P$（6mm）</td><td>92. 复六方单锥（19）</td><td colspan="2">93. 六方单锥（18）</td><td>94. 复六方柱（13）</td><td colspan="2">95. 六方柱（12）</td><td>96. 单面（1）</td></tr>
<tr><td>$L^6 6L^2 7PC$
（6/mmm）</td><td>97. 复六方双锥（25）</td><td colspan="2">97. 六方双锥（24）</td><td>99. 复六方柱（13）</td><td colspan="2">100. 六方柱（12）</td><td>101. 平行双面（2）</td></tr>
<tr><td>L_i^6（$\bar{6}$）</td><td colspan="3">102. 三方双锥（20）</td><td colspan="3">103. 三方柱（8）</td><td>104. 平行双面（2）</td></tr>
<tr><td>$L_i^6 3L^2 3P$
（$\bar{6}2m$）</td><td>105. 复三方双锥（21）</td><td>106. 六方双锥（24）</td><td>107. 三方双锥（20）</td><td>108. 复三方柱（9）</td><td>109. 六方柱（12）</td><td>110. 三方柱（8）</td><td>111. 平行双面（2）</td></tr>
</table>

①单形符号，见本章第四节，三指数适用于四方晶系，四指数适用于三方和六方晶系，其中 h 与 k 不相等，l 与 h、l 与 k 之间可以相等也可以不相等，$i=-(h+k)$。

(1) 柱（面）组，属于本类的单形系由若干（如 3、4、6、8、12 个）晶面围成的柱（面），相邻晶面相交的晶棱均相互平行，并且均与高次对称轴平行。按垂直于棱（或垂直于高次对称轴）的横截面的形状，可分为六种单形：三方柱、四方柱和六方柱（面），其横截面分别为正三角形、正四边形（正方形）、正六边形；复三方柱、复四方柱和复六方柱，其横截面为复三边形、复四边形和复六边形。

需要指出的是，复三边形、复四边形和复六边形绝不等同于正六边形、正八边形和正十二边形。因为，复六边形的十二条边虽然相等，但其内角是相间相等、相邻不等的，而正十二边形的内角均相等。复三边形、复四边形与正六边形、正八边形的区别与此类似。

(2) 单锥（面）组，属于本类的单形是由若干（如 3、4、6、8、12 个）晶面相交于高次轴的一点而组成的锥面，与柱类相似，按其垂直高次对称轴的横截面的形状可分为 6 种单形：三方单锥（面）、四方单锥（面）和六方单锥（面），或称为三方锥、四方锥、六方锥，其垂直于高次对称轴的横截面依次为正三边形、正四边形和正六边形；复三方（单）锥、复四方（单）锥、复六方（单）锥，其垂直于高次对称轴的横截面依次为复三边形、复四边形和复六边形，它们仅依次出现在 $L^3 3P$、$L^4 4P$ 和 $L^6 6P$ 晶类中。注意，不可将复三边形、复四边形和复六边形误作为正六边形、正八边形和正十二边形。

(3) 双锥组，属于本类的单形是由若干（如 6、8、12、16、24 个）晶面分别相交于高次轴上的两点而形成的双锥体，同样根据垂直于高次对称轴的横截面形状也可以分为：三方双锥、四方双锥、六方双锥，其垂直高次对称轴的横截面依次为正三边形、正四边形（正方形）和正六边形；复三方双锥、复四方双锥、复六方双锥，其垂直高次对称轴的横截依次为复三边形、复四边形和复六边形，它们仅依次出现在 $L_i^6 3L^2 3P$、$L^4 4L^2 5PC$ 和 $L^6 6L^2 7PC$ 晶类中。

(4) 四方四面体和复四方偏三角面体。四方四面体由互不平行的 4 个等腰三角形晶面所组成，相间二晶面以底边相交，其交棱的中点为 L_i^4 的出露点，围绕 L_i^4 上部二晶面与下部二晶面错开 90°，通过单形中心并垂直于 L_i^4 的横截面为正四方形。四方四面体仅出现于 L_i^4 和 $L_i^4 2L^2 2P$ 晶类中。

如果设想将四方四面体的每一晶面平分成两个不等边的偏三角形晶面，由这样的 8 个晶面所组成的单形即为复四方偏三角面体，通过它的中心并垂直于 L_i^4 的横截面为复四方形。复四方偏三角面体仅出现于 $L_i^4 2L^2 2P$ 晶类中。

(5) 菱面体与复三方偏三角面体。菱面体由两两平行的 6 个菱形的晶面组成，上下各 3 个晶面均分别交 L^3 于一点，上下晶面绕 L^3 相互错开 60°，其晶面成对平行，晶棱也成对平行。通过单形中心并垂直于 L^3 的截面为正六边形。

如果设想将菱面体的每一个晶面平分为两个不等边的偏三角形晶面，由这样的 12 个晶面所组成的单形即为复三方偏三角面体，围绕 L^3 的上部 6 个晶面与下部 6 个晶面交错排列，晶面成对平行。通过其中心并垂直 L^3 的截面为复六边形。复三方偏三角面体仅出现于 $L^3 3L^2 3PC$ 晶类中。

(6) 偏方面体组，组成本类单形的晶面都是具有两个等边的偏四方形。与双锥类似，偏方面体组上部与下部的晶面分别各自交高次轴于一点，但不同的是围绕高次轴上部晶面与下部晶面不是上下相对应，而是错开了一定角度，所有晶面均互不平行。偏方面体组包括三方偏方面体、四方偏方面体、六方偏方面体。

三方偏方面体，上部与下部各有 3 个晶面，共由 6 个晶面组成，相当于将三方双锥上部三晶面与下部三晶面绕 L^3 转动错开一定角度（60°除外，等于 60°时为菱面体），通过其中心并垂直于 L^3 的横截面为复三方形，仅出现于 $L^3 3L^2$ 晶类中。

四方偏方面体，上部与下部各有 4 个晶面，共由 8 个晶面组成，相当于将四方双锥上部四晶面与下部四晶面绕 L^4 转动错开一定角度，通过其中心并垂直于 L^4 的横截面为复四方形，仅出现于 $L^4 4L^2$ 晶类中。

六方偏方面体，上部与下部各有 6 个晶面，共由 12 个晶面组成，相当于将六方双锥上部六晶面与下部六晶面绕 L^6 转动错开一定角度，通过其中心并垂直于 L^6 的横截面为复六方形，仅出现于 $L^6 6L^2$ 晶类中。

3）高级晶族的几何单形

高级晶族共有 15 种几何单形（35 种结晶单形），均有多个高次轴［表 2－10，图 2－42(c)］。依据其形态特征及相互关系，可分为四面体组、八面体组及立方体组等三组几何单形。

表 2－10　高级晶族等轴晶系的单形与对称型

单形 / 对称型	{*hkl*}	{*hhl*} *h*>*l*	{*hkk*} *h*>*k*	{111}	{*hk*0}	{110}	{100}
$3L^2 4L^3$ (23)	112. 五角三四面体（36）	113. 四角三四面体（35）	114. 三角三四面体（34）	115. 四面体（33）	116. 五角十二面体（46）	117. 菱形十二面体（45）	118. 立方体（43）
$3L^2 4L^3 3PC$ (m3)	119. 偏方复十二面体（47）	120. 三角三八面体（39）	121. 四角三八面体（40）	122. 八面体（38）	123. 五角十二面体（46）	124. 菱形十二面体（45）	125. 方方体（43）
$3L_i^4 4L^3 6P$ (43m)	126. 六四面体（37）	127. 四角三四面体（35）	128. 三角三四面体（34）	129. 四面体（33）	130. 四六面体（44）	131. 菱形十二面体（45）	132. 立方体（43）
$3L^4 4L^3 6P$ (43)	133. 五角三八面体（41）	134. 三角三八面体（39）	135. 四角三八面体（40）	136. 八面体（38）	137. 四六面体（44）	138. 菱形十二面体（45）	139. 立方体（43）
$3L^4 4L^3 6L^2 9PC$ (m3m)	140. 六八面体（42）	141. 三角三八面体（39）	142. 四角三八面体（40）	143. 八面体（38）	144. 四六面体（44）	145. 菱形十二面体（45）	146. 立方体（43）

注：*h*、*k*、*l* 彼此之间均不相等。

(1) 四面体组，是以四面体为基础，通过晶面的变化而相互关联的单形，包括：

四面体，由 4 个等边三角形晶面所组成，晶面均与 L^3 垂直，晶棱的中点出露 L^2 或 L_i^4；

三角三四面体，由四面体的每一个晶面中心突起分为 3 个等腰三角形晶面而围成；

四角三四面体，由四面体的每一个晶面中心突起分为 3 个四边形晶面，每个四边形的边两两相等，共 12 个四边形而围成的几何单形；

五角三四面体，由四面体的每一个晶面中心突起分为 3 个偏五角形（其四条边两两等长）晶面，共 12 个偏五角形晶面而围成的单形，仅出现于 $3L^2 4L^3$ 晶类中；

六四面体，由四面体的每一个晶面中心突起分为 6 个不等边三角形面，共 24 个全等的不等边三角形而围成的几何单形，仅出现于 $3L_i^4 4L^3 6P$ 晶类中。

(2) 八面体组几何单形，是以八体为基础，通过晶面变形而相互关联的一组单形。

八面体，由 8 个等边三角形晶面所组成，晶面均分别垂直于 L^3。

与四面体组的情况类似，设想八面体的每一个晶面中心突起平分为 3 个晶面，则根据晶面的形状分别可形成三角三八面体、四角三八面体、五角三八面体；而设想八面体的一个晶面突起平分为 6 个不等边三角形则可以形成六八面体。其中，五角三八面体仅出现于 $3L^4 4L^3 6L^2$ 晶类中，六八面体仅出现于 $3L^4 4L^3 6L^2 9PC$ 晶类中。

(3) 立方体组几何单形，是以立方体为基础，通过晶面变形而相互关联的一组单形。

立方体，由两两相互平行的 6 个正四边形晶面所组成，相邻晶面间均以直角相交。

四六面体，设想立方体的每个晶面突起分为 4 个等腰三角形晶面，则这样的 24 个晶面组成了四六面体。

五角十二面体，设想立方体每个晶面突起平分为两个五角形晶面（有四条边等长），则这样的 12 个晶面组成五角十二面体。

偏方复十二面体，设想五角十二面体的每个晶面再突起平分为两个偏四方形晶面（其两条邻边等长），则这样的 24 个晶面组成偏方复十二面体，仅出现于 $3L^2 4L^3 3PC$ 晶类中。

菱形十二面体，由 12 个菱形晶面所组成。晶面两两平行，相邻晶面间的交角为 90°和 120°。菱形十二面体的表面 L^3 出露点的连线（或菱形晶面短对角线）则围成立方体。

4. 几何单形的其他分类

上述是按对称特点及晶族晶系对 47 种几何单形进行了讨论，如从单形晶面与对称要素的关系及形态等特点出发，还可将它们作如下的几种划分。

1) 一般形与特殊形

这是根据单形晶面与对称要素的相对位置关系来划分的。凡是单形晶面处于特殊位置，即晶面垂直或平行于任何一个对称要素，或者与相同的对称要素以等角度相交，则这种单形称为特殊形（special form）；反之，单形晶面处于一般位置，即不与任何一个对称要素垂直或平行（等轴晶系中的一般形的晶面有时可平行于三次轴，是一般形的例外），也不与相同的对称要素以等角相交，则这种单形称为一般形（general form）。

一个对称型中，只可能有一种一般形，晶类即以其一般形的名称来命名。

2) 开形和闭形

根据单形的晶面是否可以围成封闭的几何体来划分，凡是单形的全部晶面不能包围形成封闭几何体者称开形（open form），如平行双面、各种柱面、各种单锥面等；反之，凡是其全部晶面可以包围形成封闭几何体者，则称为闭形（closed form），如各种双锥类、菱面体、偏方面体以及等轴晶系的全部单形等。

3) 左形和右形

互为镜像，但不能以旋转操作使之重合的两个图形，称为左形与右形，如人的左手和右手即是最常见的左形和右形。

从几何形态来看偏方面体类、五角三四面体和五角三八面体等单形都有左形和右形之分（图 2-43）。识别它们的左形与右形可采用如下的办法：

(1) 对于偏方面体，将其高次轴直立，观察上部任意一个晶面的两个不等边的相对位置，较长边位于左侧者为左形，较长边位于右侧者为右形。

(2) 对于五角三四面体，在其两个相邻 L^3 的出露点之间可以找到由 3 条晶棱组成的一条折线，或者通过两个相邻 L^3 的出露点作一条假想的直线来辅助观察，若组成折线的最下边的一段晶棱偏向（直线的）左下方，即为左形；反之，即为右形。

(3) 对于五角三八面体，在其两个相邻 L^4 的出露点之间可找到由 3 条晶棱组成的一条折线，或者通过两个相邻 L^4 的出露点作一条假想直线来辅助观察，若折线中最上边的一段晶棱偏向（直线的）左上方，即为左形；反之，则为右形。

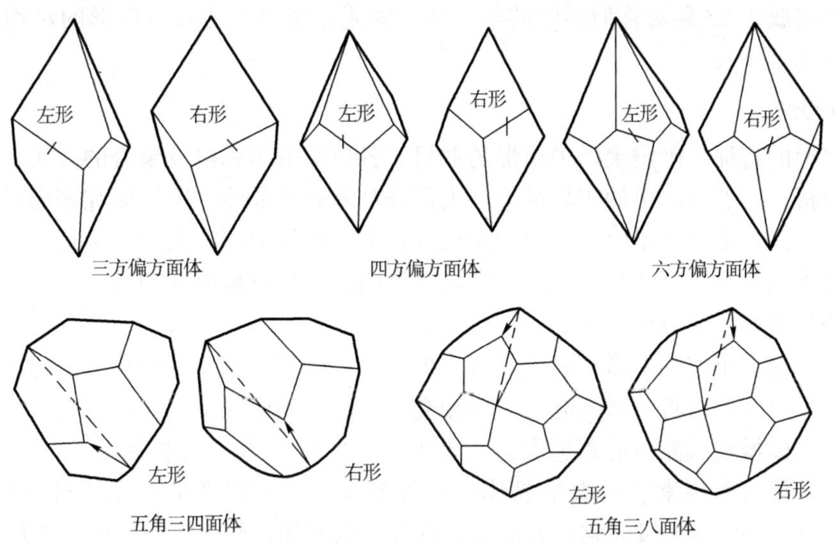

图 2-43 左形与右形的判定图解

左形与右形只出现在仅具有对称轴而不具有对称面、对称中心和旋转反伸轴的对称型中。若不仅考虑外形还同时考虑其本身对称特性的话，则属于这类（不具有对称面、对称中心和旋转反伸轴的）对称型的全部单形，均应有左形和右形的区分，特别是当其存在于聚形之中时更容易显现。

二、聚形

1. 聚形及其基本特性

两个以上单形的聚合体称为聚形（combination）。

图 2-44 分别表示了四方柱和四方双锥、立方体和菱形十二面体的聚形，用粗线勾画出了它们的聚形形态。

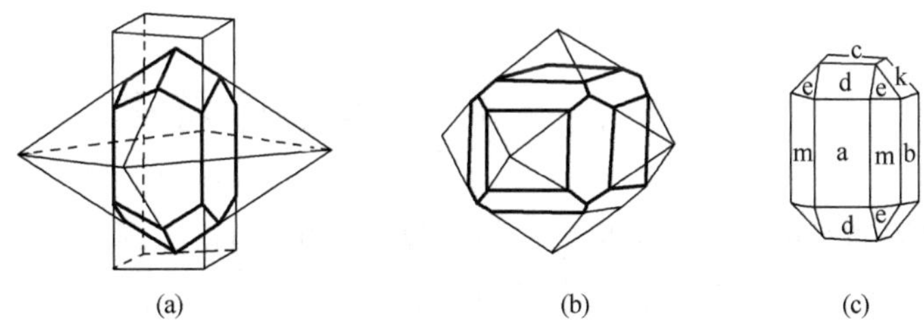

图 2-44 聚形形态

（a）四方柱与四方双锥的聚形；（b）菱面十二体与立方体的聚形；

（c）菱形十二面体的聚形晶体

显然，有多少种单形相聚，其聚形上就会出现多少种不同的晶面，它们的性质各异；对于理想形态而言，聚形中同一单形的晶面必定同形等大。

从图 2-44 中还可以看出，在聚形中，各单形的晶面数目及晶面的相对位置都没有改变；但由于单形彼此相互切割，致使聚形中单形晶面与该单形单独存在时的晶面相比较，其形状常常会有所变化。因此，决不能依据晶面的形状来判定组成该聚形的单形的名称。

单形的聚合不是任意的，必须是属于同一对称型的单形才能相聚；换句话说，聚形作为一种晶体必定属于32种对称型之中的某一种，因此，聚形中的每一单形的对称型都必须与该聚形的对称型一致。

2. 聚形分析

研究聚形的特征，确定聚形中单形的数目、各单形的名称以及聚合的方式，这样的工作称为聚形分析。自然界产出的矿物晶体绝大部分都是聚形晶体，所以研究聚形具有更普遍的实际意义。然而，聚形又是由单形聚合而成的，为了更好地研究聚形，必须要熟练地掌握单形（特别是常见单形）的特征，尤其要掌握单形的晶面与对称要素的关系特征，因为单形相聚的根本条件是要符合对称规律。

判别一个聚形由何种单形所组成，可依据矿物晶体的对称型、单形晶面的数目和相对位置、晶面符号以及设想将单形的晶面扩展相交以后晶面的形状及相互位置关系等特征，进行综合分析。现以橄榄石晶体的理想形态［图2-44（c）］为例，分析如下。

首先，依据对称要素确定聚形晶体的对称型及晶系，即橄榄石晶体对称型为$3L^23PC$（国际符号：mmm）属低级晶族斜方晶系。据此可以预知，属于该对称型的单形只可能是平行双面、斜方柱和斜方双锥等单形。

其次，确定不同形态的晶面的类型，橄榄石晶体具有a、b、c、d、e、m、k等7种不同的晶面，因而它是由7种单形所组成。

最后，依据各单形晶面间的关系确定7种单形的名称如下：

（1）a、b、c三种单形各由两个相互平行的面组成，皆为平行双面。

（2）d、m、k三种单形各具4个晶面，这4个晶面扩展相交时，相交的棱彼此平行组成横截面为菱形的柱面，因而这3种单形都是斜方柱面。

（3）单形e具有8个面，设想晶面扩展后上、下各相邻4个面都分别会聚于L^2之上的一点，晶面成对平行，垂直于L^2的横截面为菱形，因此，单形e为斜方双锥。

应注意，对于天然的矿物晶体，由于环境条件的影响，聚形中同一单形的晶面通常并不是同形等大的。此时，必须根据晶面的特征，尤其注意设想各晶面延展后的形态与相互关系来区分单形和单形名称。

第四节　晶体定向和晶面符号

前面讨论了晶体的对称、单形和聚形，但是仅知道晶体的对称和其单形类型还不能准确描述晶体的形态。例如图2-45中有两个晶体，它们的对称型都是L^44L^25PC，且都是由四方柱和四方双锥这两个单形组成的聚形，但是它们的形态并不一样，差别就在于：在两个聚形中四方柱与四方双锥的相对位置不同，或者说二者的晶面具有不同的空间分布。

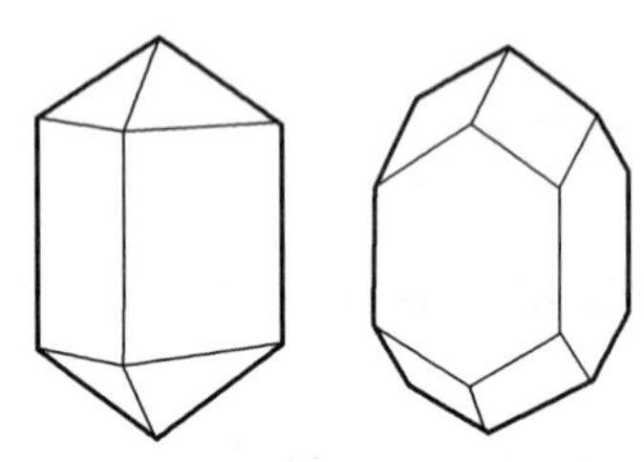

图2-45　四方柱与四方双锥组成的两种聚形

为了准确地描述晶体的形态，确定晶面的空间分布特点，需要建立一个坐标系统，这就是晶体定向。然后再用一定的符号代码来表示晶面在该坐标系统中的空间方位，这种符号代码就是晶面符号。

晶体定向不仅对晶体矿物的形态研究是重要的，对于研究晶体的内部结构和物理性质同样是不可缺少的。例如，晶体的某些光学、力学、电学、热学性质通常是随方向不同而迥异的，并显示出一定的对称性，要确切地分析和研究它们，也必须进行晶体定向。晶体定向在矿物鉴定以及在矿物形态、内部结构和物理性质的研究工作中都具有极其重要的意义。

一、晶体定向

1. 晶体定向的概念

晶体定向（crystal orientating）的含义有两方面：一是在尚未研究过的某种晶体上选定各个结晶轴的方向并确定轴率的工作；二是在已知的某个晶体上找出各个结晶轴所在方向的工作。

晶体定向的工作包含：确定坐标轴及其夹角，坐标轴又称为晶轴（crystallographic axis），其夹角又称为轴角（interaxial angle）；确定各晶轴上的单位长度或其比值，前者又称为轴单位（axial unit distance），后者又称为轴率（axial ratio）。

晶轴即是通过晶体中心的三条直线，常用字母 X、Y、Z 来表示，也有些作者用字母 a、b、c 来表示。轴角常用字母 α、β、γ 表示。轴单位常用 a、b、c 表示，或用 a_0、b_0、c_0 表示（多用于 a、b、c 晶轴系统）。

通常约定：X 轴水平前后放置，面对观察者近端为“正”，远端为“负”；Y 轴水平左右放置，右端为“正”，左端为“负”；Z 轴竖直放置，上端为“正”，下端为“负”；对于三方和六方晶系采用四轴定向时，增加一个 U 轴，即在水平面内有 X、Y、U 三条晶轴，三者正端以 120°相交；轴角 α 为 Y 轴与 Z 轴正端的夹角，β 为 X 与 Z 轴正端的夹角，γ 为 X 与 Y 轴正端的夹角（表 2－11）。

表 2－11　各晶系晶体的定向与晶体常数

晶系	晶轴的选择	晶轴方向	晶体常数	图　示	矿物举例
等轴晶系	三个互相垂直的 L^4 或 L_i^4 或 L^2 为 X、Y、Z 轴	Z—直立 Y—左右 X—前后	$a=b=c$ $\alpha=\beta=\gamma=90°$	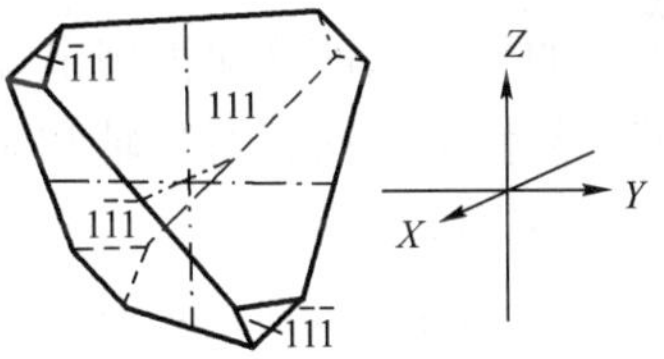	石盐黄铁矿
四方晶系	以 L^4 或 L_i^4 为 Z 轴，两互相垂直的 L^2 分别为 X、Y 轴。无 L^2 则取对称面的法线或晶棱的方向为 X、Y 轴	Z—直立 Y—左右 X—前后	$a=b\neq c$ $\alpha=\beta=\gamma=90°$	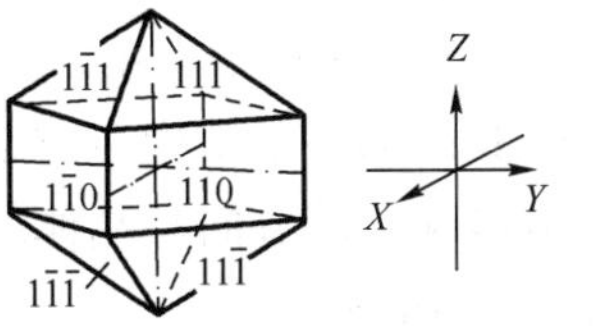	锆石锡石
三方六方晶系	以 L^3、L^6 或 L^4 为 Z 轴，三个 L^2 为 X、Y、U 轴。若无 L^2 则取对称面的法线或晶棱方向为 X、Y、U 轴	Z—直立 Y—左右 X—正端向前偏左 30° U—负端向前偏右 30°	$a=b\neq c$ $\alpha=\beta=90°$ $\gamma=120°$	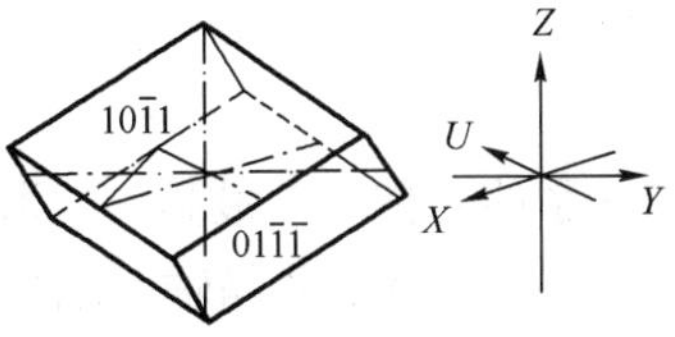	磷灰石 β-石英 α-石英 方解石 白云石

续表

晶系	晶轴的选择	晶轴方向	晶体常数	图　示	矿物举例
斜方晶系	以三个 L^2 为 X、Y、Z 轴。L^2 不足时以二对称面法线分别为 X、Z 轴	Z—直立 Y—左右 X—前后	$a \neq b \neq c$ $\alpha=\beta=\gamma=90°$		橄榄石 红柱石
单斜晶系	以 L^2 或对称面的法线为 Y 轴，二垂直于 Y 轴的晶棱的方向为 X 和 Z 轴	Z—直立 Y—左右 X—前后	$a \neq b \neq c$ $\alpha=\gamma=90°$ $\beta>90°$		单斜辉石 正长石
三斜晶系	以不在同一平面内的近于正交的三晶棱的方向为 X、Y、Z 轴	Z—直立 Y—左右 X—正端倾向观察者下方	$a \neq b \neq c$ $\alpha \neq \beta \neq \gamma \neq 90°$		斜长石 蓝晶石

注：三方晶系还可按三方格子确定晶体常数，即 $a=b=c$，$\alpha=\beta=\gamma=90°$。

晶轴一般平行于晶体空间格子中的行列，轴单位即是对应行列上的结点间距，其数值仅有纳米（10^{-9}m）大小，可通过X射线分析方法测定。轴率即 X 轴、Y 轴、Z 轴上轴单位的比率，一般把轴率写成 b 为1的连比形式，如正长石的轴率 $a:b:c=0.6585:1:0.5554$。

2. 晶轴的选择与确定

空间格子中的平行六面体属微观范畴，不能进行直接观察测量，但是从晶体的空间格子规律可以知道，晶体上晶棱、对称轴和对称面的法线往往都平行于重要的行列方向，为此，可把晶轴的选择原则确定为：

首先，选择对称轴为晶轴，当其对称轴的数量不够时，则选取对称面的法线方向作晶轴；还不足时（如单斜和三斜晶系的晶体），可选择（平行）晶棱的方向作晶轴。

其次，所选晶轴应相互垂直或近于垂直，轴单位应相等或近于相等，轴率应为1或近似为1。即轴角应为直角或近于直角，$\alpha=\beta=\gamma=90°$或约等于90°且使 $a=b=c$ 或 $a \approx b \approx c$。

晶体形态是其内部格子结构在宏观的反映，因此，根据晶体形态的对称特性，按上述原则选定晶轴，就能确保其方向与晶体的微观格子结构特点相对应。

3. 各晶系晶体的定向

如前所述，不同晶系的对称程度相差极大，其空间格子的形状与大小各不相同。因此，晶体的定向也因晶系的不同而异，即不同的晶系应用的坐标系统不同（表2-11），下面分别进行介绍。

（1）等轴晶系的对称程度最高，选取相互正交的4次对称轴 L^4（或相互正交的 L_i^4，或相互正交的 L^2）为 X、Y、Z 晶轴，轴角 $\alpha=\beta=\gamma=90°$，轴单位为 $a=b=c$。

（2）四方晶系以4次对称轴 L^4 为 Z 轴，相互正交的2次轴 L^2 分别为 X 和 Y 轴，当无

L^2 时选二正交之对称面的法线为 X 和 Y 轴，也无对称面时则选取垂直于 L^4 的且相互正交的晶棱为 X 轴和 Y 轴，其轴角 $\alpha=\beta=\gamma=90°$，其轴单位 $a=b\neq c$。

（3）三方和六方晶系以 L^3 或 L^6（或L_i^6）为 Z 轴，相交为 120°的 3 条 L^2 分别为 X、Y、U 轴，无 L^2 时选相交为 120°的 3 个对称面的法线分别为 X、Y、U 轴，也无对称面时选垂直于 L^3（或 L^6 或L_i^6）且相交为 120°的 3 条晶棱为 X、Y、U 轴，其轴角 $\alpha=\beta=90°$，$\gamma=120°$，轴单位 $a=b\neq c$。

（4）斜方晶系以相互正交的 3 个 L^2 为 X、Y、Z 轴，L^2 不足 3 个时，用相互正交的对称面的法线补充，其轴角 $\alpha=\beta=\gamma=90°$，轴单位 $a\neq b\neq c$。

（5）单斜晶系的对称程度低，约定以 2 次对称轴 L^2 或对称面 P 的法线为 Y 轴，与 Y 轴垂直且相互近于正交的两晶棱为 X 和 Z 轴，其轴角 $\alpha=\gamma=90°$且 $\beta>90°$，轴单位 $a\neq b\neq c$。

（6）三斜晶系对称程度最低，无对称轴也无对称面，选取 3 条近于相互正交的晶棱分别为 X、Y、Z 轴，其轴角 $\alpha\neq\beta\neq\gamma\neq90°$，轴单位 $a\neq b\neq c$。

4. 晶体常数

轴单位 a、b、c（或轴率 $a:b:c$）和轴角 α、β、γ 合称为“晶体常数”。晶体常数是晶体最重要的特征，各晶系的晶体常数各不相同，同晶系的不同矿物的晶体常数也各不相同。晶体常数在数值上与前述的“格子参数”及“晶胞参数”完全相同，只是其物理意义不同。如果知道矿物晶体的晶体常数 a、b、c 和 α、β、γ 的数值，即可确定其单位空间格子的形状与大小，也可确定其晶胞的形状与大小，即可以确定矿物晶体的种类和名称。因此，晶体常数既是矿物晶体定向的基本依据，也是区分矿物晶体、鉴别矿物的最基础、最重要的根据。各晶系晶体常数的共同特征如表 2－8 所示，各种矿物的晶体常数可从相关的“矿物描述手册”等资料中查取获得。

二、晶面符号

1. 晶面符号的概念

晶体定向之后，晶面在空间的相对位置即可确定。在选定的坐标系统中，按一定的原则和标准来表示晶面的空间位置及相互关系的“代码符号”即“晶面符号”，简称“面号”。

由于选定的坐标系统（定向）不同，采用的原则和标准不同，“晶面符号”的形式的数值相应也各不相同。在结晶学中通常采用英国人米勒尔（W. H. Miller）于 1839 年所创的符号，称为“米氏符号”。

2. 晶面米氏符号的确定

晶面的米氏符号的一般形式为（hkl），圆括号内的 h、k、l 称为晶面在 X、Y、Z 晶轴上的“晶面指数”，它们是一组无公约数（1 除外）的小的整数，即是说，将晶面的“晶面指数”按顺序排列置于圆括号内，则为该晶面的米氏符号。

晶面指数的具体数值，取决于该晶面在 3 个晶轴 X、Y、Z 上的截距用相应的轴单位（或单位面截距）去量度时，所得截距系数的倒数比（h、k、l）。

如图 2－46（a）所示，晶面 HKL 在 X、Y、Z 轴上的截距分别为 OH、OK、OL，依次以轴单位 a、b、c 量度之，则：

$$OH=2a;OK=3b;OL=6c$$

因此，晶面 HKL 在 X、Y、Z 晶轴上的截距系数依次为 2、3、6，截距系数倒数比为：

$$\frac{1}{2}:\frac{1}{3}:\frac{1}{6}=3:2:1$$

所得倒数比的数值“3”、“2”和“1”就是晶面 HKL 的“晶面指数”，将其按顺序排列置于圆括号内（321），则为晶面 HKL 在所选的 XYZ 晶轴系统内的米氏符号。

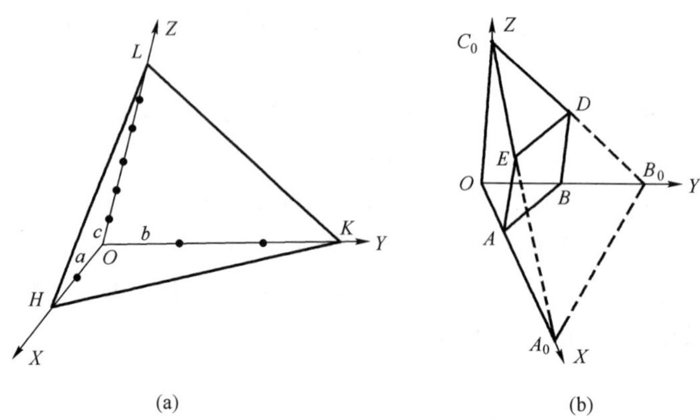

图 2 - 46　晶面的截距与晶面指数图解

晶面的米氏符号也可用单位面的截距为量度单位求得。所谓“单位面”，是指同时与三个晶轴相交且截距相等或近于相等的晶面。例如，图 2 - 46（b）中，C_0DE 晶面与 X、Y、Z 晶轴相交，截距依次为 OA_0、OB_0 和 OC_0，且三者近于相等，则 C_0DE 为“单位面”。图中 $ABDE$ 为与 Z 轴平行的晶面，与三晶轴的截距依次为 OA、OB、∞，分别以单位面的截距量度之：

$$\frac{OA}{OA_0}=\frac{(1/3)OA_0}{OA_0}=\frac{1}{3};\frac{OB}{OB_0}=\frac{(1/2)OB_0}{OB_0}=\frac{1}{2};\frac{\infty}{OC_0}=\infty$$

得晶面 $ABDE$ 的“截距系数”依次为“1/3”、” 1/2”和∞，其倒数比为：

$$\frac{1}{1/3}:\frac{1}{1/2}:\frac{1}{\infty}=3:2:0$$

得晶面 $ABDE$ 的（米氏）“晶面指数”依次为“3”、“2”和“0”，将其依次置于圆括号内则为晶面 $ABDE$ 的米氏晶面符号“（320）”。显然，“单位面”的晶面符号必为“（111）”。

综上所述，可知晶面 HKL 的米氏符号的书写规则是：设截距系数 p、q、r 分别依次为截距 OH、OK、OL 与轴单位（或单位面截距）之比，即：

$$p=OH/a;q=OK/b;r=OL/c \text{ 或 } OH=pa;OK=qb;OL=rc$$

若晶面指数依次为 h、k、l，则可根据关系式：

$$\frac{1}{p}:\frac{1}{q}:\frac{1}{r}=h:k:l \tag{2-4}$$

求得晶面指数的数值“h”、“k”、“l”，将晶面指数依次置于圆括号内得晶面符号“（hkl）”。

从空间格子的结构和布拉维法则可知，实际晶体的晶面常常是面网密度最大的面网，因此，晶体的晶面与晶轴的交点（截距）必位于结点上，即截距系数必为整数，截距系数比必为简单整数比（图 2 - 47），晶面指数必为简单整数。因此，在晶面的米氏符号中，晶面指数一般均是不大于 6 的简单整数，绝大多数情况下不大于 3。

法国学者阿羽依（R. J. Haüg）早在 1773 年就发现了这一规律，即：晶体上任意二晶面在 3 个相交于一点且不在同一平面内的晶棱上的截距之比值的比为一简单整数比。在结晶学中，这一定律被称为整数定律（law of whole number），或称为有理指数定律（law of rational indices)，还称为阿羽依定律。

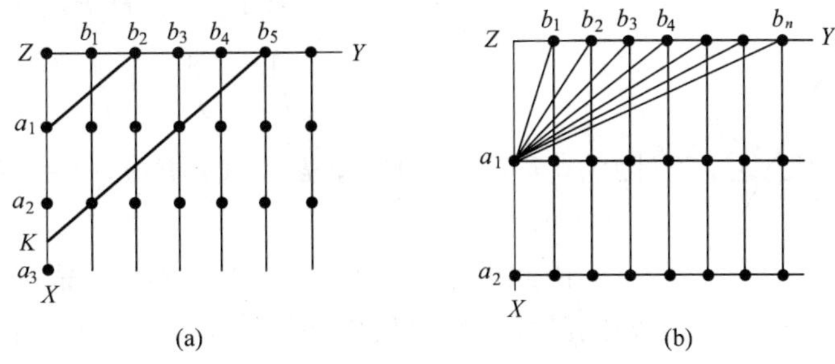

图 2-47　截距系数与截距系数比

（a）垂直纸面的任意面网 Kb_5 平移至 a_1b_2 处截 X 和 Y 轴在结点上；

（b）晶面（垂直纸面）的面网密度越大（a_1b_1），在晶轴上截距系数之比越简单

3. 晶面符号与晶面方位的关系

（1）如一晶面平行于某一晶轴，则可看成与该晶轴在无限远处相交，其截距系数为无穷大，倒数为 0，故在该晶轴上的晶面指数为 0。

显然，与 X、Y 轴平行与 Z 轴相交的晶面符号为（001）［图 2-48（a）］；与 X、Z 轴平行，只与 Y 轴相交的晶面，晶面符号为（010）［图 2-48（b）］；与 Y、Z 轴平行，与 X 轴相交，晶面符号为（100）［图 2-48（c）］；晶面符号（111），表示晶面与三晶轴相交且截距系数相等［图 2-48（d）］；（110）表示晶面与 X、Y 轴相交且截距系数相等，而与 Z 轴平行［图 2-48（e）］。

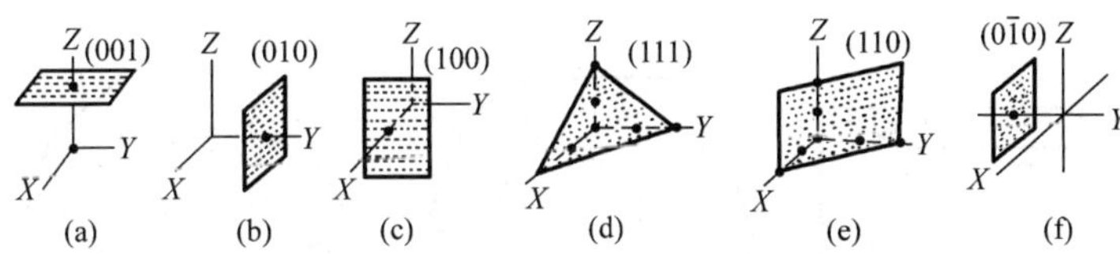

图 2-48　晶面的方位与晶面符号

（2）由于晶轴有正、负端之分，因而，晶面指数根据晶面交截晶轴于正端或负端也有正负之分。晶面指数为负值时，把负号写在指数的上端。例如，某晶面与 X、Z 轴平行，而与 Y 轴的负端相交，故 Y 轴上的指数为负值，晶面符号为（$0\bar{1}0$）［图 2-48（f）］。

（3）如果某晶面与三晶轴的交截关系虽然清楚，而晶面指数具体数值一时不能确定时，为了表示此晶面的空间方位，常用字母“hkl”代表指数。晶面与晶轴平行时，指数仍为“0”。例如（hkl）表示与三晶轴正端相交的晶面；（$hk0$）则表示只与 X、Y 轴正端相交，而与 Z 轴平行的晶面。

4. 三方与六方晶系晶体的晶面符号

三方与六方晶系的晶体，有四个晶轴（坐标轴），相应地它的晶面符号中有四个晶面指数，晶面符号一般形式为（$h\ k\ i\ l$），其中，h、k、i、l 分别代表 X、Y、U、Z 轴上的晶面指数，且前三个指数的代数和为 0，即：

$$h + k + i = 0 \tag{2-5}$$

图 2-49 中，设垂直于纸面的晶面 MM' 在 X 轴上的截距为 P_1，在 Y 轴上的截距为 P_2，在 U 轴上的截距为 P_3。作辅助线 KM' 平行于 U 轴，OKM' 为等边三角形，由于△MKM' 与△MOE 相似，因此，（P_1+P_2）/$P_2=P_1/P_3$，即有关系：

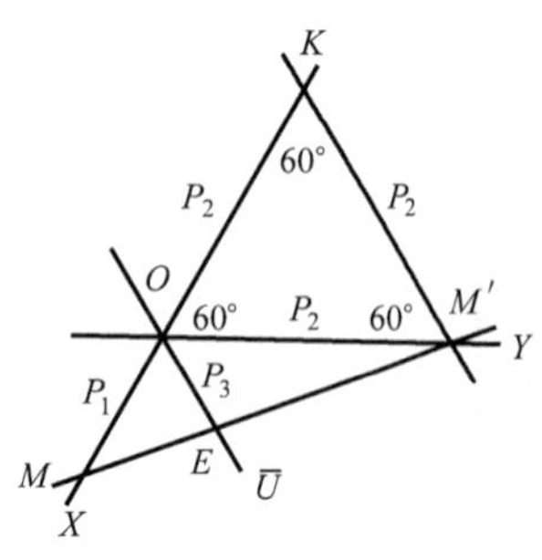

图 2-49　三方六方晶系前三位晶面指数代数和为零图解

$$\frac{P_1+P_2}{P_1P_2}=\frac{P_1}{P_1P_3}$$

$$\frac{1}{P_2}+\frac{1}{P_1}=\frac{1}{P_3}$$

因为，$h=(1/P_1)$，$k=(1/P_2)$，$i=(-1/P_3)$，所以，$h+k+i=0$。

由此可见，四轴定向的三方和六晶系，对应于三个水平轴的晶面指数之代数和恒等于0，即由 h 和 k 值极易推算出 i 的数值，加之在晶面的运过程中 i 值通常不参与运算，因而有不少作者将四轴定向的晶面符号书写为（$hk\cdot l$）形式，这样既省略了 i 值运算，又不与一般的三轴定向晶面符号混淆，如将（$11\bar{2}0$）书写为（11・0）的形式等。

三、单形符号

单形是由对称要素联系起来的一组同形等大的晶面。因此，属于同一单形的各晶面的晶面指数的绝对值必定相等，只是排列顺序和正负符号有所不同。这是因为同一单形的各个晶面与晶轴的相对位置都是相同的，截距对应相等，截距系数的绝对值也对应相同（图2-50)。因此，选择单形中某一晶面为“代表面”，将其晶面指数 h、k、l 按顺序置于大括号“{　}”之内作为表示单形的空间位置的符号，这种符号称为“单形符号”，即表示单形晶面空间位置的一组代码称为“单形符号”，简称“形号”。

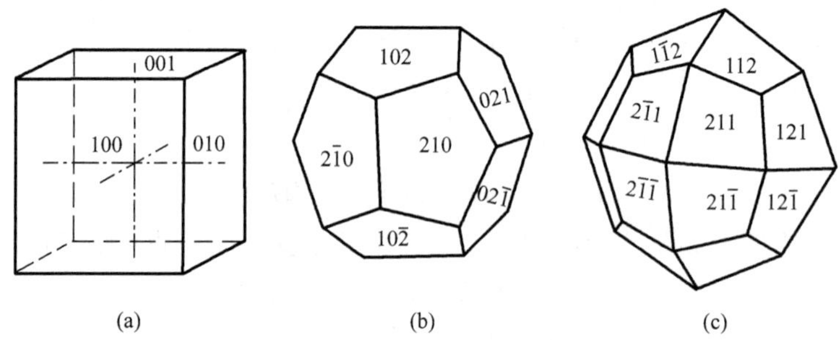

图 2-50　单形的晶面符号与单形的形号

选择单形的代表晶面时，优先选取晶面指数中正指数最多的晶面。若有两（或多）个晶面有相同多的正指数时，依照“先前、次右、后上”的原则选取，即首先选取 X 轴上为正指数的晶面为代表晶面，次选取 Y 轴上为正指数的晶面为代表晶面，后选取 Z 轴上为正指数的晶面作为代表晶面。

图 2-50（a）的立方体单形中晶面全部为正指数晶面有三个，即（100)、(010)、(001）晶面，其中（100）与 X 轴正端相交（位于前端），以它作代表晶面，其晶面指数100，将晶面指数置于“{　}”内，即{100}为立方体单形的单形符号，简称“形号”。

图 2-50（b）中，五角二面体单形的全部为正指数的晶面有（210)、(021）和（102）三个晶面，按先前、次右、后上的原则，显然应选（210）为代表面，其“形号”为{210}。

图 2-50（c）中，四角三八面体单形的全部为正指数的晶面有（211)、(121)、(112)，按先前、次右、后上的原则，应选（211）作代表面，其“形号”为{211}。

四、晶带和晶带符号

1. 晶带的概念

若晶体表面有数个晶面，其相邻者两两相交的晶棱均彼此相互平行，则这数个晶面的总和称为晶带（zone）。换句话说，若晶体表面有数个彼此相互平行的晶棱，则与这些晶棱平行的全部晶面的总和称为晶带。这里所指的晶棱，既包括在晶体表面已经存在的实际可见的晶棱，也包括延展晶面后能够相交的可能的晶棱。

通过晶体中心并平行于这些晶棱的直线称晶带轴（zone axis）。晶带一般以晶带轴上“两（端）点的字母”来命名，还可以用该晶带的“晶带符号”来命名晶带。

图 2－51（a）中，正长石晶体对称型为 L^2PC，由斜方柱 $\{110\}$、平行双面 $\{001\}$、$\{010\}$、$\{20\bar{1}\}$ 等单形的 10 个晶面组成。共计有 8 个晶带：

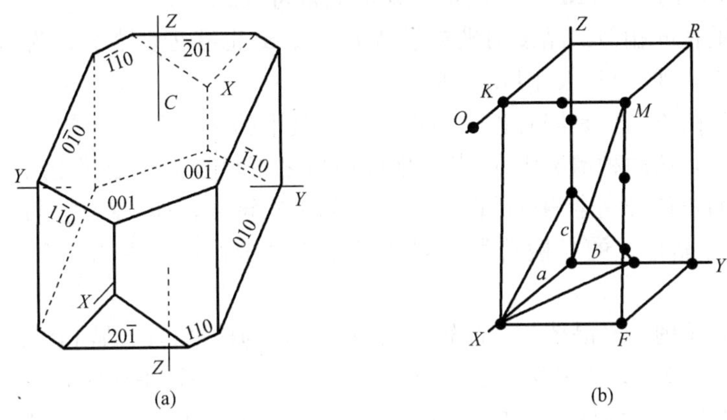

图 2－51　晶面与晶带的关系（a）、晶带及晶棱符号图解（b）

$[001]$ 晶带，为平行于 Z 轴的晶带，由 (010)、(110)、$(1\bar{1}0)$、$(0\bar{1}0)$、$(\bar{1}\bar{1}0)$、$(\bar{1}10)$ 等晶面组成，又可称为 CC 晶带；

$[100]$ 晶带，为平行于 X 轴的晶带，由 (001)、(010)、$(00\bar{1})$、$(0\bar{1}0)$ 等晶面组成，又可称为 AA 晶带；

$[010]$ 晶带，为平行于 Y 轴的晶带，由 (001)、$(20\bar{1})$、$(00\bar{1})$、$(\bar{2}01)$ 等晶面组成，又可称为 BB 晶带；

$[110]$ 晶带，由 (001)、$(1\bar{1}0)$、$(00\bar{1})$、$(\bar{1}10)$ 等晶面组成；

$[1\bar{1}0]$ 晶带，由 (001)、(110)、$(00\bar{1})$、$(\bar{1}\bar{1}0)$ 等晶面组成；

$[112]$ 晶带，由 $(1\bar{1}0)$、$(20\bar{1})$、$(\bar{1}10)$、$(\bar{2}01)$ 等晶面组成；

$[1\bar{1}2]$ 晶带，由 (110)、$(20\bar{1})$、$(\bar{1}\bar{1}0)$、$(\bar{2}01)$ 等晶面组成；

$[102]$ 晶带，由 (010)、$(20\bar{1})$、$(0\bar{1}0)$、$(\bar{2}01)$ 等晶面组成。

以上各晶带中，平行于晶轴的 $[100]$、$[010]$ 和 $[001]$ 三个晶带很明显，极易识别；$[110]$、$[1\bar{1}0]$、$[112]$ 和 $[1\bar{1}2]$ 晶带有相交棱，且交棱相互平行，也容易识别；$[102]$ 晶带四个晶面被其他晶面分隔，在晶体上并未相交，仅当其延展后方能相交，且交棱相互平行，因此仍然构成一个晶带。

2. 晶带符号及晶棱符号

表示晶带和晶带轴在选定晶轴系统内空间方位的一组代码，称为晶带符号。

常常将晶带轴的符号作为晶带的符号，而晶带轴的符号又与该晶带中与之平行的晶棱的符号相同，故晶带符号可用晶带上晶面相交晶棱的符号代替。即晶带符号和与之平行的晶棱符号，具有相同的代码及相同的书写形式。

同方向的晶带符号与晶棱符号完全相同，二者的意义却不相同。当用来表示晶棱时，代表一条晶棱或与之平行的直线的方向；当用来表示晶带时，则代表一组晶面。

确定晶带（即晶带上晶面相交晶棱）符号的法则如下：

将晶棱的一端平移至坐标原点，求取另一端（或棱上任一点）的坐标的系数 u、v、w，将坐标系数置于方括号“[ ]”内，即 $[uvw]$ 为该晶带的晶带符号（或与之平行的晶棱符号）。

图 2-51（b）中，将晶棱 OM 平行移动至坐标原点，在其上任取一点 M，M 在晶轴上的坐标为（x，y，z），以晶轴的轴单位来度量，则晶棱 OM 的坐标为 $x=a$，$y=2b$，$z=3c$，其系数为 1、2、3，则“[123]”为晶带 OM 的晶带符号。

与晶面指数的情况相似，晶棱的坐标系数 u、v、w 也有正负之分，为负值时同样将负号置于系数的顶上，如 $[1\bar{1}0]$、$[1\bar{1}2]$ 等。

由于一条晶棱的方向均是同时指向两端的，当其平移至原点后所取 M 点可在原点的一侧，也可在另一侧，这两种情况中 M 点的坐标系数之正负号恰好全部相反。所以，对应指数的绝对值相等而正负号完全相反的两个晶棱（晶带）符号。如 [102] 与 $[\bar{1}0\bar{2}]$，是同一条晶棱（或是同一晶带）的晶棱符号，即二者完全等价，都代表同一个晶带轴或晶棱的方向。

在三轴定向系统内，当晶棱与某晶轴平行时，规定与棱平行的晶轴上的系数为“1”，其他晶轴上的系数相应为 0；当晶棱位于（或平行于）任意二晶轴平面时，另一晶轴的坐标系数相应为 0。如正长石晶体的 8 个晶带中，[001]、[010] 和 [100] 晶带轴依次平行于 Z 轴、Y 轴和 X 轴；[110] 和 $[1\bar{1}0]$ 晶带轴位于 X—Y 晶轴平面内（或与 X—Y 晶轴面平行），而 [102] 晶带轴位于 X—Z 晶轴平面内（或与 X—Z 晶轴面平行）。

在四轴定向系统内，晶棱上 M 点在三个水平晶轴上的坐标系数有多种分解方式，因而是不确定的。为了避免出现此种情况，也为了晶面运算的方便，通常只考虑 X、Y、Z 三个晶轴的系数（晶轴的配置方位与四轴定向相同，只是将 U 轴省略），将晶棱符号书写为 $[uvw]$ 的形式，如平行于 Y 轴的晶棱写为 [010]。为了区别于其他正常三轴定向系统的晶棱符号，更多采用 $[uv \cdot w]$ 的形式，如平行于 Y 轴的晶棱为 $[01 \cdot 0]$。另一种方法是在采用四个系数形式 $[UVTW]$ 的时候，约定三个水平晶轴上系数之代数和为 0，即：

$$U+V+T=0 \tag{2-6}$$

在这种约定之下，四轴四系数式的晶棱符号也可得到唯一的结果。如平行于 Y 轴的、含四个系数的晶棱符号只能书写为 $[1\bar{2}10]$ 或相反方向的 $[\bar{1}2\bar{1}0]$ 的形式。

如果某晶棱符号的四轴三系数为 $[uv \cdot w]$，其四轴四系数为 $[UVTW]$，则两种系数之间可以依据如下关系式相互转换：

$$U:V:T:W=(2u-v):(2v-u):(-u-v):(3w) \tag{2-7}$$

$$u:v:w=(U-T):(V-T):W \tag{2-8}$$

在矿物学中常用的晶棱（或晶带）符号不多，等轴晶系中常用 [111]，中级晶族常用 [001]（三方、六方晶系用 [0001] 表示），低级晶族 [100]、[010]、[001] 最常遇到。当遇到这种符号时，应该能够依据晶带符号正确地确定晶带和晶棱的空间位置。

自然界的晶体常常是封闭的几何多面体，每一个晶面与其他晶面相交，必有两个以上的相互不平行（或相交）的晶棱。因此，晶体上任一个晶面至少属于二个晶带，这一定律称为“晶带定律”。也就是说，任意二晶棱（晶带）相交必可决定一个晶面，而任意二晶面相交必可决定一条可能的晶棱（晶带）。依据这一定律，就可依据若干已知晶面或晶带推导出晶体上一切可能的晶面的位置。在晶体的定向、投影和运算中，晶带和晶带定律得到了广泛应用。晶带定律和整数定律以不同的形式分别阐述了晶面（面网）与晶棱（行列）在平行和交截情况下相互依存的几何关系。

第五节　晶体的规则连生

前面部分着重讨论了单个晶体的诸多特征，在自然界和实验室里所见到的经常是多晶体的连生体。晶体的连生可分为不规则连生和规则连生两类。不规则连生的晶体相互处于偶然的位置上，彼此间没有严格的规律，这种连生在自然界分布极其广泛，常称为矿物晶体的集合体，将在矿物形态一节讨论。这里将只讨论规则的连生体，含平行连生、双晶、浮生与交生等。

一、平行连生

同种晶体的两个（或多个）单晶体，彼此紧密相邻地无间隔地连生在一起，连生着的每一个单晶体的对应晶面、对应晶棱、对应的对称要素以及对应的晶轴等全部对应相互平行，这种连生称为平行连生，或平行连晶（parallel group）。

图 2-52（a）为明矾石的八面体晶体的平行连牛体；图 2-52（b）为萤石的立方体晶体的平行连生体；图 2-52（c）为自然铜的立方体晶体的树枝状平行连生体，这种树枝状连生又可称为骸晶。上述平行连生体中的每一小晶体的晶面、晶棱及对称要素均是彼此平行的。

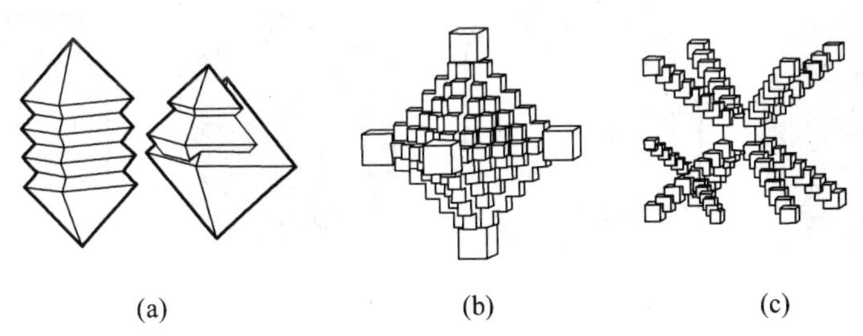

图 2-52　平行连生

（a）明矾石平行连生；（b）萤石的骸晶状平行连生；（c）自然铜的树枝状平行连生

在成因上，平行连生可以是由漂浮于母液中的晶核或正在生长中的小晶体相互间按完全平行的方位接合继续生长而形成，也可能是在已经存在的同种晶体上发生二次成核，然后继续生长而形成。此外，在快速生长或在高粘度环境中生长，质点供应不充足时也可形成核晶样的平行连生体。

平行连生体从外形上看是多晶体的连生，但它们内部的格子结构是平行而连续的，与单体无异，因此，在适当条件下继续生长，平行连生体都可以生长成为单一的晶体。

二、双晶

1. 双晶概念

双晶是两个及两个以上的同种晶体按一定对称规律形成的规则连生体。连生体中一个晶体是另一个晶体的镜像，或者一个晶体旋转 180°后可与另一晶体重合或平行，则这两个晶体称为双晶（twin 或 twinned crystal）。因此，双晶是同种晶体的具有“类似对称特性”规律的连生体。双晶在自然界分布十分广泛，许多矿物晶体均存在不同类型的双晶。

在肉眼观察时，可以根据以下标志识别双晶：

（1）单晶体常为凸多面体，双晶体常有凹入角。平行连生也有凹入角，但平行连生各单晶体的对应晶面、晶棱是彼此平行的，继续生长可成为同一个单晶体；双晶各单体的晶面、晶棱是对称的，继续生长永远不能成为同一个单晶体。

（2）双晶的接合面在晶体表面（包括晶面、解理面、断口等）表现为“缝合线”，蚀象可显示双晶的存在（图 2－53）。如钠长石的聚片双晶可在一定的晶面或解理面上呈现双晶纹［图 2－54（a）］。单晶体与双晶的对称不同，如文石的三连晶显示假六方对称［图 2－54（c）］。

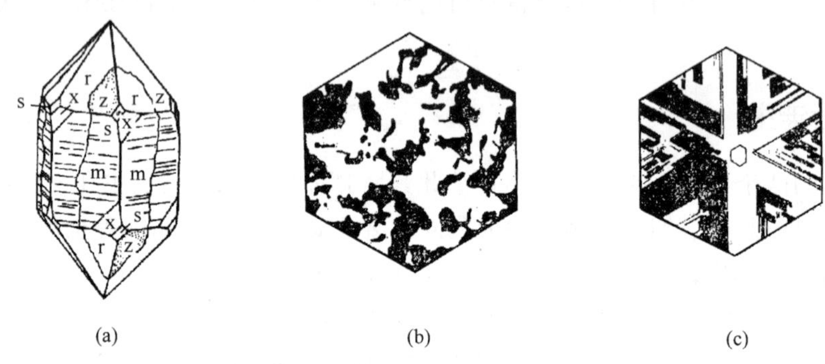

图 2－53　石英的双晶

（a）道芬双晶及双晶缝合线；（b）道芬双晶垂直 L^3 截面的蚀象；（c）巴西双晶垂直 L^3 截面的蚀象

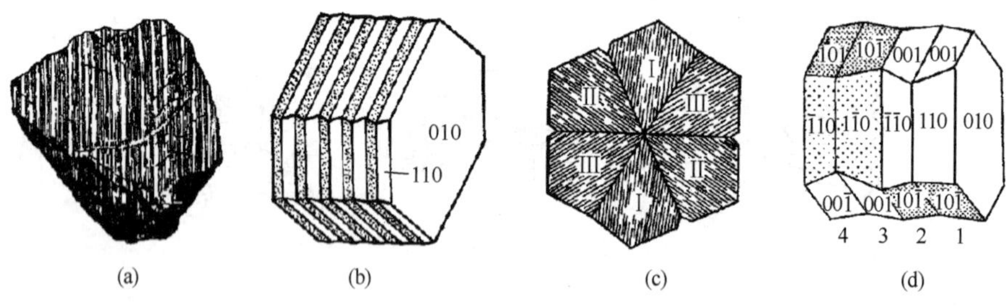

图 2－54　双晶的接合面

（a）钠长石的聚双晶纹；（b）钠长石的聚片双晶；（c）文石三连晶；（d）斜长石卡钠复合双晶

除肉眼观察外，双晶还常在显微镜下据光学性质识别；用 X 射线衍射分析图谱同样可识别双晶。

2. 双晶要素及双晶结合面

分析双晶各个单体间的结合规律与分析晶体的对称性相似，也需凭借一些辅助的几何图形（点、线、面）用来表征双晶中单体间之“对称取向关系”的“假想几何图形”为“双晶要素”（twin element）。双晶要素包括双晶面、双晶轴及双晶中心。

1）双晶面（twinning－plane）

双晶面是一个假想的平面，若双晶中的一个单体经过它的反映能与另一个单体重合或平行，此假想平面即为“双晶面”。如从（010）方向观察石膏双晶，则 P 面（即（100）面）为双晶面［图 2－55（a），（b）］，尖晶石的双晶中带点的面也是双晶面［图 2－55（c）］。

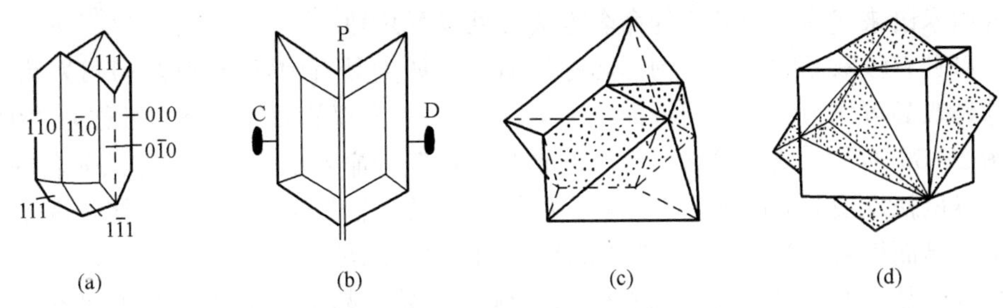

图 2－55　双晶及双晶要素

（a）石膏的燕尾双晶；（b）石膏的双晶面及双晶轴；（c）尖晶石的双晶及双晶面；（d）萤石的穿插双晶

双晶面相当于晶体结构中密度较大的面网，所以，双晶面总是平行于晶体上实际的或可能的有简单指数的晶面，或者垂直于实际晶棱或者垂直于可能的晶棱。双晶面不可能平行于单晶体中的对称面，否则成为平行连生。

双晶面常用晶面符号来表示，如石膏燕尾双晶的双晶面平行于（100）面的，记作双晶面//(100)。

2）双晶轴（twinnig－axis）

双晶轴是一条假想的直线，若双晶中的一个单体围绕此直线旋转 180°后，可与另一个单晶体重合或者平行，则此直线称为“双晶轴”。例如图 2－55（b）中的直线 CD 就是双晶轴。双轴常用与晶棱的关系或者与晶面的关系的形式表示，如石膏的双晶轴⊥（100）、萤石的双晶轴⊥（111）［图 2－55（b），（d）］。

双晶轴常常与结晶轴或与重要晶带轴的方向一致，或者与晶体上具简单指数的实际晶面或可能晶面垂直。显然，双晶轴不能平行于单晶体的偶次对称轴，否则成为平行连生。

3）双晶中心（twinnig－center）

双晶中心是一个假想的点，双晶的一个单体通过它的反伸可与另一单体重合。双晶中心只有在没有对称中心的晶体中出现，否则成为平行连生。双晶中心只有在单晶个体没有偶次对称轴或对称面的情况下才有独立意义，故一般双晶描述中极少应用它。

如构成双晶的单晶体具有对称中心，则双晶轴与双晶面将同时存在，并互相垂直；如果单晶体不具对称中心，则双晶轴和双晶面通常单独存在，即便两者偶尔同时出现时，也必定不能相互垂直。

双晶中可以只有双晶面或只有双晶轴。但是，绝大多数双晶中，双晶轴与双晶面经常同时存在，且数目不止一个，一般描述时只选取其中的某一种。如萤石的穿插双晶有 4 条双晶轴和 4 个双晶面［图 2－55（d）］，习惯上仅以双晶面//（111）及双晶轴⊥（111）来表示。

4）双晶结合面（composition surface）

双晶结合面，是双晶相邻而相互接触的单晶体之间的分界面，属于两个单晶体的共用面网。双晶结合面不是双晶要素，因其不能反映两个单晶体的取向对称关系。双晶结合面通常是可以变化的而不具有唯一性，如正长石的卡斯巴律双晶，双晶面//(100）多数是//(010）面，有时是//(100）面。双晶接合面可为简单平面，此时可用与晶面的关系表示，如石膏燕尾双晶的结合面//（100）面；双晶结合面还可为复杂的空间曲面，如石英的道芬双晶及巴西双晶的结合面为复杂的空间曲面（图2-53）。

3. 双晶律

双晶结合的规律称为双晶律（twin law）。双晶律除采用双晶要素或接合面来表示外，还可用专门术语来代表。双晶律的命名方法常见以下几种：

（1）以具有该双晶的特征矿物的名称来命名。如尖晶石中常出现以（111）为双晶面的双晶，这种双晶可作为尖晶石的特征，于是以（111）为双晶面的双晶均可称为“尖晶石律”双晶［图2-55（c）］。再如“云母律”、“钠长石律”的命名也是以这种方法命名的。

（2）以最初发现双晶的地名来命名。如“卡斯巴双晶”即因该双晶最初发现于捷克波西米亚的卡斯巴而得名；“道芬律”、“巴温诺律”的得名也是这样的。

（3）以双晶的形状来命名。如石膏的“燕尾双晶”晶指其形状似燕子尾巴，“膝状双晶”、“轮晶”都是按形状命名的。

4. 双晶类型

根据双晶中单体间结合方式的不同，可将双晶分为如下三种类型。

1）接触双晶

接触双晶（contact twin），是双晶的个体之间依据一个简单平面相互结合的双晶。按个体数目及结合特征可分为：

（1）简单接触双晶，是由两个单晶体结合而形成的双晶，如石膏的燕尾双晶及尖晶石的双晶［图2-55（a），（c）］；

（2）聚片双晶，是由两个以上个体按同一双晶律结合而成的双晶，双晶接合面彼此平行，如钠长石聚片双晶［图2-54（a），（b）］；

（3）轮式双晶，由两个以上个体按同一双晶律结合而成的双晶，各个体间的接合面不平行，而是依次以相等角度相交，按连生个体的数目可有三连晶、四连晶、五连晶、六连晶等［图2-54（c），图2-56（b）］。

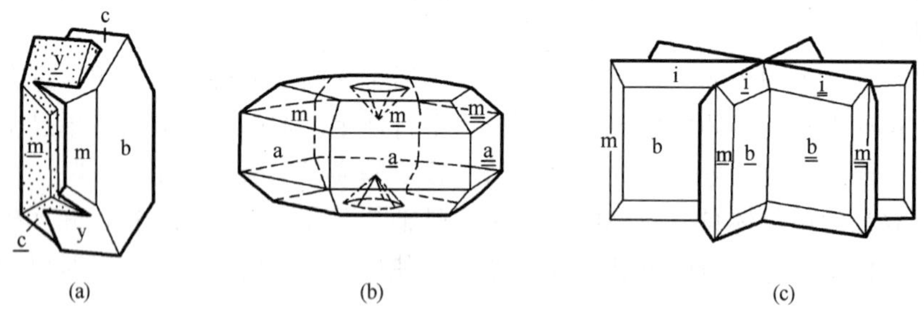

图2-56　双晶类型图示

（a）正长石的卡斯巴穿插双晶；（b）金红石的环状六连晶；（c）白铅矿的穿插三连晶

2）穿插双晶

穿插双晶（penetration twin），是由各个单体相互穿插而成，双晶接合面不是简单的平面而是复杂的空间曲面，如萤石的穿插双晶［图2-55（d）］、石英的道芬双晶及巴西双晶（图2-53）、正长石的卡斯巴穿插双晶［图2-56（a）］等。

3）复合双晶

复合双晶（compound twin），是由两个以上的个体按不同的双晶律结合而成的双晶。

如斜长石经常发育的复合双晶，是由钠长石双晶律和卡斯巴双晶律复合而成，因而称为卡—钠复合双晶［图 2－54（d）］，再如白铅矿的穿插三连晶［图 2－56（c）］。

双晶是晶体中极为普遍的现象，是长石等矿物很重要的特性，还是长石等矿物相互区别及种属鉴定极重要的标志之一，因而有重要的意义。

三、浮生与交生

浮生与交生是两种成分性质不同的异种矿物之间的规则连生体，二者的区别仅在于相互连接的形态特征不同。

1. 浮生

浮生（overgrowth），或称为外延生长，是指一种晶体以一定的结晶学取向关系附生于另一种晶体表面之上或继而包覆于其四周的现象。同种物质晶体以不同的面网相接合而形成的规则连生也属于浮生。如碘化钾晶体浮生于白云母表面，磷钇矿包覆于锆石的表面均是浮生的例子［图 2－57（a），（b）］。

浮生的形成主要取决于相互结合的晶体是否具有结构相似的面网。如碘化钾晶体（等轴晶系）的（111）面网上 K^+ 按等边三角形分布，间距 0.499nm，而白云母的（001）面网上的 K^+ 也按等边三角形分布，间距 0.5188nm，二者面网结构相似，因此碘化钾晶体可浮生于与白云母的表面［图 2－57（a）］。浮生的晶体一般形成较晚。

2. 交生

交生（intergrowth），也称为互生，是指两种不同的晶体彼此间以一定的结晶学取向关系相互交互规则连生，或者一种晶体嵌生于另一种晶体之中的现象。交生可以通过原生、离溶和次生交代等途径形成。原生及离溶形成的交生的两种晶体一般多为同时结晶形成。如石英与长石的文象结构［图 2－57（c）］、钾长石与钠长石的条纹结构均是交生的实例。

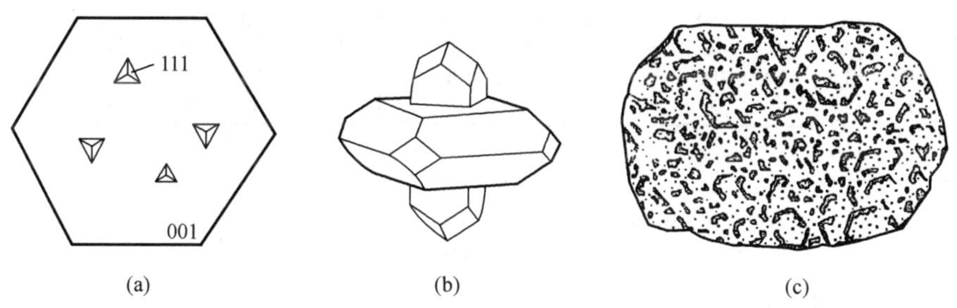

图 2－57　浮生与交生图示

（a）碘化钾晶体浮生于白云母（001）面上；（b）磷钇矿物包覆于锆石之外；（c）石英嵌生于微斜长石之中形成文象交生

第三章 矿 物 通 论

第一节 矿物的化学成分

元素周期表中的化学元素绝大多数都存在于地壳中，它们是组成矿物的物质基础，也是决定矿物各种性质的主要因素之一。所以矿物的化学成分是矿物学研究的主要内容之一。

一、元素的离子类型

矿物是地质作用的产物，在地质作用过程中，除少数以单质元素（原子、分子）组成矿物以外，绝大多数矿物是阳离子和阴离子（或络阴离子）互相结合而组成的化合物。各种离子能否互相结合，主要决定于离子的最外层电子结构。根据离子最外层电子的结构，常将离子划分为三种类型，元素的离子类型如表 3－1 所示。

表 3－1　元素的离子类型表

0	ⅠA	ⅡA	ⅢB	ⅣB	ⅤB	ⅥB	ⅦB	Ⅷ			ⅠB	ⅡB	ⅢA	ⅣA	ⅤA	ⅥA	ⅦA
He 氦	Li 锂	Be 铍											B 硼	C 碳	N 氮	O 氧	F 氟
Ne 氖	Na 钠	Mg 镁											Al 铝	Si 硅	P 磷	S 硫	Cl 氯
Ar 氩	K 钾	Ca 钙	Sc 钪	Ti 钛	V 钒	Cr 铬	Mn 锰	Fe 铁	Co 钴	Ni 镍	Cu 铜	Zn 锌	Ga 镓	Ge 锗	As 砷	Se 硒	Br 溴
Kr 氪	Rb 铷	Sr 锶	Y 钇	Zr 锆	Nb 铌	Mo 钼	Tc 锝	Ru 钌	Rh 铑	Pd 钯	Ag 银	Cd 镉	In 铟	Sn 锡	Sb 锑	Te 碲	I 碘
Xe 氙	Cs 铯	Ba 钡	La 镧	Hf 铪	Ta 钽	W 钨	Re 铼	Os 锇	Ir 铱	Pt 铂	Au 金	Hg 汞	Tl 铊	Pb 铅	Bi 铋	Po 钋	At 砹
Rn 氡	Fr 钫	Ra 镭	Ac 锕			3－a			3－b			4					
1	2																

1—惰性气体原子；　2—惰性气体型离子；

3—过渡型离子(3－a 亲氧性强，3－b 亲硫性强)；　4—铜型离子。

1. 惰性气体型离子

惰性气体型离子是指具有与惰性气体原子相同电子构型的离子，即最外层具有 8 个电子（ns^2np^6）或 2 个电子（$1s^2$）的离子，主要包括ⅠA、ⅡA 及ⅦA 主族的全部元素以及ⅢA 至ⅥA 主族中的某些元素的离子。惰性气体型离子的电子层结构稳定，离子电价在一般情况下不发生变化。其中，碱金属和碱土金属元素原子的电负性低，容易失去电子变成阳离子，且离子半径较大、极化性能较低；非金属元素（主要是氧和卤族元素）的电负性较高，容易接受电子变成阴离子。氧是地壳中含量最多、分布最为广泛的元素，极容易接受两个电子变成 O^{2-} 而达到稳定的惰性气体型外层电子构型。所以，碱金属和碱土金属元素极容易与氧结合，组成以离子键为主的氧化物和含氧盐（主要是硅酸盐），构成地壳中大部分造岩矿物，如石英（SiO_2）、方解石（Ca［CO_3］）、正长石（K［$AlSi_3O_8$］）等。因此，这些常常形成惰性气体型离子的元素又称为造岩元素或亲氧元素。

2. 铜型离子

铜型离子是指具有与 Cu^{+} 相同外层电子构型的离子，即最外层具有 18 个电子（$ns^2np^6nd^{10}$）的离子，或具有 18+2 个电子（如 Pb^{2+}、Sb^{3+}）的离子。这类离子主要包括ⅠB、ⅡB 副族以及元素周期表中它们右邻的有色金属和半金属元素的离子。本类离子的外层电子结构仍然相当稳定，除个别离子（主要是 Cu^{+}）外，一般情况下不变价，或只在 18 和 18+2 两种构型间变化（如 Pb^{4+}、Pb^{2+}）。与电价和半径相似的其他类型阳离子相比，铜型离子电负性较高，外层电子较多，极化能力较强。因而，它们多与电负性不太高的阴离子（如 S^{2-}、Se^{2-} 等）结合形成常见的主要的金属矿物，且其化学键强烈地向共价键或金属键过渡，形成的化合物在水中溶解度低。铜型离子在自然界经常参加硫化物的晶格，形成有工业意义的金属矿物，如闪锌矿（ZnS）、方铅矿（PbS）、辉铜矿（Cu_2S）等。因此，又称其为造矿元素或亲硫元素。

3. 过渡型离子

过渡型离子是指最外层电子数介于 8 至 18 之间的离子，在元素周期表上居于铜型离子与惰性气体型离子之间的位置，称为过渡型离子，主要包括ⅢB 至ⅦB 副族及Ⅷ族元素的离子。它们的离子半径、电负性、化合物的键性皆介于上述两类离子之间，具有过渡性质。这类离子 d 电子亚层的轨道仅部分被电子占据，结构不稳定，因而，本类型离子的电价比较容易变化。如 Fe^{2+}、Fe^{3+} 以及 Mn^{2+}、Mn^{3+}、Mn^{4+} 等都是常见的变价的过渡型离子。过渡型离子的化合物常具顺磁性，经常呈现深浅不同的颜色，所谓色素离子，主要指过渡型离子。

其中，左半区（表 3-1 中 3-a 区）过渡型离子外层电子接近于 8，亲氧性较强，易形成氧化物和含氧盐矿物；右半区（表 3-1 中 3-b 区）过渡型离子外层电子接近于 18，亲硫性较强，易形成硫化物；居中间位置的锰、铁等离子的亲氧性与亲硫性相当，既可以与氧结合也能够与硫结合，取决于环境介质条件，一般在还原条件下多形成硫化物，在氧化条件下多形成氧化物及含氧盐矿物。

需要指出的是，对于某些变价的元素而言，其不同价态的离子，可以分别属于不同的离子类型，例如铜 Cu^{+} 属铜型离子，Cu^{2+} 则属过渡型离子。

要注意区别过渡型离子与过渡元素离子两个概念，过渡元素离子包括所有副族元素的离子，其中大部分虽然也就是过渡型离子，但并不完全都是。例如过渡元素离子的 Cu^{+}、Zn^{2+} 等则属于铜型离子。

离子的结合还受到所处环境的影响，如 W、Sb 等元素本来倾向于形成含氧盐、氧化物，但当介质中硫的浓度很大时，也可形成硫化物或含硫盐。

惰性气体型离子与铜型离子的外层电子构型差异特别明显，因此，二者所形成的矿物在物理性质方面和形成条件方面都有很大的差异。

二、矿物的化学成分及其可变性

矿物是在各种地质作用中由化学元素按照一定规律互相结合而形成的。每一种矿物都具有相对恒定的化学成分，因此，通常都用化学式来表征矿物的化学组成。依据矿物的化学成分，矿物一般可分为单质和化合物两种类型。

由同种元素的原子组成的矿物称为单质矿物（或称自然元素矿物），例如石墨（C）、金刚石（C）、自然铜（Cu）、自然金（Au）等。

由两种或多种不同元素的原子、离子等组成者属化合物矿物，例如石盐（NaCl）、石英（SiO_2）、方解石（Ca［CO_3］）等。化合物又可分为简单化合物、络合物和复化合物。

由一种阳离子和一种阴离子组成的矿物属简单化合物，例如石盐（NaCl）等。

由一种阳离子和一种络阴离子组成的矿物属络合物，例如方解石（Ca［CO_3］）等。

由两种或两种以上的阳离子和同种阴离子或络阴离子组合而形成的化合物称复化合物，例如尖晶石（$MgAlAlO_4$）、白云石（CaMg［CO_3］）等。

大量科学实验证明，矿物的化学成分并不是绝对固定的，而通常是在一定范围内变化的，变化的原因比较多样。对晶体矿物而言，主要是由于类质同象替代及含水的变化；对胶体矿物而言，主要是胶体水的变化及胶体的吸附作用；矿物所含的显微（或超显微）包裹体形式的机械混入物也是导致矿物化学成分变化的原因。此外，如方铁矿（$Fe_{1\sim x}O$）、磁黄铁矿（$Fe_{1\sim x}S$）等矿物，其中金属阳离子有两种氧化态也可导致化学成分变化，此类矿物又称为非化学计量化合物（nonstoichiometric compound）。

三、类质同象

1. 类质同象的概念

矿物晶体在结晶过程中，结晶格子中的某种质点（原子、离子和分子）的位置，部分被介质中性质相似的他种质点所取代共同结晶形成均匀的单一相的混合晶体，取代前与后除晶格常数略有变化外，键性和晶体结构型式并不发生本质改变的现象，称为类质同象（isomorphism）。在晶体矿物中，类质同象是一种非常普遍的现象。

例如，闪锌矿常具有类质同象代替。在理论上，闪锌矿的化学成分是 ZnS，其 Zn^{2+} 与 S^{2-} 离子数量的比例是 1∶1，当该矿物中出现 Fe^{2+} 时，闪锌矿中 Zn^{2+} 的含量相应减少而低于理论值，即 Zn^{2+} 与 S^{2-} 数量的比例小于 1∶1，但其 Zn^{2+} 加 Fe^{2+} 的数量总和与 S^{2-} 离子数量的比例仍然等于 1∶1。科学实验证明，这是由于在闪锌矿的结晶格子中，有一部分 Zn^{2+} 的位置被 Fe^{2+} 代替的结果。Fe^{2+} 代替一部分 Zn^{2+} 之后，只略微改变闪锌矿的晶胞参数和晶体的物理性质，而晶体结构类型并不发生变化。

再如，在菱镁矿结晶时，菱镁矿（Mg［CO_3］）中的 Mg^{2+} 也可以被 Fe^{2+} 代替，随代替数量的增加而形成一系列类质同象矿物：菱镁矿 Mg［CO_3］→含铁菱镁矿（Mg，Fe）［CO_3］→含镁菱铁矿（Fe，Mg）［CO_3］→菱铁矿 Fe［CO_3］。其中，Mg^{2+} 和 Fe^{2+} 互为消长，即能够以任意比例存在于晶体内。

以上四种矿物都具有方解石类型的晶体结构，只是晶体常数有所不同。例如，菱镁矿的（三方棱面体）晶体常数为：a=0.584nm，α=103°20′；菱铁矿的（三方棱面体）晶体常数为：a=0.603nm，α=103°05′。

从上面的例子可以看出，类质同象晶体犹如两种化学成分的晶体“混合”在一起形成的“混合晶体”，或者可理解为类质同象是一种矿物晶体“溶解”于另一种矿物晶体之中。因此，类质同象矿物晶体又可称为固溶体（crystalline solution）。类质同象相互替代的质点均占据晶格内部相同的配位位置，所以，类质同象属于替位式固溶体的范畴。

这里需要着重指出的是，类质同象矿物与复化合物矿物是不同的两个概念。例如，白云石为钙和镁参与组成的碳酸盐矿物，其钙、镁离子数目之和与络阴离子［CO_3］$^{2-}$ 数目之比为 1∶1，但是它不是类质同象而是复化合物矿物。因为，在白云石的结晶格子中，钙离子与镁离子的数量固定为1∶1，其化学式为$MgCa[CO_3]_2$。

2. 类质同象的类型

根据质点代替的数量比例，类质同象可分为完全类质同象和不完全类质同象两种类型。

在混合晶体中，形成类质同象代替的两种质点，能以任何比例无限制的相互代替的现象，称为完全类质同象。完全类质同象所形成的一系列混合晶体，称为类质同象系列；其两端的矿物，称为类质同象端员矿物。如上面所说的菱镁矿、含铁菱镁矿、含镁菱铁矿和菱铁矿，就是菱镁矿$Mg[CO_3]$与菱铁矿$Fe[CO_3]$形成的完全类质同象系列。这个类质同象系列两端的菱镁矿和菱铁矿就是类质同象端员矿物。

在混合晶体中，形成类质同象代替的两种质点，只能部分地代替的现象，称为不完全类质同象。例如，上面所说的闪锌矿ZnS中的Zn^{2+}可以被Fe^{2+}代替，但是，Fe^{2+}在整个阳离子组分中最高只能占30.8%，超过这一限度后，Fe^{2+}就不能再进入闪锌矿ZnS的晶格。

根据互相代替的离子的电价是否相等，类质同象又可分为等价类质同象和异价类质同象两种。

在混合晶体中，互相代替的离子的电价相等者，称为等价类质同象。例如菱镁矿—菱铁矿类质同象系列。

在混合晶体中，互相代替的离子的电价不相等者，称为异价类质同象。例如斜长石类质同象系列，在该类质同象系列中，钠长石$Na[AlSi_3O_8]$和钙长石$Ca[Al_2Si_2O_8]$是两个端员矿物。在形成类质同象时，Ca^{2+}代替Na^+同时Al^{3+}代替Si^{4+}，代替离子是Ca^{2+}和Al^{3+}，被代替离子是Na^+和Si^{4+}，二者电价不相等，属异价类质同象。当然，在此种类质同象代替中，全部代替离子电价之和与全部被代替离子电价之和仍然是相等的，即Ca^{2+}加Al^{3+}的电价之和为5，Na^+加Si^{4+}的电价之和也是5，二者相等，否则类质同象不可能发生。

3. 影响类质同象代替的因素

类质同象的发生是有条件的，而不是任意的。质点间能否代替及代替数量的多少，受多种因素的影响，主要影响因素有以下8点。

1）互相代替的离子或原子半径大小应该相等或相近

由于每个离子或原子在晶体中都占有一定的容积，因此，要求互相代替的离子或原子的大小必须相等或尽可能接近，这样，才不会由于类质同象代替而引起晶体结构的破坏。

科学研究证明，在电价和离子类型相同的条件下，离子在结晶格子中的类质同象代替能力随离子半径大小差别的增大而减小。设r_1和r_2分别代表较大和较小离子的半径，当$(r_1-r_2)/r_2$小于10%～15%时，一般能够形成完全类质同象；当$(r_1-r_2)/r_2$在15%～25%时，高温条件下能够形成完全类质同象，在温度降低时固溶体将发生部分离溶而成为不完全类质同象；当$(r_1-r_2)/r_2$大于25%～40%时，在高温条件下可形成不完全类质同象，在低温条件下则不能够形成类质同象。

2）互相代替的离子的总电价应该相等

在形成类质同象代替时，不论是等价还是异价类质同象代替，互相代替的离子的总电价必须相等。否则，就会使混合晶体失去静电平衡，导致晶体结构的破坏。这样，类质同象也就无法形成。

3）相互代替质点的离子类型应该相同

离子类型相同的离子才能形成类质同象代替。因为，离子类型不同的离子外层电子结构不一样，化学键的性质也有较大差别，而化学键性质差别较大的离子是不能形成类质同象代替的。

例如 Na^+ 的半径是 0.098nm，Cu^+ 的半径是 0.096nm，两种离子的电价相等，离子半径也非常接近，但在自然界中却没有发现过它们之间形成类质同象代替的现象。这是因为 Na^+ 是惰性气体型离子，而 Cu^+ 是铜型离子，所以两者不能互相代替。

4）代替后有较多能量放出的质点较易发生类质同象代替

组成晶体的各种质点由自由状态转化为结晶状态时，所释放出的能量称之为晶格能。可以认为，晶格能是由全部组成质点提供的，每个质点所提供能量的多少可用质点的能量系数（*ek*）来表征。显然，在其他条件相同时，一个 *ek* 值较大的质点置换 *ek* 值较小的质点，可放出较多的晶格能而使晶体更趋于稳定，因此，这样的类质同象代替相对更容易发生。

例如，Ba^{2+} 与 K^+ 的半径相近，离子类型相同，且 Ba^{2+} 的 *ek* 值（1.35）较大，K^+ 的 *ek* 值（0.36）较小，因此许多含 K^+ 的矿物中均可发现有类质同象的 Ba^{2+} 存在。元素周期表中，从左上方到右下方的对角线方向上的元素的离子容易生成异价类质同象，通常是右下方的有较大 *ek* 值的高价阳离子代替左上方的低价阳离子，如表 3-2 中箭头所示。这种现象又称为类质同象的对角线法则。

表 3-2　异价类质同象中元素间互相代替的规律

周期	族						
	Ⅰ	Ⅱ	Ⅲ	Ⅳ	Ⅴ	Ⅵ	Ⅶ
2	Li 0.68	Be 0.54					
3	Na 0.98	Mg 0.74	Al 0.57	Si 0.39			
4	K 1.33	Ca 1.04	Sc 0.83	Ti 0.64			
5	Rb 1.49	Sr 1.20	Y 0.97	Zr 0.82	Nb 0.66	Mo 0.65	
6	Cs 1.65	Ba 1.38	TR 1.22~0.99	Hf 0.82	Ta 0.66	W 0.65	Re 0.56

5）晶体结构特征从多个方面影响质点的相互替换

例如，绿柱石晶体内存在管道状空隙，当 Be^{2+} 被 Li^+ 和 Cs^+ 置换时，Li^+ 占据 Be^{2+} 的位置，而大半径的 Cs^+ 则位于管状空隙中。在沸石类矿物中这样的置换尤其常见。如晶体结构无管状空隙时这样的置换则难以发生。

前述闪锌矿 ZnS（等轴晶系）中，Fe^{2+} 置换 Zn^{2+} 可高达 30.8%；其同质多象的纤锌矿 ZnS（六方晶系）中，Fe^{2+} 置换 Zn^{2+} 不超过 8%。显然这是由于晶体结构差异的影响。

6）较高温度有利于类质同象置换

温度是影响类质同象的主要外部因素。一般较高的温度有利于类质同象置换，较低的温度不利于类质同象发生。温度较高意味着晶体的平均动能较高，晶格内质点的热振动加大，将导致质点半径加大、配位情况亦易于改变，相应提高了固溶体中溶质的溶解度，因而有利于类质同象置换。相反，温度较低时质点动能较低，往往不利于类质同象替换的发生，不利于大量质点的相互替换。

例如，钾长石 K［$AlSi_3O_8$］和钠长石 Na［$AlSi_3O_8$］类质同象系列中，K^+ 和 Na^+ 的离

子半径虽然差别较大，但在900℃以上的高温度环境中能形成完全类质同象的混晶；随着温度的下降，已经形成的混合晶体会发生分离，形成由微斜长石和钠长石组成的交生体，称为条纹结构，也可称为条纹长石。这种均一相的固溶体（完全类质同象）随温度降低而发生分离的现象称为离溶（exsolution），也可称为出溶或解溶。

7）组分浓度对类质同象亦有明显影响

组分浓度是影响类质同象的重要外部因素。例如，磷灰石 $Ca_5[PO_4]$（F，Cl）结晶时，如果溶液中有过量的 Ca^{2+}，通常没有其他离子代替 Ca^{2+} 的现象发生；当溶液中 Ca^{2+} 的含量不足时，溶液中的 Sr^{2+} 或 Na^{+} 等离子常可以类质同象的方式进入磷灰石的晶体中。这种相似离子进入晶格顶替短缺元素的形象又可称为补偿类质同象（complementary isomorphism）。

自然界中丰度很低的稀有元素，如Cs、Nb、Ta等一般不能形成独立矿物，也常以类质同象的形式赋存于其他矿物中。

8）压力对类质同象也很有影响

一般认为，压力增加可能促进类质同象的分离而不利于类质同象的形成。因为压力增大将使配位多面体变形，不利于较大离子置换较小的离子。例如，硅酸盐矿物的硅氧四面体中，Si^{4+} 常被半径稍大的 Al^{3+} 置换而构成铝氧四面体，形成长石、角闪石、云母等铝硅酸盐矿物；在压力很大的区域变质作用中，这种替换难以发生，Al^{3+} 主要以六次配位形式存在，形成蓝晶石、红柱石等铝的硅酸盐矿物。

此外，环境的氧化电位及pH值等对类质同象替代也有影响。总而言之，在自然界中，类质同象代替的条件和影响因素比较复杂，在研究类质同象时，应具体分析防止片面性。

4. 研究类质同象的意义

类质同象是自然界普遍存在的现象，是晶体矿物化学成分在一定范围内变化的主要原因之一。类质同象代替发生后，虽然不改变矿物的晶体结构类型，但晶胞参数将会发生微小而明显的变化，矿物的折射率、双折射率、密度等物理性质也会发生相应的变化。依据这一规律，通过准确测定物理参数的方法既可鉴定矿物，还可推知矿物的化学成分。

一些难以形成单独矿物的稀有分散元素，多以类质同象混入物的方式赋存于某些矿物晶格之中，如Cd、In、Ga等常赋存于闪锌矿中。类质同象规律的研究，有助于稀有分散元素的寻找及矿产的综合应用。

类质同象的发生明显受温度、压力、组分浓度等多种因素的影响，因此，通过类质同象的研究还可获得矿物及矿床成因的有关信息。

四、胶体矿物的成分

1. 胶体及胶体矿物

胶体是一种物质的微粒（粒径在1～100nm之间）分散在另一种物质之中所形成的不均匀的“细分散体系”，是一种多相物质组成的混合物（这些物质微粒能够通过滤纸，不能通过半透膜，在超显微镜及电子显微镜下能够分辨）。前者称为分散相（或称分散质），后者称为分散媒（或称分散介质、分散剂）。无论是固体、液体或气体，都既可以是分散相，也可以作为分散媒。按分散系统中分散相与分散媒的数量比例关系，可以将胶体划分为胶溶体和胶凝体。

分散相的数量远少于分散媒的胶体系统，分散相的微粒呈悬浮状态散布于分散媒中，这类胶体称为“胶溶体”。

分散相微粒的数量远多于分散媒时，整个胶体呈凝固状，这类胶体称为“胶凝体”。

地面上的水体中通常含有粒径在1～100nm间的微粒，因此不是真溶液，而是胶体溶液（当然，地表水中也有数量不等的溶解物质，所以，严格地讲，应该是真溶液与胶体的混合液），这种以水为分散媒的胶体称为水溶胶体，如钻井液等。水溶胶体经过蒸发、失水等因素的影响，可发生胶体沉积而形成分散质较多、分散媒较少的呈凝固态的水胶凝体。

理论上讲，各种地质作用形成的固态的水胶凝体物质和结晶胶溶体物质均应属于胶体矿物。水胶凝体是由水胶溶体脱水凝结（或沉积）形成的，其分散媒是水，分散相是固态的微粒，如蛋白石（$SiO_2 \cdot nH_2O$）、多种粘土矿物等；结晶胶溶体的分散媒为固态的结晶质，分散相为气态物质、液态物质及固态物质的极细小微粒，如分散有气态微粒的乳白石英、分散有极细小 Fe_2O_3 微粒的红色方解石等。实际在矿物学中，一般将结晶胶溶体内的气态、液态及固态物质微粒看成是晶体的机械混入物（包裹体），而不将其划归胶体矿物。因此，通常所指的胶体矿物，实际上就是各种地质作用形成的水胶凝体。

胶体矿物中的分散相微粒的排列是不规则的、分布是不均匀的。因此，胶体矿物不能自发地形成规则的几何多面体的外部形态，在光学性质上具有均质体的特点，故通常将胶体矿物看作非晶质矿物。它的微粒本身可以是结晶质的，但粒径极其细小，属超显微的晶质（如粘土矿物）。

2. 胶体的基本性质

1）胶体质点均带有电荷

胶体中分散相的微粒（结晶质的或是非晶质的），其表面的电性总是不平衡的，有剩余电荷，这种带电荷的微粒称为胶核。胶核会选择性地吸附介质中的异性离子在胶核外面形成吸附层，吸附层与胶核之间结合得相当牢固，在电渗及电泳过程中不发生分离，这种由胶核和吸附层组成的带电荷的整体称为胶粒。为了平衡剩余电荷，胶粒周围还将吸附异性离子形成扩散层。扩散层中的离子与胶粒间的结合力很微弱，在介质中有很强的自由移动能力。胶粒与扩散层合称为胶团。例如，AgBr胶团的结构如下：

$$\underbrace{\underbrace{\overset{\text{胶核}}{(AgBr)_m} \cdot n\,Br^-,\ \overset{\text{吸附层}}{(n-x)\,Ag^+}}_{\text{胶粒}} \cdot \overset{\text{扩散层}}{x\,Ag^+}}_{\text{胶团}}$$

根据胶粒所带电荷正负的不同，可将胶体分为正胶体和负胶体。地壳中常见的正胶体主要有：$Fe(OH)_3$、$Al(OH)_3$、$Ti(OH)_4$、$Cr(OH)_3$、$Ce(OH)_4$、$Cd(OH)_2$ 等氢氧化物胶体；$Cu[CO_3]$、$Mg[CO_3]$ 等碳酸盐胶体及 CaF_2 等胶体。地壳中常见的负胶体有：As_2S_3、Sb_2S_3、CdS、CuS、PbS等硫化物胶体；MnO_2、UO_3、V_2O_5、SnO_2、Mo_2O_5、W_2O_5 等氧化物胶体；S、Ag、Au、Pb等自然元素胶体；$H_2[SiO_3]$ 胶体、粘土矿物胶体和腐殖酸胶体等。自然界中的负胶体比正胶体的数量大得多、分布广泛得多。

2）胶体对介质中离子的吸附作用具有明显的选择性

胶体的选择性吸附，是指胶粒在不同溶液中仅能吸附一定的与胶粒电荷相反的离子，而对其他物质则不吸附或吸附程度很小。

负胶体主要吸附介质中的阳离子。例如，MnO_2 负胶体主要吸附Cu、Pb、Zn、Co、

Ni、Li、K、Ba 等 40 余种元素的阳离子。正胶体主要吸附介质中的阴离子，例如，Fe（OH)$_3$正胶体主要吸附［PO_4］$^{3-}$、［VO_4］$^{3-}$、［MoO_4］$^{3-}$等阴离子。在黑色页岩及煤系地层中常有 Mo、V、U、Co、Ni、Pb 等元素的富集，主要是上述岩石中腐殖酸负胶体含量较多，从而吸附较多 Ni、Co 等元素阳离子的结果。

胶体对离子吸附的选择性，还表现在对不同离子吸附的难易程度不同，进而表现为与被吸附离子之间的交换能力。粘土矿物胶体的离子交换能力最为明显。

一般情况是，半径相同时，阳离子电价越高，被吸附能力越强，所以，粘土胶体吸附的低价离子，常可被介质中的高价离子所置换；阳离子电价相等时，被吸附能力随离子半径增大而增强（氢离子 H^+ 是例外），因为，离子半径增大，水化能力减弱水化半径减小，与胶核中 O^{2-} 的结合键能相应增加，所以，粘土胶体吸附的小半径离子常可被较大半径的离子置换。金属阳离子置换能力的递减顺序是：$H^+ > Al^{3+} > Ba^{2+} > Sr^{2+} > Ca^{2+} > Mg^{2+} > NH_4^+ > K^+ > Na^+ > Li^+$，这一顺序又称为霍夫曼斯特（Hofmester）顺序。若粘土胶体吸附了右边的离子，常可被左边的离子置换，所以，粘土矿物中吸附的 K^+ 常多于 Na^+ 。不过，改变介质中离子的浓度可以改变置换顺序。例如，增加介质中钠的浓度之后，钠也可以部分地置换钾，但是，这种作用与浓度之间不是简单的比例关系，浓度的效应还受其他因素影响。

3）胶体及胶体矿物具有较高的内能

晶质的胶体微粒内部质点的排列是有序而周期性重复的，每个内部质点（原子或离子）的力场是对称的平衡的，但当其表面边界上质点力场的对称性受破坏时出现剩余键力，即表面能。胶核及胶粒表现出的静电力和吸附现象就是这种表面能的宏观表现。随着物质分散程度的增加和比表面积的增大，其表面能相应增大，吸附作用也相应增强。胶体微粒均属纳米级大小，比表面积极大、表面能高。胶体的吸附作用实际上就是降低其表面能的过程。

胶体及胶体矿物含有大量具有较高表面能的胶粒，因而具有较高的内能。所以，胶体及胶体矿物都是不稳定的物质，具有将其能量传递给周围物质使胶体及胶体矿物能量降低、进而达到与环境相平衡的趋势，也就是从无序逐渐缓慢地向有序过渡最后形成矿物结晶相的趋势。这种分散相自发地与分散媒分离、胶体微粒自发地凝聚的过程，即“脱水作用”。

3. 胶体矿物的形成

地壳中的胶体矿物，绝大部分都形成于表生作用中。表生作用中形成的胶体矿物，大体上要经历形成胶体溶液和胶体溶液的沉淀凝聚两个阶段。

先期形成的原生矿物，因受物理风化作用或磨蚀作用，粒度变细达到胶体微粒的大小，即可在水体中形成胶体溶液；或因化学风化作用使原生矿物分解成离子或分子状态，然后进一步饱和沉淀也可成为胶体微粒，继而溶于水体中同样能够形成胶体溶液。胶体溶液是形成胶体矿物的物质基础。

胶体溶液在迁移过程中或汇聚于含水盆地后，或因电解质的加入发生电性中和而沉淀，或因水分蒸发浓缩而凝聚，或因异性胶体混合而沉积，如此种种因素均可形成各种水凝胶体，即形成胶体矿物。

滨海地带产出的赤铁矿、硬锰矿、胶磷矿等矿物，风化壳中产出的铝土矿、褐铁矿、孔雀石、硅孔雀石等矿物，潜水面以下产出的辉铜矿和铀黑等矿物，通常都是胶体搬运沉积作用的产物，有时还可形成规模大小不等的矿床。例如，我国华南地区发育的花岗岩风化壳型钇族稀土矿床，正是一种与胶体的吸附作用有关的新的稀土矿床类型，其特点是稀土元素以简单的阳离子形式被高岭石和多水高岭石等粘土矿物吸附，粘土矿物主要由长石等矿物经由风化形成，稀土阳离子则主要由氟碳钇钙矿等矿物经化学风化作用提供。

五、矿物中的水

水是很多矿物的重要组成部分，矿物的许多性质与其含水有关。水在矿物中有多种存在形式，其中，不参与晶格结构的水主要是吸附水及胶体水；参与晶格结构主要有结晶水和结构水；还有两种过渡类型是沸石水和层间水。

1. 吸附水及胶体水

矿物表面或裂隙中的水，称为吸附水，其中附着于矿物颗粒表面的称为薄膜水；充填在矿物个体或集合体细微裂隙中的称为毛管水。吸附水均为中性的水分子，可以呈气态、液态和固态等多种物相存在，不参与晶格结构，在矿物中的含量不固定，随温度和湿度的不同而变化，不属于矿物的化学成分，不写入化学式。常压下，温度达到 100～110℃时，吸附水就全部从矿物表面逸出。吸附水从矿物中逸出后不破坏矿物晶格，也不改矿物的性质。

水胶凝体中的水称为胶体水，作为分散媒，凭借微弱的结合力依附在胶体分散相的表面，这是吸附水的一种特殊类型。胶体水是胶体矿物固有的特征，应计入矿物的化学组成，但其含量变化很大，如蛋白石 $SiO_2 \cdot nH_2O$（n 表示 H_2O 的含量不固定，达 1%～34%）。

2. 结晶水

结晶水是以中性水分子（H_2O）的形式存在于矿物晶格内一定位置上的水。这种水起着连接单位的作用，是矿物化学组成的一部分，水分子的数量与矿物的其他成分之间具有确定的比例。

结晶水往往出现于具有大半径的络阴离子的含氧盐矿物中，如石膏 $Ca[SO_4] \cdot 2H_2O$，胆矾 $Cu[SO_4] \cdot 5H_2O$ 等。某些矿物的结晶水以一定的配位形式围绕阳离子（有时围绕阴离子）形成所谓的结晶水合物。如六水硫镍矿 $Ni[SO_4] \cdot 6H_2O$ 中，Ni^{2+} 的离子半径（0.77×10^{-10}m）很小，与硫酸根半径相差很大，难形成稳定的晶格，因此，由 6 个水分子包围 Ni^{2+} 形成水合阳离子 $[Ni(H_2O)_6]^{2+}$ 以增大半径，再与 $[SO_4]^{2-}$ 形成稳定晶格。

不同矿物中结晶水与晶格联系的牢固程度是不同的，因此其逸出温度也有所不同。由表 3-3 可见，结晶水逸出温度一般在 100～200℃，最高不超过 600℃。同种矿物中的结晶水与晶格结合的牢固程度也可以不同，致使结晶水逸出时表现为阶段性、跳跃性，并有固定的温度与之对应。如胆矾的加热失水就是较好的例子：

$$\underset{\text{胆矾(三斜)}}{Cu[SO_4]\cdot 5H_2O} \xrightarrow{30℃} \underset{\text{三水胆矾(单斜)}}{Cu[SO_4]\cdot 3H_2O} \xrightarrow{100℃} \underset{\text{泼水铜矾(单斜)}}{Cu[SO_4]\cdot H_2O} \xrightarrow{400℃} \underset{\text{铜锭石(斜方)}}{Cu[SO_4]}$$

表 3-3 几种含结晶水矿物的结晶水逸出温度

矿 物 名 称	化 学 式	结晶水逸出温度
苏打	$Na_2[CO_3] \cdot 10H_2O$	常温
石膏	$Ca[SO_4] \cdot 2H_2O$	100～120℃
水方硼石	$CaMg[B_6O_{11}] \cdot 6H_2O$	200～325℃
硼钠钙石	$NaCa[B_5O_9] \cdot 8H_2O$	115～500℃
透视石	$Cu[SiO_3] \cdot H_2O$	200～600℃

当结晶水逸出消失时，晶体的结构将遭到破坏和重建，形成新的结构和新的矿物。如胆矾在结晶水全部脱出后，即形成斜方的铜锭石，矿物的性质与成分均发生相应的变化。结晶水的失水温度与失水量均是一定的。据此可了解矿物的形成温度，也可据此鉴定矿物，矿物的热分析（热重分析和差热分析）即依据这一原理。

3. 结构水

结构水又称化合水，是以 $(OH)^-$、H^+ 和 $(H_3O)^+$ 等离子形式存在并参与矿物晶格中的水，在晶格中占有固定的位置，组成上具有确定的含量比。例如高岭石 $Al_4[Si_4O_{10}](OH)_8$ 和水云母 $(K, H_3O)Al_2[AlSi_3O_{10}](OH)_2$ 中的 $(OH)^-$ 和 $(H_3O)^+$ 是最常见的结构水的形式。结构水在晶格中结合力强，因此，只有在高温下（一般为 600～1000℃之间）才能逸出。结构水的逸出也导致矿物晶体结构的完全破坏而形成新的物相。

4. 沸石水

沸石水因主要存在于沸石族矿物中而得名。它是以分子 H_2O 的形式存在、性质介于结晶水与吸附水之间的一种特殊类型的水。沸石的结构中有大的空洞和孔道，水就占据在这些空洞和孔道中，位置不十分固定，水的含量随温度和湿度的变化而变化。加热至 60～80℃时，水即大量脱出，但不引起晶格的破坏，只引起某些物理性质（如相对密度、折射率降低）的变化。加热而脱水的沸石，能够重新吸水，并恢复其原来的物理性质。由于沸石结构中的孔道体积的限制，水的含量有一个上限值。

5. 层间水

这种水也是介于结晶水与吸附水之间的一种特殊类型的水。它以中性水分子形式存在于某些层状硅酸盐矿物的结构单元层之间。因为某些层状硅酸盐矿物，如蒙脱石等，在其结构单元层内部电价尚未达到平衡，在结构单元层的表面还有过剩的负电荷，这部分过剩的负电荷还要吸附其他金属阳离子，而后者又再吸附水分子，从而在相邻的结构单元层之间形成水分子层，即层间水。

显然，层间水的多少与吸附阳离子的种类有关。例如，当蒙脱石吸附的阳离子为 Na^+ 时，在结构单元层之间常形成一个水分子层；若为 Ca^{2+} 时，则经常形成两个水分子厚的水层。除此之外，层间水和吸附水类似，它的含量还随外界温度、湿度的变化而变化，水可以被吸入，也可以被排出。

含有层间水的矿物，结构单元层之间的距离常随含水量的变化而改变。如蒙脱石吸水后层间距（即晶体常数中的 c 值）可由 9.6×10^{-10} m 剧增至 28.4×10^{-10} m，因而具有吸水膨胀的特征；再如蛭石，由于层间水的存在，在加热时因水的气化压力可使层间距离快速扩大，从而表现出热膨胀性。

层间水的脱水温度一般在 100～250℃之间。层间水脱失后，矿物固有的层状结构并不因之而破坏，但却可使其层间距离缩小，相应导致相对密度和折射率增高。

某些矿物中的层间水，常可被一些极性有机分子溶液所置换。层间水的这一特性，对石油的形成、对某些含层间水矿物的应用都具有重要的意义。

六、矿物的化学式

将矿物的化学组成用元素符号按一定原则表示出来，就构成了矿物的化学式。矿物化学式的表示方法通常有两种：即实验式和晶体化学式。

1. 实验式

只表示矿物中各组分数量比的化学式，称为实验式。例如，黄铜矿的实验式为 $CuFeS_2$；绿柱石的实验式为 $Be_3Al_2Si_6O_{18}$ 等等。对于复杂的含氧盐矿物还常用氧化物的组合形式来表示，例如，绿柱石也可写成 $3BeO \cdot Al_2O_3 \cdot 6SiO_2$。

以实验式表示的矿物化学式，由于形式简洁，所以在配平化学反应方程式时经常使用。实验式的缺点是，不能反映出矿物中各组分之间的相互结合关系，尤其对成分复杂的矿物，还可能引起误解。如上述绿柱石中，就根本不存在 BeO、Al_2O_3 和 SiO_2 形式的独立分子。

2. 晶体化学式

晶体化学式，又称为结构式，它既表明了矿物中各组分的数量比例，又反映出了矿物中元素结构的情况。在矿物学中普遍采用晶体化学式。晶体化学式的书写规则如下：

(1) 阳离子写在化学式的开始，如有多种阳离子，则按碱性自强而弱的顺序排列。例如，尖晶石的结构式为 $MgAlAlO_4$。

(2) 阴离子接着写在阳离子的后面，络阴离子用方括号括起来。例如，白云石的结构式为 $CaMg[CO_3]$，正长石的结构式为 $K[AlSi_3O_8]$。

(3) 附加阴离子写在主要阴离子后面（所谓附加阴离子，是指含氧盐矿物成分中的对性质影响最大的含氧酸根以外的阴离子）。例如，白云母结构式 $KAl_2[AlSi_3O_8](OH)_2$ 中的 (OH)、氟磷灰石结构式 $Ca_5[PO_4]_3F$ 中的 F 等，均是矿物的附加阴离子。

(4) 含水化合物的水分子（指结晶水、沸石水、层间水及胶体水）写在化学式的最后面，并用圆点把它与矿物中的其他组分分开，例如，二水石膏的化学式为 $Ca[SO]_4 \cdot 2H_2O$。当含水量不定时，常用 nH_2O 或 aq 表示。例如，蛋白石结构式为 $SiO_2 \cdot nH_2O$ 或为 $SiO_2 \cdot aq$。

(5) 互为类质同象代替的离子，用圆括号括起来，各代替的离子间用逗号分开，含量较多的离子一般写在前面。例如，橄榄石 $(Mg, Fe)_2[SiO_4]$，闪锌矿 (Zn, Fe, Cd) S 等，其化学式圆括号内的离子属类质同象组分。

有时为了更详尽地表示矿物的化学成分，还要注明变价离子的电价，同时表明相互代替离子的数目，此时各元素符号后不再加逗号。例如，某地的磁铁矿的晶体化学式为：

$$(Fe^{2+}_{0.9290}Mg_{0.0624}Mn_{0.0039})_{0.9953}\ (Fe^{3+}_{1.8738}Ti_{0.0531}Al_{0.0427}V^{3+}_{0.0950})_{2.0646}O_{4.000}$$

3. 矿物化学式的计算

上述化学式是根据矿物化学全分析所得的数据，经过一定步骤的换算而求得的。所分析的矿物样品应有一定纯度。如果分析数据中仍有少量杂质，则应在计算时予以扣除；如果不明确是否是杂质，则在计算时，权作类质同象组分参加计算。矿物的化学全分析的结果一般用元素含量百分比或氧化物含量百分比给出。分析结果应符合误差要求，即各组分的含量之和应在 99.50%～100.50%范围内。当合计总量偏离 100%时，须将总量改算成 100%，再用修正后的各组分值进行计算。现将矿物化学式的计算方法举例说明。

【例 1】 我国某地所产黄铁矿化学成分全分析及计算数步骤如下（表 3－4）：

表 3－4 某黄铁矿化学式计算数据

组 分	含量百分数 %	修正后的含量百分数，%	相对原子质量	原子数	原子数比率
S	53.41	53.65	32.06	1.6734	2
Fe	46.11	46.32	55.84	0.8295	0.9914
Co	0.021	0.021	58.93	0.0004	0.0005
Ni	0.009	0.009	58.71	0.0002	0.0002
合计	99.55	100.00	—	—	—

（1）将化学全分析结果按合计总量为 100％进行改算；

（2）以修正后的各元素含量百分数除以相对原子质量求得原子数；

（3）根据黄铁矿的已知一般化学式 FeS_2 设 S 的原子数为 2，相应地求出其他元素的原子数比率，如 Co 的原子数比率为 0.0004÷（1.6734/2）＝0.0005；

（4）根据元素晶体化学性质判断 Co、Ni 与 Fe 为类质同象关系，则此黄铁矿的晶体化学式为：

$$(Fe_{0.9914}Co_{0.0005}Ni_{0.0002})_{0.9921}S_2$$

【例 2】 我国某地所产钠长石的化学成分全分析和晶体化学式的计算如下（表 3－5）：

表 3－5 某钠长石化学分析及晶体化学式的计算

a	*b*	*c*	*d*	*e*	*f*	*g*	*h*	*i*
组分	含量百分数，%	修正后的含量百分数，%	相对分子质量	分子数	氧原子数 ×10000	阳离子元素的原子数 ×10000	氧原子为 8 时氧原子数比	氧原子为 8 时阳离子元素的原子数
SiO_2	67.63	68.06	60.09	1.1326	22652	11326	5.9497	2.9749
Al_2O_3	19.92	20.05	101.94	0.1967	5901	3934	1.5469	1.0333
Fe_2O_3	0.15	—	—	—	—	—	—	—
CaO	0.25	0.25	56.08	0.0045	45	45	0.0118	0.0118
Na_2O	11.24	11.31	61.98	0.1825	1825	3650	0.4794	0.9587
K_2O	0.33	0.33	94.20	0.0035	35	70	0.0092	0.0184
TiO_2	0.03	—	—	—	—	—	—	—
烧失量	0.03	—	—	—	—	—	—	—
合计	99.88	100.00	—	—	30458	—	8	—
去烧失量	0.33	—						
去 Fe_2O_3	0.15							
去 TiO_2	0.03							
	99.37	—						

(1) 化学全分析结果各组分以氧化物含量百分数表示，并在总量中扣除不纯物质和烧失量（b 项）；

(2) 以总量为100%换算出各组分含量百分数（c 项）；

(3) 求出各组分的相对分子质量（d 项）；

(4) 各组分的含量百分数除以相对分子质量求出分子数（c/d）（e 项）；

(5) 根据分子数求出氧原子数（×10000）（f 项）；

(6) 根据分子数求出阳离子元素的原子数（×10000）（g 项）；

(7) 已知钠长石一般晶体化学式 Na［$AlSi_3O_8$］中氧原子数为 8，氧原子总和为 30458；除以 8 则得 3807.25，再以此值分别去除各组分的氧原子数（f 项）和阳离子元素的原子数（g 项）求出氧原子为 8 时各组分的氧原子数比（h 项）和阳离子元素的原子数比（i 项）；

(8) 根据上述计算结果列出该钠长石的晶体化学式为：

$$(Na_{0.9587}K_{0.0184}Ca_{0.0118})_{0.9889}\,[Al_{1.0333}Si_{2.9749}O_8]$$

上述两个计算实例，都是已知矿物化学式的通式，以成分中含量比较固定的阴离子元素的原子数为基础进行计算的方法。对于含 OH^-、F^-、Cl^- 等附加阴离子的矿物，计算时还必须对氧的原子数进行校正。

针对一些成分特殊的矿物，还有一些其他的计算方法。例如，在含结构水的矿物中，由于结构水在矿物中可能有多种存在形式（如 OH^-、H_3O^+、H_2O 等），不宜以给定氧原子数值来进行计算。

当矿物通式不详时，在准确测定晶胞参数、相对密度及化学组成的基础之上，可以通过直接计算单位晶胞中氧离子的数目来计算矿物的化学式。

此外，还有一些其他的专门计算方法，这里就不一一列举了。

第二节　矿物的晶体化学

矿物的晶体结构除与形成时的外界条件有关外，还更多地受到矿物化学成分的控制与影响。也就是说，矿物的化学成分、晶体的内部结构和形成时的环境条件，是相互制约又紧密联系的，矿物晶体的外部形态、物理性质、化学性质等属性，又是物质成分、内部结构及环境条件的外在反映与物质记录。

本节将以组成晶体的质点为核心，讨论它们在不同条件下组成晶体结构时所表现的一般规律，其中包括原子和离子的有效半径、堆积方式、质点间相互结合的化学键、同质多象以及有序与无序等有关问题。

一、原子和离子半径及离子的极化

1. 有效半径的概念

晶体结构中，呈格子状排列的原子或离子中心之间，常保持一定的距离，这就意味着它们在晶体中各自都占据着一个确定的电磁场范围。这个电磁场所占的空间范围，通常被认为是球形的，其半径就是原子或离子的有效半径。

原子或离子的有效半径，主要取决于它们的电子层构型；此外，它既然是一个标志电磁场作用范围大小的数值，当然不可避免地要受到环境因素的影响而改变其大小。因此，对离子半径绝不可理解为一个固定不变的常数。实际上，同一种元素的离子或原子，当它与周围的质点以不同的化学键力联结时，它的有效半径就会有明显的差异，对应于三种不同的化学键，就有离子半径、共价半径和金属原子半径的区别；其次，当周围与之相结合的质点种类、数目以及在空间的相对配置形式等因素中任何一个因素发生变化时，该离子或原子的有效半径也会相应发生改变。

离子半径是晶体化学中一项最基本的数据，理解并熟悉这些数据，对于认识矿物组成成分的变异、结构类型的变迁以及有关物理性质的变化等是非常重要的。此外，对地球化学来说，无论在理论上或实际找矿工作上，也都有着突出的作用。

2. 原子和离子有效半径的一般变化规律

表 3-6 是按元素周期表形式列出的各种元素与氧或氟结合时，在不同氧化状态和不同配位情况下的离子半径值。从这个表中可以得到如下一般变化规律：

（1）同一元素呈不同氧化态的离子时，正电价越高，半径就越小（图 3-1）；

（2）同种元素的离子处于相同氧化态时，离子半径随配位数的增高而增大；

（3）周期表中同一族的元素，其离子半径从上向下逐渐增大；

（4）周期表中同一周期的元素，其阳离子半径从左向右逐渐减小；

（5）周期表中左上方到右下方的对角线方向上，阳离子半径彼此近于相等（图 3-1）；

（6）经过镧系收缩，镧系以后的各元素与其同族中的上面一个元素相比时，半径均有所减小以至近于相等。

3. 离子极化

在晶体结构中，离子是一个具有电磁场作用圈的带电体，当其处于电场中时，在电场的作用下，其正负电荷的重心将产生位移而发生分离，结果就产生出现偶极矩，这种现象称之为“离子极化”（图 3-2）。

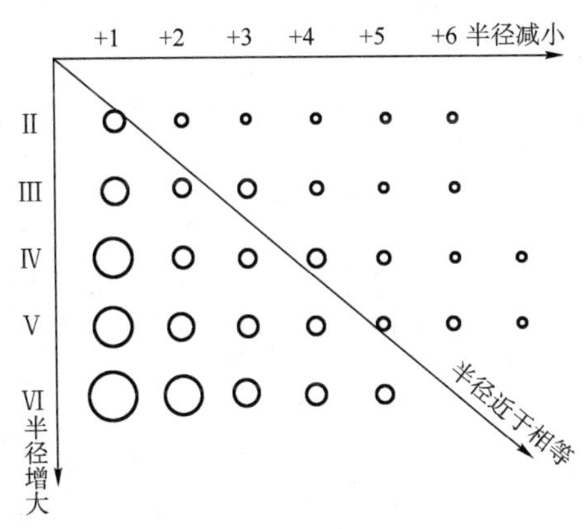

图 3-1　周期表上离子半径的变化规律

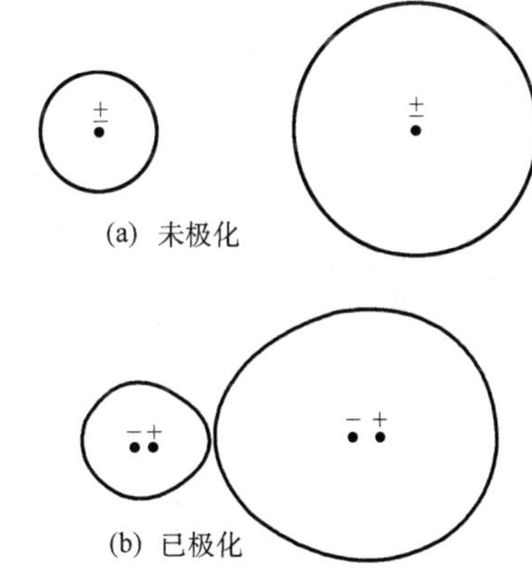

图 3-2　离子极化示意图

极化的结果，一般是使离子间的距离缩短，引起相互作用的离子的电子云相互穿插。

离子的极化性质，可用“极化力”和“可极化性”来表征。离子的极化力，是指离子用它的电场去极化其他离子的能力。离子的可极化性，是指离子在单位强度的外电场中所产生的偶极矩的大小，也就是离子被极化变形的程度。

表 3-6　元素的离子半径

族	元素	常见价态	原子离子半径	配位数
ⅠA	Li	0	1.52	8
		0	1.57	12
		+1	0.68	6
	Na	0	1.85	8
		0	1.92	12
		+1	0.97	6
		+1	1.01	8
	K	0	2.32	8
		0	2.39	12
		+1	1.42	10
		+1	1.45	12
	Rb	0	2.44	8
		0	2.52	12
		+1	1.57	10
		+1	1.60	12
	Cs	0	2.66	8
		0	2.74	12
		+1	1.82	12
	Fr			
ⅡA	Be	0	1.10	8
		0	1.13	12
		+2	0.33	4
	Mg	0	1.55	8
		0	1.60	12
		+2	0.66	6
	Ca	0	1.91	8
		0	1.97	12
		+2	0.99	6
		+2	1.03	8
	Sr	0	2.09	8
		0	2.15	12
		+2	1.16	8
	Ba	0	2.17	8
		0	2.24	12
		+2	1.43	10
		+2	1.46	12
	Ra			
ⅢB	Sc	0	1.59	8
		0	1.64	12
		+3	0.81	6
	Y	0	1.75	8
		0	0.80	12
		+2	0.92	6
	* Ce	0	1.82	12
		+3	1.07	6
		+3	1.11	8
		+4	0.94	6
		+4	0.97	8
	Ac—Lr			
ⅣB	Ti	0	1.41	8
		0		12
		+3	0.76	6
		+4	0.68	6
	Zr	0	1.55	8
		0	1.60	12
		+4	0.79	6
		+4	0.82	8
	Hf	0	1.54	8
		0	1.59	12
		+4	0.78	6
	Rf			
ⅤB	V	0	1.36	12
		+2	0.88	6
		+3	0.74	6
		+5	0.56	4
		+5	0.59	6
	Nb	0	1.43	8
		0	1.47	12
		+4	0.74	6
		+5	0.69	6
	Ta	0	1.41	8
		0	1.47	12
		+5	0.68	6
	Db			
ⅥB	Cr	0	1.24	8
		0	1.28	12
		+3	0.63	6
		+6	0.49	4
	Mo	0	1.36	8
		0	1.40	12
		+4	0.70	6
		+6	0.59	4
		+6	0.62	6
	W	0	1.31	8
		0	1.41	12
		+4	0.70	6
		+6	0.59	4
		+6	0.62	6
ⅦB	Mn	0	1.30	12
		+3	0.66	6
		+4	0.57	4
		+4	0.60	6
		+7	0.44	4
	Tc	0		
		+7	0.53	4
		+7	0.56	6
	Re	0	1.33	8
		0	1.37	12
		+4	0.72	6
		+7	0.53	4
		+7	0.56	6
Ⅷ	Fe	0	1.24	8
		0	1.27	12
		+2	0.74	6
		+3	0.64	6
	Co	0	1.22	8
		0	1.26	12
		+2	0.72	6
		+3	0.63	6
	Ru	0	1.28	8
		0	1.32	12
		+4	0.67	6
	Rh	0	1.30	8
		0	1.34	12
		+3	0.68	6
	Os	0	1.30	8
		0	1.34	12
		+4	0.69	
	Ir	0	1.31	8
		0	1.35	12
		+4	0.68	6

*　镧系只列了Ce的数据

说明：

常见价态	原子离子半径	配位数
At（元素符号）		
+7	0.59	4
+7	0.62	6

族	元素	常见价态	原子离子半径	配位数
Ⅷ	Ni	0	1.21	8
		0	1.24	12
		+2	0.69	6
	Pd	0	1.33	8
		0	1.37	12
		+2	0.80	6
		+4	0.65	6
	Pt	0	1.34	8
		0	1.38	12
		+2	0.80	6
		+4	0.65	6
ⅠB	Cu	0	1.24	8
		0	1.28	12
		+1	0.96	6
		+1	1.00	8
		+2	0.72	6
	Ag	0	1.40	8
		0	1.44	12
		+1	1.31	8
		+1	1.34	10
		+2	0.89	6
	Au	0	1.40	8
		0	1.44	12
		+1	1.46	10
		+1	1.49	12
		+3	0.85	6
ⅡB	Zn	0	1.33	8
		0	1.36	12
		+2	0.71	6
		+2	0.74	4
	Cd	0	1.47	8
		0	1.52	12
		+2	0.97	6
		+2	1.01	8
	Hg	0	1.50	8
		0	1.55	12
		+1		
		+2	1.14	8
ⅢA	B	0	0.96	12
		+3	0.21	3
		+3	0.22	4
	Al	0	1.39	8
		0	0.43	12
		+3	0.49	6
		+3	0.51	4
	Ga	0	1.34	8
		0	1.37	12
		+3	0.59	6
		+3	0.62	4
	In	0	1.50	8
		+3	1.55	12
		+3	0.81	6
	Tl	0	1.71	12
		+1	1.57	10
		+1	1.60	12
		+3	0.95	6
		+3	0.99	8
ⅣA	C	0	0.66	1
		0	0.77	4
		0	0.87	12
		+4	0.15	3
	Si	0	1.26	8
		0	1.30	12
		−4	1.98	
		+4	0.40	4
	Ge	0	1.22	4
		0	1.35	8
		0	1.39	12
		+2	0.73	6
		+4	0.50	4
	Sn	0	1.40	4
		0	1.59	12
		−4	2.15	
		+2	0.93	6
		+4	0.71	6
	Pb	0	1.74	12
		−4	2.15	
		+2	1.24	8
		+2	1.28	10
		+4	0.84	6
ⅤA	N	0	0.56	1
		−3		
		+3	0.15	3
		+5	0.12	3
	P	0	0.94	1
		0	1.09	3
		+3	0.42	4
		+5	0.33	4
	As	0	1.45	12
		0	1.22	3
		+3	0.55	4
		+3	0.58	6
		+5	0.44	4
	Sb	0	1.45	3
		0	1.62	12
		+3	0.76	6
		+5	0.59	4
		+5	0.62	6
	Bi	0	1.77	8
		0	1.82	12
		+3	0.96	6
		+3	1.00	8
		+5	0.74	6
ⅥA	O	0	0.66	1
		−2	1.40	
		+6	0.10	
	S	0	0.96	1
		0	1.06	2
		+4	0.35	4
		+6	0.29	4
	Se	0	1.10	1
		0	1.16	2
		−2		
		+4	0.48	4
		+6	0.40	4
	Te	0	1.43	2
		−2	2.11	
		+4	0.70	6
		+6	0.53	4
		+6	0.56	6
	Po	0	1.41	
		+6	0.67	6
ⅦA	F	0	0.73	1
		−1	1.36	
		+7	0.08	2
	Cl	0	0.99	1
		−1	1.81	
		+5	0.32	4
		+7	0.25	3
	Br	0	1.14	1
		−1	1.96	
		+5	0.45	4
		+7	0.37	4
	I	0	1.33	1
		−1	2.20	
		+5	0.59	4
		+5	0.62	6
		+7	0.48	4
	At	+7	0.59	4
		+7	0.62	6

(据《地矿元素周期综合简表》 陕西省地质局地矿处编　1973年10月)

不同的离子，由于其电子层结构不同，因而有不同的极化性质。对于可极化性（被变形）而言：正电荷多的离子可极化性小；如果电荷相同，则半径大的离子可极化性大，半径小的离子可极化性小。外电子层为 18 的所谓铜型离子，因其外层电子多，更容易遭受极化发生变形（即可极化性大）。

对极化力而言，电荷多（不论正负）或半径小（电场密度大）的离子，其极化力大；铜型离子由于半径小，电荷多，同时又有附加极化效应（即离子因本身被极化而又使本身的极化作用增大的效应），所以极化力也大。

总之，阴离子因半径大，经常成为极化对象（极化力较小而可极化性较大）；阳离子因半径小，电荷集中，经常充当极化的动力（极化力较大而可极化性较小）；铜型离子则两者兼而有之。

事实上，在所有离子晶格中，极化现象是普遍存在的，在这里离子间的极化效应主要是阳离子使阴离子极化，使阴离子发生某种程度的变形，从而导致离子键带有少部分共价键的性质。但对于诸如 Cu^{+}、Ag^{+}、Zn^{2+}、Hg^{2+} 等铜型离子与大半径的阴离子 S^{2-} 和 I^{-} 相结合的情况来说，由于其阴、阳离子都很容易极化，结果使电子云发生相当大的变形，甚至引起电子层的穿插，从而导致配位数降低，化学键由离子键向共价键过渡，有时还会使离子不按最紧密堆积方式排列，甚至发生晶格类型改变，相应的离子晶格过渡为原子晶格。

二、球体的最紧密堆积原理

如前所述，在一般条件下，原子和离子都是具有确定半径的球体。尽管离子半径会受到极化现象的影响，但在离子晶格中，这种影响一般都是不明显而对称的；在金属晶格中的原子，则几乎不存在极化现象。因此，仍然有理由将原子和离子看作近似的球体，晶体的结构就如同是这些球体的堆积。根据晶体内能最小的原理，这些球体堆积时应尽可能占有最小的空间，即球体必须作最紧密堆积。

1. 等径球体的最紧密堆积

首先，在一个平面上将球体以最紧密接触的方式排列起来，只有一种排列方式［图 3－3（a)］，即每个球体的周围有六个球环绕，每三个球体构成一弧边三角形孔隙：其中半数三角孔隙的尖端朝向下（b 孔），另一半三角孔隙的尖端朝向上（c 孔）。在堆积第二层球时，为使球堆积得最紧密，这时只能将球堆在 c 或 b 上（两种堆积方法无实质区别）。图 3－3（b）是假设堆积在 b 上的情况。

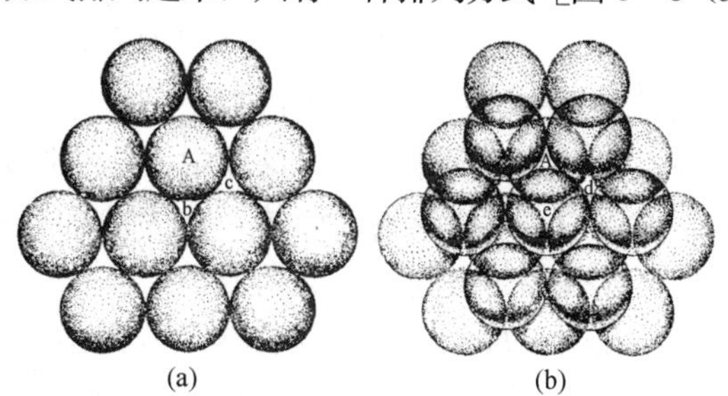

图 3－3　等径球体紧密堆积第一层（a）和第二层（b）

在堆积完成第二层之后，两层球体间出现了两种与前述不同的孔隙：一种为八面体孔隙［图 3－3 中 d 及图 3－4（c）和（d)］，另一种为四面体孔隙［图 3－3 中 e 及图 3－4（a）和（d)］。因此，继续堆第三层球时，出现两种不同的堆积方式：

第一种堆积方式是在四面体空隙上进行的，即将第三层球堆在第一层与第二层所构成的四面体空隙上，第四层球堆在第二层与第三层所构成的四面体空隙上，如此堆积下去，将出现第三层球与第一层重复，第四层球与第二层重复的结果。即等大球的紧密堆积呈现出｜AB｜AB｜AB｜…的周期性重复（二层式重复，A、B代表球体层）。这样的最紧密堆积称为六方最紧密堆积，因为其中的等同点是按六方格子排列的，其最紧密排列的球层为六方格子的（0001）面网［图3－5（a）］。金属锌等的晶体结构属于这种堆积类型。

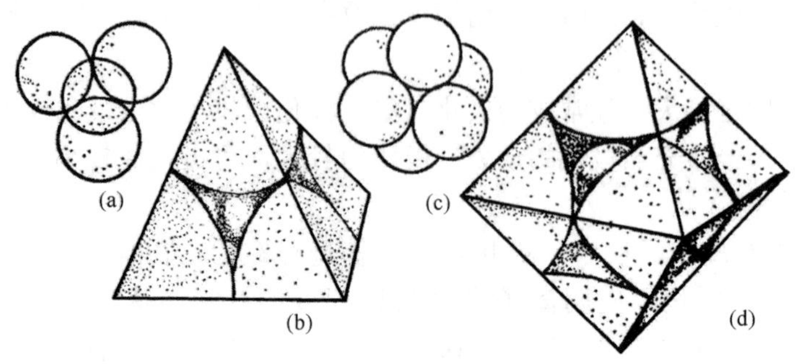

图3－4　四面体孔隙（a）、（b）和八面体孔隙（c）、（d）

第二种堆积方式是在八面体空隙上进行的，即将第三层球堆在第一层球与第二层球所构成的八面体空隙上，第四层球堆在第二层与第三层所构成的八面体空隙上［图3－5（b）］，如此堆积下去，将出现第四层球与第一层重复，第五层与第二层重复的结果。即等大球紧密堆积呈现出｜ABC｜ABC｜ABC｜…的周期重复（三层重复，A、B、C代表球体层）。这样的最紧密堆积称为立方最紧密堆积，因为球体是按立方或面心格子来分布的，其最紧密排列的球层为立方格子的（111）面网。自然铜和自然金等的晶体结构属于这种堆积类型。

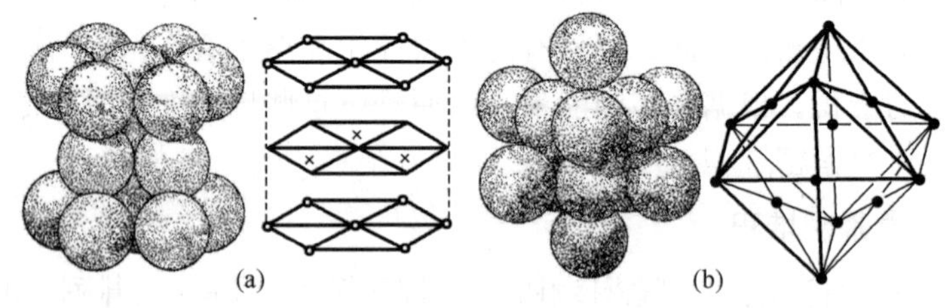

图3－5　等径球的六方（a）和立方（b）最紧密堆积

在以上两种堆积中，球体占整个晶体空间的74.05％，孔隙占25.95％，只有两种形状的孔隙：一种为四个球围成，球体中心连线形成四面体，称为四面体孔隙；另一种为六个球围成，球体中心连线形成八面体，称为八面体孔隙（图3－4）。在等径球体的最紧密堆积中，四面体孔隙的空间比八面体的小。

可以证明，每个球的周围有八个四面体孔隙及六个八面体孔隙，如果晶体由 n 个球组成，则四面体孔隙的总数目为（$n/4$）$\times 8=2n$ 个，八面体孔隙的总数目为（$n/6$）$\times 6=n$ 个，即四面体孔隙数目是球数目的两倍；八面体孔隙数目则与球数目相等。

上述两种最紧密堆积，是大多数晶体结构中质点堆积的最基本形式。在一些化合物的晶体结构中，还可以出现“多层重复的周期性堆积”，如四层重复（｜ABAC｜ABAC｜ABAC｜…）的周期性堆积；六层重复（｜ABCACB｜ABCACB｜ABCACB｜…）的周期性堆积等。多层重复的周期性堆积实质上是由上述六方紧密堆积和立方紧密堆积演变而来的，因此，等大球紧密堆积的基本堆积方式只有六方紧密堆积和立方两种紧密堆积两种。

由同种化学组分形成的晶体，如果其晶体结构中基本结构层相同，但重复方式有所不同时，这样的一些晶体结构便构成了所谓的多型现象。如石墨，其晶体结构就因碳原子层的重复方式不同而有 2H 型与 3R 型之别，前者为二层重复，具六方对称，后者为三层重复，具三方对称(图 3-6)。

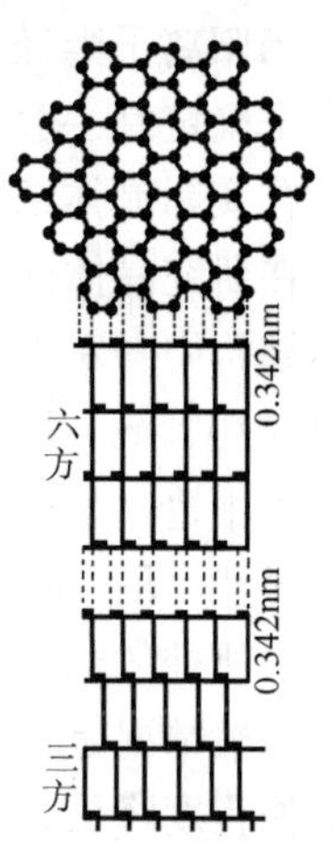

图 3-6　石墨的多型

2. 不等径球的最紧密堆积

当大小不等的两种球体堆积时，其中较大的球体将按上述两种方式之一组成最紧密堆积，而较小的球体则根据自身的大小填入其中的八面体空隙或四面体空隙中。这样的堆积，实际上恰好相似于离子晶体的情况，即半径较大的阴离子作最紧密堆积，而阳离子充填在它的空隙中。如石盐的晶体结构就是这样，其中阴离子（Cl^-）作立方最紧密堆积，阳离子（Na^+）充填在所有的八面体空隙中。然而，这并不是说，在所有离子晶体的结构中，阴离子都是典型的最紧密堆积，这是由于阴离子构成的空隙大小，不一定恰好适合于相应阳离子的大小。所以，当略大些的阳离子充填空隙时，往往会将空隙略微“撑开”一些，致使阴离子只能作近似的最紧密堆积，甚至出现程度不同的变形。如金红石（TiO_2）晶体的结构就是这样，其中 Ti^{4+} 占据的是一个压扁了的畸变八面体孔隙，这里，O^{2-} 只是以近似于六方最紧密堆积的方式进行堆积的（图 3-7）。

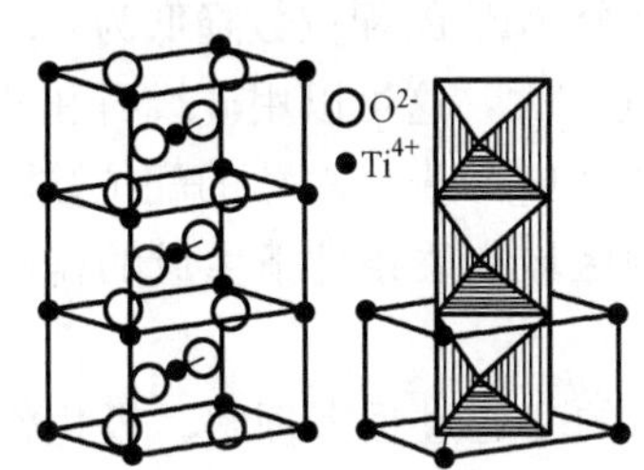

图 3-7　金红石的晶体结构

三、配位数和配位多面体

1. 配位数

在晶体结构中，某质点周围与之接触的其他质点的数目，称为该质点的配位数（coordination number，缩写为 CN）。在离子晶体中，与某离子联系的异号离子的数目，即该离子的配位数。原子晶格中，某原子的配位数是指与该原子接触的同种原子的数目。例如，在石盐 NaCl 结构中，Na^+ 在八面体空隙中，每个 Na^+ 周围有 6 个 Cl^-，则 Na^+ 离子的配位数即为 6；Cl^- 离子的配位数也是 6。

在离子晶体中，配位数主要取决于阳离子与阴离子的半径之比。阳离子越大，其半径与阴离子越接近，配位数越大。经计算，当阴离子恰能围住阳离子时，阳离子和阴离子的半径比值如表 3-7 所示。

表 3-7　阴离子与阳离子半径比及阳离子的配位数

$R_{阳}$ / $R_{阴}$	0~0.155	0.155~0.225	0.225~0.414	0.414~0.732	0.732~1	1	
阳离子配位数	2	3	4	6	8	12	
配位多面体的形状	哑铃形	等边三角形	四面体	八面体	立方体	截角立方体	截顶的二个三方双锥

当阳离子半径与阴离子半径之比介于两个数值之间，配位数必须依据矿物结晶时的外界条件来确定。一般是在高温或低压下取低值；在低温或高压下取高值。除了上列各种配位数外，在实际晶体结构中，还可能有诸如5、7、9和10等的配位数，不过这些情况比较少见。

在研究晶体的结构时，算出 $R_{阳}/R_{阴}$ 的比值后，就可利用表3-7中的数据，初步确定晶体结构中各种离子的配位数。如在石盐晶体的结构中，$R_{Na^+}=0.97\times10^{-10}$ m，$R_{Cl^-}=1.81\times10^{-10}$ m，$R_{Na^+}/R_{Cl^-}=0.54$，界于0.414～0.732之间，故 Na^+ 的理论配位数为6；实际结构中也是如此，Na^+ 被6个 Cl^- 所包围，后者按八面体的顶角分布。

显然，$R_{阳}/R_{阴}$ 是决定配位数高低的一个很重要的几何准则，但绝不能因此而忽视原子或离子所处的热力学（温度、压力）条件以及离子极化对配位数的影响。

一般情况是，温度升高常使原子或离子的配位数减小，因为，当环境温度高时，晶体结构紧密程度降低，容纳阳离子的空隙变大，在保持异号离子能够接触的前提下，阳离子可以填充进入低配位数的较小的孔隙中。例如，在高岭石等低温形成的粘土矿物中，Al^{3+} 的配位数为6；而在长石、云母等高温形成的硅酸盐矿物中，有一部分 Al^{3+} 的配位数降低为4。

压力对配位数也有影响，一般规律是配位数随压力的增大而增大，这可以用硅线石和蓝晶石来说明。在压力较低的变质条件下生成的硅线石（Al_2［$AlSiO_5$］）中，Al^{3+} 的配位数既有4也有6，这里出现了 Al^{3+} 的最低配位数4；而在压力很高的区域变质条件下生成的蓝晶石（Al_2［$AlSiO_4$］O）中，则全部 Al^{3+} 都具有6的配位数。

极化作用对配位数也有重要的影响，这可以按图3-8所示的变迁过程来理解。极化作用的结果，通常是使得异号离子的电子云相互重叠而靠近，而导致低配位数的形成。这是因为离子在晶格中并不是固定不动的，而是不停地在进行着热振动，所以，相邻离子之间的距离在每一瞬间都是不相等的［图3-8（b）］。如果极化不强烈，离子可以按固有的规律性来回振动，从统计的角度来说，离子之间总是保持着一个平衡的距离［图3-8（a）］。当极化作用很强烈时，负离子变形显著，产生很大的偶极矩，从而会加强对邻近离子的吸引力。一旦阴、阳离子接近，强烈的极化力将使离子不能回复到原来的平衡位置，阴、阳离子就要重新组合，由原来的如图3-8（a)所示的较高配位数，变为如图3-8（c）所示的较低配位数。

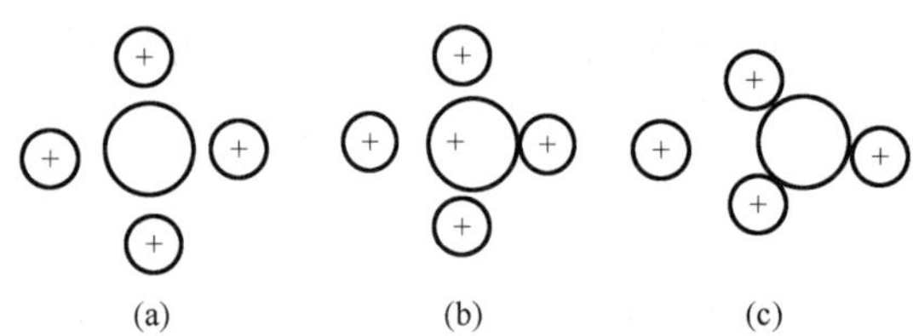

图3-8　极化与配位数的关系

2. 配位多面体

配位多面体（coordination polyhedron）是指在晶体结构中，与某一阳离子（或中心原子）成配位关系而相邻结合的所有阴离子（或周围的原子）中心点连线所构成的多面体。阳离子（或中心原子）即位于配位多面体的中心，与它配位的各阴离子（或配位原子）的中心点则位于配位多面体的角顶上。

显然，具有相同配位多面体的中心阳离子必定具有相同的配位数；但配位数相同时，其配位多面体的形式却有可能完全不同。表3-7中，配位数为12时可有截角立方体和截顶的双三方双锥聚形的配位多面体。最常见的配位多面体是四面体和八面体。配位多面体可以是几何上的正多面体，但在实际晶体结构中，由于阴离子的最紧密堆积往往可能有某种形式的畸变，或者根本不成最紧密堆积，或者由于共价键的存在，这些都导致了配位多面体形式的多样化。例如在石盐（NaCl）晶格中，Na^+ 的配位多面体是正八面体；在金红石（TiO_2）的晶格中 Ti^{4+} 的配位八面体是沿 z 轴方向稍微有所压扁的变形的八面体（图 3－7）；锐钛矿（TiO_2）晶格中 Ti^{4+} 的配位八面体，实际上则是接近于八面体的四方偏三角面体。但通常仍把它们都笼统地称为配位八面体。

在晶体结构中，一个阴离子总是同时与若干个阳离子相配位联结，因而，各阳离子的配位多面体必然会通过共有阴离子而相互联结。从这种意义出发，可以把晶体结构看成是由配位多面体彼此相互联结而构成的一种体系。联结方式可以分为共角顶、共棱和共面三种（图 3－9）。其中，以共角顶相联者中心阳离子之间保持最大间距、稳定性最高而最常见，共棱者次之，共面者中心阳离子之间间距最短、稳定性最差而极少见。

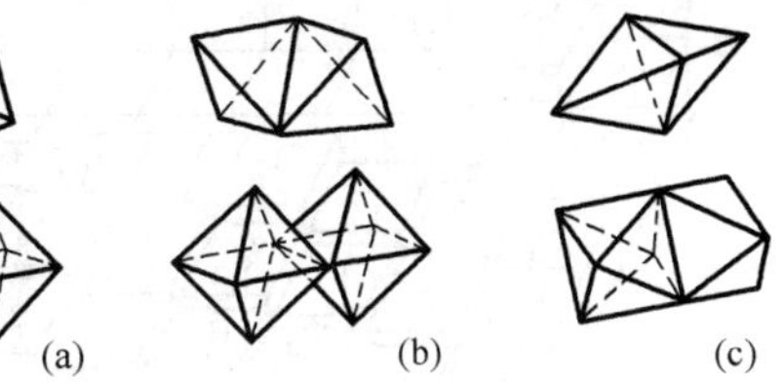

图 3－9　配位的面体联结方式

（a）配位多面体共角顶联结；（b）配位多面体共棱联结；（c）配位多面体共面联结

配位数和配位多面体两者都是用来表征晶体结构中质点间相互配置状态的，但鉴于不同的配位多面体形态可能具有相同的配位数，例如配位数为 6 时，配位多面体可以是正八面体、变形的八面体及三方柱等不同的形态，所以用配位多面体来表征晶体结构更为明确。

综上所述，晶体的化学成分是决定晶体结构特点的一项很重要的因素，但是晶体结构的形成和发展，除受化学成分控制外，还受外界条件（温度、压力、介质性质等）的影响。然而外界条件只能在化学成分所规定的范围内，并通过成分起作用。这就是所谓的同质多象现象。例如，随着外界条件的不同，碳元素可形成金刚石，也可形成石墨。

四、化学键与晶格类型

1. 化学键与电负性

在晶体结构中，各个质点（原子、离子成分子）彼此相互结合而维系在一起的作用力，称为“化学键”。根据质点间维系方式的不同，化学键通常可分为离子键、共价键、金属键和分子键等四种基本类型。由于化学键类型不同，电子云在各质点间的分布也各不相同（图 3－10），键能的大小以及晶体的物理性质与化学性质均相应发生变化。

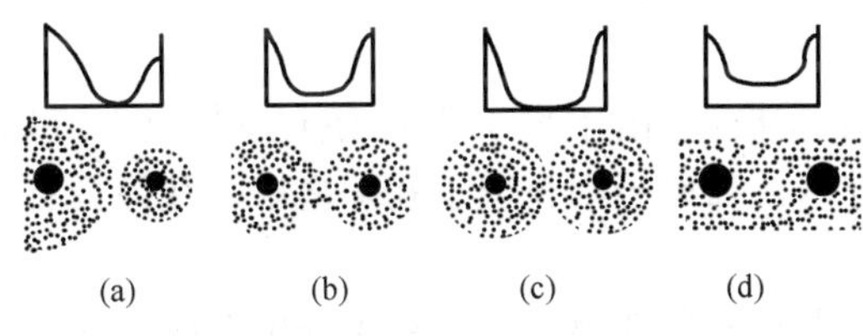

图 3－10　化学键中电子云分布示意图

（a）离子键；（b）共价键；（c）分子键；（d）金属键

元素在晶体中相互结合时，化学键的类型主要取决于相互结合元素的电负性的大小差值。由化学知识可知，元素失去电子将吸收能量，称为元素的“电离势”，常用 I 表示；而元素获得电子将放出能量，称为元素的“电子亲和能”，一般以 E 表示，二者的代数和称为元素的电负性，一般以 M 表示，即：$M=I+E$。

元素的电负性取决于原子的核电荷、电价和外层电子的结构。因此，各元素的电负性在元素周期表中呈规律性的变化，即同一周期内的元素的电负性从左到右渐次增大，同一族内的元素的电负性自上而下渐次减小，因而在周期表的对角线方向上，右上方的元素的电负性高，左下方的元素电负性低。各种元素的电负性见图 3－11。

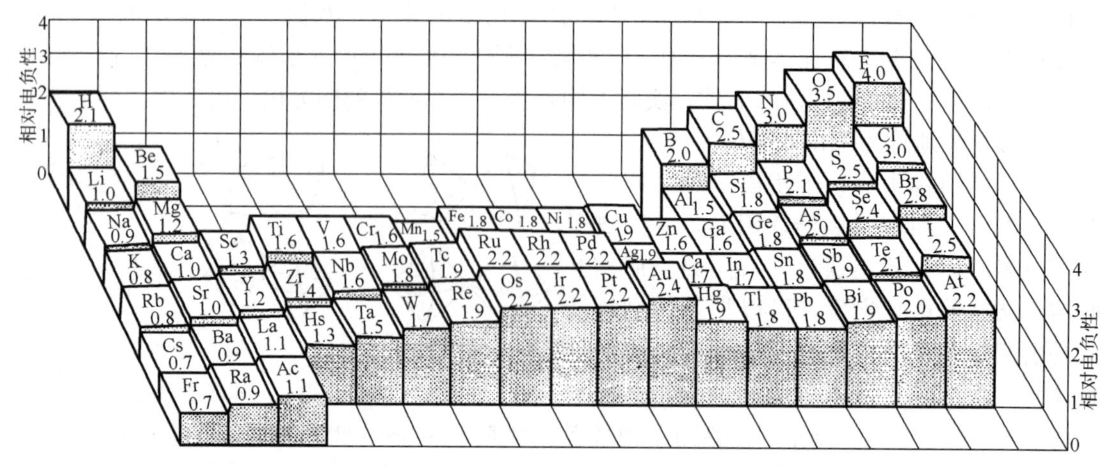

图 3-11 元素的电负性及其变化规律

元素的电负性，标志着元素的原子在与其他元素的原子作用时，接受电子能力的大小。元素的电负性越高，该元素的原子接受电子的能力越强。因此，两个相互作用的原子的电负性之差 ΔM，决定着电子移动的情况，因而也就决定着化学键的性质。当两种元素的电负性相同时（电负性差值为 0），则两原子间的价电子对称地分布于两原子之间，为两者所共有，从而形成共价键；而随着两种元素电负性差值的递增，共价键的极性逐渐增强，形成过渡性的化学键；当两种元素的电负性差值极大（$\Delta M>2$）时，则电负性低的原子的价电子将向电负性高的原子迁移，并集中在这个电负性高的原子上，从而形成离子键。

2. 离子键和离子晶格

在离子化合物晶体结构中，两种电负性差值极大的元素的原子互相结合时，电子重新配置，由一个原子将其一个或几个电子交给另一个原子，结果形成具有稳定的外层电子构型的阳离子和阴离子。阳离子和阴离子靠静电引力互相接近，当引力和斥力达到平衡时，它们就结合起来，形成离子键。

在离子化合物的晶体结构中，离子的电子云不发生明显的形变，离子都具有球形对称。因此，离子键没有方向性和饱和性。

以离子键占主导地位的晶体结构称为“离子晶格”。由于离子键具有上述特点，所以，离子晶格中半径较大的阴离子通常呈现最紧密堆积，阳离子则充填于孔隙之中，往往具有较大的配位数。

自然界中的大多数矿物都属于离子晶格。其中，电负性很低的第一主族碱金属元素和电负性很高的第七主族卤族元素结合形成的矿物，如石盐（NaCl）等，是最典型的离子化合物矿物，具有最典型的离子晶格。

具有离子晶格的矿物晶体，其物理性质和离子键的特性有密切的关系。因为，晶体内电子都属于离子，质点间电子密度很小，吸收光的能力很弱，光容易通过，所以，晶体的折射率和反射率都低，透明或半透明，非金属光泽。由于没有自由电子，因此，导电性很差。此外，离子键的强度与离子电价的乘积成正比，与离子半径之和成反比，所以晶体的硬度和熔点都有很大的变化范围。

3. 共价键和原子晶格

在晶体结构中，组成晶体的质点是原子，原子间以共用电子对的方式结合起来，这种化学键称为共价键。一些非金属单质矿物（如金刚石）是典型的共价键矿物，某些电负性较大的过渡型离子和铜型离子与硫（或氧）结合时，其电负性差值较小，也常过渡为共价键。

共价键受外层电子构型的控制，因而有一定的数目，并按一定的方向排布，称为共价键的饱和性和方向性，这也是共价键与其他化学键的主要区别。

以共价键占主导地位的晶体结构称为“原子晶格”。因为共价键具有方向性和饱和性，所以在原子晶格中原子不一定呈现最紧密堆积，配位数较低。

由于原子晶格中无自由电子和离子，而且共价键又相当坚强，因此，具原子晶格的矿物晶体通常具有较大的硬度和较高的熔点，不导电，透明至半透明，非金属光泽。

4. 金属键和金属晶格

在纯金属元素组成的晶体内，金属原子的电负性低，容易丢失价电子而成为金属阳离子，金属阳离子丢失的电子作为自由电子弥漫于整个晶体之中，丢失电子的金属阳离子通过自由电子彼此联结，这种化学键称为“金属键”。永恒运动着的自由电子，在某一瞬间属于某一原子，而在另一瞬间又属于另一个原子，即在任何瞬间，具有金属键的晶体中都有原子、阳离子、自由电子共存。

因为金属键没有饱和性与方向性，所以在晶体结构中质点常作最紧密堆积，具有很高的配位数。

以金属键占主导地位的晶体结构称为“金属晶格”。在自然界中，具有典型的金属晶格的矿物主要是自然金属元素矿物，例如自然金、自然铜、自然银等。

由于晶体中有自由电子，因此，具有金属晶格的晶体是电和热的良导体，不透明，反射率高，金属光泽，有延展性，硬度一般较小。

5. 分子键和分子晶格

在中性分子组成的晶体内，分子内部的质点之间主要是靠共价键结合，分子之间则以相当微弱的范德华力相互联系，此种分子之间的结合力即分子键。分子间微结合力的产生，主要有三种类型：极性分子的偶极矩；非极性分子的受极化作用而产生的偶极矩（诱导偶极矩）；分子热运动产生的临时偶极矩（色散力）。

一般来说，分子键没有饱和性与方向性，分子之间可以实现最紧密堆积，但作为结构单位的分子往往不呈球形，所以其结构单位的堆积形式极为多样。

以分子键占主导地位的晶体结构称为“分子晶格”，由于分子键力很微弱，所以，具有分子晶格的晶体一般熔点较低，较易挥发，硬度较小，热膨胀率大，可压缩性大。这种晶体的电学性质及光学性质变化范围很大，这是因为电学性质与光学性质既取决于分子内部的原子种类和键性，还与分子间的键性密切相关，但大部分不导电，热导率小，透明或半透明，具非金属光泽。

上面所述的化学键和晶格类型都是典型的情况。实际上，化学键常常具有过渡性。此外，在一种矿物晶格中还可以有两种以上的化学键存在，这样就出现了多键型晶格。在这种情况下，一般是根据其主要化学键和晶体的性质将其归属于某一晶格类型。例如，方解石晶体，它的化学成分是 $Ca[CO_3]$，在 $[CO_3]^{2-}$ 内部的 C^{4+} 与 O^{2-} 之间以共价键结合为主，而在 Ca^{2+} 和 $[CO_3]^{2-}$ 之间是以离子键结合。对整个晶体来说是以离子键为主，所以把它划归离子晶格。

五、同质多象

1. 同质多象的概念

相同化学组分的物质，在不同的热力学条件（温度、压力、介质性质等）下，形成不同晶体结构的晶体的现象，称为同质多象现象（polymorphism）。成分相同而结构不同的几种矿物晶体，称为该成分的同质多象变体（polymorphism form）。一种物质的同质多象变体，按变体种数的不同而可称为同质二象（dimorph）、同质三象（trimorph）、或一般地泛称为同质多象（polymorph）。例如黄铁矿和白铁矿是 FeS_2 的同质二象；金红石、锐钛矿和板钛矿是 TiO_2 的同质三象；而 SiO_2 的同质多象变体有 α-石英、β-石英、β_2-鳞石英、β-方石英等多种（图 3-12）。

一种物质的各种同质多象变体，虽然其化学组成均相同，晶体结构肯定各不相同，因而它们的结晶学特征和物理性质总是各不相同的，甚至大相径庭，有时其化学性质也可能各不相同。所以，每一种同质多象变体都是一个独立的相、独立的矿物种。

金刚石和石墨是众所周知的典型例子，前者为典型的原子晶格，碳的配位数为 4，等轴晶系，一般无色透明，金刚光泽，平行于 {111} 中等解理，硬度 10，相对密度 3.55，是电的不良导体；后者为多键型晶格，碳原子层内为共价键及金属键、层间为分子键，碳的配位数为 3，六方晶系，黑色不透明，金属光泽，平行于 {0001} 极完全解理，硬度 1，相对密度 2.23，是电的良导体。两者的化学键性质、晶格类型、配位数等均不相同，物理性质也相差极大。方解石和文石晶格类型相同，但方解石晶体结构中 Ca^{2+} 的配位数为 6，属三方晶系，而文石中 Ca^{2+} 配位数为 9，属斜方晶系，结构更紧密，相对密度较大。SiO_2 的两种变体 α-石英和 β-石英，晶体结构基本一样，仅 Si—O—Si 间的键角略有差异，α-石英为 137°，β-石英为 150°，后者键角大，结构比较舒张，反映了较高的形成温度（图 3-13）。

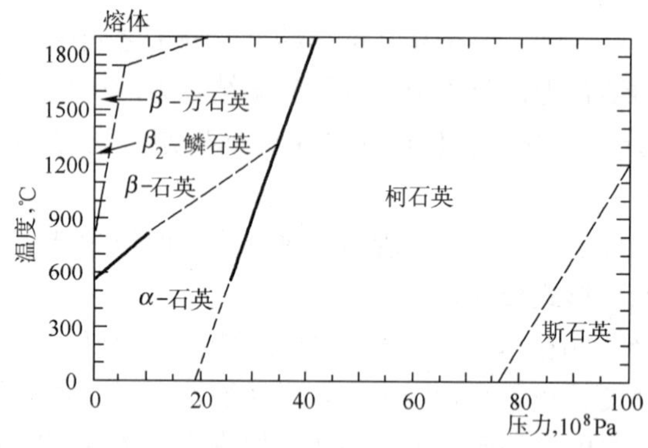

图 3-12 SiO_2 主要同质多象变体的稳定范围（据 Hurlbut 和 Klein，1977）

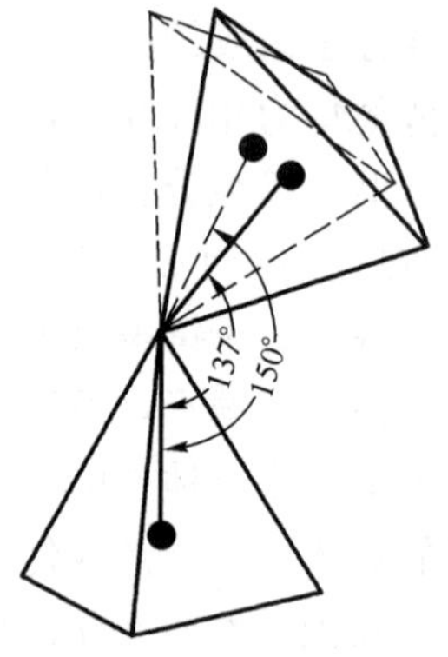

图 3-13 α-石英和 β-石英 Si—O—Si 联结角度之比较

2. 同质多象转变

同质多象的每一种变体都有一定的形成条件和稳定的范围。当环境条件（主要是温度和压力）发生变化达到一定程度时，原来稳定的变体就变得不再稳定，从而将引起晶体结构的改组，以便形成在新条件下稳定的变体。这种由于物理化学条件的改变，使一种同质多象变体在固体状态下转变为另一种变体的过程，称为同质多象转变。

许多物质的各种同质多象变体形成和稳定的温度一压力范围往往是各不相同的、互不重叠的，它们之间的关系常可用相图来表示（图 3-12）。当环境的温度、压力变化到超出某一变体的稳定范围时，就可能发生相应的同质多象转变，而且各变体之间的转变温度与压力是恒定的。例如，SiO_2 的四种主要同质多象变体在常压下的转变关系及转变温度表示为：

$$\alpha\text{-石英} \xrightleftharpoons{573℃} \beta\text{-石英} \xrightarrow{870℃} \beta_2\text{-鳞石英} \xrightarrow{1470℃} \beta\text{-方石英} \xrightleftharpoons{1720℃} \text{(熔体)}$$

某些物质的各种变体，对介质的酸碱度、杂质等因素较为敏感，其形成和稳定的温度与压力范围较大，所以它们能在几乎相同的温度、压力下并存。其中只有一种变体是稳定，其他的变体都是不稳定的，只不过在常温下其间的转变过程特别缓慢，以致不稳定变体实际上可以以亚稳态长期存在，但当高于一定温度时，其转变即迅速发生。例如，FeS_2 对介质的酸碱度敏感，一般在碱性介质中形成黄铁矿，而在酸性介质中生成白铁矿，白铁矿为不稳定变体，常压下当温度升高至 350℃时便迅速转变为黄铁矿。

同质多象转变的难易程度与速率，还与变体之间的结构差异大小、改组原结构所需活化能的高低有关。一般的情况是：变体之间的结构差异微小，完成同质多象转变所需要的活化能就小，转变速率很快，且往往是双向的、可逆的；变体之间的结构差异很大时，实现同质多象转变所需要的活化能同样很高，转变的速率较慢，通常是单向的、不可逆的。

在诸多物理化学条件中，对同质多象转变起控制作用的因素首推温度与压力，一般规律是：温度升高使同质多象转变向着配位数减小、相对密度下降的方向进行；压力的作用恰好相反；同时，压力的增高还会使转变温度升高。例如，α-石英与 β-石英之间的转变温度，常压下为 573℃，在 2×10^8 Pa 压力下为 626℃，在 4×10^8 Pa 压力下为 679℃（图 3-12）。

在同质多象转变完成后，随着晶体结构的改变，其物理性质相应发生变化，但原有的晶体形态常常并不会因此改变，而是被新的变体所继承下来。这种新形成的同质多象变体继承原变体之晶形的现象，称为副象现象（paramorphism）。副象的存在是判断同质多象转变曾经发生的重要佐证之一。

依据同质多象变体间结构的差异程度常将同质多象转变分为重建式转变和移位式转变。

（1）重建式转变，是同质多相变体之间的结构差异极大，转变时内部质点位置有根本性变动的同质多象转变，即必须完全破坏旧的结构，包括键性、配位数和紧密堆积方式等，方可形成新变体的同质多象转变。这种转变需要较大的活化能，相应具有较高的位能垒。因而，常常是在加热升温并超越位能垒的条件下，实现较低温变体向较高温变体的转变。相反，在降温冷却的过程中，特别是在快速降低温度的条件下，往往不能超越其较大的位能垒，相应的较高温变体可以长期处于亚稳定状态，而并不发生同质多象转变。所以，重建式同质多象转变，常常是不可逆的单变性转变。

例如，石墨变为金刚石时，就要求原石墨中碳原子的三个 SP^2 杂化轨道（构型为三角形）和一个 π 轨道改变成四个 SP^3 杂化轨道，进而构成一组按四面体取向的跟其他碳原子相维系的共价键。在这种转变过程中，不仅需要很高的压力，而且还要很高的温度（1000℃以上）（实验室条件下还必须有催化剂的参与）才能形成金刚石。相反，在地壳底部及上地幔形成的金刚石，随同超基性岩浆直接上升到地壳的浅表层，因迅速冷却无法超越其位能垒，所以，金刚石得以保存在金伯利岩中。不过，天然金刚石常常具有溶蚀的外貌，同时还常常有石墨相伴产出，表明金刚石在压力降低及冷却过程中已开始向石墨转变，只是转变很快终止而无法完全进行。

再如，β-石英当温度升高转变β_2-鳞石英时，硅氧四面体保持不变，但从螺旋形排布改变为层状排布，也属重建式转变；β_2-鳞石英与β-方英石的转变、文石与方解石的转变同样属于重建式的转变，属于不可逆的单变性转变。

（2）移位式转变，是同质多相变体之间的结构差异不大，从一种变体转变为另一种变体时，仅发生质点稍微移动、键角微小改变的同质多象转变，即晶体结构仅发生一定的变形，而不涉及键的破坏、不改变配位基本形式的同质多象转变。此种转变所需活化能一般很小，位能垒很低，转变一般能迅速完成，而且常常是可逆的。

例如，α-石英（三方）和β-石英（六方）之间的转变，只是 Si—O—Si 的联结角度由137°改变为 150°，其所有的硅—氧四面体仍保持螺旋状排列（图 3-13）。所以，在常压下，当温度升高至 573℃时，α-石英迅速转变为β-石英；当温度降低至 573℃时，β-石英迅速转变为α-石英。

同质多象在矿物中是较为常见的现象。同质多象变体的形成与环境条件密切相关。同质多象各个变体间发生转变的温度是比较固定的，这就引出了“地质温度计”的概念。人们根据自然界中某种变体的存在，或认识到某种转变过程，便可推测存在该矿物的地质体的形成温度及物理化学条件。例如，SiO_2 的超高压变体（柯石英及斯石英）在地表的大型凹陷坑中出现，则可作为该地曾经发生过陨石冲击陨落的铁证。此外，在工业上和实验室中还常常利用同质多象转变规律，改造矿物的晶体结构，从而制造生产新的矿物晶体，以满足生产上的要求。例如，利用石墨制造人造金刚石，改造α-石英的双晶为单晶等等。

六、有序与无序结构

1. 有序与无序的概念

晶体结构中，在可以被两种（或多种）不同质点所占据的某种（或某几种）配位位置上，若这些不同的质点各自有选择地分别占有其中的不同位置，相互间呈现有规则的分布时，这样的结构状态称为有序态（ordered state），相应的晶体结构称为超结构（super—structure）或超点阵（super—lattice）。若这些不同的质点在其中全都随机分布，相互间没有一定的规律时，其结构状态便称为无序态（disordered state）。

有序与无序现象是一种物质能够结晶形成不同晶体结构的现象，也属于一种同质多象现象，但它与一般的同质多象现象不完全相同。无序态和有序态之间的差别，仅仅局限于某些（少数的局部的）配位位置中的不同质点的差异占位状况，而且在无序态和有序态之间还可以存在过渡状态。所以，有序与无序现象是同质多象的一种特殊类型。

2. 有序与无序的类型

按有序的程度可分为：完全有序（perfect order，complete order）；完全无序（total disorder，complete disorder）和二者之间的过渡状态（部分有序）。

导致产生有序与无序现象的原因，是在结晶过程中，质点总是倾向于进入特定的结构位置，即形成有序结构，以便最大限度地降低自由能；但是，热扰动的存在以及晶体的快速成长，却促使质点随机地占有任何可能的结构位置，从而形成无序结构。一个晶体结构有序度的大小，决定于两种倾向中哪一种占主导地位。所以，有序度通常是温度的函数。

3. 有序与无序的转变

作为同质多象特殊类型的有序变体和无序变体之间，在一定的条件下也会发生有序—无序的转变。完全无序及部分有序的结构，在低于某一临界温度时将会向完全有序的结构转变；反之，在高于这一临界温度时，完全有序及部分有序的结构又会向完全无序的结构转变。其中，向着有序度增高方向进行的转变作用，称为有序化（ordering）；而上述有序—无序转变的临界温度，在金属学中称为“居里点”。在居里点附近，晶体的有序度有明显的突变，许多物理性质参量相应也发生突变。

一般而言，有序结构的对称程度较低，形成于较低温度；无序结构的对称程度较高，形成于较高温度。如钾长石（K［$AlSi_3O_8$］）在高温形成无序的透长石，对称程度较高，属单斜晶系；低温形成有序的最大微斜长石，有序度高而对称程度低，属三斜晶系。

第三节　矿物的形态

不同的矿物常具有不同的形态和特征，这是区分和鉴别矿物的基本标志之一。同一种矿物，在不同的地质条件下，在其自身晶体结构制约的范围内，又常常呈现不同的形态。因此，矿物的形态不仅是识别矿物的依据，也往往是了解矿物形成时所处地质条件的依据。

矿物的形态包括矿物单体及集合体的形态，其中单体形态是研究的基础。

一、矿物的单体形态

理论上讲，矿物单体的形态是指具有统一的空间格子的单一晶体的形态，只有晶质矿物才有可能呈现单体。

1. 理想单晶体与实际单晶体

前面结晶学部分所讨论的主要是矿物的理想单晶体，其特性是：内部结构严格遵循格子规律，外形呈规则的几何多面体，即晶面平整、晶棱平直、晶角尖锐，同一单形的晶面同形等大，常用对称型、单形、聚形来描述。理想单晶体只有在极其优越的环境之中方可形成，因此在自然界是极为少见的。

实际的矿物单晶体在生长过程中，总会不同程度地受到复杂的环境条件（杂质、粘度、滑流、生长空间等）的限制，往往不能按照理想状态发育；同时，晶体形成之后还可能会受到溶蚀、改造和破坏。因此，自然界中广泛分布的实际晶体，与理想晶体之间必定有着不同程度的差异。

就内部微观结构而言，实际晶体的内部结构并非严格遵循格子规律，而是常常存在着或多或少的各种各样的缺陷。例如，大质点替代正常的质点［图 3－14（a）中的 a 质点），个别质点充填在空隙之中而不在结点上［图 3－14（a）中的 b 质点］，出现质点的空缺［图 3－14（a）中的 c 质点］，出现刀刃状位错［图 3－14（a）中的 d 位置］及螺旋位错；当空缺空间较大并被其他细小晶体、液体、气体充填时则形成包裹体；有时格子结构是由一些均匀的彼此并不严格平行的“块段”镶嵌而成（即所谓的镶嵌构造）［图 3－14（b）］。

就外部形态而言，由于矿物晶体在形成过程中受环境条件的影响，往往形成所谓的歪晶，通常形成没有平整晶面和平直晶棱的、无法确定单形的不规则形态的细小晶粒。歪晶与理想晶体相似，其晶面平整、晶棱平直，且对应晶面间的夹角恒等。二者的差异在于，歪晶的同一单形的晶面大小不等、形态不同（图 3－15）。在岩石学中常常将具有规则几何多面体形态的理想晶体与晶面平整晶棱平直的歪晶统称为自形晶，将无平整晶面和平直晶棱的不规则晶体称为他形晶，介于二者之间（有部分平直晶棱和平整晶面）者称为半自形晶。

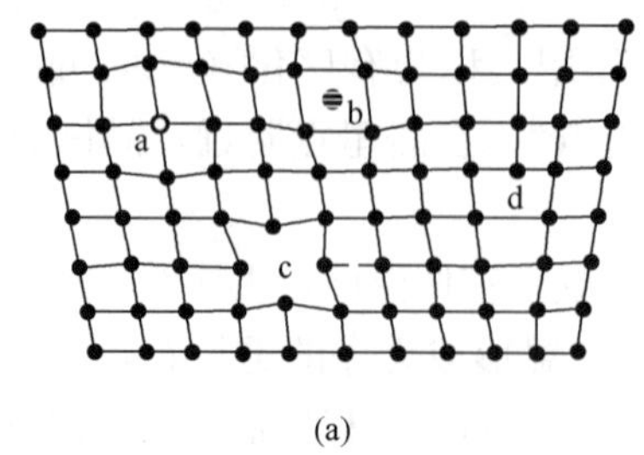

(a)

(b)

图 3－14　晶体结构缺陷（a）、晶体结构的镶嵌构造（b）

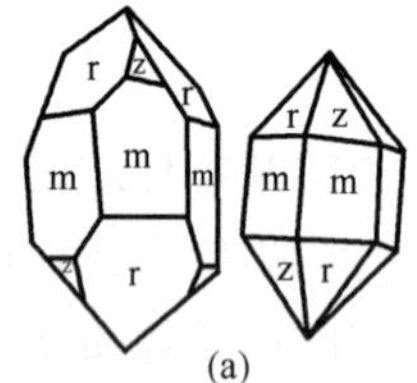

(a)

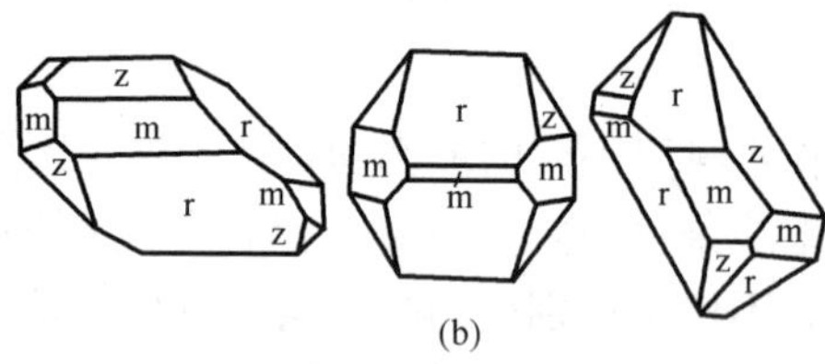

(b)

图 3－15　石英的理想晶体与歪晶对比

（a）石英的理想晶体；（b）石英的歪晶

图中，r 和 z 为菱面体，m 为六方柱

2. 结晶习性

在一定环境条件下结晶形成的同种矿物晶体，总是有着一致的特定结晶形态和形态特征，矿物晶体的这种性质称为矿物的结晶习性（crystal habit），简称“晶习”。

结晶习性包含有两方面的含义：一是同种晶体总具有习见的单形；二是晶体在三维空间总具有习见的延伸比例。单形及单形符号所描述的正是晶体在空间的发育情况，由于常见的矿物晶体多是难以确定单形的他形晶，因此，晶体在三维空间的延伸比例具有更普遍的意义，这也是结晶习性分类的基础。据此，通常将结晶习性分为三种基本类型：

（1）一向伸长型晶习，包括柱状、棒状、针状、纤维状、毛发状等晶习，以 $A \approx B \ll C$ 为特征（A、B、C 分别为晶体在三维空间的直角坐标轴 X、Y、Z 上的长度，下同）。如柱状的角闪石，纤维状的石棉等；

（2）二向延展型晶习，包括板状、片状、鳞片状等晶习，以 $A \approx B \gg C$ 为特征。如板状的石膏、片状的云母等。

（3）三向等长型晶习，包括等轴状、粒状等晶习，以 $A \approx B \approx C$ 为特征。如立方体形态的或不规则粒状的黄铁矿、菱形十二面体形态的或他形粒状石榴石等。

除上述三种基本类型外，还有一些过渡类型，如介于一向伸长与二向延展之间的板柱状晶习、介于二向延展与三向等长晶习之间的厚板状晶习、介于三向等长与一向伸长晶习之间的短柱状晶习等。

矿物晶体的结晶习性，首先受其成分与结构的控制，因此，在一定环境中形成的同种矿物都具有相同的习见单形与延伸比例，成分与结构相似的不同矿物也常常有相似或相同的习见单形及延伸比例。例如：角闪石、辉石类的矿物结构中都有链状络阴离子，常沿着链的方向发育而形成柱状、长柱状、针尖或纤维状晶习；云母、绿泥石类的矿物结构中都具有层状络阴离子，因此，常常发育呈平行于络阴离子层方向的板状或片状晶习；石盐

(NaCl) 与方铅矿 (PbS) 的成分与结构相似，二者也都习见立方体 {100} 单形及粒状晶习。

矿物的结晶习性还与形成条件（温度、压力、介质的 Eh 和 pH 值以及组分浓度、空间大小等）有密切的关系。例如，在石盐结晶过程中，溶液中各组分的相对浓度，对它的形态有着很大的影响，当溶液中 Na^+、Cl^- 基本平衡时，由这两种离子共同组成的网面密度最大的 (100) 晶面发育，形成立方体晶体；但当溶液中 Na^+、Cl^- 离子不均衡时，则由同种离子所组成的网面密度最大的 (111) 晶面发育，从而形成立方体与八面体的聚形晶体，甚至形成八面体晶体。又如，在碱性岩浆岩中形成的锆石，以柱面不发育、四方双锥 {111} 发育的粒状—短柱状晶习为主，在酸性花岗岩中则以四方柱 {110} 与四方双锥 {111} 均发育的柱状晶习为主，在中—基岩浆岩中则以四方柱 {110}、{100} 与复四方双锥 {311} 均发育的长柱状晶习常见（图 3-16）。再如，在花岗岩中的石英均为不规则的他形粒状，而在具有自由空间的晶洞里，则常常发育形成完好柱状晶体及晶簇。

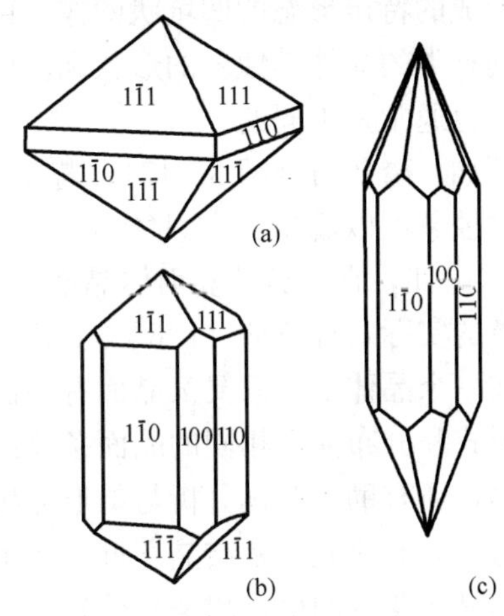

图 3-16　锆石的晶习

(a) 在碱性岩浆岩中；(b) 在酸性岩浆岩中；(c) 在中—基性岩浆岩中

总之，矿物结晶习性既是其成分与结构的宏观反映，在很大程度上也是其形成环境条件差异的客观物质记录。因此，矿物结晶习性是鉴别矿物的重要标志之一，也是分析其形成条件的重要依据之一。

3. 晶面花纹

实际晶体的晶面都不是理想的平面，常常呈现出这样或那样的条纹、台阶或凹斑，实际晶体表面上的这些微细形貌统称为晶面花纹。一般分为晶面条纹和蚀象。

晶面条纹是指出现在晶面上的一系列彼此平行或交叉的直线状的花纹，它们都严格地沿着一定的结晶方向排列，粗细宽窄不一。晶面条纹主要是晶体发育过程中，各单形的晶面交替生长的结果，因此，又称为生长条纹（growth striation），也称为聚形纹（combination striation）。例如，石英柱面上的横纹，就是六方柱 {10$\bar{1}$0} 与菱面体 {10$\bar{1}$1} 交替发育的结果。例如，黄铁矿立方体晶面上有相互垂直的三个方向上的条纹，是立方体 {100} 与五角十二面体 {*hk*0} 交替生长的结果。再如，电气石柱面的纵纹和刚玉晶面上的交叉状条纹均是聚形纹（图 3-17）。

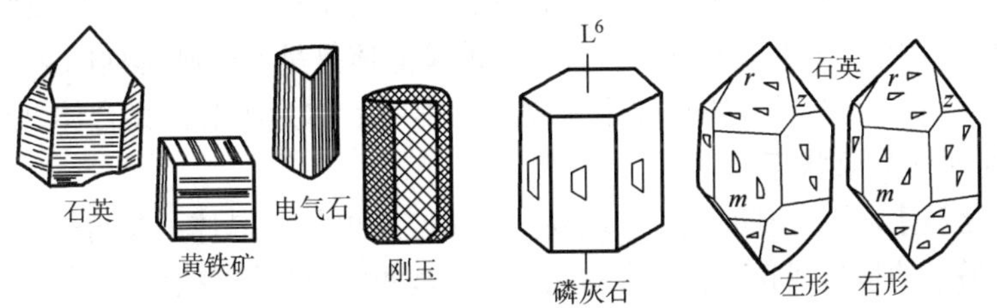

图 3-17　几种常见的晶面条纹及晶面上的蚀象

工作中应注意聚形条纹与双晶条纹的区别。双晶条纹是双晶存在的标志，是一系列聚片双晶的结合面，其粗细是均匀的，不仅在晶面上可以见到，在解理面及断面上也清晰可见；聚形条纹则粗细不均匀，仅见于晶面上，在解理面及断面上是不存在的。

蚀象是晶面在自然界（或用人工方法）遭受各种酸、碱及其他具有腐蚀能力的介质侵蚀后所形成的特定形态的凹坑状图像。由于蚀象的形状和分布受着面网性质的控制，所以，不仅不同种类的晶体其蚀象的形状和位向不相同，就是同一晶体的不同单形的晶面蚀象的形状和位向也通常是不同的。

例如，磷灰石（图 3－17），若仅仅根据其晶体外形观察，对称型属 $L^6 6L^2 7PC$，但从柱面上的蚀象可以看出，它只能有一个垂直于 L^6 的对称面，因此，磷灰石的实际对称型为 $L^6 PC$。又如，在石英的菱面体晶面上，有时具有三角形的蚀象，这种蚀象，不仅可用它确定石英的实际对称特征（$L^3 3L^2$），而且还可以用它来区别石英的左形和右形（图 3－17）。

在一个晶体上，只要某晶面有晶面条纹或蚀象出现，那么，与之同一单形的各个晶面都会有形式和分布完全相同的晶面条纹或蚀象存在。因此，利用晶面条纹及蚀象，不仅可以鉴定矿物，还有助于对称分析与单形分析。

对晶面的研究，是结晶学近三四十年较快发展起来的新领域，由于理论与技术的进步，对晶体晶面花纹的研究越来越受到重视。

二、矿物的集合体形态

同种矿物的多个单体聚集在一起的整体，称为矿物的集合体。矿物几乎都是以集合体形式产出的。矿物的集合体形态取决于单体的形态和它们的集合方式，因此是丰富多彩变化万千的。研究矿物集合体形态不仅在矿物鉴定及矿物成因分析方面有重要的意义，在选矿及技术加工方面也有重要意义。

根据集合体中的矿物晶体颗粒的大小，可以将其分为三类：裸眼及放大镜下可以辨别矿物单体大小的集合体称为显晶（质）集合体；显微镜可以辨别矿物单体大小的集合体称为隐晶（质）集合体；显微镜下也不能辨别单体大小的集合体称为胶态集合体。

1. 显晶质集合体形态

显晶质集合体形态，常按单个晶体的晶习及集合方式的不同划分为以下四种。

（1）粒状集合体，是由许多具有三向等长晶习的粒状单晶体任意集合而成的集合体。按其单晶体的大小一般可细分为粗粒状集合体（粒径大于 5mm）；中粒状集合体（粒径在 1～5mm 之间）；细粒状集合体（粒径在 1～0.1mm 之间）。

（2）片状、鳞片状、板片状集合体，是由许多具有二向延展晶习的单晶体任意组合而成的集合体。常按主要的单体形状具体命名，如片状集合体、鳞片状集合体等。

（3）柱状、针状、毛发状、束状、放射状集合体，是由许多具有一向伸长型晶习的单体组合而成的集合体。柱状、针状、毛发状集合体中的单晶体是呈不规则排列的，三者的区别在于单晶体长度与宽度的比值不同。如其单体呈放射状排列则称为放射状集合体［图 3－18（a）］，如其呈束状排列则称为束状集合体。

（4）晶簇，是丛生在同一基底上，一端朝向自由空间的柱状晶体的集合体［图 3－18（b）］。在晶簇中，发育最好的是与基底近于垂直的晶体，与基底斜交晶体在生长过程中受到前种晶体的阻碍，没有生长的自由空间而被抑制和掩盖，最终被淘汰。这种现象称为“几何淘汰律”（图 3－19）。

图 3-18　放射状集合体和晶簇状集合体

(a) 红柱石放射状集合体；(b) 石膏的晶簇状集合体

2. 隐晶质和胶态集合体

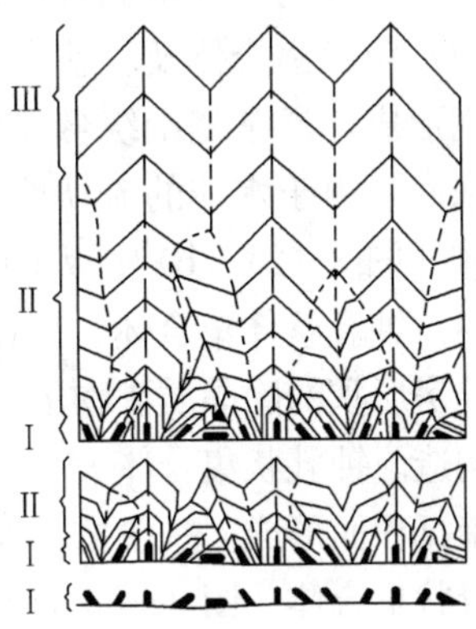

图 3-19　晶簇生长的几何淘汰律

隐晶质和胶态集合体可以由溶液直接结晶或由胶体生成。由于胶体的表面张力作用，常使集合体趋向于球状，胶体老化后常变成隐晶质或显晶质，因而使球状体内部产生放射状构造。

矿物中常见的隐晶质及胶态集合体根据其生成方式可归纳为以下四个类型。

(1) 分泌体，是在岩石中的球状或不规则状的空洞内，由胶体溶液从洞壁开始逐层地向中心渗透沉淀充填而形成的集合体［图 3-20 (a)］，其中心有时留有空腔并形成晶簇，由于溶液的周期性沉淀，常出现环状构造。大者常称为“晶腺体”（>1cm），小者常称为“杏仁体”（<1cm）。前者如玛瑙［图 3-21 (a)］，后者如火山岩中的“杏仁体”［图 3-20 (b)］。

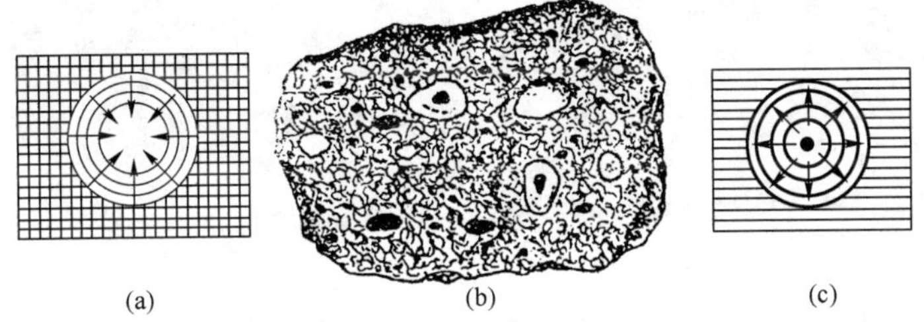

图 3-20　分泌体自外向内生长 (a)、杏仁体 (b)、结核体自内向外生长 (c)

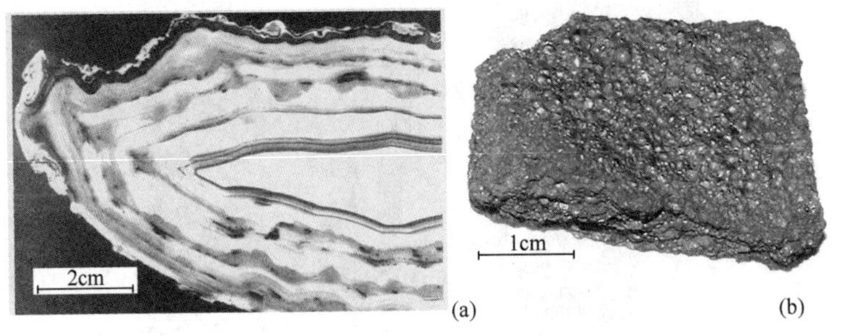

图 3-21　玛瑙 (a) 和赤铁矿鲕粒集合体 (b)

（2）结核体，与分泌体不同，它是围绕某一核心自内向外发育而形成的集合体［图 3－20（c）］。结核体的形态多种多样，有球状、凸镜状、瘤状及不规则状等，大小极不一致，从几毫米到几米甚至更大。结核体多存在于沉积岩中，由胶体凝聚形成，内部常具同心层状构造，当胶体老化后，往往可以看到极细小晶体从中心向外呈放射状排列，而具放射状构造（图 3－22）；也可在渗流带及潜水面附近，因地下水地的蒸发气化或其他作用，矿物质围绕某些颗粒逐层沉淀凝聚而形成结核体，如土壤中常见的钙质结核。

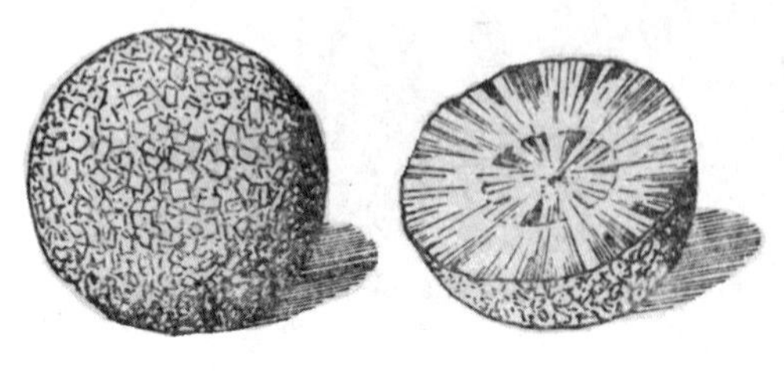

图 3－22 黄铁矿物放射状构造

呈结核状的矿物常见有黄铁矿、菱铁矿、方解石、赤铁矿、磷灰石等。

（3）鲕状集合体及豆状集合体，它们的共同特征是都具有明显的同心层构造，都是由沉积作用形成，通常是围绕悬浮状态的细砂、有机质碎屑或气泡等凝聚，当达到一定大小时便沉于水底，由于水体的流动振荡使之不断滚动跳跃而继续增大。小的如同鱼卵大小称为鲕状集合体［图 3－21（b）］；大的如同豆粒大小称为豆状集合体。

（4）钟乳状体集合体，是在洞穴或空隙中，从同一基底向外逐层生长而形成的呈圆锥、圆柱或乳房形状的隐晶质矿物集合体，其横断面上常有同心层状、放射状、致密状或极细小结晶粒状构造。钟乳状集合体大小不一，可自几毫米至几十米。通常是由溶液或胶体在空洞表面逐层凝聚沉积而形成。一般按其外部形状与常见物体类比而给予不同的名称：大数厘米、腰果状的为肾状集合体［图 3－23（a）］；小于 2cm、半球状的为葡萄状集合体［图 3－24（a）］。附着于洞穴顶部下垂生长的称为石钟乳［图 3－24（b）］；而溶液滴落到洞穴底部自下而上生长的称为石笋；石钟乳和石笋连接起来称为石柱。它们均沿竖直方向生长，若出现倾斜的钟乳体，则是构造运动的结果，据此可以推断地壳运动的发生及其运动的方向。

图 3－23 赤铁矿肾状集合体（a）和孔雀石皮壳状集合体（b）

图 3－24 硬锰矿葡萄状集合体（a）和方解石的石钟乳集合体（b）

表面光滑、带漆状光泽或玻璃光泽、横切面呈放射状或同心层状的钟乳状体，又可称为玻璃头，如褐铁矿的褐色玻璃头、赤铁矿的红色玻璃头等。

此外，在描述矿物集合体时，还经常用到其他一些术语。例如，粉末状矿物集合体，是隐晶质矿物呈粉末状散附在其他矿物或岩石表面上的集合体；土状集合体，是隐晶质矿物粉末疏松地聚集呈不规则块体；被膜状及皮壳状集合体，隐晶质矿物呈极薄层状覆盖于其他矿物或岩石表面的集合体，当其厚度略大时称皮壳状集合体［图 3-23（b）］；可溶性盐类矿物所形成的被膜称为盐华状集合体；致密块状集合体，是泛指由其晶粒（可大可小）的边界在放大镜下不能分辨的矿物紧密聚集而形成的不规则块体，如黄铜矿物致密块状集合体、石英致密块状集合体、磁铁矿致密块状集合体、磁黄铁矿致密块状集合体等多是显晶质的，铝土矿致密块状集合体的晶粒往往在 1μm 以下。

对于矿物集合体的描述，初学者应注意下列方面：

（1）要记住矿物集合体指的是同一种矿物单体的不规则集合形态。

（2）对于显晶质集合体，首先要圈定单体并且判断单体的结晶习性。同一单体的晶面、解理面反光是连续的。不同单体反光面不一致、不连续。不同单体的反光强度、色泽上总会有所区别，据此可圈定单体轮廓形态。单体形态确定后，可按其晶体习性及集合方式描述显晶质集合体形态。

（3）对隐晶质与胶态集合体形态来说，既要描述其外表形态，又要注意其内部结构形态。

第四节　矿物的物理性质及化学性质

矿物的物理性质及化学性质都取决于矿物的化学成分和它的晶体结构。成分和结构都不相同的矿物，物理性质和化学性质肯定是各不相同的；化学组成近似且内部结构等型的矿物，物理性质和化学性质往往表现出明显的相似性。此外，均一性、异向性、对称性等晶体的基本性质，在晶体的物理性质方面也有充分的表现。

矿物的物理性质及化学性质是鉴别矿物区分矿物的重要标志，也是矿物在科学技术和工农业中获得广泛应用的主要原因。

本节着重讨论矿物最主要的物理性质及化学性质。

一、矿物的光学性质

晶体的光学性质是指晶体受到自然光照射而发生反射、折射和吸收时所表现出来的各种特性。这里着重讨论肉眼所能观察辨认的颜色、条痕、光泽和透明度等性质。

1. 颜色

矿物的颜色是最明显、最直观的物理性质，在鉴定矿物方面具有重要的实际意义。

自然的白色光是由红、橙、黄、绿、蓝、靛、紫等七种不同波长的色光混合而成的，各种波长的色光具有相应的能量。白色光还可以由红—绿、橙—蓝等两种互补的色光混合而成（图 3-25）。受到白色光照射时，矿物会产生吸收、反射与折（透）射，吸收情况不同就呈现不同颜色。如果矿物对各种波长的色光普遍而均匀地吸

图 3-25　白光的互补色

收，则随着吸收程度的不同而呈现黑色、不同浓度的灰色及白色；如果是选择性地吸收，则呈现彩色，其透射光为被吸收色光的补色称为体色（body colour）或透射色，其反射光为被吸收色光的颜色称为表面色或反射色（surface colour）。一般裸眼所观察到的矿物的颜色，主要是反射光形成的表面色，不过准确地说，应该是表面色与体色的混合色，因为体色常经过内反射及漫射进入观察者的视线，对于透明及半透明矿物而言更是如此。

1）矿物的呈色机理

矿物的呈色机理很复杂，主要有以下几种主要类型。

（1）过渡金属元素的内部电子跃迁激发，常常可以使矿物呈现色彩。在晶体场的作用下，矿物组分中所含过渡金属元素离子的 d 轨道或 f 轨道会发生分裂，形成较高和较低能级的轨道组，它们之间的能量差往往与某种波长色光的能量相当。因此，当白光射入晶格时，d（或 f）轨道较低能级（基态）的电子将吸收相应波长的色光并跃迁到较高能级上而处于激发态；波长不相当的不被吸收的色光则继续折射而成为透射色和体色。处于激发态的电子极不稳定，会很快返回基态，并向相反方向发射相同波长的色光而形成反射光和表色。

Ti、V、Cr、Mn、Fe、Co、Ni 以及 W、Mo、U、Cu、稀土等过渡型离子的元素，都能以内电子跃迁的方式使矿物呈现色彩（表 3－8），因此称为“色素离子”。

表 3－8　色素离子的颜色

离子	Ti^{3+}	V^{2+}	V^{5+}	Cr^{3+}		Mn^{2+}	Mn^{3+}	Mn^{4+}	Fe^{2+}	Fe^{3+}		Co^{2+}		Ni^{2+}	Cu^{2+}	
颜色	紫	绿	黄红	红	绿	玫瑰		黑	暗绿	褐	红	玫瑰	蓝	绿	蓝	绿
矿物举例	钛辉石 钛金云母	钒云母	钒铅矿	刚玉	钙铬榴石 铬绿泥石	蔷薇辉石 菱锰矿	红帘石 锰红柱石	软锰矿 水锰矿	绿泥石 绿柱石	褐铁矿	符山石 赤铁矿	钴十字石 钴毕	钴土	硅镁镍矿	蓝铜矿	孔雀石

过渡型离子所呈现的颜色除与本身的电子构型及氧化态有关外，还与所处晶体场的性质及强度有关，致使同氧化态的同种离子在不同的晶体中可呈现不同的颜色。例如，Cr^{3+} 在红宝石（含铬的刚玉）中呈红色，在祖母绿（含铬的绿柱石）中呈现绿色。

色素离子在矿物中的分布相当广泛，是使矿物呈现彩色的主要因素之一。

（2）能带间电子跃迁转移过程常常使矿物呈现彩色。自然界中绝大多数矿物晶体的颜色可用“能带理论”解释。此理论认为，原子的每一个外层电子均只能在一定能量的轨道上运动，各轨道间的能量差是确定的。能量相差极小的轨道组成能带，轨道全被电子占据的能带称满带，部分被占据或可能被占据的能带称为导带，无轨道的能带称为禁带（也称能隙），禁带的宽度可表示满带与导带间的能量差值。不同化学成分和晶体结构的矿物，其禁带的宽窄是各不相同的（图 3－26）。

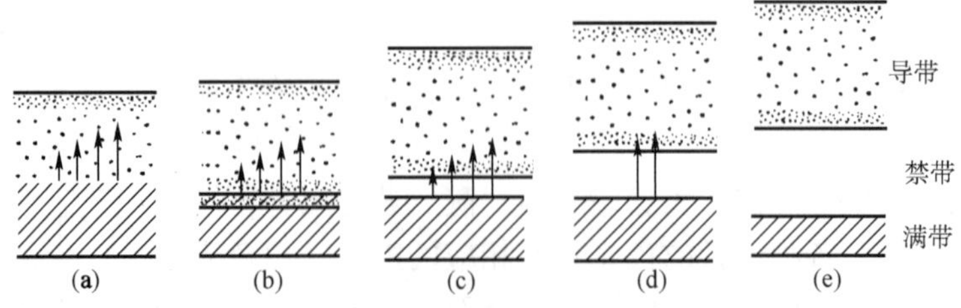

图 3－26　晶体的能带与光的吸收

(a)，(b) 导带与满带联结或重叠；(c)，(d)，(e) 导带和满带间为禁带

箭头表示电子跃迁，由短至长分别对应红、黄、蓝、紫光的能量

一般透明矿物晶体中，禁带的宽度（即它的能量差）比可见光所具有的能量大，因此在正常情况下，可见光不足以激发电子向较高的能带跃迁，这些矿物通常不显现彩色[图 3-26（e）]。不透明矿物或某些半透明矿物晶体中，禁带的宽度与可见光所具有的能量相等或较小时，电子往往可吸收相应色光的能量跃迁到导带，从而引起矿物显现相应的彩色[图 3-26（a），（b），（c），（d）]。许多自然金属和硫化物矿物的彩色多是能带间电子跃迁过程产生的。

（3）在外来能量作用下，晶体结构中相邻离子之间的电子发生转移跃迁（或电荷转换），也可使矿物呈现彩色。这种电子转移，可以从金属离子到金属离子、从金属离子到配位体（配位阴离子）、从配位体到金属离子或非金属离子到非金属离子。这种电子转移的过程实质上是电化学的氧化—还原过程，因此，完成离子间电子转移所需要的能量要比前述内电子跃迁所需的能量大许多，一般必须经高能量的紫外线的作用方可完成离子之间的电子转移，当其紫外线区吸收带扩展到可见光区域时，则造成色光的吸收而使矿物呈现颜色。大量资料表明，Fe^{2+} 和 Fe^{3+}、Mn^{2+} 和 Mn^{3+} 以及 Ti^{3+} 和 Ti^{4+} 等具有不同价态的离子，并存于同一晶体之中时，特别是当相邻阳离子的 d 轨道沿一定结晶方向互有重叠时，通常可在较低能量作用下发生相邻离子间的电子转移跃迁，而使矿物呈现不同的颜色。例如，蓝宝石（含 Fe 和 Ti 的刚玉）晶体中，Fe^{2+} 的一个电子可以吸收橙黄色光发生跃迁转移至相邻的 Ti^{4+} 中去，使 $Fe^{2+}+Ti^{4+}$ 组合变成了 $Fe^{3+}+Ti^{3+}$ 的组合，晶体则相应地显示深蓝色的体色。

（4）色心呈色。色心（colour centre）是能够吸收可见光引起相应的电子跃迁过程而使晶体呈色的晶体的点缺陷。色心有多种类型，最常见的是所谓的 F 心，即电子色心，也就是晶格中因阴离子缺位而留下的空位。对整个晶格来说，该空位就相当于一个带正电荷的中心，故它能捕获电子，并使该电子的能量状态发生变化，从而形成新的局部能级。这种局部能级上的电子，基态与激发态间的能量差与可见光的波长范围相对应。于是当白光投射于晶体时，即可吸收相应的色光发生电子跃迁过程，而引起晶体呈色。例如，萤石（CaF_2）晶体中当存在 F^- 离子空位而形成电子色心时，便呈现紫色的体色。再如，KCl 在 X 射线辐射下迅速呈现蓝色，这是由于 Cl^- 吸收 X 射线的能量放出一个电子变成中性 Cl 原子形成 F 色心，继而吸收可见光并引起电子跃迁与回返过程造成的颜色。由色心引起呈色的晶体，受到加热时晶格内部常发生复合过程使色心消失，晶体随之褪色。褪色后的晶体如受到高能射线的照射，又可产生色心恢复颜色。

此外，当矿物含有机械混入物（包裹体、气泡等）或由解理面、双晶结合面、裂隙、氧化膜等对光产生反射、衍射、干涉等物理因素时，也可以使矿物呈现颜色。

2）矿物颜色的分类

依据颜色产生的原因及颜色的稳定程度，常将矿物的颜色分为自色、他色和假色。

自色（idiochromatism），是由矿物的固有化学成分和固有结构等内部因素而使矿物具有的颜色。这些因素包括：矿物的主要化学成分和必须的类质同象混入物中含有色素离子，含有可发生离子间电荷转移的变价离了，含有禁带宽度小丁可见光能级的各种元素，或晶体结构存在各种色心等。自色是矿物的固有属性，是矿物最基本的特征和鉴别标志。例如，赤铁矿的樱红色、绿泥石和角闪石的暗绿色等均是自色。

他色（allochromatism），是由于矿物中带色的机械混入物（固体、气体和液体包裹体等杂质）引起的颜色。这些机械混入物均不是矿物本身的固有成分和固有结构，而是随着产地、成因、时代的不同而变化的。例如，纯净的石英晶体是无色透明的，但常因不同的杂质混入而染成紫色（紫水晶含有 Fe^{2+}）、乳白色（乳石英含有气泡包裹体）、烟色（烟水晶含有 Al^{3+}）等不同颜色，这些颜色均为他色。矿物的他色很不稳定，常因产地、形成条件的不同而异，一般不能作为鉴定矿物的依据，但有时可作为某些矿物的辅助识别标志。

假色（pseudochromatism），是由于某种物理原因（如光的内反射、内散射、干涉、衍射等）及氧化作用所引起的颜色。例如，晕色，是白云母、冰洲石、透石膏等具有完全解理或裂隙的透明矿物，由于一系列的解理面或裂隙面之间光的反射、干涉而造成的彩色；乳光（即某些蛋白石所呈的乳白色）是由蛋白石的 SiO_2 胶体微粒使光发生漫射引起的；锖色，是某些不透明金属矿物表面氧化薄膜引起反射光的干涉而产生的彩色；变色，是转动观察某些矿物时，其表面可以呈现出不同的可变化的颜色，引起变色的原因多数是由于矿物内部有微细叶片状包裹物，引起光的干涉作用。假色不是矿物的固有特征，一般不具有鉴别的意义，偶尔可作为区分个别变种的依据。例如，晕彩拉长石是具有蓝—绿色或者橙—黄—紫色晕彩的拉长石变种，是由博吉尔德连生体薄层引起光线干涉的结果。

3）矿物颜色的命名与描述

矿物颜色多种多样，对颜色的命名通常可按以下方法进行。

（1）标准色谱法，即利用标准色谱的红、橙、黄、绿、蓝、紫色以及白、灰、黑色来描述矿物的颜色。还常常参照典型矿物的颜色来建立标准色谱：①红色——辰砂（粉末）；②橙色——铬铅矿；③黄色——雌黄；④绿色——孔雀石；⑤蓝色——蓝铜矿；⑥紫色——紫水晶；⑦褐色——褐铁矿；⑧黑色——黑色电气石；⑨灰色——铝土矿；⑩白色——斜长石。当矿物的颜色与标准色谱程度上稍有差异时，可以加上适当的形容词来修饰，如浅绿色、淡红色、暗灰色等。

（2）类比法，即采用日常生活中常见物体的颜色来描述矿物的颜色，如橘红色（雄黄）、草绿色（绿帘石）等。

对具金属光泽的及某些具有半金属光泽的矿物，常常以各种金属的颜色来描述，如：①铁黑色——磁铁矿；②钢灰色——镜铁矿、辉铜矿；③铅灰色——方铅矿；④锡白色——毒砂；⑤银白色——自然银；⑥铜红色——自然铜；⑦铜黄色——黄铜矿；⑧浅铜黄色——黄铁矿；⑨古铜色——斑铜矿；⑩金黄色——自然金等等。

（3）采用二名法描述，即用两种标准色谱中的颜色来描述。如黄绿色、灰白色、蓝灰色、褐红色等。在书写次序上，后面的为主要颜色，前面的为次要颜色。如黄绿色，则表示以绿色为主，其中带有黄色色调。

在观察与描述矿物颜色时，应以矿物单晶体新鲜面（晶面可断面）的颜色为准，对于隐晶质和非晶质，应以纯净集合体新鲜断面的颜色为准，如它们的表面风化严重、出现假色时，则应用工具刮去表面的风化物至出现新鲜表面后再进行观察描述。初学时常不易准确地辨别描述矿物的颜色，特别是对于不同色调的同种颜色，必须通过细致观察和不断地反复对比练习，才能达到准确无误的水平。

2. 条痕

条痕是矿物粉末的颜色，一般是将矿物在白色素烧瓷板上刻划即可获得条痕色。当不能直接划出条痕时也可以用小刀刮下粉末放在瓷板上或白纸上进行观察。

矿物的条痕可以消除假色、减弱他色的影响，因而比矿物颜色更稳定，是鉴定矿物的重要标志之一。

矿物的条痕可以与其本身的颜色一致，也可以不一致。如方铅矿的颜色是铅灰色、条痕是黑色；斜长石的颜色是白色，条痕也是白色。有些矿物，由于类质同象混入物的种类与数量不同，条痕会产生变化。例如闪锌矿，含类质同象混入物铁质 Fe 较多时条痕呈褐色；含铁较少时条痕呈淡黄或黄白色。再如钨锰铁矿（Mn，Fe）WO_4，是钨锰矿 $MnWO_4$ 与钨铁矿 $FeWO_4$ 的类质同象混合物，其中，钨锰矿（FeO 含量小于 4.8%，MnO 含量 18.7%～23.4%）的条痕为黄至黄褐色；钨锰铁矿物（FeO 含量 4.8%～18.9%，MnO 含量 14.7%～18.9%）的条痕为褐色；钨铁矿（FeO 含量 18.9%～23.6%，MnO 含量小于 4.7%）的条痕为暗褐至黑色。因此，依据条痕颜色变化和化学成分含量的关系，可以根据条痕的颜色初步鉴定矿物类质同象的亚种。

条痕的颜色与粉末的粗细有关。例如石墨与辉钼矿的条痕均为黑色（或灰黑色），但二者的条痕经过摩擦进一步变细之后，前者仍为黑色，后者则显示绿黄色，可区别两者。

条痕对不透明矿物的鉴定具有极重要的意义，因为这些矿物的条痕色调多样而明朗；透明矿物的条痕都是浅灰色，甚至为白色，因此对于透明矿物之间的区别，条痕的实际意义不大。

3. 光泽

矿物晶体平整表面（晶面或平滑断面）反射可见光的能力称为光泽（prefulgency），可用反射率（反射光强度与入射光强度的比值，即反射率 $R=I_{反}/I_{入}$）来表示。

矿物晶体的光泽，是由其化学组成及晶格类型决定的。金属矿物因具有金属键和金属晶格，在阳离子间弥散着自由电子，从而表现出很大的吸收系数，也表现出很高的反射率及很强的光泽；而具离子晶格、原子晶格、分子晶格的矿物晶体，一般无自由电子，因此在可见光的照射下，往往吸收系数低，反射率不高，光泽不强。可见，光泽与反射率是矿物晶体化学组成及晶体结构差异的宏观表现，是矿物晶体的固有属性，是鉴定矿物的重要依据之一，是不透明矿物鉴别的最重要标志，还是评价宝石的重要标准。

由光学的知识可知，矿物光泽的强弱和反射率的大小，主要决定于矿物对可见光的吸收系数与矿物的折射率。一般规律是，吸收系数越大、折射率越大，则反射率越高、光泽越强，反之则反射率较小，光泽较弱。若矿物的折射率为 N，吸收系数为 K，则矿物在空气中的反射率 R 为：

$$R=\frac{(N-1)^2+K}{(N+1)^2+K} \tag{3-1}$$

对于透明矿物而言，吸收系数 K 值一般都很小，上式可简化为：

$$R=\frac{(N-1)^2}{(N+1)^2} \tag{3-2}$$

通常按照反射率和折射率的大小，将矿物光泽划分为金属光泽、半金属光泽、金刚光泽和玻璃光泽四级。其中，金刚光泽和玻璃光泽又合称为非金属光泽。

金属光泽，$R>25\%$，$N>3.0$，如自然金、黄铁矿、方铅矿等矿物的光泽；

半金属光泽，$R=19\%\sim25\%$，$N=2.6\sim3.0$，如赤铁矿、磁铁矿等矿物的光泽；

金刚光泽，$R=10\%\sim19\%$，$N=1.9\sim2.6$，如金刚石、闪锌矿等矿物的光泽；

玻璃光泽，$R=4\%\sim10\%$，$N=1.3\sim1.9$，如石英、方解石等矿物的光泽。

在肉眼鉴别矿物的光泽时，常采用类比法，即与上述典型矿物的光泽进行比较确定。

当矿物的表面不平整、或带有极细小孔隙、或不是单晶体而是隐晶质甚而非晶质集合体时，其反射率和光泽必然受到不同程度的影响，并呈现出一些特殊的光泽。此时，同样采用类比法，以某些常见物体的光泽来进行描述。

油脂光泽，解理不发育的透明矿物在不平坦的断面上所呈现的如同固态油脂一样的光泽，或如同涂了一层油脂样的光泽，例如，石英、石榴石、磷灰石等断口上的光泽。

丝绢光泽，透明矿物呈纤维状集合体时，其表面具有丝绸一样的光泽，如石棉、纤维状石膏集合体表面的光泽。

珍珠光泽，解理发育的浅色透明晶体在其平整光滑解理面上所呈现的像蚌壳凹面那样柔和又多彩的光泽，如云母、方解石等的解理面上可见到这种光泽。

土状光泽，粉末状或土状隐晶质矿物集合体表面呈现的类似粘土样的黯淡光泽，如隐晶质高岭石集合体表面、隐晶质粉末状褐铁矿集合体表面、烟灰状辉铜矿被膜表面的光泽。

沥青光泽，解理不发育的半透明或不透明黑色矿物的致密块状集合体表面或其不平坦的断面上所呈现的类似沥青状的光泽，如锡石、磁铁矿、沥青铀矿等致密块状集合体表面或断面上的光泽。

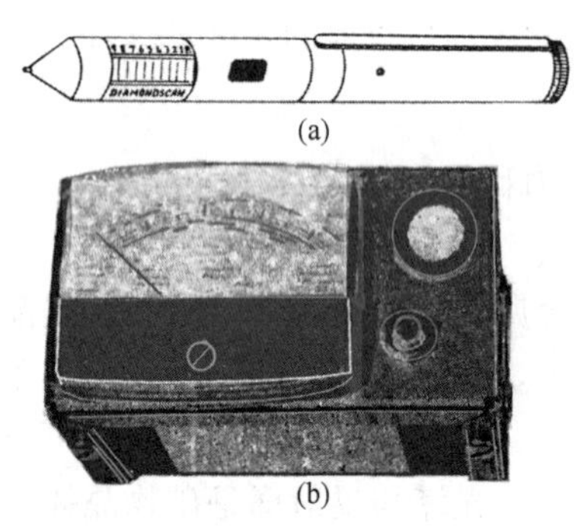

图 3-27　笔式（a）及台式（b）反射率仪

在准确比较和确定矿物光泽时，可采用测定反射率的方法。目前已有便携式反射率仪面世，为矿物光泽及反射率的测定提供了极大的方便，在宝石鉴定中已获得较为广泛的应用（图 3-27）。

应注意，上述特殊光泽是由于某些特殊因素造成的，它们本身不代表某一光泽等级，不与一定的反射率相对应。例如，土状光泽，在金属光泽、半金属光泽及玻璃光泽等级的矿物中均可出现。同一种矿物，按反射率等级属于某一光泽，同时还可以具有某种特殊的光泽。例如，石膏按反射率为玻璃光泽，在其纤维状集合体表面又具有丝绢光泽，在其极完全解理面上又常呈现珍珠光泽。特殊光泽不是矿物的固有属性，也不是每一种矿物必须具有的特性，但每一种矿物均可归入确定的反射率光泽等级之中。

4. 透明度

矿物晶体透过可见光的能力称为透明度。显然，矿物的透明度与光泽等级是互补的两种属性，即透明度大的矿物常常是光泽弱、反射率低的矿物，透明度低的矿物往往是反射率大、光泽强的矿物。透明度与光泽同样都取决于矿物的化学组成与内部结构。

例如，自然金、自然铜等具有金属键和金属晶格的矿物，含有较多的自由电子，对可见光的吸收性很强，具有反射率很高的金属光泽，相应的光线极难透过、透明度极低；金刚石、冰洲石等具有离子键和共价键的矿物，不存在自由电子，对可见光的吸收性很弱，具有反射率低的玻璃光泽及金刚光泽，相应的光线容易透过、透明度高。

同时，矿物的透明度还与所含杂质、包裹体、气泡、裂隙等的种类及数量有关，还与矿物晶体的粒径和集合方式等因素有关。例如，透明矿物呈细粒或微晶集合体时，光线在其中传播必须经过多次反射、折射，而使光线分散、漫射，相应的透明度将明显降低。

当然，透明度还与被观察晶体的厚薄密切相关。自然界没有绝对透明的物质，同样没有绝对不透明的物质。即使是最纯净最透明的水，随着厚度的增大，透光能力将随之逐渐减弱，最终同样几乎不能透过光线；即使是几乎不透光的黄金、白银，当其厚度为“纳米”级时也可以透过可见光。

在矿物学中，一般以 1cm 厚度纯净单晶体的透光程度为准，将透明度分为三级：

（1）透明，隔着矿物可见另一侧物体的清晰轮廓，如水晶、冰洲石等；

(2) 半透明，隔着矿物仅能见另一侧物体的模糊阴影，如辰砂、闪锌矿等；

(3) 不透明，隔着矿物完全不可见另一侧物体的任何影像，如黄铁矿、磁铁矿等。

在岩矿鉴定工作中，通常依据矿物在“薄片”（厚度约 0.03mm）下能否透光而将矿物分为透明矿物和不透明矿物两类。许多在标本上不透明的矿物在薄片下却表现为透明而属于透明矿物之列，如辉石、解闪石等。具有离子晶格、分子晶格和原子晶格的造岩矿物或非金属矿物，通常都是薄片中的透明矿物，属光性矿物学的研究范畴，适合于用偏光显微镜进行观测研究；具有金属晶格的金属矿物或造矿矿物，一般是不透明矿物，属矿相学研究的范畴，需要利用反光显微镜进行观察研究。

矿物的颜色、条痕、光泽和透明度等光学性质，都是在可见光作用下表现出来的，都取决于矿物的化学组成和晶体结构特征，因此，它们彼此间有着内在的必然的相关性，掌握这些相关性，有助于对晶体矿物的正确描述和鉴定（表 3-9）。

表 3-9　矿物光学性质比较表

颜　色	非金属色（透射色为主）		金属色（反射色为主）	
透明度	透明	透明—半透明	微透明	不透明
条痕色	白色	白—彩色	深彩色	黑色
光泽	玻璃	金刚	半金属	金属
反射率	4%～10%	10%～19%	19%～25%	25%～95%
晶格类型	(1) 离子晶格 (2) 分子量小的分子晶格 (3) 密度较小的向原子晶格过渡的离子晶格	(1) 原子晶格 (2) 分子量大的分子晶格 (3) 密度较大的离子晶格 (4) 向原子晶格过渡的离子晶格	向金属晶格过渡的离子晶格	(1) 金属晶格 (2) 向金属晶格过渡的离子晶格
实例	(1) 石盐 NaCl、方解石 $CaCO_3$ (2) 冰 H_2O (3) 石英 SiO_2	(1) 金刚石 C (2) 自然硫 S_8 (3) 白钨矿 $CaWO_3$、闪锌矿 ZnS	密度赤铁矿 Fe_2O_3、磁铁矿 Fe_3O_4	(1) 自然铜 Cu (2) 方铅矿 PbS、黄铁矿 FeS_2

5. 发光性

矿物受外界（可见光以外的）能量激发时能够发出可见光的性质称为发光性。

外界的激发能量种类很多，可以是加热加压、或受紫外光、阴极射线、X 射线的照射等，最近的研究证明，高频超声波也能引起晶体发光。矿物的发光性常可分为两种：(1) 受激发时矿物发光，随着激发作用的终止矿物的发光立刻消失，这种发光称为“荧光”(fluorescence)；(2) 当激发作用终止后，发光仍能在一段时间内持续，这种发光称为“磷光”(phosphorescence)。

发光过程的实质是，矿物内部的电子受外界能量的激发将从基态跃迁到较高能级而处于激发态，激发态是不稳定的，受激电子随即又会自发地回返到基态，在这一过程中，如果跃迁电子能够将受激时得到的能量以可见光的形式释放出来，矿物便具有了发光性。除少数矿物的发光性是它们自身固有的特性以外，大多数矿物的发光性都与其晶格中微量杂质元素的存在紧密相关；而当它们不含杂质元素时，它们的发光性也就随之消失。因此，这种能导致矿物晶体发光的杂质元素便被称为发光性的“活化剂”。

矿物晶体中的活化剂主要有 TR^{2+}（TR 为镧系元素的代号，下同）、TR^{3+}、U^{6+}、

Mn^{2+}、Pb^{2+} 等稀土元素的离子及过渡离子，它们以类质同象替代的形式存在于晶格中。在不含活化剂的情况下，这些矿物中元素的满带与导带之间的禁带宽度大于可见光所具有的能量，电子受激发所需的跃迁能和回返到基态所释放的能量均大于可见光的能级，所以不产生可见光的发射。但当有活化剂存在时，它们将在满带和导带之间形成附加的能级，使跃迁电子得以逐级地跳回，从而提供了发射可见光的条件而使矿物具有了发光性。如闪锌矿(β-ZnS)晶体的禁带宽度很大（大于可见光的能级）而不具发光性，有活化剂 Cu 存在时，电子回返释放的能量相当于绿光的能量，致使其发射出绿色的荧光。通常只需少量的活化剂就足以使晶体具有发光性。例如，闪锌矿中只需含 0.01%的铜即能发光。

至于本身固有发光性的矿物，例如，白钨矿 Ca［WO_4］的发光性与所含钼（Mo）有关，当受紫外线照射时，$[WO_4]^{2-}$ 四面体配合物分子轨道之间将发生电子跃迁与回返而发生荧光。荧光的颜色与钼（Mo）的含量有关：钼的含量约 0.5%时呈浅蓝色，钼的含量在 0.96%～4.8%时呈黄色，钼的含量大于 4.8%时呈白色。

由此可见，发光性是部分矿物晶体特有的光学属性。除白钨矿等少数有固定发光现象的晶体外，一种晶体能否发光与其禁带宽度、活化剂的有无与类型密切相关，只有禁带宽度较大并含有微量活化剂的矿物才可发光。活化剂种类、数量、存在状态不同，发光的颜色和强度不同，同种活化剂在不同晶体中发光的颜色也不同。因此，发光性是某些矿物的重要鉴别标志。

随着理论和技术的进步，矿物的发光性越来越受到重视，还利用矿物的发光现象制造出多种仪器、创建出多种专门的研究方法，并应用于矿物、岩石、矿床等多个领域的生产与科研之中，“阴极发光分析”就是矿物发光性的典型应用。

二、矿物的力学性质

矿物的力学性质是指晶体在外力作用下所表现的各种物理性质。

1. 硬度

矿物抵抗刻划、压入、研磨等机械作用力侵入的能力，称为矿物晶体的硬度。

测定硬度的方法是多种多样的。在矿物学中和地质工作中运用最广的是“摩氏硬度”计(Friedrich Mohs 于 1822 年提出)。摩氏硬度计将矿物的硬度分为 10 级，分别以 10 种矿物的硬度为标准，现按硬度增高的顺序列举如下：(1) 滑石；(2) 石膏；(3) 方解石；(4) 萤石；(5) 磷灰石；(6) 正长石；(7) 石英；(8) 黄玉；(9) 刚玉；(10) 金刚石。在摩氏硬度计中，每种矿物的顺序号则被定为该矿物的摩氏硬度值。例如，方解石的摩氏硬度为 3。以上 10 种标准矿物所构成的等级只表示硬度的相对大小，各级间的硬度差值并不是均等的。因此，摩氏硬度又称为相对硬度。

测定矿物的硬度时，用比较法进行。例如，某矿物晶体能被 5 号标准矿物所刻动，而其本身又能刻动 4 号标准矿物时，该矿物晶体硬度在 4～5 之间（或为 4.5）；又如，某矿物晶体不能被 4 号标准矿物之棱边刻划，某矿物晶体的棱边也不能刻划 4 号标准矿物，则该矿物的摩氏硬度为 4。

在实际工作中，摩氏硬度计的携带与操作并不十分方便。因此，常常可以用一些与摩氏硬度相当的代用品来测定矿物的摩氏硬度值。如指甲的摩氏硬度是 2.5，回形针是 3.5，小刀是 5.5，玻璃是 6，石英是 7。利用这些物品来测定矿物的摩氏硬度更为便捷。目前已有按摩氏硬度的标准制成的成套“硬度笔”商品（图 3-28）出售，为矿物摩氏硬度的测定尤其是宝石硬度的测定提供了极大的方便。

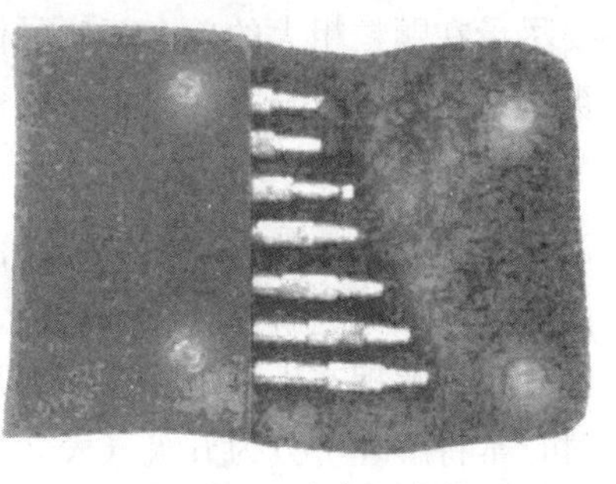

图 3-28　成套硬度笔

大部分造岩矿物的硬度都在 7 以下，硬度在 7 以上的矿物是少见矿物。由此可见，摩氏硬度虽然较为粗略，但在比较矿物相对硬度时却很简单、明确、快捷。

需要精确测定矿物硬度时，如不透明矿物的鉴定，可用显微硬度仪测定矿物硬度（也称压入硬度或绝对硬度）。显微硬度仪主要由显微镜和一个金刚石四方单锥体组成。在显微镜下可以观察到样品被金刚石锥体压入时获得的痕迹。

如果施加在金刚石锥体上的负荷为 P（一般是 0.002～0.1kg），金刚石体顶角为 Q（一般等于 135°），受负荷 P 作用后，金刚石锥体在待测矿物晶体的磨平抛光表面上之压痕对角线长度为 d（单位为 mm），按下式可计算待测矿物的显微硬度 H 值（单位为 kg/mm^2）：

$$H = 2P\sin(Q/2) / d^2 \tag{3-3}$$

摩氏硬度 H_0 与显微硬度 H 之间，大致有以下关系式：

$$H_0 = 0.675H^{1/3} \tag{3-4}$$

矿物的硬度决定于矿物的成分和结构，具原子晶格者硬度最高，如金刚石；具分子晶格的矿物硬度最低，如自然硫；离子晶格矿物则决定于离子的电价和半径，在一般情况下矿物的硬度随离子电位（电价除以半径）的绝对值增大而提高（表 3-10）；金属晶格矿物的硬度较低（除某些过渡金属外）。

表 3-10　矿物硬度与离子电位的关系

矿物及化学式	阴离子电位	阳离子电位	压入硬度，kg/mm^2	摩氏硬度
食盐 $NaCl$	−0.55	1.03	35	2
萤石 CaF_2	−0.75	2.02	248	4
方镁石 MgO	−1.51	3.03	660	5.5
刚玉 Al_2O_3	−1.51	5.88	2100	9

晶体结构中质点排列方式对硬度的影响也很大，结构不紧密将降低硬度。例如，石英 SiO_2，其 Si^{4+} 的离子电位超过 Al^{3+}，但硬度却比刚玉低，其原因就是石英的结构为空心架状，远不如刚玉紧密（刚玉的相对密度为 3.965，石英的相对密度为 2.65）。具层状结构的矿物，其层间联系力弱，因而硬度一般较低。如滑石、石墨、辉钼矿都具层状结构，层间为分子键，它们的硬度均为 1。含有结晶水的矿物，其硬度通常也不高，如硬度为 2 的石膏 $Ca[SO_4] \cdot 2H_2O$。

矿物晶体的硬度也具有方向性和对称性，即不同方向上的硬度有所不同，对称的方向上硬度完全一致。蓝晶石是硬度异向性最明显、最典型的代表，在它的平行于 C 轴的方向上摩氏硬度为 6～7，而在垂直于 C 轴的方向上摩氏硬度为 4～4.5。不过，绝大多数矿物不同方向上硬度的差异较小，采用摩氏硬度计测定时一般难以显现出差异来。

可见，矿物的硬度是其化学组成与晶体结构的宏观表现，是矿物固有的、稳定的属性，也是矿物鉴定与相互区别的重要标志之一。不过在测定矿物的硬度时必须注意，样品受到风化、具有裂隙孔隙、含有杂质及集合体方式等都会影响矿物的硬度。风化后的矿物硬度一般会降低；有裂隙及杂质存在时影响了矿物内部质点的联结力，也会使硬度降低。集合体如呈细粒状、土状、粉末状或纤维状，则很难精确确定其单晶体的硬度。因此测试矿物硬度时，要尽量在颗粒粗大的单个新鲜晶体表面或解理面上进行。有时某些矿物具有明显的脆性，当被小刀刻划时极易脆裂成小粒脱落，此并非表示矿物的硬度小于小刀。

2. 解理

矿物晶体在外力（如敲打、冲击等）的作用下，严格沿一定结晶方向破裂并形成光滑平面的性质，称为解理（cleavage），所裂成的光滑平面称为解理面（cleavage plane）。

根据解理产生的难易、解理片的厚薄、解理面的大小和平整光滑程度，在肉眼观察研究时，常将解理可分为五级（表 3-11）：

（1）极完全解理，矿物晶体在外力作用下，极容易沿一定方向劈裂成叶片或薄片，解理面大而光滑平坦，在该方向上无断口，例如云母平行{001}的解理、石墨平行于{0001}的解理。

（2）完全解理，矿物晶体在外力作用下，很容易沿解理面裂开成平面（但不成薄片），解理面比较平坦光滑，不易产生断口。如方解石的菱面体解理，如方解石平行于{10$\bar{1}$0}、萤石平行于{111}、方铅矿物平行于{100}的解理。

表 3-11　解理等级及特征

解理等级	解理面出现的难易程度		解理面的平滑程度	断口的发育程度
极完全	易	易剥成薄片	最平滑	最不发育 ↓ 最发育
完全		不能剥成薄片，可裂成解理块	平滑	
中等	大易		中等	
不完全	难		差	
极不完全	最难或不出现		最差	

（3）中等解理，矿物晶体在外力作用下，可以沿解理方向裂成平面，但解理面面积较小（解理面常常不完全穿过整个矿物晶体），平坦光滑程度也较差，在解理的方向上既有解理面，又有断口。例如普通辉石的解理、辉石平行于{110}、十字石平行于{010}的解理。

（4）不完全解理，矿物晶体在外力作用下，不易裂出解理面，有时可在碎块上见到一些小的解理面，在裂开面上主要是平坦状的断口，如磷灰石平行于{10$\bar{1}$0}、{0001}的解理。

（5）极不完全解理（即无解理），矿物晶体在外力作用下，极难出现解理面，仅在显微镜下偶尔可见，而常见不光滑不平整的断口，如石英、石榴石等。

解理的产生主要是受晶体结构的控制。也就是说，在晶体内部结构的不同方向上，面网之间的联结力存在明显的大小差异，于是在外力作用下，晶体首先沿结合力最小的面网间破裂而形成平整光滑的解理面，从而形成解理。从结晶学的知识不难看出，晶体结构中各个方向的面网之间，常常是面网密度不同、面网间距不等、面网间联结力大小各异。这正是晶体各向异的具体表现，这也是胶体矿物没有解理的原因。

一般而言，晶体结构中结合力较弱的面网多发生在以下方向：

（1）面网间距离相对较大的方向上，面网的结合力较弱。例如在金刚石晶体结构中[图 3-29 (a)]质点面间距离如下：平行（111）方向为 0.1545nm；平行（110）方向为 0.1262nm；平行（100）方向为 0.0892nm。其中以平行（111）的质点面网间距最大，其联系相对较弱，因而金刚石可具有平行{111}的解理。

（2）存在较弱化学键（如仅由分子键联结）的面网间的联结较弱。例如在石墨的晶体结构中，平行（0001）方向碳原子由共价键联结成坚强的层，层间仅有很弱的分子键联系，因而石墨具有平行{0001}方向的极完全解理[图 3-29 (b)]。

（3）离子晶体中电性中和的质点平面间联系力较弱，电性差异大的质点平面（如全由阳

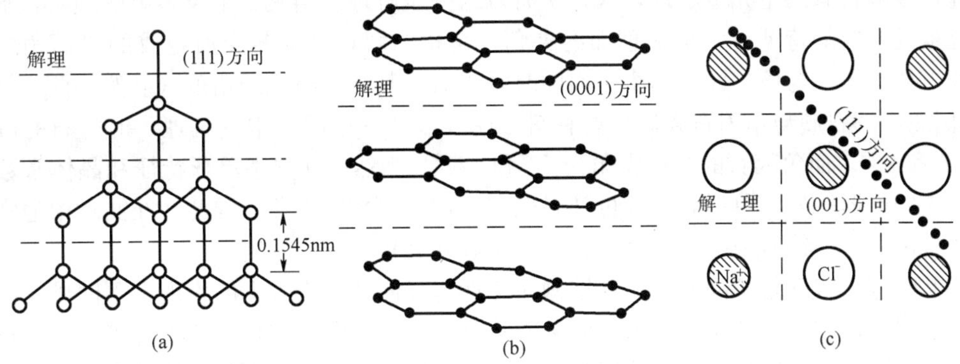

图 3-29　金刚石结构在（110）面上的投影（a）、石墨结构示意图（b）、石盐结构在（100）面的投影（c）

离子与全由阴离子组成的质点平面）间的结合力较强。所谓电性中和的质点平面就是由阴阳离子组成的，正负电荷相等的质点平面。例如在石盐晶体中平行（001）方向的质点平面即电性中和平面［图 3-29（c）］，相邻两电性中和的质点平面间不仅有异号离子的吸引力，而且存在同号离子的排斥力。因此，平行（001）方向的各质点平面间联系力要比平行（111）方向的各质点平面间联系力弱得多，即在｛001｝方向易形成解理。

（4）由同号离子组成的质点平面间结合力较小，易形成解理面。在晶体结构中如果有两个同号离子组成的质点平面相邻，必然造成结合力薄弱的环节，因而易于产生解理。例如，在萤石 CaF_2 晶体中，平行（111）方向的质点平面是一层 Ca^{2+} 与两层 F^- 交替排列。解理就产生于两层 F^- 离子层间，因此萤石具有｛111｝完全解理。

此外，电价较低的离子成层分布、水分子层的存在等，也是离子化合物产生解理的原因。在矿物中产生解理的原因通常不是单一的，而往往是多种原因的共同结果。

某些晶体几乎没有解理，这并不是说该晶体质点间联系特强，而是它内部质点间联系力比较均匀，没有明显的薄弱环节。例如自然硫，它是分子晶体，分子间联系力很弱，硬度低，易熔，但并没有解理。

解理充分地体现了晶体的异向性和对称性，即矿物晶体在某方向上有解理，则在其对称的方向上依然有完全相同的解理，而在其他非对称的方向上无解理或解理的等级不同。如石盐晶体在（001）的方向上有完全解理，即在其对称的（100）和（010）方向上同样有完全解理，而在非对称的（111）方向上则无解理。正因为解理符合对称条件又有确定的结晶方向，所以在文献中常用单形符号和单形名称描述解理。如石盐晶体具有立方体｛100｝完全解理；萤石具有八面体｛111｝完全解理；辉石和角闪石等矿物具有斜方柱｛110｝中等解理；方解石、白云石等碳酸盐矿物具有菱面体$\{10\bar{1}1\}$完全解理；白云母、黑云母等层状硅酸盐矿物具有底面(平行双面)｛001｝极完全解理等（图 3-30）。

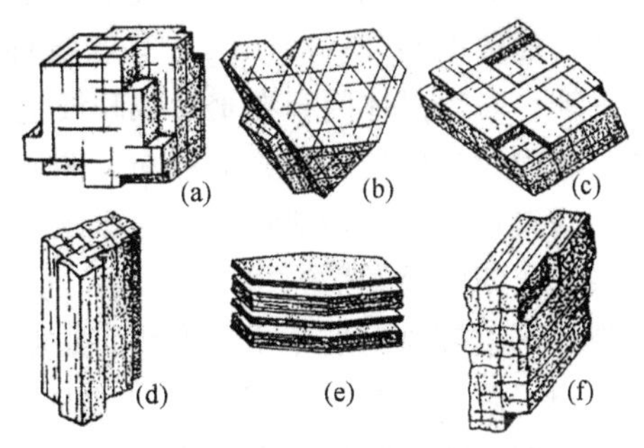

图 3-30　部分常见矿物的解理类型

（a）石盐立方体｛100｝完全解理；（b）萤石八面体｛111｝完全解理；（c）方解石菱面体$\{10\bar{1}1\}$完全解理；（d）辉石斜方柱｛110｝中等解理；（e）云母底面｛001｝极完全解理；（f）长石｛010｝和｛001｝完全解理

习惯上常将同方向的解理归为一组。如云母的解理只有一组极完全解理，辉石有两组中等解理，方解石有三组完全解理，闪锌矿有六组完全解理。当有二组及多组解理时，解理的夹角也是极重要的特征。二组解理面的夹角，是指二解理平面相交所组成的二面角之平面角，即当某一平面与该二面角两个平面同时垂直时，其交线组成的角度（显然是两互补的角度）。例如，辉石族与角闪石族矿物均有斜方柱｛110｝（二组）中等解理，但辉石的解理夹角为87°和93°，而角闪石的解理夹角为56°和124°。当然，在熟悉单形特征和晶体常数的情况下，依据单形符号和单形名称即可准确确定解理的组数和夹角。因此，在文献中通常均采用单形名称和单形符号来描述解理的方位、组数和夹角。

综上所述，解理是矿物晶体内部结构对称性与异向性在宏观上的表现，不同矿物晶体内部结构不同，常有不同性质的解理；同种矿物晶体不同方向上解理的有无与等级、夹角也常各不相同。因此，解理是矿物晶体固有而明显的性质之一，是鉴别矿物最重要的特征。

最后要特别强调的是，观察矿物解理时，要注意下列方面：

（1）解理只能在晶质矿物中出现，非晶质或胶体矿物不具有解理。裸眼只能在晶体颗粒较大的情况下才能看出解理，颗粒小时对解理的观察要借助放大镜或显微镜。

（2）必须区别晶面与解理面。晶面是晶体仅有的唯一的外表面，受力破裂后即不复存在，一般较为暗淡，常有晶面条纹或蚀象等凹坑而欠平坦；解理面是晶体受力沿内部结合力薄弱方向形成的平整光滑的断裂面，仅在晶体的碎块上出现，常成组出现，常在对称的方向同时出现，较为新鲜光亮平整。

（3）必须对同种矿物的多个颗粒进行观察。如果在标本上，同种矿物的表面被许多光滑平整的平面所包围，对着光转动标本时，该矿物闪闪发光，则该矿物具有极完全或完全解理（此两个等级的解理可根据能否剥成薄片来区别）；如果需要仔细观察才能看到较平整的闪光的平面，只可能是中等解理；肉眼看到的多数为断口，难以发现连续的较平整的平面，则只可能有不完全或极不完全解理。

（4）观察解理组数及夹角必须在同一单体上进行，要尽量找到自由面多的单体，对着光线转动标本，观察有几个方向的解理及解理夹角。解理组数还可在解理面上观察解理纹的方向来确定。

3. 裂开

同种矿物晶体的某些（存在聚片双晶、定向包裹体或定向杂质等的）个体，在外力的作用下可沿确定的结晶方向裂开形成平整光滑破裂面的现象，称为裂开，又称裂理。

矿物晶体的裂开（parting）是和解理类似的一种性质，但其产生原因不同，表现也不完全一样。一个晶体因存在聚片双晶或定向包裹体等原因，在受力后也可沿双晶结合面或包裹体分布面等方向裂开成光滑平面。例如，有些磁铁矿具有八面体裂开，将其磨成光片在显微镜下检查，可以清楚地看到沿八面体晶面的方向分布有钛铁矿的极细小晶片，裂开就是沿这些杂质分布的面发生的。

裂开不直接决定于晶体结构，而是取决于杂质和双晶接合面等晶体结构以外的原因，通常仅在一定条件下形成的同种矿物的某些个体上出现。因而，裂开不是矿物晶体的固有属性。即同种矿物晶体的某些个体有某方向的裂开，其他个体就不一定有同样性质的裂开。

但是，裂开的方向与晶体结构又有不可分割的联系。双晶接合面是晶体结构中规则连生的两晶体的公共面网，在晶体中具有一定的方位；包裹体及其他杂质规则分布的平面，也是晶体结构中的一种面网，该面网的结构与被包裹矿物相似，有利于被包裹矿物附着生长。因此，裂开也可以用单形名称和单形符号描述其组数和方位，如磁铁矿的八面体｛111｝裂开、

刚玉的菱面体 $\{10\bar{1}1\}$ 裂开以及辉石的 {100} 裂开等。

裂开面通常与解理面同样光亮平滑，肉眼及显微镜鉴定中很难对二者加以区分。因此，在鉴定时可将解理与裂开同等看待。但要注意，某种矿物的样品具有裂开，但在同种矿物的其他样品上不一定有相同特征的裂开。

裂开作为鉴定特征，不如解理稳定可靠，但它可以说明该晶体含有某种杂质或具有某种双晶，在某些情况下也可作为鉴定矿物的依据，还可为矿物综合利用或形成条件的研究提供线索。

4. 断口

矿物受外力作用发生破裂后，如果其破裂面不平整、不光滑、无确定的结晶方向而随机分布，此种破裂面则称为断口（fracture）。断口不仅见于晶质矿物，也见于非晶质矿物，还可见于矿物的集合体及岩石中。

矿物的断口，主要依据其呈现的形态进行分类描述，常见的有以下四种：

（1）贝壳状断口，呈圆形的或椭圆形的曲面，具有以受力点为圆心的不规则的同心圆波纹，形似贝壳状，如石英的贝壳状断口。

（2）锯齿状断口，呈尖锐的锯齿状。延展性很强的矿物具有此种断口，如自然铜。

（3）参差状断口，破裂面参差不齐，粗糙不平，破裂面起伏的幅度较贝壳状断口大，较锯齿状小。绝大多数矿物具有此种断口，如磷灰石、红柱石的破裂面。

（4）土状断口，破裂面总体上较为平整，但呈粗糙状、细粉状或细粒状，为隐晶质土状矿物集合体所特有，如高岭石块体等的断口。

矿物解理与断口的出现是互为消长的，即矿物受力破碎时，具有极完全解理的矿物和矿物极完全解理的方向上没有断口或极少有断口，无解理（极不完全解理）的矿物和矿物无解理的方向上经常有断口出现。例如，无解理的石英的破裂面几乎均是断口；云母类矿物在平行于 {001} 的方向上均是解理而无断口，但在垂直于 {001} 的方向上也经常有断口分布。

5. 相对密度

相对密度是指纯净的单矿物在空气中的重量与同体积的 4℃的纯水重量之比，显然，相对密度是一个无量纲的物理量。若纯净矿物在空气中的重量为 P，在 4℃的纯水中的重量为 P_w，则矿物的相对密度 G 可由下式计算：

$$G = P/(P-P_w) \tag{3-5}$$

矿物的密度 D，是指矿物的质量 m 与矿物体积 V 之比，即：

$$D = m/V \tag{3-6}$$

密度的单位为“克/立方厘米”（g/cm^3）或“吨/立方米”（t/m^3）。

矿物的密度还可以依据矿物的分子量、晶胞参数通过计算求得，并称之为计算密度（或理论密度）。计算公式如下：

$$D_c = M \times Z \times 1.6608 \times 10^{-24} / V \tag{3-7}$$

式中 D_c——矿物的理论密度，g/cm^3；

M——晶体化学式中元素相对原子质量之和（即矿物的相对分子质量）；

Z——单位晶胞中所包含其晶体化学式的分子数；

V——晶胞体积，可依据晶体参数计算获得，cm^3。

例如，石盐 NaCl 为立方晶胞，$a=0.564nm$，$Z=4$，Na 和 Cl 的相对原子质量之和

$M=58.4427$，则 $D_c=2.164g/cm^3$。

显然，采用上述单位时，矿物的相对密度与矿物的密度在数值上是相同的，但密度是有单位物理量，而相对密度为一个纯数值。

矿物的相对密度变化幅度很大，可由小于 1（如琥珀）至 23（如锇钌族矿物）。一般自然金属元素矿物相对密度最大，盐类矿物相对密度较小。

矿物的相对密度通常分为三级：

（1）轻级，相对密度在 2.5 以下。例如，石膏的相对密度为 2.3，自然硫的相对密度在 2.05～2.08 之间，石盐的相对密度在 2.1～2.5 之间，石墨的相对密度为 2.5 等，均属轻相对密度级的矿物。

（2）中级，相对密度在 2.5～4.0 之间。大多数矿物的相对密度属于中相对密度级别。例如，石英、方解石、正长石等，其相对密度分别为 2.65、2.715、2.56 等，均属中相对密度级的矿物。

（3）重级，相对密度大于 4.0。例如，重晶石的相对密度为 4.50，方铅矿的相对密度为 7.5 等。

矿物的相对密度，首先决定于组成矿物的元素的相对原子质量。相对密度很大的矿物多半含有相对原子质量大的元素。例如，重晶石含 Ba，方铅矿含 Pb，黑钨矿含 W 等，均属重相对密度级的矿物。

其次，组成矿物的离子或原子的体积，也有很大影响。例如，K^+ 比 Na^+ 相对原子质量大 70%，但 K^+ 离子体积比 Na^+ 大 158%，因此，含 Na^+ 的矿物的相对密度常超过含 K^+ 的矿物的相对密度：钾盐 KCl 的相对密度为 1.984，石盐 NaCl 的相对密度为 2.165；钾长石的相对密度为 2.56，钠长石的相对密度为 2.62。

再次，晶体结构紧密程度对矿物的相对密度也起重要的作用。例如，成分同为碳的石墨和金刚石，相对密度分别为 2.23 和 3.50，其原因是金刚石形成于高压条件下，碳 C 的配位数为 4。结构紧密，而石墨形成于较低压力，碳 C 的配位数为 3。

此外，含有类质同象混入的矿物，其相对密度随混入元素类型和数量的改变而发生相应的变化。矿物生长过快，晶格缺陷较多也会使相对密度降低。例如，闪锌矿 ZnS 中的 Zn 被 Fe 代替得越多，相对密度越小：纯闪锌矿相对密度为 4.10，Fe^{2+} 占 26%时相对密度降为 3.88。

因此，相对密度是矿物最重要的属性之一，精确测定相对密度对了解矿物的成分特点、鉴定矿物、分析形成条件等均有很重要的意义。

在肉眼鉴定中，一般是用手掂量来估计矿物的相对密度等级。但是，所测试的标本应为纯净的大小适度的块体，而且需要有相当丰富的经验，方可得到正确的结果。

精确测定矿物的相对密度，必须在实验室内进行，首先必须挑选纯净的矿物样品，再依据情况选用相对密度瓶法、浮力天平法、重液法等多种方法中的一种，并按相应的规程进行操作。

6. 弹性、挠性、脆性、延性及可塑性

矿物受力变形后，当外力撤消时能自行恢复原状的性质叫弹性。云母具有弹性，其薄片被弯曲后，能自动弹回，恢复平展。

与弹性相反，矿物受力变形后，虽撤消外力不能自行恢复原状的性质叫挠性。滑石、绿泥石、辉钼矿等具有挠性，其薄片可以任意弯曲而不会自行恢复平展。

矿物受打击后易碎，被刻划时易出现粉末，刻痕无光滑感的性质称脆性。绝大多数矿物均具有脆性。

矿物受力后能发生塑性变形的性质称延展性。大部分自然金属矿物具有强延展性，有些其他矿物也能表现出微弱的延展性。例如，致密块状或粒状的辉铜矿、方铅矿具有微弱的延展性，其块体在磨损后，易产生较光滑的平面和较圆滑的棱角，用钢针刻划它们（特别是在显微镜下看刻痕）有点像在石蜡或肥皂上刻划，刻痕光亮。当然，强力打击下，这些矿物也要破碎，因为它们仍以脆性为主。

矿物掺以适量的水后，可塑造成各种形态的性质，称为可塑性。一般粘土矿物都具有这一特性，而且被广泛应用于各种陶瓷工业上。

三、矿物的其他物理性质

1. 磁性

矿物的磁性，是指在外磁场作用下，矿物被磁化时所表现的性质，包括矿物被外磁场吸引、排斥以及被磁化的矿物对外界产生磁场等。在一般情况下，矿物受磁场排斥的力量非常微弱，被外磁场吸引更为明显、容易被观测到。

矿物的磁性主要决定于矿物晶格中是否存在未成对的电子。未成对电子越多，其磁性表现越强。晶格中的过渡型离子常有未成对的电子，因此，含有铁、钴、镍、铬、钛、钒以及锰、铜等元素的矿物，常具磁性。磁性的强弱与这些元素的多少有关。

依据矿物在外磁场作用下的表现，一般可将其分为四类：

（1）磁性矿物或铁磁性矿物，是其碎屑及粉末能够被普通磁铁（如马蹄形磁铁、磁化小刀等）吸引的矿物，如磁铁矿、磁黄铁矿等。

（2）电磁性矿物或弱磁性矿物，是其碎屑及粉末不能被普通磁铁吸引，但能被磁场强度大得多的电磁铁所吸引的矿物，如赤铁矿、普通角闪石、黄铜矿等。由于电磁铁的磁场强度可以调节，所以电磁性矿物又可按磁性强弱程度的不同分为若干等级。

（3）逆磁性矿物或抗磁性矿物，是其碎屑及粉末在外磁场作用下被排斥的矿物，如方解石、自然铋、自然银、石盐、黄铁矿等矿物。这是因为，逆磁性矿物在外磁场的作用下，产生很微弱的电磁感应，但其磁场方向与外磁场相反的结果。

（4）无磁性矿物，是其碎屑及粉末既不被强大的电磁铁所吸引、又不被外磁场所排斥的矿物，如石英、斜长石等。

矿物的磁性可在磁性分析仪上测定。磁性是鉴定矿物的特征之一，特别在鉴定少数具强磁性矿物时更为重要。磁性在矿物分选工作中具有更大的意义。利用磁性的差异，在科研选样工作中用可调节电磁铁能把各种矿物分开，比在显微镜下用手工挑选效率高许多倍。在选矿工艺中，磁选更是极为重要的一种方法。

矿物的磁性在地质工作中获得了广泛应用。在磁法勘探中，利用磁性寻找铁矿。在航空或航天地质工作中，利用不同岩石中造岩矿物的磁性差异，可以圈出岩体的范围与分布。利用岩体中磁性矿物磁场的取向，能够推断岩石形成时古地球磁场的方向，还是在当前流行的板块构造学说中用以确定板块运动方向的重要依据。

2. 电学性质

矿物的电学性质包括其导电性、介电性、压电性及焦电性等物理性质。

导电性指矿物对电流的传导能力。一般说来，金属矿物是电的良导体，非金属矿物是电的不良导体，而有些矿物则是半导体。良导体矿物有黄铁矿、磁黄铁矿、辉钼矿、石墨、自然铜等；半导体有铁和锰的氧化物、金刚石等；非导体（绝缘体）有石英、长石、方解石、石膏、云母等。

导电性不仅用于矿物鉴定，也是地球物理探矿中电法探矿的物质基础。矿物的导电性在电气工业上可直接被利用，而使这些矿物成为重要的工业原料。例如，白云母是最优质的绝缘材料；石墨是优良的导体材料，常用作电极；金刚石是优质的半导体材料，在微电子产业及高新技术中地位更加显要。

矿物的介电性，是指矿物在电场中被极化的性质，通常通过测定介电常数来研究。当介电常数不同的几种矿物同时在一种电介质液体中时，它们之中介电常数大于电介质溶液者，就能够被电极所吸引，从而实现矿物的分离。因此，介电性同样是矿物最固有的重要的特征及鉴定标志，介电分离法在选矿及科研中同样获得了广泛的应用。

在压力和张力的作用下，某些矿物单晶体于一定结晶方向上呈现电荷的性质，称为压电性。在压缩时产生正电荷的部位，在伸张时就产生负电荷。在机械力压应力和张应力的交替作用下，就可以产生一个交变电场，这种现象称为“压电效应”。例如，当石英在平行于对称轴 L^2 的方向上受到压力或张力时，则会在 L^2 的两端同时分别产生等量的正负电荷。反过来，具有压电性的矿物晶体，处在交变电场中，它就会产生伸长与压缩的机械振动，这种现象称为“电致伸缩效应”。当交变电场的频率和压电性矿物本身机械振动频率一致时，就会发生特别强烈的共振现象。

当温度变化时，矿物在晶体的某些结晶方向的两端产生不同性质等量电荷的性质，称为焦电性（或热电性）。例如，电气石晶体加热到一定温度时，其 Z 轴的一端带正电，另一端带等量负电；若已加热的晶体冷却，则两端电荷变号。

矿物的压电性和焦电性只发生在无对称中心而具有极轴的各晶类的矿物中，如电气石、石英、方硼石等。矿物的压电性和焦电性在现代科学技术中的应用日益广泛，如用作各种换能器、超声波发生器、红外线探测器等。

3. 其他物性

这里的其他物性是指矿物的热学性质、放射性质、易燃性质、吸水性质等物理性质。这些性质对某些矿物来说仍有鉴定意义。

热学性质包括矿物的导热性、热膨胀和熔点等。一般晶体矿物的导热性高于非晶质矿物。例如，自然金属矿物的导热性最强，石棉、蛭石等则是良好的绝热材料；蛭石在高温下焙烧其体积将急剧膨胀，相对密度减小至 0.6～0.9，而成为绝热隔音的超轻质填料。矿物熔点与其化学成分和结构有关，一般具有离子键和共价键的矿物熔点较高，金属键的次之，分子键的最低。这些性质在矿物鉴定中都具有一定的意义，在生产及生活中更有重要意义。

放射性指含有 U、Th、Ra 等放射性元素之矿物，因放射性元素蜕变而放出 α、β、γ 射线的特性。利用矿物的放射性可以计算矿物及地层的绝对年龄，还可以寻找放射性矿物及放射性矿床。

易燃性是指某些矿物加热后容易燃烧的性质，如自然硫、黄铁矿等。

吸水性是指有些矿物能在空气中吸水潮解的性质，如石盐、光卤石等。

四、矿物的化学性质

每种矿物晶体都有一定的化学组成与晶体结构，矿物中的原子、离子或分子通过化学键的作用彼此结合并按空间格子形式排列，处于低能的平衡稳定状态。当矿物与空气、水及各种溶液相接触时，如石英等矿物仍然非常稳定，几乎不发生变化，如石盐、黄铁矿等矿物将会产生程度不同的溶解、分解、氧化等化学变化。矿物岩石在风化作用中发生的变化，正是其化学性质差异性的具体显现。在石油天然气的勘探开发过程中，随着钻井液、水及各种驱替液的注入，储集层孔隙水的性质相应会发生变化，储集层中的某些矿物也会发生不同程度的溶解或沉淀，进而改变储集层的物性。因此，了解矿物的化学性质，不仅有助于矿物的分析鉴定与工业应用，有助于认识矿物的转化的细节与本质，还有助于油气储集层的勘探开发与保护。这里主要对矿物的可溶性、氧化性及矿物与各类酸、碱反应等化学性质进行简要讨论。

1. 矿物的可溶性

矿物的可溶性是指其在液态水中的溶解能力，通常以溶解度或溶度积来表示。水是分布最广的天然溶剂，水分子具有偶极性，其正负电荷中心相距为 0.39×10^{-10}m，极易发生解离形成 H^+ 与 $(OH)^-$ 离子，即 $H_2O \leftrightarrow H^+ + (OH)^-$，致使水的介电常数很高，25℃时达79.45（25℃时强酸为95.7），因此，水对许多离子化合物类矿物有很强的破坏能力，许多矿物在水中都具有不同程度的可溶性。

溶解度主要取决于矿物自身的化学组成和晶体结构类型。一般情况下，具有共价键、金属键的矿物和由高电价、小半径的阳离子所组成的化合物或单质矿物在水中的溶解度极小；由低电价、大半径的阳离子组成的具离子键的矿物在水中溶解度较大；含 $(OH)^-$ 和 H_2O 的矿物溶解度也较大。因此，常温常压下，卤化物、硫酸盐、硝酸盐、碳酸盐以及含有 $(OH)^-$ 和 H_2O 分子的矿物较易溶解于水中；而大部分的自然元素矿物、硫化物、氧化物以及硅酸盐矿物则难以溶解于水中。例如，常温常压时在纯水中的溶解度，石盐为363g/L，石英为0.006 g/L，非晶态 SiO_2 为0.120g/L。石英与非晶态 SiO_2 溶解度相差20倍，正是晶体结构不同所致。

同时矿物的溶解度溶度积还受环境条件（如温度、压力、CO_2 分压、矿化度、pH、Eh等）的影响。一般温度升高，水的离解度增加，矿物的溶解度相应增加，例如，石英常温常压时在水中溶解度为0.006g/L，100℃时为0.062g/L。但也有一些矿物例外，例如，常压下石膏的溶解度，0℃时为1.76g/L，40℃时为2.12g/L（为最大值），100℃时为1.67g/L；硬石膏和方解石等的溶解度也随温度升高而降低。

CO_2 分压对方解石的溶解度影响最明显。例如，常温常压时，方解石的溶解度为0.053g/L，CO_2 分压达0.1MPa时为0.45g/L，CO_2 分压达1MPa时为2.2g/L。矿化度、pH、E_h 等对溶解度的影响，关系也比较复杂，因矿物不同而异。

2. 矿物的可氧化性

矿物的可氧化性是指能与氧及其他氧化剂发生相互作用而解体最终形成新矿物的性质。当矿物中含有低氧化态的变价元素时，在氧化条件下，这些元素便由低氧化态（低价）变为高氧化态（高价）。这种离子电价的改变，将引起离子半径、配位数以及化学键力的变化，最终导致矿物结构的改变或者瓦解，被解离的离子或进入溶液中或重新组合形成新的矿物。

因此，含有低氧化态的变价元素是矿物可被氧化的内在原因。

例如，黄铁矿受氧化的反应如下：

$$2Fe[S_2](\text{黄铁矿}) + 7O_2 + H_2O \longrightarrow 2Fe[SO_4] + 2H_2SO_4$$

这个反应中的生成物硫酸亚铁仍不稳定，还可进一步与氧发生反应：

$$4Fe[SO_4] + 2H_2SO_4 + O_2 \longrightarrow 2Fe_2[SO_4]_3 + 2H_2O$$

这一反应中生成的硫酸盐溶液还可起氧化剂的作用，参与对硫化物的氧化作用：

$$Fe[S_2] + Fe_2[SO_4]_3 \longrightarrow 3Fe[SO_4] + 2S\downarrow$$

硫酸铁还极易水解形成氢氧化铁，呈胶体凝聚于地表形成铁矿物：

$$Fe_2[SO_4]_3 + 6H_2O \longrightarrow 2Fe(OH)_3\downarrow + H_2SO_4$$

由此可见，氧除了自身作为氧化剂外，在与矿物的反应中还可衍生出新的氧化剂，参与对矿物氧化作用。

自然界中，硫化物是容易氧化的矿物，但其氧化速率各不相同，其快慢次序如下所列：Fe［AsS］（毒砂）＞FeS_2（黄铁矿）＞CuFe［S_2］（黄铜矿）＞ZnS（闪锌矿）＞PbS（方铅矿）＞Cu_2S（辉铜矿）。据研究，当方铅矿、闪锌矿等与黄铁矿同时存在时，其氧化速度要提高 8～20 倍，若是单一的硫化物，则氧化速率较慢。

矿物的氧化是一种比较普遍的现象，金属硫化物、含变价元素的氧化物及含氧盐矿物表现为最为显著。它不仅影响着矿物的稳定性和在水中的溶解度，而且矿物遭受氧化后，其表面性质常发生改变，这对于矿物的鉴定和矿物的分选都有直接影响。此外，在找矿工作中，研究氧化带的矿物特征是寻找原生矿体的重要方法。

3. 矿物与酸、碱溶液的反应

在鉴定矿物时，为了确定某种元素的存在，或从中提取某种有用组分，常采用碱溶液或酸溶液与矿物反应来实现。

不同矿物与各种类型酸的反应是不同的。以矿物的化学成分来说，大部分自然元素矿物易溶于硝酸，石墨和金刚石不溶于任何酸。硝酸对硫化物的溶解非常有效，而且总是有游离的硫析出；硫化物一般也溶于盐酸和硫酸。氧化物矿物大多数可在盐酸中溶解。所有的碳酸盐矿物都溶于多种酸溶液，一般以盐酸的效果最好，并且剧烈起泡，放出 CO_2 气体。对地层中分布最广的硅酸盐矿物来说，大部分易被氢氟酸分解，并生成氟硅酸（H_2SiF_6），其中尤以钾、钠及钙的硅酸盐矿物反应最为强烈；一部分钙、锌、铁及稀土的硅酸盐矿物可在盐酸和硫酸中溶解，并析出胶状的二氧化硅（$SiO_2 \cdot nH_2O$）。

油气田开发过程中重要的增产措施——酸化压裂，正是依据矿物的酸溶性，针对储集层中矿物组合类型而选择性地注入相溶的酸液，溶解某些矿物而扩大储集层的孔喉通道，从而达到增加油气产量的目的。

有一些硅酸盐矿物，如蒙脱石、高岭石、长石、石英等难溶或不溶于一般的矿物酸，但通常与碱液有较显著的反应，其反应类型主要是表面离子交换和离子附加反应，同时还可以发生溶解与沉淀，破坏原有的晶体结构并沉淀出新矿物。例如，高岭石与苛性碱反应，高岭石溶解并形成新矿物方沸石，其反应式为：

$$\underset{\text{高岭石}}{Al_4[Si_4O_{10}](OH)_8} + 4Na^+ + 8(OH)^- + \underset{\text{溶解硅}}{4Si(OH)_4} \longrightarrow$$

$$\underset{\text{方沸石}}{4NaAlSi_2O_6 \cdot nH_2O} + H_2O$$

第五节　矿物的成因和成因标志

矿物是在复杂的地质环境中形成的，是地质作用的必然产物。因此，矿物的诸多特征（成分、结构、形态、物理性质、化学性质、共生组合等）与其形成时的环境条件及地质作用之间必定有着密不可分的辩证关系。也就是说，不同的地质环境和地质作用，必然形成不同特征的矿物及不同的矿物组合；矿物的诸多特征与矿物组合，是地质作用及地质环境发展演化的物质记录，保存有其形成过程留下的烙印与信息，也是分析推测其成因及形成时地质背景的依据与凭证。

前面已分别就矿物的诸多特征进行了必要的叙述，本节将简要介绍各种地质作用的基本特征及矿物的成因标志，以期从成因的角度更深入地认识和了解矿物。

一、形成矿物的地质作用

通常根据能量来源及地质环境的不同，将形成矿物的地质作用分为内生作用、外生作用和变质作用三大类型。这同时也是形成岩石和形成矿床的地质作用类型。

1. 内生作用

内生作用，是由地壳内部热能引起矿物形成的各种地质作用的总称，也是与地壳深部岩浆活动有关的形成矿物的各种地质作用的总称，其形成矿物的物质来源于上地幔和地壳，能量来源于地球内部，如放射性元素的蜕变能及岩浆的热能等。岩浆是含有各种元素的硅酸盐熔融体，其中还包含少量易挥发成分以及重金属元素。在地壳运动过程中，岩浆常沿着一些深断裂运移，随着温度、压力的降低以及其他物理、化学条件的改变，岩浆中的各种组分便以不同的方式自熔融体中结晶分离出来，进而形成各种矿物与岩石。按分离过程中的物理—化学系统的差异，内生作用可分为以下四种。

1）深成岩浆作用

深成岩浆作用是指在地下深处、在高温（800～2000℃）和高压（数百兆帕）的岩浆熔融体内，由主要造岩元素（K、Na、Ca、Mg、Al、Si 等）和铁族元素以及周期表中与之邻近的元素（Fe、Co、Ni、Ti、V、Cr、Mn 等）参与直接结晶形成矿物及岩石的作用过程与结果。由于贫氧，变价元素常处于低氧化状态（Fe^{2+}、V^{3+}、Cr^{3+}…）；造岩元素结晶形成的主要是硅酸盐矿物；铁族元素除参与形成部分硅酸盐矿物外，还可结晶形成氧化物、硫化物和少量单质元素矿物及金属互化物矿物。

深成岩浆作用中元素结晶析出的顺序，主要受质量作用定律和能量状态的支配，一般按Mg—Fe—Ca—Na—K 的顺序析出。先形成的主要矿物是铁镁矿物（橄榄石、斜方辉石等）；中期形成的主要是含钙矿物（基性斜长石、单斜辉石、角闪石等）；末期形成的则主要是含钾、钠的矿物（酸性斜长石、钾长石、白云母等）；最后，过剩的 SiO_2 形成石英。这些都是构成深成岩浆岩的主要矿物，也可简称为深成岩浆矿物。

深成岩浆作用形成的矿物是按一定的结晶顺序析出的，因此，所形成的岩浆岩相应有着不同的矿物组合。根据不同的矿物组合及 SiO_2 的含量，可将岩浆岩分为超基性岩、基性岩、中性岩、酸性岩四类。每类岩石的典型矿物组合及特征将在后面有关章节讨论。

2）伟晶—气化作用

伟晶—气化作用是指在较高温度和压力条件下，由富含挥发组分的残余岩浆结晶形成矿物和岩石的作用，这一作用实质上是岩浆作用的继续。残余岩浆的成分具有明显的继承性和变异性，即同样以Si、Al、Ca、K、Na等造岩元素为主，但是，挥发组分（F、B、OH、Cl、CO_2等）和稀有、放射性元素（Li、Be、Rb、Cs、Nb、Ta、U、Th等）大量富集。伟晶—气化作用的温度范围一般在400～800℃之间。由于大量挥发组分的聚集，残余岩浆具有很高的内压力。

当外压力大于内压力时，挥发组分不能向外散逸，而与其他组分共同参与结晶。由于挥发组分的大量存在，残余岩浆的粘度极低、流动性能极好，矿物多结晶形成粗大晶体，因而又可称此为“伟晶作用”，由此作用形成的矿物和岩石统称为伟晶矿物和伟晶岩。

当外压力小于内压力时，挥发组分大都向外散逸，同时带走一部分其他组分，并与围岩作用，形成一系列富含挥发组分的矿物，如锂云母、电气石等，这就是“气化作用”。

各种类型的岩浆岩都有其对应的伟晶岩，其中以花岗伟晶岩和碱性伟晶岩具有较大的工业意义。因为这两类伟晶岩是稀有、放射性元素的富集场所，常出现大量原来母岩中所没有的特殊矿物，如锂云母、锂辉石、绿柱石以及铌、钽矿物等。

3）热液作用

热液作用是指富含挥发组分和大量重金属元素的热水溶液沿裂隙向围岩运移的过程中，于适当条件下沉淀出所携带的元素和矿物的作用。热水溶液一般是在岩浆结晶冷凝以后，温度降到水的临界温度（374℃）以下时产生的。此过程的产物主要是各种热液矿物及各种热液矿床。

参与热液作用的元素主要有：标准金属元素（Cu、Ag、Au、Zn、Cd、Hg、Ga、In、Tl、Ge、Sn、Pb）；铁族元素（Fe、Co、Ni）；半金属元素（As、Sb、Bi）；矿化剂元素（B、F、O、S等）；稀有金属元素；放射性元素以及W、Mo、Li、Be等。

热液作用产生的金属矿物主要是硫化物。在温度下降的不同阶段，硫和氧的活动能力有明显差异与变化。按照成矿温度的高低和特征矿物组合的不同，常将热液作用细分为三种作用或三个阶段。

（1）高温热液（作用）阶段：温度在374～300℃之间。在这个阶段中，H_2S的离解度小，溶液中硫离子浓度低，不能形成大量硫化物。但是，氧的活性比较显著，常形成石英、云母和以W、Sn、Fe的氧化物（锡石、磁铁矿等）、含氧盐（黑钨矿等）以及Mo、Bi、Fe的低硫化物（辉钼矿、辉铋矿、毒砂等）为主的矿物组合。

（2）中温热液（作用）阶段：温度在300～200℃之间。在这个阶段中，由于H_2S的分解，使硫离子浓度增加，形成以Cu、Pb、Zn的硫化物（黄铜矿、方铅矿、闪锌矿、黄铁矿等）为主的矿物组合。一些分散元素（Ga、In、Tl、Ge、Cd、Se、Te等）往往不能形成独立矿物，而是以类质同象方式进入硫化物晶格中。在上述矿物组合之中，还可以有数量不等的石英、方解石、萤石等等矿物与之共生。

（3）低温热液（作用）阶段：温度在200～50℃之间。在这个阶段中，主要形成以As、Sb、Hg、Ag的硫化物（辉锑矿、雌黄、雄黄、辰砂、辉银矿等）为主的矿物组合。由于低温热液作用多发生在距离地表较近的地带，氧的活性再度明显增高。因此，还有大量氧化物和含氧盐（石英、蛋白石、方解石、重晶石等）矿物与之共生形成。

4）火山作用

火山作用是岩浆作用的一种特殊形式，它包括了地下岩浆通过火山管道喷出地表的全过程。这种作用的产物为各种类型的火山矿物及火山岩（包括熔岩和火山碎屑岩）。

火山岩是在陆地或水底由岩浆快速冷却生成的（矿物组合）岩石。炽热的岩浆到达地表

（陆上或水下）或接近地表时，因氧化温度高（1000～1200℃）、围压迅速降至很低、挥发组分大量逸出。也就是说，火山作用的环境条件与侵入（岩浆）岩相比较有着很大的差别，因而火山矿物及火山岩在矿物成分和结构构造上均有明显的特色。

在上述特殊的热动力条件下，火山矿物和火山岩总体上以高温、淬火、低压、高氧、缺少挥发组分的矿物组合为特征，如碱性长石都是高温相的透长石、歪长石；石英也都是高温相的β-石英和鳞石英；含挥发组分的矿物如白云母、电气石等都不出现；角闪石、黑云母虽见于斑晶和晶屑内，但极不稳定而容易变化成为辉石和磁铁矿细小集合体，分布在角闪石等矿物边缘，形成所谓不透明的“暗化边”；高氧矿物则有赤铁矿、磁铁矿等；此外，在某些火山岩中，特别是酸性火山岩中常有火山玻璃出现。

因挥发组分逸出，火山岩中气孔构造普遍很发育，气孔常被火山后期热液作用形成的系列矿物如沸石、方解石、蛋白石等充填；在火山口及火山喷气孔周围，常有凝华作用形成的自然硫、雄黄、石盐等矿物分布。

2. 外生作用

外生作用是在地表或近地表环境中，主要是在太阳能的影响下，由岩石圈、水圈、大气圈和生物圈相互作用而导致矿物形成的各种地质作用的总称，其结果是形成外生矿物和沉积岩，还包括各种规模的沉积矿床。外生作用主要包括风化作用和沉积作用。

1）风化作用

风化作用是指露出地表的先期形成的矿物和岩石在常温常压条件下，经受太阳、水、大气及生物的长期作用，发生机械破碎和化学分解的作用。

不同矿物和岩石，抵抗风化作用的能力各不相同。石英、电气石、金红石等矿物，抵抗风化的能力最强；高岭石、云母等具有层状结构的硅酸盐矿物在地表也相当稳定；赤铁矿、褐铁矿等变价元素的高价氧化物及氢氧化物也较稳定；变价元素的低氧化态的硅酸盐矿物和富碱金属、碱土金属元素的硅酸盐矿物及硫化物矿物抗风化能力很弱。

例如，正长石 $K[AlSi_3O_8]$ 的风化过程可表示为：

$$\underset{\text{正长石}}{4K[AlSi_3O_8]}+4H_2O+2CO_2=\underset{\text{高岭石残留地表}}{Al_4[Si_4O_{10}](OH)_8}\downarrow+\underset{\text{胶体残留或流失}}{8SiO_2}\downarrow+2K_2[CO_3]\xrightarrow{\text{流失}}$$

‖或再风化

$$Al_4[Si_4O_{10}](OH)_8+2H_2O=\underset{\text{三水铝石残留或流失}}{4Al(OH)_3}\downarrow+\underset{\text{胶体残留或流失}}{4Sio_2}\downarrow$$

可见，风化作用的结果是使岩石和矿物解体，因此又可称其为“成壤作用”。风化作用的产物主要有：各种碎屑物质，主要是石英等抗风化能力极强的矿物和岩石的碎屑；矿物分解后新生成的难溶物质，主要是硅、铝、铁的氧化物及氢氧化物、粘土矿物等；新生成的易溶物质，如碱金属和碱土金属（钾、钠、钙、镁等）的氯化物、硫酸盐、碳酸盐等。这些风化产物也是沉积作用的物质基础，是形成外生矿物和沉积岩的物质基础。

2）沉积作用

沉积作用是指上述的各种风化产物经水流、空气等介质搬运，并在地表适当环境之中发生堆积并形成外生矿物及沉积岩的作用。依据沉积方式及控制因素的不同，可分为机械沉积作用、化学沉积作用和生物（化学）沉积作用。

（1）机械沉积作用，是指风化作用形成的碎屑物质，经水和空气等介质搬运至河流、湖泊和海洋等环境之中，因介质搬运能力的降低而致使矿物沉积形成的作用，其沉积物主要是抗风化能力很强石英、长石、云母、重矿物等矿物及岩石的碎屑，无新矿物形成。矿物及岩石的特征及分布受介质流速、密度等物理因素控制。

（2）化学沉积作用，是指风化作用形成的难溶物质及易溶物质，以胶体和真溶液的形式，搬运至湖泊、海洋等水体之中，因蒸发或因电解质加入等诸多因素的影响致使矿物沉积形成的作用。真溶液搬运沉积的矿物主要是：碱金属和碱土金属（K、Na、Ca、Mg）的卤化物（钾盐 KCl、石盐 NaCl、光卤石 $KMgCl_3 \cdot 6H_2O$ 等），硫酸盐（石膏 $Ca[SO_4] \cdot 2H_2O$、芒硝 $Na_2[SO_4] \cdot 10H_2O$、泻利盐 $Mg[SO_4] \cdot 7H_2O$ 等），硼酸盐（硼砂$Na_2[B_4O_7] \cdot 10H_2O$）以及碳酸盐（天然碱 $Na_2[CO_3] \cdot H_2O$）等等。胶体搬运沉积形成的矿物主要是：Fe、Al、Mn、P 等元素的氧化物和氢氧化物（赤铁矿、硬锰矿、铝土矿等），碳酸盐（菱铁矿、菱锰矿等）以及磷酸盐（磷灰石、胶磷矿）等。化学沉积作用常形成规模巨大的沉积矿床。矿物的特征及分布主要受溶解度、浓度、电解质类型等化学因素的控制。

（3）生物（化学）沉积作用，是指通过生物的生命活动致矿物沉积形成的作用，包括生物死亡之后，其骨骼硬体堆积形成硅藻土、介壳灰岩、礁灰岩、磷块岩等及相应的矿物；还包括生物改变环境的物理条件及化学条件而沉积形成的藻纹层灰岩、障积岩等。

3. 变质作用

变质作用是地壳中先期已经形成矿物岩石在构造运动、岩浆活动等内部营力的影响下致使新矿物新岩石形成的各种作用的总称。导致变质的主要因素是较高的温度、较高的压力和活动性流体的参与。变质作用的结果是形成各种变质矿物及各种变质岩。

变质作用与内生作用类似，能量与物质均来自地壳内部，二者的最大区别在于变质矿物及变质岩基本是在固体状态下形成的。依据变质因素及变质作用类型的不同，常可分为：接触变质作用，区域变质作用，气液变质作用等类型。各种变质作用及相应的变质矿物在后面有关章节讨论。

二、矿物的成因标志

矿物是一定地质作用的产物，它们的各种特性无不受到形成条件的影响。仔细分析研究这些特征，即可获得矿物成因及形成条件的信息。能够说明矿物成因的标志很多，最主要的有下述几种。

1. 矿物的共生组合和伴生组合

矿物的共生组合，是指同一成因、同一成矿阶段所形成的一系列不同矿物，共同生长组合在一起的现象。共生的矿物不仅在空间上紧密相邻，还往往是同一成因同时形成的，或者是同一次来源的成矿溶液依次连续形成的，各矿物是化学平衡状态的产物。大量的研究表明，各种地质作用过程都有着自己特有的矿物共生组合关系。因此，共生组合关系既是矿物鉴别与成因分析的重要标志，又是矿产预测与评价的重要依据。例如，要寻找铬铁矿，就应该到主要由橄榄石、斜方辉石共生的超基性岩中去找；如果在这种岩石中发现有银白色、呈星散分布的金属矿物，那么就应该考虑到它可能是铂族矿物。在实际找矿和鉴定工作中，矿物共生组合的知识已经获得了极其广泛的应用。

矿物的伴生组合，是指不同成因或不同成矿阶段形成的一系列矿物，相伴生长组合在一起的现象。伴生的矿物仅仅是在空间上紧密相邻，成因通常是各不相同的，或者是不同成矿阶段的产物，其形成时间有明显的间隔与间断，伴生矿物之间往往不是化学平衡状态的产物。例如，硫化物矿床风化带（常称“铁帽”）中，原生的黄铜矿、黄铁矿、闪锌矿等是热液作用的产物为共生关系；次生的褐铁矿、孔雀石、蓝铜矿等是外生作用的产物，也是共生关系；但外生矿物与热液矿物之间则是伴生组合关系。

从地质意义上来说，伴生矿物虽不如共生矿物那样能直接提供成因上的依据，但当其相互伴生的矿物之间存在有成分或成因的衔接继承关系时，对成因分析也是有帮助的。

2. 矿物的生成顺序与世代

自然界中共生组合或伴生组合的矿物，有的是同时形成的，更多矿物的形成时间是有早晚之分的，此种现象称为矿物的生成顺序。

确定生成顺序主要标志如下：

(1) 矿物的空间关系能够表明其形成时间的先后。如在矿脉中，沿脉壁生长的矿物生成在先，中心部位的矿物生成最晚［图 3－31 (a)］；一种矿物穿过或充填另一矿物时，被穿过或被充填的矿物较先形成；一种矿物包围另一种矿物时，被包围的矿物生成在先［图 3－31 (b)，图 3－32 (c)］。

(2) 矿物晶体的自形程度和晶体大小也可用以判断矿物形成的先后。一般生成在先的矿物有足够的自由空间，大多能形成晶体较大的几何多面体的自形晶；较晚生成的则往往是一部分被平整晶面包围的半自形晶；最晚生成的一般只能在剩余空间里结晶，常常成为不规则形态的他形晶［图 3－31 (c)］；斑状结构中斑晶自形程度较高，形成较早［图 3－32 (a)］。由于变质作用的特殊性，变质岩中自形程度高、粒径大的变斑晶矿物，是与基质矿物同时形成的，或者是晚于基质矿物形成的。

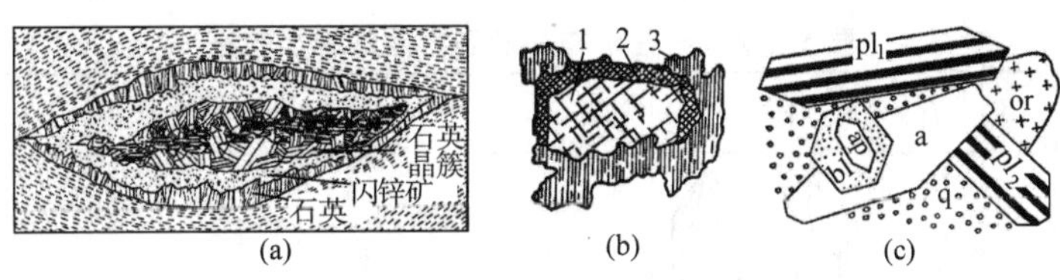

图 3－31　矿物的生长顺序

(a) 靠晶洞壁的石英先生成，次为闪锌矿，石英晶簇最晚；(b) 包围关系中普通辉石 1 早，角闪石 2 次之，黑云母 3 最晚；(c) 自形磷灰石 ap 黑云母 bi 最早，半自形角闪石 a 斜长石 pl_1 次之，他形正长石 or、石英 q 最晚

(3) 矿物的交代关系也能确定矿物形成的先后次序。已经形成的矿物在固体状态下被新矿物所代替的现象，被称为交代作用。显然，被交代的矿物是早期成的。交代作用通常沿矿物的边缘或裂隙、解理进行。例如，图 3－32 (b) 中的网环状蛇纹石，就是沿橄榄石颗粒边缘和裂隙进行交代的产物，所以，橄榄石形成在先，蛇纹石形成较晚。

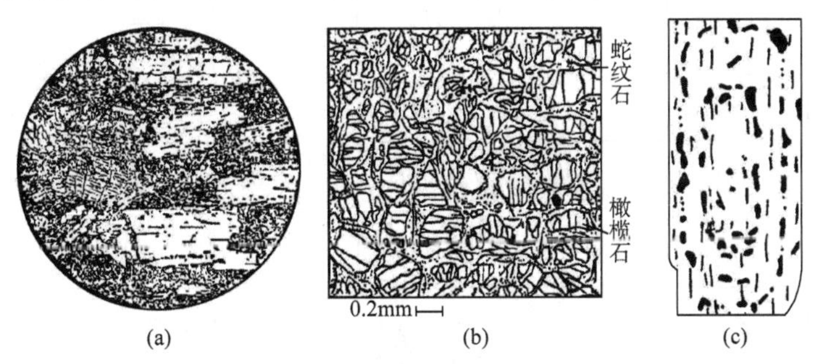

图 3－32　矿物形成时间先后的确定

(a) 斑状结构中斑晶形成早；(b) 橄榄石先形成后被蛇纹石交代；(c) 后形成的正长石包裹先形成的黑云母

有时矿物被交代后，还保留被交代矿物原有的晶形，这种现象叫做假象。例如，白云石被方解交代后所形成的具有完好白云石菱面体假象的方解石，就是常见的例子。

（4）矿物的世代也是确定矿物生成顺序的标志之一。在同一空间范围内，由同一地质作用的不同成矿阶段形成的同种矿物，因彼此间有着先后的不同，于是构成所谓矿物的“世代”。按生成时间的先后，可将它们依次划归第一世代、第二世代等。由于不同成矿阶段所处的物理化学条件有一定程度的差异，因而不同世代的矿物在形态、成分以及某些物理性质上也都会出现某些差异。这些差异，就是划分矿物世代的依据。

借助于矿物世代的研究，可以探讨不同成矿阶段中矿物的共生关系，并进一步查明有用矿物形成的最有利阶段，这在找矿勘探工作中是一项很有意义的工作。

3. 矿物的标型特征

同一种矿物的成分、结构、形态、物性等特征，常因形成条件的不同而异，这种能反映矿物特定形成条件的典型特征，称为矿物的标型特征。例如，表 3－12 中，锡石有三种晶形，四方双锥发育者是花岗伟晶作用的产物，四方柱发育者是热液作用的产物。

矿物的标型特征除表现在矿物的形态方面外，还表现在矿物的成分和物理性质等方面。例如，花岗伟晶岩中的锡石 $(Nb,Ta)_2O_5$ 含量可高达 5%，并常含 Mn，颜色近于黑色；热液矿脉中的锡石 $(Nb,Ta)_2O_5$ 含量不超过 0.5%，常含 W，颜色为褐色或淡褐色。

目前，在研究和解决地质问题时，矿物的标型特征正在向着地质温度计、压力计等定量方向发展。

表 3－12　一些矿物在形态方面的标型特征

	闪锌矿	锡　石	锆　石	石　英	磷灰石	钾长石	萤　石	方解石
中性岩浆岩			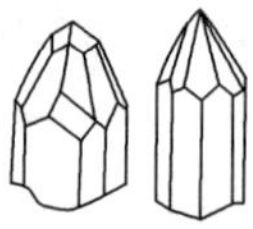					
酸性岩浆岩			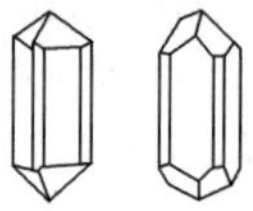			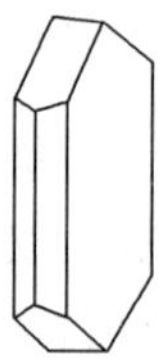		
碱性岩			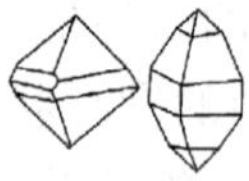					
伟晶岩		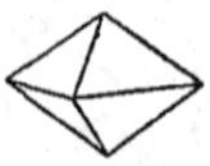		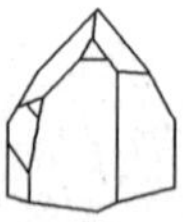	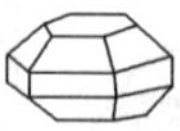		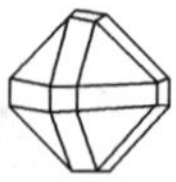	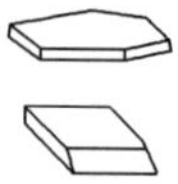
高温热液矿床	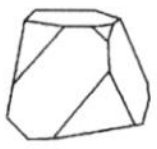				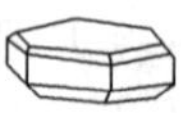			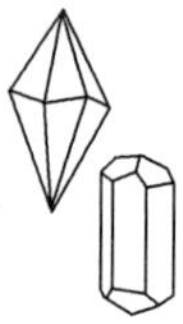
中低温热液矿床				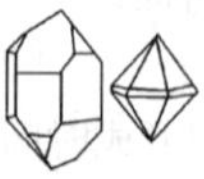		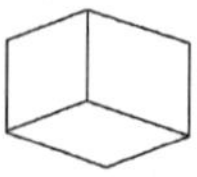	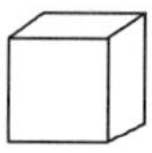	

有些矿物只在特定的成矿地质作用中生成，很少或甚至不出现在其他成矿地质条件下，这样的矿物称“标型矿物”。例如，只形成于超基性岩中的铬铁矿，只由低温热液作用形成的辰砂、辉锑矿，只由变质作用形成的硅线石、十字石等，均是常见的标型矿物。

4. 矿物中的包裹体

矿物在不均匀的结晶过程中，在晶体结构的某些缺陷部位或洞穴内，经常被一些与主矿物不同的物质所充填，当这些物质被主矿物封固起来时则构成了矿物中的包裹体。

包裹体可以是固态的，也可以是液态或气态的。固态包裹体大部分是其他矿物的碎屑或完好的晶体；液、气态包裹体常是水溶液、碳酸、石油类及其蒸气［图 3－32（c）］。

对矿物成因具有指示意义的包裹体以气—液态包裹体最为重要，因为，它们是在矿物结晶的当时直接从成矿介质中保存下来的母液样品，测定这种样品的温度、压力、含盐度、成分、pH 和 E_h 等，就可以确定矿物的成因以及一些有关的地质问题。

在利用包裹体确定矿物成因时，常用加温法（在显微加热台上进行）使包裹体从不均匀状态转变为均匀化状态。包裹体呈现均匀化时有三种表现：一是包裹体全部转变为液体并充满洞穴的整个空间，这表明矿物是由热液作用形成的；二是包裹体全部转变为气体并充满洞穴的整个空间，表明矿物是在伟晶—气化作用中形成的；三是包裹体全部转变为熔体，说明矿物是在岩浆作用时形成的。

除加温外，研究包裹体还有爆破法、冷冻法以及其他一些测定包裹体成分的方法。

当前，国内外为解决地质学领域中的许多难题正在对矿物中的包裹体进行着广泛深入的研究。

第六节　矿物的鉴定研究方法

矿物的鉴定和研究是一项严肃认真的工作，结果正确与否，将直接关系到岩石地层的观察描述、储集层的评价对比以及其他地质工作的正常进行，因此万万不可粗心大意。

矿物的鉴定研究程序一般是先从矿物外表特征入手，然后根据所涉及问题的性质和精度要求，再选用适宜的方法作进一步鉴定研究，这些方法大致可以分为化学的、物理的和物理—化学的几类。本节将对矿物鉴定研究的主要方法作简要讨论。

一、样品的选择与肉眼鉴定

在鉴定和研究矿物的工作中，所用样品必须新鲜和纯净，否则将影响鉴定结果，甚至得出错误结论。因此，在选取样品时，一定要按各种测试方法规范的要求，并考虑样品的代表性进行选样。选样时如发现有晶体形态完整或良好的晶体，应细心取出以供进行晶体形态和晶体结构研究之用。粒度较粗的样品以手选并经显微镜严格检查为宜；若粒度过细，则可根据具体情况选用不同的分离方法进行分选，如重液分离、磁力分离等。用这些方法选出的样品，仍需经显微镜检查后方可使用。

矿物的肉眼观察鉴定，就是凭借放大镜、小刀、稀盐酸等简单工具和试剂，通过观测矿物形态、颜色、条痕、光泽、透明度、解理、硬度、相对密度等物理化学性质，结合矿物的共生组合关系，确定矿物的种类与名称；同时，提出进一步分析研究的必要性及分析研究的合理方法，并为此准备有代表性的符合要求的样品。当然，肉眼鉴别的准确程度，与从业者的知识、能力、经验密切相关。

肉眼观察鉴定矿物，不仅是矿物鉴定的基础工作，也是岩石地层观察描述的前期工作，还是矿石、储集层划分对比的基础工作之一。可以认为，肉眼观测鉴定是各种地质工作的基础，也是地质从业者必须具备的基本技能，更是其素质和能力的具体表现。因此，应该注意在平日学习和实验中，不断积累知识并反复实践，以期达到运用自如的程度。

二、鉴定研究矿物的主要方法

当样品为隐晶质或胶体时，或须进一步验证肉眼的鉴定结果时，就得借助其他的鉴定分析方法。常用的矿物分析研究方法简介如下。

1. 化学类方法

此类方法的共同之处在于通过元素成分鉴别矿物，样品结构要遭到破坏，主要有简易化学分析、化学全分析法。

1）简易化学分析

简易化学分析是化学药品用量少、操作简便、能迅速获得待测矿物所含主要化学成分而达到鉴定矿物的一类方法，其中包括斑点法、显微化学分析法、染色法、珠球反应法、磷酸溶矿法、焰色法等。

（1）斑点法，是将少量待测矿物的粉末溶于水或酸中，使矿物中的元素呈离子状态，然后加微量试剂于溶液中，根据反应颜色来确定元素种类进而鉴别矿物的方法。斑点法试验操作常在白瓷板、玻璃板或滤纸上进行。此法对金属硫化物、氧化物的效果较好。现以测试黄铁矿中是否含镍（Ni）为例，说明斑点法的主要操作过程。

将少许矿粉置玻璃板上，加一滴 HNO_3 并加热蒸干，如此反复几次，以使矿物粉尽可能完全溶解。稍冷后加一滴氨水使溶液呈碱性，并用滤纸吸取，再在滤纸上加一滴 2%二甲基乙二醛肟酒精溶液（镍试剂）。若出现粉红色斑点（二甲基乙二醛镍），即表明矿物中确有 Ni 存在，因此，该矿物为含镍的黄铁矿。

（2）显微化学分析法，是先将矿物制成溶液，从中吸取一滴置于载玻片上，然后加适当的试剂，在显微镜下观察反应沉淀物的晶形和颜色等特征而鉴定矿物的方法。此法用来区别相似矿物非常有效。例如，呈致密块状的白钨矿 Ca［WO_4］与重晶石 Ba［SO_4］相似，此时只要在前者的溶液中滴一滴 1∶3 的 H_2SO_4，如果出现石膏结晶［无色透明，常有燕尾双晶，如图 3-33（a）所示］，表明要鉴定的矿物是白钨矿而不是重晶石。

（3）珠球反应法，是测定变价金属元素的一种灵敏而简易的方法。测定时将铂金丝的前端弯成一个直径约为一毫米的小圆圈，然后放入氧化焰中加热［图 3-33（b）］，清污后趁热沾上硼砂（或磷酸盐），再放入氧化焰中煅烧，如此反复几次直到硼砂熔成无色透明的小珠球为止。此时即可将灼热的珠球沾上少许（数粒）疑为含变价元素的矿物粉末，然后将珠球依次分别送入氧化焰及还原焰中煅烧，使所含元素发生氧化—还原反应，凭借反应后得到的高价态和低价态离子的颜色即可判定为何种元素。例如，在氧化焰中珠球为红紫色，放入还原焰中煅烧一段时间后变成无色时，表明所

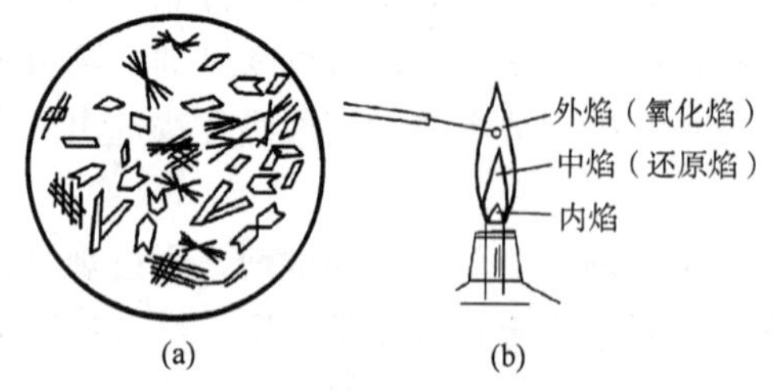

图 3-33　石膏的显微结晶（a）、火焰的构造（b）

试样品应为含锰矿物，具体矿物名称可根据其他性状确定之。现将铜和第一过渡金属元素系列各元素的珠球反应颜色列于表 3-13。

表 3-13　硼砂和磷盐珠球反应的颜色

元素	矿物用量	硼砂的珠球反应				磷盐的珠球反应			
		氧化焰		还原焰		氧化焰		还原焰	
		热珠球	冷珠球	热珠球	冷珠球	热珠球	冷珠球	热珠球	冷珠球
Ti	中等	浅黄	无	微灰	褐紫	浅黄	无	微灰	褐紫
V	少量	黄	浅黄绿	浊绿	纯绿	黄	黄	浊绿	纯绿
Cr	少到中等	黄	黄绿	绿	绿	黄	黄绿	绿	绿
Mn	少量	紫	红紫	无	无	灰紫	紫	无	无
Fe	少到中等	黄	无	瓶绿	浅绿	褐红	黄	黄红	无
Co	少到中等	蓝	蓝	蓝	蓝	蓝	蓝	蓝	蓝
Ni	少到中等	紫	红褐	灰色不透明	灰色不透明	褐红	黄红	红	黄红
Cu	少到中等	绿	天蓝	浅绿	红	绿	天蓝	浅绿	无

(4) 磷酸溶矿法，是用磷酸作溶剂的一种简易定性分析法。因为磷酸是一种极强的溶剂，绝大多数矿物都可用它来溶解；而矿物（粉末）溶解以后，又几乎能使所有元素转入溶液并使之呈色，从而根据溶液的颜色即可判定其中是否有某些元素存在以及这些元素的存在价态。这里以检查黄铁矿中是否含钴（Co）为例，来说明此法的具体操作。

将矿物粉末加入试管后添加磷酸，缓慢加热至矿物粉末溶解，待冷却后以水稀释并加锌片及硫氰钾汞 $K_2Hg[CHS]_4$ 溶液，此时，如有浅蓝色沉淀物出现，即表示有 Co 存在。至于含 Co 量的多少，视沉淀的快慢而定。若沉淀迅速，则该矿物为钴黄铁矿（Fe，Co）$[S_2]$；若溶液静置数小时后无沉淀或仅有微量的沉淀，则被试矿物为仅含极少量钴的黄铁矿。

(5) 焰色法，主要用来测定含碱金属及碱土金属元素的矿物。当含这类元素的矿物在高温氧化焰作用下形成挥发性化合物，能使火焰染成各自特有的颜色，借此鉴定矿物中所含的元素并鉴别矿物。

进行火焰染色时，取一根竹签或火柴棒用 HCl 润湿后，沾上待测矿物粉末送火焰上灼烧，或直接将欲试矿物的粉末撒向火焰，即可观察火焰的染色。常见元素的焰色有：Li—桃红色，但迅速消失；Na—深黄色，显色时间长；K—深紫色，如隔着蓝色玻璃观察，显色尤为清晰；Ca—橙黄色；Sr—桃红色，显色持续时间长；Cu—翠绿色，用 HCl 浸润过的粉末使火焰呈浅蓝色，长时间灼烧则重新变为绿色。

此外，还有染色法、条痕法、硝酸钴试验法等简易分析法。

2）化学全分析法

化学全分析法包括定性和定量的系统化学分析。进行这一分析时，需要繁多的设备和试剂，需要纯净的和较多的样品，需要较高而稳定的操作技术和较长的时间，因此，此法成本是很高的。所以，此法一般仅在研究矿物新种和亚种的详细成分、组成可变矿物的成分变化规律以及矿床的工业评价时才采用。通常全分析之前，须进行光谱分析，以备化学全分析时参考。

此外，还有光谱分析、原子吸收光谱分析、激光光谱分析、极谱分析等多种全分析方法。这些方法都是通过测定矿物的全部元素及含量的途径鉴别矿物。

2. 物理类方法

这类方法是以物理学的原理为基础，借助各种专门仪器以鉴定和研究矿物的各种性质。

1）发光分析

发光分析是一种只适用于鉴定某些具有发光性矿物的方法。一些矿物在紫外光、阴极射线或X射线照射下，能激发出不同强度和不同颜色的荧光或磷光。于是，可以根据荧光或磷光的颜色种类及其强度来鉴定矿物。典型矿物的荧光色有：金刚石为淡蓝、淡绿或橙红色；锆石为柠檬色；白钨矿为天蓝、黄、白色；方解石为鲜红至红色；萤石为蓝、浅蓝、蓝绿色；重晶石为淡蓝绿、黄白色。

2）偏光显微镜和反光显微镜鉴定

显微镜鉴定是利用晶体的光学性质鉴定矿物的方法，是矿物学和岩石学经常使用的一种重要的鉴定方法，也是目前矿产地质科研及生产中正在普遍应用的鉴定方法。

偏光显微镜主要用以观察和测定透明矿物（非金属矿物），样品必须磨制成厚度为0.03mm的薄片。通过观测矿物的形态、解理、颜色、多色性、其他光学常数（折射率、双折射、轴性、消光角以及光性符号等）来鉴别矿物。在装有费氏旋转台的条件下，还可测定类质同象系列矿物的成分变化规律，测定矿物在空间的排列方位与构造变动之间的关系，借此可以绘制出岩组图用以解决地质构造问题。

反光显微镜（也称矿相显微镜）主要用以观察和测定不透明矿物（金属矿物），样品必须磨制成光片。通过观测矿物的形态、解理、颜色、多色性、反射率等特征鉴别矿物，并研究矿物间的相互关系以及其他特征，来研究矿物特征及矿床成因等方面的问题。

3）电子显微镜研究

这种方法的原理是用电子束激发样品的微区产生各种信息，并将这些信息收集处理、放大，转换成各种图像、图谱或强度数据等，借以观测样品的形貌、结构与成分，当配有能谱仪时还能进行微区常量元素分析，进而达到鉴别研究矿物、岩石及储集层的目的。

依据成像原理，电子显微镜可分为透射电镜（TEM）和扫描电镜（SEM）。透射电镜是利用细聚焦电子束穿透试样并放大成像，放大倍数可达100万，分辨率可达到1×10^{-10}m，可观测试样的超微结构、晶格缺陷等特征。扫描电镜是收集试样的二次电子，经处理、放大成像，放大倍数自数十至数十万，其图像具有强烈鲜明的立体感与真实感（图3-34），能够直接观测研究多组分矿物岩石样品和断裂面，观测研究晶面的显微形态及微观组构特征，因此得到日益广泛的关注与应用。

图3-34　粘土矿物的电镜图片

（a）高岭石；（b）蒙脱石；（c）伊利石；（d）绿泥石

4）X 射线衍射分析

这种方法是鉴别矿物特别是鉴别隐晶质矿物最独特和最有效的方法之一，其原理如图 3-35（a)所示。图中 1、2、3 是一组垂直于纸面的间距为 d 为平行面网，波长为 λ 的 X 射线 S_0 沿着与面网成 θ 角（衍射角）的方向入射，在 S_1 方向产生衍射光线（类似于“反射”)。根据电磁波干涉原理，只有光程差等于波长的整数倍（$n\lambda$）时，才能相互叠加而增强，否则相互减弱直至抵消殆尽。面网 1 和 2 在 S_1 方向上衍射光线的光程差为 $DB+BF=2d\sin\theta$，则在 S_1 方向产生叠加增强的条件是光程差等于波长整倍数，即：

$$n\lambda = 2d\sin\theta \tag{3-8}$$

式中 n=1、2、3…称为衍射级次。式（3-8）即著名的布拉格方程。此方程表明，一组平行面网的各级衍射线具有相同的衍射角 θ，或者说一组平行面网的衍射角 θ 只与面网间距及 X 射线的波长 λ 有关，与衍射级次无关。因此，在波长 λ 已知的条件下，测得某面网的衍射角 θ，即可依据布拉格方程的一级衍射线计算面网间距 d，即：

$$d = \lambda/(2\sin\theta) \tag{3-9}$$

而衍射线的相对强度（类似于反射率，为衍射 X 射线强度与入射 X 射线强度之比 I/I_0），则与晶体的组成、结构以及衍射线的方向有关。用已知波长的 X 射线，系统测定样品不同面网（hkl）的衍射角 θ_{hkl}（或面网间距 d_{hkl}）与相对强度（I/I_0）数据，对比专门资料（如《矿物伦琴射线鉴定手册》或国际粉末衍射标准卡片)，便可鉴定矿物。

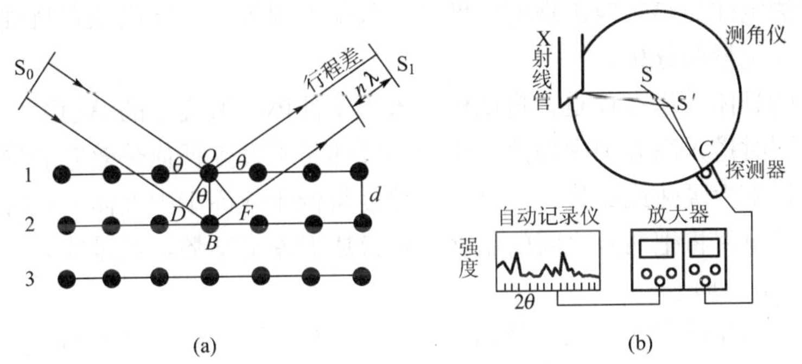

图 3-35 晶体面网对 X 射线的衍射（a)、X 射线衍射分析仪的基本组成（b）

按样品的不同，X 射线衍射分析可分为单晶法和多晶法（粉晶法）；按数据采集方式的不同，可分为照相法和辐射探测计数器法。“X 射线衍射仪”正是以辐射探测计数器采集数据的现代化仪器，主要由 X 射线发生器、精密的测角仪、探测器及自动记录仪及计算机组成［图 3-35（b)］，分析结果称为 X 射线衍射图谱（图 3-36）。该仪器自动化程度高，分析精度高，可对粉晶及岩石、储集层进行定性和定量分析，还可进行晶胞参数、类质同象、多型、有序度的测定，因此得到了广泛的应用。

此外，还有电子探针分析、红外光谱分析、X 射线光谱分析、相对密度测定、硬度测定、油浸法等分析方法，都是在不破坏样品结构的条件下，通过特征 X 射线、密度、硬度与折射率等物理参数鉴别矿物的方法，可依据样品及目的选用。

3. 物理—化学类方法

当前用于矿物鉴定研究主要的物理—化学方法有 X 射线衍射分析、差热分析、热重分

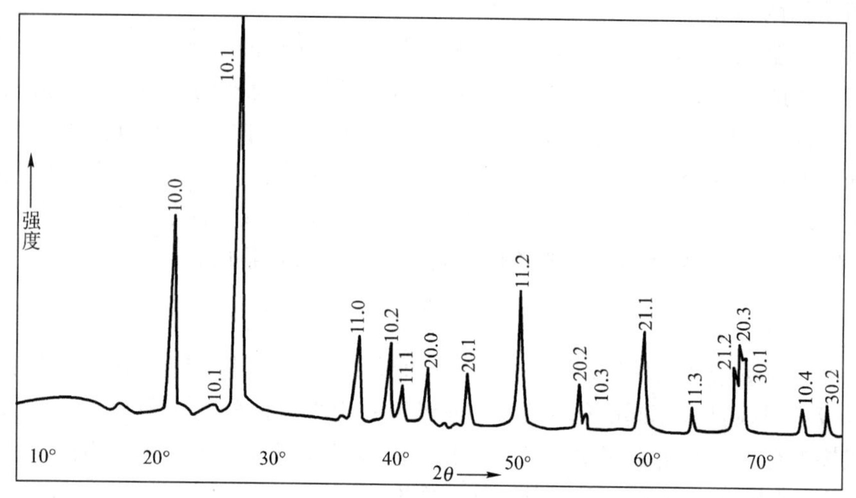

图 3-36　石英的 X 射线衍射图谱

析、红外光谱分析和电渗析等，其中，X 射线衍射分析和差热分析是几乎对各类矿物都能应用的鉴定方法，特别是对粘土矿物、碳酸盐矿物和氢氧化物的鉴定最为有效。

差热分析法的原理，是矿物在连续的加热过程中，由于失水、非晶质化、相转变、重结晶、分解、氧化、熔化等物理—化学变化，都会引起放热或吸热效应。不同的矿物出现热效应时的温度和强度是各不相同的，而同种矿物只要实验条件相同，则总是基本固定的。因此，通过准确地测定样品热效应出现的温度和热效应的强度，并同已知资料进行对比，就能对矿物做出定性和定量的分析。

差热分析法的具体工作过程是：将试样粉末与中性体（煅烧过的 Al_2O_3）粉末分别装入样品容器，然后同时送入高温炉中加热，由于中性体是不发生任何热效应的物质，所以在加热过程中，当试样发生吸热或放热效应时，其温度将低于或高于中性体，此时，插在它们中间的一对反接的热电偶将把两者之间的温度差转换成温差电动势，经过放大、处理而转换成差热曲线［图 3-37（a）］。

图 3-37（b）为高岭石的差热曲线，其横坐标表示加热温度（℃），纵坐标表示发生热效应时样品与中性体的温度差（ΔT）。在 580℃时，由于结构水 $(OH)^-$ 的失去和晶格的破坏而出现一个大的吸热谷；980℃时因重新结晶成 $\gamma-Al_2O_3$ 而显示出一个尖锐的放热峰。

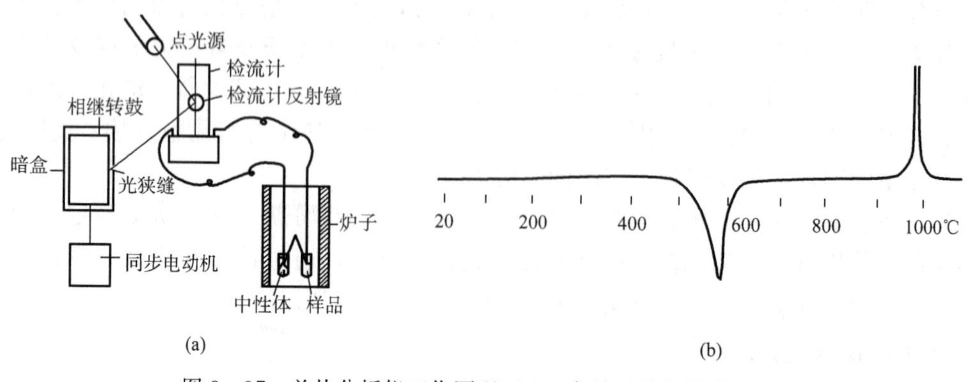

图 3-37　差热分析仪工作原理（a）、高岭石的差热曲线（b）

差热分析的优点是：样品用量少（100～200mg），分析用时短（90min 以下），而且设备简单，可以自行装置。差热分析的缺点是许多矿物的热效应数据相似，尤其当混合样品不能分离时，就会互相干扰，从而使鉴定工作复杂化。为了排除这种干扰，应与其他鉴定方法（特别是 X 射线衍射分析）密切配合。

对于一位地质从业者来说，不可能掌握矿物鉴定的所有方法，但对一些主要方法的基本原理、所能解决的主要问题及成果，还是应该了解的。这样，在实际工作中就可能合理选择矿物的鉴定研究方法，知道各项鉴定成果的来历和意义，从而准确地和最大限度地使用分析成果。

第四章 矿 物 各 论

前面已对矿物的成分、结构、形态、物性、成因等问题进行了讨论。以此为基础，本章将对较常见的与油气勘探开发关系密切的代表矿物进行简要讨论。

第一节 矿物的分类与命名

一、矿物的分类

矿物的种类很多，为便于系统地全面地研究和认识矿物，必须对它们进行科学的分类。目前，常用的分类方法有晶体化学分类、成因分类、光性分类、应用分类等。下面对各分类方案作一简单介绍。

1. 矿物的成因分类

依据矿物的成因类型，可将矿物划分为岩浆矿物、伟晶矿物、热液矿物、风化矿物、沉积矿物、接触变质矿物以及区域变质矿物等。

2. 矿物的光性分类

依据矿物的光学性质，可将矿物分为透明矿物与不透明矿物。前者主要是造岩矿物，可以用偏光显微镜进行研究，并可进一步分为均质矿物、一轴晶矿物、二轴晶矿物等；后者主要为各种矿石矿物，常用反光显微镜进行研究，是矿床学及矿石学的主要研究内容之一。

3. 矿物的应用分类

按矿物的商业用途可将矿物分为金属矿物和非金属矿物两大类。前者又分为：黑色金属矿物、有色金属矿物、特种金属矿物、放射性金属矿物、稀有及稀土金属矿物、贵金属矿物等，并可进一步细分。后者又分为：化工原料矿物、耐火材料矿物、冶金辅助原料矿物、陶瓷玻璃原料矿物、农业原料矿物、研磨材料矿物、建筑材料矿物、光学电工材料矿物、宝石工艺材料矿物、天然颜料矿物等。

在油气田钻井及开发过程中，依据与注入流体接触后是否对储集层物性造成损害，常将矿物分为敏感性矿物及非敏感性矿物（骨架矿物）两类。所谓敏感性矿物，是指在油气田钻井及开发过程中，容易与注入流体（如钻井液、压井液、射孔液、压裂液、酸化液、水及其他注入井下的液体等）发生物理、化学变化，并导致储集层渗透率降低的各种矿物的总称。按其损害的方式又可分为以下几类（表 4-1）。

（1）水敏矿物，是指当地层水矿化度改变时（因注入流体而降低淡化或升高盐化），可能产生晶格膨胀或分散运移，并堵塞孔喉引起渗透率下降的各种矿物。矿物的晶格膨胀或分散运移是因地层水矿化度或含盐度变化造成的。水敏矿物主要是储集层中的具有较高阳离子交换能力与较大层间水变化能力的蒙脱石等粘土矿物。

(2) 酸敏矿物，是指储集层中能与注入酸液作用产生化学沉淀，或酸蚀后能释放出微粒，进而堵塞孔喉造成渗透率下降的矿物。与盐酸（HCl）作用产生沉淀的矿物主要是绿泥石等含铁高的一类矿物，在氧化条件下形成 Fe^{3+} 离子，当 pH>2.2 时就沉淀出 $Fe(OH)_3$，或者直接与 HCl 作用形成非晶质 SiO_2 凝胶体沉淀；与氢氟酸（HF）作用产生氟化钙沉淀物的矿物主要是含钙的矿物，如钙长石、钙沸石、方解石、白云石等。

表 4-1　敏感性矿物类型

敏感性类型		敏感性矿物	损害形式
水敏		蒙脱石、绿—蒙混层粘土矿物、伊—蒙混层粘土矿物、降解伊利石、降解绿泥石、水化白云母	晶格膨胀；分散运移
酸敏	HCl	蠕绿泥石、鲕绿泥石、绿泥石—蒙脱石、海绿石、水化黑云母、铁方解石、铁白云石、赤铁矿、黄铁矿、菱铁矿	化学沉淀：$Fe(OH)_3$、非晶质 SiO_2；酸蚀释放出微粒运移
	HF	方解石、白云石、钙长石、各类粘土矿物、沸石类（浊沸石、钙沸石、斜钙沸石、片沸石、辉沸石等）	化学沉淀：CaF、非晶质 SiO_2
碱敏	pH<12	钾长石、钠长石、斜长石、微晶石英、石髓（玉髓）、蛋白石、各类粘土矿物	硅酸盐沉淀：硅胶凝体
速敏		高岭石、毛发状伊利石、微晶石英、微晶白云母、降解伊利石、微晶长石	分散运移；微粒运移
结垢		石膏、重晶石、硫铁矿、方解石、赤铁矿、天青石、硬石膏、石盐、菱铁矿、磁铁矿	盐类沉淀：$Ca[CO_3]$、$Fe[CO_3]$、$Ba[SO_4]$、$Sr[SO_4]$、$Na_2[SO_4]$

(3) 碱敏矿物，是指储集层中能与注入碱液反应，产生新的硅酸盐沉淀或硅胶凝体堵塞孔喉的一类矿物，主要是粘土类和长石类矿物。研究表明，pH>9.2 时，粘土和长石开始溶蚀松动，并导致微粒释放或形成沉淀；当 pH>12 时，溶蚀能力要增大 11 倍。

(4) 速敏矿物，是指储集层中在流体运动的机械剪切作用下可能运移并堵塞孔喉的一类微粒矿物，主要是高岭石等粘土矿物以及固结不紧的极细粒的石英、长石等地层微粒矿物。

(5) 结垢矿物，是指因温度压力变化或因化学反应可能形成（沉淀）结垢而降低渗透率的矿物，包括有机结垢（石蜡、沥青）和无机结垢（$Ca[CO]_3$、$Fe[CO_3]$、$Ba[SO_4]$、$Sr[SO_4]$等）两类。硫酸盐矿物（石膏、重晶石、天青石）以及黄铁矿、岩盐等，可因温度和压力的变化而溶解和再（沉淀）结垢；当注入流体与地层流体化学不配伍时，也可引起结垢。

4. 矿物的晶体化学分类

这一分类方法是目前矿物学中较为通行的分类方法。基于矿物的特性是由其化学组成和结晶构造决定的，所以，晶体化学分类便于阐明各类矿物的共同性质，也便于说明自然界化学元素相互间结合的规律，还便于对矿物的形成条件以及地球化学特性进行解释。

此分类首先依据化合物及化学键类型分为含氧盐、氧化物和氢氧化物、卤化物、硫化物和自然元素五个大类，再依据阴离子及络阴离子的类型、络阴离子的结构、晶体结构、阳离子类型等划分为类、亚类、族、亚族、种和亚种。具体的划分原则与体系见表 4-2。

表 4-2 矿物的晶体化学分类体系

类　别	分类依据	举　例
大类	化合物类型及化学键类型	含氧盐大类、卤化物大类、硫化物大类等
类	阴离子或络阴离子种类	硅酸盐类、碳酸盐类、氧化物类等
亚类	络阴离子结构	岛状硅酸盐亚类、架状硅酸盐亚类等
族	晶体结构和阳离子性质	橄榄石族、云母族、长石族等
亚族	阳离子种类	碱性长石亚族、斜长石亚族等
种	一定的化学成分和一定的晶体结构	透长石、正长石、微斜石、中长石等
亚种（变种）	晶体结构相同而化学成分或物性稍有差异	冰长石、天河石等

5. 本教材的分类

本教材采用矿物晶体化学分类的原则与体系，按化合物类型及化学键性质将矿物分为五大类，再据阴离子及络阴离子的不同分类，具体分类如下：

（1）含氧盐大类，细分为：硅酸盐类（含岛状硅酸盐亚类、环状硅酸盐亚类、链状硅酸盐亚类、层状硅酸盐亚类、架状硅酸盐亚类）、碳酸盐类、硫酸盐类、磷酸盐类等。

（2）氧化物和氢氧化物大类，细分为氧化物类、氢氧化物类等。

（3）卤化物大类，细分为氟化物类、氯化物类等。

（4）硫化物大类，细分为单硫化物类、复硫化物类等。

（5）自然元素大类。

二、矿物的命名

目前，文献中的矿物有三千余种，其中文名称来源各异。总体来说，矿物的中文命名一般遵循以下原则与规律：

（1）依据矿物的化学成分命名，如自然金、自然铜、钛铁矿等。

（2）依据矿物的物理性质命名，如方解石、重晶石、橄榄石等。

（3）依据矿物的形态特点命名，如方柱石、石榴石、十字石等。

（4）依据矿物的两项突出特征命名，如方铅矿（形态＋成分）、黄铜矿（颜色＋成分）、红柱石（颜色＋形态）、闪锌矿（物性＋成分）等。

（5）依据矿物的发现地点命名，如香花石（意指发现地在我国湖南香花岭）、包头矿等。

（6）依据著名人物的姓氏或名称命名，如章氏硼镁石（纪念我国地质学前辈章鸿钊先主）、彭志忠石（纪念我国著名矿物学家彭志忠教授）。

（7）沿习我国古代文史资料进行命名。我国对于矿物的记载有着悠久的历史，如水晶、雄黄等矿物名称在三千多年前的古籍《山海经》中就已出现，至今仍是这些矿物的中文名称。矿物的中文名称还沿习许多古代矿物名称的词尾。例如，滑石、方解石等非金属矿物名称的词尾为“石”；方铅矿、黄铜矿等金属矿物名称的词尾用“矿”；刚玉、硬玉等可作宝石的矿物名称词尾为“玉”；水晶、黄晶等呈透明晶体的矿物名称词尾用“晶”；硼砂、辰砂等常呈细小颗粒的矿物名称词尾用“砂”；钴华、镍华等在地表附近形成且呈松散状的矿物名称词尾用“华”；胆矾、水绿矾等易溶于水的矿物名称词尾用“矾”。

（8）借用日文中的汉字作为矿物的中文名称，如绿帘石、天河石、冰长石等。

（9）依据矿物的外文名称转译而来的，翻译时多着重注意它们的化学成分、形态和物理性质的特征来定名，有少数采用音译，也有些是以地名直译而命名。

第二节 含氧盐大类硅酸盐类

一、概述

1. 含氧盐大类矿物的基本特征

含氧盐大类矿物是由各种含氧酸根（络阴离子）与金属阳离子结合而组成的化合物，这一大类矿物在地壳中分布极为广泛，占地壳总质量的4/5以上，其种数占已知矿物的2/3。它们是三大类岩石的主要组成矿物，也是工业和农业上重要的矿物资源。

组成含氧盐的络阴离子有：$[SiO_4]^{4-}$、$[BO_3]^{3-}$、$[AsO_4]^{3-}$、$[PO_4]^{3-}$、$[WO_4]^{2-}$、$[CrO_4]^{2-}$、$[SO_4]^{2-}$、$[CO_3]^{2-}$、$[NO_3]^{-}$等。含氧盐中以硅酸盐、碳酸盐、硫酸盐和磷酸盐矿物常见，并占主要地位。含氧盐中的阳离子以惰性气体型离子最为重要，其次为亲氧的过渡型离子，铜型离子少见。

由于络阴离子半径较大（一般大于2.5×10^{-10}m），因此需要与半径较大的金属阳离子相结合，才能形成稳定的化合物。若与离子半径较小的金属阳离子结合，为了保持稳定，阳离子必须先与水分子结合形成水合离子（或称水化阳离子），增大了体积后才能与络阴离子形成稳定的含水化合物。

含氧盐络阴离子内部一般以共价键结合，络阴离子与阳离子之间主要是离子键，因此，通常属于离子晶格，具有离子晶格的性质。层状结构的含氧盐，层间则多为分子键联系。

下面分别叙述硅酸盐、碳酸盐、硫酸盐、磷酸盐及钨盐类中常见矿物的特征。

2. 硅酸盐类矿物的基本特征

硅酸盐矿物是地壳中分布最广泛的含氧盐类矿物，已经发现的矿物有800多种，其质量占地壳质量的80%，它是组成三大类岩石（岩浆岩、沉积岩和变质岩）的主要造岩矿物。就其石油地质意义而言，硅酸盐矿物中的粘土矿物是构成生油（岩）层（泥岩和页岩）的主要矿物；长石还是构成油气储集（岩）层的主要矿物。此外，许多硅酸盐矿物都是重要的非金属、稀有金属及宝石、玉石的主要矿物原料，例如白云母、石棉、沸石、滑石、高岭石、天河石、绿柱石、锆石等。

组成硅酸盐矿物的阳离子主要是惰性气体型离子和部分（亲氧的）过渡型离子的元素。可见组成硅酸盐矿物的元素并不是非常多，但其矿物种类却特别地多。这主要是因为组成硅酸盐矿物的络阴离子“硅酸根”能以各种不同的结构形式出现于矿物的晶体之中。

现代科学研究证明，在硅酸盐矿物的晶体结构中，每一个硅均为4个氧所包围，即硅与氧按四面体配置，氧位于四面体的4个角顶，硅位于四面体的中心，硅与氧的这种配置形式称为“硅氧四面体”，它是所有硅酸盐矿物络阴离子的基本结构单位（表4-3）。

表4-3 硅酸盐的络阴离子类型

类型	序号	结构式	Si∶O	图示	举例
单四面体络阴离子	1	$[SiO_4]^{4-}$	1∶4		橄榄石

续表

类型	序号	结构式	Si∶O	图　示	举例
双四面体络阴离子	2	$[Si_2O_7]^{6-}$	1∶3.5	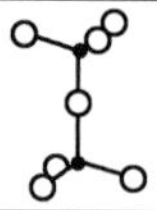	黄长石
环状络阴离子	3	$[Si_3O_9]^{6-}$	1∶3	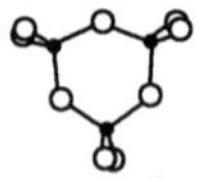	绿柱石
	4	$[Si_4O_{12}]^{8-}$		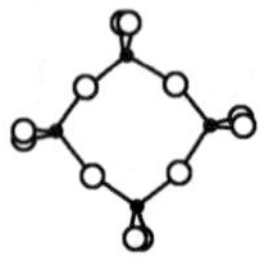	
	5	$[Si_6O_{18}]^{12-}$		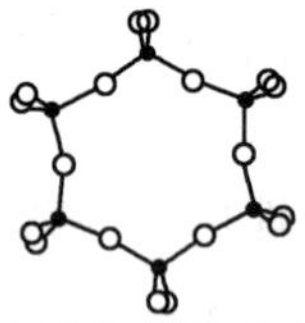	
单链状四面体络阴离子	6	$[Si_2O_6]^{4-}$	1∶3	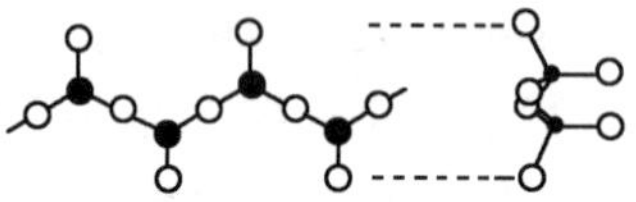	辉石
双链状络阴离子	7	$[Si_4O_{11}]^{6-}$	1∶2.75	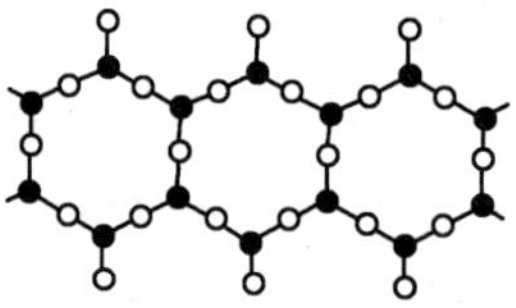	角闪石
层状络阴离子	8	$[Si_2O_5]^{2-}$	1∶2.5	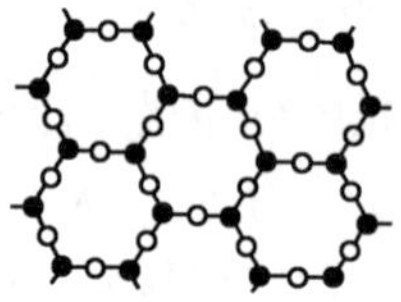	云母
架状络阴离子	9	$[(Si_{n-x}Al_x)O_{2n}]^{x-}$	1∶2		长石

在硅氧四面体中，因为 Si^{4+} 的配位数为 4，化合价为 4 价，它给予每个氧的电价为 1，正好相当于氧离子电价的一半。氧离子的另一半电价可以用来联结其他阳离子，或与另一个硅氧四面体的硅联结。所以在硅酸盐矿物的晶体结构中，硅氧四面体既可以孤立地被其它阳离子包围起来，也可以与其他硅氧四面体以共用角顶的方式联结，形成各种形式更为复杂的络阴离子。依据硅酸根络阴离子中硅氧四面体的数目与联结方式，常见的硅酸根络阴离子有下列 9 种结构形式（其序号与表 4－2 中之序号相同）。

1）单四面体 $[SiO_4]^{4-}$ 络阴离子

这种络阴离子由孤立的一个硅氧四面体组成络阴离子，其硅与氧的数量比为 1∶4，所以络阴离子的电价为－4。在晶体结构中，单四面体络阴离子与其他阳离子结合成硅酸盐矿物，例如锆石 $Zr[SiO_4]$、橄榄石（Mg，Fe）$[SiO_4]$ 等。

2）双四面体 $[Si_2O_7]^{6-}$ 络阴离子

这种络阴离子是由两个硅氧四面体共用一个角顶组成的。在双四面体中，硅与氧的数量比为 2∶7，所以络阴离子的电价为－6。在晶体结构中，双四面体络阴离子与其他阳离子结合成硅酸盐矿物，例如钪钇矿（Sc，Y）$[Si_2O_7]$、黄长石 $Ca(Al,Mg)[(Si,Al)_2O_7]$等。

3）三方环状四面体 $[Si_3O_9]^{6-}$ 络阴离子

这种络阴离子是由三个硅氧四面体通过共用角顶联结组成的环状络阴离子。在三方环状中每个硅氧四面体有两个角顶与相邻的硅氧四面体共用，硅与氧的数量比为 3∶9，所以这种络阴离子的电价为－6。在晶体结构中，三方环状络阴离子与其他阳离子结合成硅酸盐矿物，例如硅酸钡钛矿 $BaTi[Si_3O_9]$。

4）四方环状四面体 $[Si_4O_{12}]^{8-}$ 络阴离子

这种络阴离子是由四个硅氧四面体通过共用角顶联结而组成的环状络阴离子。在四方环状络阴离子中，每个硅氧四面体有两个角顶与相邻的硅氧四面体共用，硅与氧的数量比为 4∶12，所以，这种络阴离子的电价为－8。在晶体结构中，四方环状络阴离子与其他阳离子结合成硅酸盐矿物，例如包头矿 $Ba_4(Ti,Nb,Fe)_8[Si_4O_{12}]O_{16}Cl$。

5）六方环状四面体 $[Si_6O_{18}]^{12-}$ 络阴离子

这种络阴离子是由 6 个硅氧四面体通过共用角顶联结而组成的络阴离子。在六方环状中，每个硅氧四面体有两个角顶和相邻的硅氧四面体共用，硅与氧的数量比为 6∶18，所以，络阴离子的电价为－12。在晶体结构中，六方环状络阴离子与其他阳离子结合成硅酸盐矿物，例如绿柱石 $Be_3Al_2[Si_6O_{18}]$。

三方环、四方环和六方环络阴离子具有相似的结构，常常又统称为环状络阴离子。

6）单链状四面体 $[Si_2O_6]^{4-}$ 络阴离子

这种络阴离子是由硅氧四面体通过共用角顶沿一定方向（一般沿 Z 轴方向）联结而构成的单链状络阴离子。在单链中每一个硅氧四面体有两个角顶与相邻的四面体共用，硅与氧的数量比为 2∶6，所以，单链状络阴离子的电价为－4。在晶体结构中，单链与单链相互平行排列，单链状络阴离子与其他阳离子结合而成硅酸盐矿物，如透辉石 $CaMg[Si_2O_6]$。

7）双链状四面体 $[Si_4O_{11}]^{6-}$ 络阴离子

这种络阴离子犹如两个单键平行联结而成。在双链中，一部分四面体有两个角顶与相邻的四面体共用，另一部分四面体有 3 个角顶与相邻的四面体共用，硅与氧的数量比为4∶11，所以，络阴离子的电价为－6。在晶体结构中，双链与双链互相平行排列，双链状络阴离子与其他阳离子结合而成硅酸盐矿物，例如透闪石 $Ca_2Mg_5[Si_4O_{11}]_2(OH)_2$。

8）层状四面体 $[Si_4O_{10}]^{4-}$ 络阴离子

这种络阴离子是硅氧四面体以角顶相联结，形成在两维空间上延伸的层状络阴离子。在层中每硅氧四面体有 3 个角顶与相邻的硅氧四面体共用，硅与氧的数量比为 4∶10，所以，络阴离子的电价为－4。层状络阴离子中的氧有两种状态：一种是与两个硅相结合的氧，这种氧的电价已经饱和，故称为“惰性氧”；另一种是与一个硅相结合的氧，还剩余一个负电价，故称为“活性氧”。在硅氧四面体层中，活性氧朝向同一方向（也有朝向两个方向的），形成六方环状的活性氧离子层。在晶体结构中，硅氧四面体层互相平行排列，活性氧与铝—氧（或镁—氧）八面体层（或其他阳离子）结合组成层状硅酸盐矿物，例如滑石

$Mg_3[Si_4O_{10}](OH)_2$。

9）架状（铝）硅氧四面体$[(Si_{n-x}Al_x)O_{2n}]^{x-}$（其中$n \geqslant 2x$）络阴离子

科学研究表明，在架状络阴离子中，既有硅氧四面体也有铝氧四面体。因此，具有架状络阴离子的矿物是铝硅酸盐矿物而不是硅酸盐矿物。这是因为在架状硅氧四面体中，每一个硅氧四面体的4个角顶都与相邻的四面体共用。当一个硅氧四面体的4个氧都被共用时，硅和氧的数量比为1∶2，其结构式应为$[SiO_2]^0_\infty$。这就是说，它没有负电价，不是络阴离子，而是氧化物矿物石英。但是，如果在架状硅氧四面体中有少部分硅氧四面体（铝的数目不超过硅氧四面体数目的一半）中的硅被铝代替，会出现负电价而形成络阴离子，即形成铝硅酸根。这种铝硅酸根与其他阳离子结合，则形成架状铝硅酸盐矿物，例如正长石$K[AlSi_3O_8]$、钠长石$Na[AlSi_3O_8]$、钙长石$Ca[Al_2Si_2O_8]$等。

在硅酸盐矿物中，通常只有一种络阴离子。但在少数矿物晶体结构中，也可以存在两种不同形式的络阴离子以及其他附加阴离子，例如绿帘石$Ca_2Fe^{3+}Al_2[SO_4][Si_2O_7]O(OH)$。

铝在硅酸盐矿物中起两种作用：一种作用是代替部分硅并形成铝氧四面体，与硅氧四面体一起形成铝硅酸根，再和阳离子结合成铝硅酸盐矿物（例如正长石$K[AlSi_3O_8]$），在这种情况下，铝的配位数为4；另一种作用是作为阳离子和硅酸根结合，形成铝的硅酸盐矿物，例如绿柱石$Be_3Al_2[Si_6O_{18}]$，在这种情况下，铝位于各$[Si_6O_{18}]^{12-}$间的O^{2-}构成的八面体空隙中，配位数为6。有时铝还可以在同一种矿物中起双重作用，形成铝的铝硅酸盐矿物，例如白云母$KAl_2[AlSi_3O_{10}](OH)_2$。

铝为什么能起双重作用呢？这个问题可以从配位数的几何关系方面来了解。因为Al^{3+}的离子半径（0.57×10^{-10}m）和O^{2-}的离子半径（1.36×10^{-10}m）之比为0.42。此值接近于配位数4和6的界线0.414。所以，Al^{3+}能以两种配位数的形式存在。也就是说，它既可形成铝氧四面体也可以形成铝氧八面体。此外，铝的双重作用还受环境的影响。例如在常温常压的风化环境中，正长石$K[AlSi_3O_8]$可以转化为高岭石$Al_4[Si_4O_{10}](OH)_8$，铝的配位数相应地由4变为6；在高温高压的变质作用中，高岭石又可转化为正长石。

硅酸盐矿物的晶体形态与络阴离子内硅氧四面体的联结形式密切有关，也与其他阳离子配位多面体的联结方式相关。因为，络阴离子内硅—氧之间以共价键为主，结合力较强劲，生长较快速，致使络阴离子类型对晶体的形态有明显的控制作用。例如，当晶体结构中存在链状硅氧四面体络阴离子时，晶体沿硅氧四面体链的延伸方向生长速度最快，因而晶体往往具有柱状、针状、纤维状结晶习性；如果晶体结构中存在层状四面体络阴离子时，晶体沿四面体层延伸方向的生长速度最快，则晶体常长成板状、片状和鳞片状形态。

硅酸盐矿物的晶体结构中，络阴离子与其他阳离子之间以离子键为主。因此，硅酸盐矿物主要具有离子晶格的特点：通常为玻璃光泽，条痕白色，透明，一般为无色或浅色，当含Fe^{2+}、Fe^{3+}、Mn^{2+}、Cr^{3+}等色素离子时常呈现各种颜色，硬度、解理、相对密度等变化较大，因矿物不相同而异，这将在矿物描述中分别介绍。

根据络阴离子的形式，硅酸盐类矿物分为下列亚类：

（1）岛状硅酸盐亚类，本类的络阴离子包括单硅氧四面体和双硅氧四面体；

（2）环状硅酸盐亚类，本类的络阴离子包括三方、四方、六方环状硅氧四面体群；

（3）链状硅酸盐亚类，本类的络阴离子包括单链状和双链状硅氧四面体群；

（4）层状硅酸盐亚类，本类的络阴离子为层状硅氧四面体群；

（5）架状铝硅酸盐亚类，本类的络阴离子为架状铝氧和硅氧四面体群。

二、岛状结构硅酸盐亚类

1. 锆石族

锆石（锆英石）(zircon)

［结构式］　$Zr[SiO_4]$。

［化学组成］　含 ZrO_2 67.22%，SiO_2 32.78%，常含类质同象混入物 Hf、Th、U 等。当混入物达一定含量时可形成许多变种：铍锆石（BeO 含量 14.73%，HfO_2 含量达 6%）、曲晶石（含较多的 U、Th，因晶面弯曲而名之）、富铪锆石（HfO_2 含量达 24%）；水锆石（含水量 3%～4%）等。

［形态］　四方晶系，对称型 $L^4 4L^2 5PC$ 。单晶常呈柱状，是由四方柱｛110｝、｛100｝和四方双锥｛111｝组成的聚形。锆石的形态因成因不同而异，产于碱性岩浆岩者四方柱不发育而呈四方双锥状，产于酸性岩浆岩者呈四方柱状，产于基性岩者为针柱状。因此，锆石可作为推断成因的标型特征（图 3－16）。

［物理性质］　纯净者无色，自然条件下常是灰色或黄褐色，条痕白色，金刚光泽，透明，硬度 7～8，解理｛110｝不完全，相对密度 4.7。含铀、钍者具有放射性。

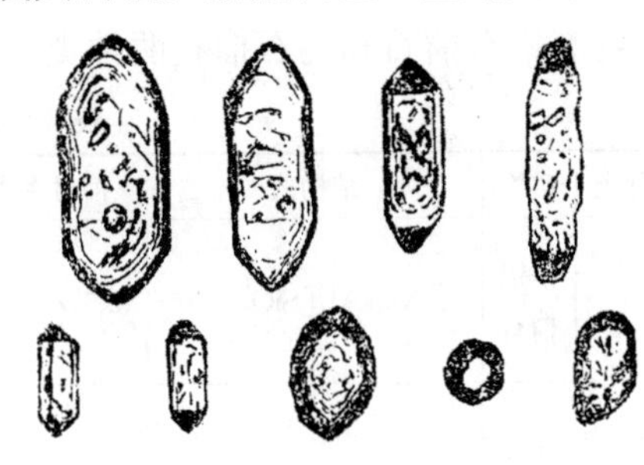

图 4－1　沉积岩重矿物中的锆石

［成因产状］　锆石主要由岩浆作用形成，经常作为副矿物产于各类岩浆岩中，在碱性和酸性岩中分布最广，中性和基性岩中比较少见。锆石的物理性质和化学性质稳定，相对密度较大。因而，经常作为重矿物出现于碎屑沉积岩及副变质岩中。锆石在碎屑沉积岩中的形态如图 4－1 所示。

［鉴定特征］　晶体形态、硬度和放射性。

［用途］　提炼锆和铪的矿物；浅蓝透明者称“风信石”，据其颜色称“红锆”、“蓝锆”宝石；此外，可用于岩体和地层对比。

2. 橄榄石族

橄榄石族包括一系列成分类似，同属斜方晶系的矿物。它是以镁橄榄石 $Mg_2[SiO_4]$（代号 Fo）及铁橄榄石 $Fe_2[SiO_4]$（代号 Fa）为两个端员矿物的完全类质同象系列，可分为：镁橄榄石（Fo 占 100%～90%），贵橄榄石（Fo 占 90%～70%），透铁橄榄石（Fo 占70%～50%），镁铁橄榄石（Fo 占 50%～30%），低镁铁橄榄石（Fo 占 30%～10%）和铁橄榄石（Fo 占 10%～0）。其中，贵橄榄石最常见而简称为橄榄石。

橄榄石 (olivine)

［结构式］　$(Mg, Fe)_2[SiO_4]$ 。

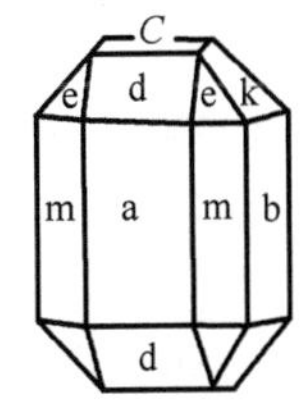

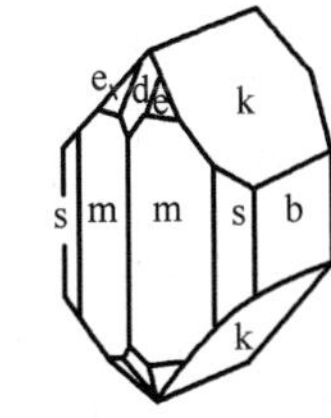

图 4－2　橄榄石的晶形

［化学组成］　含 $Mg_2[SiO_4]$ 分子 90%～70% ，含 $Fe_2[SiO_4]$分子 10%～30%，还常有 Ca、Mn、Ni 以及 Fg^{3+}、Al、Ti 等次要类质同象混入物。

［形态］　斜方晶系，对称型为 $3L^2 3PC$。单晶体柱状、厚板状，是由平行双面｛100｝、｛010｝、｛001｝和斜方柱｛110｝、｛021｝、｛101｝及斜方双锥｛111｝组成的聚形（图 4－2）。常

呈粒状集合体。

［物理性质］　橄榄绿色，随含铁增加颜色由黄绿至深绿色，条痕无色，玻璃光泽，断口油脂光泽，硬度 7，解理 {010}、{100} 不完全，常见贝壳状断口，相对密度 3.2～3.5。

［成因产状］　橄榄石主要由岩浆作用形成，产于超基性和基性岩中，与紫苏辉石、普通辉石、基性斜长石、尖晶石等共生。

［鉴定特征］　形态、颜色和相对密度。

［用途］　绿色透明的晶体可作宝石，含铁少者可作耐火材料。

3. 石榴石族

石榴石（garnet），是石榴石族矿物的总称。

［结构式］　用 $A_3B_2[SiO_4]_3$ 表示，其中，A 代表二价阳离子钙、铁、镁、锰等；B 代表三价阳离子铝、铁、铬等。

［化学组成］　本族矿物类质同象很广泛，三价阳离子半径相似，彼此间可以形成类质同象代替；对二阶阳离子来说，镁、铁、锰的离子半径相差甚小，因此，它们之间也可以形成类质同象代替，但是钙的离子半径较大，很难与镁、铁、锰形成类质同象代替。所以本族矿物有铝石榴石和钙石榴石两种类质同象系列（表 4-4）。

表 4-4　石榴石族各矿物对比简表

种类	矿物	结构式	相对密度	硬度	折射率	光学鉴定特征	主要产状
铝石榴石系列	镁铝榴石	$Mg_3Al_2[SiO_4]_3$	3.51～3.88	7	1.705～1.7658	常为均质，粉红色，常有蚀变	金伯利岩、橄榄岩、蛇纹岩、榴辉岩
	镁铁榴石	$(Mg,Fe)_3Al_2[SiO_4]_3$	3.837	7	1.75～1.76	为镁铝榴石的变种，常为均质，红色，Mg/Fe=2	砾石层、砂金矿
	铁铝榴石	$Fe_3Al_2[SiO_4]_3$	3.91～4.318	7	1.776～1.830	常为均质，粉红色或无色	片岩、片麻岩、榴辉岩、砂岩中碎屑
	锰铝榴石	$Mn_3Al_2[SiO_4]_3$	4.12～4.21	7	1.790～1.815	弱非均质，无或浅红色	矽卡岩、片岩、伟晶岩、石英岩
钙石榴石系列	钙铝榴石	$Ca_3Al_2[SiO_4]_3$	3.594	6	1.735～1.770	常有光性异常和双晶（小晶体均质），无或淡褐色	矽卡岩、区域变质岩、结晶灰岩
	钙铁榴石	$Ca_3Fe_2[SiO_4]_3$	3.72～3.83	7	1.811～1.895	光性异常明显，干涉一级灰，无或红、黄、褐色	矽卡岩、区域变质岩
	黑榴石	$Ca_3(Fe,Ti)_2[SiO_4]_3$	3.5～4.1	6.5～7	1.872～1.94	为钙铁榴石的变种，常有环带，褐-深褐色	矽卡岩、磷霞岩、霓霞岩
	钙铬榴石	$Ca_3Cr_2[SiO_4]_3$	3.75	6.5～7.5	1.850～1.86	非均质性明显（小晶体均质），绿色	矽卡岩、橄榄岩、蛇纹岩、变质灰岩

［形态］　石榴石族矿物均属等轴晶系，对称型为 $3L^4 4L^3 6L^2 9PC$。单晶常呈四角三八面体｛211｝、菱形十二面体｛110｝或者为它们所组成的聚形（图 4-3）。此族矿物常见粒状或致密块状集合体。

［物理性质］　条痕无色，玻璃光泽，透明，硬度 7～7.5，无解理。在本族矿物中，不同种的矿物，颜色、折射率和相对密度有明显的差异。

［成因产状］　铝石榴石系列的矿物主要由区域变质作用形成，产于各种片岩、片麻岩及榴辉岩中；钙石榴石系列的矿物主要由接触交代变质作用形成，产于矽卡岩中。此外，在超基性岩及其高压变质带的榴辉岩中常出现镁铝石榴石；在含铬超基性岩中有钙铬榴石产出。石榴石的物理性质和化学性质都很稳定，所以，它经常出现在碎屑沉积岩中，成为碎屑沉积岩中的重矿物。石榴石在碎屑岩中常呈圆粒状，如图 4-3（b）所示。

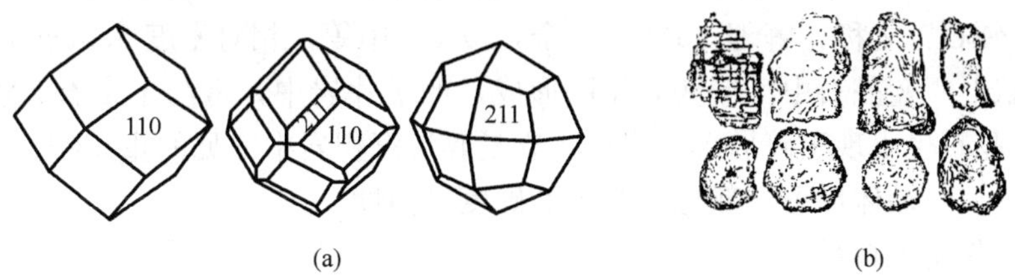

图 4-3　石榴石晶形（a）、石榴石重砂的形态（b）

［鉴定特征］　晶体形态、颜色、硬度，有无解理。区分不同种的石榴石，需要测定其相对密度和折射率等。

［用途］　作研磨材料、仪表轴承，透明色美者均是较名贵的宝石，常称“紫牙乌”、“翠榴石”、“深红榴石”等。

4. 蓝晶石族

本族包括化学组成均为 $Al_2O_3 \cdot SiO_2$ 的三个同质多象变体：蓝晶石、红柱石、硅线石。在它们的晶体结构中，Si 全部为四次配位，并呈孤立的［SiO_4］四面体。两个 Al^{3+} 中的一个均与氧呈八面体配位，并以共棱的方式联结成平行于 C 轴的［AlO_6］八面体链。剩余的一个 Al^{3+} 在三种矿物中的配位数不同：在硅线石中与氧呈四次配位形成［AlO_4］四面体；在红柱石中呈五次配位形成［AlO_5］多面体；在蓝晶石中则为六次配位形成［AlO_6］八面体（图 4-4）。即蓝晶石（$Al^{vi}Al^{vi}[SiO_4]O$）和红柱石（$Al^{vi}Al^{v}[SiO_4]O$）为岛状结构的硅酸盐矿物，硅线石（$Al^{vi}[Al^{iv}SiO_4O]$）为双链状结构的硅酸盐矿物。

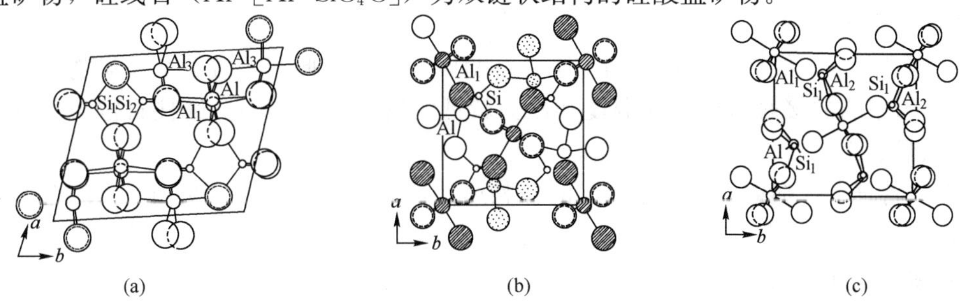

图 4-4　蓝晶石、红柱石、硅线石的晶体结构

（a）蓝晶石晶体结构；（b）红柱石晶体结构；（c）硅线石晶体结构

均为在（001）面上投影

蓝晶石（kyanite）

［结构式］　$Al_2[SiO_4]O$ 。

［化学组成］　含 Al_2O_3 62.92%，SiO_2 37.08%，常含类质同象混入物 Fe^{3+}（Fe_2O_3 达 1%～2%）、Cr^{3+}（Cr_2O_3 含量不超过 12.8%）以及少量 CaO、MgO、FeO、TiO_2 等。

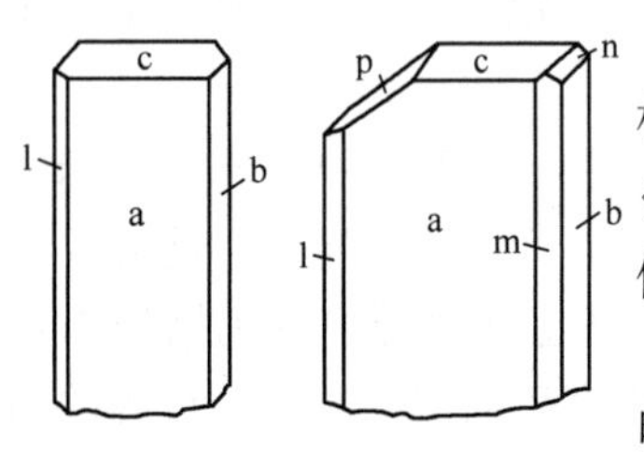

图 4-5　蓝晶石的晶形

［形态］　三斜晶系，对称型为 C。单晶呈沿 *C* 轴延伸的扁柱状，多为平行双面｛100｝、｛010｝、｛001｝、｛110｝、｛011｝、｛1$\bar{1}$0｝、｛001$\bar{1}$｝等的聚形，常以（100）为双晶面呈双晶。集合体呈柱状或放射状（图 4-5）。

［物理性质］　蓝色或蓝灰色，条痕无色，玻璃光泽，透明。硬度具有明显的异向性，在｛100｝晶面上，平行于 *C* 轴方向硬度为 4.5，而垂直于 *C* 轴方向的硬度为 6～6.5，所以，蓝晶石有“二硬石”之称，解理｛100｝完全，｛010｝中等，相对密度 3.56～3.68。

［成因产状］　蓝晶石由区域变质作用形成，产于片岩中，常与十字石、铁铝石榴石共生。此外，蓝晶石也出现于碎屑沉积岩中，它是碎屑沉积岩中常见的重矿物。

［鉴定特征］　晶体形态、颜色，明显的硬度异向性。

［用途］　作耐火材料。

红柱石（andalusite）

［结构式］　$Al_2[SiO_4]O$。

［化学组成］：含 $Al_2O_3$63.2%，$SiO_2$36.8%。Al 可被 Fe^{3+}（Fe_2O_3 含量不超过 9.6%）和 Mn（含量不超过 7.7%）所替代。

［形态］　斜方晶体，对称型为 $3L^2 3PC$ 。单晶常呈柱状，横截面近正方形，是由斜方柱｛110｝、｛101｝和平行双面｛001｝组成的聚形。晶体形态和横断面形状如图 4-6 所示。

有些红柱石由于生长过程中俘虏部分碳质，这些碳质常常沿晶体横断面对角线方向分布，致使在横断面上呈黑十字状，这种红柱石称为空晶石。红柱石常呈柱状、放射状集合体。因为这种放射状集合体形似菊花，故又称菊花石（图 3-18 左）。

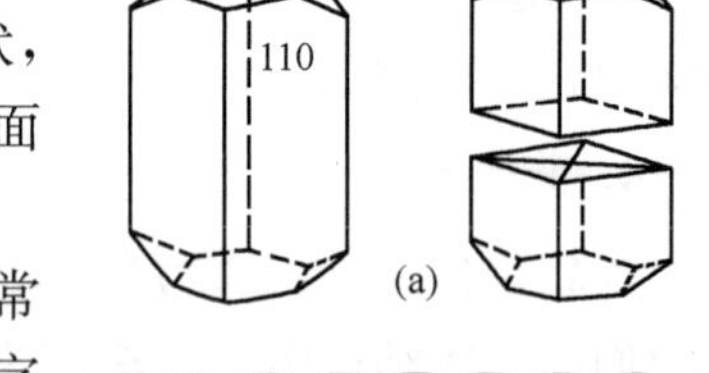

图 4-6　红柱石的晶体（a）及横截面（b）

［物理性质］　灰白—肉红色，也可呈白、浅蓝、绿等色，玻璃光泽，透明，硬度 7～7.5，解理｛110｝中等，夹角 90°48′，解理｛100｝不完全，相对密度 3.13～3.15。

［成因产状］　红柱石主要由粘土质岩石变质而成，是典型的接触变质矿物，产于粘土质岩石与岩浆岩的接触带中。在温度和压力较低的富铝的片岩中，红柱石常与堇青石、石英、白云母、石榴石、十字石等共生。

［鉴定特征］　横截面近于正方形的柱状形态，常含碳质包体，灰白—肉红色，两组中等解理。

［用途］　作耐火材料。

硅（矽）线石（sillimanite）

［结构式］　$Al[AlSiO_5]$。

［化学组成］　含 Al_2O_3 62.93%，SiO_2 37.07%。成分较稳定，少量 Al 可被 Fe^{3+} 取代，

有微量 Ca、Ti、Mg 等混入物。

［形态］　斜方晶系，对称型为 $3L^2 3PC$。单晶体长柱状及针状，横截面近于正方形的菱形或长方形，柱面有纵纹，极罕见。常呈毛发状、束状、放射状集合体。

［物理性质］　灰白、浅绿色，条痕白色，玻璃光泽，透明，硬度 7，解理｛010｝完全，相对密度为 3.23～3.27。

［成因产状］　硅线石由变质作用形成，它是典型的高温变质矿物，产于铝质岩石和岩浆岩的接触带或结晶片岩、片麻岩等区域变质岩中。

［鉴定特征］　晶形、颜色、解理与产状。

［用途］　与红柱石相同。

5. 榍石族

榍石（titanite）

［结构式］　CaTi［SiO_4］O 。

［化学组成］　含 CaO 28.6％，TiO_2 40.8％，SiO_2 30.6％。经常含类质同象混入物，Ca 可被 TR（Ce、Y 等）、Mn、Sr、Ba 等替代，Ti 可被 Al、Fe^{3+}、Na、Ta 等替代。富含铈（Ce）、钇（Y）者称钇榍石［（Ce，Y$)_2O_3$ 含量达 12％～18％］；富含 Mn 者称红榍石（MnO 含量达 3％左右）；铁榍石，（$Ti^{4+}+O^{2-}$）被（Al+Fe$)^{3+}$和（OH，F$)^-$替代，Fe_2O_3 含量达 3.8％左右，Al_2O_3 含量达 2.5％左右。

［形态］　单斜晶系，对称型 L^2PC。单晶常呈横断面为菱形的扁平信封状（图 4－7），多为平行双面｛001｝、｛100｝、｛102｝与斜方柱｛111｝、｛110｝等的聚形，也可呈粒状、板状、柱状、针状集合体。

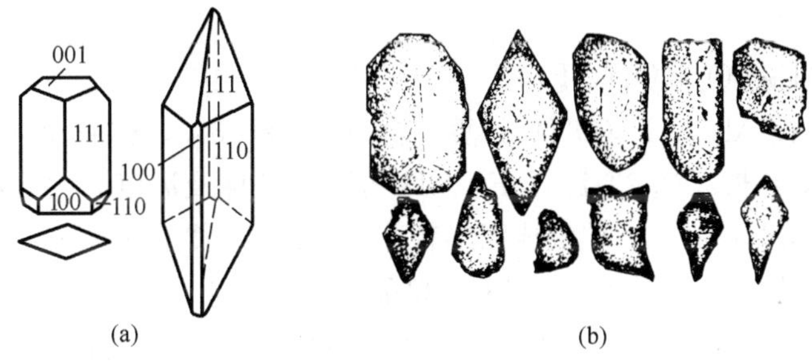

图 4－7　榍石的晶形（a）、沉积重矿物的形态（b）

［物理性质］　棕黄、浅褐、绿、灰、黑色，条痕白色，玻璃光泽，透明，硬度 5.0，解理｛110｝中等，相对密度 3.29～3.56。在 H_2SO_4 中能溶解。

［成因产状］　作为副矿物广泛分布于各类岩浆岩中，尤其是酸性、中性、碱性岩浆岩及伟晶岩中常见。在碎屑沉积岩中，榍石是常见的重矿物，其形态特征如图 4－7 所示。

［鉴定特征］　晶体形态、颜色及硬度。

［用途］　大量聚集时可作钛矿石，也可作为稀有矿床的找矿标志，色美透明者可作宝石原料。

6. 十字石族

十字石（staurolite）

［结构式］　$FeAl_4[SiO_4]_2O_2$（OH$)_2$。

［化学组成］　含 FeO 15.8％，Al_2O_3 55.9％，SiO_2 26.3％，H_2O 2.0％。其中，Fe^{2+}

可被 Mg^{2+} 代替（含量不超过 4%），Al^{3+} 可被 Fe^{3+} 代替（含量不超过 5%）。

［形态］　斜方晶系，对称型 $3L^2 3PC$。单晶呈柱状，为斜方柱 {110}、{101} 及平行双面 {001}、{010} 的聚形；常以（032）或（232）为双晶面形成“十”字形穿插双晶，故称“十字石”［图 4－8（a）］。也可呈粒状集合体。

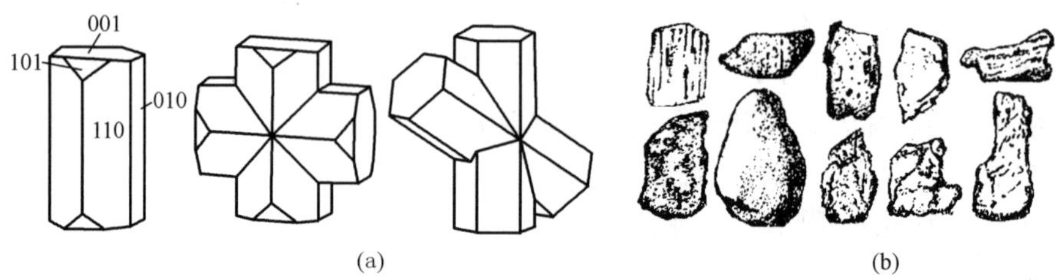

图 4－8　十字石的晶形双晶（a）、沉积重矿物的形态（b）

［物理性质］　黄褐、深褐、红褐色，条痕白色或灰色，玻璃光泽，透明，硬度 8.0，解理 {010} 中等，相对密度 3.74～3.83。

［成因产状］　十字石是区域变质作用的产物，在结晶片岩中，常与蓝晶石、石榴石、白云母、石英等伴生。此外，也出现于碎屑沉积岩中，为碎屑岩中的重矿物［图 4－8（b）］。

［鉴定特征］　横截面为菱形短柱状、十字形双晶、深褐—红褐色和高硬度。

［用途］　是典型的区域变质矿物，用于矿物学、岩石学研究。透明、色美、形态好者可作宝石。

7. 黄玉族

黄玉（topaz）

［结构式］　$Al_2[SiO_4](OH, F)_2$。

［化学组成］　按 $Al_2[SiO_4](OH)_2$ 计算，含 Al_2O_3 56.6%，SiO_2 33.4%，H_2O 10.0%。F 与 OH 可相互替代，F 最高达 20.7%，F∶OH 与形成条件及温度有关，伟晶成因 OH 极低，云英岩中 OH 增加至 5%～7%，热液成因二者比值接近 1。黄玉常含气、液包裹体。

［形态］　斜方晶系，对称型 $3L^2 3PC$。单晶呈柱状，常为斜方柱 {110}、{120}、{021} 及斜方双锥 {111}、{221}、{223} 与平行双面 {001}、{010} 等的聚形；柱面有纵纹；常呈不规则柱状、不规则粒状或块状集合体。

［物理性质］　无色、浅黄、乳白、黄褐、红黄色，条痕白色，玻璃光泽，透明，硬度 8，解理 {001} 完全，相对密度 3.46～3.6。

［成因产状］　由高温热液作用和伟晶作用形成，产于高温热液矿脉和伟晶岩中，常与锡石、电气石、白云母、萤石、石英、黑钨矿物等共生。此外，黄玉也出现于碎屑沉积岩中，它是碎屑岩中的重矿物。透明度高符合宝石条件者叫“黄晶”。

［鉴定特征］　横截面为菱形的柱状、柱面有纵纹、{001} 解理完全和高硬度。

［用途］　研磨材料，仪表轴承，色美透明者为宝石原料，称“黄晶”。

8. 绿帘石族

绿帘石（epidote）

［结构式］　$Ca_2FeAl_2[SiO_4][Si_2O_7]O(OH)$。

［化学组成］　含 SiO_2 38.92%～37.4%，Al_2O_3 30.49%～20.32%，Fe_2O_3 17.75%～

4.44%，CaO 24.21%～23.04%，含 H_2O 1.94%～1.85%。常含类质同象混入物 Mn、Fe^{2+}、Mg、Na、K 等。与斜黝帘石 $Ca_2AlAl_2[SiO_4][Si_2O_7]O(OH)$ 可形成完全类质同象系列。

［形态］　单斜晶系，对称型为 L^2PC。单晶呈沿 *B* 轴延伸的柱状，多为平行双面{100}、{001}、{101}、{10$\bar{1}$}、{20$\bar{1}$} 及斜方柱 {110}、{011}、{11$\bar{1}$} 的聚形；柱面有纵纹（图 4-9）；常呈粒状、柱状或放射状集合体。

［物理性质］　灰、黄、黄绿、黑绿色（随 Fe^{3+} 增加而变深），条痕白色，玻璃光泽。硬 6.5，解理 {001} 完全，{100} 不完全，相对密度 3.21～3.49。

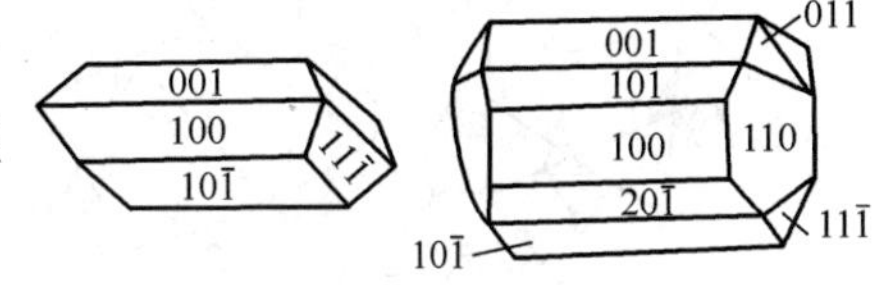

图 4-9　绿帘石的晶体形态

［成因产状］　绿帘石的成因与热液作用有关，它是矽卡岩中的主要矿物，常与石榴石、透辉石、符山石等热液作用形成的蚀变矿物共生。基性岩中含 Ca 的长石蚀变后，也可以变为绿帘石。此外，它还是碎屑沉积岩中的重矿物。

［鉴定特征］　柱状晶形、晶面纵纹、特征的黄绿色颜色、{001} 完全解理。

［用途］　常见的蚀变矿物，用于矿物岩石学研究。

符山石（vesuvianite）

［结构式］　$Ca_{10}(Mg,Fe)_2Al_4[SiO_4]_5[Si_2O_7]_2(OH,F)_4$。

［化学组成］　成分变化较大，含 CaO 33%～37%，SiO_2 35%～39%，Al_2O_3 13%～16%，MgO 2%～6%，FeO 可达 3%，H_2O 2%～3%。类质同象普遍，Ca 可被 Ce、Mn、Na、K、U 替代，Mg 可被 Fe^{2+}、Zn、Cu 替代，Al 可被 Fe^{3+}、Cr、Ti 替代，Si 可被 Al、Be 替代，OH 可被 F 替代（有时其含量可大于 OH）。

［形态］　四方晶系，对称型为 L^44L^25PC。单晶呈沿 *Z* 轴的四方柱状；常为四方柱 {110}、{100} 复四方柱 {210} 四方双锥 {111}、{101} 复四方双锥 {123} 和平行双面 {001} 的聚形；常呈放射状、粒状、柱状及致密状集合体。

［物理性质］　颜色多样，常呈棕褐、黄、灰、绿色，条痕白色，玻璃光泽，透明，硬度 6.5，解理 {110} 不完全，相对密度 3.33～3.45。

［成因产状］　接触交代变质作用产物，在矽卡岩常与石榴石、透辉石、硅灰石等共生。

［鉴定特征］　四方柱晶形、颜色多样、较高硬度及产于矽卡岩。致密块状时与石榴石、绿帘石难区别，必须应用偏光显微镜或 X 射线衍射分析等方法鉴定。

［用途］　绿色透明变种可作为低档宝石材料，称玉符山石。

三、环状结构硅酸盐亚类

1. 绿柱石族

绿柱石（beryl）

［结构式］　$Be_3Al_2[Si_6O_{18}]$。

［化学组成］　含 BeO 14.1%，Al_2O_3 19.0%，SiO_2 66.9%。在有些绿柱石中含少量 K、Na、Rb、Cs、Li 等碱金属，与交代作用有关，未受交代者碱金属含量不超过 0.5%，常呈长柱状；交代型伟晶岩绿柱石中碱金属可达 7%以上，常呈短柱状。

［形态］　六方晶系，对称型为 L^66L^27PC。如图 4-10 所示，晶体结构中硅氧四面体构

成六方环状络阴离子 $[Si_6O_{18}]^{12-}$，沿 C 轴相叠形成很大的管道，阳离子 Be^{2+} 和 Al^{3+} 位于管道间把各络阴离子联结成结晶格子，Be^{2+} 的配位数为 4，形成 Be—O 四面体，Al^{3+} 的配位数为 6。常呈粗大的六方柱状单晶体产出，多是六方柱 $\{10\bar{1}0\}$、 $\{11\bar{2}0\}$ 和平行双面 $\{0001\}$ 及六方双锥 $\{10\bar{1}1\}$、$\{11\bar{2}1\}$ 的聚形（图 4 - 11）。

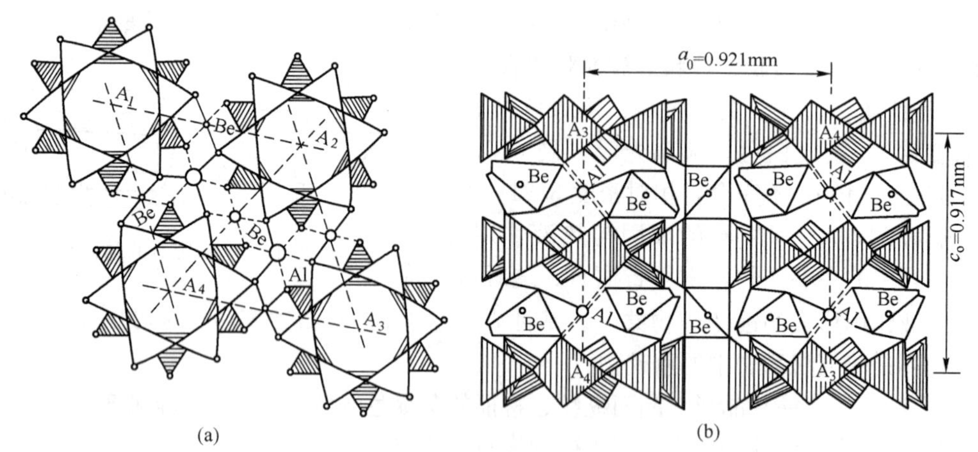

图 4 - 10　绿柱石的晶体结构

（a）绿柱石在（0001）面上的投影；（b）绿柱石平行 C 轴的投影

［物理性质］　浅绿、黄绿、粉红、深绿色或无色（与所含混入物有关），条痕白色，玻璃光泽，透明，硬度 7.5，平行 $\{10\bar{1}0\}$ 和 $\{0001\}$ 有不完全解理，相对密度 2.63～2.91。

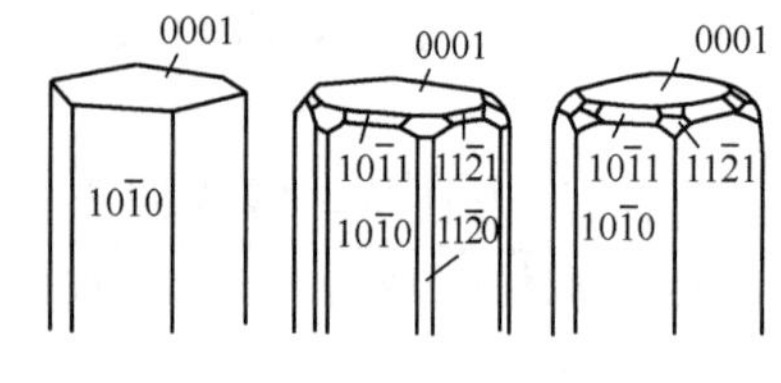

图 4 - 11　绿柱石的晶体

［成因产状］　伟晶作用和高温热液作用成因，主要产于花岗伟晶岩、云英岩和高温热液矿脉中，花岗岩中也有产出，常与石英、长石、白云母、锂云母、黄玉、锂辉石、锡石、电气石、铌铁矿、钽铁矿、黑钨矿、辉钼矿等共生。

［鉴定特征］　六方柱晶形、绿色、$\{0001\}$ 不完全解理和高硬度。

［用途］　色美透明无瑕者是高级宝石原料，翠绿色半透明—透明者称“祖母绿”、“绿宝石”，绿蓝色者称“海蓝宝石”。

堇青石（cordierite）

［结构式］　$(Mg,Fe)_2Al_3[AlSi_5O_{18}]$。

［化学组成］　含 MgO 5%～12%，FeO 2%～10%，Al_2O_3 29%～35%，SiO_2 43%～51%。镁和铁可以形成完全类质同象，通常镁多于铁，少数含 FeO 多（可达 11%～15%）的变种称铁堇青石。除镁和铁外，堇青石还有少量或微量 Ca、Na、K、Fe^{2+}、Mn、Ti、H_2O 等。

［形态］　斜方晶系，对称型 $3L^23PC$。单晶呈柱状，多为斜方柱 $\{110\}$、$\{011\}$ 斜方双锥 $\{112\}$ 及平行双面 $\{001\}$、$\{010\}$ 等的聚形（图 4 - 12）；但晶体很少见，常以（110）或（130）为双晶面形成接触双晶、三连晶或聚片双晶；也呈致密块状或不规则粒状集合体。

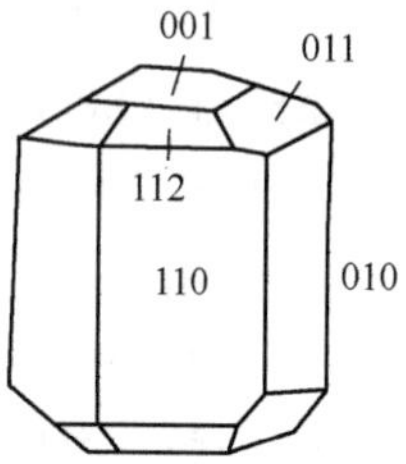

图 4 - 12　堇青石的晶体

［物理性质］　无色或各种不同色调的浅蓝、浅紫、浅黄、浅褐色，条痕无色，玻璃光泽，断口油脂光泽，透明，硬度 7～7.5，解

理 {010} 中等，解理 {100} 和 {001} 不完全，贝壳状断口，相对密度 2.53～2.78。

［成因产状］　典型变质矿物，产于片麻岩、结晶片岩及角岩中，与富镁和铝的矿物如角闪石、黑云母、硅线石、基性斜长石、滑石等共生。

［鉴定特征］　各种色调的浅色、解理 {010} 中等、贝壳状断口，较高硬度。

［用途］　具奇异闪光与色彩者可作装饰品与宝石材料，如“猪血堇青石”即是一种珍贵的宝石。

2. 电气石族

电气石（tourmaline）

［结构式］　$Na(Mg,Fe,Mn,Li,Al)_3Al_6[Si_6O_{18}][BO_3]_3(OH,F)_4$。

［化学组成］　化学成分比较复杂，是以含硼为特征的铝、钠、铁、镁、锂的环状结构硅酸盐矿物，结构式可简化为 $NaR_3Al_6[Si_6O_{18}][BO_3]_3(OH)_4$。类质同象很发育，常见的端员矿物有三种：

（1）R＝Fe，称黑电气石（铁电气石），$NaFe_3Al_6[Si_6O_{18}][BO_3]_3(OH)_4$；

（2）R＝Mg，称镁电气石，$NaMg_3Al_6[Si_6O_{18}][BO_3]_3(OH)_4$；

（3）R＝Li＋Al，称锂电气石，$Na(Li,Al)_3Al_6[Si_6O_{18}][BO_3]_3(OH,F)_4$。

黑电气石与镁电气石之间、黑电气石与锂电气石之间均是完全类质同象，镁电气石与锂电气石之间是不完全类质同象。此外，R＝Mn 称钠锰电气石，Cr^{3+} 和 Fr^{3+} 也可进入 R 的位置，其中，铬电气石中 Cr_2O_3 含量可达 10.86％。

［形态］　三方晶系，对称型 L^33P。单晶常呈柱状，柱面有纵条纹，柱体横断面常呈弧边三角形（图 4－13）；常见单形有三方柱 $\{01\bar{1}0\}$、六方柱 $\{11\bar{2}0\}$、三方单锥 $\{10\bar{1}1\}$ 和 $\{02\bar{2}1\}$ 等。多为呈针状、棒状、放射状以及致密块状、隐晶质块状集合体。

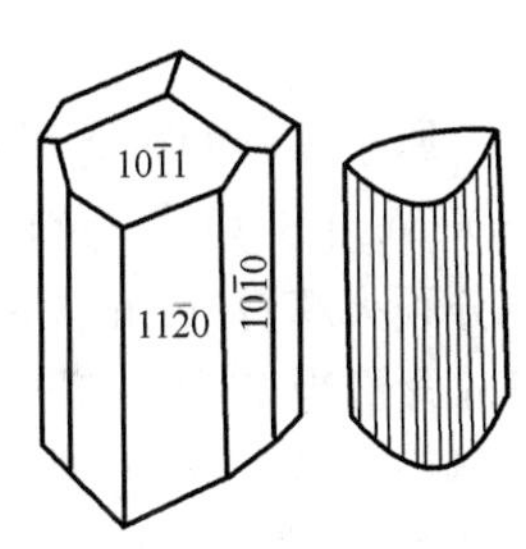

图 4－13　电石的晶体

［物理性质］　颜色随成分的变化而变化，黑电气石呈黑色，镁电气石呈黄色或褐色，锂电气石呈玫瑰红色或蓝绿色，条痕灰白色，玻璃光泽，透明，硬度 7.0，无解理，相对密度 3.03～3.25。具压电性和热电性。

［成因产状］　电气石主要产于伟晶岩和气成热液矿脉或蚀变围岩中，也产于变质岩中，还是碎屑岩中的常见重矿物。

［鉴定特征］　横截面为弧边三角形的针柱状晶形、特殊的颜色、无解理及高硬度。

［用途］　压电性良好的晶体可用于无线电工业，色美者可作宝石。

四、链状结构硅酸盐亚类

1. 辉石族

辉石族矿物化学成分可用 $XY[Si_2O_6]$ 通式表示。其中，X 代表 Na^+、Ca^{2+}、Mg^{2+}、Fe^{2+}、Mn^{2+}、Li^+，在晶体结构中占据 M_2 的位置；Y 代表 Mg^{2+}、Mn^{2+}、Fe^{2+}、Fe^{3+}、Cr^{3+}、Al^{3+}、Ti^{4+} 等，在还原条件下铬与钛呈 Cr^{2+}、Ti^{3+} 形式，晶体结构中占据 M_1 的位置（图 4－14）。每一类阳离子间都可产生类质同象代替。此外，在极少数矿物中，络阴离子中的 Si^{4+} 还可以被 Al^{3+} 代替。

因辉石族的矿物晶体中的硅氧四面体链内部的 Si—O 间以共价键为主，链与其他金属阳离子之间以离子键为主，所以辉石族矿物的解理沿硅氧四面体链与链之间产生（图4－14），解理平行｛110｝中等，解理夹角 87°或 93°；同时，解理沿硅氧四面体链延伸方向的生长速度快，晶体呈平行链方向（C 轴方向）的短柱状，晶体横断面为四边形或八边形（图 4－15）。

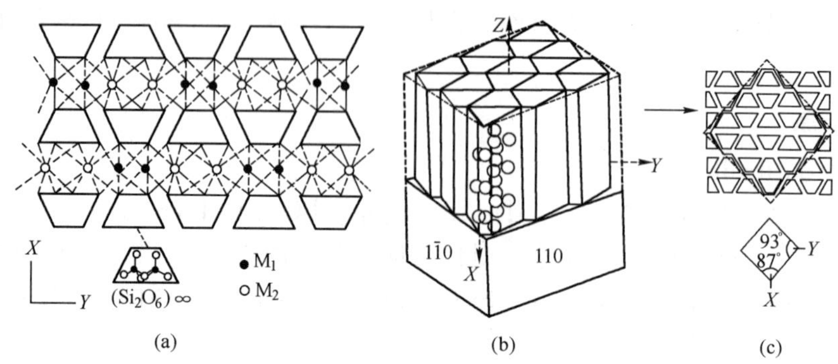

图 4－14 辉石的晶体结构（a）、（b）及解理的形成（c）

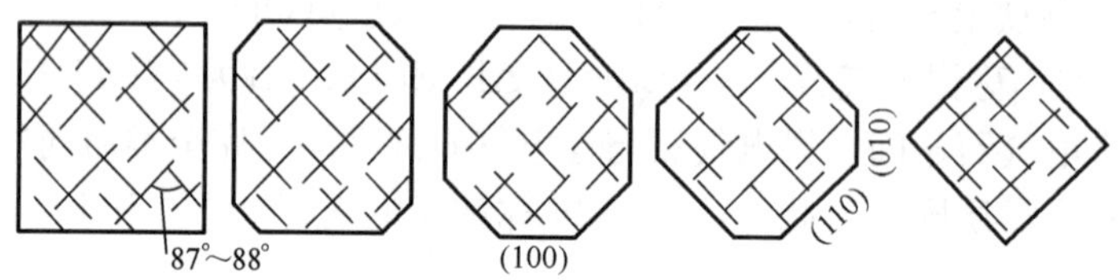

图 4－15 辉石族矿物的横截面形态及解理夹角

属于本族的矿物可分为斜方辉石亚族和单斜辉石亚族。前者主要是顽火辉石（代号为 En）$Mg_2[Si_2O_6]$ 与斜方铁辉石（代号为 Fs）$Fe_2[Si_2O_6]$ 的完全类质同象系列，按二者比例分顽火辉石（En 含量为 100%～90%）、古铜辉石（En 含量为 90%～70%）、紫苏辉石（En 含量为 70%～50%）、铁紫苏辉石（En 含量为 50%～30%）、尤莱辉石（En 含量为 30%～10%）、斜方铁辉石（En 含量为 10%～0）等。后者主要有透辉石 $CaMg[Si_2O_6]$、钙铁辉石 $CaFe[Si_2O_6]$、普通辉石 $Ca(Mg,Fe,Al,Ti)[(Si,Al)_2O_6]$、霓石（纯钠辉石）$(Na,Fe)[Si_2O_6]$、锂辉石 $LiAl[Si_2O_6]$、硬玉（翡翠）$NaAl[Si_2O_6]$等十余种。

紫苏辉石（hypersthene）

［结构式］ $(Mg_{0.7\sim0.5}Fe_{0.3\sim0.5})_2[Si_2O_6]$。

［化学组成］ 成分中可有少量 Mn、Al、Fe^{3+}、Ti 等混入物，还常见磁铁矿、钛铁矿、板钛矿、磷灰石等包裹体。

［形态］ 斜方晶系，对称型为 $3L^2 3PC$。单晶常呈短柱状，晶体横断面近于正方形，常为斜方柱｛210｝、｛102｝与平行双面｛100｝、｛010｝的聚形；多呈不规则粒状集合体。磁铁矿等包裹体有时规则地排列着，称“席列构造”。还常见平行排列的透辉石或普通辉石的叶片，这是离熔作用形成的。

［物理性质］ 灰绿、绿、暗绿色（随含铁量的增加颜色加深），条痕白色或灰色，玻璃光泽，透明，硬度 5.5，解理｛110｝完全，解理夹角 87°和 93°，有些紫苏辉石具有｛100｝的裂开，相对密度 3.3～3.5。

［成因产状］ 主要由岩浆作用形成，产于橄榄岩、辉石岩、苏长岩等超基性和基性岩浆岩中，在角闪岩、变粒岩、片麻岩、麻粒岩、榴辉岩等变质岩中也有产出。

［鉴定特征］ 柱状晶形、绿—暗颜色、辉石式解理。

[用途]　主要造岩矿物，用于矿物岩石学研究。

透辉石—钙铁辉石（diopside—hedenbergite）

[结构式]　$CaMg[Si_2O_6]$—$FeMg[Si_2O_6]$。

二者为完全类质同象系列。习惯上可分透辉石（$Ca_{1\sim0.75}Fe_{0\sim0.25}$）$Mg[Si_2O_6]$、次透辉石($Ca_{0.75\sim0.50}Fe_{0.25\sim0.50}$)$Mg[Si_2O_6]$、铁次透辉石($Ca_{0.50\sim0.25}Fe_{0.50\sim0.75}$)$Mg[Si_2O_6]$、钙铁辉石($Ca_{0.25\sim0}Fe_{0.75\sim1}$)$Mg[Si_2O_6]$。

[化学组成]　端员成分及各自含量分别为：CaO 25.9%、MgO 18.5%、SiO_2 55.6%和 CaO 25.9%、MgO 18.5%、SiO_2 55.6%。常含类质同象混入物 Na、Al、Cr、Ti、Ni、Mn、Zn、Fe^{3+}等，还常有磁铁矿、钛铁矿等机械混入物，成分复杂，可形成许多变种。例如，铝替代硅达 7%时，称铝透辉石；含相当数量铬时，称铬透辉石或铬次透辉石等。

[形态]　单斜晶系，对称型为 L^2PC 。单晶常为柱状，为平行双面 {100}、{010}、{001} 斜方柱 {110}、{111}、{312} 的聚形；较发育的柱体之横断面近于正方形（图 4-16）；多呈粒状、放射状集合体，常以（100）为双晶面形成接触双晶。

[物理性质]　无色、浅灰、绿—褐绿、暗绿、黑色（颜色随铁的含量增加而加深），条痕白色，玻璃光泽，透明，硬度 5.5～6.0，解理 {110} 中等，两组解理夹角 87°与 93°，有些透辉石具 {100} 裂开，裂开发育的透辉石称异剥辉石，相对密度 3.22～3.62（随铁的含量增加而加大）。

[成因产状]　主要由接触交代作用形成，产于矽卡岩中，常与石榴石、硅灰石、符山石共生。在超基性和基性岩浆岩中，透辉石及次透辉石也是常见矿物。铬透辉石岩是金伯利岩的特征矿物。

[鉴定特征]　柱状形态、不同色调绿色和辉石式解理。精确鉴定需用偏光显微镜法。

[用途]　常见的造岩矿物，用于矿物岩石学研究。

普通辉石（augite）

[结构式]　$Ca(Mg,Fe^{2+},Fe^{3+},Al,Ti)[(Si,Al)_2O_6]$。

[化学组成]　成分复杂，可视为 $CaMgSi_2O_6$、$Mg_2Si_2O_6$、$Fe_2Si_2O_6$、$MgAl_2SiO_6$、$FeAl_2SiO_6$、$MgFe_2SiO_6$、$FeFe_2{}^{3+}SiO_6$ 等组分的类质同象混合物。有时还含有 Ti、Na、Cr、Ni、Mn 等杂质以及微量元素 V、Co、Cu、Zr、Y、La、Li 等。含钛高者（TiO_2 含量达 3%～5%）称钛辉石。

[形态]　单斜晶系，对称型 L^2PC。单晶呈短柱状，多为平行双面 {100}、{010}、{001} 与斜方柱 {110}、{111} 等的聚形；晶体横断面为近于等边的八边形（图 4-17）；常呈粒状集合体。常以（100）为双晶面形成接触双晶。

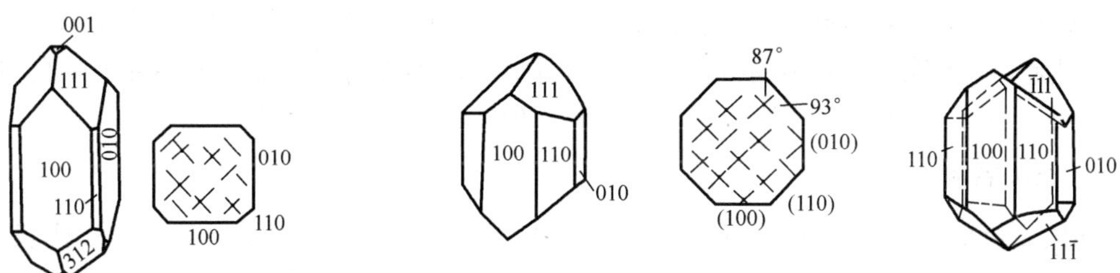

图 4-16　透辉石的晶体及横切面　　图 4-17　普通辉石晶体横切面及以（100）为双晶面的双晶

［物理性质］　灰褐、褐、暗绿、黑色，条痕白色，玻璃光泽，透明，硬度 5.5～6.0，解理｛110｝中等，两组解理夹角 87°及 93°，有的具平行｛100｝的裂开，裂开发育者称异剥辉石，相对密度 3.2～3.6。

［成因产状］　由岩浆作用和变质作用形成，主要产于超基性、基性岩浆岩和变质岩中。

［鉴定特征］　柱状形态、暗绿—黑颜色、条痕白色和辉石式解理。

［用途］　最主要的造岩矿物，用于矿物岩石学研究。

霓石（aegirine）

［结构式］　$NaFe[Si_2O_6]$。

［化学组成］　含 Na_2O 13.4%，Al_2O_3 34.6%，SiO_2 52%。霓石与透辉石、普通辉石能够形成系列的过渡关系，故成分中常有 Ca、Fe、Mg、Mn、Al 以及 K、Ti、Be、Zr 等杂质。

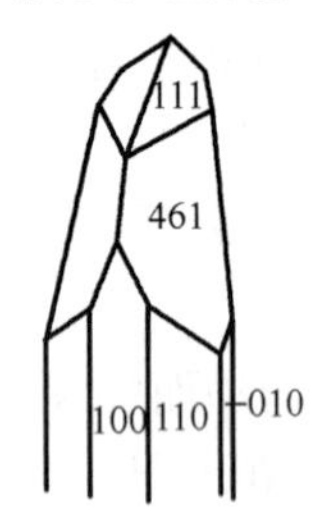

图 4－18　霓石的晶体

［形态］　单斜晶系，对称型为 L^2PC。单晶呈长柱状，柱面上有纵纹，多是斜方柱｛110｝、｛111｝、｛461｝与平行双面｛100｝、｛010｝的聚形（图 4－18）；常见（100）简单双晶划聚片双晶；常呈柱状与放射状集合体。

［物理性质］　暗绿至绿黑色，条痕白色或带淡绿色调，玻璃光泽，透明，硬度 6.0，解理｛110｝中等，两组解理夹角 87°及 93°，相对密度 3.40～3.55。

［成因产状］　岩浆成因，产于碱性岩浆岩，与霞石、霓辉石、正长石等碱性矿物共生。

［鉴定特征］　柱状晶形、暗绿色、与碱性矿物共生。精确鉴定需用偏光显微镜鉴定。

［用途］　碱性岩浆岩中的特征矿物，用于矿物岩石学研究。

霓辉石（aegirine—augite）

［结构式］　$(Na,Ca)(Fe^{3+},Fe^{2+},Mg^{2+},Al^{3+})[Si_2O_6]$。

［化学组成］　霓辉石是霓石与透辉石类质同象系列的中间产物，也是霓石与普通辉石类质同象系列的中间产物，其化学成分复杂。

［形态］　单斜晶系，对称型为 L^2PC。单晶呈长柱状，与霓石十分类似；可呈针状或放射状集合体。有时与透辉石构成环带，核心富透辉石（也有相反的情况）。

［物理性质］　暗绿至黑色，条痕白色或带浅绿色调，玻璃光泽，透明，硬度 6.0，解理｛110｝中等，两组解理夹角 87°及 93°，相对密度 3.4～3.55。

［成因产状］　岩浆成因，产于碱性岩浆岩，与霞石、霓石、正长石等碱性矿物共生。

［鉴定特征］　晶体形态、颜色、条痕、解理。精确鉴定需用偏光显微镜鉴定法。

［用途］　碱性岩浆岩中的特征矿物。含部分单斜碱性辉石（霓石和霓辉石）的硬玉的隐晶质集合体，称“翡翠”，是最名贵的玉石（硬玉结构式为 $NaAl[Si_2O_6]$）。

2. 角闪石族

角闪石族的化学成分可用 $A_{0\sim1}X_2Y_5[T_4O_{11}]_2(OH,F,Cl)_2$ 表示。其中，A 代表 Na^+、K^+、H_3O^+；X 为 Na^+、K^+、Ca^{2+}、Mg^{2+}、Fe^{2+}、Mn^{2+} 等阳离子；Y 代表 Mg^{2+}、Fe^{2+}、Mn^{2+}、Al^{3+}、Fe^{3+}、Cr^{3+}、Ti^{4+} 等阳离子；T 代表 Si^{4+}、Al^{3+}、Fe^{3+}、Ti^{4+} 等阳离子。T 组阳离子位于硅氧四面体中心，以 Si 为主，Al/Si 一般不超过 1/3，其他离子极少；A、X、

Y 组离子内部及之间的类质同象替代十分普遍，并形成许多类质同象系列。

角闪石族的矿物晶体，沿硅氧四面体链延伸方向生长速度快，晶体呈平行链方向的长柱状，其横断面为菱形或近于菱形的六边形，如图 4-19 所示。

硅氧四面体双链沿 Z 轴方向延伸，其内部的 Si—O 间以共价键为主，双链之间的空隙被阳离子占据。其中，M_1、M_2、M_3 等效位置［图 4-20（a）］主要为 Y 组阳离子，M_4 等效位置主要为 X 组阳离子，A 等效位置主要为 A 组阳离子。双链状硅氧四面体与阳离子之间以离子键为主，结合力相对较弱。所以，角闪石族矿物的解理沿双链状硅氧四面体之间产生［图 4-20（b），（c）］，即均具有平行｛110｝的两组中等至完全解理，解理夹角 56°或 124°。

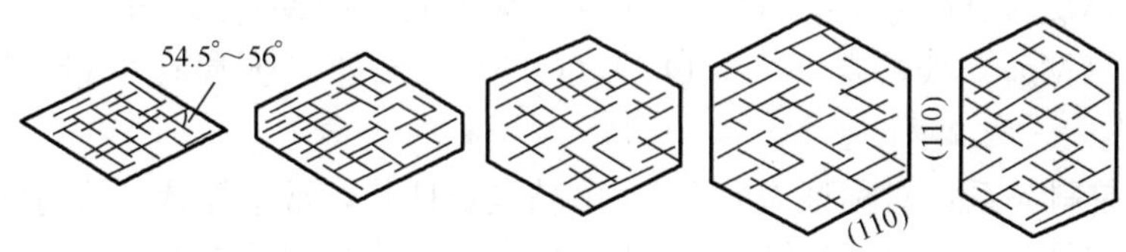

图 4-19　角闪石晶体横切面形态及解理夹角

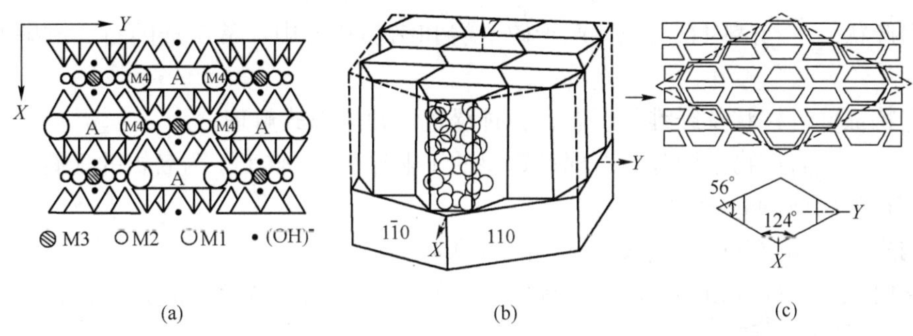

图 4-20　角闪石的晶体结构（a）、（b）及解理的形成（c）

角闪石一词（amphibole）来自希腊文，愿意为“多解的”或“含糊不清的”，用以反映它成分及外观的多变性。目前已知的角闪石矿物种和亚种达 100 余种。角闪石的分类方案较多，通常可分为斜方角闪石和单斜角闪石两个亚族。前者主要有直闪石 $(Mg,Fe)_7[Si_4O_{11}]_2(OH)_2$、铝直闪石 $(Mg,Fe)_6(Al,Fe)[(Si,Al)_4O_{11}]_2(OH)_2$；后者主要有镁铁闪石 $(Mg,Fe)_7[Si_4O_{11}]_2(OH)_2$、透闪石 $Ca_2Mg_5[Si_4O_{11}]_2(OH)_2$、阳起石 $Ca_2(Mg,Fe)_5[Si_4O_{11}]_2(OH)_2$、普通角闪石 $NaCa_2(Mg,Fe,Al)_5[(Si,Al)_4O_{11}]_2(OH)_2$、蓝闪石 $Na_2(Mg,Fe)_3Al_2[Si_4O_{11}]_2(OH)_2$、钠闪石 $Na_2Fe_7[Si_4O_{11}]_2(OH)_2$ 等。

透闪石（tremolite）

［结构式］　$Ca_2Mg_5[Si_4O_{11}]_2(OH)_2$。

［化学组成］　含 CaO 13.8%，MgO 24.6%，SiO_2 58.8%，H_2O 2.8%，常含类质同象混入物 Fe 以及少量 Na、K、Mn、F、Cl 等。

［形态］　单斜晶系，对称型为 L^2PC。单晶呈长柱状，多为斜方柱｛110｝、｛011｝与平行双面｛010｝的聚形；横断面菱形或六边形；常呈柱状、针状或放射状集合体。形态呈纤维状者称透闪石石棉，呈浅色隐晶质致密块状集合体者称为“软玉”。

［物理性质］　白色或浅灰色，条痕白色，玻璃光泽，透明，硬度 5.5～6.0，解理 {110} 中等，两组解理夹角 56°及 124°，相对密度 2.9～3.1。

［成因产状］　透闪石为接触交代变质矿物，产于岩浆岩侵入体与石灰岩或白云岩的接触带（矽卡岩）中，常与阳起石、方解石、硅灰石等共生，也见于某些富镁的结晶片岩中。

［鉴定特征］　颜色，晶体形态和解理。

［用途］　透闪石石棉可作工业石棉，软玉作工艺石材。

阳起石（actinolite）

［结构式］　$Ca_2(Mg,Fe)_5[Si_4O_{11}]_2(OH)_2$。

［化学组成］　透闪石及阳起石中 Mg 与 Fe 是完全类质同象系列，一般按端员组分含量分为透闪石 $Ca_2(Mg_{1\sim0.8}Fe_{0\sim0.2})_5[Si_4O_{11}]_2(OH)_2$、阳起石 $Ca_2(Mg_{0.8\sim0.2}Fe_{0\sim0.2})_5[Si_4O_{11}]_2(OH)_2$ 和铁阳起石 $Ca_2(Mg_{0.2\sim0}Fe_{0.8\sim1})_5[Si_4O_{11}]_2(OH)_2$。另外，还常有少量 Mn、Al、Na 等杂质。

［形态］　单斜晶系，对称型为 L^2PC。单晶呈长柱状，常呈柱状、放射状集合体。呈纤维状者称阳起石石棉，呈浅色隐晶质致密块状集合体者称为“软玉”。

［物理性质］　浅绿至暗绿色（与含铁量有关），条痕白色，玻璃光泽，透明，硬度 5.5～6.0，解理 {110} 中等，解理夹角 56°及 124°，相对密度 3.1～3.3。

［成因产状］　与透闪石类似，产于矽卡岩和结晶片岩中，常与透闪石、方解石、硅灰石等共生。

［鉴定特征］　柱状及纤维状形态、各种绿色、角闪石式解理。

［用途］　造岩矿物。阳起石石棉是重要的工业原料，“软玉”为名贵的玉石。

蓝闪石（glaucophane）

［结构式］　$Na_2(Mg,Fe)_3Al_2[Si_4O_{11}]_2(OH)_2$。

［化学组成］　碱性角闪石的常见种属，以富含钠和铝为特色。成分变化较大，还常含类质同象混入物 Fe^{3+} 和 Ca 等。

［形态］　单斜晶系，对称型为 L^2PC。单晶体呈柱状，多呈放射状或纤维状集合体。

［物理性质］　蓝色至蓝黑色，条痕蓝灰色，玻璃光泽，透明，硬度 6.0，解理 {110} 完全，两组解理夹角 56°及 124°，相对密度 3.13。

［成因产状］　蓝闪石是典型的高压低温变质矿物，产于蓝闪石片岩、片麻岩、结晶片岩中，常与绿辉石、石榴石、绿帘石、白云母、榍石等共生。

［鉴定特征］　柱状形态、蓝颜色、蓝灰条痕和角闪石式解理。

［用途］　特征变质矿物。形态呈纤维状集合体者称为“蓝石棉”，它可作纤维材料。

普通角闪石（hornblende）

［结构式］　$NaCa_2(Mg,Fe)_4(Al,Fe)[(Si,Al)_4O_{11}]_2(OH)_2$。

［化学组成］　成分很复杂，类质同象种类很多，不属于任何端员成员。Al 以两种方式存在，铝的含量、Fe^{2+}/Mg、Fe^{3+}/Al 变化很大，有时 K 的含量大于 Na，常含 TiO_2（含量 0.1%～1.25%）。

［形态］　单斜晶系，对称型为 L^2PC。单晶体呈长柱状，多为斜方柱 {110}、{011} 及平行双面 {010}、{001}、{101} 的聚形；横断面为六边形（图 4－21）；常呈柱状、纤维状、粒状和放射状集合体。常以（100）为双晶面形成接触双晶。

［物理性质］　暗绿、绿褐至黑色，条痕白色略带浅绿，玻璃光泽，透明，硬度 5.5～

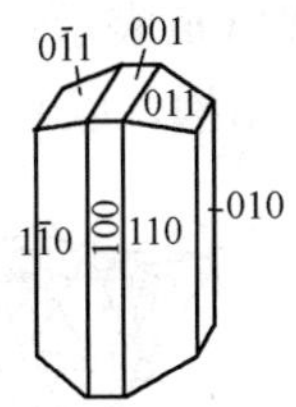

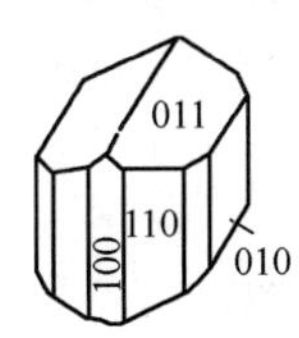

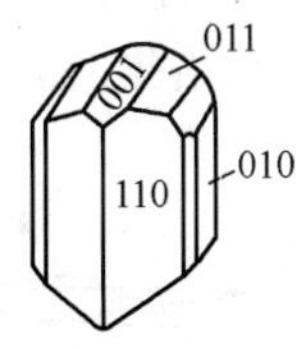

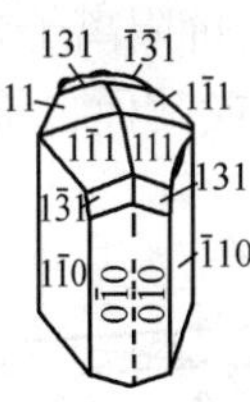

图 4-21 普通角闪石的晶体及双晶

6.0，解理平行｛110｝完全，两组解理夹角 56°及 124°，少数具有｛100｝裂开，相对密度 3.1～3.3。

［成因产状］ 岩浆作用与区域变质作用形成，广泛产于中基性及碱性岩浆岩、角闪岩、角闪片岩、角闪片麻岩中。

［鉴定特征］ 晶体形态、颜色、解理及解理夹角。

［用途］ 主要造岩矿物，用于矿物岩石学研究。

3. 硅灰石族

硅灰石的晶体结构中，相邻的硅氧四面体共用角顶联结成单链，与辉石的硅氧四面体单链不同，它是双四面体和单四面体沿 b 轴相间排列而成。由于硅氧四面体与单链形式不同，所以单独作为一个族，本族只有硅灰石这一种矿物。

硅灰石（wollastonite）

［结构式］ $Ca_3[Si_3O_9]$。

［化学组成］ 含 CaO 48.3%，SiO_2 52.7%，常含类质同象混入物 Fe、Mn、Mg 等。

［形态］ 三斜晶系，对称型为 C。单晶体呈沿 b 轴延伸的板状（图 4-22），常呈片状、长柱状、针状、纤维状、放射状集合体。

［物理性质］ 白色或微带浅灰、浅红的白色，条痕白色，玻璃光泽，透明，硬度4.5～5.0，解理｛100｝完全，｛001｝、｛$\bar{1}$02｝中等，（100）∧（001）＝74°（∧表示两晶面的夹角，下同），相对密度 2.78～3.1。

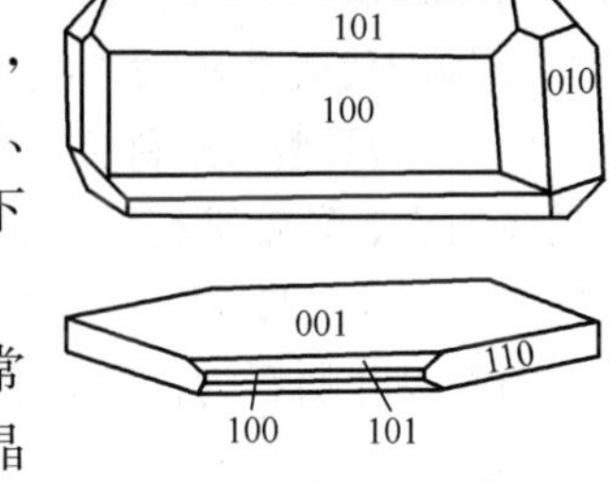

图 4-22 硅灰石晶体形态

［成因产状］ 是典型的变质矿物，主要产于矽卡岩中，常与石榴石、透闪石、透辉石等共生，也产于深变质的钙质结晶片岩中。

［鉴定特征］ 晶体形态、颜色、硬度、解理和解理夹角。与透辉石透闪石相区别的是，解理夹角为 74°，硬度较小，能溶于盐酸产生絮状硅胶。

［用途］ 典型变质矿物，还可用作陶瓷的辅料。

五、层状结构硅酸盐亚类

具层状结构的硅酸盐矿物，在地壳中分布最为广泛，它们是岩浆岩、沉积岩和变质岩的重要造岩矿物。属于本亚类的矿物种类很多，化学成分复杂，类质同象十分发育。

层状硅酸盐矿物晶体的"基本结构层"有两种：一是由 Si—O 或 Al—O 四面体构成的"四面体层"（以字母 T 表示），在四面层中氧为紧密堆积，Si 或 Al 处于四面体空隙内（图 4-23）；二是由 Al—O（OH）或 Mg—O（OH）构成的"八面体层"（以字母 O 表示），氧及氢氧根作最紧密堆积，Al 及 Mg 位于八面体空隙内，若层内所有八面体空隙的 2/3 被

Al^{3+}（或其他三价阳离子）占据时，称为“二八面体”型结构，以 Oa 表示；若全部八面体空隙被 Mg^{2+}（或其他二价阳离子）占据时，称为“三八面体”型结构，以 Om 表示。

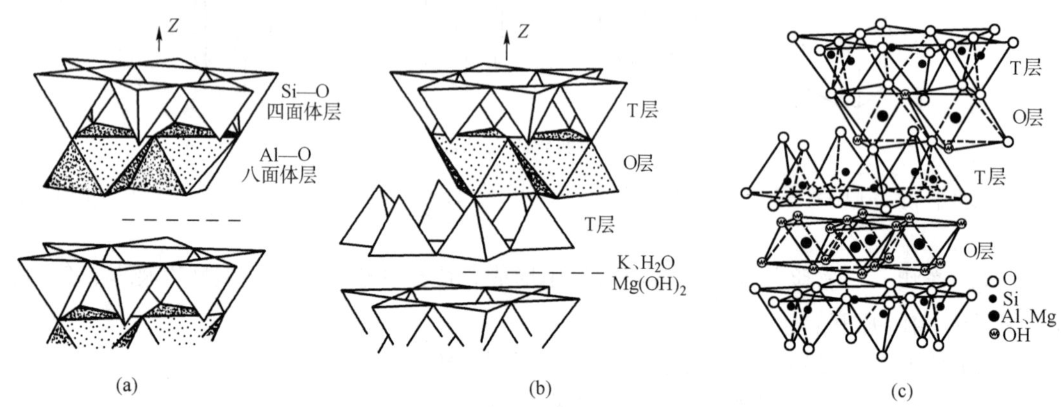

图 4-23　层状硅酸盐矿物的结构示意图

（a）TO 型（高岭石）；（b）TOT 型（云母）；（c）TOT·O 型（绿泥石）

在四面体层内，Si—O 四面体一般按六方对称联结成六方形平面层（图 4-23）。与两个硅相联结的氧的电价饱和，称为“惰性氧”；而仅与一个硅结合的氧的电价不饱和，称为“活性氧”。活性氧一般位于四面体层的同侧（也有例外），活性氧与八面体层中的铝或镁联结使四面体层和八面体层结合成整体，称为“结构单元层”。依据其基本结构层类型和数量的不同，结构单元层有如下类型：

（1）TO 型（或称 1∶1 型），是由一个 T 层和一个 O 层结合构成“结构单元层”，层面与晶体的 X、Y 轴平行，并在 Z 轴方向上相互叠置，形成｜TO｜TO｜TO…的周期性排列［图 4-23（a）］。按八面体的不同，可细分为 TOa 和 TOm 两种次级类型。高岭石为 TOa 结构的代表性矿物，蛇纹石为 TOm 的代表性矿物。

（2）TOT 型（或称 2∶1 型），是由两个 T 层中间夹一个 O 层构成的结构单元层，层面与晶体的 X、Y 轴平行，并在 Z 轴方向上层层叠置，形成｜TOT｜TOT｜TOT…的周期性排列［图 4-23（b）］。按八面体层内充填的阳离子种类，又可分为 TOaT 和 TOmT 两种。前者以叶蜡石为代表，后者以滑石为典型代表。

（3）TOT·O 型（或称 2∶1+1 型），是在 TOT 层之间被八面体 O 层占据，其沿 Z 轴方向上的周期性排列为｜TOT·O｜TOT·O｜…［图 4-23（c）］。绿泥石为典型代表。

上列三种结构单元层内电价是中和的，因此，它们之间以弱的分子键及氢键相联结；当“T 层”内有 Al^{3+} 代替 Si^{4+} 时，或“O 层”内有 Al^{3+} 被二价阳离子代替时，将出现剩余负电价，则由 K^+、Na^+、Ca^{2+} 等阳离子及极性的水分子进入层间平衡电价，并改变结构单元层间联结方式和联结强度。这种结构单元层之间的空间，称为“层间域”。层间域可以被极性水分子充填，可以被平衡电价的阳离子占据，也可以空着（如高岭石）。

结构单元层与相邻之层间域合称为“单位构造层”。因此，也可以认为，层状硅酸盐矿物都是由不同类型、不同特征的单位构造层沿 Z 轴方向依次叠置而成的。

由于结构单元层叠置时可在 X、Y 方向上移动，因此本亚类矿物的“多型”现象较为普遍，如云母族及绿泥石族矿物的多型现象极发育。另外，由于结构单元层底面结构的相似性，还常出现不同矿物之间的混层（间层）现象，形成混层（间层）矿物，如伊利石与蒙脱石的混层（间层）矿物、绿泥石与蒙脱石的混层（间层）矿物等。

本亚类矿物结构类似，从而导致其物理性质的相似性：多属单斜晶系、假六方板片状或短柱状晶形，具一组{001}极完全解理，低硬度，薄片具弹性或挠性，相对密度小等。

粘土矿物即是外生成因的含水层状硅酸盐矿物，以颗粒极细小、比表面积巨大，具有吸附性、膨胀性、可塑性、离子交换能力等特殊性能而获得广泛应用。

1. 滑石族

滑石（talc）

［结构式］ $Mg_3[Si_4O_{10}](OH)_2$。

［化学组成］ 含 MgO 31.7%，SiO_2 63.5%，H_2O 4.8%。成分较稳定，Si 有时可被 Al 替代，Mg 可被 Fe、Mn、Ni 等替代。成分变种有铁滑石（FeO 含量达 33.7%），镍滑石（NiO 含量达 30.6%）。

［结构与形态］ 晶体结构为 TOmT 型，单斜晶系，对称型为 L^2PC 。单晶体呈假六方板状，单晶体很少见，常呈叶片状与致密块状集合体。

［物理性质］ 常呈带浅黄、浅褐、浅绿的白色，条痕白色，玻璃光泽，透明，硬度 1，解理{001}极完全，薄片具挠性，手摸之有滑感，相对密度 2.7～2.8。

［成因产状］ 滑石主要是富含镁的岩石（如橄榄岩、蛇纹岩、白云岩）经热液蚀变形成，常与菱镁矿共生。此外，区域变质作用也可以形成滑石，如滑石片岩。

［鉴定特征］ 形态，薄片具挠性，手摸之有滑感，硬度 1，解理极完全。

［用途］ 在造纸和橡胶工业中用作填料，纺织工业中作漂白剂，冶金工业中作耐火材料，也可以作润滑剂和雕刻石料。

叶蜡石（pyrophylite）

［结构式］ $Al_2[Si_4O_{10}](OH)_2$。

［化学组成］ 含 Al_2O_3 28.3%，SiO_2 66.7%，H_2O 5%。可有少量类质同象混入物 Fe、Mg 等，有时还有少量 K、Na、Ca 等杂质。铁多时，称铁叶蜡石。

［形态］ 晶体结构为 TOaT 型，单斜晶系，对称型为 L^2PC。晶体少见，常呈片状、鳞片状、隐晶质致密块状，有时呈放射叶片状集合体。

［物理性质］ 白、浅灰、浅黄或浅绿色，条痕白色，玻璃光泽，透明，硬度 1.5，解理平行{001}极完全，相对密度 2.66～2.9。薄片具挠性，手摸之有滑感。化学性稳定，耐酸碱。

［成因产状］ 主要是酸性火山岩及凝灰岩的水热变质产物，也产于富 Al 的结晶片岩中。

［鉴定特征］ 颜色浅，硬度 1.5，一组解理极完全。

［用途］ 用作填料、雕刻石料。

2. 云母族

云母是云母族矿物的总称，其化成分可用通式 $AB_3[AlSi_3O_{10}](OH)_2$ 及 $AC_2[AlSi_3O_{10}](OH)_2$ 表示。其中，A 代表 K、Li，B 代表 Mg^{2+}、Fe^{2+}，C 代表 Al^{3+}、Fe^{3+}。

云母族的晶体结构与滑石的晶体结构很相似，其区别有两点：硅氧四面体层中有 Al^{3+} 代 Si^{4+}，使基本结构层出现负电荷；为了平衡基本层出现的负电荷，层间域中有大阳离子 K^+，K^+ 的配位数为 12。

云母族矿物因其结构单元层在叠置时，可沿 *X*、*Y* 方向平移而引起晶体结构的差异，这现象称为“多型”。云母的常见多型及其晶体常数如表 4-5 所示。

表 4-5　云母常见多型的晶系及晶体常数

多型名称	晶　系	层　数	a_0，nm	b_0，nm	c_0，nm	β
1M	单斜	1	0.53	0.92	1.0	100°
$2M_1$	单斜	2	0.53	0.92	2.0	95°
$2M_2$	单斜	2	0.92	0.53	2.0	98°
2O	斜方	2	0.53	0.92	2.0	90°
3T	三方	3	0.53	—	3.0	90°
6H	六方	6	0.53	—	6.0	90°

白云母（muscovite）

[结构式]　$KAl_2[AlSi_3O_{10}](OH)_2$。

[化学组成]　含 K_2O 11.8%，Al_2O_3 38.5%，SiO_2 45.2%，H_2O 4.5%。类质同象广泛，有 Ba、Na、Rb、Fe、Cr、V、Mg、Li、Ca、Mn、F 等，有铬云母、钡云母等多种变种。

[结构形态]　晶体结构为 TOaT 型，单斜晶系，对称型为 L^2PC。单晶呈假六方短柱状、板状或片状，柱面上有横条纹，常呈片状或鳞片状集合体。具有丝绢光泽的细小鳞片状白云母称“绢云母”。

[物理性质]　无色，含杂质者呈浅灰、浅绿色，条痕白色，玻璃光泽，解理面呈珍珠光泽，透明，硬度 2.5～3.0，解理平行｛001｝极完全，薄片具弹性，相对密度 2.76～3.1。电的绝缘性良好，因含 ^{40}K 而具有放射性。

[成因产状]　白云母是地壳中分布很广的矿物，可由各种地质作用形成，主要产于花岗岩、伟晶岩、云母片岩和片麻岩中。绢云母主要产于千枚岩、板岩和受热液蚀变的岩石中。此外，白云母还是沉积物和沉积岩中的碎屑矿物。由于层间域中的 K^+ 容易流失，被 H_3O^+ 代替，形成“水白云母”或“伊利石”。

[鉴定特征]　形态、颜色、解理、薄片具弹性。

[用途]　主要用作电气工业中的绝缘材料。

黑云母（biotite）

[结构式]　$K(Mg,Fe)_3[AlSi_3O_{10}](OH)_2$。

[化学组成]　类质同象极广泛，Mg 与 Fe 之间可完全替换，变化范围相当大。Mg∶Fe＜2∶1 者为黑云母。可有 Na、Ca、Ti、Fe^{3+}、Mn^{2+}、Rb、Ba、F、Cl 等混入物。

[结构形态]　晶体结构为 TOmT 型，单斜晶系，对称型 L^2PC。单晶常呈假六方短柱状、板状或片状，多呈片状或鳞片状集合体。

[物理性质]　常呈深褐或黑色，含 TiO_2 高者浅红褐色，富铁者为绿色，条痕灰色，玻璃光泽，解理面呈珍珠光泽，透明—半透明。硬度 2.5～3.0，解理平行｛001｝极完全，相对密度 3.02～3.12。薄片具弹性。因含 ^{40}K 而具放射性。

[成因产状]　黑云母是云母族中分布最广的矿物，它主要由岩浆作用和区域变质作用形成，广泛分布于岩浆岩、结晶片岩和片麻岩中。经蚀变和风化作用可变成蛭石（无弹性）。

[鉴定特征]　形态、颜色、解理、薄片具弹性、硬度。

[用途]　鳞片状黑云母可做建筑材料的填料。

3. 伊利石族

伊利石（illite）

［结构式］ $K_{1-x}Al_2[(Si_xAl_{1-x})Si_3O_{10}](OH)_2$（其中 $x=0.25\sim0.5$）。

伊利石是一种常见的粘土矿物（组成泥质岩石和土壤的矿物）。1964 年国际粘土矿物命名委员会将伊利石和水白云母当做同义词。但是，也有人把水白云母当做白云母和伊利石之间的过渡类型矿物，属于云母族的亚种。

［化学组成］ 与白云母相似，区别是：伊利石中 Al 较少（Al_2O_3 含量为 25%～33%），白云母的较多（Al_2O_3 含量为 38.5%）；伊利石 K 减少（K_2O 含量约 6%），白云母较多（K_2O 含量为 11.8%）；伊利石 H_2O 较多（8%～9%），白云母的 H_2O 较少（4.5%）。含少量类质同象混入物 Na、Ca、Mg、Fe 等。伊利石中的水主要是矿物颗粒表面的吸附水，不含或含少量层间水（位于层间域的水）。单位构造层厚度 d（001）$=10\times10^{-10}$m。

［结构与形态］ 晶体结构为 TOaT 型，单斜晶系，晶体极小，其直径一般小于从 0.002mm。在电子显微镜下，晶体呈边缘圆滑的鳞片状或带有棱角和直边的鳞片状，也呈块状集合体。

［物理性质］ 白色，含杂质时可染成黄、褐或绿色，硬度 1，解理平行｛001｝极完全，相对密度 2.6～2.9。因含 ^{40}K 而具放射性。

伊利石层间域含 K^+ 而不含或只含极少量水分子，因而层间阳离子交换能力很弱，一般每 100g 干样品有 10～40mmol 的交换能力；另一方面，层间域中吸附有机分子的能力也比较弱。

经热分析，伊利石的差热曲线特征是：在 100～200℃之间有一个吸热谷，在 500～600℃之间又有一个吸热谷，在以 900～1000℃之间有一个“S”形小的吸热谷与紧邻的放热峰（图 4-24）。

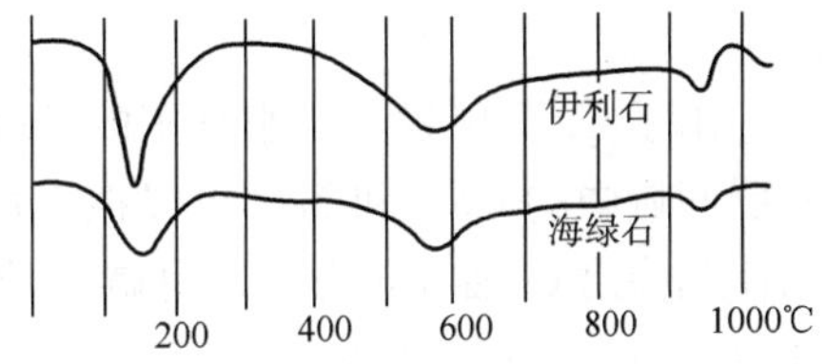

图 4-24 伊利石与海绿石的差热曲线

［成因产状］ 主要由岩浆岩、云母片岩和片麻岩中的云母、长石等矿物经风化作用而形成，也可以在沉积物和沉积岩成岩过程中由其他粘土矿物转化而成，主要产于土壤、粘土、海底软泥和粘土质岩石中。

［鉴定特征］ 伊利石的晶体极小，肉眼难识别，需要用差热分析法、X 射线衍射分析法进行鉴定。

［用途］ 是泥、页岩等沉积岩的主要造岩矿物之一，与高岭石、蒙脱石等共生，用于矿物岩石学研究。

海绿石（glauconite）

［结构式］ $K_{1-x}(Fe^{3+},Al,Fe^{2+},Mg)_2[(Si_xAl_{1-x})S_3O_{10}](OH)_2\cdot nH_2O$（其中 $x=0\sim0.4$）。

［化学组成］ 与伊利石相似，区别是：八面体层中以 Fe^{3+} 为主，其次为 Al 及少量 Fe^{2+} 和 Mg；K 在结构中小于 1（约为 0.6～1.0）；有层间水。

［形态］ 晶体结构基本为 TOaT 型，单斜晶系，对称型为 L^2PC。单晶呈假六方片状，但单晶极少见，常呈直径为一至几毫米的圆粒，分散在砂岩、粘土岩或石灰岩中，有时呈鳞状集合体。

［物理性质］ 暗绿、黄绿及灰绿色，条痕灰色，光泽暗淡，透明，硬度 2～3，相对密度 2.2～2.8。因含 ^{40}K 而具放射性，易被 HCl 溶解。

［成因产状］ 由化学沉积作用形成，它是典型的海相沉积矿物，主要产于砂岩、粘土岩、石灰岩和现代海底沉积物中。

［鉴定特征］　形态、颜色、硬度和产状。精确鉴定需要用偏光显微镜鉴定法和差热分析法（图 4－24）。

［用途］　大量产出时是制钾肥的原料。在地质学中，海绿石是重要的海相沉积标志矿物。

4. 蒙脱石族

蒙脱石（montmorillonite）

［结构式］　$E_x(H_2O)_4(Al_{1-x}Mg_x)_2[(Si,Al)_4O_{10}](OH)_2$。

［化学组成］　化学成分复杂，变化比较大，表现为：E 和“$(H_2O)_4$”为层间可交换阳离子和可变化的水，E 常为 Na^+、Ca^{2+}，其次为 K^+、Li^+ 等多种阳离子，其 x 变化在0.2～0.4 间，据层间主要阳离子类型分为钠蒙脱石、钙蒙脱石等变种；八面体阳离子 Al^{3+} 可以被 Mg^{2+} 和 Fe^{2+} 等代替，这是层电荷产生的主要原因；四面体阳离子 Si^{4+} 也可以少量被 Ti^{4+} 和 Fe^{3+} 代替，代替量一般小于 15％；层间水的数量与层间阳离子种类及环境温度有关，最多为四层；层间还可吸附有机分子。

［结构与形态］　蒙脱石为 TOT 型层状酸盐矿物，由两个硅氧四面体层间夹一层铝氧（氢氧）八面体层组成。层间域充填了与水分子结合的 Ca^{2+}、Na^+、K^+、Li^+ 等离子（水合离子）。

由于 Ca^{2+} 和 Na^+ 与水分子的结合力很强（大于 K^+ 与水分子的结合力），因此，蒙脱石的层间域中的 Ca^{2+} 和 Na^+ 可以把大量的水分子吸引到晶格中来，使它含有大量层间水，可以使晶格沿 C 轴方向膨胀。也就是使“单位结构层”厚度增加。由于结构单元层剩余负电荷少，而且与层间域中 Ca^{2+} 和 Na^+ 的距离又远。因此，对水合离子的吸引力很弱，层间域中的 Ca^{2+} 和 Na^+ 可以比较容易地出入晶格。例如，含 Ca、Mg 的硬水流过含 Na 的蒙脱石，Ca^{2+}、Mg^{2+} 可以进入晶格而将 Na^+ 置换出来。蒙脱石的这种性质称为阳离子交换性。Na 蒙脱石的层间域一般只有一层水分子，单位构造层厚度 $d=12.5\times10^{-10}$m。当层间域可交换阳离子为 Ca^{2+} 时，层间域一般有两层水分子，单位构造层厚度 $d=15.4\times10^{-10}$m。

单斜晶系，晶体极微小，其直径通常在 0.002mm 以下，完整形态的单晶体尚未发现，在电子显微镜下呈绒毛状或毛毡状；通常呈土状、块状集合体。

［物理性质］　白色，有些呈浅绿或红色，条痕白色，光泽暗淡，透明，硬度 1，相对密度 2～2.7。手摸之有滑感，吸水后体积迅速膨胀并分散为糊状。蒙脱石的晶体很小，晶体颗粒比表面积特别大，而且晶体颗粒表面都带负电荷，对放射性物质吸附力强，因此，矿物集合体中含有较多的铀。在粘土岩中，蒙脱石与其他粘土矿物相比，具有很强的放射性。蒙脱石的阳离子交换能力较强，每 100g 干样品有 80～150mmol 的交换能力。

蒙脱石在加热的过程中，吸热和放热反应明显，在 100～300℃之间有一个很强的吸热谷，有时为复谷，吸热谷的大小与层间水的含量和可交换阳离子的种类有关；在 700℃左右又有一个吸热谷，这是脱失结构水的反应；在 900～1000℃之间有一个“S”形吸热谷及紧邻的放热峰，这是晶体结构完全破坏和晶体结构破坏后形成尖晶石和方英石的热反应（图4－25）。

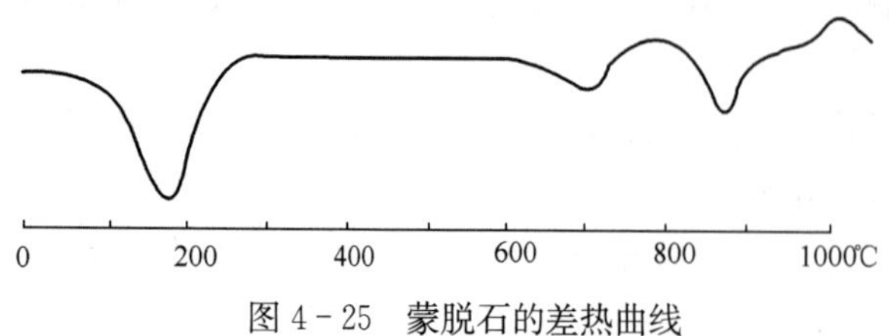

图 4－25　蒙脱石的差热曲线

［成因产状］　主要由基性火山岩、火山凝灰岩、火山灰风化而成，产于粘土岩、粘土、土壤和近代海底软泥中。

［鉴定特征］ 常呈土状，吸水后膨胀。精确鉴定需要应用差热分析、X射线分析、化学分析等方法。

［用途］ 可作钻井液，用作脱色、漂白的原料，在造纸、橡胶工业中作填料，层间域可吸附有机分子而在石油工业中用作净化剂。

5. 绿泥石族

绿泥石（chlorite）

［结构式］ $(Mg,Fe,Al)_6[(Al,Si)_4O_{10}](OH)_8$。

［化学组成］ 本族矿物的化学成分复杂，类质同象广泛，多型现象很普遍，其八面体中还常有Li、Mn、Cr等杂质，四面体中也还有少量Ti、Cr、Fe^{3+}等杂质。矿物种与亚种（变种）较多，通常依成分分为两个亚族：即富镁的正绿泥石亚族，包括正绿泥石、斜绿泥石以及蠕绿泥石；富铁的鳞绿泥石亚族，包括鳞绿泥石和鲕绿泥石。上述五种绿泥石的物理性质很相似，肉眼很难区分，只有用化学分析、偏光显微镜鉴定法和X射线分析等手段才能鉴别它们。所以，在肉眼鉴定时，通常将本族矿物统称为绿泥石，并作统一描述。

［结构与形态］ 绿泥石属TOT·O型结构［图4-23（c)］，即在TOT层之间，存在有“镁一氢氧八面体层”。镁氧（氢氧）八面体层的成分与氢氧镁石相当，也称氢氧镁石层。同时，四面体内及八面体内均存在类质同象替代。单位构造层厚度d（001）$=14.3\times10^{-10}$m。

单斜或三斜晶系，晶体呈假六方片状或板状，常呈片状、鳞片状、鲕状或致密块状集合体。

［物理性质］含镁多的常呈浅绿色，含铁多者一般呈绿色或绿黑色，条痕浅绿灰色，玻璃光泽，透明，硬度2～2.5，解理平行{001}极完全，薄片具挠性，相对密度2.68～3.4。

［成因产状］ 主要由低级变质作用、低温热液蚀变作用和沉积作用形成，主要产于变质岩中，富铁的绿泥石也产于沉积岩和现代海洋沉积物中。此外，也可以在成岩过程中自生形成或由其他矿物转变而成。

［鉴定特征］ 形态、颜色、条痕、硬度、解理、薄片具有挠性。

［用途］ 主要的造岩矿物，当富集时鲕绿泥石可作铁矿开采。

6. 高岭石族

高岭石是分布最广泛的粘土矿物之一，因其首先发现于我国江西省景德镇（市）的高岭（山名）而得名。

高岭石（kaolinite）

［结构式］ $Al_4[Si_4O_{10}](OH)_8$。

［化学组成］ 含Al_2O_3 41.2%，SiO_2 48.0%，H_2O 10.8%，常含少量Mg、Fe、Cr、Cu等替代八面体中的Al，极少量Al、Fe^{3+}替代四面体中的Si。碱金属及碱土金属K、Na、Ca等多为机械混入物。

［结构与形态］ 高岭石是典型TOa型结构［图4-23（a)］，即由一层硅氧四面体和一层铝氧（氢氧）八面体组成，层间域中基本没有其他阳离子和水分子，结构单元层之间主要靠范德华力及氢键联结，单位构造层厚度d（001）$=7.2\times10^{-10}$m。

单斜晶系，对称型为P。单晶呈假六方片状或板状，晶体很小，一般小于0.005mm，晶体厚度0.002mm，常呈土状或致密块状集合体。

［物理性质］ 白色，因含杂质可染成浅黄、浅红、浅绿等色，条痕白色，光泽暗淡，

透明，硬度 2～2.5，解理平行｛001｝极完全，相对密度 2.58～2.6。干燥时具有吸水性，潮湿后有可塑性。常含 K^{40}、U 和 Th，因而具有放射性。

由于高岭石晶体很小，晶体表面带负电荷，因此，具有吸附可交换阳离子的性质。但是，它的阳离子交换能力比其他粘土矿物低。这是因为高岭石晶体结构中，基本结构层内部电价已经平衡，能够吸附阳离子的仅限于矿物颗粒表面，所以，吸附量小交换能力差，一般每 100g 干样品只有 10mmol 的交换能力。

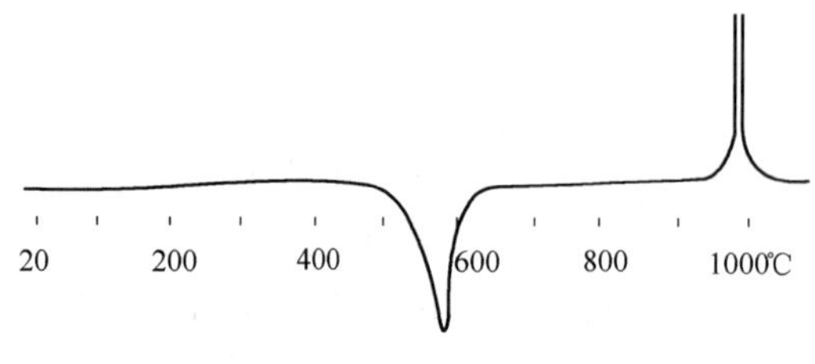

图 4-26 高岭石的差热曲线

高岭石在加热过程中吸热和放热反应非常明显：在 500～600℃之间有个明显的吸热谷，这是脱失结构水使晶体结构破坏所发生的热效应；在 900～1000℃之间有一个明显的放热峰，这是生成新矿物多铝红柱石、方英石和 $\gamma\text{-}Al_2O_3$ 所产生的热效应（图 4-26）。

［成因产状］ 主要由正长石、云母等含铝的硅酸盐矿物风化形成，产于沉积岩、粘土、土壤和近代海、湖底软泥中。

［鉴定特征］ 形态、颜色、具吸水性、吸水后不膨胀而且具有可塑性。精确鉴定需用差热分析和 X 射线分析方法。

［用途］ 主要用作陶瓷原料。

7. 蛇纹石族

蛇纹石（serpentine）

［结构式］ $Mg_6[Si_4O_{10}](OH)_8$。

［化学组成］ 含 MgO 43.0%，SiO_2 44.1%，H_2O12.9%。其中，Mg 常可被 Fe^{2+}、Al、Ni、Mn、Cr 等类质同象替代，并形成相应的成分变种。

［结构与形态］ 蛇纹石结构与高岭石类似，为 TOm 型层状结构，差异是高岭石为二八面体，蛇纹石为三八面体，即八面体中阳离子主要是 Mg^{2+}。依据内部结构的微细差异，可分为利（鳞）蛇纹石、纤蛇纹石和叶（片）蛇纹石。

单斜晶系，晶体呈鳞片状，集合体呈致密块状。在岩石裂隙中长成纤维状集合体的蛇纹石，称蛇纹石石棉或温石棉。

［物理性质］ 绿、黑绿或浅绿色（随含铁量的增加颜色加深，相对密度加大），条痕白色，玻璃光泽或油脂状光泽，纤维者丝绢光泽，透明，硬度 2.5，解理平行｛001｝完全，相对密度 2.55～3.0。

［成因产状］ 主要由超基性岩中的橄榄石、顽火辉石和白云岩、白云质灰岩中的白云石受热液蚀变形成。

［鉴定特征］ 颜色、光泽、硬度。精确鉴定需要采用其他方法。

［用途］ 温石棉是重要的工业材料。隐晶质块体、呈苹果绿色的蛇纹石称“岫岩玉”，可作工艺雕刻石料。蛇纹石大理岩用作建筑材料。

8. 多水高岭石族

多水高岭石（halloysite）

［结构式］ $Al_4[Si_4O_{10}](OH)_8 \cdot 4H_2O$。

多水高岭石又称“埃洛石”或“叙永石”，是一种常见的粘土矿物。

［化学组成］　含 Al_2O_3 34.7%，SiO_2 40.8%，H_2O 25.5%，常含类质同象混入物 Fe、Mg、Ca 以及 Cr、Cu 等，可交换的阳离子有 Ca、Na、K 等。成分中水含量有变化，均不超过 $4H_2O$。变种有铁多水高岭石、铜多水高岭石、铬多水高岭石等。

［结构与形态］　晶体结构与高岭石相似，为 TOa 型，区别在于多水高岭石的层间域有一层水分子，d（001）$=10\times10^{-10}$m。

单斜晶系，对称型为 P。晶体极细小，肉眼不能识别其形态，在电子显微镜下呈管状或棒状；常呈土状、粉末状或块状集合体。

［物理性质］　白色，因含杂质可染成线黄、浅绿、浅红、浅蓝等色，条痕白色，光泽暗淡，透明，硬度 1～2，解理平行｛001｝极完全，手摸之有滑感，相对密度 2.1～2.6。

由于层间域含水，因此，阳离子交换能力大于高岭石，通常每 100g 干样品约有 40mmol 的交换能力。

多水高岭石在加热过程中，吸热和放热效应明显，在 120～140℃和 560～580℃之间有两个明显的吸热谷，前者是脱失层间水产生的热效应，而后者则是脱失结构水所产生的热效应；在 950～1000℃之间有一个明显的放热峰，这是晶体结构完全破坏后又形成 γ-Al_2O_3 和方英石的结果（图 4－27）。

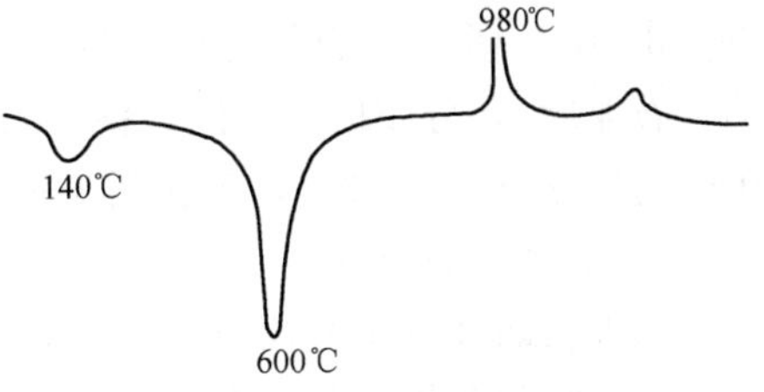

图 4－27　多水高岭石的差热曲线

［成因产状］　主要由长石等矿物风化形成，产于岩石风化壳、粘土岩、粘土、土壤和近代海、湖底软泥中。

［鉴定特征］　与高岭石相似，肉眼很难区分。精确鉴定需用差热分析、X 射线衍射分析等方法。

［用途］　陶瓷工业原料。

六、架状结构铝硅酸盐亚类

本亚类矿物晶体内均具有［TO_4］四面体，T 代表 Si 及类质同象替代的 Al，其硅铝比值一般为 4 或 3，最低为 1。这个比值绝不可能小于 1，否则不能构成稳定晶体；也不可能等于 0，否则为石英而非铝硅酸盐矿物。每个［TO_4］四面体的四个角顶全部与相邻的四面体共用，构成架状结构的铝硅酸络阴离子，进而与阳离子结合组成架状结构铝硅酸盐矿物。

架状结构铝硅酸盐矿物的结构较为舒张，四面体间的空隙较大，甚至构成连通的孔道，因此，其阳离子主要是电价低、半径大、配位数高的碱金属及碱土金属的离子，如 K^+、Na^+、Ca^{2+}、Ba^{2+}、Rb^+、Cs^+ 以及 $NH_4{}^+$ 等，有时还有 F^-、Cl^-、$(OH)^-$、S^{2-}、$[SO_4]^{2-}$、$[CO_3]^{2-}$ 等附加阴离子进入空隙中，与阳离子相连，来补偿结构中过剩的正电荷。除络阴离子中的硅与铝类质同象替代外，阳离子之间的类质同象替代更是复杂多样。

［TO_4］四面体之间主要属共价键联结，因此，一般颜色浅淡，硬度较高，相对密度较岛状及链状硅酸盐等矿物小，折射率较低。但是，［TO_4］四面体在空间不同方向上的紧密程度常常各不相同，从而形成多种次级结构类型，相应的矿物具有粒状、片状、柱状等形态，也具有不同方向的解理。

架状结构铝硅酸盐矿物中，长石族矿物的结构相对较为紧密且相对密度最大；沸石族矿物结构最为舒张，结构中的空隙相互连通呈管道，普遍含沸石水，相对密度最小；其余的霞石族、白榴石族等矿物，其结构舒张程度介于其间，一般属 SiO_2 不饱和矿物，主要形成于碱性岩浆岩中，又常常统称为似长石或副长石。

1. 长石族

长石族常简称为长石，是地壳中分布最广泛的矿物，约占地壳总质量的 50%。长石广泛分布于各类岩石中：约 60%产于岩浆岩；约 30%产于变质岩；约 10%产于沉积岩。

从化学组成来看，长石是含有 K、Na、Ca 以及 Ba 的无水架状结构铝硅酸盐矿物，还常含微量 Li、Cs、Rb 等元素。依据成分，长石可分为四种端员矿物：钾长石 $K[AlSi_3O_8]$（代号为 Or）、钠长石 $Na[AlSi_3O_8]$（代号为 Ab）、钙长石 $Ca[Al_2Si_2O_8]$（代号为 An）、钡长石 $Ba[Al_2Si_2O_8]$（代号为 Cn）。

本族矿物类质同象十分广泛，主要有钾长石 $K[AlSi_3O_8]$—钠长石 $Na[AlSi_3O_8]$ 系列、钠长石 $Na[AlSi_3O_8]$—钙长石 $Ca[Al_2Si_2O_8]$ 系列、钾长石 $K[AlSi_3O_8]$—钡长石 $Ba[Al_2Si_2O_8]$系列。自然界中，钾长石—钠长石类质同象系列又称为碱性长石亚族（或称钾钠长石亚族），分布极为广泛；钠长石—钙长石类质同象系列又称为斜长石（亚族），同样分布极为广泛（图 4-28）；钾长石—钡长石类质同象系列分布十分罕见。

1）碱性长石亚族

碱性长石亚族是钾长石 $K[AlSi_3O_8]$ —钠长石 $Na[AlSi_3O_8]$ 类质同象系列各种矿物的总称。端员组分钾长石，在高温下形成完全无序的单斜晶系的高透长石，随温度的降低，形成部分有序的单斜的低透长石及正长石，更低温度下形成部分有序的三斜晶系的中间微斜长石（图 4-29），在低温下形成完全有序的三斜的最大微斜长石；端员组分钠长石，仅当其温度接近于熔点时可形成无序的单斜晶系的高钠长石，在高温下形成无序的三斜晶系的高钠长石（又称为歪长石），随着温度降低，有序度相应增大，而形成三斜晶系的中间钠长石及低钠长石。

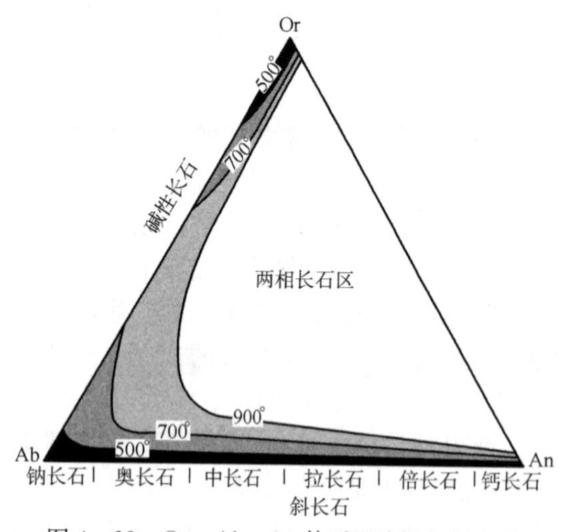

图 4-28　Or—Ab—An 体系混溶性与温度的关系（据 Seck，1971）

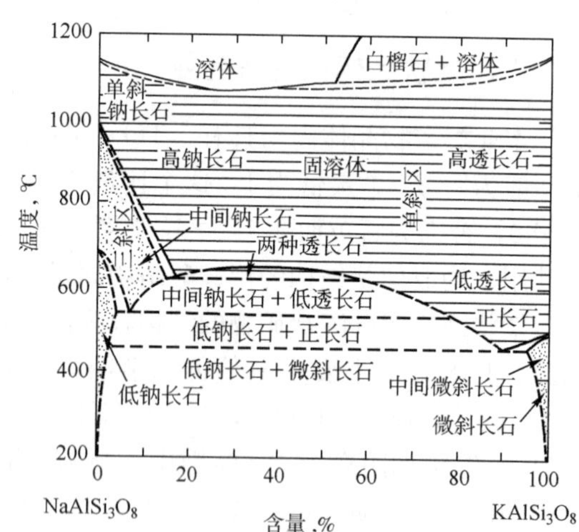

图 4-29　低压下碱性长石温度—成分关系图（据 Smith，1974）

虚线为与严格位置存疑的相界线

由于 Na^+ 和 K^+ 离子半径相差达 37%，所以，碱性长石中二端员组分的混溶程度与形成温度有关。依据碱性长石的光性资料及结构状态可划分成四个次级系列：高钠长石—高透长石；中钠长石—低透长石；低钠长石—正长石；低钠长石—微斜长石。

其中，只有高钠长石—高透长石系列能够形成完全类质同象，而且在 Ab 含量占 0～

67%区间内结晶形成单斜晶系的透长石（sanidine），在 Ab 含量占 67%～100%区间内结晶形成三斜晶系的歪长石（anorthoclase）。中钠长石—低透长石系列同样形成单斜的透长石及三斜的歪长石，但中间有一个不混溶区，在该区范围内形成两相的超显微级的条纹交生体，一相是富 Ab 的歪长石，另一相是富 Or 的透长石，这种两相交生体称隐纹长石（cryptoperthite），隐纹长石按主体成分可分为歪长石隐纹长石和透长石隐纹长石。低钠长石—正长石和低钠长石—微斜长石系列称为低温系列，端员组分为钠长石、正长石和微斜长石，其类质同象置换的范围更加狭窄，互不混溶区更宽，两相交生体尺寸较宽，能借助显微镜加以识别，称微纹长石（microperthite），微纹长石还有正长石微纹长石、微斜长石微纹长石和钠长石微纹长石之分。如果条纹更宽，可以用放大镜或肉眼直接观察到时，则称为条纹长石（perthite）。

隐纹、微纹及条纹长石，有的文献统称其为条纹长石（或称为条纹结构），一般均以富含 Or 的透长石、正长石及微斜长石为主晶，富含 Ab 的歪长石和钠长石为客晶。以钠长石（或歪长石）为主晶而正长石及微斜长石为客晶者，即称反条纹长石（antiperthite）。

碱性长石的结构可用对称程度最高的透长石加以说明（图 4－30）。透长石结构中成对 T_1 和 T_2 的四个四面体［TO_4］相互共顶形成四联环，其中，T_1 和 T_2 是互不等效的；成对的 T_1 m 和 T_1 o 以及成对的 T_2 m 和 T_2 o 之间，以对称中心或对称轴等对称要素彼此联系是等效的四面体。四联环与四联环又相互共用角顶，联结成双曲轴状的链，平行于 X 轴伸展。链内的每个 T_2 原子通过 B、C、D 氧原子与三个 T_1 原子联结，同时通过桥氧 A_2 与相邻双曲轴状链的 T_2 原子联结形成平行于 Y 轴的链层；链内的每个 T_1 原子通过 B、C、D 氧原子与三个 T_2 原子联结，同时通过桥氧 A_1 沿 *Z* 轴方向与相邻双曲轴状链的 T_1 原子联结，从而形成三维的架状结构。

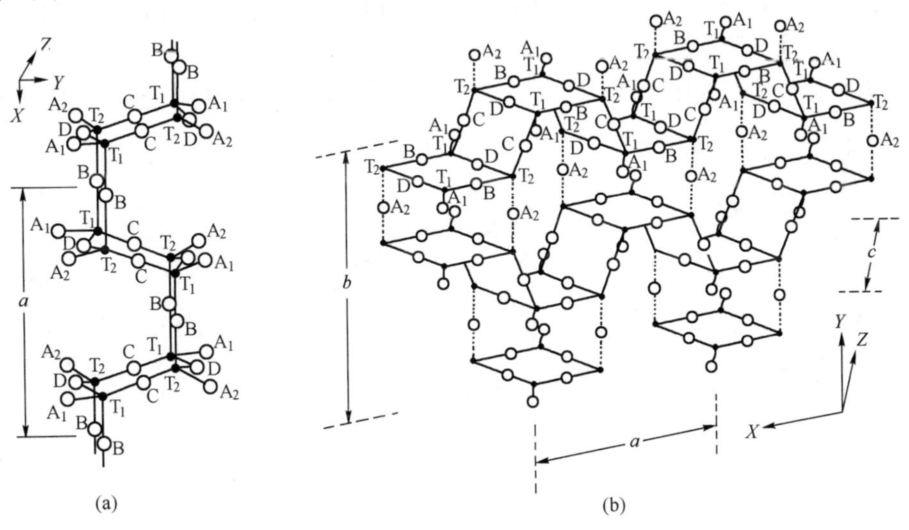

图 4－30　透长石结构模式图（据 Megaw，1974，略改）

(a)［TO_4］四联环形成沿 *a* 轴的双曲轴状链；(b) T_2 以桥氧 A_2 相联结形成平行 *b* 轴的链层

透长石的架状结构在（$\bar{2}01$）面上的部分投影如图 4－31 所示。图中“2”为平行于 Y 轴的二次对称轴，*m* 为垂直于 Y 轴同时平行于 X、Z 轴的对称面，［TO_4］四面体不仅构成四联环，同时还构成八联环。双曲轴链上的 T_2 沿 Y 轴方向相互联结的桥氧 A_2 均位于对称面 m 上，T_1 沿 *Z* 轴方向相互联结的桥氧 A_1 均位于二次对称轴上。阳离子 K^+、Na^+ 等均位于八联环空隙中的对称面 m 上。

图 4－32 是透长石部分架状结构在（001）面的理想化投影，图中仅绘出等效的 T_1o 及 T_1m 和等效的 T_2o 及 T_2m 的位置，T 与 T 之间的联结以线段表示，线段中点是氧的位置，ABCDEFGH 为一个晶胞的范围。由图中可看出四联环构成沿 X 轴的双曲轴链，在 Y 轴方向 T_2o 及 T_2m 之间以对称面 m 上的桥氧 A_2 相互联系，在 Z 轴方向上以 T_1o 及 T_1m 之间的桥氧 A_1 相互联结。沿［110］及［1$\bar{1}$0］方向上，四联环与八联环交替联结呈链状。

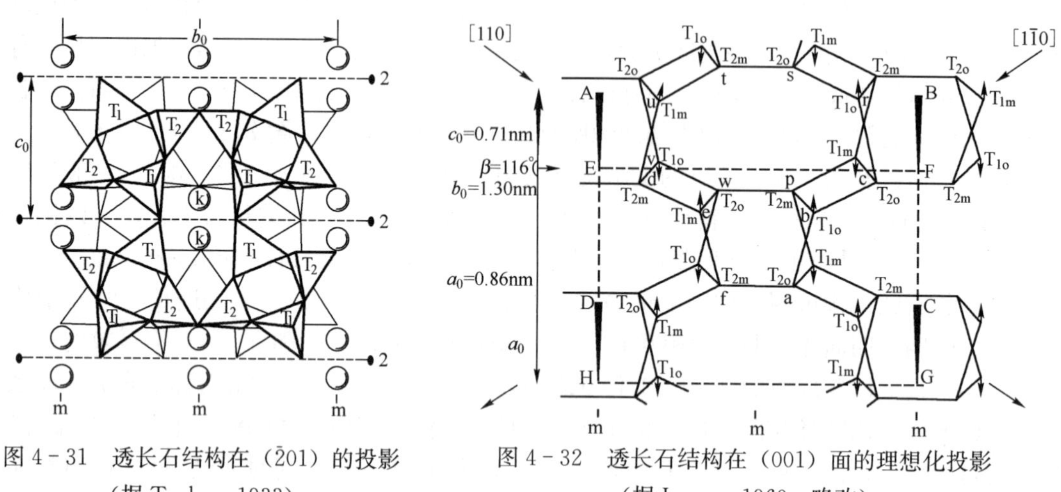

图 4－31　透长石结构在（$\bar{2}$01）的投影（据 Taylor，1933）

图 4－32　透长石结构在（001）面的理想化投影（据 Laves，1960，略改）

实际上，长石结构中每个四联环代表一个络阴离子团［$(Si_{4-n}Al_n)_4O_8$］$^{n-}$。当 Si∶Al＝3 时为碱性长石系列，平均每一个四联环中有 1 个 Al；当 Si∶Al＝1 时为钙长石或钡长石，平均每个四联环中有两个 Al。因此，不同的 Si∶Al 比值反映了阳离子的种类和含量，也影响长石的对称性及晶胞的大小。

碱性长石的有序与无序状态，主要取决于 Al^{3+} 及 Si^{4+} 在四联环中四个 T 位置上的分布占位规律。其有序的程度，主要有以下三种情况（图 4－33）。

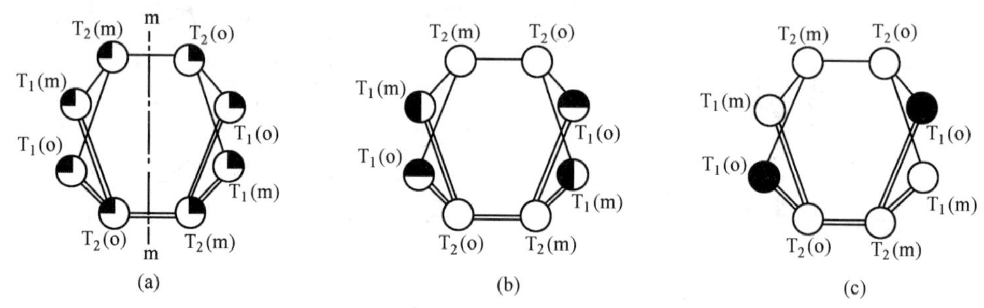

图 4－33　（001）面投影图中 Al 在四联环中 T 位置的分布情况（据 Taylor，1962）

（a）透长石；（b）正长石；（c）微斜长石

m 为对称面

（1）完全无序结构，是 Al^{3+} 及 Si^{4+} 在四联环的 T_1o、T_1m、T_2o 及 T_2m 四个 T 位置上有着同样的分布概率，即 Al^{3+} 和 Si^{4+} 在任意一四面体的 T 位置上的概率分别为 1/4 和 3/4 的结构。平均每个四联环中铝的数量为 1，硅的数量为 3。此时，晶体结构的对称程度较高，属单斜晶系，等效的 T_1 和等效的 T_2 之间通过对称面和二次对称轴彼此联系。完全无序结构是高温稳定相的高透长石的典型结构。

（2）完全有序结构，是 Al^{3+} 完全集中在 T_1o 的位置上，而其他的 T_1m、T_2o、T_2m 位

置全部由 Si^{4+} 占据，即 Al^{3+} 在 T_1o 的概率为 1，Si^{4+} 在其余三个四面体 T 位置上的概率也分别为 1 的结构。完全有序结构对称程度最低，属三斜晶系，是低温稳定相的最大微斜长石所具有的结构。

（3）部分有序结构，Al^{3+} 在四联环的四个 T 位置上的分布概率介于上述之间。其中，在有序化过程中，Al^{3+} 逐渐由 T_2 向 T_1 位置转移，致使 Al^{3+} 在 T_1o 及 T_1m 位置的概率超过 1/4，直至 Al^{3+} 在 T_1o 及 T_1m 位置上的概率各为 1/2 的部分有序结构，仍然属于单斜对称，低透长石和正长石具有此种结构。如果进一步有序化，Al^{3+} 继续由 T_1m 向 T_1o 位置转移，致使 Al^{3+} 在 T_1o 位置的概率超过 1/2 时的部分有序结构，因有序度的进一步提高，结构中的对称面及二次对称轴受破坏而消失，对称程度降低为三斜晶系，高微斜长石、中间微斜长石属于此种结构类型。

碱性长石的有序与无序结构状态，常以有序度及三斜度表示。有序度是指 Al^{3+} 在四联环的四个 T 位置上的分布概率，可分为单斜有序度及三斜有序度；三斜度（常以 Δ 表示）是指晶体偏离单斜对称的程度。有序度与三斜度常常可以利用 X 射线衍射分析、光学显微镜分析和红外吸收光谱分析等方法进行测定，其中以 X 射线衍射分析方法比较精确。

正长石（orthoclase）

［结构式］　$K[AlSi_3O_8]$。

［化学组成］　含 K_2O 16.9%，Al_2O_3 18.4%，SiO_2 64.7%。很少见纯净的组分，常含有 Ab 组分（最高可达 30%左右），并常含少量 Fe^{3+}、Ba、Ca 等，据此划分的变种有钠—正长石、钡—正长石和铁—正长石等。正长石是分布最广泛的低温单斜碱性长石种属。

［形态］　单斜晶系，对称型为 L^2PC。单晶呈短柱状或厚板状，有两种结晶习性：一种是沿 *Z* 轴延伸，另一种是沿 *X* 轴延伸。多呈粒状集合体。最常见卡斯巴律简单接触双晶或穿插双晶，巴温诺及曼尼巴双晶少见（表 4-6，图 4-34）。

表 4-6　正长石的双晶

双晶名称	双晶轴	接合面	双晶类型
卡斯巴律	//*Z* 轴	以（010）为主	接触和穿插双晶
巴温诺律	⊥（021）	（021）	接触双晶
曼尼巴律	⊥（001）	（001）	接触双晶

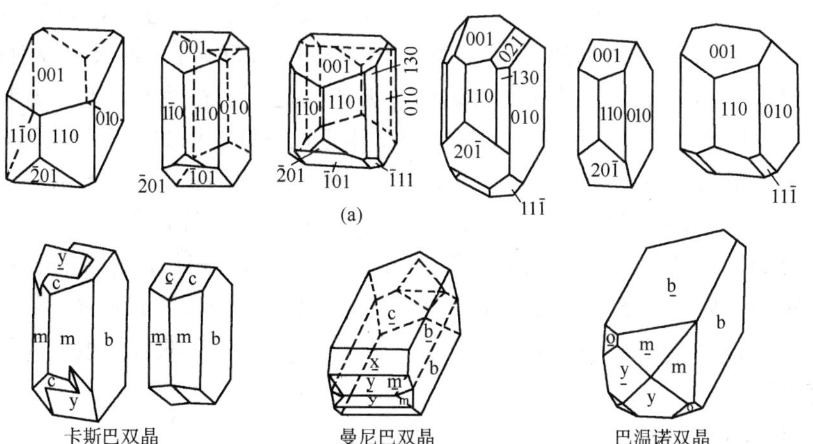

图 4-34　正长石的晶体（a）与双晶（b）

［物理性质］　肉红色或浅黄色，条痕白色，玻璃光泽，透明，硬度 6，解理平行 {010} 和 {001} 完全，两组解理夹角 90°，相对密度 2.57，因含 K^{40} 故有放射性，其无色透明的变种称“冰长石”。

［成因产状］　正长石是酸性、中酸性、碱性岩浆岩的主要组成矿物之一，产于花岗岩、花岗闪长岩、二长岩、正长岩以及与它们相当的喷出岩和脉岩中。此外，由变质作用和沉积作用形成的正长石主要产于花岗片麻岩、正长片麻岩和碎屑沉积岩中。在含油地层中，它是组成碎屑岩储油层的主要矿物之一。

［鉴定特征］　晶体形态、双晶、颜色、硬度和解理。

［用途］可用作陶瓷和玻璃原料，富含正长石的岩石也可作为提取钾肥的原料。

微斜长石（microcline）

［结构式］　$K[AlSi_3O_8]$。

［化学组成］　常含 Na、Rb、Cs 等。富含 Rb、Cs（可达 4%）者呈绿色，称“天河石”，其绿色的深浅与 Rb 的含量有关。微斜长石的成分与正长石相似，但有序度更高，含 Ab 分子较少（常少于 20%），是分布更为广泛的低温三斜的碱性长石种属。

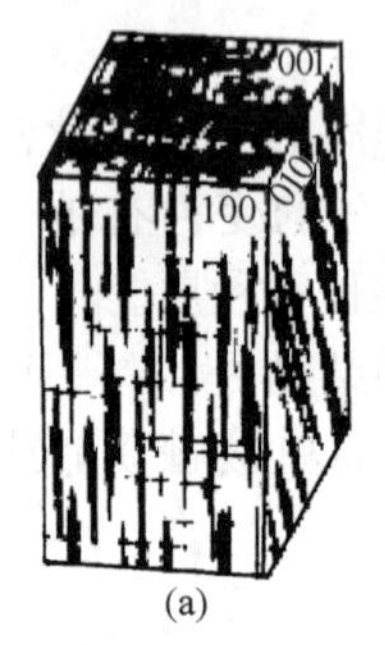

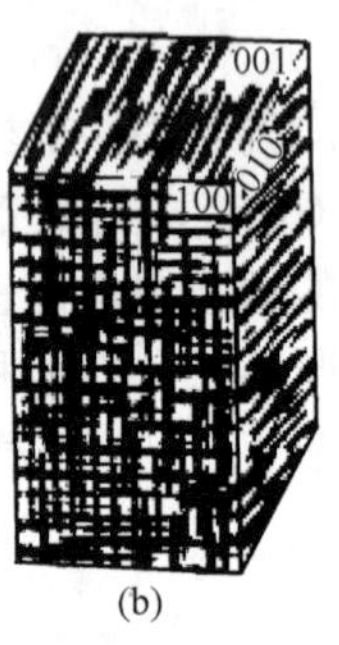

图 4-35　格子双晶

（a）在微斜长石中；（b）在歪长石中

［形态］　三斜晶系，对称型为 C。晶体形态与正长石相似，其区别在于（010）与（001）的夹角等于 89°40′。微斜长石除具有卡斯巴律、巴温诺律、曼尼巴律等双晶之外，还具有一种特殊的“格子双晶”（图 4-35），是由钠长石律和肖钠长石律组成的复合双晶。在微斜长石中，肖钠长石律双晶接合面平行于 *b* 轴而几乎垂直于（001）面，钠长石律双晶结合面平行于（010）面，因而在（001）面上可以看到由这两种聚片双晶复合而成的“格子双晶”，在（100）面上仅可见到钠长石律双晶，在偏光显微镜下显得非常清楚。在歪长石中也有类似的复合双晶，但歪长石中的肖钠长石律双晶接合面几乎平行于（001）面，因而其“格子”仅显现在（100）面上，据此能够相互区别。

［物理性质］　肉红色或浅黄色，条痕白色，玻璃光泽，透明，硬度 6，解理平行 {010} 和 {001} 完全，两组解理夹角 89°40′，相对密度 2.56，含 ^{40}K 具有放射性。

［成因产状］　微斜长石是组成伟晶岩的主要矿物之一，在酸性、碱性岩浆岩以及变质岩中分布也十分广泛。但是，由于它的形成温度比正长石低，因此，一般认为岩浆岩中的正长石有转化为微斜长石的趋势。此外，由变质作用形成的微斜长石只出现在中、低级变质带中。微斜长石的物理和化学性质比较稳定，在碎屑沉积岩中也常有产出。

［鉴定特征］　微斜长石与正长石的形态和物理性质都很相似，但微斜长石具格子双晶可与正长石区别，如果观察不到格子双晶，则需用偏光显微镜观测其他光学性质。

［用途］　为主要造岩矿物，可用于陶瓷工业，含 Rb 和 Cs 的碧绿色“天河石”可用作提炼铷、铯的原料。

透长石（sanidine）

［结构式］　$K[AlSi_3O_8]$。

［化学组成］　常含不等量 Ab 分子，一般较少，最高可达 50%左右，有时含少量 Ba、Rb、Ca 等。

［结构与形态］　透长石是常见的高温碱性长石类型，按有序度可分为高透长石和低透长石，大多为均匀结构，有些透长石则具有环带结构及条纹结构。单斜晶系，对称型为L^2PC。单晶呈厚板状或短柱状。常见卡斯巴律双晶。

［物理性质］　无色，条痕白色，玻璃光泽，透明，硬度 6.5，解理平行｛010｝和｛001｝完全，两组解理夹角 90°，相对密度 2.57，因含^{40}K故具放射性。

［成因产状］　主要产于酸性及碱性喷出岩中，偶尔在高温接触变质带中也可产出。

［鉴定特征］　精确鉴定需用偏光显微镜观测其他光学性质。

［用途］　造岩矿物，用于矿物岩石学研究。

2）斜长石亚族

斜长石（plagioclase）

［结构式］　$(Na_{1-x}Ca_x)[Al_{1+x}Si_{3-x}O_8]$，其中 $x=0\sim1$。

斜长石是斜长石亚族各种矿物的总称。按端员组分的相对含量可划分为：钠长石（含An0～10％）、奥（更）长石（含 An10％～30％）、中长石（含 An30％～50％）、拉长石（含 An50％～70％）、培长石（含 An70％～90％）、钙长石（含 An90％～100％）。通常将An 含量占 0～30％、30％～60％和 50％～100％分别称为酸性斜长石、中性斜长石和基性斜长石。这六种斜长石的形态和物理性质都十分相似且连续变化，必须依据光学性质方可将其区分开，所以，肉眼观察时把它们笼统作为斜长石来描述。

［化学组成］　理论上，钠长石含有 SiO_2 68.70％、Al_2O_3 19.50％、Na_2O 11.80％，钙长石含有 SiO_2 43.20％、Al_2O_3 36.70％、CaO 20.10％。天然斜长石是二者二元的固溶体。常含钾长石分子 $K[AlSi_3O_8]$，其含量一般不超过 10％，富含 An 者更少，还可有少量类质同象替代物 Sr、Ba、Li、Ga、Fe、Mg、Zn 等元素。

［结构与形态］　钠长石 Ab 端员在不同温度下的结构如碱性长石所述；钙长石 An 端员在高温时形成完全无序的体心钙长石，低温时形成完全有序的原始钙长石。中间组分在高温时形成高钠长石—体心钙长石的固溶体，仅在靠近 An 端员处有一很窄的不混溶区；低温时一般将其看做是完全类质同象系列。研究表明，低温斜长石并非真正均匀的有序的固溶体，其不连续性可从不同类型的连生反映出来，这些连生都是固溶体出溶作用的结果。在含An1％～5％至含 An21％～25％范围内具晕长石连生，即低钠长石结构的纯钠长石与富钙长石两相的连生体，晕长石（peristerite）即因此种连生而表现出浅蓝色至乳白色晕彩而得名，但并非所有此范围的斜长石都显示晕彩（图 4－36）。在含 An45％～60％范围内呈博吉尔德（Boggild）连生，由此在特定方向上，有时可呈现带有蓝、紫色彩的变彩，称拉长石晕彩。在含 An65％～85％范围内具有休顿洛契（Huttenlocher）连生。不过，这些连生体均是超显微的，一般条件下难以观察到。

斜长石的晶体结构与透长石类似，是由［TO_4］四面体组成四联环，并共用角顶联结成沿 a 轴的双曲轴链，再沿 b 轴和 c 轴方向联结成架状结构，但钙离子和钠离子半径较小而使曲轴链歪斜扭曲，因此，除高温的单斜高钠长石外均属三斜晶系。依据铝和硅在四联环各四面体 T 位置的占位情况，同样有高温无序结构与低温有序结构之分，高温者分别称高钙长石、高培长石、高拉长石、高中长石、高更长石、高钠长石，以示区别。不过，有序度的测定须借助于偏光显微镜鉴定和 X 射线衍射分析。实际上，自然界中绝大多数斜长石都是介于两者之间的过渡状态，即处于部分有序状态。

三斜晶系，对称型为 C。单晶呈板柱状（图 4－37），有两种结晶习性：一是沿 Z 轴延伸；二是沿 X 轴延伸。呈叶片状产出的钠长石称为叶钠长石（cleavelandite）。

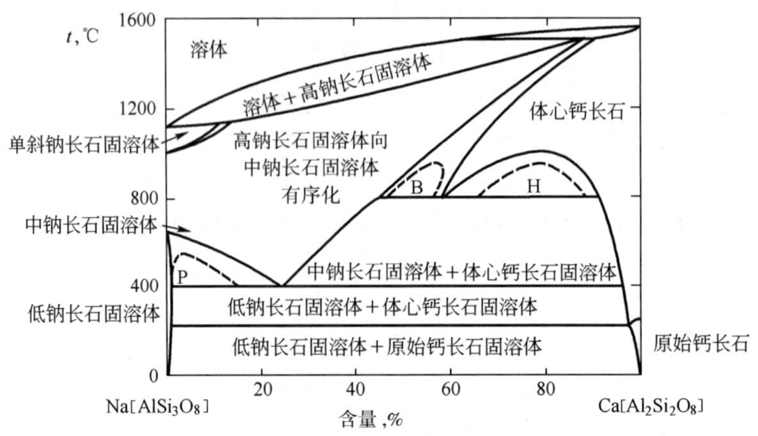

图 4-36　Ab—An 温度—成分关系图（据 Smith，1974）

P—晕长石（peristerite）连生区；B—博吉尔德（Boggild）连生区；H—休顿洛契（Huttenlocher）连生区

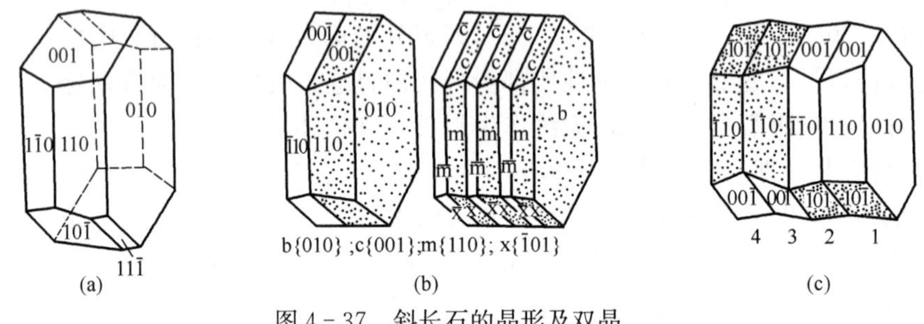

图 4-37　斜长石的晶形及双晶

（a）斜长石的晶形；（b）简单钠长石双晶及聚片双晶；（c）卡—钠复合双晶

绝大多数斜长石都是以双晶形态出现的，双晶类型多样（表 4-7），以钠长石律及肖钠长石律双晶最常见，其单体尺寸达微米级，在斜长石新鲜的（001）面上肉眼也可分辨。卡斯巴律双晶、卡—钠及钠—肖钠复合双晶也十分普遍。双晶是鉴定斜长石的重要标志。

表 4-7　常见的斜长石双晶

双晶名称	双晶要素	接合面	双晶类型
钠长石律	双晶面//（010）	//（010）	简单接触双晶聚片双晶
卡斯巴律	双晶轴//Z 轴	//（010）	简单接触双晶
肖钠长石律	双晶轴 //Y 轴	//Y 轴	聚片双晶

［物理性质］　白色或灰白色，条痕白色，玻璃光泽，透明，硬度 6，解理平行｛010｝和｛001｝完全，两组解理夹角 86°，相对密度 2.61（钠长石）～2.76（钙长石）。

［成因产状］　它是分布最广泛的造岩矿物，主要由岩浆作用和区域变质作用形成。钠长石和更长石主要产于酸性岩浆岩中，中长石主要产于中性岩浆岩中，拉长石、培长石、钙长石主要产于基性岩浆岩中，碱性岩浆岩中的斜长石主要是钠长石。斜长石在片岩、片麻岩中分布也很广。此外，在碎屑沉积岩中也经常见到酸性斜长石。

［鉴定特征］　晶体形态、双晶、颜色、硬度和解理。对斜长石中的各种矿物，肉眼不易识别，需用偏光显微镜进行鉴定。

［用途］　主要造岩矿物。钠长石可用做玻璃和陶瓷原料，富含钙长石者可作耐火材料

的原料，色美透明者可用做细工石料及工艺品。

2. 霞石族

霞石族是$R^{+}[AlSiO_4]$型的架状结构铝硅酸盐矿物的总称。其中，R 为 Li、Na、K 等。在高温时可形成$Na[AlSiO_4]$—$K[AlSiO_4]$连续类质同象系列，端员组分为纯钠霞石（Ne）和纯钾霞石（Ks）在高温时为斜方晶系，低温时为六方晶系。低温时两者的互溶程度变窄，常因固溶体分离形成条纹交生。常温下，钠霞石（Ne）结构中 Ks 的固溶体含量限于 25%以下。

霞石是似长石类的常见矿物。与长石的区别在于：SiO_2 含量比长石少；相对密度较长石略低；主要产于富碱而贫硅的碱性岩浆岩中；在平衡条件下不与石英共生，因有反应：

$$Na[AlSiO_4]+2SiO_2=Na[AlSi_3O_8]$$

钠霞石　　　　　　　钠长石

霞石（nepheline）

［结构式］　$Na_3K[AlSiO_4]_4$，也可简写为（Na，K)$[AlSiO_4]$。

［化学组成］　理论含量：SiO_2 44%，Al_2O_3 33%，Na_2O 16%，K_2O 5%～6%。常含少量 CaO 、MgO、MnO 等。

［形态］　六方晶系，对称型为 L^6。单晶呈六方柱状［图 4－38（a)］，完整的单晶体很少见，有时可见貌似单晶体的双晶，常呈粒状或致密块状集合体。

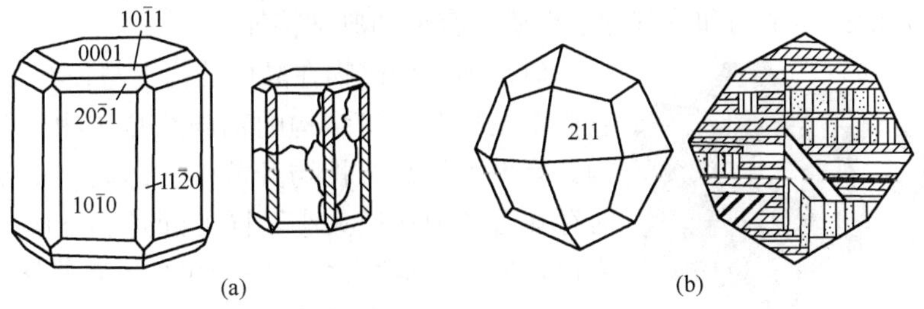

图 4－38　霞石、白榴石的晶体与双晶

（a）霞石的晶体与双晶；（b）白榴石的晶体与双晶

［物理性质］　无色、灰白色或微带浅黄、浅绿、浅红、浅蓝等色调，条痕白色，玻璃光泽，断口油脂光泽，透明，硬度 5.5～6.0，解理平行｛10$\bar{1}$0｝和｛0001｝不完全，断口贝壳状，相对密度 2.55，因含^{40}K故具放射性。

［成因产状］　霞石是在缺少 SiO_2 并富含碱质的高温环境下形成的，是碱性岩的典型标志性矿物，主要产于碱性岩浆岩中，常与正长石、钠长石、微斜长石、碱性辉石等共生。

［鉴定特征］　颜色、光泽、硬度和产状。精确鉴定需用偏光显微镜鉴定法。

［用途］　用于玻璃和陶瓷工业。

3. 白榴石族

白榴石是常见的副长石类矿物。与霞石类似，白榴石也是 SiO_2 不饱和的指示矿物，在平衡条件下不与石英共生。因为，二者在平衡条件下会转变为钾长石，其反应如下：

$$K[AlSi_2O_6]+SiO_2=K[AlSi_3O_8]$$

白榴石　　　　　　　钾长石

白榴石（leucite）

［结构式］　$K[AlSi_2O_6]$。

[化学组成]　含 SiO_2 55.02%，Al_2O_3 23.4%，K_2O 21.58%。常含微量 Na_2O、CaO 和 H_2O 等。

[结构与形态]　白榴石具同质二象，当温度在 605℃以上时形成等轴晶系的 β-白榴石；当温度低于 605℃时，则转变为四方晶系（对称型为 L^4PC）的白榴石。等轴晶系的 β-白榴石转变为低温的四晶系白榴石后，仍然保持其完整的四角三八面体形态［图 4－38 右］。白榴石还以（110）形成貌似四角三八面体的聚片双晶，常呈粒状集合体。

[物理性质]　常为白、灰白色，有时带浅黄色调，条痕白色，玻璃光泽，断口油脂光泽，透明，硬度 5.5～6.0，无解理，相对密度 2.4～2.5，具放射性。

[成因产状]　在富含碱质而贫硅的高温（605℃以下）环境中形成，是碱性岩的典型标志矿物。产于白榴石响岩、白榴石粗面岩和白榴石玄武岩中，常与霞石、碱性辉石共生，而不与石英共生。

[鉴定特征]　晶体形态、颜色、硬度、产状。精确鉴定需用偏光显微镜鉴定法。

[用途]　提炼钾和铝的矿物。

4. 沸石族

到目前为止，天然沸石族矿物已发现 30 余种，而人造沸石多达百余种。

沸石的化学组成一般可表示为：$M_m Me_n [Al_p Si_q O_{2(p+q)}]$ RH_2O，其中 M 代表碱金属离子，Me 代表碱土金属离子，铝离子数不大于硅离子的数目，氧为硅与铝离子数之和的2 倍。

沸石族矿物的晶体结构和物理化学性质，有下列典型特征：

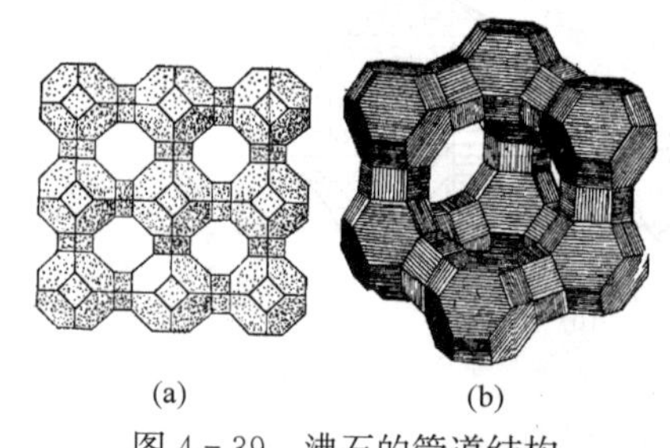

图 4－39　沸石的管道结构

(a) 顶视图；(b) 立体图

（1）沸石族矿物在晶体结构上与长石及似长石相似，它们都是具有架状结构的铝硅酸盐矿物，但沸石晶体结构具有更大的舒张性与开放性。即其相对密度最低，同时存在着各种孔径大小不同的通道和空腔（对一种沸石来说，通道、空腔大小是一致的）。通道分一维、二维和三维的，二、三维通道以空腔作为“接头”，组装成各式各样的相互联通的管道系统，并与外界相通（图4－39）。

（2）沸石中的通道通常都被中性水分子所填充，当加热时，水可徐徐逸出，但晶体结构并不因此而破坏；一旦外界湿度达到某种程度时，又可重新吸入水分，并恢复到原来的含水限度。存在于沸石中的这种水，特称之为“沸石水”。

（3）沸石还具有许多奇特的物理化学性能，如吸附性、催化性、阳离子交换性等。

沸石是一种准稳定矿物，其比较有利的生成条件一般是低温（100～350℃）、低压、pH 值较高（7～12 或 8～12）以及碱金属离子活动性较强的环境。因此，海水、半咸水、淡水、盐湖和碱湖等环境，都是形成沸石的有利场所。

从地质特征来说，沸石有内生与外生两种成因类型。内生沸石常与侵入岩、喷出岩、伟晶岩以及热液作用、接触交代作用有关。常见的沸石产状如下：

（1）在变质安山岩、玄武岩、粗面岩、响岩的孔洞中作为充填物或在这些岩石的裂隙中呈脉状产出；

（2）作为花岗伟晶岩最后结晶的矿物，分布于各种多金属矿床的“脉石”之中；

（3）作为近代温泉的沉淀物，产于各种温泉的沉积物中。

外生沸石大多数是含玻璃质较高的各种火山熔岩、凝灰岩在碱性水的作用下发生脱玻璃化后的产物。此外，在碱性岩风化壳的下部以及在埋藏很深的厚层砂岩中，也常有沸石族矿物的广泛分布。因此，外生沸石在整个沉积作用（含风化、沉积、成岩、后生作用）的各个阶段都可形成。这种类型的沸石矿床规模大、质量好，有重要的工业意义。

沸石族矿物具有许多奇异的物理化学性能，现代生产和科技上常用它们作为分子筛、干燥剂、吸附剂、离子交换剂和催化剂，广泛用于石油化工、纯化氮气、分离各种氢烷、改良土壤、处理放射性废水和硬水软化等方面。

钠沸石（natrolite）

［结构式］ $Na_2[Al_2Si_3O_{10}]\cdot 2H_2O$。

［化学组成］ 理论含量：SiO_2 47.33%，Al_2O_3 27.67%，Na_2O 14.74%，H_2O 9.64%。可有少量K、Ca存在。

［形态］ 斜方晶系，对称型为L^22P。晶体呈柱状［图4-40（a）］，常呈放射状、纤维状集合体，少数成粒状、块状集合体。

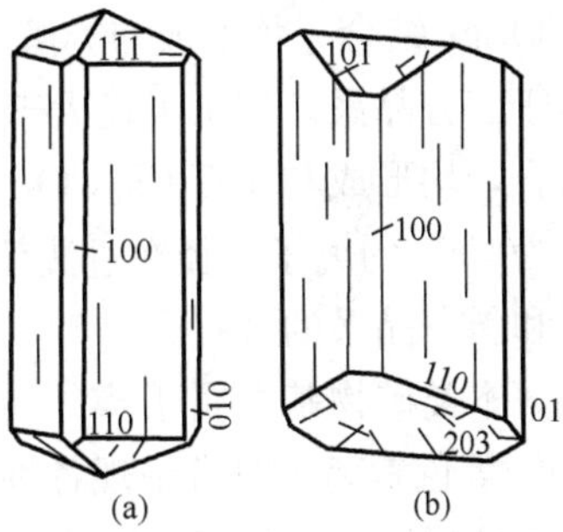

［物理性质］ 无色或白色，可带浅黄、浅绿、浅红色调，玻璃光泽，纤维者丝绢光泽，透明，硬度5～5.5，解理{110}中等至完全，相对密度2.2～2.5，性脆。

［成因产状］ 常为玄武岩中的杏仁体和晶腺体，在霞石正长岩及其伟晶岩中也有分布，多系霞石的热液蚀变产物。

［用途］ 作分子筛、吸附剂等。

图4-40 钠沸石的晶体（a）、浊沸石的晶体（b）

浊沸石（laumontite）

［结构式］ $Ca[Al_2Si_4O_{12}]\cdot 4H_2O$。

［化学组成］ 理论含量：SiO_2 49%～51%，Al_2O_3 21%～22%，CaO 10%～12%，H_2O 13%～16%。并含少量Na、K、Mg、Mn、Fe以及痕量的P、Ba、Sr等。

［形态］ 单斜晶系，对称型为P。单晶体柱状、针状［图4-40（b）］，常呈放射状集合体。

［物理性质］ 灰白、淡黄、浅红或无色，条痕白色，玻璃光泽，透明，硬度3.5～4.0。解理平行{110}和{010}完全，相对密度2.25～2.36。

［成因产状］ 产于喷出岩的气孔中，在沉积岩形成过程中也可以形成浊沸石（如砂岩的胶结物中），有时有自生的浊沸石。

［鉴定特征］ 形态、颜色、硬度和产状。精确鉴定需用其他方法。

［用途］ 与钠沸石相同。

第三节 含氧盐大类其他含氧盐类

一、碳酸盐类

1. 碳酸盐类概述

碳酸盐类矿物在地壳中分布很广，已经发现的有80余种，它们主要是Ba、Sr、Ca、

Mg、Fe、Mn、Na、K 等的无水或含水碳酸盐矿物。本类矿物的质量约占地壳质量的 1.7%。

在本类矿物中，分布最广的是 Ca 和 Mg 的碳酸盐矿物，它们是碳酸盐岩的主要造岩矿物，常构成分布广泛、厚度巨大的湖相和海相碳酸盐岩。由碳酸盐矿物组成的石灰岩是一类重要的生油岩石，也是一类重要的储集石油的岩石。据统计，目前世界上约有 50%的石油储集在碳酸盐岩中，这些油藏的产量约占世界石油总产量的 60%。

本类矿物的主要阴离子是 $[CO_3]^{2-}$，附加阴离子为 $(OH)^-$、F^- 等。由于 $[CO_3]^{2-}$ 的半径（0.255nm）比一般阴离子半径大，所以与碳酸根结合的阳离子主要是 Ca^{2+}、Mg^{2+}、Fe^{2+}、Mn^{2+}、Pb^{2+}、Ba^{2+}、Co^{2+}、Zn^{2+}、Sr^{2+} 等，此外，在有些矿物中还含水分子。

在晶体结构中 $[CO_3]^{2-}$ 呈三角形配位，阳离子 C^{4+} 位于等边三角形的中心，三个 O^{2-} 位于三角形的三个角顶，C—O 间以共价键联结，而 $[CO_3]^{2-}$ 与其他阳离子之间则以离子键相结合。在无水碳酸盐中，离子半径小于 Ca^{2+} 的二价阳离子之间类质同象很普遍，它们与 $[CO_3]^{2-}$ 结合，均形成与方解石 $Ca[CO_3]$ 相同的晶体结构类型，统称为方解石型结构，都属于三方晶系。离子半径大于 Ca^{2+} 的二价阳离子之间类质同象也很普遍，它们与 $[CO_3]^{2-}$ 结合，均形成与文石 $Ca[CO_3]$ 相同的晶体结构类型，统称文石型结构，都属于斜方晶系。因为 Ca^{2+} 的离子半径在过渡位置，所以形成 $Ca[CO_3]$ 的同质二象变体，即三方晶系的方解石和斜方晶系的文石。

本类矿物基本属于离子晶格，矿物呈无色、白色或灰白色，但当含有 Fe^{2+}、Mn^{2+}、Cu^{2+} 等色素离子时常呈现各种彩色，玻璃光泽，硬度小于 4.5。方解石族的矿物都具有平行菱面体 $\{10\bar{1}1\}$ 的完全解理。

所有碳酸盐矿物都溶解于盐酸，并放出 CO_2，在盐酸中反应的强或弱是区分不同矿物的重要标志。本类常细分为方解石族、文石族、孔雀石族等矿物类型。

2. 方解石族

方解石（calcite）

［结构式］　$Ca[CO_3]$。

［化学组成］　理论成分：CaO 56.03%，CO_2 43.97%。经常含有 Mg、Fe、Mn，有时还含有 Pb、Zn、Sr、Ba、Co、TR 等混入物。

［结构与形态］　三方晶系，对称型 $L^3 3L^2 3PC$。方解石晶体结构可以视为 NaCl 型结构的衍生结构，即若将 NaCl 结构中的 Na^+ 和 Cl^- 分别用 Ca^{2+} 和 $[CO_3]^{2-}$ 取代之；同时原立方面心晶胞沿某一个三次轴（L^3）方向压偏而呈钝角状后，就变成了方解石的菱面体形结构［图 4-41（a)］。结构中 $[CO_3]^{2-}$ 三角形平面均垂直于三轴方向成层分布，Ca^{2+} 也垂直于三次轴方向排列成层并与 $[CO_3]^{2-}$ 层在三次轴方向交替排列。每一络阴离子 $[CO_3]^{2-}$ 层均与其相邻的 $[CO_3]^{2-}$ 层中的 $[CO_3]^{2-}$ 三角形方向相反。

完好晶体常见，形态多样，不同聚形多达 600 余种。主要为平行双面 c $\{0001\}$、六方柱 m $\{10\bar{1}0\}$、菱面体 r $\{10\bar{1}1\}$、菱面体 e $\{01\bar{1}2\}$、菱面体 f $\{02\bar{2}1\}$、复三方偏三角面体 v $\{21\bar{3}1\}$ 以及由它们组成的聚形［图 4-41（b)］。常见以 $\{0\bar{1}12\}$ 为双晶面的接触双晶和聚片双晶，但致密块状、粒状、晶簇状、鲕状、钟乳状等集合体更常见。

［物理性质］　无色透明者称“冰洲石”。一般为白、灰色，因含杂质而呈浅黄、浅红、浅蓝、黄褐等色泽，玻璃光泽，硬度 3，菱面体解理 $\{10\bar{1}1\}$ 完全，相对密度 2.6～2.8。

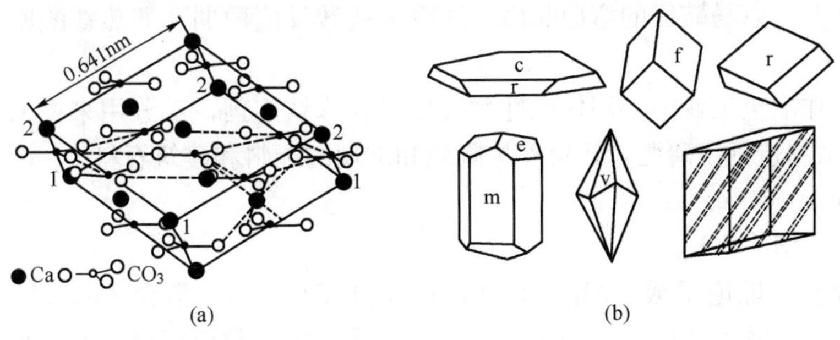

图 4-41　方解石的晶体结构（a）、方解石的晶体及（01$\bar{1}$2）双晶（b）

［化学性质］　易溶于稀的无机酸及某些有机酸，在冷盐酸中剧烈起泡，放出 CO_2。

［成因产状］　方解石是分布广泛的矿物，主要在沉积作用中形成，也见于热液矿脉及变质岩中，是组成石灰岩、大理岩的主要矿物成分。

［鉴定特征］　以其晶形、菱面体解理、聚片双晶纹、硬度较低及与冷稀盐酸作用剧烈起泡为主要鉴定特征。

［用途］　方解石是制造水泥和烧制石灰的原料，还可作冶金工业的熔剂及建筑石料，冰洲石则是重要的光学器材的材料。

白云石（dolomite）

［结构式］　$CaMg[CO_3]_2$。

［化学组成］　理论成分：CaO 30.41%，MgO 21.86%，CO_2 47.23%。常含有 Fe、Mn，有时还含 Pb、Zn、Co 等元素的类质同象的混入物。其中 Fe 与 Mg 能完全相互替代，形成 $CaMg[CO_3]^{2-}$ $CaFe[CO_3]_2$ 完全类质同象系列；当 Fe>Mg 时，称为铁白云石。

［结构与形态］　三方晶系，对称型 L^3C，方解石型结构，不同之处在于方解石结构中 Ca^{2+} 的位置有 1/2 在白云石中被 Mg^{2+} 所占据，且 Ca^{2+} 和 Mg^{2+} 在垂直于三次轴的方向上呈层状作有规律的交替排列，因此导致白云石的对称程度低于方解石。

晶体常呈菱面体状，晶面可弯曲成马鞍形（图 4-42）。常依（0001）、（10$\bar{1}$0）、（10$\bar{1}$1）、（11$\bar{2}$0）、（02$\bar{2}$1）形成双晶，其中（02$\bar{2}$1）聚片双晶纹平行于白云石解理面的长对角线及短对角线，据此可与方解石相区别（图 4-43）。还常呈粒状、致密状集合体，有时呈多孔状、肾状集合体。

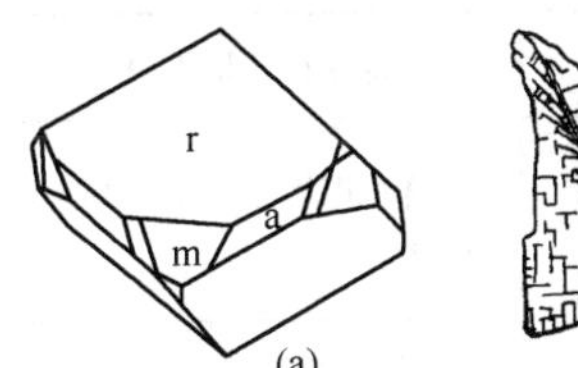

图 4-42　白云石的弯曲晶面（a）及双晶（b）

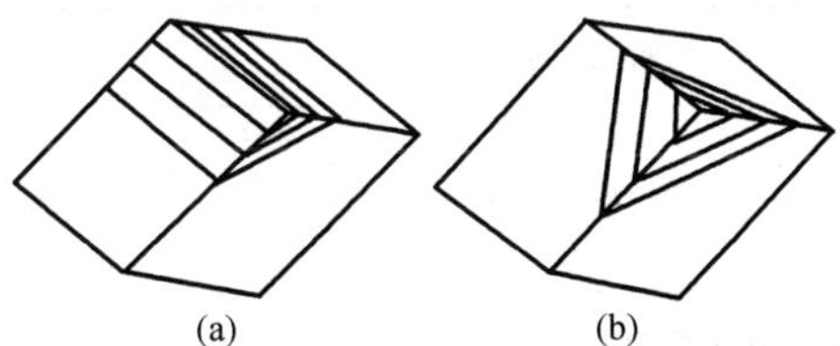

图 4-43　方解石的（01$\bar{1}$2）聚片双晶（a）、白云石的（02$\bar{2}$1）聚片双晶（b）

［物理性质］　纯净者为灰白色，随含 Fe^{2+} 量的增加，颜色从灰（带黄色）变为灰褐色，玻璃光泽，硬度 3.5～4.0，菱面体解理｛10$\bar{1}$1｝完全，相对密度 2.8～2.9。

［化学性质］　白云石可缓慢地溶于醋酸和柠檬酸中，遇冷盐酸反应微弱，但当加热时则迅速溶解并起泡放出 CO_2 气体。

［成因产状］　白云石主要是浅海相沉积物，也可由热液交代和变质作用而形成。

［鉴定特征］　以马鞍形的弯曲晶面、遇冷稀盐酸反应微弱、遇热盐酸剧烈起泡为其鉴别特征。

［用途］　在冶金工业中，用作碱性耐火材料和炼铁熔剂，部分用来提取金属镁，在化学工业中，用来制造钙镁磷肥，还可作为陶瓷和玻璃的配料和建筑石料。

菱镁矿（magnesite）

［结构式］　$Mg[CO_3]$。

［化学组成］　理论组成：MgO 47.81%，CO_2 52.19%。常含 Fe、Mn、Ca，有时含 Ni、Co 等混入物。$Mg[CO_3]$ 与 $Fe[CO_3]$ 之间可形成完全类质同象，但自然界产出的菱镁矿含铁量一般不高（小于 8%），含 FeO 达 9%左右者称铁菱镁矿，含 FeO 更多者称菱铁镁矿。

［结构与形态］　三方晶系，方解石型结构，对称型为 $L^3 3L^2 3PC$。晶体少见，主要单形为菱面体、六方柱、平行双面及复三方偏三角面体的聚形（图 4-44）。常呈粒状、致密块状集合体，在风化带中常呈隐晶质瓷状块体。

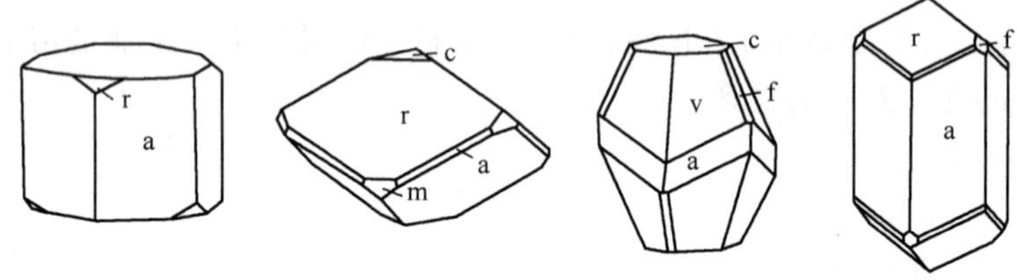

图 4-44　菱镁矿的晶形

［物理性质］　白色、灰白色，含 Fe 呈黄至褐色，含 Co 呈淡红色，瓷状块体呈乳白色，玻璃光泽，透明，硬度 3.5～4.5，菱面体解理 $\{10\bar{1}1\}$ 完全，瓷状块体具贝壳状断口，相对密度 2.9～3.1，性脆。

［化学性质］　冷盐酸对菱镁矿粉末作用缓慢，热盐酸可以迅速溶解菱镁矿并放出 CO_2。

［成因产状］　含镁的热水溶液交代镁质灰岩或白云岩及超基性岩可形成有工业价值的菱镁矿矿床，菱镁矿还产于海相沉积岩层中。

［鉴定特征］　菱镁矿粉末加冷盐酸无泡或极缓慢，可与其他碳酸盐区别（表 4-8）。

表 4-8　方解石、白云石、菱镁矿的区别

方解石 $Ca[CO_3]$	白云石 $CaMg[CO_3]_2$	菱镁矿 $Mg[CO_3]$
矿块加冷盐酸时剧烈起泡	矿粉加冷盐酸时冒泡	矿粉加冷盐酸不冒泡，加热盐酸才冒泡
矿粒在镁试剂中不染色	矿粒在镁试剂中可染成蓝色	同白云石
矿粒在冷的三氯化铁溶液中，表面染成褐色；加热后，表面染成褐红色	如左法，冷三氯化铁溶液中表面不染色，加热后则染成褐色	如左法，在冷的或热的三氯化铁溶液中均不染色
在 20%硝酸钠溶液中，温热数分钟后，矿物表面染成鲜绿色	如左法试之不染色	如左法试之不染色
双晶常见	双晶少见	双晶不见

［用途］　主要用于冶金工业上制作耐火材料及提炼金属镁的原料。

菱铁矿（siderite）

［结构式］　$Fe[CO_3]$。

［化学组成］　理论组成：FeO 62.01%，CO_2 37.99%。常含 Mn、Mg、Ca 等类质同象混入物，并形成锰菱铁矿、镁菱铁矿、钙菱铁矿等变种。有时还含 Si、Al 等杂质。

［结构与形态］　三方晶系，方解石型结构，对称型 $L^3 3L^2 3PC$。单晶体呈菱面体、六方柱、偏三角面体及其聚形，晶面往往弯曲（图 4－45）。常呈粒状、土状、致密状、结核状、胶状集合，非晶质及隐晶质者称胶菱矿。

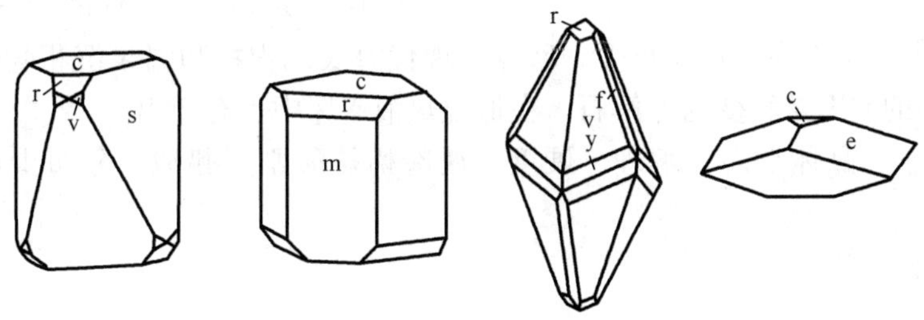

图 4－45　菱铁矿的晶体

［物理性质］　新鲜者浅灰白、浅黄白色，风化后呈褐、棕红至黑色，玻璃光泽，透明至半透明，硬度 4，菱面体解理 $\{10\bar{1}1\}$ 完全，相对密度 3.7～4.0（随锰、镁含量增加而降低）。

［化学性质］　易溶于无机酸，也溶于醋酸，菱铁矿在冷稀盐酸中缓慢起泡，用 1%的铁氰化钾 $K_3Fe[CN]_6$ 溶液浸湿时，其表面呈“腾氏蓝色”。

［成因产状］　主要在沉积作用和热液作用中形成，在氧化带不稳定，易分解成水赤铁矿物、褐铁矿而成铁帽。

［鉴定特征］　以其颜色、菱面体解理、遇冷稀盐酸缓慢起泡，可与其他碳酸盐区别。

［用途］　可作铁矿石，是提炼铁的矿物原料。

3. 文石族

本族是二价大半径阳离子 Ba^{2+}、Sr^{2+}、Pb^{2+}、Ca^{2+} 的碳酸盐矿物，都具有文石型的晶体结构，属斜方晶系，常依 {110} 形成三连晶而呈假六对称晶形。物理性质随阳离子不同而有较大变化。

文石（aragonite）

［结构式］　$Ca[CO_3]$。

［化学组成］　含 CaO 56.3%，CO_2 43.97%。Ca 常被 Sr、Pb、Zn、TR 所替代，形成锶文石、铅文石、锌文石、稀土文石等。

［结构与形态］　文石与方解石为同质二象变体，又称“霰石”。文石结构中的 Ca^{2+} 按六方最紧密堆积规律排列，$[CO_3]^{2-}$ 位于其八面体空隙中（1/3 或 2/3 高度处），Ca^{2+} 周围围绕着 9 个 O^{2-}（配位数为 9），每个 O^{2-} 与三个钙及一个碳联结［图 4－46（a）］。

斜方晶系，对称型 $3L^2 3PC$。单晶体板状、柱状或针状［图 4－46（b）］，依（110）形成接触双晶，并形成假六方柱状穿插三连晶（图 4－47）。常呈柱状、纤维状、晶簇状、钟乳状、鲕状集合体。

［物理性质］　无色或白色，条痕白色，玻璃光泽，断口油脂光泽，透明，硬度 3.5～

4.0，解理平行{110}不完全，断口贝壳状，相对密度 2.49。遇冷稀盐酸剧烈起泡。

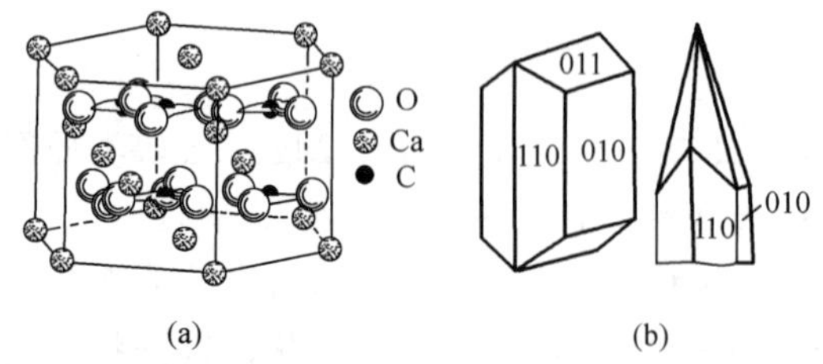

图 4-46 文石的晶体结构（a）、文石的晶形（b）

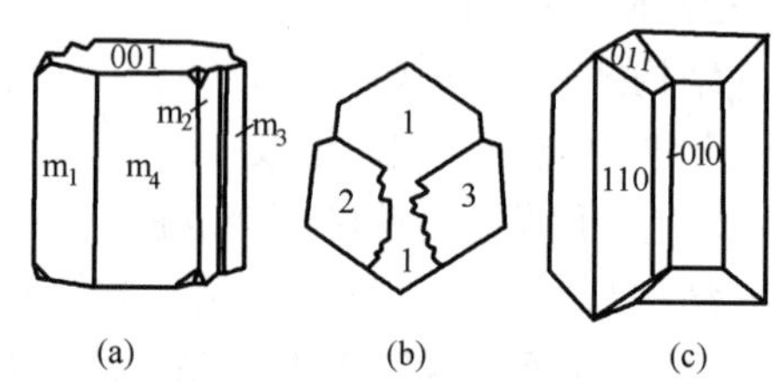

图 4-47 文石的双晶

（a）三连晶；（b）三连晶横切面；（c）接触双晶

［成因产状］ 文石主要产于贝壳、珍珠、现代海底沉积物和温泉沉积物中。文石很不稳定，自然界中的文石常转变为方解石。在低温热液矿床中也有产出。

［鉴定特征］ 晶体形态、解理、硬度、遇冷稀盐酸剧烈起泡。分布少，几乎无工业价值。

4. 孔雀石族

本族是化学成分中含 Cu 和（OH）的碳酸盐矿物。

孔雀石（malachite）

［结构式］ $Cu_2[CO_3][OH]_2$。

［化学组成］ 含 CuO 71.9%，CO_2 19.9%，H_2O 8.2%。Zn 常替代 Cu（可达 12%）而成锌孔雀石，还可有吸附或机械混入物 Ca、Fe、Si、Ti、Na、Pb、Ba、V 等杂质。

［形态］ 单斜晶系，对称型为 L^2PC。单晶呈沿 c 轴的柱状或针状，可依（100）形成燕尾双晶［图 4-48（a）］。常呈肾状、葡萄状、皮壳状、粉末状、土状及充填脉状、晶簇状等集合体。

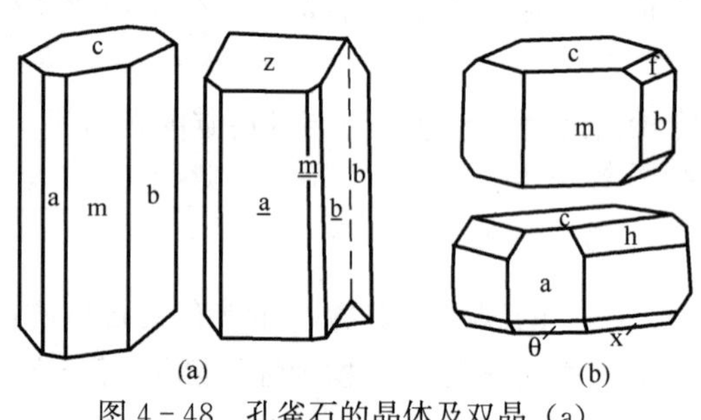

图 4-48 孔雀石的晶体及双晶（a）、蓝铜矿的晶体（b）

［物理性质］ 一般为绿色（变化大，自暗绿、鲜绿至白色），条痕浅绿色，玻璃至金刚光泽，纤维状者丝绢光泽，半透明，硬度 3.5～4.0，解理平行{201}及{010}完全，相对密度 3.8～4.0，遇冷稀酸起泡。

［成因产状］ 由含铜矿物氧化后形成，产于铜矿床氧化带，常与蓝铜矿共生。

［鉴定特征］ 形态、颜色、遇盐酸起泡。

［用途］ 天然颜料，工艺石料，也是炼铜的矿物之一。

蓝铜矿（azurite）

［结构式］ $Cu_3[CO_3]_2(OH)_2$。

［化学组成］ 含 CuO 69.24%，CO_2 25.53%，H_2O 5.23%。成分相当稳定。

［形态］ 单斜晶系，对称型 L^2PC。单晶呈短柱状、厚板状，多为平行双面及斜方柱的聚形［图 4-48（b）］。常呈钟乳状、土状、皮壳状、薄膜状、致密粒状、晶簇状、放射状等集合体。

［物理性质］ 深蓝色，条痕浅蓝色，玻璃光泽，土状集合体呈土状光泽，半透明，硬度 3.5～4.0，解理平行{011}、{100}完全，相对密度 3.77～3.9，性脆，遇盐酸起泡。

［成因产状］ 风化成因形成。产于含铜硫化物氧化带中，常与孔雀石共生。

［鉴定特征］　颜色、遇盐酸起泡、共生矿物。

［用途］　炼铜的矿物，也可作蓝色颜料。

二、硫酸盐类

1. 硫酸盐类概述

地壳中已经发现的硫酸盐矿物约180余种，约占地壳质量的0.1%。许多矿物，例如石膏、重晶石、芒硝、明矾石都是重要的矿物原料。在石油勘探中，天青石、石膏等可作为沉积环境标志矿物，含油地层中的石膏层是优质盖层，例如四川南部三叠系以碳酸盐岩为储油气层的天然气田，盖层就是石膏层。

在硫酸盐矿物中与［SO_4］$^{2-}$结合的阳离子可分为两类：一类是大半径的Ba^{2+}、Sr^{2+}、Pb^{2+}等，它们与［SO_4］$^{2-}$结合成无水硫酸盐矿物；另一类是半径较小的K^+、Na^+、Mg^{2+}、Fe^{2+}、Al^{3+}等，它们与［SO_4］$^{2-}$结合形成含水硫酸盐矿物。此外，在有些矿物中还含附加阴离子（OH）$^-$、Cl^-等。

硫酸盐矿物具有典型的离子晶格，矿物多呈无色或浅色，玻璃光泽，透明，硬度2～3。

在硫酸盐矿物中，硫是最高价态S^{6+}，［SO_4］$^{2-}$为氧化环境的产物，所以，硫酸盐矿物主要形成于外生条件的氧化环境中。常见的有重晶石族、石膏族矿物。

2. 重晶石族

重晶石（barite）

［结构式］　Ba［SO_4］。

［化学组成］　含BaO 65.7%，SO_3 34.3%。常含类质同象混入物Sr、Pb、Ca等。

［形态］　斜方晶系，对称型$3L^2 3PC$。单晶常呈厚板状或短柱状［图4-49（a）］，有时可见聚片双晶。常呈板状、粒状、纤维状、块状、晶簇状以及钟状、结构状集合体。

［物理性质］　纯净者无色透明，常呈白、灰白、浅黄、淡褐色，条痕白色，玻璃光泽，透明，硬度3～3.5，解理平行｛001｝和｛210｝完全，｛210｝解理有两组，解理夹角（001）∧（210）＝90°，（210）∧（$2\bar{1}0$）＝101°40′，相对密度4.3～4.5。

［成因产状］　重晶石有热液和沉积两种成因。热液成因的重晶石，产于低温热液矿脉中，常与方解石、石英、萤石、方铅矿等共生；沉积成因的重晶石，常呈结核状产于石灰岩、粘土岩沉积层中，与石膏、天青石共生。

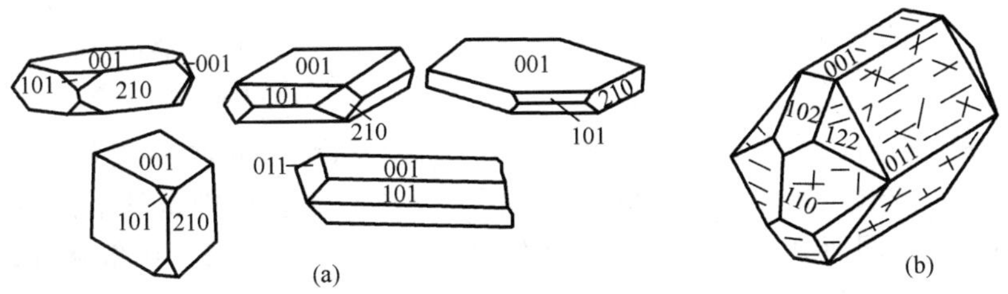

图4-49　重晶石的晶体（a）、天青石的晶体（b）

［鉴定特征］　晶体形状、解理、硬度与相对密度。

［用途］　化工原料，石油钻井液加重剂。

天青石（celestine）

［结构式］　Sr［SO_4］。

［化学组成］ 含 SrO 56.42%，SO_3 43.58%。常含类质同象混入物 Ba 和 Ca，其中，Sa 与 Sr 可形成完全类质同象替代。

［形态］ 斜方晶系，对称型 $3L^2 3PC$。单晶柱状［图 4-49（b）］，常呈粒状、结核状集合体。

［物理性质］ 天蓝色，故名天青石，条痕白色，玻璃光泽，透明，硬度 3～3.5，解理平行｛001｝和｛210｝完全，相对密度 3.9～4.0，紫外光照射下有时显萤光。

［成因产状］ 以化学沉积成因为主，产于石灰岩、白云岩、泥灰岩和含石膏的粘土岩中；热液成因也有形成，产于热液矿脉中，常与方铅矿、闪锌矿共生。

［鉴定特征］ 晶体形态、颜色、相对密度、硬度和解理。

［用途］ 提炼锶的矿物。

3. 石膏族

石膏（gypsum）

［结构式］ $Ca[SO_4] \cdot 2H_2O$。

［化学组成］ 含 CaO 32.5%，SO_3 46.6%，H_2O 20.9%。通常含有粘土、有机质等机械混入物。

［形态］ 单斜晶系，对称型为 L^2PC。单晶体常呈板状，少数呈柱状（图 4-50）。最常出现的单形有 b｛010｝、p｛103｝、m｛110｝、l｛111｝，有时还见有｛120｝，在｛110｝及｛010｝晶面上可见到纵纹。常见接触双晶，多是依（100）为双晶面的“加里（律）双晶”，有时可见到依（101）为双晶面的“巴黎（律）双晶”，这两种双晶都似燕尾，统称“燕尾双晶”（图 4-51）。多呈致密状、纤维状、晶簇状集合体，有时呈土状、片状集合体。纤维状者，其纤维垂直于裂隙壁，称“纤维石膏”；细粒状块体者，称雪花石膏；无色透明晶体，称为透石膏。

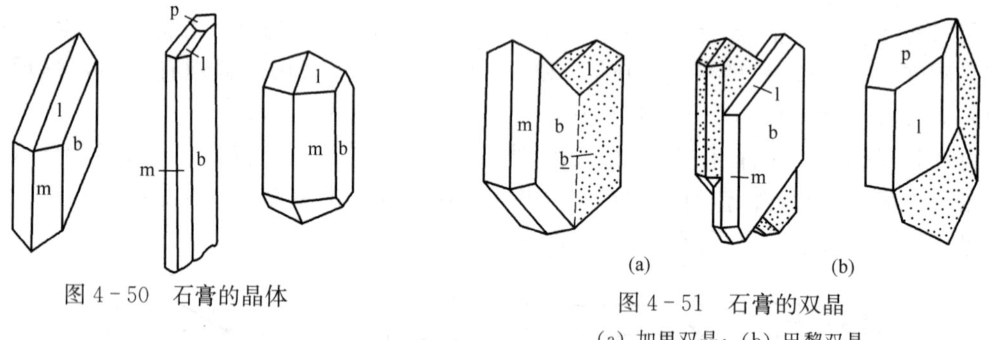

图 4-50 石膏的晶体

图 4-51 石膏的双晶

（a）加里双晶；（b）巴黎双晶

［物理性质］ 白色，有时为无色透明，由于含有其他杂质而可被染成各种颜色（灰、褐、黄等颜色），玻璃光泽，解理面呈珍珠光泽，纤维状集合体则呈丝绢光泽，硬度 1.5～2.0。解理因方向不同而异，平行｛010｝极完全解理，平行｛011｝中等解理，｛100｝不完全解理，解理薄片有挠性，相对密度 2.3。

［成因产状］ 主要是化学沉积成因的产物，在干热气候条件下，化学沉淀的方式沉积在盐湖和闭塞海湾中，与石盐、钾盐、光卤石等形成互层。矿物的种类和沉淀的先后顺序决定于溶液的成分和温度。一般总是石膏先沉淀，然后是硬石膏，最后才是可溶性的盐类（硫酸类、岩盐等）沉淀。大多数石膏矿床（如湖北应城、湖南湘潭等）均属此类型。

硬石膏层在近地表条件下，外部压力减低，受水的作用则可水化形成石膏，相应体积增大约 30％。

在硫化物矿床氧化带中，原生硫化物被氧化后生成硫酸盐，再与围岩石灰岩进行作用可以生成石膏。由这种方式产生的石膏，多出现于氧化带下部及原生矿物带上部裂缝中。干旱地区岩石风化也可产生石膏，有时地下水沿毛细管上升，不断蒸发，可在地面成白色盐华状石膏沉积，我国西北地区常见这种现象。

［鉴定特征］　低硬度，具有一组极完全的理解以及各种特征的形态。与碳酸盐矿物的区别在于加 HCl 不起泡，闭管中加热可放出水分。

［用途］　用以塑造模型，制造水泥等。透石膏可用作光仪器上的一些附件。

硬石膏（anhydrite）

［结构式］　$Ca[SO_4]$。

［化学组成］　含 CaO41.2％，SO_3 58.8％。常有 Sr 的类质同象混入。

［形态］　斜方晶系，对称型 $3L^2 3PC$。常沿 X 轴或 Z 轴生长呈厚板状晶体，有时呈柱状。依（011）形成接触双晶或聚片双晶。经常呈粒状、纤维状及块状集合体出现。

［物理性质］　白色，常微带浅蓝色、浅灰、浅红色，可被铁及粘土染成红、褐、灰色，条痕灰或浅灰白色，玻璃光泽，解理面珍珠光泽。硬度较石膏略大（3～3.3），解理平行{010}完全，{100}和{001}中等，可裂成似立方体解理块，相对密度 2.8～3.0。在闭管中加热不放出水分，加 HCl 不起泡。

［成因产状］　成因及产状与石膏相似，当温度略高时更有利于硬石膏沉积。

硬石膏在地表条件下不稳定，易水解成石膏，在一般条件下 25℃时开始转变为石膏，在较潮湿气候下 15℃时开始转变。

［鉴定特征］　以相对密度较小、三组完全解理相互正交与重晶石相区别。加 HCl 不起泡区别于碳酸盐矿物。硬度较大及解埋与石膏相区别。

［用途］　作胶凝材料，建筑路面、墙面等。

三、磷酸盐类

1. 磷酸盐类概述

已知的磷酸盐矿物约 200 种，除少数矿物在自然界有广泛分布外，大多数量极少。

磷酸盐是金属阳离子和 $[PO_4]^{3-}$ 相化合形成的盐类，磷酸根的离子较大，与半径大的三价阳离子（稀土元素 TR^{3+} 等）形成稳定的无水化合物，如独居石等；与半径较大的二价阳离子（Ca^{2+}、Sr^{2+}、Pb^{2+} 等）结合形成有附加阴离子［$(OH)^-$、F^-、Cl^-、O^{2-} 等］的矿物，如磷灰石等；与半径较小的二价阳离子（Mg^{2+}、Fe^{2+}、Co^{2+}、Zn^{2+} 等）结合时，阳离子常具有水合膜（水化阳离子），如钴华等；与一价阳离子（Li^+、Na^+、K^+ 等）及铝离子 Al^{3+} 形成复盐，如锂磷铝石 $LiAl[PO_4]F$ 等。

本类矿物类质同象十分普遍，不仅阳离子之间有复杂的类质同象，阴离子之间也常有同价或异价类质同象替代。

磷酸盐矿物大都为浅色，硬度一般大于 4，但含水的矿物硬度降低，相对密度变化大，从 1.8 到 7 以上。下面着重介绍几种典型代表性矿物。

2. 磷灰石族

磷灰石（apatite）

［结构式］ $Ca_5[PO_4]_3(F,Cl,OH)$。

［化学组成］ 按 $Ca_5[PO_4]_3F$ 计算，理论上含 P_2O_5 42.22%，CaO 50.03%，CaF_2 7.75%。常含类质同象混入物 Na^+、Sr^{2+}、TR^{3+}，并常可有阴离子 $[CO_3]^{2-}$、$[SO_4]^{2-}$ 的类质同象。依附加阴离子的不同，磷灰石常分为如下亚种：氟磷灰石 $Ca_5[PO_4]_3F$、氯磷灰石 $Ca_5[PO_4]_3Cl$、羟磷灰石 $Ca_5[PO_4]_3(OH)$、碳磷灰石 $Ca_5[PO_4,CO_3(OH)]_3(F,OH)$等，以氟磷灰石最常见，即一般所称磷灰石。

［形态］ 六方晶系，对称型为 L^6PC。单晶常呈六方柱状、厚板状，主要单形有六方柱 $\{10\bar{1}0\}$，$\{11\bar{2}0\}$，六方双锥 $\{10\bar{1}1\}$、$\{11\bar{2}1\}$，平行双面 $\{0001\}$ 等（图 4－52）。多呈粒状、致密块状或结核状集合体。

［物理性质］ 纯净者无色，但常因杂质而呈灰绿、绿、褐红色，条痕白色，玻璃光泽，断口油脂光泽，透明，硬度 5.0，解理平行 $\{0001\}$ 和 $\{10\bar{1}0\}$ 不完全，相对密度 3.18～3.21。

［成因产状］ 磷灰石有多种成因。内生作用形成的磷灰石，产于岩浆岩、伟晶岩和火山岩中；沉积作用形成的磷灰石常呈隐晶质集合体，称磷块岩。此外，它还是碎屑沉积岩中常见的重矿物。

［鉴定特征］ 晶体形态、颜色、硬度。精确鉴定需用其他方法。

［用途］ 是制造磷肥、磷酸和其他化工产品的原料。

3. 独居石族

独居石（monazite）（又称磷铈镧矿）

［结构式］ $(Ce,La)[PO_4]$。

［化学组成］ 理论上含 Ce_2O_3 34.99%，La_2O_3 34.74%，P_2O_5 30.27%。常含类质同象混入物 Th、Ca、U、Zr 等。富 Th、Ca、U 的独居石 $(TR,Th,Ca,U)[(P,Si)O_4]$ 含 ThO_2 达 30%、CaO 达 6%、U_3O_8 达 4%。

［形态］ 单斜晶系，对称型 L^2PC，单晶呈沿（100）的小板状（图 4－53），在碎屑沉积岩中呈粒状。

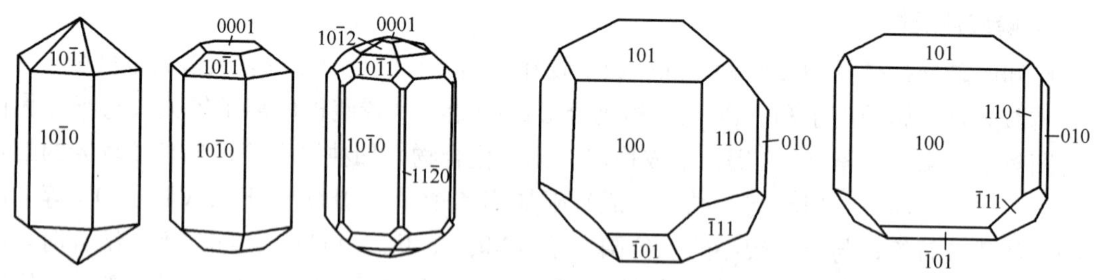

图 4－52 磷灰石的晶体

图 4－53 独居石的晶体

［物理性质］ 蜜黄色或棕色，条痕白色，玻璃光泽，透明，硬度 5～5.5，解理平行 $\{100\}$ 中等，相对密度 4.9～5.5。含 Th、U 者具放射性。

［成因产状］ 是岩浆岩中的副矿物，产于花岗岩、正长岩和花岗伟晶岩中，也出现于片麻岩中。由于独居石的化学性质稳定，相对密度大，所以它是碎屑沉积岩中常见的重矿物。

［鉴定特征］ 颜色、相对密度、放射性。精确鉴定需用偏光显微镜鉴定法。

第四节　氧化物和氢氧化物大类

一、概述

本大类矿物是金属和非金属的阳离子与阴离子 O^{2-} 或 $(OH)^-$ 相化合而形成的化合物。已经发现的氧化物和氢氧化物矿物约 300 多种，占地壳质量的 17%。其中有些矿物是组成三大类岩石（岩浆岩、沉积岩和变质岩）的主要造岩矿物，石英是碎屑岩的主要矿物成分，而碎屑岩是主要的储集石油的岩石之一。根据 1971 年的统计，储集在碎屑岩中的石油占世界石油总储量的 42.7%。在碎屑岩中，石英砂岩是最好的储油岩石。

组成本大类矿物的主要阳离子有 30 余种，它们主要是惰性气体型离子和过渡型离子，本大类矿物在化学组成上的另一个特点是类质同象很广泛，常形成完全类质同象系列。

在晶体结构中，由于阴离子 O^{2-} 的半径为 $(0.135 \sim 0.142) \times 10^{-9}$ m，比与它结合的阳离子大，因而 O^{2-} 常呈立方或六方最紧密堆积，阳离子则充填于 O^{2-} 形成的四面体或八面体空隙中，阳离子的配位数多为 4 或 6。对于少数阳离子半径过大的氧化物，例如晶质铀矿 (UO_2)，四面体空隙和八面体空隙都无法容纳，致使 O^{2-} 作近似紧密堆积，U^{4+} 位于 O^{2-} 形成的立方体空隙中，配位数为 8。氧化物的晶体结构也可看成是以阳离子的配位多面体以不同形式联结形成的体系。

在氢氧化物矿物的晶体结构中，由于 $(OH)^-$ 半径为 0.133×10^{-9} m，因此晶体结构主要取决于 $(OH)^-$。常呈立方或六方最紧密堆积或近似紧密堆积，阳离子多位于其八面体空隙中，相邻的八面体常常共用角顶或共用棱联结成八面体链或八面体层。

本大类矿物主要为离子晶格。当阳离子电价很高时，化学键向共价键过渡，例如石英。某些过渡型阳离子的氧化物，还具有金属键的特点，例如磁铁矿。但氢氧化物中，因为 $(OH)^-$ 的存在，它的键力比氧要弱得多，与阳离子之间多表现为氢键及氢氧键的性质。

多数矿物具有两种结晶习性：一种是沿八面体链延伸，形成柱状或针状晶体；另一种是沿八面体层延伸，形成板状、片状晶体。此外，由于某些矿物的晶体很小，所以常常形成各种隐晶质或胶态集合体。

矿物的光学性质与阳离子种类有关。由惰性气体型离子组成的氧化物和氢氧化物，颜色和条痕为无色、白色或浅彩色，玻璃光泽，透明。由过渡型离子组成的氧化物和氢氧化物，常具各种彩色、钢灰色或铁黑色，金刚光泽到半金属光泽，半透明至不透明。

大多数氧化物矿物具有较高的硬度和较大的相对密度，氢氧化物矿物的硬度和相对密度，一般都比相应的氧化物矿物低，因为在晶体结构中，八面体链之间或八面体层之间的化学键力较弱，所以有些矿物具有平行八面体层的极完全解理或平行八面体链的完全解理。

二、氧化物类

本类矿物若由单一阳离子与氧结合形成，称简单氧化物，含 A_2X、AX、A_2X_3、AX_2 等类型；若由两种或多种阳离子与氧结合形成，称复杂氧化物，含 ABX_3、AB_2X_4、ABX_4、AB_2X_6、$A_2B_2X_7$ 等类型。其中 A、B 为阳离子，X 为氧离子。下面简要介绍常见代表矿物。

1. 刚玉族

刚玉（corundum）

[结构式]　$\alpha-Al_2O_3$。

实验室中加热氧化铝水化合物和铝盐过程中能获得 $\alpha-Al_2O_3$（三方晶系）、$\beta-Al_2O_3$（六方晶系）、$\gamma-Al_2O_3$（四方晶系）等多种 Al_2O_3 变体。稳定的天然 $\alpha-Al_2O_3$ 变体称刚玉。

[化学组成]　含 Al 53.2%，O_2 46.8%。有些刚玉含类质同象混入物 Ti、Fe、Cr、Mn。

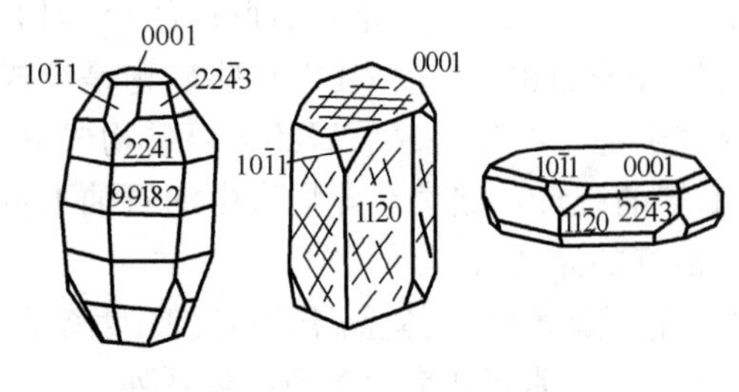

图 4-54　刚玉的晶体

[形态]　三方晶系，对称型 $L^3 3L^2 3PC$。单晶体呈腰鼓状、桶状及厚板状（图 4-54），常为六方柱 {11$\bar{2}$0}、菱面体 {10$\bar{1}$1}、六方双锥 {22$\bar{4}$1} 和平行双面 {0001} 等单形的聚形，柱面上常出现斜条纹或横条纹，底面上可见三角形裂开纹。常依（10$\bar{1}$1）呈聚片双晶，少数依（0001）成双晶。多呈粒状集合体。

[物理性质]　常呈不同色调的灰色，含钛时呈蓝色、含铬时呈红色、含铁时呈黑色，条痕灰白色，半透明—透明，玻璃—金刚光泽。硬度 9，无解理，因聚片双晶而具 {10$\bar{1}$1} 和 {0001} 的裂开，相对密度 3.95～4.10。熔点 2000～2030℃，化学性质稳定，不易被腐蚀。

[成因产状]　岩浆作用形成的刚玉产于富铝贫硅的岩浆岩和伟晶岩中，与长石、尖晶石等共生；区域变质作用形成的刚玉产于片麻岩中，与矽线石、磁铁矿、白云母等共生；接触交代变质作用形成的刚玉产于岩浆岩与石灰岩的接触带中，与方解石、磁铁矿、绿帘石等共生；机械沉积作用形成的刚玉产于沉积岩中，它是沉积岩中的重矿物。

[鉴定特征]　晶体形态、晶面条纹和硬度。

[用途]　作仪表轴承、研磨材料、彩色透明的晶体是名贵宝石。其中，透明呈蓝色者称“蓝宝石”，透明呈红色称“红宝石”。

赤铁矿（hematite）

[结构式]　Fe_2O_3。

自然界的 Fe_2O_3 同质多象变体的有 $\alpha-Fe_2O_3$ 与 $\gamma-Fe_2O_3$ 二种，前者是在自然界稳定的刚玉型结构的赤铁矿，后者是处于亚稳定态的尖晶石型结构的磁铁矿。

[化学组成]　理论上含 Fe 69.94%，O_2 30.06%。常含有类质同象混入物 Ti、Al、Mn、Mg 等，据此有钛赤铁矿、镁赤铁矿等变种。还常有金红石、钛铁矿等包裹体。

[形态]　三方晶系，对称型 $L^3 3L^2 3PC$。单晶体呈片状或板状，依（10$\bar{1}$1）成聚片双晶，依（0001）成穿插或接触双晶（图 4-55），但晶体较少见。常呈显晶质的板状、鳞片状、粒状集合体，还常呈隐晶质的致密块状、鲕状、肾状、粉末状集合体。

[物理性质]　晶体和显晶质集合体呈钢灰色或铁黑色，隐晶质集合体呈暗红色，条痕樱桃红—褐红色，半金属至金属光泽，不透明，硬度 5.5～6，无解理，相对密度 5～5.3。

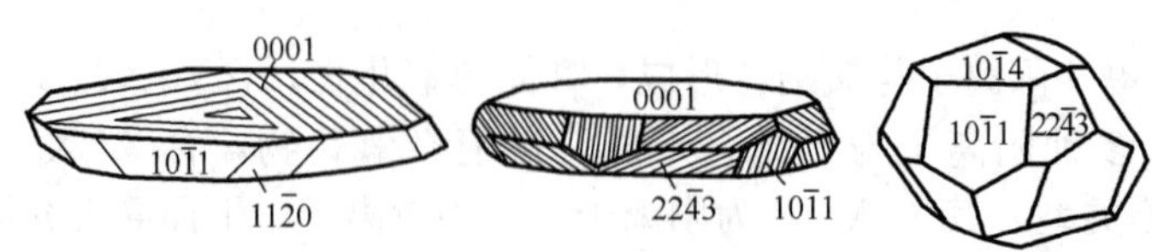

图 4-55　赤铁矿的晶体

［成因产状］　沉积作用形成者是由胶体溶液凝聚而成的，常呈鲕状、肾状等形态，往往形成分布广泛厚度巨大的铁矿层，与石英、鲕绿泥石、粘土矿物等共生；热液作用形成者产于热液矿床中，与石英、磁铁矿、重晶石、方解石等共生；区域变质作用形成者产于区域变质岩中；接触交代变质作用形成者产于矽卡岩中，与阳起石、磁铁矿共生；此外，风化作用也可形成赤铁矿。

赤铁矿可有下列亚种：具片状集合体和金属光泽的赤铁矿称“镜铁矿”，它主要产于热液矿脉、火山口周壁和熔岩裂隙中；具有细鳞片状集合体和金属光泽的赤铁矿称为“云母赤铁矿”，它产于区域变质岩中；具鲕状或肾状形态的赤铁矿称为“鲕状或肾状赤铁矿”，它们产于沉积矿床中。

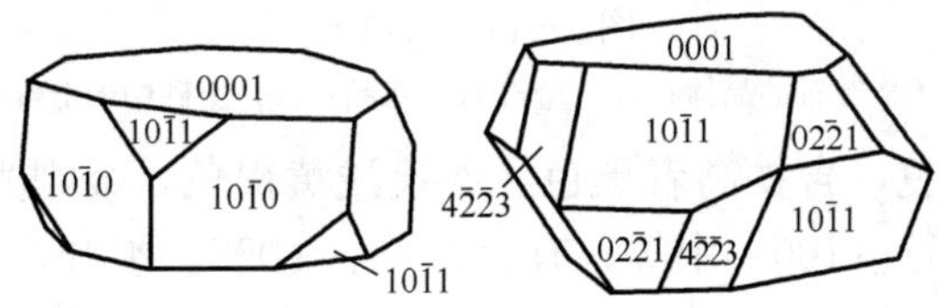

图 4-56　钛铁矿的晶体

［鉴定特征］　形态、颜色、条痕。完好晶体的（0001）晶面上常出现由（10$\bar{1}$1）聚片双晶形成的三角形凹坑及生长锥等花纹。

［用途］　炼铁的最主要矿物。

钛铁矿（ilmenite）

［结构式］$FeTiO_3$。

［化学组成］　含 FeO 47.3%，TiO_2 52.7%。常含类质同象混入物 Mg、Mn、Nb、Ta 等。

［形态］　三方晶系，对称型 L^3C，单晶体呈厚板状、鳞片状（图 4-56），常与榍石、磁铁矿、刚玉形成连生体，但晶体极少见，常呈不规则粒状集合体。

［物理性质］　钢灰色到铁黑色，条痕黑色，半金属光泽，不透明，硬度 5.5，无解理，有时具｛0001｝或｛10$\bar{1}$1｝裂开，相对密度 4.72，具弱导电性和弱磁性。

［成因产状］　主要由岩浆作用形成，产于基性岩和碱性岩有关的伟晶岩中。在基性岩中，钛铁矿与磁铁矿、紫苏辉石和基性斜长石共生；在伟晶岩中，钛铁矿与长石、云母、磁铁矿等共生；此外，还可以形成于冲积砂矿或者成为碎屑岩中的重矿物。

［鉴定特征］　晶体形态、条痕和弱磁性。

［用途］　提炼钛的重要矿物。

2. 金红石族

金红石（rutile）

［结构式］　TiO_2。

［化学组成］　含 Ti 60%，O_2 40%。常含 Fe^{2+}、Fe^{3+}、Nb、Ta 等类质同象混入物。

［结构与形态］　金红石的晶体结构是氧 O^{2-} 近似作六方最紧密堆积，钛离子 Ti^{4+} 位于半数的畸变八面体空隙中。每个氧离子被三个钛离子 Ti^{4+} 围绕，所以，Ti^{4+} 的配位数是 6，O^{2-} 的配位数是 3。每个 Ti—O 配位八面体与其上下相邻的两个 Ti—O 配位八面体各以一个共同棱相连而呈平行于 Z 轴的链（图 3-7）。因而金红石呈沿 Z 轴的柱状和针状晶习，并具有平行 Z 轴的柱面解理。金红石与板钛矿（斜方晶系）、锐钛矿（四方晶系）为 TiO_2 的同

质多象变体。

四方晶系，对称型 $L^4 4L^2 5PC$。单晶体呈四方柱和四方双锥所组成的聚形，常依（011）形成膝状双晶或三连晶［图 4－57（a），（b）］。多呈粒状或致密块状集合体。

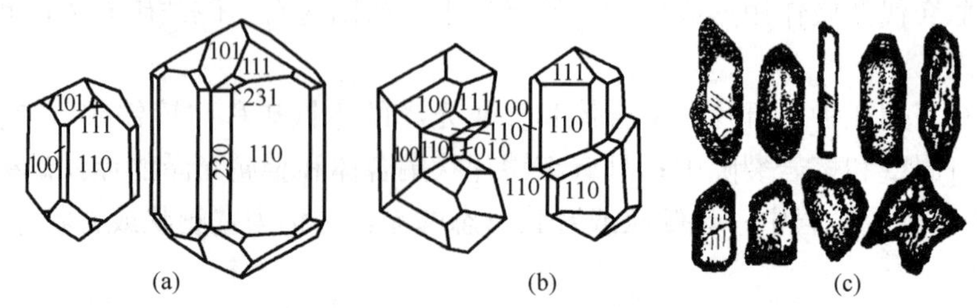

图 4－57　金红石

（a）金红石的晶体；（b）金红石的双晶；（c）重砂中的金红石

［物理性质］　红褐色，含铁高者黑色，条痕浅黄褐色，金刚光泽，透明，硬度 6，解理平行｛110｝完全、平行｛100｝中等，有｛011｝、｛092｝裂开，相对密度 4.2～4.3，富 Nb、Ta 者达 5.5。

［成因产状］　岩浆作用形成的金红石，产于酸性岩浆浆岩中；区域变质作用形成的金红石，主要产于片麻岩和榴辉岩中；机械沉积作用形成的金红石，产于碎屑沉积岩中，是碎屑岩中常见的重矿物［图 4－57（c）］。

［鉴定特征］　晶体形态、双晶、颜色及解理。

锡石（cassiterite）

［结构式］　SnO_2。

［化学组成］　含 Sn 78.8%，O_2 21.2%。常含 Fe、Mn、Ta、Nb 等类质同象混入物。

［形态］　四方晶系，对称型 $L^4 4L^2 5PC$。单晶体为四方柱｛100｝、｛110｝和四方双锥｛lll｝、｛101｝的聚形（图 3－33），常以（011）为双晶面形成膝状双晶［图 4－58（a）］。多呈粒状及致密块状集合体。

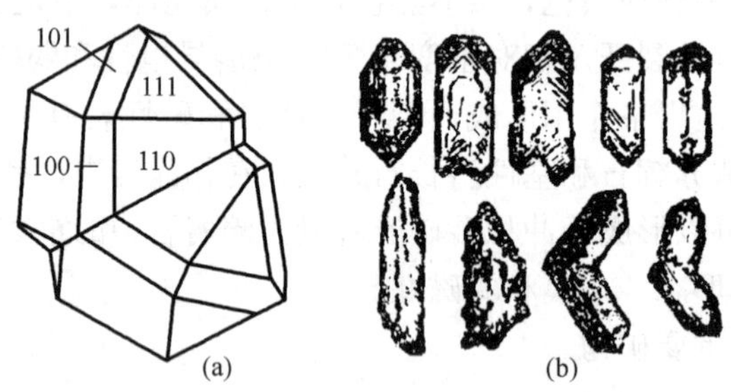

图 4－58　锡石

（a）锡石的膝状双晶；（b）重砂中的锡石

［物理性质］　纯净者无色，常因含类质同象混入物而成褐、黑色，条痕淡黄色，金刚光泽，断口油脂光泽，半透明至不透明。硬度 6～7，解理平行｛110｝不完全，贝壳状断口，相对密度 6.8～7.1。

［成因产状］　伟晶作用形成的锡石，主要产于伟晶岩和云英岩中，与微斜长石、黄玉、石英、白云母等共生；热液作用形成的锡石，产于热液矿脉中，与黑钨矿、黄玉、电气石、绿柱石等共生；机械沉积作用形成的锡石，产于沉积砂矿和碎屑岩中，也是碎屑岩中的重矿

物［图 4-58（b）］。

［鉴定特征］　晶体形态、硬度、相对密度。锡石与金红石的区别是解理和相对密度不同。

［用途］　是炼锡的主要矿物。

软锰矿（pyrolusite）

［结构式］　MnO_2。

［化学组成］　含 Mn 63%，O_2 37%。可含碱金属、碱土金属、Fe_2O_3、SiO_2 等机械混入物。

［结构与形态］　金红石型晶体结构。四方晶系，对称型 $L^4 4L^2 5PC$。单晶体呈四方柱状（图 4-59），但晶体少见，常呈针状、放射状、肾状、结核状、块状、粉末状集合体。

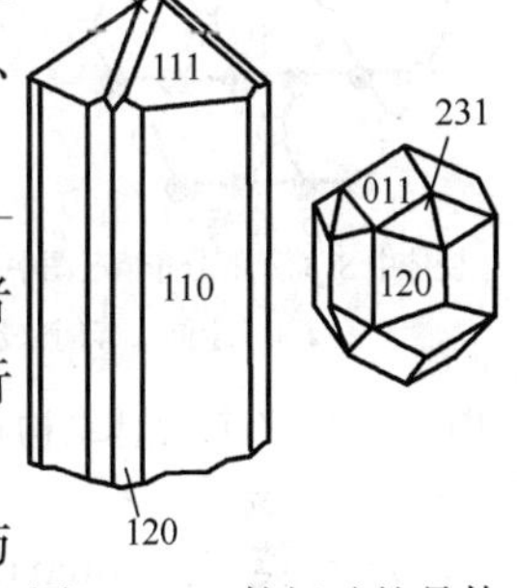

图 4-59　软锰矿的晶体

［物理性质］　钢灰—黑色，表面常有浅蓝的锖色，条痕蓝—黑色，半金属光泽，不透明。硬度随结晶程度与形态而异，显晶者 6.5～6，隐晶质或块状集合体可降低为 1～2 并污手。解理平行 {110} 完全，相对密度 4.7～5.0。

［成因产状］　主要由沉积作用形成，产于沉积锰矿床中，常与硬锰矿共生。此外，锰矿床和锰岩石的风化壳中也有软锰矿产出。

［鉴定特征］　颜色、条痕、摸之污手。

［用途］　炼锰的主要矿物。

3. 晶质铀矿族

晶质铀矿（uraninite）

［结构式］　UO_2。

［化学组成］　含 U 88.15%，O_2 11.85%。常含类质同象混入物 Th、TR 等。

［形态］　等轴晶系，对称型 $3L^4 4L^3 6L^2 9PC$。单晶体呈立方体、八面体或两者聚形，常呈粒状、钟乳状或土状集合体。呈肾状、钟乳状的隐晶质及非晶质者称沥青铀矿。

［物理性质］　黑、灰黑、褐黑、绿黑色，风化后呈褐、棕色，条痕褐黑或绿色，沥青光泽，新鲜断口强树脂光泽，不透明。硬度 5～6，无解理。贝壳状断口，相对密度 10.36～10.96，当 Th、TR 含量较高或遭受风化时可降至 8 左右。具强放射性。

［成因产状］　由伟晶作用形成，产于伟晶花岗岩和正长伟晶岩中，常与石英、正长石、云母、锆石共生。

［鉴定特征］　颜色、光泽、相对密度以及放射性。

［用途］　为提取原子能原料铀和钍的矿物。

4. 石英族

本族都是以 SiO_2 为成分的矿物，其中的一部分是 SiO_2 的系列同质多象变体，另一部分则是 SiO_2 的隐晶质和含水的非晶质矿物。

SiO_2 的各种同质多象变体从名称上讲有三类，即石英、鳞石英、白硅石（方英石）。具有同一名称的各个变体各有其一定的稳定温度范围。低温变体在其名称之前冠以 α，高温变体冠以 β。各变体稳定的温度—压力范围及互变关系如图 3-12 所示，也可简化为：

$$\alpha\text{-石英} \xrightleftharpoons{573℃} \beta\text{-石英} \xrightarrow{870℃} \beta\text{-鳞石英} \xrightarrow{1470℃} \beta\text{-白硅石} \xrightleftharpoons{1713℃} \text{溶融}$$

α-鳞石类 $\xrightleftharpoons{130℃}$ β-鳞石英；　　α-白硅石 $\xrightleftharpoons{180\sim270℃}$ β-白硅石

上列各种变种中 α-石英最常见，β-石英次之。

α-石英和 β-石英的晶体结构极为相似，它们都是由［Si—O］四面体以角顶相互联结构成的架状结构，其中 $[SiO_4]^{4+}$ 沿 Z 轴方向作螺旋式排列。按螺旋旋转的方向，有左旋与右旋之分。石英晶体的左形与右形，即是由 $[SiO_4]^{4+}$ 沿 Z 轴螺旋排列方向所决定的。

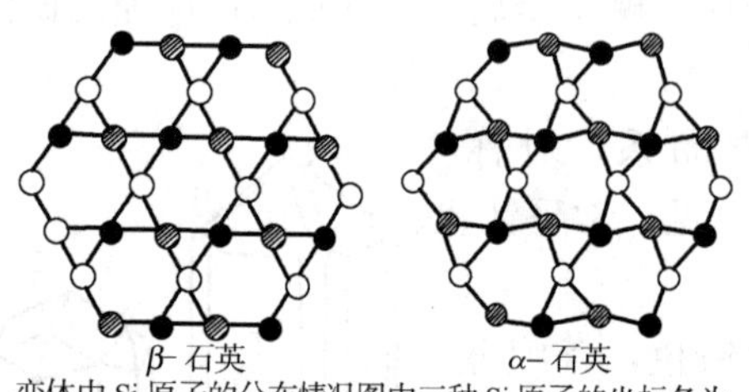

图 4-60　石英晶体结构在（0001）面的投影

α-石英和 β-石英的晶体结构在（0001）面上的投影如图 4-60 所示，由图可以看出，二者的差别并不很大，以 α-石英相对于 β-石英来说，只不过是硅氧四面体的中心发生了移动。在 β-石英向 α-石英的转变过程中，原 β-石英晶体结构中的一组二次对称轴消失。结果导致它的对称程度降低，六次轴变为三次轴，但硅氧四面体间的联结形式及螺旋的旋转方向未发生改变，因而 α-石英晶体仍然保持左形或右形晶体。

α-石英（α-quartz）

［结构式］　SiO_2。

通常简称为石英，即若“石英”一词未加特别说明，即指 α-石英。

［化学组成］　成分相当纯净，SiO_2 通常接近 100%（含 Si 46.7%，O_2 53.3%）。常含气体、液体或固体包裹体，也可有微量的 Fe、Mg、Al、Ca、K、Ga 等杂质。

［形态］　三方晶系，对称型 $L^3 3L^2$。单晶体常呈柱状，多是六方柱 m $\{10\bar{1}0\}$、菱面体 r $\{10\bar{1}1\}$、z $\{01\bar{1}1\}$、三方双锥 s $\{11\bar{2}1\}$ 和三方偏方面体 x $\{51\bar{6}1\}$ 的聚形。柱面常有横条纹（是六方柱和菱面体交替生长而成的聚形纹）。有左形与右形之分，标志是：x 晶面位于 m 面之左上角者为左形，位于右上角者为右形；s 面上斜条纹上端指向左上方者为左形，指向右下方者为右形［图 4-61（a）］。α-石英常形成双晶，常见双晶有［图 4-61（b）］：道芬双晶，由两个左形或两个右形组成，L^3 为双晶轴，双晶结合面不规则，属穿插双晶；巴西双晶，由一个左形与一个右形形成，双晶面为（$11\bar{2}0$）；日本双晶，两个石英单体依三方双锥（$11\bar{2}2$）晶面为双晶面构成双晶，两个单体的 L^3 相交成 84°34′的角度。

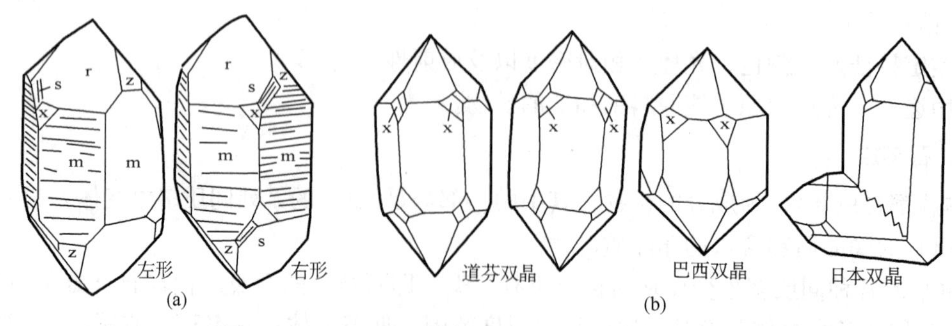

图 4-61　α-石英的晶体（a）、α-石英的双晶（b）

［物理性质］　颜色变化极大，常呈无色及乳白、灰白色，因杂质及色心而形成各种色调的变种。条痕白色，玻璃光泽，断口油脂光泽，透明。硬度 7，无解理，贝壳状断口，相

对密度 2.65。有压电性及焦电性。除 HF 外不溶于其他酸。加热至 573℃立刻转变为 β-石英。

因形态和物理性质上的不同，α-石英有多个变种：(1) 纯净无色透明晶体称“水晶”，因颜色不同又可分为“含锰的紫水晶”、“含有机质的烟水晶”或“墨晶”、“含钛锰的蔷薇石英”等；(2) 乳石英，为乳白色、半透明、油脂光泽、块状产出的变种；(3) 玉髓（石髓），为隐晶质、半透明、钟乳状、蜡状光泽、纤维状变种，据颜色的差异有光石髓、肉红石髓、绿石髓及血石髓等；(4) 玛瑙，是石髓的一种，具明显的同心层或不同颜色组成的条带状构造的变种，按其层纹和颜色的不同，可有带状玛瑙、云雾玛瑙、苔纹玛瑙等；(5) 碧玉（碧石），是一种不纯净、不透明的胶状隐晶质变种，通常因含铁质或泥质而呈红色及绿色等；(6) 燧石，外观与石髓相似，但无光泽且颜色较深暗，常呈结核状或层状产于石灰岩中，贝壳状断口，裂片尖锐，用锤击时发火花，故俗名火石。

[成因产状]　α-石英在地壳中分布极广，各种地质作用均可形成。

[鉴定特征]　晶体形态、硬度、无解理、贝壳状断口。

[用途]　无双晶的水晶可作压电石英，用于无线电工业，玛瑙和石髓可作仪表轴承和研磨器材、工艺雕刻品材料，一般的 α-石英可做玻璃、耐火材料和建筑材料。

β-石英（β-quartz）

[结构式]　SiO_2。

[形态]　六方晶系，对称型为 $L^6 6L^2$。单晶呈六方双锥状或六方双锥和六方柱的聚形，但柱面不发育（图 4-62）。晶体较小，通常呈分散粒状。

[物理性质]　在常压下，β-石英的稳定范围在 573～870℃之间，常温下均已转变为 α-石英，转变后除保持 β-石英的晶体形态以外，其物理性质与 α-石英相同。

[成因产状]　由火山作用形成，在流纹岩、英安岩等喷出岩常呈斑晶产出。

[鉴定特征]　根据晶体形态与 α-石英相区别。

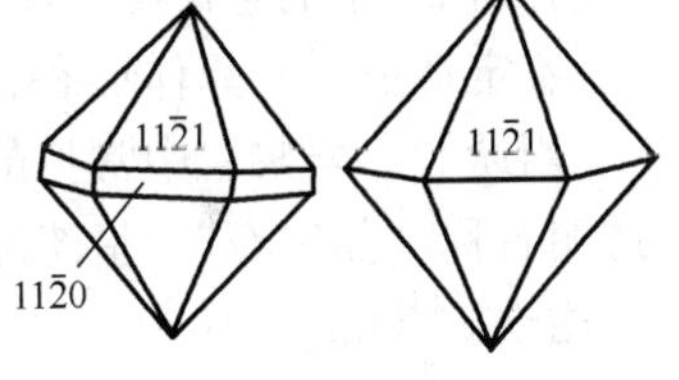

图 4-62　β-石英的晶体

蛋白石（opal）

[结构式]　$SiO_2 \cdot nH_2O$。

[化学组成]　通常是由含水的二氧化硅凝胶形成，SiO_2 为主要成分，含水量变化大，一般含水 1%～5%，最高可达到 34%，在有些蛋白石中还含有 CaO、MgO、Al_2O_3、Fe_2O_3 等杂质。

[形态]　常呈致密块状、钟乳状或结核状。

[物理性质]　通常为蛋白色，因含杂质可呈其他各种颜色，条痕白色，蛋白光泽，透明—微透明。硬度 5～5.5，贝壳状断口，相对密度与含水量有关，一般为 1.9～2.5。

[成因产状]　蛋白石主要是由硅酸盐矿物在化学风化中分解后析出的 SiO_2 胶体，在原地凝聚或被流水搬运到水盆地中凝聚而成。流水带到海水中的硅酸溶液，被硅藻、放射虫等生物吸收后形成硅质（蛋白石）骨骼，死后堆积形成的硅藻土主要由蛋白石构成。此外，蛋白石还可以从火山温泉中沉淀而成。

蛋白石经过结晶作用能变成石髓，所以它常常与石髓共生。

[鉴定特征]　相对密度和硬度较低而且含水，据此可与石髓相区别。

[用途]　硅藻土质轻多孔，是重要的建筑材料和隔音材料，颜色和光泽美观的蛋白石

可作工艺雕刻石料。

5. 尖晶石族

尖晶石（spinel）

［结构式］　$MgA1_2O_4$。

［化学组成］　含 MgO 28.2%，Al_2O_3 71.8%，常含类质同象混入物 Fe、Mn、Cr 等。

［形态］　等轴晶系，对称型为 $3L^4 4L^3 6L^2 9PC$。单晶体呈八面体，双晶常依尖晶石律（111）形成接触双晶［图 4-63（a）］，通常呈颗粒状。

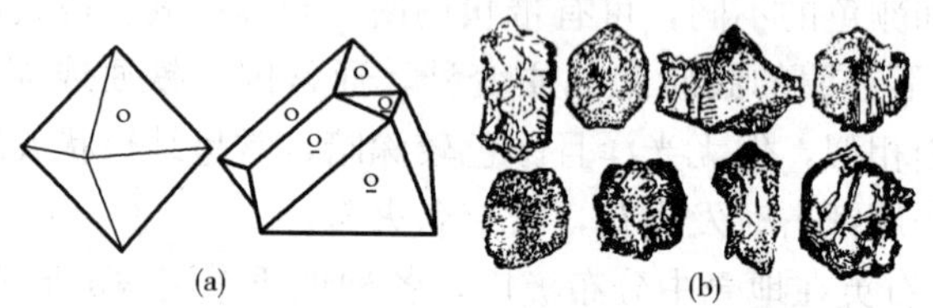

图 4-63　尖晶石

（a）尖晶石的晶体及双晶；（b）沉积岩中的尖晶石重砂

［物理性质］　纯净者无色，含 Cr 呈红色，含 Fe^{3+} 呈绿色，含 Fe^{2+} 和 Fe^{3+} 呈黑褐色，条痕白色，玻璃光泽，透明。硬度 8，无解理，偶见平行｛111｝的裂开，贝壳状断口，相对密度 3.5～3.7。随 Fe、Cr 替代量增加，硬度与相对密度相应增大。

［成因产状］　接触交代作用形成的尖晶石，产于岩浆岩与白云岩或白云质灰岩的接触带中，与石榴石、辉石等共生；岩浆作用形成的尖晶石，产于超基性岩中；此外，尖晶石还是碎屑沉积岩中的重矿物［图 4-63（b）］。

［鉴定特征］　晶体形态、双晶和硬度。

［用途］　岩浆岩中常见的副矿物，透明色美者可作宝石。其中，呈红、玫瑰红、蓝色且透明者称“晶宝石”；呈淡绿黄或淡绿褐色者叫“金绿猫眼石”。

磁铁矿（magnetite）

［结构式］　$Fe^{2+}Fe_2^{3+}O_4$，常简化为 Fe_3O_4。

［化学组成］　含 FeO 31.03%，Fe_2O_3 68.97%。常含类质同象混入物 Ti、V、Cr 等。

［形态］　单晶体呈八面体，少数呈菱形十二面体，在菱形十二面体的晶面上，常有平行该晶面长对角线方向的条纹（图 4-64），它是菱形十二面体｛110｝和八面体｛111｝的聚形条纹，常呈粒状或致密块状集合体。

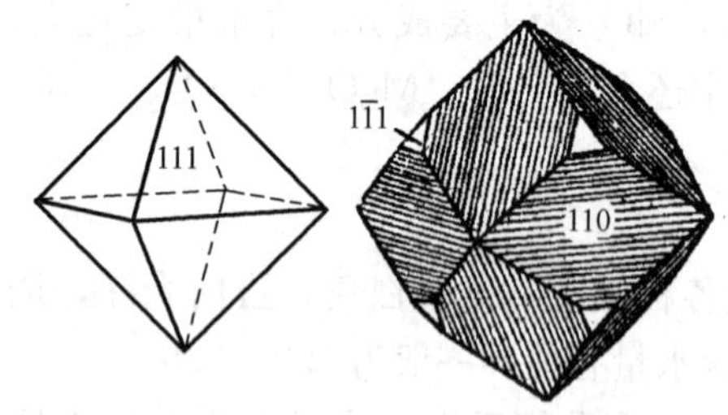

图 4-64　磁铁矿的晶体

［物理性质］　铁黑色，条痕黑色，半金属—金属光泽，不透明。硬度 5.5～6.0，无解理，偶尔可有八面体｛111｝裂开，相对密度 4.9～5.24。具强磁性。

［成因产状］　可由岩浆作用、高温热液作用、接触交代作用和区域变质作用形成，产于上述地质作用所形成的铁矿床中，也是各种岩浆岩的副矿。此外，还产于沉积砂矿和碎屑沉积岩中，是碎屑沉积岩中常见的重矿物。

［鉴定特征］　颜色、条痕、晶体形态和磁性。

［用途］　炼铁的主要矿物。

铬铁矿（chromite）

［结构式］ $FeCr_2O_4$。

［化学组成］ 含 FeO 32.09%，Cr_2O_3 67.91%。常含类质同象混入物 Mg、Al、Fe^{3+} 等。

［形态］ 等轴晶系，对称型为 $3L^4 4L^3 6L^2 9PC$。单晶体呈八面体浑圆粒状，常呈粒状或致密块状集合体。

［物理性质］ 黑色，条痕褐色，半金属光泽，不透明。硬度 5.5～6.5，无解理，相对密度 4.0～4.8。具弱磁性。

［成因产状］ 由岩浆作用形成，主要产于超基性岩中，常与橄榄石、斜方辉石、铬石榴石等矿物共生。

［鉴定特征］ 颜色、条痕、弱磁性及产状。

［用途］ 炼铬的主要矿物。

6. 黑钨矿族

黑钨矿（又称钨锰铁矿，wolframite）

［结构式］ （Mn，Fe）WO_4。

［化学组成］ 是钨铁矿（$FeWO_4$）与钨锰矿（$MnWO_4$）的完全类质同象系列的中间成员。理论上钨锰矿 MnO_2 23.43%、WO_3 76.58%，钨铁矿 FeO 23.65%、WO_3 76.35%。习惯上将 $FeWO_4$ 含量大于 80%者称钨铁矿，将 $MnWO_4$ 含量大于 80%者称钨锰矿，介于其间者称黑钨矿。常有 Mg、Ca、Nb、Ta、Sc、Y 和 Sn 等混入物。

［形态］ 斜方晶系，对称型 L^2PC。单晶体沿（100）的厚板状或平行于 Z 轴的短柱状，完好晶体少见，可依（100）及（023）形成接触双晶（图 4－65、图 4－66）。常呈板状集合体。

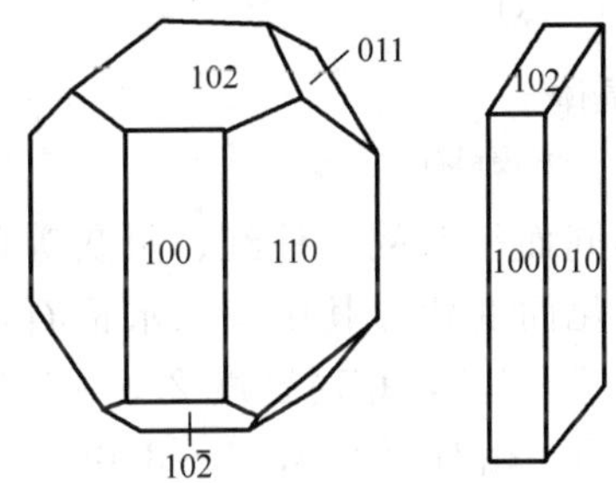

图 4－65 黑钨矿的晶体

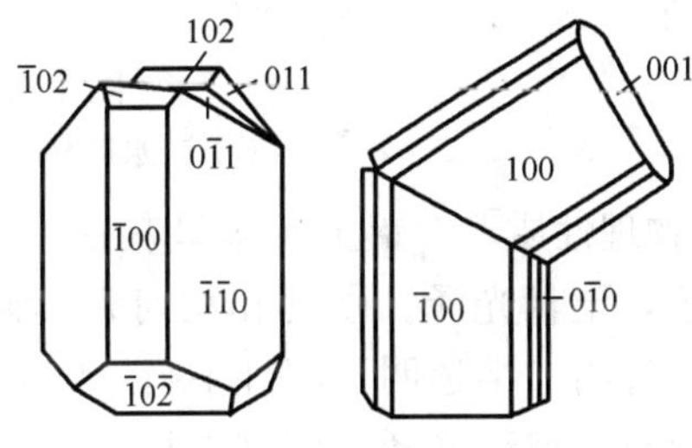

图 4－66 黑钨矿的双晶

［物理性质］ 颜色条痕随含铁量而变化（钨锰矿呈浅红、浅紫、褐黑色，条痕黄—黄褐色；黑钨矿为褐黑—黑色，条痕暗褐—黑色；钨铁矿黑色，条痕暗褐—黑色），金刚—半金属光泽。硬度 4～5.5，解理平行｛010｝完全，相对密度 7.18～7.51，性脆。富铁者具弱磁性。

［成因产状］ 主要以充填方式产于高温热液石英脉内，还以交代方式形成于云英岩化围岩中，在中低温热液矿脉中也有产出。矿脉常存在于花岗岩侵入体顶部或外接触带的围岩中。常与石英、锡石、辉钼矿、辉铋矿、毒砂、黄铁矿、黄铜矿、黄玉、电气石等共生。

［鉴定特征］ 板状晶形、颜色 、条痕、 一组完全解理、相对密度较大等特征。

［用途］ 最重要的钨矿石矿物之一。钨用于冶炼合金钢及硬质合金等。

三、氢氧化物类

1. 铝的氢氧化物

铝土矿（bauxite）

［结构式］　$Al_2O_3 \cdot nH_2O$。

［化学组成］　铝土矿不是单独的一种矿物，它主要是由三水铝石（Al［OH］$_3$）、一水软铝石（又称水铝石，γ－AlO（OH）或 AlO（OH））和一水硬铝石（又称硬水铝石，α－AlO（OH)或 AlO（OH））等组成的细分散的胶态的机械混合物，通常含有蛋白石（$SiO_2 \cdot nH_2O$）、赤铁矿、褐铁矿、高岭石等混入物，还可含有 Ga、Nb、Ta、Ti、Zr 等稀有元素。其中：

三水铝石，Al_2O_3 65.4%、H_2O 34.6%；一水软石和一水硬铝石属同质多象变体，化学组成为 Al_2O_3 84.89%、H_2O 15.02%；成分中常有 Fe、Mn、Cr、Ga、Si、Ti、Ca、Mg 等。

［形态］　三水铝石 Al（OH）$_3$，单斜晶系，L^2PC 对称型，晶体厚板状或片状（图 4－67）；一水软铝石（薄水铝矿或勃母石）AlO（OH），斜方晶系，$3L^23PC$ 对称型，晶体呈细小片状或扁豆状（图 4－67）；一水硬铝石（硬水铝石）AlO（OH），斜方晶系，$3L^23PC$ 对称型，晶体常为板状、片状，或沿 Z 轴的柱状、针状，但完好晶体罕见。三种铝矿物按不同比例混合而组成的铝土矿，多为隐晶质鲕状、豆状、致密块状集合体。

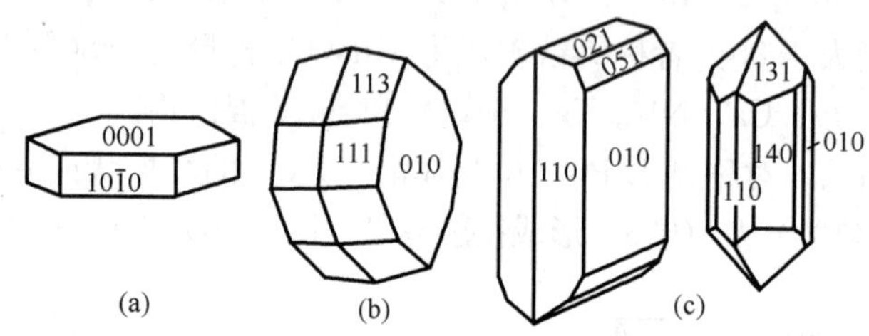

图 4－67　三种铝矿物的晶体

（a）三水铝石；（b）一水软铝石；（c）一水硬铝石

［物理性质］　铝土矿多呈灰白、灰色，因混入不同而呈灰褐、棕红、黑灰等色，条痕白色，土状光泽。硬度和相对密度随矿物组分的变化而变化。其中：三水铝石，玻璃光泽，透明—半透明，解理平行｛001｝完全，硬度 2.5～3.5，相对密度 2.3～2.43；一水软铝石，玻璃光泽，解理平行｛010｝完全，硬度 3.5，相对密度 3.01～3.06；一水硬铝石，玻璃光泽，透明，解理平行｛010｝完全，贝壳状断口，硬度 6.5～7，相对密度 3.2～3.5。

［成因产状］　在热带和亚热带地区，酸性、碱性岩浆岩或基性喷出岩风化后形成以三水铝石为主的铝土矿，产于岩石风化壳中；在海盆中由化学沉积作用形成的是以一水硬铝石为主的铝土矿。

［鉴定特征］　在新鲜面上用口呵气后有强烈的土臭味，将小块碾成粉末、加水润湿无可塑性，硬度及相对密度较页岩略大，可与粘土区别。加稀盐酸无 CO_2 放出，可与石灰岩区别。一水硬铝石、一水软铝石及三水铝石的区别，须用差热分析法、X 射线衍射分析法。

［用途］　当 Al_2O_3 达 40%～75%、$Al_2O_3/SiO_2 \geqslant 2.6$ 时可作炼铝矿石，也是制造磨料、耐火材料及高铝水泥的原料。

2. 铁的氢氧化物

褐铁矿（limonite）

［结构式］　$Fe_2O_3 \cdot nH_2O$。

［化学组成］　褐铁矿不是单独的一种矿物，是细分散的胶态的铁的氢氧化物的混合体，主要由数量不等的针铁矿（FeOOH）、纤铁矿（α－FeOOH）、水针铁矿（$FeOOH \cdot nH_2O$）、水纤铁矿（$\alpha-FeOOH \cdot nH_2O$）和更富含水的氢氧化铁胶体等矿物组成，还有或多或少的铝的氢氧化物、粘土等矿物，有时还含有 Cu、Pb、Ni、Co、Au 等物质，因此，成分变化大。其中，针铁矿和纤铁矿是同质多象变体，理论组成是 Fe_2O_3 89.86%，H_2O 10.14%，常有类质同象混入物 Mn、Al 等。水针铁矿及水纤铁矿含不定量的水其成分有较大变化。

［形态］　常呈致密块状集合体或胶态（肾状、钟乳状、葡萄状、结核状、鲕状）集合体，还可呈似胶态条带状、土状、疏松多孔状集合体。具有光亮沥青黑色薄壳的肾状及钟乳状集合体，称为“玻璃头”。其中，纤铁矿（lepidocrocite），斜方晶系，对称型为 $3L^2 3PC$，单晶体呈片状，晶体极少见，常呈鳞片状、纤维状集合体；针铁矿（goethite），对称型与纤铁矿相同，单晶呈针状、柱状，晶体极少见，常呈针状、豆状、钟乳状或结核状集合体（图 4－68）。

［物理性质］　褐铁矿常呈黄、褐色，条痕黄褐—棕黄色，土状光泽，不透明。硬度变化极大（5.0～1.0），相对密度 3.3～4。

纯净纤铁矿呈暗红至红黑色，条痕橘红—砖红色，半金属光泽，不透明。硬度 4，解理平行｛010｝完全，相对密度 4.1。

纯净针铁矿呈暗褐至黑色，条痕褐色，半金属光泽。硬度 5，解理平行｛010｝完全，相对密度 4～4.4。

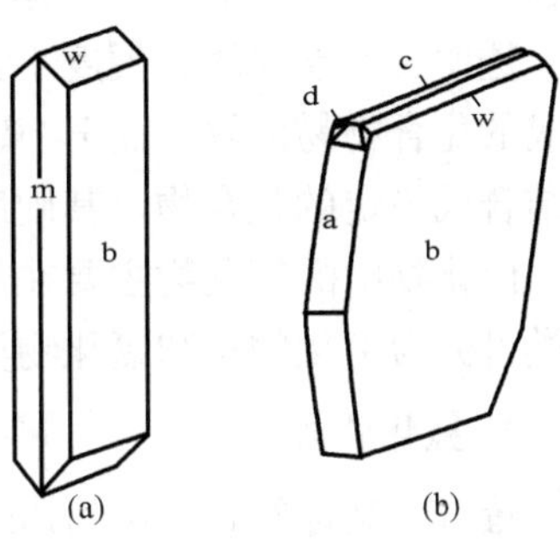

图 4－68　针铁矿与纤铁矿的晶体

（a）针铁矿；（b）纤铁矿；

［成因产状］　褐铁矿主要是风化成因。凡是含有铁的硫化物、氧化物、硅酸盐、碳酸盐等矿物经风化（氧化及水化）之后，其中的铁一般均转变为褐铁矿，因此，褐铁矿在地表几乎到处可见。当褐铁矿在金属矿床氧化带露头上分布有一定面积与厚度时称为“铁帽”。据其颜色、伴生矿物、所含微量元素及构造特征，可以推断深部矿床的种类，因此，铁帽具有很好的找矿意义。

氢氧化铁胶体溶液，经搬运沉积也可形成褐铁矿，当大量聚集时还可以形成矿床。

［鉴定特征］　形态、颜色和条痕。

［用途］　含铁量高者可充作炼铁的矿物，铁帽具有找矿意义。

3. 锰的氢氧化物

硬锰矿（psilomelane）

［结构式］　$mMnO \cdot MnO_2 \cdot nH_2O$。

［化学组成］　硬锰矿为多种氢氧化锰矿物的细分散混合物的总称，成分不固定，其中 MnO 和 MnO_2 的含量变化很大。常含 BaO、K_2O、CoO、MgO 以及 SiO_2、Fe_2O_3 和 Al_2O_3 等混合物。呈土状、硬度低者称锰土。

［形态］　常呈钟乳状（带漆表面者称“黑色玻璃头”）、葡萄状、致密块状、土状集合体。

［物理性质］　灰黑至黑色，条痕黑色，半金属光泽，不透明。硬度 4～6，相对密度 4.4～4.7。

[成因产状] 外生作用形成。主要产于锰矿床氧化带，其次是产于沉积锰矿床中。

[鉴定特征] 形态、颜色、硬度。

[用途] 炼锰的矿物。

第五节 卤化物大类硫化物大类自然元素大类

一、卤化物大类

1. 卤化物大类概述

卤化物大类矿物是卤族元素（F、Cl、Br、I）与金属元素（Na、K、Mg、Ca、Al 等）的化合物。自然界的卤化物约有 120 种，约占地壳质量的 0.5%，其中氟和氯的化合物分布较为广泛，以萤石 CaF_2 和石盐 NaCl、钾盐 KCl 最有工业价值。

卤族元素与金属元素（主要是 Na、K、Ca、Mg 等）的电负性相差很大，它们以离子键结合，属典型离子晶格。晶体结构主要为 NaCl 型或 CaF_2 型。它们的物理性质大多数为无色、透明、玻璃光泽、硬度不大、解理发育、性脆、相对密度轻、不导电。Cl^- 与阳离子结合成的化合物易溶解；而 F^- 离子半径较小（0.125nm），与中小半径的阳离子 Ca^{2+}、Mg^{2+} 等结合成稳定的化合物，其硬度较大，不易溶于水。

卤化物中的氟化物主要在热液作用中形成；氯化物主要在外生沉积作用中形成。卤化物大类可分为氟化物类和氯化物类、溴化物类、碘化物类等次级类型。

2. 氟化物类

萤石（又称氟石，fluorite）

[结构式] CaF_2。

[化学组成] 含 Ca 51.1%，F_2 48.9%，常含有 Ce、Y 等类质同象混入物，当含 Y 较多时（约 10%），称“钇萤石”，还可含 Al、Si、Fe、U、Cl 和沥青（乌黑色，加热有臭味）等杂质。

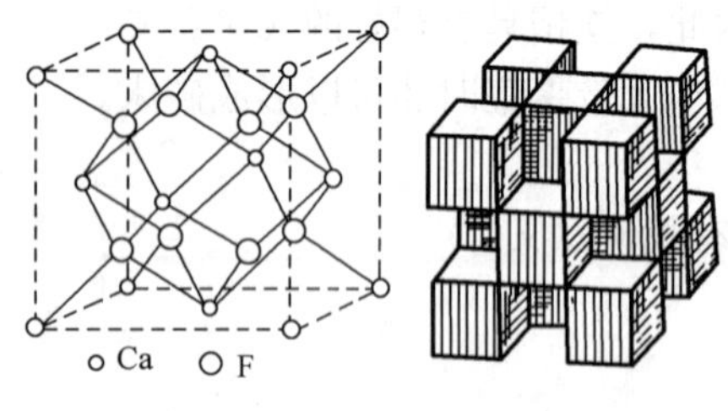

图 4-69 萤石的晶体结构

[结构与形态] 晶体结构为 Ca^{2+} 呈立方最紧密堆积，F^- 充填所有的四面体空隙，F^- 的配位数为 4，Ca^{2+} 的配位数为 8（图 4-69）。

等轴晶系，$3L^4 4L^3 6L^2 9PC$ 对称型。单晶体呈立方体、八面体以及它们所组成的聚形，菱形十二面体少见，多形成穿插双晶（图 4-70）。晶体形态具有标型特征：在碱性溶液中 F^- 占主导作用，(100) 面网发育形成立方体晶体；在中性溶液中 Ca^{2+} 和 F^- 作用相当，(110) 面网发育形成菱形十二面；在酸性溶液中 Ca^{2+} 起主导作用，(111) 面网发育形成八面体晶体。常呈粒状、致密块状集合体。

[物理性质] 颜色多样，有白色、浅绿色、浅紫色、浅蓝色、红色、黄色和黑色，无色者罕见，玻璃光泽，透明。硬度 4，解理平行八面体 {111} 完全，相对密度 3.18，性脆。在阴极射线下发荧光，受热后可发磷光。熔点 1270～1350℃。

[化学性质] 能溶于热硫酸和热草酸中，与硝酸、盐酸和酒石酸作用较弱，可被含硼

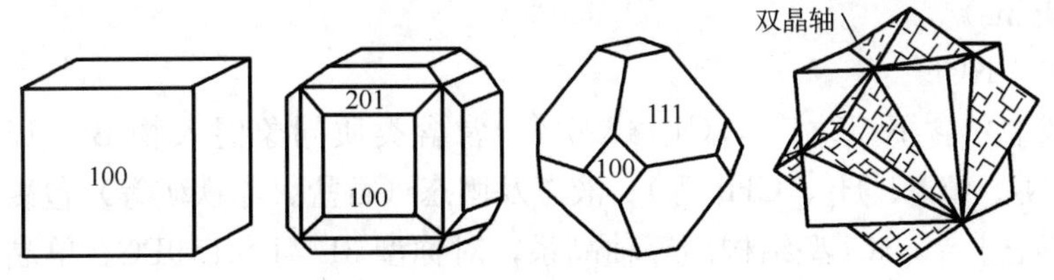

图 4-70　萤石的晶体与穿插双晶

酸的高氯酸分解。

［成因产状］　主要产于富含挥发组分的热液矿床中，与中—低温金属硫化物和碳酸盐共生。沉积作用也可形成，在沉积岩中成层状与石膏、硬石膏、方解石和白云石共生，或作为胶结物产于碎屑岩中。

［鉴定特征］　以晶形、颜色、硬度 4，八面体完全解理，显荧光性及磷光性为其鉴定特征。

［用途］　制取氢氟酸的唯一矿物原料，冶金工业中用作熔剂，无色透明者用作光学材料，氟是火箭推进燃料中的氧化剂和提取铀同位素 U^{235} 的分离剂，还用于水泥工业。

3. 氯化物类

石盐（halite 或 rock salt）

［结构式］　NaCl 。

［化学组成］　含 Na 39.4%，Cl 60.6%，常含有 Rb、Cs、Br、Sr 等类质同象混入物和泥质、卤水、气泡、Ca 和 Mg 的氯化物、有机质等机械混入物。

［结构与形态］　晶体结构为 NaCl 型，Cl^- 呈立方最紧密堆积，Na^+ 充填所有的八面体空隙，两者配位数均为 6，为典型的离子键及离子晶格。

等轴晶系，对称型 $3L^44L^36L^29PC$。单晶体呈立方体（图 4-71），常呈粒状、块状集合体。

［物理性质］　纯者无色，常因含杂质而呈灰、褐、黄、红、黑等色，玻璃光泽，透明。硬度 2～2.5，解理平行立方体｛100｝完全，相对密度 2.1～2.2，性脆。熔点 804℃。

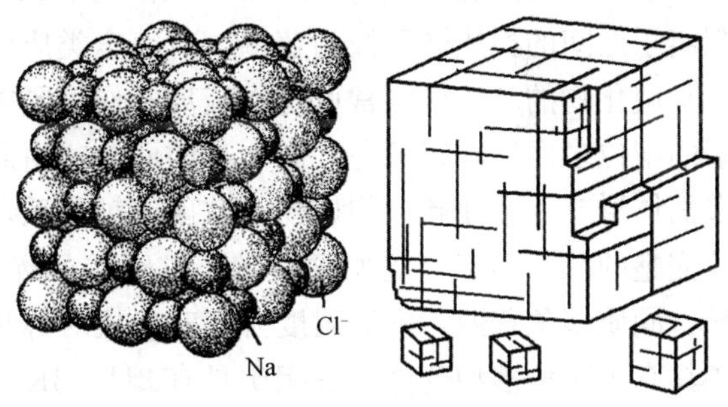

图 4-71　石盐的晶体结构与晶体形态

［化学性质］　石盐易潮解、易溶于水，有咸味，将石盐放入 $AgNO_3$ 溶液中，析出 AgCl 显乳浊状沉淀。烧灼呈黄色火焰（钠的焰色反应）。

［成因产状］　由化学沉积作用形成，主要产于干涸的盐湖、现代盐湖和滨海泻湖中。按产状可分为海盐、池盐、井盐和岩盐。地下厚度大的盐层常因相对密度小于围岩而上“浮”，从而形成可以储集石油与天然气的“盐丘”及“底辟”构造。

［鉴定特征］　立方体晶形、立方体完全解理、易溶于水、味咸、灼烧呈黄色火焰。

［用途］　主要的调味品与防腐剂，广泛用于食品工业。重要的化工原料，用以制造苛性碱、氯气、盐酸、硫酸钠、金属钠等产品。在冶金、电气、医药等领域也有广泛应用。

钾盐（sylvine）

［结构式］ KCl。

［化学组成］ 含 K 52.4%，Cl_2 47.6%，常含类质同象混入物 Br、Li、Na、Cs 等，还常有气态（N_2、CO_2、H_2、CH_4 等）、液态及固态（石盐、赤铁矿等）包裹体。

［结构与形态］ NaCl 型结构。等轴晶系，对称型 $3L^4 4L^3 6L^2 9PC$。单晶呈立方体或立方体与八面体的聚形。常为粒状、致密块状集合体，偶成柱状、针状、皮壳集合体。

［物理性质］ 无色，常因含杂质而呈红、蓝、黄等颜色，条痕白色，玻璃光泽，透明。硬度 1.5～2，解理行平立方体｛100｝完全，相对密度 1.97～1.99。易溶于水，味苦而涩。烧之火焰呈紫色。熔点 790℃。因含同位素 ^{40}K 而具放射性。

［成因产状］ 由化学沉积作用形成，主要形成于干涸的盐湖中，产于蒸发岩中，常与石盐、光卤石共生。

［鉴定特征］ 晶体形态、解理、易溶于水、味苦咸而涩。

［用途］ 主要用于制造钾肥和钾的化合物。

二、硫化物大类

1. 硫化物大类概述

硫化物矿物是金属阳离子与 S^{2-} 化合而成的化合物。例如方铅矿 PbS、闪锌矿 ZnS、黄铁矿 FeS_2 等。已经发现的硫化物矿物有 200 多种，约占地壳质量的 0.15%。硫化物矿物常形成具有开采价值的矿床，很多矿物都是提炼有色金属和稀有金属的矿物原料。沉积岩中的黄铁矿是重要的沉积环境标志矿物，它常常产于生成石油和天然气的岩石中。

形成硫化物的阳离子主要是周期表的右部和中部的铜型离子及靠近铜型离子的部分过渡型离子，常见的有 Mn、Fe、Co、Ni、Cu、Pb、Zn、As、Sb、Bi、Mo、Ag、Hg 等。这些阳离子之间的类质同象极为普遍，有完全类质同象也有不完全类质同象。

硫化物的晶体结构常可看作硫离子作最紧密堆积，阳离子充填四面体或八体空隙，阳离子的配位多面体，很多是八面体、四面体或由此畸变的多面体，少数为三角形、柱状或其他多面体形态。致使硫化物矿物多数属等轴晶系，少数为斜方或单斜晶系，许多矿物都具有比较完整的晶体形态，例如黄铁矿、方铅矿、辉锑矿等。温度对晶体结构及对称程度影响明显，同质多象普遍，一般温度升高时形成对称程度较高的变体。“多型”也常见，如纤维锌矿具有 154 种多型变体，辉钼矿具有 2H、3R 或混合型（2H+3R）等多型变体。

硫化物一般应属于离子化合物。但是，铜型离子的半径较小、电价较高、极化力较强，而阴离子的半径又较大，易被极化，所以阴、阳离子之间很容易产生强极化作用，使化学键向金属键或共价键过渡。向金属键过渡的矿物，常呈金属色，金属光泽，不透明，硬度低，导热和导电性良好，但是，它们又与具有标准的金属键的矿物所表现出来的性质有差异，例如多数矿物具脆性，条痕色比颜色深，有些矿物还具有完全解理等。化学键向共价键过渡的矿物，颜色和条痕常呈彩色，金刚光泽，半透明，导热和导电性差。但又与具有标准的共价键的矿物所表现出来的性质有所不同，例如硬度低、熔点低等。

依据阴离子的特点，常可分为简单硫化物、复硫化物及硫盐类。

2. 简单硫化物类

辉铜矿（chalcocite）

［结构式］　Cu_2S。

辉铜矿物的变体有：等轴辉铜矿，460℃以上稳定；六方辉铜矿，105℃以上稳定；低温变体为斜方晶系。下面仅述低温变体。

［化学组成］　含 Cu 79.86%，S 20.14%，常含类质同象混入物 Ag、Au、Ni 等。Cu^{+} 可被 Cu^{2+} 替代，形成“缺席构造”，结构式为 $Cu_{2}-xS$，$x=0.1\sim0.2$，称蓝辉铜矿，具反萤石型结构。

［形态］　斜方晶系，对称型 $3L^2 3PC$。单晶体短柱状、六方双锥状、六方柱状及其聚形（图 4-72），完好晶体极少见，常呈烟灰状、粒状或致密块状集合体。

［物理性质］　新鲜断面铅灰色，风化表面黑色，常带锖色，条痕灰黑色，金属光泽，不透明。硬度 2.5～3，解理平行 {110} 不完全，相对密度 5.5～5.8，略具延展性。具有导电性。

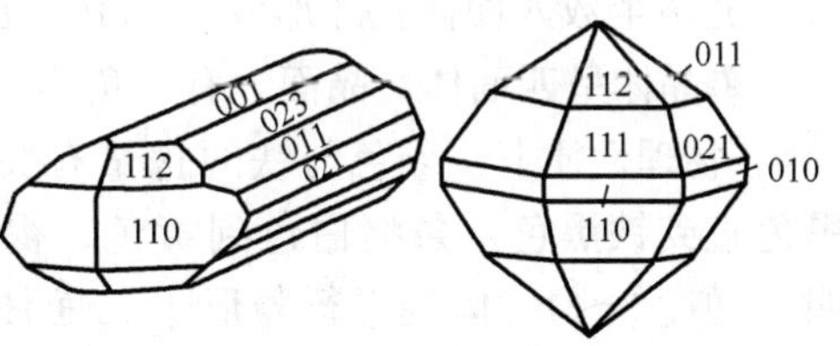

图 4-72　辉铜矿的晶体

［成因产状］　主要由热液作用形成，常与斑铜矿（Cu_5FeS_4）共生。风化作用也有形成，产于硫化物矿床氧化带下部，与铜蓝（CuS）、斑铜矿等共生。在还原性沉积环境中也可形成，因为铜的硫化物比铁硫化物溶解度小，所以，还原性沉积盆地沉积的硫化矿物有一定分布规律。辉铜矿通常沉积在盆地边缘，向盆地中心依次形成黄铜矿和黄铁矿。

［用途］　提炼铜的主要矿物。

方铅矿（galena）

［结构式］　PbS。

［化学组成］　含 Pb 86.6%，S 13.4%。混入物中 Ag 最常见，其次为 Cu、Zn，有时有 Fe、As、Sb、Bi、Cd、Tl、In、Se 等，方铅矿与硒铅矿（PbSe）可形成完全类质同象系列。

［结构与形态］　晶体结构属 NaCl 型结构（图 4-73），S^{2-} 作立方最紧密堆积，Pb^{2+} 充填于所有八面体空隙中，配位数为 6，属于立方面心格子。

等轴晶系，对称型 $3L^4 4L^3 6L^2 9PC$。单晶体呈立方体、八面体及其聚形（图 4-74），一般高温热液阶段发育成立方体或立方体与八面体的聚形，低温热液阶段则以八面体为主。常呈粒状集合体。

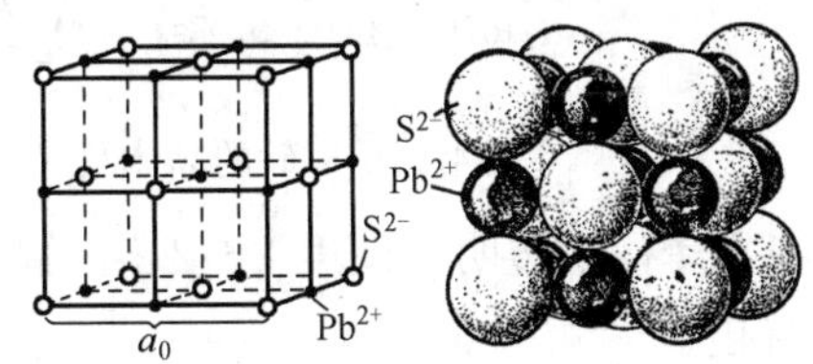

图 4-73　方铅矿的晶体结构

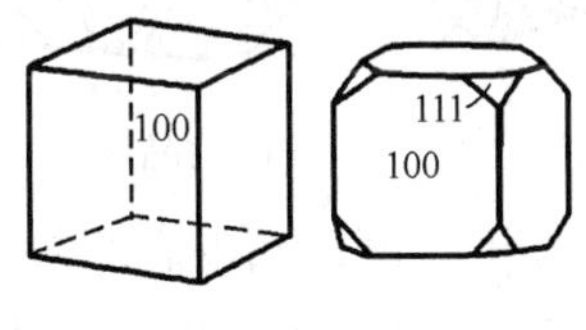

图 4-74　方铅矿的晶体

［物理性质］　铅灰色，条痕灰黑色，金属光泽，不透明。硬度 2～3，解理平行立方体 {100} 完全，含 Bi 时有平行 {111} 的裂开，相对密度 7.50。具弱导电性。

［成因产状］　热液作用形成，常与闪锌矿、黄铜矿、黄铁矿、萤石、石英等共生。

［鉴定特征］　颜色、解理和相对密度。

［用途］　炼铅的主要矿物。

闪锌矿（sphalerite）

［结构式］ZnS或β-ZnS。

ZnS有等轴晶系的闪锌矿（β-ZnS）和三方或六方晶系的纤维锌矿（α-ZnS）两种同质多象变体。这里简要介绍等轴闪锌矿的特征。

［化学组成］　含Zn 67.1%，S 32.9%，常含类质同象混入物Fe、Cd、In、Ga、Ge及Tl等，含Fe超过10%者称为铁闪锌矿，富镉者称镉闪锌矿。

［结构与形态］　等轴晶系，对称型$3Li^4 4L^3 6P$。晶体结构可视为S^{2-}作立方紧密堆积，Zn^{2+}充填半数四面体孔隙形成。{110}面网为S^{2-}和Zn^{2+}的中和面，完全解理沿此方向发生。单晶体呈四面体，晶面上有三角形花纹（图4-75）。通常为粒状集合体。

［物理性质］　颜色与铁的含量有关，随着含铁量的增加，颜色从浅黄褐到褐色、褐黑色直到铁黑色，条痕白色到黄色、褐色。金刚光泽到半金属光泽，半透明到几乎不透明。硬度3～4，解理平行菱形十二面体{110}完全，共六组，相对密度3.9～4.1。不导电。

［成因产状］　主要产于中、低温热液型和矽卡岩型矿床中，常与方铅矿、黄铁矿、黄铜矿、磁黄铁矿、方解石、石英等共生。

［鉴定特征］　颜色、条痕、光泽和解理。

［用途］　提炼锌的主要矿物，也是提炼镉、铟、镓、锗的矿物。

辰砂（cinnabar）

［结构式］　HgS。

有罕见的高温等轴晶系的黑辰砂及三方晶系辰砂两种同质多象变体，此简介后者。

［化学组成］　含Hg 86.2%，S 13.8%，成分固定。有少量机械混入成因的Se、Te等。

［形态］　三方晶系，对称型$L^3 3L^2$。单晶体呈板状，常有以c轴为双晶轴的穿插双晶（图4-76）。常呈粒状、致密块状或土状、被膜状集合体。

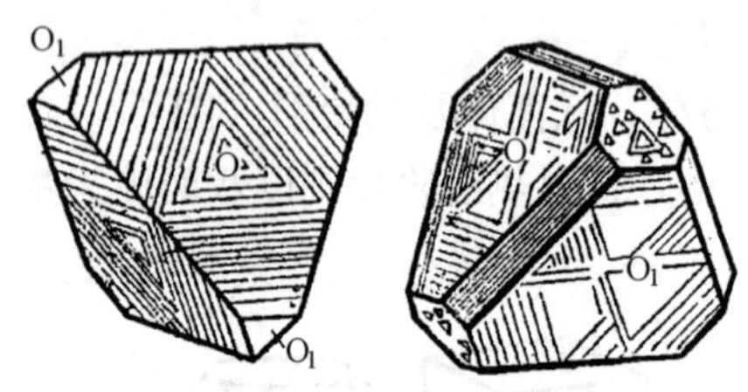

图4-75　闪锌矿的晶体

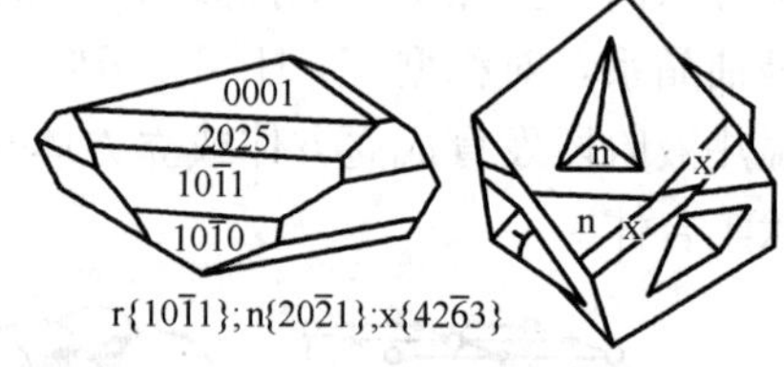

图4-76 辰砂的晶体及双晶

［物理性质］　颜色和条痕都是红色，金刚光泽，半透明。硬度2～2.5，解理平行六方柱{10$\bar{1}$0}完全，共三组，相对密度8.1。不导电。

［成因产状］　由低温热液作用形成，有时充填在石灰岩和砂岩裂隙中，与石英、辉锑矿等矿物共生。

［鉴定特征］　颜色、条痕、光泽和相对密度。据不导电性可与黑辰砂相区别。

［用途］　提炼汞的矿物。

黄铜矿（chalcopyrite）

［结构式］　$CuFeS_2$。

$CuFeS_2$ 有三种同质多象变体：高温等轴晶系变体，550℃以上稳定，Cu 与 Fe 无序排列，闪锌矿型结构；四方晶系变体，稳定温度 550～213℃，Cu 与 Fe 部分有序分布；斜方晶系变体，稳定温度低于 213℃。此主要简介常见的四方晶系变体。

［化学组成］　含 Cu 34.57%，Fe 30.54%，S 34.9%。常含类质同象混入物银和金。

［形态］　四方晶系，对称型 $Li^4 2L^2 2P$。单晶体四面体及四方双锥的聚形，可以（112）为双晶面形成简单双晶（图 4-77），但极罕见。常呈致密块状或粒状集合体。

［物理性质］　黄铜色，条痕黑色，金属光泽，不透明。硬度 3～4，解理平行｛112｝和｛101｝不完全，相对密度 4.1～4.3。具导电性。

［成因产状］　主要由热液和接触交代作用形成，产于热液矿床和矽卡岩中，常与方铅矿、闪锌矿、黄铁矿、石英、萤石、方解石等共生。此外，还有由沉积作用形成的黄铜矿，产于含铜砂岩中。

［鉴定特征］　颜色、条痕、硬度。

［用途］　提炼铜的矿物。

磁黄铁矿（pyrrhotite）

［结构式］　$Fe_{1-x}S$。

［化学组成］　按 FeS 计算，含 Fe 63.5%，S 36.5%，但 Fe^{2+} 经常不足，所以结构式为 $Fe_{1-x}S$，其中 x=0.1～0.2。科学分析证明，有部分 Fe^{2+} 变为 Fe^{3+}，因此，只有 Fe^{2+} 加 Fe^{3+} 的数目比 S^{2-} 少一些，才能保持电价平衡。还常少量 Ni、Co、Mn、Cu 类质同象替代 Fe，并有 Pb、Zn、Ag、In、Bi、Ga 和铂族元素等机械混入物。

［形态］　六方晶系，对称型 $L^6 6L^2 7PC$。单晶体呈板状、柱状，但极少见（图 4-78），常为粒状、致密块状集合体或呈浸染状。

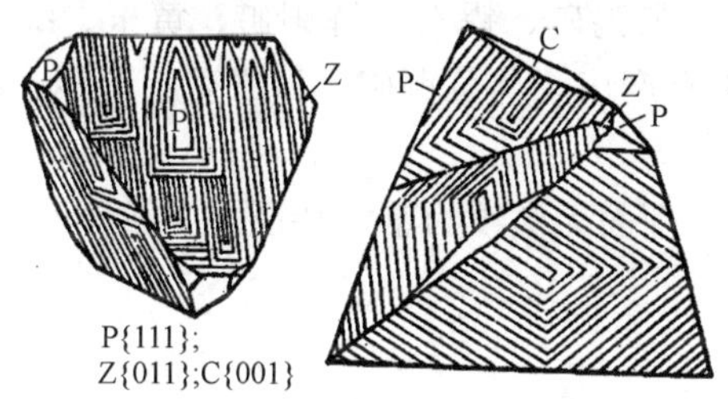

图 4-77　黄铜矿的晶体及双晶

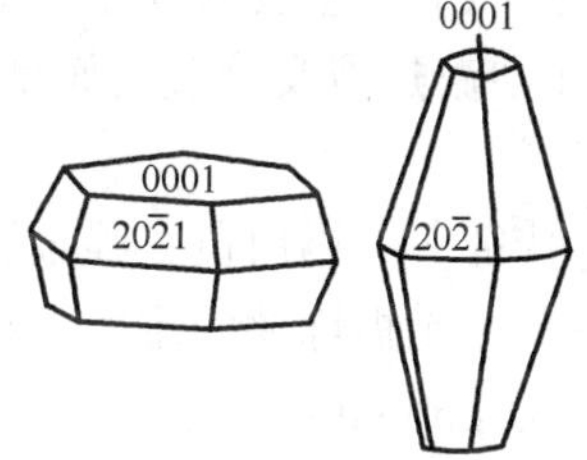

图 4-78　磁黄铁矿的晶体

［物理性质］　暗青铜黄色，带褐色或棕黄色的锖色，条痕黑色，金属光泽，不透明。硬度 4～4.5。解理平行六方柱｛$10\bar{1}0$｝不完全，相对密度 4.55～4.87。具有导电性和磁性，磁性随含 Fe^{3+} 量的增加而加强。

［成因产状］　由岩浆作用形成的磁黄铁矿产于基性或超基性岩浆岩中，常与黄铜矿、镍黄铁矿共生；由接触交代作用和热液作用形成的磁黄铁矿，产于矽卡岩和热液矿床中，常与磁铁矿、铁闪锌矿、锡石等共生。

［鉴定特征］　颜色、磁性、硬度。

［用途］　制造硫酸的矿物之一，当 Ni、Cu 含量高时可综合利用提取铜和镍。

辉锑矿（stibnite）

［结构式］　Sb_2S_3。

［化学组成］　含 Sb 71.38%，S 28.62%。成分较稳定，含少量 As、Bi、Pb、Fe、

Cu、Au、Ag 等机械混入物。

[形态]　斜方晶系，对称型 $3L^2 3PC$。单晶体常沿 c 轴呈柱状、针状或板状，为斜方柱、平行双面和斜双锥的聚形，柱面有纵纹，晶面弯曲。常呈柱状、针状、束状放射状集合体。

[物理性质]　钢灰—铅灰色，表面常有蓝色的锖色，条痕灰黑色，金属光泽，不透明。硬度 2～2.5，解理平行 {010} 完全，解理面上常有横纹（聚片双晶纹），相对密度 4.15～4.66。

[成因产状]　主要为低温热液成因，与辰砂、石英、萤石、重晶石、方解石等共生。在中温热液矿床、温泉沉积物及火山的升华物中也有少量产出。

[鉴定特征]　以晶形、柱面纵纹、一组完全解理为鉴定标志。

[用途]　冶炼锑的主要矿石矿物。

辉铋矿（bismuthinite）

[结构式]　Bi_2S_3。

[化学组成]　含 Bi 81.30%，S 18.7%。最主要类质同象混入物为 Pb、Cu 和 Fe，其次为 Sb、Se、Te，富锑者称锑辉铋矿，富硒者称硒辉铋矿。

[形态]　斜方晶系，对称型 $3L^2 3PC$。单晶体沿 c 轴的短柱状及板状、针状、毛发状，为斜方柱、平行双面、斜方双锥的聚形。常呈柱状、针状、放射状、粒状、块状集合体。

[物理性质]　锡白色，表面有黄色的锖色，条痕灰黑色或铅灰色，强金属光泽，不透明。硬度 2～2.5，解理平行 {010} 完全，但解理面无横纹（晶面常有纵纹），相对密度 6.1～6.8，

[成因产状]　主要为高温热液成因，与黑钨矿、锡石、辉钼矿、黄玉、绿柱石、毒砂等共生；在中温热液及接触交代型矿床中也有产出，与黄铜矿、黄铁矿、毒砂、绿柱石、石英等共生。

[鉴定特征]　锡白色、强金属光泽、解理面无横纹为鉴定特征。

[用途]　是提炼铋的重要矿物。

雌黄（orpiment）

[结构式]　As_2S_3。

[化学组成]　含 As 60.91%，S 39.09%。含 Sb 可达 2.7%，含 Se 可达 0.04%，有时含微量 V、Ge、Hg 等类质同象混入。常有辉锑矿、白铁矿、石英及泥质等机械混入物。

[形态]　单斜晶系，对开型 L^2PC。单晶体常呈短柱或板状，晶面常弯曲，有平行柱面的纵纹，多为平行双面及各种斜方柱的聚形，依（100）成双晶，晶体少见。常呈片状、梳状、放射状、具放射状结构的肾状、球状、皮壳状或粉末状集合体。

[物理性质]　柠檬黄（含杂质者微带绿色），条痕鲜黄色，油脂—金刚光泽，解理面珍珠光泽，薄片透明。硬度 1～2，解理平行 {010} 极完全，相对密度 3.4～3.5，薄片具挠性。

[成因产状]　主要是低温热液成因，与雄黄密切共生，为低温热液的标型矿物。还常与辰砂、辉锑矿、白铁矿及文石、石英、石膏等共生。火山凝华物、外生褐铁矿及煤层中也有微量产出。

［鉴定特征］ 颜色、条痕、一组极完全解理、相对密度较自然硫大。

［用途］ 用于中药、农药、颜料、玻璃等行业。

雄黄（realgar）

［结构式］ AsS。

［化学组成］ 含 As 70.1%，S 29.9%。成分相当稳定，一般含杂质较少。

［形态］ 单斜晶系，对称型 L^2PC。单晶体为沿 *c* 轴的柱状及针状，柱面有纵纹，依（100）形成双晶，晶体极少见，常呈粒状、致密块状，有时呈土状、粉末状、皮壳状集合体。

［物理性质］ 橘红色，条痕橘黄色，晶面金刚光泽，断口油脂光泽，半透明。硬度 1.5～2.0，解理平行｛010｝完全，相对密度 3.6。不导电。

［成因产状］ 是低温热液和火山热液作用的产物，与方解石、雌黄、辉锑矿等共生。

［鉴定特征］ 颜色、条痕和硬度。

［用途］ 提炼砷及制造各种砷化物的矿物。

辉钼矿（molybdenite）

［结构式］ MoS_2。

［化学组成］ 含 Mo 59.94%，S 40.06%。常含微量类质同象混入物 Re 及 Se，Re 的含量可高达 0.33%，还可含微量铂族元素。

［形态］ 六方晶系，对称型 $L^6 6L^2 7PC$。单晶呈六方板状、片状及稍带锥形的短柱状，｛0001｝晶面上有条纹（图 4-79），常呈鳞片状或片状集合体。

［物理性质］ 铅灰色，条痕铅灰色。金属光泽，不透明。硬度 1，解理平行｛0001｝极完全，薄片具挠性，摸之有滑感，污手。相对密度 5。导电性低于石墨。

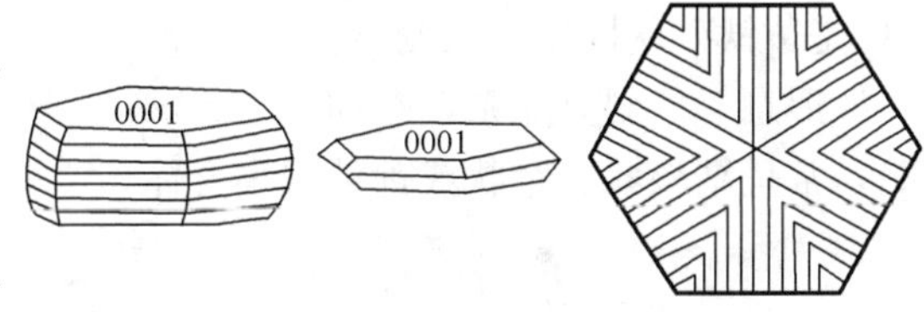

图 4-79 辉钼矿的晶体及底面花纹

［成因产状］ 由热液作用形成，产于高、中温热液矿脉中，常与石英、锡石、黑钨矿共生。此外，辉钼矿也可以产于矽卡岩和碳质页岩中。

［鉴定特征］ 颜色、光泽、硬度、相对密度、产状和共生矿物。

［用途］ 炼钼的主要矿物，也可用作提炼铼的矿物。

3. 复硫化物类

本类的阳离子主要为 Fe、Co、Ni 等，阴离子为 $[S_2]^{2-}$、$[Se_2]^{2-}$、$[AsS]^{2-}$、$[SbS]^{2-}$ 等。

黄铁矿（pyrite）

［结构式］ $Fe[S_2]$。

［化学组成］ 含 Fe 46.6%，S 53.4%。常含 Co、Ni 等类质同象混入物，与 S 类质同象的有 Se、As，有时有 Cu、Ag、Au 的细分散包裹体。

［结构与形态］ 等轴晶系，结构与方铅矿相似，Fe^{2+} 代替方铅矿中 Pb^{2+} 的位置，哑铃状的对硫 $[S_2]^{2-}$ 代替简 S^{2-} 的位置（图 4-80）。晶体常呈立方体和五角十二面体或它们的聚形，八面体少见。立方体晶面上常见三组相互垂直的条纹（图 4-81）。

［物理性质］ 浅铜黄色，表面常有褐黄色的锖色，条痕绿黑色或黑色，强金属光泽，不透明。硬度 6～6.5，无解理，断口参差状，相对密度 4.9～5.2，性脆。良导电体，无磁性。

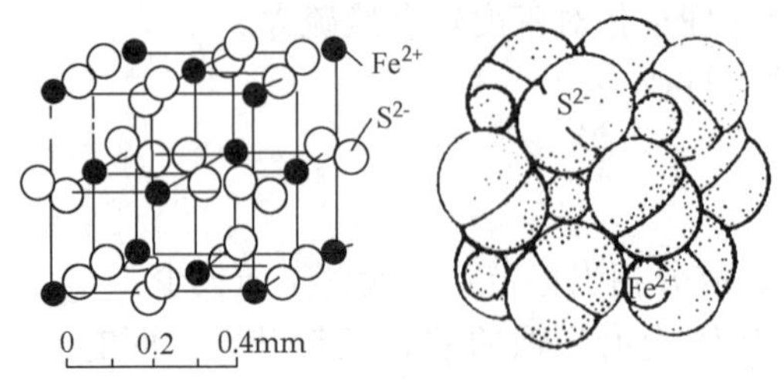

图 4-80 黄铁矿的晶体结构

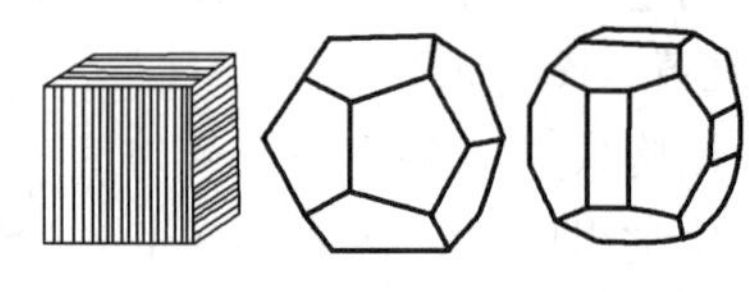

图 4-81 黄铁矿的晶面条纹与晶体

［化学性质］ 黄铁矿完全溶解于浓硝酸及王水中并析出硫，不溶于盐酸和硫酸，在氢氟酸中不溶解。黄铁矿易氧化分解成各种铁的氧化物和硫酸盐，如褐铁矿、黄钾铁钒 $KFe_3[SO_4]_2(OH)_6$ 等。

［成因产状］ 黄铁矿是地壳中分布最广泛的硫化物，主要产于热液矿床中，在接触交代和岩浆矿床中也有黄铁矿产出，在沉积岩层、火山岩系和变质岩系中也有黄铁矿分布。

［鉴定特征］ 以浅铜黄色、特有的晶形、晶面具有条纹和较高的硬度为其主要特征。

［用途］ 制取硫酸的主要矿物原料，当含 Au、Co、Se 较高时，可综合利用。

白铁矿（marcasite）

［结构式］ FeS_2。

［化学组成］ 含 Fe 46.6%，S 53.4%，常含 As、Sb、Bi、Ni、Co、Cu 等混入物。白铁矿是黄铁矿的同质二象变体。

［形态］ 斜方晶系，对称型 $3L^2 3PC$。单晶体呈板状，有时成矛头状及鸡冠状（图 4-82），常呈结核状、肾状或钟乳状集合体。

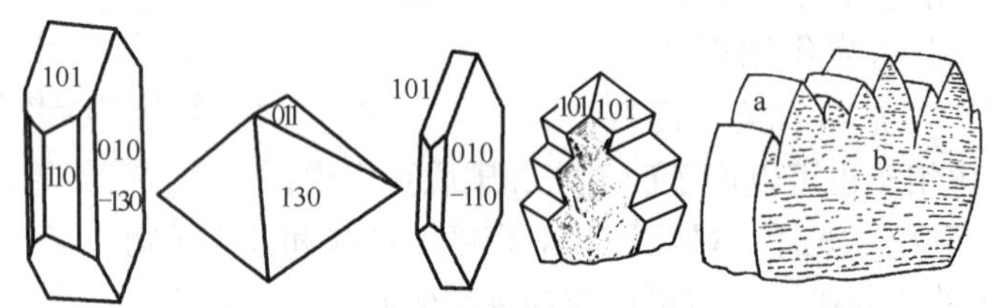

图 4-82 白铁矿的晶体

［物理性质］ 浅铜黄色，条痕黑色，金属光泽，不透明。硬度 5～6，解理平行｛101｝不完全，相对密度 4.9。具弱导电性。

［成因产状］ 由热液作用形成的白铁矿产于低到中温热液矿床中，常与闪锌矿、方铅矿、雄黄共生；由沉积作用形成的白铁矿常产于煤系地层和含油、气地层中。

白铁矿与黄铁矿的成因很相似，其区别是白铁矿往往形成于酸性溶液中，而黄铁矿则生成于碱性溶液中。

［鉴定特征］ 晶体形态、颜色、硬度。

［用途］ 制造硫酸的矿物。

三、自然元素大类

1. 自然元素大类概述

在地壳中以单质状态存在的矿物，称为自然元素矿物，例如金刚石和自然金等。已经发现的自然元素矿物有90多种，约占地壳总质量的0.1%。自然元素矿物在地壳中分布很不均匀，有些矿物相对集中，因此可以形成有开采价值的矿床，例如自然铜、自然金、自然硫、石墨和金刚石等。

根据矿物的性质，本大类可以分为自然金属元素、自然半金属元素和自然非金属元素三类。其中自然半金属元素矿物很少见。

自然金属元素矿物具金属键，属等轴晶系或六方晶系，晶体常呈三向等长或六方板状，颜色和条痕都是金属色，金属光泽，不透明，硬度低，相对密度大，大多数矿物都无解理，但延伸性很强，传热和导电性良好。

自然非金属元素矿物的组成元素主要是C和S。C有两个同质多象变体，一是石墨；二是金刚石。S有二个主要的同质多象变体，最常见的是α-硫，它由8个硫原子以共价键联结成S_8环分子，分子环之间以分子键相结合。α-硫具有硬度低、熔点低、传热和导电性差等特点。

2. 自然金属元素矿物

自然金（native gold）

［结构式］　Au。

［化学组成］　常含类质同象混入物Ag和Cu，当含银量达到15%～50%时，称银金矿。

［形态］　等轴晶系，对称型$3L^4 4L^3 6L^2 9PC$。单晶体八面体，但很少见，通常为分散粒状或呈不规则的树枝状集合体。

［物理性质］　颜色和条痕都是金黄色，金属光泽，不透明。硬度2.5～3，无解理，断口锯齿状，具强延展性，相对密度19.3。电和热的良导体。

［成因产状］　由热液作用形成的自然金产于石英脉中，常与石英、黄铁矿及其他硫化物矿物共生；由机械沉积作用形成的自然金产于河流碎屑沉积物中。

［鉴定特征］　金黄色的颜色和条痕、强金属光泽、具强延展性、相对密度大、化学性质稳定。

［用途］　为炼金的主要矿石矿物，石英脉中含金5g/t、砂矿中含金0.2～0.3g/m^3，即可开采。

自然铜（native copper）

［结构式］　Cu。

［化学组成］　有时含少量Ag和Au等类质同象混入物。

［形态］　等轴晶系，对称型$3L^4 4L^3 6L^2 9PC$。单晶体立方体，但晶体很少见，通常为树枝状、片状或致密块状集合体。

［物理性质］　颜色和条痕都是铜红色，金属光泽，不透明。硬度2.5～3.0，无解理，断口锯齿状，相对密度8.92。具延展性，电和热的良导体。

［成因产状］　由火山热液作用形成的自然铜，常充填于玄武岩的气孔中，与沸石和方解石共生；由风化作用形成的自然铜，通常产于铜矿床氧化带下部，与赤铜矿（Cu_2O）、辉铜矿（Cu_2S）等共生；在沉积作用中，含铜溶液遇有机质受还原作用也可以形成自然铜，这种自然铜常常产于碳质页岩或砂岩中。

［鉴定特征］　颜色、条痕、光泽及延展性。

［用途］　炼铜的矿石矿物。

3. 自然非金属元素矿物

自然硫（native sulphur）

［结构式］ S。

［化学组成］ 自然界中S有三种同质多象变体，即斜方晶系的α-硫，单斜晶系的β-硫及γ-硫。在自然界中稳定的是α-硫，当温度高于95℃时转变为β-硫。一般不纯净，类质同象混入物有As、Se、Te等，Se达1%～5.2%时称硒硫。还常有粘土、有机质、沥青等机械混入物。

［结构与形态］ S_8分子由八个S原子以共价键环状联结而成，S_8与S_8间以分子键结合，形成典型的分子晶格（图4-83）。斜方晶系，对称型$3L^2 3PC$。单晶体呈斜方双锥状或厚板状。一般为粉末或致密块状集合体。

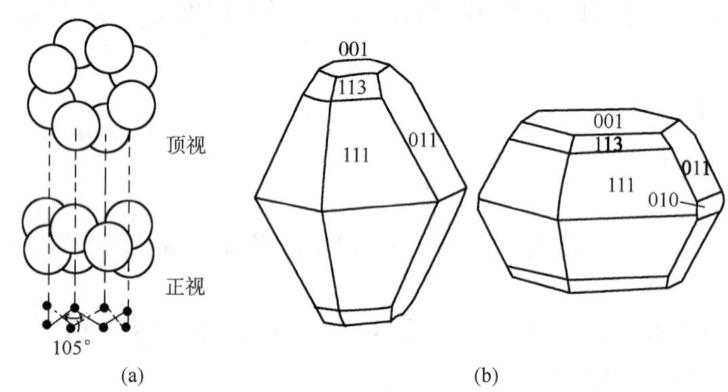

图4-83 自然硫的晶体与晶体结构

（a）然硫的晶体结构；（b）然硫的晶体

［物理性质］ 黄色，条痕浅黄色，金刚光泽，断口呈油脂光泽，半透明。硬度1～2，无解理，断口贝壳状或参差状，性脆，相对密度2.07。电和热的不导良体，熔点119℃，易燃，火焰呈蓝紫色。

［成因产状］ 自然硫成因多样：有火山喷气凝华产物；有由硫化矿床氧化带下部金属硫化物分解而形成；有由含石膏沉积层分解生成（经常与方解石共生，且常与石油沉积有关）；由生物化学作用可以还原水中的硫酸根，从而形成硫的沉积。例如在潟湖或封闭的沉积环境中，常形成很厚的自然硫矿层，它常常和石膏层、石灰岩成互层，有巨大的工业价值。

［鉴定特征］ 颜色、光泽、性脆、易熔、易燃。

［用途］ 硫酸和硫的矿物原料。

石墨（graphite）

［结构式］ C。

［化学组成］ 纯净者很少，常含有大量的（达10%～20%）其他成分，如SiO_2、Al_2O_3、FeO、MgO、CaO、P_2O_5、CuO等混入物，有时含H_2O、沥青、粘土等。

［晶体结构］ 石墨具有典型的多键型晶格。晶体结构中碳原子呈层状排列，层内各原子以三个价电子与相邻的三个原子形成坚强的共价键，使石墨的碳原子层结合得非常牢固，每个原子剩余一个价电子在层内形成金属键，电子在层内可以自由活动，使石墨具有许多金属的性质。层与层之间靠分子键联结，结合力很弱，而使石墨具有平行碳原子层的极完全解理和硬度极低等特点［图4-84（a）］。

［形态］ 六方晶系，对称型 $L^6 6L^2 7PC$。单晶呈六方片状，但晶体极少见［图 4－84（b）］，常呈鳞片状或致密块状集合体。

［物理性质］ 钢灰至铁黑色，条痕灰黑色，金属光泽，不透明。硬度 1，解理平行{0001}极完全，相对密度 2.25，薄片具挠性，手摸之有滑感，易污手。电和热的良导体。

［成因产状］ 煤和碳质页岩受接触变质或区域变质作用形成，产于石墨片岩中。岩浆岩侵入体与石灰岩接触，石灰岩中的 CO_2 经还原作用也可以形成石墨。

［鉴定特征］ 颜色、光泽、硬度小、污手。

［用途］ 用作电极、坩埚、铅笔和原子反应堆减速剂的原料。

金刚石（diamond）

［结构式］ C。

［化学组成］ 常有各种包体及杂质，其中氮、硼是最主要的杂质元素，它的含量与存在形式，直接影响金刚石的物理性质，因此成为目前金刚石的分类基础：

（1）含氮（N）者为Ⅰ型金刚石，含氮较多（大于 0.1%）为Ⅰa 型，较少（小于 0.1%）为Ⅰb 型；

（2）不含氮者（小于 0.001%）为Ⅱ型，若含硼（B）为Ⅱb 型，不含硼为Ⅱa 型。

（3）氮在同一粒金刚石内分布不均者为混合型，即在单粒金刚石内既有Ⅰ型区又有Ⅱ型区，或者既有Ⅰa 型区又有Ⅰb 型区。

天然产出的金刚石绝大多数为Ⅰa 型，其他型的极少（不足 1%～3%），人造金刚石多为Ⅰb 型。我国辽宁产的金刚石绝大多数为Ⅰ型，少数为Ⅱ型及混合型；湖南金刚石砂矿中Ⅰb 型达 2%左右；贵州产的金刚石大多数（约 60%）为Ⅱa 型，少量为Ⅰa 型和混合型。

［结构与形态］ 金刚石晶体结构中，每个碳原子与相邻的四个碳原子以共价键相联结，形成牢固的架状结构（图 4－85）。

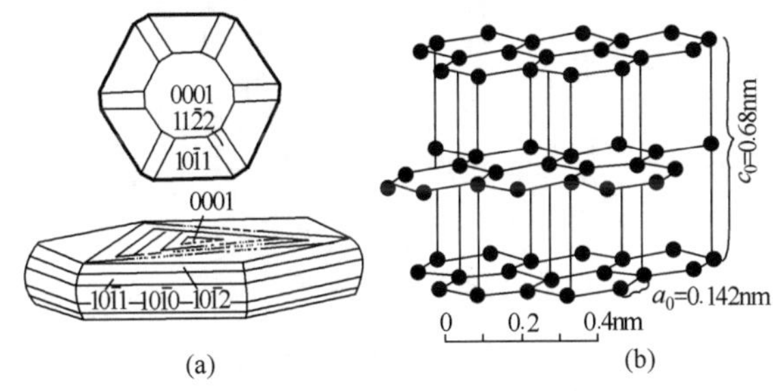

图 4－84 石墨的晶体形态（a）与晶体结构（b）

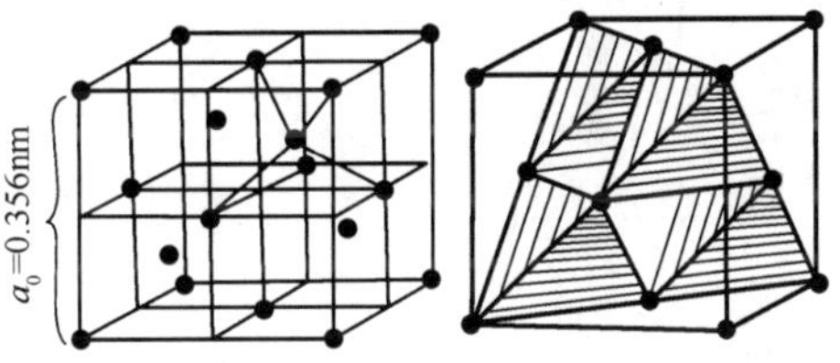

图 4－85 金刚石的晶体结构

等轴晶系，对称型 $3L^4 4L^3 6L^2 9PC$。单晶体八面体或六八面体（图 4－86a），小者如小米粒或黄豆，粗大晶体罕见。我国山东 1977 年发现的“常林钻石”重达 158.786k（克拉，1k＝0.2g）［图 4－86（b）］；世界最大的金刚石晶体重 3025k，是 1906 年在非洲发现的。

［物理性质］ 成分纯者无色透明，常因含微量杂质而呈蓝、黄、灰、黑等各种颜色。金刚光泽，透明。硬度 10，解理平行{111}中等，相对密度 3.25。性脆。

Ⅰa 型对紫外线和红外线的吸收较弱，电和热导率有所降低，机械强度很强。Ⅱ型金刚石，具有良好的导热性与半导体性能，尤以Ⅱb 型为佳。

［成因产状］ 金刚石产于“金伯利岩（又称角砾云母橄榄岩）”中，金伯利岩是一种从地壳深处沿裂隙侵入至地表附近的超浅成岩浆岩。此外，金刚石化学性质稳定，硬度最高，相对密度较大，因此，金伯利岩风化后，金刚石可以形成砂矿。

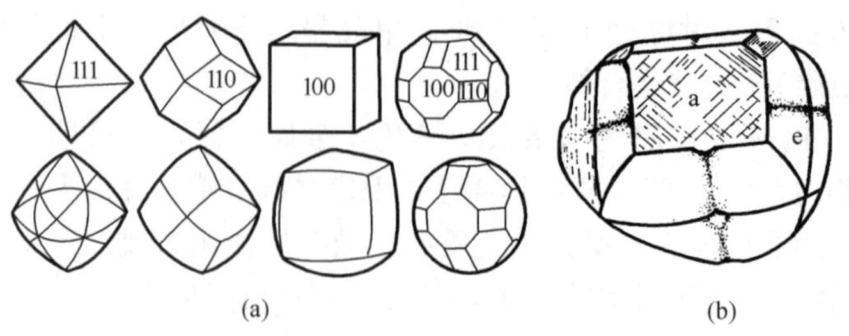

图 4-86 金刚石的晶体（a）、常林钻石的素描图（b）

［鉴定特征］ 硬度和光泽易与其他矿物相区别。各型金刚石的鉴别，必须借助电子顺磁共振谱（EPR）、红外光谱、紫外吸收光谱及紫外形貌照相等方法进行。

［用途］ 钻探和切削的刃具材料。色泽美丽者为最名贵的宝石；经琢磨加后称“钻石”，无色透明者最好，略带色素则“减等”，但无色透明中带点蓝色者（称为“水火”色）者却是佳品，而深蓝、深黑、深黄色者分别称“蓝钻”、“黑钻”、“金钻”，均属上品。现在，金刚石的半导体性质及导热性质在信息产业、电子技术领域正在获得日益广泛的应用。

第五章　岩浆岩总论

第一节　岩浆与岩浆岩

一、岩浆的概念与特征

1. 岩浆的概念

岩浆（magma）一词最早来源于希腊文，意指一种类似于粥状的粘稠的物质。对现代火山活动的考察，发现火山爆发时确有炽热的熔融物质从火山口四周溢流出来，形成熔岩流。地表的熔岩流是最接近岩浆的物质，但还不是真正的岩浆。真正的岩浆是处于地下深处的富含气体等挥发组分的炽热熔融物质。岩浆一旦喷发出地表，由于围压的降低，溶于其中的挥发组分就会散逸。因此可以认为，熔岩流是失去了挥发组分的岩浆。

目前一般认为，岩浆是在地壳深部和上地幔形成的、炽热粘稠高压的、成分十分复杂的硅酸盐熔融体。20 世纪 60 年代，在坦桑尼亚东部发现火山喷出的碳酸盐岩浆、在智利基鲁那地区发现火山喷出的铁质岩浆，这些事实表明，自然界还有非硅酸盐质岩浆的存在，不过这些其他成分的岩浆只能在某些特殊的地质环境条件之下形成，极其罕见。通常所称岩浆即指硅酸盐岩浆。岩浆的形成取决于复杂的地质环境，其中，构造运动导致温度压力的变化（特别是温度的升高和压力的突然降低）是岩浆形成的主要原因。

2. 岩浆的基本特征

现代火山的考察、高温高压实验研究及地质资料综合分析表明，岩浆有如下基本特征。

1）岩浆是成分十分复杂的含挥发组分的硅酸盐熔体

岩浆的成分十分复杂，就元素种类而言，地壳中的全部元素几乎都能在岩浆中发现。就数量而言，氧、硅、铝、铁、镁、钙、钾、钠、锰、钛、磷等少数造岩元素质量之和在95%以上，这些造岩元素正是构成硅酸盐及铝硅酸盐矿物的化学元素，因此，岩浆主要是硅酸盐矿物形成的熔融体。

岩浆中尚含有或多或少的 H_2O、CO_2、SO_2、HCl、HF、H_2、N_2、B 等挥发性组分及少量金属硫化物和氧化物。其中，挥发组分在地下深处的高温高压条件下溶解于岩浆中，不仅能降低岩浆的粘度，使之易于流动，还能降低矿物的熔点，延长岩浆的结晶时间，并参与结晶形成富含挥发组分的矿物。当岩浆上升到地壳浅处或喷出地表时，由于压力降低，挥发组分大量呈气相析出并引起火山爆发，丧失挥发组分的熔岩冷凝结晶只能形成不含或很少有含挥发组分的矿物或火山玻璃。不过，不同类型的岩浆的化学成分及挥发组分的含量还存在着很大的差异。

2）岩浆的温度很高

对现代火山喷出熔岩流温度的观测表明，火山喷出熔岩流的温度范围大致在 700～1300℃之间，并随着岩浆成分的不同而有差异。一般情况是，SiO_2 含量较高的岩浆温度较

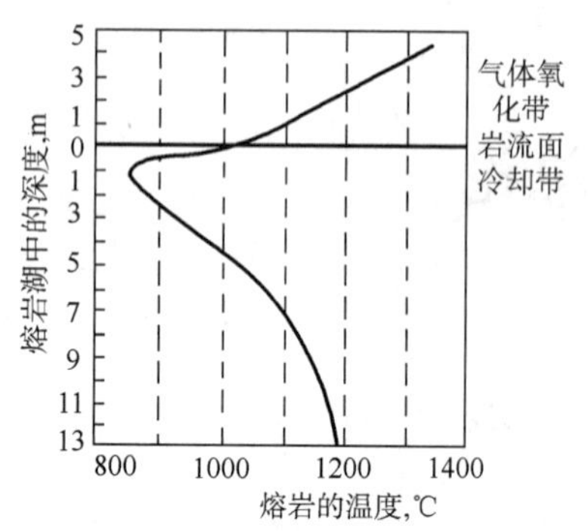

图 5-1 夏威夷熔岩湖不同深度温度变化曲线

（据王嘉荫，1955）

低，SiO_2 含量较低的岩浆温度较高。同一熔岩流不同部位的温度各不相同，一般熔岩流表面之上部区域温度最高，熔岩流表面之下部区域温度最低，而熔岩流内部温度又趋向升高（图 5-1）。熔岩流表层面之上部区域温度最高，可能是与大气接触遭受强烈氧化结果。

高温高压实验研究表明，在常压条件下，对基本不含挥发组分的熔岩流观测到的温度，并不能完全代表地下深处岩浆的真正温度。处于地下深处的高压并富含挥发组分的岩浆的温度，比地表喷出的熔岩流温度要低得多。

3）岩浆的粘度很大

观测与实验表明，岩浆是一种粘稠的熔融体，其粘度很高且变化幅度很大，大约在 $3\times10^2\sim1\times10^{11}$ Pa·s之间（图 5-2）。岩浆粘度的具体数值与岩浆的成分、挥发组分及温度、压力等因素有关。

岩浆中 SiO_2、Al_2O_3、Cr_2O_3 等成分的含量对岩浆的粘度影响较大，特别是岩浆中 SiO_2 的含量对岩浆粘度影响最大。实验与观测均证明，岩浆的粘度随着 SiO_2 含量的增加而增加。其原因可能与成分复杂的岩浆熔融体的内部结构有关（图 5-3），熔体中各种元素以中性原子、阳离子及阴离子（图中分别以“○”、“⊖”和“⊕”表示）的形态存在，数量极大的硅、氧还以 $[SiO_4]^{4-}$ 四面体络阴离子团的形式存在，硅氧四面体之间可以不同程度地以顶角相互联结成链、环、层，甚而形成架状络阴离子团。显然，岩浆中 SiO_2 的含量越高，熔体中 $[SiO_4]^{4-}$ 四面体所组成络阴离子团的体积越大，岩浆的活动性相应越小，从而增大岩浆的粘度（图 4-2）。

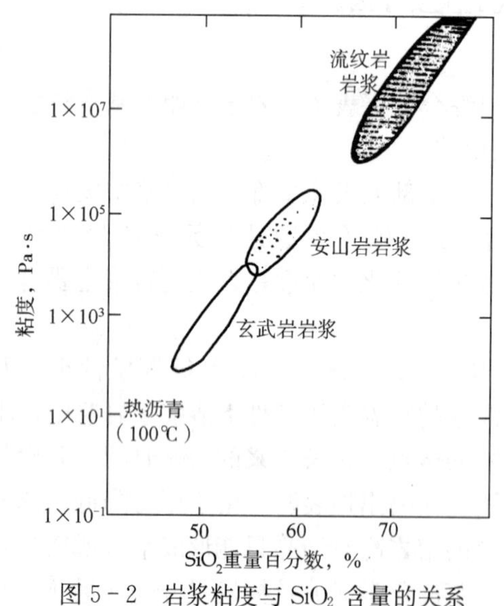

图 5-2 岩浆粘度与 SiO_2 含量的关系

（据 R. F. Flont，1974）

图 5-3 硅酸盐熔体结构示意图

（据 H. R. Shaw，1965）

溶于岩浆中的挥发组分主要是 H_2O。H_2O 能使硅氧四面体中的氧形成 $(OH)^-$，有利于降低岩浆的粘度。实验还证明，在岩浆中加入适当的 F^-，在同一温度下，也可降低岩浆的粘度。

岩浆温度越高，粘度越小；反之，温度越低，粘度越大。这是因为温度升高可使岩浆中硅氧四面体络阴离子结合能力降低、活动能力增大，从而降低岩浆的粘度；反之，温度降低，络阴离子结合成更大体积的络阴离子团的能力增大，岩浆的粘度随之升高。

此外，压力对岩浆的粘度也有影响。对不含挥发组分的岩浆，压力越大粘度越大；但是，对地下深处富含挥发组分的岩浆而言，压力增大、挥发组分的溶解度增大，反而可降低岩浆的粘度。

二、岩浆作用与岩浆岩

1. 岩浆作用

地壳深处的成分复杂、高温高压的岩浆熔融体，密度小于周围的介质，在地壳运动的驱使下，常常可引起岩浆沿着地壳的某些脆弱带向上或向低压区运移，通过机械灌入及热力侵位（熔融、淹没及吞蚀上覆岩层）而到达地壳的上部及浅处，随之温度降低而结晶形成岩石；有的岩浆还可经由深大断裂或火山通道直接喷出到达地面，并冷凝形成岩石。岩浆从源地（岩浆房）向上运移至地壳上部或直接喷出地表的冷凝形成岩石的过程中，岩浆的温度、压力、介质等物理化学状态有着复杂而巨大的变化，岩浆的化学成分经受同化混染、分异等作用的影响，同样有着巨大而复杂的改变。

这种岩浆的形成、运移、喷出直至冷凝形成矿物岩石的极其复杂的变化过程与结果之整体，称作岩浆活动或岩浆作用（magmatic action）。还常可以依据岩浆是侵入地壳之中还是喷出于地表，分为岩浆侵入作用（magmatic intrusion）和火山作用（volcanism）。

2. 岩浆岩

地下深处的岩浆经由岩浆作用而形成的岩石，称为岩浆岩（magmatic rock），欧美的文献又称其为火成岩（igneous rock）。

岩浆岩按其形成产出的部位，可分为侵入岩和喷出岩两类。

侵入岩（intrusive rock）指岩浆侵入到地壳上部（不是地球表面）冷凝而成的岩石。侵入岩在冷凝过程中承受着较大的压力，所含挥发组分较多，冷却缓慢，因此，侵入岩中矿物结晶程度较好，通常具有全晶质结构。按其侵入深度的不同，又可细分为“深成侵入岩”和“浅成侵入岩”两个次级类型。前者形成深度超过 3km，后者形成深度约为 0.5～3km。

喷出岩（eruptive rock）又称火山岩（volcanic rock），是地下深处的岩浆由火山口喷出地表后冷凝和堆积形成的岩石。其中，由火山口宁静溢流出来的熔岩流经冷凝而形成的岩石，称为熔岩（lava）；由火山口经强烈爆发出来的各种火山碎屑物质堆积而形成的岩石，称为火山碎屑岩（volcaniclastic rock）；与火山作用密切相关的超浅成侵入岩称为次火山岩（subvolcanic rock），其形成深度一般小于 0.5km。其中，火山碎屑岩既有喷出的性质又有沉积作用与沉积岩的某些特征，是介于喷出岩和沉积岩过渡类型的岩石。本书在喷出岩（或火山岩）部分仅讨论熔岩（含次火山岩），而将火山碎屑岩放到沉积岩石学之中讨论。

喷出岩由于冷却较快，挥发组分大量逃逸，因此，喷出岩中矿物结晶程度很差，多为半晶质结构，甚至完全不结晶而成为玻璃质结构，而次火山岩是结晶程度略好的喷出岩。

由上所述可见，岩浆岩绝大部分为结晶质岩石，仅少数为玻璃质，岩石中原生矿物都是在高温下结晶形成的。各种岩浆岩体与围岩一般都具有清楚的分界限，有时在岩浆岩体的边缘部分可以含有围岩的碎块或捕虏体，由于热力的烘烤作用和物质成分的交换作用使岩体和围岩的边界部分常呈现程度不同、类型各异的接触变质现象，有时还可以见到由喷出岩到侵入岩一系列过渡的现象。

第二节 岩浆岩的物质成分

岩浆岩的物质成分包括化学成分和矿物成分，是岩浆岩的最主要特征之一。研究岩浆岩的物质成分不仅有助于了解各类岩浆岩的内在联系、成因及次生变化，而且还是岩浆岩分类的主要依据。深入研究岩石的物质成分，可为找矿勘探提供有价值的信息。

一、岩浆岩的化学成分

根据现代地球物理和地球化学资料，地壳中几乎所有的元素在岩浆岩中均有出现，概括起来可以分为：主要的造岩元素、微量元素、稀土元素及同位素等。

1. 主要造岩元素及其氧化物

克拉克和黎彤等学者分别对全世界及我国的岩浆岩的平均化学成分进行过详细研究与统计，均获得十分相似的结果（表 5－1）。这些成果表明：

尽管岩浆岩中几乎涵盖了自然界的全部化学元素，但是，数量较多、分布广泛的主要造岩元素仅只有 O、Si、Ti、Al、Fe、Mn、Mg、Ca、Na、K、H、P 等十余种，其中 O、Si、Al、Fe、Mg、Ca、K、Na 等 8 种元素的含量最多，它们约占岩浆岩总质量的 99.25％，尤以 O 含量最高，占岩浆岩总质量的 46.59％。

表 5－1 岩浆岩平均氧化物（质量百分数,％）

氧化物	世界（克拉克，1924）	我国（黎彤，1963）	氧化物	世界（克拉克，1924）	我国（黎彤，1963）
SiO_2	59.12	60.60	K_2O	3.13	2.98
Al_2O_3	15.34	14.82	TiO_2	1.05	1.00
Fe_2O_3	3.08	2.63	MnO	0.124	0.14
FeO	3.80	4.11	H_2O	1.15	1.05
MgO	3.49	3.70	P_2O_5	0.30	0.35
CaO	5.08	4.54	CO_2	0.101	0.43
Na_2O	3.84	3.49	其他	0.376	—

就氧化物而论，SiO_2、Al_2O_3、Fe_2O_3、FeO、MgO、CaO、Na_2O、K_2O 和 H_2O 等 9 种氧化物最为主要，它们占岩浆岩总质量的 98％，且在各类岩石或多或少均有出现。

SiO_2 是岩浆岩最主要的成分，其平均含量达岩浆岩的 60％左右，而且，随着 SiO_2 含量的增加，酸性程度增高，基性程度降低，其他氧化物均呈现出有规律的变化（图 5－4）。

其中，MgO 、FeO 随 SiO_2 含量的增加而逐渐减少；Na_2O、K_2O 随 SiO_2 含量的增加而增加；Al_2O_3 在超基性岩（纯橄榄岩、辉石岩）中极少，在基性岩（辉长岩）中大量增加，而在中性岩和酸性岩中又渐次有缓慢减少；CaO 在基性岩中大量增加，而在中性岩至酸性岩（闪长岩、花岗岩等）又逐渐减少。由于不同类型岩浆岩主要造岩元素的氧化物含量呈现明显的规律性改变，因此不同类型岩浆岩的矿物成分相应也必然有明显差异。

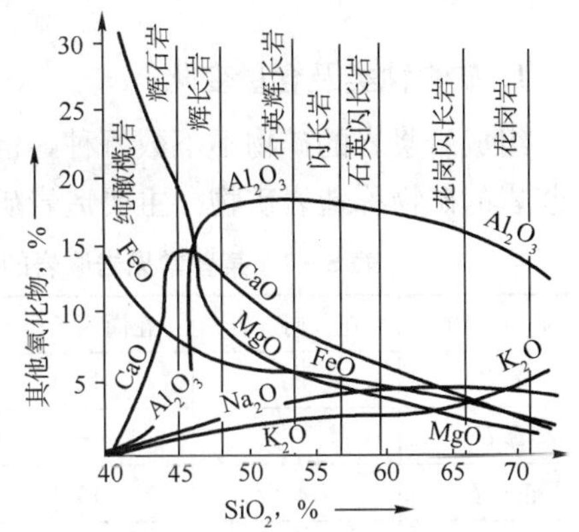

图 5-4 各岩浆岩中主要氧化物含量变化关系

2. 微量元素特征

锂、铷、铯、铌、钽等元素，在岩浆岩中的含量极其稀少，常称为微量元素（trace element），它们在岩浆岩中的总量一般不超过 1‰。研究表明，微量元素在不同岩浆岩的分布同样呈现有规律的变化，一般是随着岩石中 SiO_2 及 K_2O、Na_2O 含量增加，能以类质同象替代 K、Na 的碱金属微量元素 Li、Rb、Cs 等随之增加。例如 Rb 在基性岩、中性岩和酸性岩中的含量依次为 45g/t、100g/t 和 200g/t。与此相反，V、Co、Ni、Cr 等亲铁的微量元素随 SiO_2 的增加而急剧减少。如 Cr 在超基性岩、中性岩和酸性岩中分别为 2000g/t、50g/t 和 25g/t。所以，在碱性岩浆岩及酸性岩浆岩中有利于多种微量稀有元素的富集。

不仅微量元素的含量与岩石类型及成因有关，微量元素之间的比值或者微量元素与常量元素之间的比值（如 K/Rb、K/Ba、Rb/Sr、Nb/Ta、Th/U、Cd/Zn 等），也与岩浆岩的成分、成因和演化有关。比如花岗岩质岩石中，早期产物的 Rb/Sr 值与晚期产物的 Rb/Sr 值比较一般有逐渐增大趋势。因此，分析岩浆岩中微量元素的含量及相关元素之间比值，也能为岩石的划分对比及成因分析提供有价值的资料。

3. 稀土元素特征

稀土元素指原子序数为 57～71 的镧系 15 个元素，由于原子序数为 39 的钇（Y）的地球化学性质与之相近或密切共生，因此把钇也归于此类，而统称为稀土元素。这是一组化学性质相似、难熔且难于分离的元素，它们在岩浆岩中常紧密共生，不易次生变化，稳定性较高，但不同稀土元素的性质及其在岩石中的行为又略有不同。其中，La—Eu 等 7 种元素相对原子质量较小，称轻稀土元素（即 Ce 族稀土），后 9 种元素加上 Y，称重稀土元素（即 Y 族稀土）。在岩浆形成和演化过程中，由于地球重力场作用、它们本身性质及其在矿物中赋存状态的不同，导致轻、重稀土元素的分离，因此对岩石中稀土元素本身及稀土元素分离状况的研究，能很好地反映岩石的成因，在岩浆岩的研究中越来越受到重视并获得应用。

4. 同位素特征

在元素周期表上，每个元素的原子序数是按原子核内质子数的大小排列的，把原子核内质子数相同而中子数不同的一组元素，称为同位素。对岩浆岩中同位素组成的研究，是一门新兴的边缘学科。应用同位素分析可以解决岩石形成的绝对年龄，此外在阐明岩浆的起源和演化，推断岩浆的来源、岩浆岩形成温度、岩浆岩与成矿关系等方面，也不断取得研究成果而越来越受到重视。目前研究比较详细的有氧同位素（O^{16}、O^{18}）、硫同位素（S^{32}、S^{34}）、锶同位素（Sr^{86}、Sr^{87}）等。

二、岩浆岩的矿物成分

1. 矿物种类及含量变化

组成岩浆岩的矿物不下数百种，但最常见的不过十余种，这些数量大。且分布广的构成岩浆岩的矿物称造岩矿物。主要造岩矿物在各类岩浆岩中的分布（表 5－2）具有以下特色：

表 5－2　某些常见岩浆岩的主要矿物的平均体积含量（据 T. Барт，1956）　%

矿　物	花 岗 岩	花岗闪长岩	闪 长 岩	正 长 岩	辉 长 岩	纯橄榄岩
石英	25	12	2	—	—	—
霞石	—	—	—	—	—	—
正长石	40	15	3	72	—	—
更长石	26	—	—	12	—	—
中长石	—	46	64	—	—	—
拉长石	—	—	—	—	65	—
黑云母	5	3	5	2	1	—
角闪石	1	13	12	7	3	—
单斜辉石	—	—	8	4	14	—
斜方辉石	—	—	3	—	6	2
橄榄石	—	—	—	—	7	95
磁铁矿	2	1	2	2	2	3
钛铁矿	1	—	—	1	2	—
磷灰石	微量	微量	微量	微量	—	—
榍石	微量	微量	微量	微量	—	—
色率	9	18	30	16	35	100

在酸性岩和中酸性岩（以花岗岩和花岗闪长岩为代表）中，以石英、长石为主，还有少量黑云母和角闪石；在中性岩（以闪长岩和正长岩为代表）中，以中长石为主，还有一定量的角闪石、辉石、黑云母及少量石英；在基性岩（以辉长岩为代表）中，以基性斜长石（拉长石）和辉石为主，含有少量橄榄石、角闪石、黑云母；在超基性岩（以纯橄榄岩为代表）中，以橄榄石为主，还有不等量的辉石，而不含石英。由此可以看出，矿物成分与岩浆岩的化学成分同样，在各类岩浆岩中呈现有规律的变化（图 5－5）。

2. 矿物分类

在岩浆岩石学中，常按矿物的化学成分、含量和成因把岩浆岩的矿物作如下划分。

1）根据化学成分和颜色划分浅色矿物与暗色矿物

浅色矿物即富含硅、铝的矿物。矿物中 SiO_2、Al_2O_3 含量较高，很少或不含 FeO、MgO，主要包括石英族、长石族及似长石类矿物，这些矿物共同特征是呈浅淡的白、灰白色。

暗色矿物即富含铁、镁的矿物。富含 FeO、MgO，SiO_2 含量较低，包括橄榄石族、辉石族、角闪石族及黑云母等矿物，它们的共同特征是多呈深暗的绿、褐、灰黑色。

暗色矿物与浅色矿物的比例是岩浆岩鉴定和分类的标志之一。岩浆岩中暗色矿物的含量

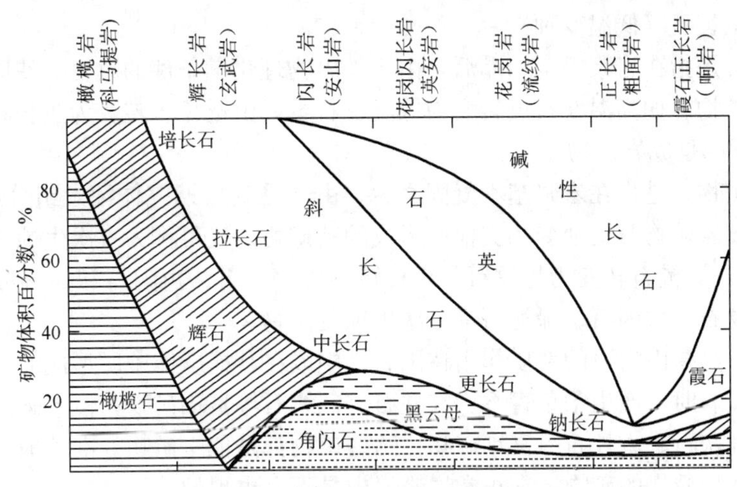

图 5-5　主要岩浆岩类型矿物成分变化分布简图

(据 H. S. Washington，1951，略改)

(体积百分数）称为岩石的色率（颜色指数），根据岩石的色率，可粗略推测岩浆岩的类型。一般超基性岩色率超过 90%，基性岩色率为 35%～90%，中性岩色率为 15%～35%，酸性岩色率为 0～15%。但岩浆岩的成分是复杂的，色率可有例外，如浅色辉长岩的色率即小于 35%。

2）根据矿物在岩石中的含量划分为主要矿物、次要矿物及副矿物

主要矿物在岩石中含量较多，对岩浆岩大类的划分和定名起决定性的作用。例如，橄榄岩中橄榄石占 50%以上，是主要矿物；花岗岩中石英、长石占绝对优势，也是主要矿物。

次要矿物在岩石中的含量少于主要矿物，它的存在与否不影响岩石大类的定名，而对岩石种属的定名起一定的作用，含量一般小于 15%。如钠闪石花岗岩的主要矿物是石英和长石，但含有一定量的钠闪石，将钠闪石冠于花岗岩之前，作为岩石种属名称。

副矿物在岩石中含量甚微，一般小于 1%，在岩石分类命名中一般不起作用。如岩浆岩中的磁铁矿、磷灰石、榍石、锆石、独居石等都是副矿物。但当其含量较多或对岩石成因和成矿有特殊意义时，也可有选择地用作岩石名称的前缀。如独居石花岗岩，指示该花岗岩中含有较多 Ce、La 等稀土元素。

3）根据矿物成因划分原生矿物、成岩矿物、岩浆期后矿物、他生矿物和外生矿物

原生矿物，是指岩浆冷凝过程中结晶形成的矿物。一般岩浆岩中的主要矿物、次要矿物和副矿物都是原生矿物。按其形成特点，原生矿物又可分为正常矿物、反应矿物和残余矿物等。

正常矿物是指直接从岩浆中结晶出来的、在成岩过程中相对稳定的矿物，如新鲜的透长石、高温石英等。

反应矿物是指随着岩浆温度、压力及成分的变化，早期析出的矿物将与岩浆发生反应，转变而成的新矿物；其中尚未遭受反应的残留部分，称为残余矿物。如岩浆早期析出的橄榄石与岩浆中 SiO_2 发生反应，形成的顽火辉石则称为反应矿物，而未反应完全的残留的橄榄石，就是残余矿物。

原生矿物由于形成温度及有序度不同，又可分为高温型和低温型。一般喷出岩中的矿物形成温度较高，多是有序度低的高温型矿物；而侵入岩中的矿物形成温度相对较低，多是有序度高的低温型矿物。如喷出岩中多为高温斜长石和透长石（高温变种），而侵入岩中多为

低温斜长石和正长石（低温变种）。

成岩矿物，是指在岩浆完全结晶后，由于外界物理化学条件的改变，使原生矿物发生转变而新形成的矿物。如高温β-石英转变为低温α-石英，由透长石转变为正长石等，新形成的α-石英和正长石都是成岩矿物。

岩浆期后矿物，是指在岩浆基本凝固之后，由于受到后期气体挥发组分或热液的影响，使原生矿物、成岩矿物遭受蚀变和交代而形成的新矿物，又可称为“次生蚀变矿物”或“次生矿物”。例如，橄榄石转变为蛇纹石、辉石转变为次闪石、角闪石和黑云母转变为绿泥石等，形成的蛇纹石、次闪石、绿泥石都是次生蚀变矿物。

他生矿物，是指由岩浆的变质作用在围岩之中或在其捕虏体中所形成的一些新矿物。如花岗岩侵入泥质岩时，产生了堇青石、红柱石、硅线石等富铝矿物；侵入碳酸盐岩时，产生了钙铝榴石、硅灰石、方柱石等富钙矿物，这些矿物都是他生矿物。准确地说，他生矿物应属于变质作用及变质岩的矿物，在正常岩浆岩中是不会出现的。

外生矿物，是指岩浆岩露出地表遭受风化作用而新形成的矿物，又称表生矿物。实质上外生矿物已属于沉积作用的范畴。如碱性长石风化为高岭石、斜长石风化为绢云母等，风化形成的高岭石、绢云母都是外生或表生矿物。

外生矿物与岩浆期后生成的次生蚀变矿物，有时不易区分，可统称为次生矿物。

三、岩浆岩中矿物成分与化学成分的关系

岩浆岩中矿物及其共生组合除受其形成时温度、压力等物理化学条件控制之外，更主要是取决于岩浆的化学成分。

1. SiO_2 的含量对矿物及矿物组合的影响

岩浆岩中 SiO_2 的含量对矿物共生组合有着重要的影响。根据 SiO_2 与其他氧化物的比例，可将岩浆岩分为 SiO_2 过饱和岩、SiO_2 饱和岩和 SiO_2 不饱和岩。

对于 SiO_2 过饱和岩石，SiO_2 除与其他元素结合形成长石、角闪石等各种硅酸盐矿物外，还有剩余并单独结晶形成石英。石英的大量产出可以看作是 SiO_2 过饱和的标志，因此，大部分中酸性岩浆岩均属于 SiO_2 过饱和岩石。

对于 SiO_2 饱和的岩石，SiO_2 与其他元素结合形成长石、角闪石、黑云母、辉石等各种硅酸盐矿物后没有剩余，一般不能单独结晶形成石英。因此，长石、辉石等 SiO_2 饱和的硅酸盐矿物大量产出而没有或极少有石英可作为 SiO_2 饱和的标志，大部分基性岩浆岩及某些中性岩浆岩属于 SiO_2 饱和的岩石。

对于 SiO_2 不饱和的岩石，岩浆中 SiO_2 只能与其他元素结合形成各种硅酸盐矿物，这些矿物中相当部分是橄榄石和似长石类等硅酸不饱和的矿物。研究表明，在高温岩浆之中如果橄榄石、霞石、白榴石等与石英相遇，它们之间将会发生如下反应并形成新矿物：

$$\underset{\text{镁橄榄石}}{Mg_2[SiO_4]}+SiO_2 \xleftrightarrow{1557℃} \underset{\text{顽火辉石}}{Mg_2[Si_2O_6]}$$

$$\underset{\text{霞石}}{Na[AlSiO_4]}+2SiO_2 \longleftrightarrow \underset{\text{钠长石}}{Na[AlSi_3O_8]}$$

$$\underset{\text{白榴石}}{K[AlSi_2O_6]}+SiO_2 \longleftrightarrow \underset{\text{钾长石}}{K[AlSi_3O_8]}$$

也就是说，在平衡条件下，橄榄石、霞石、白榴石等硅酸不饱和矿物不能与原生石英共

生，橄榄石和霞石、白榴石等副长石矿物的出现是岩石 SiO_2 不饱和的标志。超基性岩浆岩及碱性岩浆岩属 SiO_2 不饱和的岩浆岩。

2. 碱质含量对岩浆岩矿物组合的影响

岩浆岩中碱质（Na_2O+K_2O）的含量对岩浆岩矿物成分也有很大的影响。岩浆岩的碱性程度常用里特曼指数 σ 来表示（A. Rittman，1957），即：

$$\sigma=\frac{(Na_2O+K_2O)^2}{SiO_2-43} \qquad (5-1)$$

当 $\sigma<3.3$ 时，称钙碱性岩；$\sigma=3.3\sim9.0$ 时，称弱碱性岩；$\sigma>9.0$ 时，称碱性岩（也有文献将其分别称为钙碱性岩、碱性岩和过碱性岩）。

碱度（里特曼指数 σ）不同的岩石，矿物组合各不相同：

$\sigma<3.3$ 的钙碱性岩中，斜长石普遍存在，辉石多为普通辉石，角闪石多为普通角闪石，无似长石和黑榴石；在较酸性的岩石中可出现碱性长石、石英和云母；在喷出岩中可出现富含 SiO_2 的火山玻璃。

$\sigma=3.3\sim9.0$ 的弱碱性岩中，碱性长石普遍存在，可出现碱性辉石（霓石、霓辉石）、碱性角闪石（钠闪石、钠铁闪石）、黑榴石等碱性暗色矿物，甚至出现少量似长石；石英只在酸性最强的岩石中出现，斜长石成分偏酸性，喷出岩中含碱性火山玻璃。

$\sigma>9.0$ 的碱性岩中，碱性长石和似长石类矿物普遍存在；还含有碱性辉石、碱性角闪石及富铁黑云母；不含石英，斜长石也不多见；喷出岩中含碱性火山玻璃。

3. Al_2O_3 含量对岩浆岩矿物组合的影响

岩浆岩中 Al_2O_3 的含量对岩浆岩矿物成分也有明显的影响，根据 Al_2O_3 与 CaO、Na_2O、K_2O 的相对含量，可划分为以下四种次级类型：

过铝质岩石，即 $Al_2O_3>CaO+K_2O+Na_2O$，岩石中常出现白云母、黄玉，电气石、锰铝—钙铝榴石及其他富铝矿物。

偏铝质岩石，即 $CaO+Na_2O+K_2O>Al_2O_3>K_2O+Na_2O$，岩石中常出现铝硅酸盐矿物，如黑云母、角闪石、黄长石等。

亚铝质岩石，即 $Al_2O_3\approx K_2O+Na_2O$，岩石中主要的含铝矿物是长石和副长石类矿物。

贫铝质岩石，即 $Al_2O_3<K_2O+Na_2O$，岩石中常出现碱性暗色矿物和副长石类矿物，如霓石、霓辉石、钠闪石等。

除了上述主要化学成分能够影响岩浆岩中矿物共生组合外，岩浆中的挥发组分也能影响矿物成分与组合。如岩浆中挥发组分较多，除形成角闪石、黑云母外，还可出现电气石、黄玉、萤石、绿柱石等气成矿物。此外，如岩浆中稀有、稀土和放射性元素较多，则岩石中还可有较多的锆石、独居石、榍石、钛铁矿、褐帘石及含铀钍的矿物等。由此可知，影响岩浆岩矿物成分和矿物共生组合的因素很多，需要在今后的学习中进一步加深理解。

第三节　岩浆岩的结构和构造

岩浆岩的结构（texture），是组成岩石的矿物和玻璃质的结晶程度、颗粒大小、形态以及它们之间的相互关系所呈现的形态外貌特征。一般而言，组成岩石的矿物晶体及玻璃碎屑的大小多属毫米至微米级，对其形态、大小及相互关系的观测，常需借助放大镜或显微镜，因此，结构主要描述的是岩石的微观形貌特征。

岩浆岩的构造（structure），是组成岩石的“各部分”（矿物集合体和玻璃质）的形态、相互排列、配置与充填方式所呈现的形态外貌特征。组成岩石的“各部分（矿物集合体）”的尺寸一般为厘米至分米级、甚至更大，通常在野外露头或标本上进行观测，因此构造主要表现的是岩石的宏观形貌特征。当然，自然是极复杂的，宏观与微观之间并没有严格的分界，而是相互过渡、相互渗透的。比如，流纹构造及细小杏仁构造在显微镜下也能观测到；伟晶岩中的晶体形态、大小及相互关系，在裸眼下也能分辨。

结构与构造是从不同角度描述岩石的形态及外貌特征，仅用文字和语言往往无法做到全面周详，因此，常常采用素描图及摄影照片来表现，甚至可以认为，摄影照片或素描图，已是当前表述岩石结构和岩石构造的主要途径与必要形式。

研究岩浆岩的结构和构造，主要是研究岩石中的矿物或玻璃质等组成岩石的方式，而组成方式又与岩石的成分和形成条件密切相关。也就是说，成分不同的岩浆在不同的地质环境条件下结晶形成的岩石，其结构和构造各不相同，即使成分相同或相近的岩浆，在不同的物理化学条件下形成的岩石，其结构与构造也常各不相同。因此，结构和构造不仅仅是岩石形态外貌上的特征，同时还是岩浆岩各组成物质的化合、分解、熔化、结晶、流动、聚集等各种作用过程与结果的物质记录，还蕴含着岩浆的物质成分及冷凝过程物理化学条件的丰富信息。所以，结构和构造是岩浆岩（及其他各类岩石）的基本特征之一，是鉴定岩石与区分岩石的重要标志之一，是岩浆岩（及其他各类岩石）分类命名的主要依据之一，而且还是分析推断岩浆岩的生成条件、探讨岩浆岩成因与演化等问题的重要的依据之一。总之，结构与构造的观测研究是岩石学的主要工作与重要内容之一。

一、岩浆岩的结构

岩浆岩的结构主要表现为四方面的特征：岩石的结晶程度，主要指岩石中结晶质与非晶质的比例；组成岩石矿物晶体的绝对大小与相对大小；矿物晶体的自形程度；各种矿物晶体之间的相互关系。

1. 岩石结晶程度划分的结构类型

全晶质结构（holocrystalline texture），即岩石全部由矿物晶体组成而不含玻璃质的结构。此种结构表明岩浆岩是在缓慢冷却的条件下从容结晶而形成，深成侵入的辉长岩、花岗岩等一般具有这样的结构［图 5-6（a）］。

半晶质结构（hemicrystalline texture），即岩石中既有矿物晶体，又有非晶质玻璃存在的结构。喷出岩或超浅成侵入岩多具此种结构［图 5-6（b）］。

玻璃质结构（vitreous texture），即岩石几乎全部由非晶质玻璃组成的结构。快速冷却形成的喷出岩常具有此种结构［图 5-6（c）］。玻璃质是岩浆在极快速冷却的条件下形成的过冷却熔融体，是硬化了的岩浆，其中的质点作不规则排列。

玻璃结构及半晶质结构是不稳定的，随着时间的推移，常常会缓慢地发生脱玻化作用而重结晶。脱玻化初期可以形成一些极细小的雏晶（crystallite），在正交偏光显微镜下不具光性反应（全消光），在单偏光显微镜下按雏晶的形态可分为球雏晶、发雏晶、串珠雏晶、针雏晶、棒雏晶及羽雏晶等［图 5-6（d），（e），（f），（g）］。雏晶进一步重结晶，可形成骸晶（skeleton crystal）或微晶（microlite），它们已具有结晶物质的性质，但晶体轮廓不完整［图 5-7（a），（b）］。由长石、石英质骸晶和微晶组成的隐晶质集合体，粒度细小，形状不

图 5-6 结晶程度显示的结构及火山玻璃中的雏晶
(a) 全晶质结构；(b) 半晶质结构；(c) 玻璃质结构；(d) 发雏晶；(e) 羽雏晶；(f) 串珠、针、棒雏晶；(g) 泉（羽）雏晶；单偏光，$d=0.40$mm

规则，且晶粒之间的界限模糊，称之为霏细结构（felsitic texture）。

2. 根据矿物晶粒的大小划分的结构类型

1）等粒结构（equigranular texture）

等粒结构即岩石中主要矿物颗粒大小相近的结构［图 5-6（c）］。按粒径的绝对大小，可细分为：

（1）显晶质结构（phanerocrystalline texture），矿物晶粒在肉眼或放大镜下可以分辨的结构。按粒径的绝对大小，常进一步细分为：①粗粒结构，是主要矿物粒径大于 5mm 的结构；②中粒结构，是主要矿物粒径在 5～1mm 之间的结构；③细粒结构，是主要矿物粒径在 1～0.1mm 之间的结构。

图 5-7 骸晶（微晶）及按粒度划分的结构
(a) 斜长石的骸晶；(b) 磁铁矿的骸晶；(c) 等粒结构；(d) 不等粒结构；(e) 斑状结构；(f) 似斑状结构。单偏光，$d=0.40$mm

（2）隐晶质结构（cryptocrystalline texture），是矿物晶粒细小、用肉眼和放大镜不能分辨的结构。根据其在显微镜下能否被分辨，可细分为显微晶质和显微隐晶质结构：①在显微镜下能够分辨出矿物晶粒大小与形态的结构，称为显微晶质结构，如由石英、长石微晶组成的霏细结构；②在显微镜下也不能分辨出矿物晶粒大小的结构为显微隐晶质结构，如各种雏晶结构在单偏光下仅见各种雏晶的形态，但无光性反应。

2）不等粒结构（inequigranular texture）

不等粒结构即岩石主要矿物的粒度明显不同的结构。按粒径的相对大小，又可细分为连续不等粒结构、斑状结构和似斑状结构。

（1）同种矿物晶粒大小不同，形成一个连续不等粒径系列的结构称“连续不等粒结构

(seriate texture)”[图 5－7（d)]。

（2）岩石由两类明显不同大小的颗粒组成，大颗粒散布在小颗粒或玻璃质中，这种结构称“斑状结构（porphyritic texture)”。其中粒径大者称为“斑晶（porphyritic crystal)”，粒径小者（或玻璃质）称为“基质（matrix)”。斑状结构的基质通常为微晶、隐晶质或玻璃质[图 5－7（e)]。

（3）似斑状结构（porphyroid texture）的形态与斑状结构相似，但晶粒大小相差悬殊，基质是显晶质（粗粒、中粒或细粒），且斑晶与基质的成分基本相同。这表明斑晶和基质是在相同或相似的物理化学条件下形成，常过渡为连续不等粒结构，斑晶周围一般看不到熔蚀边和暗化边，常出现在中深成侵入岩中[图 5－7（f)]。

斑状结构的斑晶和基质是先后两期结晶形成的矿物。在地下深处，岩浆首先结晶出斑晶，随后携带斑晶的熔浆上升到地壳浅处或喷出地表，快速冷却形成微晶、隐晶或玻璃质的基质。有时，长石、石英斑晶常被熔蚀成港湾状，富含挥发组分的角闪石、黑云母等铁镁矿物斑晶由于遭受强烈氧化而形成暗化边结构，这是喷出岩中常见的结构[图 5－8（a)，(b)]。似斑状结构中的斑晶和基质大致是同时形成的，在某些晚期交代作用的岩石中，交代斑晶也可能是晚期形成的，因此需要根据实际资料具体分析。

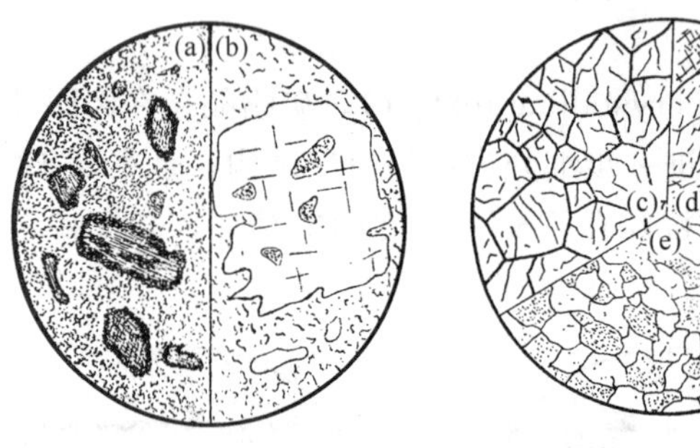

图 5－8　喷出岩斑晶的暗化边和熔蚀结构及矿物晶体自形程度的结构类型

(a) 角闪石、黑云母的暗化边结构；(b) 石英、透长石的熔蚀结构；(c) 自形粒状结构；(d) 半自形粒状结构；(e) 他形粒状结构

3. 根据晶粒的自形程度划分的结构类型

1）自形粒状结构（euhedral-granular texture）

组成岩石的矿物绝大部分为自形晶体的结构，称自形粒状结构。这种结构说明岩浆结晶缓慢，矿物晶体有足够的生长空间，能够按自身的结晶习性发育形成基本完整的晶形（自形晶)。岩石由结晶能力较强的矿物组成时也可形成这种结构。某些橄榄岩、辉石岩中可见到这种结构[图 5－8（c)]，它们往往是岩浆结晶分异产生的自形晶下沉堆积形成的。

2）半自形粒状结构（hypidiomorphic-granular texture）

组成岩石的矿物绝大部分为半自晶体的结构，称半自形粒状结构。这种结构的矿物自形程度不一致，可有少量自形晶及他形晶，但多数为半自晶形。表明岩石形成时，同时结晶的矿物较多、互相干扰、自由空间不足，此种结构常见于多种侵入岩中[图 5－8（d)]。

3）他形粒状结构（allotriomorphic-granular texture）

组成岩石的矿物绝大部为形态不规则的他形晶粒的结构，称他形粒状结构。这种结构的岩石中难以见到完整的晶形，反映岩浆冷却较快、结晶中心较多、来不及形成较完整的晶形，常见于浅成侵入岩和喷出岩的基质中［图5－8（e）］。

4. 根据晶粒间相互关系划分的结构类型

该类结构较多，有些在岩石各论中加以介绍，这里仅选择主要者分述如下。

1）反应边结构（reaction-rim texture）

反应边结构是指岩浆早期结晶出的矿物与周围尚未完全凝固的熔浆发生反应，在其外围形成新矿物的结构。这种结构在基性岩、超基性岩中比较常见。如橄榄石与岩浆反应在其外围形成顽火辉石的反应边［图5－9（a）］；普通辉石外围形成普通角闪石的反应边；橄榄石外围形成普通辉石的反应边，再向外又有普通角闪石的反应边等。反应边中相邻的矿物都是岩浆从高温到低温顺序结晶的矿物。岩浆期后由次生蚀变矿物交代原生矿物形成的“边”，不能称为反应边结构，应称为次变边结构（kelyphitic—border texture）。如橄榄石被蛇纹石交代、辉石被次闪石交代、角闪石被绿泥石交代等，均可形成次变边结构。不可将反应边结构与次变边结构混淆。

2）蠕虫状结构（myrmekitic texture）

蠕虫状结构的特点是许多细小的蠕虫状石英（又称蠕英石）分布于斜长石中，多发育在钾长石与斜长石相接触的边缘部分［图5－9（b）］。它的成因主要有两种：一种是钾长石被斜长石交代，析出多余的石英；另一种是固溶体分解，多余的石英呈蠕虫状析出。成因较为复杂，需具体分析。

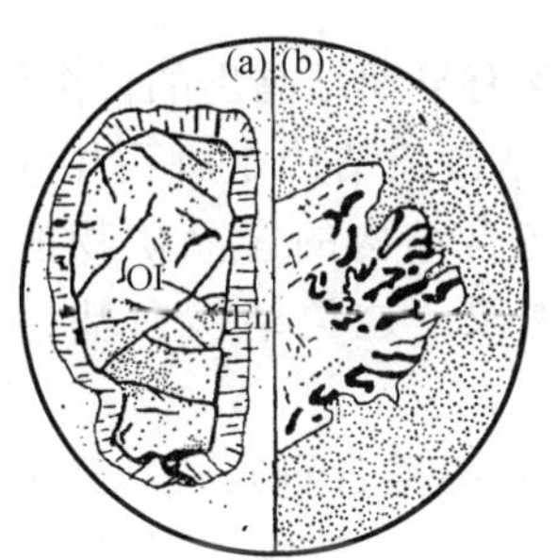

图5－9　反应边结构和蠕虫结构及条纹结构

(a) 反应边结构（OI 橄榄石，En 顽火辉石），单偏光，$d=1.2$mm；(b) 蠕虫状结构，正交偏光，$d=1.2$mm；(c) 出溶条纹长石；(d) 交代条纹长石，单偏光，$d=0.40$mm

3）条纹结构（perthitic texture）

条纹结构是钾长石（正长石或微斜长石）与钠长石规律交生形成的结构。具有条纹结构的长石又可称为条纹长石，常见的是以正长石或微斜长石为主晶，其中包含有或多或少的呈条痕状、网脉状、树枝状、斑块状或不规则状的钠长石嵌晶条纹（客晶），称为正条纹长石（正条纹结构），常简称为条纹长石（条纹结构）；如果以钠长石为主晶，其中包含有或多或少的正长石（或微斜长石）嵌晶条纹（客晶），则称为反条纹长石（反条纹结构）。条纹结构可由固溶体离溶作用形成，也可由晚期交代作用形成。一般而言，固溶体离溶作用形成的条纹结构，条纹细密均匀，明显定向［图5－9（c）］；交代作用形成的条纹结构，条纹宽窄不一，多呈树枝状、网脉状或不规则状，定向性不明显［图5－9（d）］。

4）环带结构（zonal texture）

环带结构与反应边结构有些相似，不同的是反应前的矿物与反应生成的矿物同属一类矿物。在显微镜下它是由若干同心环带组成，每一环成分及光性方位略有不同。环带结构在斜长石中最发育［图 5-10（a）］，如中心部分的成分偏基性，向边缘依次变为偏酸性，称为正环带；反之，称为反环带；还有的斜长石从中心到边缘在成分上周期性的变化，称为韵律环带。辉石等矿物也可具有环带结构。环带结构多出现在浅成侵入岩和火山岩中。

5）文象结构（graphic texture）

文象结构的特征是在钾长石（微斜长石或正长石）晶体内镶嵌有许多有一定规律排列的且具一定外形（尖棱形、象形文字形）的细小的石英嵌晶，这些石英嵌晶在正交偏光下同时消光［图 5-10（b）］。文象结构的成因是石英、长石二组分的岩浆温度下降到共结点时同时结晶而成，多出现在酸性侵入岩中。

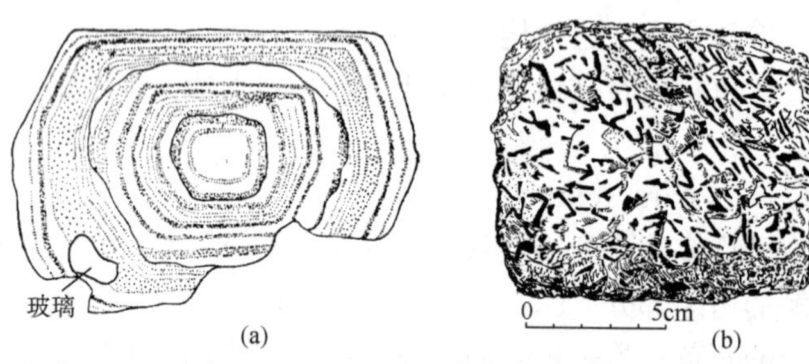

图 5-10　斜长石的环带结构（a）、钾长石与石英（黑色）组成的文象结构（b）

6）包含结构（poikilitic texture）

包含结构的特征是在较大的矿物主晶中包含有早期结晶出的许多较小矿物的客晶。如包橄结构是辉石中包含有橄榄石的小晶粒；嵌晶含长结构是辉石中包含有许多柱状斜长石的小晶粒，两者都属包含结构的次级类型。包含结构的客晶矿物的形成一般早于主晶矿物，主晶矿物常有熔蚀或交代早期客晶的现象。这类结构在基性、超基性岩中较为常见。

以上仅仅是岩浆岩结构中极少数的几种，对各类岩石来说，还有许多自身特殊的结构，如花岗结构、二长结构、安山结构、粗面结构、辉绿结构等，将在后面相应岩石中讨论。

二、影响岩浆岩结构的因素及矿物结晶顺序

1. 影响岩浆岩结构的主要因素

影响岩浆岩结构的因素很多，概括起来主要有以下三个方面。

1）岩浆的成分

岩浆主要由硅酸盐组成，并含有不等量的挥发组分。如酸性喷出岩中，SiO_2 含量高，挥发组分含量极低，岩浆的粘度大，阴离子、阳离子等质点不易集中，不易形成完好的晶体，因此常出现隐晶质和玻璃质结构；基性、超基性侵入岩中，SiO_2 含量较少，挥发组分含量较多，常形成全晶质粗、中粒状结构。酸性侵入岩虽富含 SiO_2，由于溶解于其中的挥发组分较多，可大大降低岩浆的粘度，同样可形成较粗大的晶体，组成各种显晶质结构，如花岗岩、闪长岩等侵入岩。

2）岩浆的温度

根据泰曼（Tamman）的研究，岩浆的结晶作用只有在过冷却（温度低于矿物结晶温度）时才能发生。结晶时首先形成结晶中心（晶芽），然后围绕晶芽继续生长。因此，产生

晶芽的数目与晶体生长速率之和，就是晶体的结晶能力。晶体结晶能力的变化与过冷却程度有如下密切的关系（图5-11）。

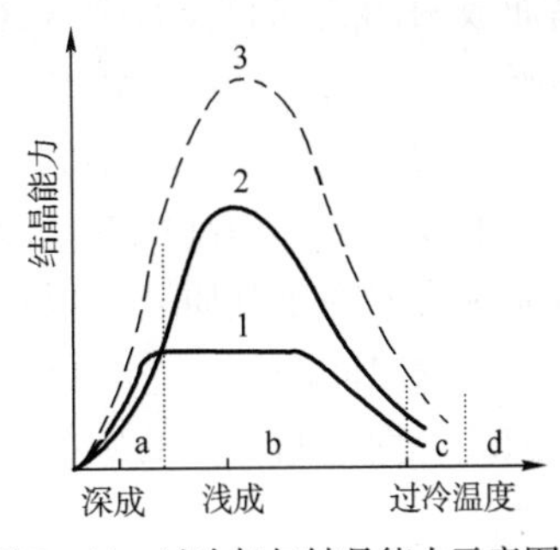

图5-11　过冷却与结晶能力示意图（据泰曼）

1—晶体生长速率曲线；2—结晶中心生成曲线；3—结晶能力曲线

冷却缓慢、过冷却温度较小的情况，相当于图5-11中的a区，晶体生长速率大于结晶中心生成速率。由于晶芽少，晶体生长快，晶体可迅速长大成较粗的晶体，形成粗粒等粒结构。这与深成侵入岩的结晶条件相似。

冷却速率较快、过冷却温度较大的情况，相当于图5-11中的b区，结晶中心生成速率大于晶体生长速率，总体的结晶能力最强，但只能形成细小的晶体而呈细粒结构。这与浅成侵入岩体的结晶条件相似。

冷却速率更快的情况下（图5-11中的c区），结晶中心生成速率与晶体生长速率都显著降低，结晶能力很弱，多形成隐晶质结构。这种情况常见于超浅成岩和某些喷出岩中。

冷却速率极快的情况下，过冷却温度极大，相当于图5-11中的d区，结晶中心生成速率及晶体生长速率均迅速下降，结晶能力趋近于零，因而就形成半玻璃质及玻璃质结构。这种情况常见于喷出岩中。

3）岩浆的压力

压力的大小直接影响岩浆中挥发组分的保存条件及含量。在深成侵入的条件下，一方面由于冷却缓慢，另一方面由于外部压力较大，挥发组分不易逸散而保存于岩浆中，因此常形成晶粒比较粗大的显晶质结构；而在浅成侵入和喷出条件下，由于围压降低，挥发组分容易逸散，而形成隐晶质、玻璃质或斑状结构等。

由上述可知，岩浆岩的结构与岩浆岩的成分及其形成条件密切相关，即结构中包含有成分与成因的信息。不过，影响岩浆岩结构的因素较为复杂，必须结合多方面的资料作深入细致的分析，才能得出可靠的结论。

2. 岩浆岩矿物结晶顺序的确定

岩浆岩矿物结晶顺序的确定是岩浆岩成因研究的重要内容之一。影响矿物结晶顺序的因素比较复杂，主要有以下三点。

1）根据岩石结构特征确定矿物结晶顺序

矿物的自形程度是确定结晶顺序的主要标志。一般先结晶的矿物自形程度较好，后结晶的矿物自形程度较差。这是由于早结晶的矿物有自由生长的空间，故晶面能发育较好，而晚结晶的矿物因互相干扰，故晶面发育较差。具体判断时，不能仅就单个颗粒、单个切面就匆忙下得出自形程度的结论，而应对大多数甚至全部颗粒进行观测，并进行综合分析方可获得正确的结果。此外，矿物自形程度还受到矿物自身结晶能力大小的制约，结晶能力强的矿物，即使结晶较晚，也可形成自形晶。例如某些岩石中的电气石，由于结晶能力很强，虽然其结晶晚于长石，但晶形却比长石完整，并可穿插到长石中去。因此，应用这一原则时要十分谨慎。

矿物的相互包裹关系是确定结晶顺序的常用标志。一般被包裹的矿物比包裹它的矿物结晶早。如辉石晶体包裹细小的橄榄石晶粒，则可以认为橄榄石比辉石结晶早。但这条原则不可机械套用，如石英和钾长石组成的文象结构，被包裹在长石中的石英嵌晶与长石是同时结晶而成的；又如斜长石中常含有次生矿物（如绢云母和绿帘石等）小晶体，它们的形成却明显晚于斜长石。因此，需在研究时进行仔细的分析。

矿物颗粒的相对大小也是常用标志。一般认为，岩石特别是斑状结构的岩石中，较大的斑晶形成较早，而细粒的基质形成较晚。但似斑状结构的岩石，二者却可以同时生成，甚至斑晶的形成晚于基质。所以，这一原则在运用时也应作具体分析。

矿物之间的反应关系可判断结晶顺序。在反应边结构中，被反应的矿物结晶总是早于其外围的经反应而形成的矿物。如橄榄石与顽火辉石形成的反应边，橄榄石总是早于顽火辉石先结晶。

2）罗森布施法则

19 世纪末，罗森布施（H. Rosenbusch，1898）根据大量岩石的鉴定，对岩浆岩中各种矿物的结晶顺序提出了经验法则，即副矿物如磷灰石、磁铁矿、锆石、尖晶石、榍石等最先结晶；其次是暗色矿物结晶，其结晶顺序是橄榄石、辉石、角闪石、黑云母等；然后依次结晶的矿物是浅色矿物斜长石（钙长石—钠长石）、碱性长石、似长石；石英和玻璃质最后结晶。

实践证明，上述法则对中酸性侵入岩的结晶过程比较适合，但基性岩和某些酸性浅成岩和喷出岩的结晶顺序则有许多例外的情况，不可生搬硬套。

3）鲍文反应原理

1922 年，著名岩石学家鲍文（N. L. Bowen），根据他对岩浆结晶作用的实验研究，总结出基性岩浆演化过程中矿物生成顺序的一般规律，称为鲍文反应原理。鲍文反应原理的主要内容为：岩浆在结晶过程中先析出的矿物常常会与残余岩浆发生反应，使矿物成分发生变化并产生新的矿物。随着温度的降低，反应继续进行，便有规律地产生一系列矿物，叫反应系列。反应系列可分连续系列和不连续系列两个并行的分支（图 5 - 12）。

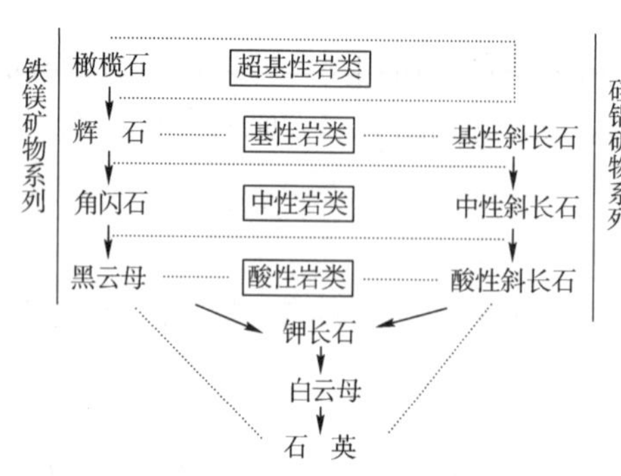

图 5 - 12　鲍文反应系列（据 N. L. Bowen，1922）

连续系列，反映岩浆结晶过程中斜长石固溶体矿物的结晶顺序。从高温到低温，依次由钙质斜长石向钠质斜长石连续转化，其矿物的晶格不发生变化。

不连续系列，表示铁镁矿物从岩浆中结晶的先后顺序，首先结晶的是橄榄石，后期结晶的是黑云母，相邻矿物之间晶格显著不同，在上下两类矿物之间不存在类质同象替代关系。每一类矿物本身可以有类质同象替代关系，如橄榄石族的镁橄榄石和铁橄榄石可以类质同象替换。

随着岩浆的冷却，从岩浆中同时析出一种铁镁矿物和一种斜长石，两者互相独立地进行，两系列之间位于同一水平上的矿物可以同时结晶，形成某种岩石的主要矿物成分。如辉石和钠钙质斜长石（主要是拉长石）同时结晶可形成辉长岩。

两系列在下部汇合成简单的不连续系列，其结晶顺序是钾长石—白云母—石英。一般情况下，石英为最终结晶的产物。

鲍文反应原理是岩浆岩研究中的一项重要成果，对岩浆岩中各种矿物的结晶顺序，矿物共生规律及岩浆的形成和演化有着重要的意义。但不同岩浆中各种造岩元素的浓度、性质以及岩浆结晶过程中温度、压力条件经常改变，反应系列中各种矿物的结晶顺序并不是固定不变，在具体运用时仍需结合多方面的因素认真分析。

三、岩浆岩的构造

1. 结晶作用与组分充填方式形成的构造

按岩浆岩中各个组成部分之间空间排列和充填方式，可划分为下列四种常见的构造。

1）块状构造（massive structure）

块状构造是组成岩石的各个部分的矿物成分、结构、颜色等均相同而无明显差异的构造，是矿物、粒度、颜色在岩石内均匀分布的构造。块状构造是岩浆岩最常见的构造。

2）条带状构造（banded structure）

条带状构造是岩石中各个组成部分的矿物成分、结构、粒度及颜色上有一定的差异，差异的各部分彼此平行或近于平行地相间排列所组成的构造。此构造主要是在结晶条件周期性变化的环境条件下形成，常见于辉长岩等基性侵入岩中［图 5－13（a）］。

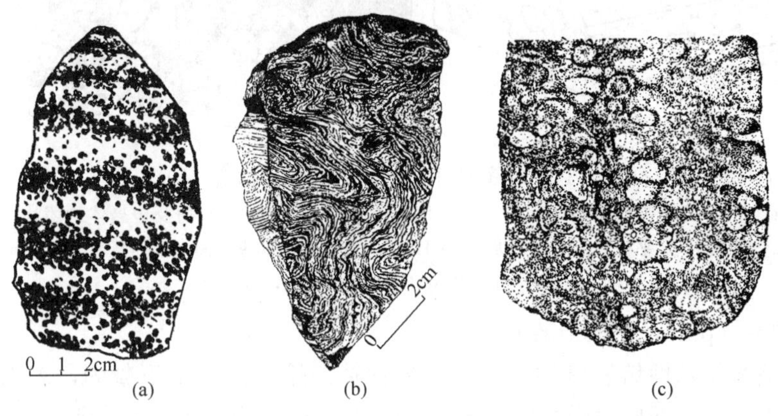

图 5－13　条带状构造（a）、流纹构造（b）和杏仁状构造（c）

（a）带状辉长岩，祁连山（据邱家骧，1985）；（b）流纹岩中的流纹构造；（c）安山岩，山西中条山

3）斑杂状构造（taxitic structure）

斑杂状构造是岩石中各组成部分的矿物成分、结构及颜色等有明显的差别，各自呈形状不一、大小各异的斑块状，不均匀混杂分布的构造。此构造主要是岩浆对捕虏体及围岩团块不均匀的同化混染作用形成，多见于侵入岩体的边缘部分。

4）气孔构造（vesicular structure）和杏仁状构造（amygdaloidal structure）

气孔构造和杏仁状构造是各种喷出岩中常见的构造，多见于熔岩流的顶部或边部。岩浆在喷溢过程中，挥发组分与岩浆熔体分离并逐渐向大气逸散，而尚未扩散到达大气的挥发组分可在岩石中产生大小不同的空洞，称为气孔构造。气孔的形状有圆形、椭圆形、云朵状、水滴状及不规则状等，其拉长方向一般指示熔岩的流动方向。当气孔被岩浆期后及次生蚀变矿物充填后，则形成杏仁状构造［图 5－13（c）］，常见的充填矿物有绿泥石、蒙脱石—绿高岭石、沸石、蛋白石、玉髓、石英、方解石以及铁、铜硫化物等。

2. 岩浆流动形成的构造（fluxion structure）

1）流纹构造（rhyolitic structure）

流纹构造是由拉长的气孔和不同颜色、不同成分的条纹及微晶、斑晶所表现出来的熔岩流动的构造［图 5－13（b）］。流纹构造是酸性喷出岩常见的构造，其他喷出岩中也可见到。

2）流面与流线构造

流动构造是岩浆流动过程中形成的一种构造，包括流面（planar flow）和流线（linear flow）构造。其中，流面构造由岩浆岩中片状、板状矿物及扁平的捕虏体、析离体（岩浆早期结晶的暗色矿物团块）定向排列而成；流线构造由单向延长的针、柱状矿物及长形捕虏体和析离体定向排列而成。流面与流线构造一般平行于岩体与围岩接触面，因而可利用流面、流线测定接触面的产状和岩浆流动方向。流面与流线构造多见于中酸性侵入岩中［图 5 - 14 (a)］。

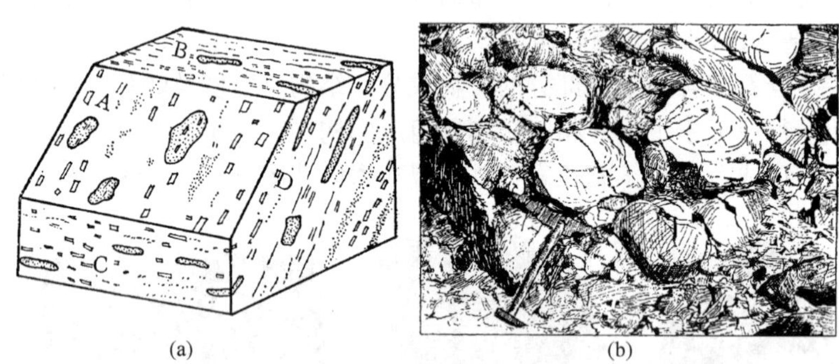

(a) (b)

图 5 - 14　流线流面构造（a）和枕状构造（b）

（a）A. 平行于流面构造的面，含有柱状、针状、片状、板状矿物及包裹体的团块；B. 水平面；C. 平行流面走向的纵切面；D. 垂直流面走向的纵切面（据孙鼎等，1985）；（b）基性熔岩中枕状构造，青海

3）枕状构造（pillow structure）

枕状构造是海相基性熔岩流中常见的一种构造。熔岩流在水下凝固，表面首先结成硬壳，由于冷却收缩及内部压力硬壳发生破裂，内部尚未凝固的熔浆从裂缝中流出，再次冷凝结壳并破裂，如此发展下去，而使初始喷出的岩流分成许多股小岩流，最后冷凝固结并相互挤压而成棉球状、袋状、面包状的枕状体群，称为枕状构造。单个枕状体多数是独立的、顶部呈向上凸起的曲面，底面较平坦或陷入下伏枕状体的凹陷处。各枕状体之间有时可充填火山碎屑物质或其他沉积岩［图 5 - 14 (b)］。

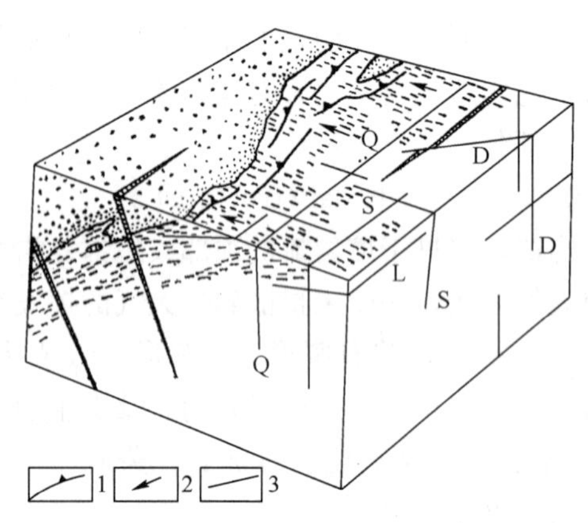

图 5 - 15　侵入岩中主要原生节理的分布

Q—横节理，横切流线，为张性节理，常有岩脉充填；L—层节理，近水平，平行于流线、流面；S—纵节理，平行流线，垂直流面；D—斜节理；1—流面产状；2—流线指向；3—节理

3. 原生节理和裂隙构造

1）原生节理构造（primary joint structure）

原生节理构造是岩浆冷凝收缩过程中产生的原生节理和裂隙。在侵入岩中有四种原生节理较为常见，它们与流面流线之间往往有一定的关系（图 5 - 15）：

横（Q）节理（cross joint），垂直于流线及流面，往往延伸较长，倾斜较陡，节理面粗糙，属张性节理，常为岩脉或矿脉充填。

纵（S）节理（longitudinal joint），该节理平行于流线，垂直于流面，节理面较平整，常垂直于侵入体与围岩的接触面。

层（L）节理（horizontal joint），节理面既平行于流面又平行于流线，基本上与侵入体和围岩的接触面平行。一般在小岩体（岩床、岩盖等）表现较为明显。

斜（D）节理（diagonal joint），多见于侵入体的顶部，常有共轭的两组，其锐角平分线平行于流线方向。它进一步发展成正断层，可将充填于横节理中的岩脉和矿脉错断。

2）柱状节理构造（columnar joint structure）

在喷出岩特别是基性熔岩中，常发育一种柱状节理构造，是一种规则的多边形（四边、五边、七边形等）柱状体，柱体上部断面小于下部断面，柱体长 0.5～12m 不等，多数 1～2m。柱体垂直于熔岩层面（冷却面）。一般认为，柱状节理构造是由于熔浆在均匀而缓慢冷却的条件下形成的。

第四节　岩浆岩的产状和相

岩浆岩作为一种地质体，是在一定的地质条件下形成，必然具有一定的产状和岩相特征。岩浆岩的产状（occurrence）是指岩体的形状、大小及其与围岩的接触关系；岩浆岩相（facies）是指反映岩浆岩形成条件的岩石特征的总和，即岩相包含了岩石的形成条件和岩石特征两个方面，表现为岩体形成深度、产状、分布和岩石的物质成分、结构、构造等特征。

一、岩浆岩的产状

1. 侵入岩的产状

根据侵入体与围岩的接触关系，侵入岩的产状可分为整合侵入体和不整合侵入体两种产状类型。

1）整合侵入体的产状

整合侵入体的产状是指岩浆沿围岩的层理和片理机械灌入而形成的岩体，侵入体与围岩的产状基本上是整合或彼此平行的。根据其形态可细分为以下四种次级类型。

（1）岩床（sill），是岩浆沿层面或片理面灌入并流动铺开冷凝而形成的与地层产状相整合的板状侵入体。岩床的厚度一般较小，从数厘米到数十米，极少可达百米以上，但分布面积却较广。由于岩浆分异作用，某些较厚的岩床上下成分不完全相同，一般下部偏基性、上部偏酸性。岩床有时单独出现，有时成群出现。岩床在粘度较小的基性岩中比较常见（图 5-16）。

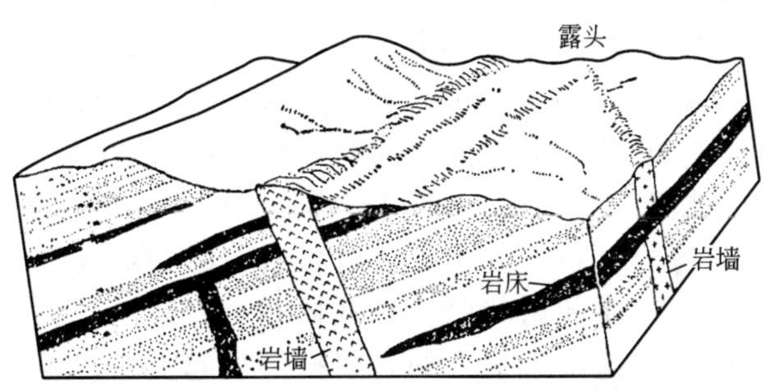

图 5-16　岩床和岩墙（据 J. Gilluly，1955）

我国东北、华北等地的煤系地层中，常见到中、基性岩床及煌斑岩床。例如，辽宁红阳煤田古近—新近纪辉绿岩形成岩床群，大多沿煤层顶底板侵入，对煤层破坏极大。

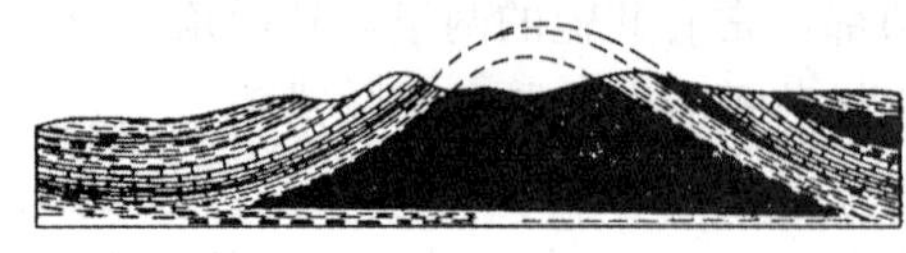

图 5-17　岩盖（据 R. A. Daly）

（2）岩盖（laccolith），是顶部隆起底部平坦、中央厚边缘薄的整合侵入体，呈蘑菇状，平面上近似圆形。较大的岩盖直径可达 3～6km，厚达数百至上千米。岩盖形成深度一般较浅，以中酸性侵入体较为常见（图 5-17）。

我国山东莱芜地区闪长岩岩盖、山西二峰山地区正长闪长岩岩盖等都与接触交代型铁矿有密切关系。

（3）岩盆（lopolith），岩浆侵入于岩层之间，其中央部分因受岩浆的静压力而使底板下沉，形成中央微微凹陷的盆状侵入体。岩盆规模大小不等，一般直径为数千米，大者可达数十千米至数百千米，厚度一般小于 1km。

世界著名的南非布什维尔德（Bushveld）岩盆东西长 400km，南北宽 240km，厚达 8km，并具有明显的重力分异现象，下部为超基性岩，向上变为基性岩和中性岩，底部富含铬铁矿体（图 5-18）。我国西南攀枝花辉长岩体也被认为是一个大岩盆。

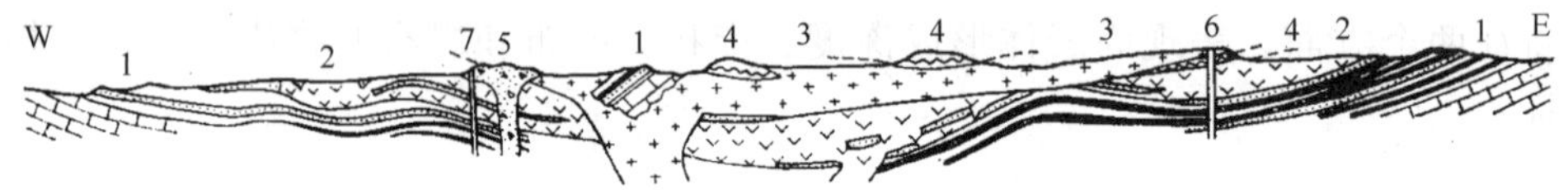

图 5-18　南非布什维尔德岩盆剖面图（据 A. L. du Toit，1956）

1—脱兰斯威尔古老结晶基底；2—超基性岩和基性岩；3—红色花岗岩；4—罗盘格统（顶板）；5—匹斯兰格火山；6—斯皮特科火山颈；7—金伯利岩筒

（4）岩鞍（phacolith），是一种产于强烈褶皱区的岩体。在地层褶皱过程中，岩浆挤入褶皱顶部的软弱带，即背斜鞍部和向斜槽部而形成的一种整合侵入体，其剖面形态呈马鞍形或新月形（图 5-19）。岩鞍常成组出现，单个岩体一般都不大，最厚可达数百米。我国湖北大平超基性岩体就是一个较大的岩鞍。

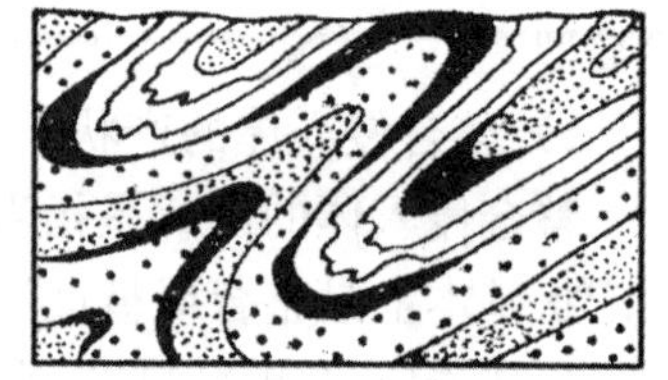

图 5-19　剧烈褶皱变形的层状岩石中的岩鞍

2）不整合侵入体的产状

切穿围岩层理或片理的侵入体通常是岩浆沿斜交围岩的层理和片理的裂隙灌入而形成的，常见的有以下三种次级类型。

（1）岩墙（dike），是切穿围岩层理和片理而形成的板状不整合侵入体。岩墙的规模大小不一，厚度可从数十厘米至数十米，长度从数十米至数千米，个别可达数十千米（图 5-16）。如非洲津巴布韦大岩墙，长达 500km，宽 3～14km，由各种超基性岩及基性岩组成。

岩墙分布十分普遍，它可以单独出现，也可成群出现，往往取决于被充填的断层裂隙体系。如我国北京南口至居庸关一带，就有很密集的大致呈南北向分布的岩墙群。此外，还有放射状、环状、锥状等岩墙群。其中，放射状岩墙群的形成是由于岩浆垂直上升时围岩受自下而上的挤压力而产生放射状张性裂隙体系，岩浆沿此种裂隙体系灌入而成放射状岩墙群；环状和锥状岩墙是由于上升的岩浆挤压顶起上覆岩层使之产生张性的锥状裂隙，而当岩浆房萎缩时，上覆围岩下塌而产生剪性的环状裂隙，然后岩浆沿这些环状裂隙灌入而成（图 5-20）。

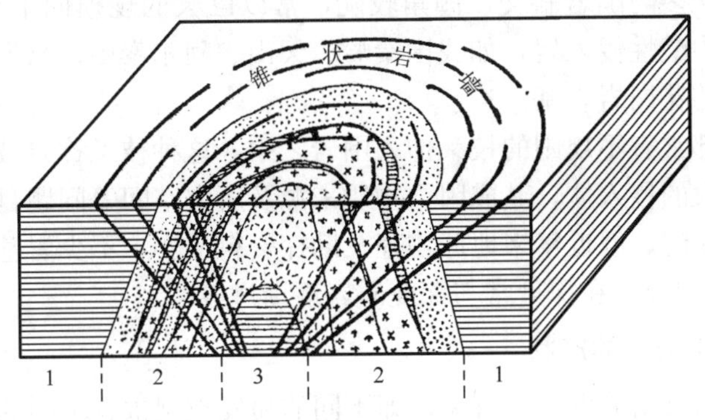

图 5-20　环状和锥状岩墙理想立体图

（据 E. M. Anderson，1924）

1—围岩；2—环状岩墙；3—围岩陷落段块

岩墙又可称岩脉（vein），但有人把规模较小、形状不规则、厚度不大且具有分叉现象呈脉络状细长的岩墙称为岩脉；也有人把沉积作用和变质作用形成的脉状充填物也称为岩脉。由此可知，岩脉的概念很不确切。在矿床学中，岩脉和矿脉等术语应用较为广泛。

（2）岩株（stock），是一种平面上近圆形或不规则状的、接触面陡立似树干状延伸的、规模较大的侵入岩体。有的岩株独立产出，有的岩株向下与岩基相连，成为岩基顶部的突出部分。填塞在破火山口内的岩株状侵入体，称中央岩株，其周围常发育环状和锥状岩墙，或其周围发育向外辐射的放射状岩墙。岩株的出露面积一般小于 $100km^2$，以此与岩基相区别。

岩株成分从酸性到基性都有，但以中酸性侵入岩更为常见，在地壳上分布很广。如我国云南个旧花岗岩岩株下部与岩基相连，向外又分出许多岩枝（apophysis），呈不规则树枝状伸入于围岩中（图 5-21）；北京周口店花岗闪长岩体岩株出露面积 $56km^2$，平面上近似圆形，接触面较陡，并略向围岩倾斜；湖北大冶中酸性侵入岩株在接触带上有丰富的铁、铜、钼矿床；山东莱芜一带中基性次火山岩岩株与铁矿关系密切。

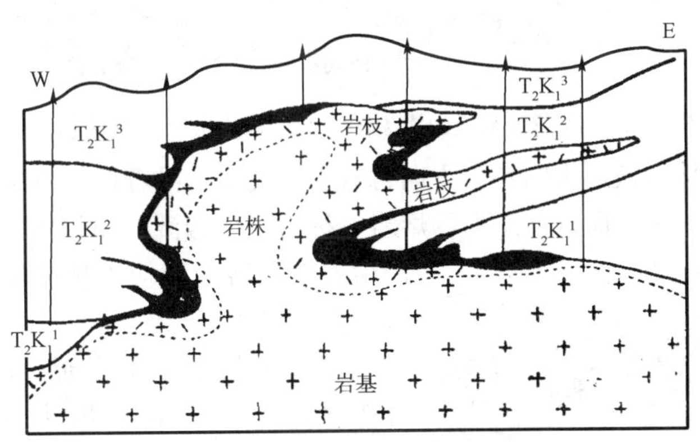

图 5-21　岩基、岩株、岩枝示意图

（据云南冶金勘探公司 208 地质勘探队）

花岗岩体，云南个旧

（3）岩基（batholith），是侵入体中规模最大的不整合侵入体，面积一般大于 $100km^2$，最大可达数万平方千米，常产于褶皱带的隆起部分。在大多数情况下，岩基的长轴延伸方向与褶皱轴平行，产状多与围岩斜交，倾角较陡，常以巨大的规模向下延伸（图5-21）。组成岩基的岩石多为中酸性侵入岩，如我国秦岭、天山、阿尔泰山、兴安岭等地不同时代的褶皱带中常形成巨大的花岗岩岩基。

岩基及岩株边部常有不规则的枝叉伸入围岩之中，这种枝叉称岩枝（apophysis）。

由于岩基是巨大的侵入体，其成因、物质来源及所占空间等问题目前尚未完全解决。过去认为岩基是没有底的，但近年来地球物理及勘探资料证实，不少岩基是有底的，向下延伸的最大深度为10～30km，在深处常与深变质岩逐渐过渡。

2. 喷出岩（火山岩）的产状

喷出岩的产状与火山喷发形式有关，即不同的喷发类型常有不同的产状类型。

1）面式喷发（areal eruption）

深部岩浆大量上升到地壳表层，并使顶板围岩被岩浆熔透而形成大面积溢流的喷发，这种喷发方式称面式喷发。面式喷发常形成面积十分广阔厚度较大的熔岩流及熔岩，这种熔岩向深部往往直接过渡变为侵入岩体。人们推测这是太古代火山活动的主要喷出方式，这是因为当时地壳很薄，地下岩浆可凭借其热力将顶板熔透而大面积溢出。据某些学者研究认为，加拿大、苏格兰太古代喷出岩属于溢流式的面式喷发。目前，这种喷发在地球上已不可见。

2）裂隙式喷发（fissure eruption）

岩浆沿着一定方向展布的构造裂隙喷出地表的喷出方式称裂隙式喷发，又称“线状喷发”。这种喷发方式的火山口不呈圆形，而是长达数十千米的裂隙带，或火山口沿裂隙带呈串珠状分布。裂隙式喷发爆发现象不太明显，所以火山碎屑物质相对较少。熔岩沿裂隙缓慢流出，可沿地面各个方向流动，形成“熔岩被”，面积可达几十万平方千米，厚达几百米，甚至超过1000m（图5-22）。若熔岩被很厚且为多次流出的基性熔岩所组成，称“高原玄武岩”，如印度德干高原，南非高原、南美高原、美国西北部等地，每个熔岩被面积均可达上万平方千米。从熔岩被边缘向各个方向常有舌状突出，沿着地势由高向低的方向流动，形成一定宽度的、向一定方向延伸运动的熔岩，称为“熔岩流”（图5-23）。地壳上90%以上的熔岩被和熔岩流均由粘度较小的基性熔岩组成，极少为中酸性熔岩。

图5-22 冰岛拉基火山沿裂隙溢出的熔岩被（据秋瑞尔，1933）

我国河北张家口古近—新近纪的玄武岩被，分布面积达1000km²，厚达300m，构成蒙古高原的一部分；我国西南部二叠纪的峨眉山玄武岩在康滇古陆西侧丽江一带最大厚度可达3300m，产于晚二叠世龙潭煤系之下，分布面积也很广阔，覆盖川、黔、滇三省。它们都属于裂隙式喷发作用的产物。

图5-23 堪察加汝伯诺华山山麓的熔岩流

有文献认为，太古代以后直至新近纪期间，裂隙式喷发是岩浆活动的主要方式。据推测，这一时期地壳厚度较大，脆性也较大，因此裂隙式喷发就成为主要的方式。

3）中心式喷发（central eruption）

地下上升的岩浆沿一定的管道喷出地表，称为“中心式喷发”。这种喷发常伴随强烈程度不同的爆发作用，除喷出大量的气体外，还从火山口喷出大量火山碎屑物质，如火山弹、火山砾、火山渣、火山灰及火山尘等，最后有熔岩的溢出。喷发中心或火山口常位于两组断裂的交叉处，具有明显的锥状地貌（火山锥）和凹陷盆地（火山口或破火山口）。我国东北五大连池、南京方山、山西大同火山群，均属典型的中心式喷发。中心式喷发岩体常见的产状形态有以下次级类型。

(1) 火山锥（volcanic cone），是火山喷发物围绕火山口堆积而成的锥状体，它是中心式喷发的特征产状。根据喷发物不同可细分为火山碎屑岩锥、火山熔岩锥和复合火山锥三种。

全部由火山碎屑物质（岩）组成的火山锥称“火山碎屑岩锥”。其碎屑越接近火山口，粒度越粗；远离火山口，则逐渐变细。如为间歇性喷发，则火山锥由一层一层火山碎屑组成。

火山锥几乎全部由熔岩组成的火山锥称“火山熔岩锥”。因岩浆多次溢出而形成宽度较大、高度较矮的穹窿，坡度 2°～10°，形如古代的盾牌，又称“盾火山”。其顶部有四壁较陡、形态低平的火山口。

由熔岩和火山碎屑岩间互堆积而组成者称“复合火山锥”（图 5－24）。许多现代复合火山锥可以形成很高的山峰，地面坡角小于 35°，向火山口方向逐渐变陡。如日本富士山就是典型的实例；意大利的维苏威火山及我国内蒙古的阿尔巴戈旗火山等也认为是复合火山锥。

(2) 火山口（crater），是火山锥顶部火山物质出口的地方，常呈圆形凹陷(图 5－24、图 5－25)。火山熄灭后往往积水而成火山口湖。我国东北长白山主峰白头山天池即为典型的火山口湖。火山物质由于大量喷出，使下部岩浆房空虚和萎缩，火山口附近的喷发物常沿环状断裂塌陷而形成破火山口，它可由后期喷发或受后期侵蚀而不断扩大，直径有时可达几千米。

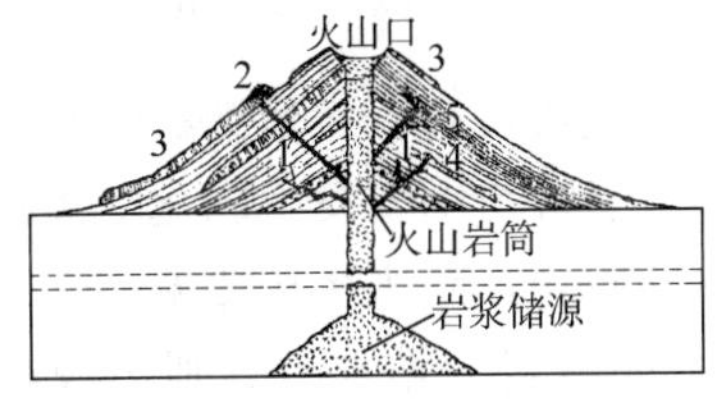

图 5－24　复合火山锥的示意剖面图
（据 C. A. Macdonald，1972）
1—岩墙；2—岩墙管道形成的侧火山锥；
3—熔岩；4—被覆盖的火山碎屑锥；5—岩床

图 5－25　由火山口涌出冲破了火山锥的熔岩流（据 R. A. Daly，1914）
意大利丽帕利群岛

(3) 熔岩流（lava flow），是由火山口溢出的岩浆沿山坡或河谷顺流而下所形成的熔岩体（图 5－25）。中心式喷发也常见熔岩流，熔岩流可因岩浆粘度不同形成不同的形状，有的呈狭长的带状，有的呈宽阔平缓的舌状。熔岩流在流动过程中如遇到地形陡坎，也可像流水一样，倾泻直下形成“熔岩瀑布”。如夏威夷群岛基拉韦亚火山熔岩瀑布就是典型的实例（图 5－26）。

图 5－26　夏威夷基拉韦亚火山熔岩瀑布
（据 Holms，1949）

熔岩穹（lava dome）是在岩浆喷发的晚期特别猛

烈，喷发之后，由于挥发组分大量逸出，使岩浆粘度增大，靠内部压力挤出火山口所形成的高耸的火山熔岩岩体，包括岩钟、岩针等，常见于现代火山中，如马达加斯加东部列雍昂岛上的岩钟（图 5-27）、马提尼克岛蒙培雷岩针（图 5-28）。

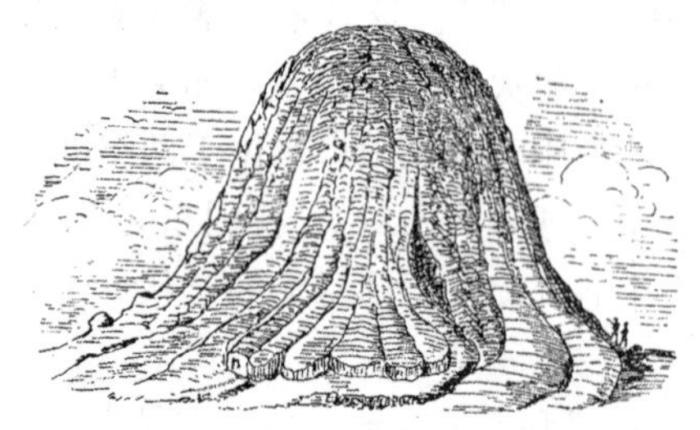

图 5-27 马达加斯加东部列雍昂岛上的岩钟（据 A. H. Заварицкий，1955）

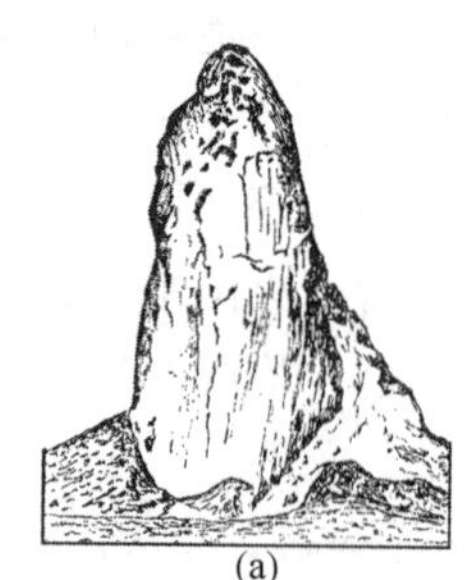

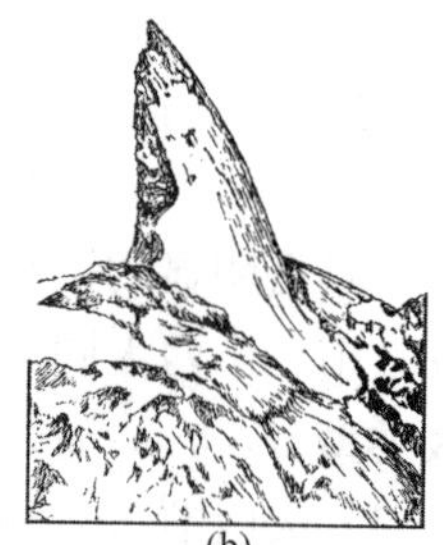

(a) (b)

图 5-28 马提尼克岛蒙培雷火山上的岩针（据克拉鲁阿，1907）

(a) 图系向北望去；(b) 图系向东北望去，峰高 400m 以上

二、岩浆岩的相

按岩浆岩形成深度，岩浆岩的相划分为深成相、浅成相、超浅成相和喷出相。每一个相又可根据产状、分布及岩性特征进一步划分。

1. 深成相

深成相指岩浆侵入到地表以下 3～6km 处形成的侵入岩，大多数为花岗岩等酸性侵入岩，岩体的规模较大，结晶粒度较粗。但由于其中各部位冷却条件及其与围岩同化混染作用不完全相同，致使其从边缘到中心在结构、构造和矿物成分上表现出一定的差异。深成相又可进一步划分为边缘相带、中央相带和过渡相带等三个次级相带。

1）边缘相带

边缘相带分布于岩体的边缘，由于靠近围岩冷却速率较快，岩石多呈细粒或细粒斑状结构，故常发育大量的捕虏体和清楚的原生流动构造；又由于常与围岩发生同化混染作用，致使其岩石成分与岩体内部成分有一定的差异。如围岩为硅质岩，则边缘相要偏酸性一些；如围岩为石灰岩或大理岩，则边缘相富钙质且酸度降低；如围岩为粘土岩，则边缘相富含铝质，甚至在央体边缘出现红柱石、刚玉、硅线石等富铝矿物。此外，原生节理特别是平行接触面的层节理在边缘相带表现最清楚。

2）中央相带

中央相带分布在岩体内部，一般不发育原生流动构造和捕虏体。岩石结晶粒度较粗，常为中粗粒等粒结构（较小型岩体可呈似斑状结构）。岩性比较均匀，常具块状构造；但如有岩浆分异作用存在，也可出现条带状构造。原生节理以横节理较为发育。

3）过渡相带

过渡相带分布于岩体中央相带和边缘相带之间，一般较边缘相带宽，岩性介于边缘相带和中央相带之间，多呈细—中粒斑状结构或似斑状结构。原生流动构造和横节理较为发育。

上述三个相带之间一般都是相互过渡的，没有突变的界限。如我国广东和平地区花岗闪长岩体、广西贺县大宁地区花岗闪长岩体以及北京房山县周口店花岗闪长岩体（图 5-29），岩相带的变化都很清楚。

2. 浅成相

浅成相是指岩浆侵入地表以下0.5～3km处形成的侵入岩。岩浆处于较低的压力和较低的温度下，岩浆冷却速率较快，岩石一般呈细粒或细粒斑状结构，块状构造，岩体的规模一般较小，它们可由不同成分的岩浆结晶而成。在形成时间和成因上，浅成相往往与深成相的大侵入体有密切联系，常见的产状为岩墙（岩脉）、岩床、岩枝、岩盖等。浅成相岩相带的划分一般不很明显，同化混染和接触变质现象也较弱。

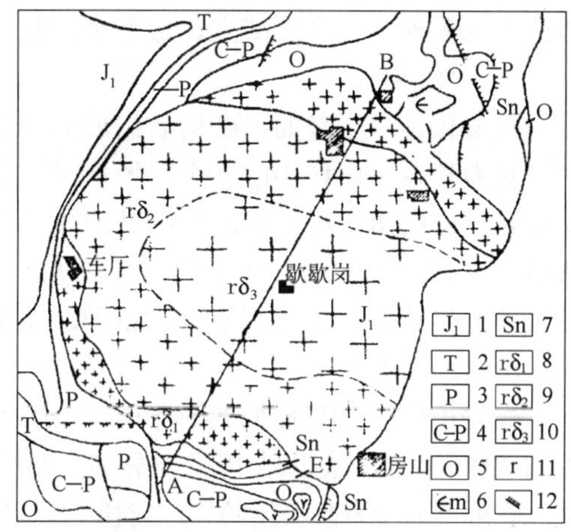

图5-29 北京周口店房山花岗闪长岩体相图

1—侏罗纪；2—三叠纪；3—二叠纪；4—石炭二叠纪；5—奥陶纪；6—寒武纪；7—震旦纪；8—花岗闪长岩边缘带；9—花岗闪长岩过渡带；10—花岗闪长岩中央带；11—花岗岩；12—断层

3. 超浅成相

超浅成相又称次火山相，是近三四十年来较为流行的术语，但目前尚无明确的定义。大多数人把那些与喷出岩（火山岩）相伴生，并与之有同源关系，而且是接近地表侵入的小岩体称为超浅成岩或次火山岩；但也有人认为它们不一定与喷出岩有直接的联系，只要其形成深度从地表以下数米至0.5km的侵入体，均可称为超浅成岩。

超浅成岩有的沿喷出岩原生节理灌入，有的沿其他岩层层面、不整合面或后期断裂、裂隙灌入，其产状多呈岩墙、岩床、岩盖、岩枝等产出。多数超浅成岩是在火山喷发过程中，由于火山口被围岩或被早期喷出的熔岩覆盖封闭，使后来上升的岩浆不能顺利溢出转而灌入到较浅部位冷凝所形成。由于冷却速率较快，虽具浅成侵入岩的产状，但岩性上与喷出岩极为相似。

近年来，多处发现与火山活动有关的次火山岩。如我国长江中下游某些地区的闪长玢岩和安山岩被认为是次火山岩，并伴生许多重要的铁、铜矿床。

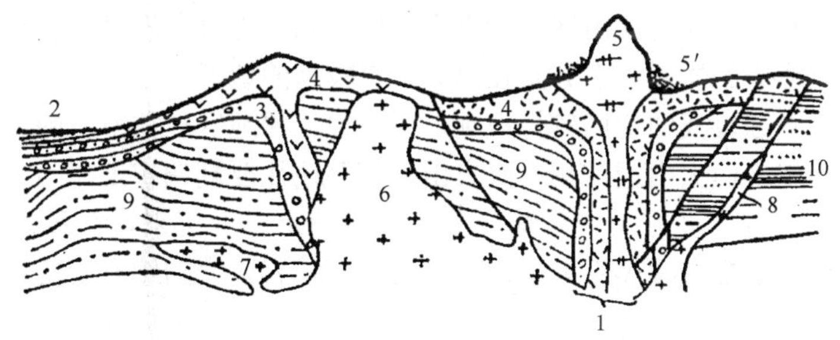

图5-30 喷出岩相示意图

（据福建地质局，1976）

1—火山颈相；2—喷发沉积相；3—爆发相；4—喷溢相（熔岩）；5—侵出相（岩钟）；5′—侵出相（岩钟状角砾岩）；6—岩株；7—岩床；8—岩墙；9—变质岩基底；10—沉积岩基底；其中6，7，8属次火山相

4. 喷发相

喷发相是岩浆喷出地表冷凝而成，主要由各种熔岩和火山碎屑岩组成。根据喷出物的形成条件、喷发强度和成岩方式，又可细分为以下六个亚相（图5-30）。

1）火山颈相

火山颈相又称火山通道相。原本是岩浆运移到地表的通道，后来被熔岩、火山碎屑物质及通道壁岩石崩落物质充填而形成的岩体，又称岩颈、岩筒、岩管等。火山颈相的横切面近似圆形的等轴状，产状陡立，形态细而长。裂隙式喷发的火山通道相岩体多呈岩墙状。

2）喷溢相

喷溢相是由宁静涌出的熔岩组成的岩体，成分从超基性到酸性均有，但以基性岩最为发育。喷溢相在火山作用的各个阶段均可形成，但多数是在强烈爆发之后宁静流出。有的产状呈面状泛流的熔岩被；有的呈线状或条带状流动的熔岩流；有的见于陆上成波状、绳状或柱状熔岩；有的见于水下呈枕状、碎裂状熔岩。熔岩顶部常见不同形状气孔的密集带，底部常见较薄的气孔带，中部则多为致密的块状熔岩。

3）爆发相

爆发相是由火山强烈爆发喷出的火山碎屑物质在地表堆积而形成的岩体，成分从基性、酸性到碱性岩都有，但以含挥发组分多、粘度大的中酸性及碱性岩浆更有利于爆发相岩石的形成。它可形成于岩浆喷发的不同阶段，但以喷发早期及喷发高潮期最为发育。爆发相通常主要由集块岩、火山角砾岩及凝灰岩等火山碎屑岩组成。一般情况下，粗火山碎屑岩分布在火山口附近，而细粒火山碎屑岩在火山口周围呈大面积分布，甚至可在远离火山口的区域广泛产出。

4）侵出相

侵出相主要为粘度大、不易活动的酸性和碱性岩浆，在气体大量逸出后，从火山口向外推挤，在火山口附近堆积而成岩钟、岩针等熔岩穹状的岩体。在熔岩穹的周围常有自碎角砾岩化的集块熔岩或角砾熔岩（也称“岩钟集块岩”、“岩钟角砾岩”）。侵出相的岩石常形成于喷发晚期，特别是岩浆猛烈爆发之后。

5）次火山相

次火山相实际上是与火山喷发有关的超浅成相，其基本特征已在超浅成相中述及，在此不再赘述。

6）喷发沉积相

喷发沉积相在火山喷发的全部过程中均可形成，但以火山喷发的低潮期和间歇期最为发育。喷发沉积相的基本特征是火山熔岩、火山碎屑岩和正常沉积岩呈互层状，是火山作用与沉积作用交替变化形成的岩相，多分布在离火山口较远的地区。

火山岩岩相在剥蚀较浅的地区较易识别，在剥蚀较深地区往往不易确定。其中，爆发相和喷溢相较容易确定，而火山通道相、次火山岩相等往往要到调查工作的最后阶段根据火山岩性、产状和原生构造等多方面资料综合分析方可确定。近年来，在我国北方内蒙古、辽宁、河北、山西等地石炭二叠煤系地层中，喷发沉积相岩浆岩陆续有所发现，由于沉积地层中火山岩和火山碎屑岩夹层具有极强的等时性，将其用以进行地层和储集层对比，将会有广阔的发展前景。

三、火山岩相与侵入岩相矿物的差异性

岩浆岩的矿物组合与特征是其形成时物理化学条件的重要标志。尽管同一类型的火山岩与侵入岩的矿物组合基本相同，但火山岩是高温、淬火、低压、脱气、氧化等条件下的产物，与侵入岩形成的环境迥然不同，因此，火山岩中的矿物常具有其特殊性。研究这些差异，对于岩石鉴定、分类命名、岩相与成因分析等都有很大的意义。

1. 火山岩相常见高温的准稳定性的矿物

火山岩相以出现高温低压矿物为特征。常见的高温 β-石英、高温斜长石、透长石、歪

长石、六方钾霞石、易变辉石、黄长石等矿物主要产于火山岩中。深成岩相是缓慢冷却、结晶完全、反应平衡的产物，以富含低温 α-石英、低温斜长石、正长石、微斜长石和斜方辉石等与火山岩相相区别。

火山岩相的高温矿物是准稳定的，长期地表低温条件下会自发转变为稳定的低温矿物。一般情况下，新生代火山岩多为高温矿物；中生代火山岩有部分高温矿物转变为低温矿物；古生代火山岩则大部分或全部转变为低温矿物。因此，火山岩相中常有部分低温矿物，甚至全部由低温矿物所组成。

2. 火山岩相常有成分不平衡的与异常反应的矿物组合

由于火山作用的复杂性及其温度、压力等环境条件的急剧变化，早期结晶的矿物与晚期结晶的矿物之间往往难以达到完全平衡，因而常有成分不平衡的矿物组合。反应不平衡的表现主要有：

(1) 斑晶环带发育，环带之间成分变化大，甚至出现不同矿物种属构成的环带。如斜长石为核心，外环为透长石；拉斑玄武岩中的橄榄石有易变辉石的“外套”；古近—新近纪碱玄岩中的普通辉石有钛辉石的“外壳”；碱性岩中的普通辉石或透辉石有霞石的“外膜”等。

(2) 斑晶比正常者偏基性，基质比正常者更偏酸性或碱性。例如：同成分的玄武岩比辉长岩更容易见到橄榄石（斑晶）；同成分的安山岩中常有辉石（斑晶），而闪长岩中常见角闪石；同成分的流纹岩中可出现辉石及中长石（斑晶），而花岗岩中常见黑云母；在安山岩、英安岩、粗面岩中有的还见到含铁较多（Fe 含量达 30%～90%）的橄榄石。由于斑晶与基质成分的“两极分化”，二者斜长石的差异较大，致使根据火山岩的斑晶矿物成分定名与根据其化学成分定名可能不一致，所以，火山岩定名时，既要考虑矿物成分，也要研究化学成分，二者结合起来，才可能准确合理地命名。

(3) 人工实验中的不共生矿物可在火山岩中同时产出。例如，尼日利亚、苏格兰等地火山岩中铁橄榄石与 β-石英共生；希腊塞克雷得斯和美国加利福尼亚的一些 SiO_2 饱和的英安岩中，有橄榄石存在，橄榄石或呈斑晶、或呈辉石的反应边、或在基质中与石英“共生”；甚至富镁橄榄石也与石英“共生”于某些同时喷发的玄武岩中，橄榄石见于岩体底部，石英见于顶部；也有石英与副长石“共生”的情况。

当形成于地下环境的斑晶喷出地表时，除被熔蚀外，还被新的高温、富氧、无水的矿物所反应或替代，这些替代反应与正常的反应现象不同或相反，称之为“异常（逆）反应”。由于冷却较快，异常反应形成的矿物多为粒度细小的集合体，个别为纤维状集合体，不易识别其矿物成分。火山岩相异常反应的主要表现有：

(1) 不含挥发组分的矿物，如橄榄石出现含磁铁矿的富镁橄榄石的暗色边缘；紫苏辉石有易变辉石的边缘或易变辉石、磁铁矿等细粒集合体边缘；石英有辉石及火山玻璃边缘；黝方石有霓辉石细粒集合体及纤维状集合体的边缘等。

(2) 含挥发组分矿物最普通的是暗化现象，常与熔蚀现象伴生。发生暗化的过程是熔岩流出地表时，发生铁的氧化放出大量的热，或岩浆过冷却结晶放出潜热，或在地表降压情况下使结晶物质熔点或共结点降低，从而造成岩浆与早先结晶的黑云母、角闪石等含挥发组分的矿物斑晶发生反应、熔蚀。在暗化的初期，沿边缘或裂缝形成普通辉石、磁铁矿、赤铁矿（有时还有长石）的极细粒集合体，构成暗化边；在暗化的最终阶段，产生粒状铁质氧化物和辉石的极细粒集合体，构成黑云母或角闪石假象。一般来说，角闪石比黑云母更易于暗化。

(3) 不含挥发组分的矿物（如橄榄石、辉石、斜长石、石英等）既可见于斑晶中，也可见于基质中成微晶，而普通角闪石、黑云母只见于斑晶，而不存在于基质中（但是富含氟的氟闪石和氟云母则可以在高温低压下形成，在个别火山岩中可以见有这种无暗化现象的含氟挥发组分的矿物）。

3. 火山岩相常见自形晶及熔蚀、碎裂等特殊结构

火山岩中的斑晶结晶于熔体之中，能自由生长故皆为自形晶。侵入岩往往多个结晶中心同时生成且生长缓慢，因此多为半自形甚至他形晶。火山岩与侵入岩中浅色矿物自形程度的差别尤其明显。例如，火山岩中橄榄石斑晶多比侵入岩中晶形完整；火山岩中的石英斑晶呈自形晶，而侵入岩中的石英都是最晚结晶的他形晶；玄武岩中的斜长石一般比辉石结晶早，自形程度较高，多形成斜长石自形程度好的间粒、间隐等结构，而侵入岩中斜长石和辉石同时结晶，均为半自形而构成辉长结构。

火山岩中矿物结晶后，在上升过程中，一方面压力降低使矿物熔点下降而变得不稳定，另一方面伴随氧化等反应使岩浆温度局部升高以及某些组分浓度的改变，因而引起斑晶的熔蚀。同时斑晶在爆发、冲击、淬火、冷却过程中还常常出现碎裂及裂纹。

此外，火山岩常出现其他一些特殊的结构。如斑晶角闪石、黑云母常发育有熔蚀及暗化边结构；过冷却火山岩基质中常见玻璃质结构，后期脱玻化形成雏晶、骸晶、微晶、霏细及球粒结构。

4. 火山岩相多有同质异相的岩石及同名异有序度的矿物

在火山作用过程中，同成分的岩浆、同一期火山喷发，常形成不同类型、不同岩相的岩石。例如，同为英安流纹岩成分的岩浆，由于结晶程度不同可构成四种不同的岩石：全晶质的流纹英安岩、玻璃质占20%的英安岩、玻璃质占50%的安山岩、玻璃质占100%的黑曜岩。压力不同，矿物含量也不同。如橄榄拉斑玄武岩熔浆实验证明：温度固定为1200～1300℃，压力低于1.0×10^9Pa时，生成的橄榄石含量大大超过斜方辉石；当压力为1.25×10^9Pa时，斜方辉石却反而超过了橄榄石；当压力升为1.5×10^9Pa时，斜方辉石含量则大大超过橄榄石。冷却速率不同，形成的矿物含量也不同。如基性岩浆，冷却缓慢时，生成的主要矿物为辉石和斜长石；冷却快时，则生成贫钙富铝辉石，而无斜长石。某些只见辉石的月岩及基性成分的玻基辉石岩即为骤冷产物。

总的来说，火山岩中矿物多为高温无序的矿物，侵入岩中多为低温有序的矿物。比如碱性长石的有序度在火山岩中者多为0或接近0，在侵入岩中者多为0.5～0.6或接近1；再如斜方辉石的有序度在火山岩中者多为0，在侵入岩中者多接近0.5。因此，火山岩与侵入岩同成分同名称的矿物，在光学性质上也有程度不同的差异。例如，斜方辉石（En含量在40%～75%范围内）在火山岩中的光轴角（2V）比在侵入岩中的光轴角（2V）的（－）2V大5°～15°。

第五节　岩浆岩的分类和命名

岩浆岩种类繁多，现有的岩石名称已达千余种。各种各样的岩浆在化学成分、矿物成分、结构、构造、产状、共生组合及成因上，既有某种联系又有一定的差异，正确认识这些联系和差异，进行合理的归纳分类与命名，也是岩浆岩学主要讨论的内容之一。

一、岩浆岩分类的基础和现状

现有的岩浆岩分类方案很多，分类依据主要是组成岩石的矿物成分、化学成分、结构、构造以及岩石的产出方式。

岩浆岩的矿物成分是岩浆岩分类的重要基础。考虑到岩浆岩中主要矿物是浅色矿物（石英、长石、似长石等）和暗色矿物（橄榄石、辉石、角闪石、黑云母等）两大类，往往按暗色矿物在岩石中的百分含量（色率），把岩石分为：浅色岩，色率 0～20；中色岩，色率 20～40；深色岩，色率 40～90；暗深色岩，色率 90～100。

在此基础上，再按石英、似长石的有无，长石的性质及暗色矿物的种类作进一步划分。

岩浆岩主要由硅酸盐岩浆冷凝而成，化学成分是决定矿物成分的主要因素，也是岩浆岩分类的重要基础。在所有岩浆岩中，SiO_2 是主导成分。

首先，根据 SiO_2 的含量（质量百分数），将岩石分为：酸性岩，$SiO_2>65\%$；中性岩，SiO_2 65%～52%；基性岩，SiO_2 52%～45%；超基性岩，$SiO_2<45\%$。

然后，再根据 K_2O+Na_2O 的含量或里特曼指数 σ ［式（4－1）］，将岩石进一步划分为：钙碱性岩，$\sigma<3.3$；弱碱性岩，$\sigma=3.3\sim9$；碱性岩，$\sigma>9$。

最后，再根据其他氧化物的种类和含量作进一步划分。

岩浆岩的结构、构造和产状也是岩浆岩分类的基础，因为它们能反映岩石形成的地质环境。早在 19 世纪末，H. Rosenbusch 就根据产状把岩石分为深成岩、浅成岩和喷出岩三大类。

上述分类各有其优缺点，例如矿物成分分类对于显晶质岩石应用很简便；但对于隐晶质和玻璃质岩石，则采用化学成分的分类比较合适；对于岩浆岩相的划分，则以地质产状为基础的分类较为有利。当然最合理的分类应该考虑到岩石的所有特征，如矿物成分、化学成分、结构、构造、产状、岩石成因等。但目前尚未建立起一个能被大家共同接受的综合分类方案，今后有待进一步完善。

二、岩浆岩定量矿物分类

1972 年在蒙特利尔（Montreai）召开的第 24 届国际地质大会上，国际地科联（IUGS）推荐一个深成侵入岩定量矿物分类命名方案，1979 年又提出一个与深成侵入岩相对应的喷出岩（熔岩）的分类命名方案，在国内外有着广泛应用。现简要介绍如下：

该分类方案首先根据暗色矿物（M）的含量分为两大类。对于暗色矿物小于 90%的岩石，再采用 $QAPF$ 双三角形图解（图 5－31）划分大类。图解中，四个端元组分为 Q（石英）、A（碱性长石）、P（斜长石）、F（似长石）。由于 Q（石英）与 F（似长石）不共生，故它们分别位于双三角形图解的两个顶端。在分类时，$Q+A+P=100\%$，$A+P+F=100\%$；再根据 Q 或 F 的百分含量和 $P/(A+P)$ 值将 $QAPF$ 双三角图解划分为 15 个分区，每一个区即为岩石大类的基本名称。对于暗色矿物大于 90%的岩石（即超基性岩）划分为第 16 区，居于双三角图解之外，进一步按橄榄石、辉石、角闪石的含量作三角图划分。图 5－31 中，各分区所代表的深成岩和喷出岩（熔岩）岩石名称列于表 5－3 中。

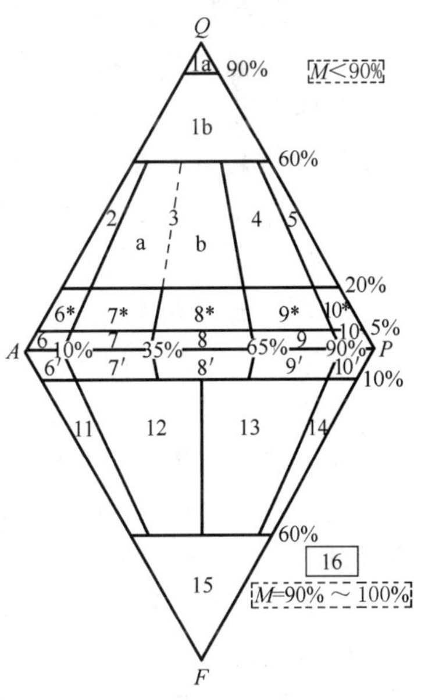

图 5－31　岩浆岩定量矿物分类双三角图解（据 IUGS，1972）

Q—石英；A—碱性长石；P—斜长石；F—似长石；M—暗色矿物

表 5-3　QAPF 双三角分类图解中各分区的岩石名称

分区号	深成岩（侵入岩）	喷出岩（熔岩）
1a	硅英岩	
1b	富石英花岗岩	
2	碱性长石花岗岩	碱性长石流纹岩
3a	花岗岩	流纹岩
3b	二长花岗岩	流纹岩
4	花岗闪长岩	英安岩
5	英云闪长岩	英安岩
6*	碱性长石石英正长岩	碱性长石石英粗面岩
6	碱性长石正长岩	碱性长石粗面岩
6′	含似长石碱性长石正长岩	含似长石碱性长石粗面岩
7*	石英正长岩	石英粗面岩
7	正长岩	粗面岩
7′	含似长石正长岩	含似长石粗面岩
8*	石英二长岩	石英粗安岩
8	二长岩	粗安岩
8′	含似长石二长岩	含似长石粗安岩
9*	石英二长闪长岩/石英二长辉长岩	钙碱性安山岩
9	二长闪长岩/二长辉长岩	橄榄粗安岩
9′	含似长石二长闪长岩/含似长石二长辉长岩	橄榄粗安岩
10*	石英闪长岩/石英辉长岩	拉斑玄武岩
10	闪长岩/辉长岩	钙碱、高铝、拉斑玄武岩
10′	含似长石闪长岩/含似长石辉长岩	碱性玄武岩（夏威夷岩）
11	似长石正长岩	响岩
12	似长石二长正长岩	碧玄质、碱玄质响岩
13	似长石二长闪长岩/碱性辉长岩	响岩质碧玄岩、响岩质碱玄岩
14	似长石闪长岩/似长石辉长岩	碧玄岩、碱玄岩
15a	似长石岩	响岩质似长石岩
15b	似长石岩	碧玄质、碱玄质似长石岩
15c	似长石岩	似长石熔岩
16	超镁铁质深成岩	超镁铁质熔岩

三、本书采用的岩石分类

结合目前的分类现状，本书首先根据 SiO_2 的含量及碱饱和程度将岩浆岩分为五类，再根据矿物成分、结构、构造和产状作进一步划分。对于经常呈脉状产出的特殊岩石，如煌斑岩、细晶岩、伟晶岩单独作为一类专门叙述（表 5-4）。各类岩石的主要特征介绍如下。

1. 超基性岩（橄榄岩—苦橄岩）类

超基性岩类几乎全由暗色（铁镁）矿物组成，浅色（硅铝）矿物很少。

2. 基性岩（辉长岩—玄武岩）类

基性岩类主要由暗色（铁镁）矿物和基性斜长石组成。

3. 中性岩（闪长岩—安山岩、正长岩—粗面岩）类

中性岩类主要由中性斜长石/碱性长石及暗色（铁镁）矿物组成。根据长石的性质及斜长石与碱性长石的含量比，又可分为两亚类：闪长岩—安山岩亚类和正长岩—粗面岩亚类。

4. 酸性岩（花岗岩—流纹岩、花岗闪长岩—英安岩）类

酸性岩类主要由石英、长石及少量暗色（铁镁）矿物组成。根据石英含量、长石的性质，酸性岩可进一步划分为花岗岩—流纹岩、花岗闪长岩—英安岩两亚类。

5. 碱性岩（霞石正长岩—响岩）类

碱性岩类主要指 SiO_2 含量介于 52%～60%（相当于中性岩）但 K_2O+Na_2O 含量较高的岩石，主要由碱性长石、似长石和碱性铁镁矿物组成，不含石英。对于 SiO_2 含量小于 52%而 K_2O+Na_2O 含量较高的碱性岩，分别在基性岩和超基性岩中予以介绍。

6. 脉岩类

脉岩类包括煌斑岩、细晶岩和伟晶岩，是经常呈脉状产出的岩石，由于它们具有特殊的成分、产状和成因，故单独加以介绍。

为了更清楚地反映各类岩石（脉岩除外）的分类依据，以便于进行对比，现将岩浆岩分类及其基本特征列于表 5-4 中。

表 5-4　岩浆岩分类及基本特征表①

特征 \ 岩石类型			超基性岩类	基性岩类		中性岩类				酸性岩类		碱性岩类		
			橄榄岩—科马提岩类	辉长岩—玄武岩类		闪长岩—安山岩类	二长岩—粗面安山岩类	正长岩—粗面岩类		花岗岩—流纹岩类		中性碱性岩类霞石正长岩—响岩类	基性碱性岩类、霞斜岩—碧玄岩类	超基性碱性岩类、霓霞岩—霞石岩类
				钙碱性	弱碱性			钙碱性	弱碱性	钙碱性	弱碱性			
SiO_2,%			<45	45～52		52～65				>65		65～52	52～45	<45
石英,%			无	<5	无	<20			无	>20		无		
长石			不含或含少量基性斜长石	基性斜长石	基性斜长石及碱性长石	中性斜长石为主,含少量碱性长石	中性斜长石与碱性长石含量大致相等	碱性长石为主,含少量斜长石	碱性长石,不含斜长石	碱性长石及酸性斜长石	碱性长石,不含斜长石	碱性长石	基性斜长石	几乎不含长石
似长石,%			无	无	<5	无			<5	无		5～50		>50
铁镁矿物			橄榄石 辉石 角闪石	以辉石为主,橄榄石、角闪石次之	碱性铁镁矿物	角闪石为主,辉石、黑云母次之			碱性铁镁矿物为主,富铁黑云母次之	以黑云母为主,角闪石次之	碱性角闪石富铁黑云母为主,碱性辉石次之	碱性铁镁矿物		
色率			>90	90～35		35～15				<15		<35	35～90	0～90以上
侵入岩	深成岩	全晶质等粒或似斑状结构	纯橄榄岩 橄榄岩 辉石岩 角闪石岩	辉长岩苏长岩斜长岩(中基性斜长石85%～90%)	碱性辉长岩等色岩	闪长岩 石英闪长岩	二长岩 石英二长岩	正长岩 石英正长岩	碱性正长岩	花岗岩 花岗闪长岩	碱性花岗岩	霞石正长岩	霞斜岩	霓霞岩 磷霞岩
	浅成岩	全晶质细粒等粒结构	金伯利岩	微晶辉长岩 辉绿岩	碱性辉绿岩	微晶闪长岩	微晶二长岩	微晶正长岩		微晶花岗岩	霓石细岗岩	微晶霞石正长岩		
		斑状结构		辉绿岩	碱性辉绿岩	闪长斑岩 石英闪长斑岩	二长斑岩	正长斑岩		花岗斑岩 石英斑岩		霞石正长斑岩		
喷出岩		斑状、隐晶质或玻璃质结构	科马提岩 麦美奇岩	玄武岩	碱性玄武岩	安山岩 英安岩	粗面安山岩、石英粗面安山岩	粗面岩 石英粗面岩	碱性粗面岩	流纹岩	碱性流纹岩	响岩	碧玄岩 碱玄岩	霞石岩 白榴岩

①玻璃质岩石、火山碎屑岩和脉岩未列入。

四、岩浆岩的命名

目前对岩浆岩的命名大多采用矿物组合的名称，如辉长岩、橄榄岩、闪长岩、二长岩等；有些岩石则采用外文意译，如粗面岩（岩石具有粗糙感）、响岩（锤击时有特殊响声）等；另一些岩石则采用外文音译，如金伯利岩（kimberlite）、安山岩（andesite）等；少数岩石则借用日文汉字名称，如花岗岩、玄武岩等。由于这些岩石的基本名称已被普遍采用，一般不宜另作改动。在确定岩石具体种属名称时，则可按下述原则进一步定名。

（1）将次要矿物冠于岩石基本名称之前，作为岩石种属的名称。如含两种以上的次要矿物时，则按少者在前、多者在后的原则来定名，如角闪石黑云母花岗岩中黑云母的含量多于角闪石。

（2）对于微粒或细粒结构的浅成侵入岩，在基本岩石名称之前，加“微晶”作为前缀，如微晶闪长岩、微晶花岗岩等。对于斑状结构的浅成侵入岩石，则在相应的基本岩石名称之后分别加“斑岩”（porphyry）或“玢岩”（porphyrite）作为词尾，如花岗斑岩、正长斑岩、闪长玢岩、辉绿玢岩等。“斑岩”中斑晶主要为石英和碱性长石，“玢岩”中斑晶主要为斜长石。不过，在某些与二长岩相当的浅成侵入岩中，有时可同时出现斜长石及正长石斑晶，因此有人建议摒弃“玢岩”，即将二者统称为“斑岩”。

（3）对于具有斑状结构的深成侵入岩和喷出岩，为了避免与浅成侵入岩相混淆，一般不使用“斑岩”或“玢岩”的名称。如果必须强调其岩石结构来区分岩石时，可在基本名称前加“斑状”二字作前缀，如斑状花岗岩、斑状流纹岩等。

（4）对于具特殊结构、构造特征和特殊颜色的岩石，也可在基本岩石名称之前加特殊结构、构造和颜色作为前缀，如杏仁状玄武岩、条带状花岗岩、中粒闪长岩、紫红色安山岩等。

（5）近年来，随着岩石研究的深入和找矿工作的需要，还可根据岩石中所含副矿物和微量元素进行定名，如锆石花岗岩、榍石花岗岩、含铌钽花岗岩等。

以上是岩浆岩命名的一般原则和方法，至于各类岩石的细分命名，后述章节还有说明。

第六章　岩浆岩各论

第一节　超基性岩类（橄榄岩—科马提岩类）

一、超基性岩类概述

部分化学成分分析结果（表 6－1）表明，超基性岩类化学成分总的特征是：贫硅，除个别样品外，SiO_2 的含量一般小于 45%；贫碱，Na_2O+K_2O 的含量介于 0～2%之间（碱质含量很高、里特曼指数 $\sigma>9$ 的碱性超基性岩除外）；富含 FeO、Fe_2O_3 和 MgO，尤其 MgO 可达 17%～46%；CaO 的波动范围较大，从不足 1%增至 14%，且与 MgO 呈负相关关系；Al_2O_3 含量很低，一般介于 0.24%～6.91%之间。此外，本类岩石中 Cr_2O_3、NiO、CoO、V_2O_5 的含量较其他岩石高得多，通常是铬、镍、钴、钒、铂及金刚石的成矿母岩。

表 6－1　超基性岩类的化学成分　　%

样　号	1	2	3	4	5	6	7	8	9
SiO_2	37.88	42.84	42.59	51.71	53.70	42.54	41.61	33.16	36.76
Al_2O_3	2.81	0.24	0.47	3.91	3.35	6.91	2.70	2.45	2.27
Fe_2O_3	0.34	0.46	0.81	2.54	1.14	6.95	5.63	6.81	7.35
FeO	9.10	7.20	8.41	7.07	9.48	4.14	4.35	2.03	5.37
MgO	42.98	46.77	46.46	17.64	24.46	18.55	30.50	28.00	33.24
CaO	2.13	0.13	0.38	13.67	4.63	8.74	4.29	8.35	4.10
Na_2O	0.21	0.03	0	0.92	0.56	1.64	0.15	0.102	0.69
K_2O	0.09	0	0	0.36	0.34	0.34	0.03	0.673	0.40
TiO_2	0	—	0.02	—	—	2.64	0.31	1.77	1.24
MnO	0.21	0.13	0.09	0.20	0.20	0.17	0.17	0.15	0.15
H_2O	1.07	1.20	0	0.98	0.88	6.14	—	7.00	7.20
CO_2	—	—	—	—	—	—	—	4.85	—
P_2O_5	0.02	0.01	0.03	0.03	0.04	0.50	—	0.70	0.16
NiO	0.50	0.29	0.34	0.08	0.13	—	—	0.145	—
Cr_2O_3	2.57	0.43	0.30	0.24	0.45	—	—	0.246	—
CoO	0.03	—	0.06	0.01	0.01	—	—	—	—
V_2O_5	0.01	—	0.10	—	—	—	—	—	—

注：1 纯橄榄岩（西藏大竹卡，1981）；2 辉石橄榄岩（陕西松树沟）；3 方辉橄榄岩（西藏大竹卡，1981）；4 单辉橄榄岩（安徽）；5 方辉辉石岩（安徽）；6 苦橄岩（湖北）；7 科马提岩（南非）；8 斑状金伯利岩（山东）；9 玻基纯橄岩（西伯利亚）。

由于超基性岩有上述化学成分的特点，决定其矿物成分有以下特征：主要矿物为橄榄石、辉石及部分角闪石；次要矿物为黑云母，不含或含少量斜长石，不含石英；副矿物有磁铁矿、钛铁矿、铬铁矿、尖晶石、石榴石、磷灰石及镍、铂矿等；次生蚀变矿物有蛇纹石，假象纤闪石（次闪石）、绿泥石、滑石、菱镁矿、方解石、白钛石等。

本类岩石在地壳中分布极少，只占岩浆岩分布面积的4%。其中，喷出岩更为罕见。在地表常温常压下，本类岩石极易遭受不同程度的蛇纹石化、绢石（铁鳞石）化、滑石化等次生变化，新鲜者不多见。

二、超基性侵入岩

1. 超基性侵入岩的一般特征

本类岩石一般颜色很深，常呈暗绿色、暗黑色、棕色及绿色，色率一般大于90，多为中粗粒致密块状，相对密度较大。

1）矿物组成

橄榄石和辉石是常见的主要矿物。橄榄石（代号Fo）多为镁橄榄石（含Fo90%～100%）、贵橄榄石（含Fo70%～90%）、透铁橄榄石（含Fo50%～70%），常呈自形或半自形晶，受熔蚀后多为圆粒状。橄榄石在地表极易发生蛇纹石化，蛇纹石首先沿橄榄石的边缘和裂隙交代，然后遍及整体，仅保留橄榄石的假象，所析出的铁质往往沿橄榄石的裂纹或边缘形成次生磁铁矿。辉石可为斜方辉石（顽火辉石、古铜辉石和紫苏辉石）或单斜辉石（透辉石、异剥辉石、普通辉石），有时二者兼有。它们通常在橄榄石之后结晶，常包围橄榄石呈反应边结构。在两类辉石中，常见片状或针状磁铁矿、钛铁矿或钛磁铁矿沿一定方向平行排列形成席列结构。

角闪石和黑云母是常见的次要矿物。角闪石以棕褐色普通角闪石为主，偶尔也可见浅绿色普通角闪石；在某些超基性岩种属中，角闪石也可代替橄榄石和辉石成为主要矿物。云母主要为富镁黑云母和金云母，颜色多呈棕褐色或红褐色鳞片状集合体。

副矿物极少，常见的有磁铁矿、钛铁矿、铬铁矿、尖晶石（铬尖晶石、镁铁尖晶石）、石榴石、磷灰石等。

超基性侵入岩某些种属中可含极少基性斜长石，主要为拉长石和培长石，不含石英。

2）结构和构造

超基性侵入岩常见自形或半自形粒状结构、反应边结构及包含结构，有时可见海绵陨铁结构、网状结构等（图6-1）。超基性侵入岩常见块状构造、层状或条带状构造及流动构造等。

海绵陨铁结构的特征是，其中的磁铁矿、钛铁矿等金属矿物充填在自形程度较高的橄榄石或辉石颗粒之间。网状结构，是橄榄石经蛇纹石化后形成的次生结构，其特征是蛇纹石构成网脉状，网孔中保留有被交代的橄榄石残余晶体，如果若干邻近的橄榄石残余晶体同时消光表明原属于同一颗粒，否则原来是不同的晶体。

2. 超基性侵入岩的主要种属

自然界以钙碱性超基岩较为常见，其种属划分一般采用国际地科联（IUGS，1972）拟定的超基性岩定量矿物分类方案。该方案以橄榄石、辉石（斜方辉石和单斜辉石）及角闪石的相对含量为划分依据，其分类与命名如图6-2所示。另外，金伯利岩也是重要种属。

1）橄榄岩类

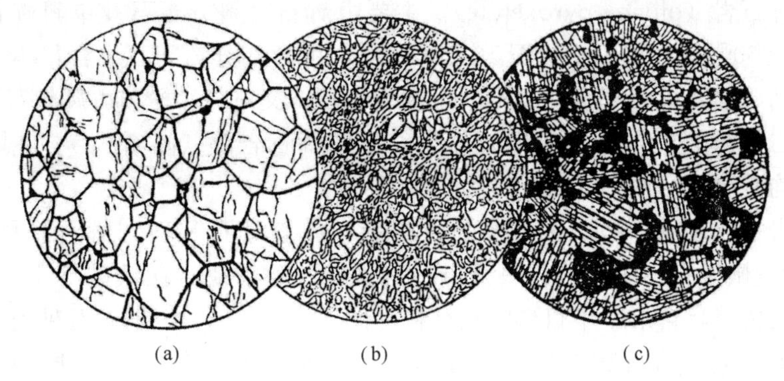

图 6-1　纯橄榄岩（a）、蛇纹石化纯橄榄岩（b）和透辉石岩（c）

（a）纯橄榄岩，主要由橄榄石和少量磁铁矿组成，具全自形粒状结构，乌拉尔，d=4.8mm 单偏光；（b）蛇纹石化纯橄榄岩，蛇纹石交代橄榄石形成网状结构，内蒙古，d=4.8mm，单偏光；（c）透辉石岩，在柱状透辉石间充填着磁铁矿粒，构成典型的海绵陨铁结构，河北大高，d=4.8mm，单偏光

橄榄岩类是图 6-2（a）、（b）中 1、2、3、4 类岩石的总称，据各种矿物的相对含量细分为：

（1）纯橄榄岩（dunite），全部或几乎全部由橄榄石组成［图 6-2（a）、（b）中的 1 区］，可含 10%以下的斜方辉石、单斜辉石、角闪石以及少量铬铁矿、磁铁矿、钛铁矿、磁黄铁矿、尖晶石等副矿物。新鲜的纯橄榄岩呈橄榄绿色、黄绿色及浅灰绿色，经褐铁矿化或伊丁石化后可呈棕褐色或灰褐色，经蛇纹石化后多呈暗绿色或灰黑色。岩石常具自形或半自形粒状结构，富含铁矿物时可呈海绵陨铁结构，蛇纹石化后可呈网状结构［图 6-1（a）、（b）］。我国西藏、内蒙古、陕西等地均有较新鲜的纯橄榄岩体产出。

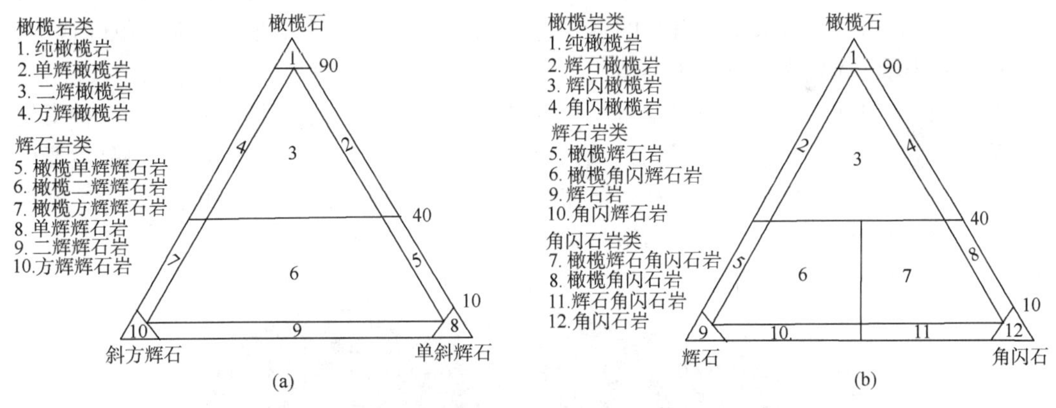

图 6-2　超基性侵入岩分类命名图解（据 IUGS，1972）

（2）橄榄岩（peridotite），是超基性侵入岩中常见的类型，是图 6-2 中 2、3 和 4 类岩石的总称。主要由橄榄石和辉石组成，橄榄石占 40%～90%；此外，还可有少量角闪石、黑云母、钛铁矿、磁铁矿等。颜色多呈浅绿色，暗绿色及灰黑色。常具半自形粒状结构、包含结构、反应边结构以及海绵陨铁结构等。橄榄岩按其中所含辉石种类的不同又可进一步划分为单辉橄榄岩（单斜辉石占 10%～40%）、方辉橄榄岩（斜方辉石可占 10%～40%）、二辉橄榄岩（单斜辉石和斜方辉石含量大致相等，共占 10%～40%）、辉石橄榄岩、辉闪橄榄岩及角闪橄榄岩等种属。这类岩石在我国内蒙古、河北、四川、江苏等地均有分布。

2）辉石岩类

由辉石、角闪石与橄榄岩组成的岩类，以橄榄岩含量小于 40%为特征，可细分为：

(1) 橄榄辉石岩 (olivine pyroxenite)，主要由辉石（斜方辉石及单斜辉石）和橄榄岩组成，辉石含量 60%～90%，橄榄石 10%～40%，可含部分角闪石（含量少于辉石）及少量金属矿物等副矿物。根据辉石种类不同，橄榄辉石岩又可分为橄榄方辉辉石岩、橄榄单辉辉石岩、橄榄二辉辉石岩、橄榄角闪辉石岩、角闪辉石岩等（图 6－2）。我国西藏、内蒙古、河北等地均有分布。

(2) 辉石岩 (pyroxenite)，主要由辉石组成，单斜辉石和斜方辉石总量可占 90%～100%，可含少量橄榄石、角闪石、黑云母、铬铁矿、磁铁矿、钛铁矿等。一般颜色较深，多呈暗绿色至黑色；具自形—半目形粒状结构［图 6－1（c）］。根据辉石种类不同，辉石岩又可分为单辉辉石岩、方辉辉石岩、二辉辉石岩等种属（图 6－2）。我国四川、河北、甘肃、宁夏等地均有分布。

3）角闪石岩类

角闪石岩 (hornblendite) 主要由普通角闪石组成，含量一般大于 60%，有时可含小于 40%的辉石、橄榄石或斜长石，还可见铬铁矿、钛铁矿、磁铁矿等金属矿物。根据橄榄石和辉石含量，角闪石岩又可分为橄榄角闪石岩、辉石角闪石岩及橄榄辉石角闪石岩等［图 6－2（b）］。角闪石岩以其侵入体的产状和结构构造特征区别于变质作用形成的角闪岩。我国山东、吉林、河北等地均有产出。

4）金伯利岩 (kimberlite)

金伯利岩于 1870 年首先在南非金伯利城发现而得名，是一种具有特殊矿物组合、特殊结构、构造和产状的弱碱性超基性岩。金伯利岩的矿物成分复杂，常见的主要原生矿物有橄榄石、镁铝榴石、金云母、铬铁矿、钙钛矿、金刚石等，也因其经常富含金刚石，故备受重视。常产于与火山岩或次火山岩有关的爆发岩筒或岩墙群中，多具斑状结构和角砾状构造。金伯利岩按结构可划分为以下三种类型：

(1) 斑状金伯利岩，常组成爆发岩筒和岩墙的主体，具次火山岩的特点，是一种常见的岩石类型。新鲜岩石呈绿色或蓝黑色，风化后呈黄绿、棕褐色；具斑状结构，斑晶主要由蛇纹石化橄榄石组成，其次为金云母和镁铝榴石，偶见铬透辉石、铬铁矿和金刚石等。橄榄石和金云母具有多世代的特征，基质为微晶质或隐晶质，主要由橄榄石、金云母、磷灰石、铬铁矿、钛铁矿等微晶集合体组成，一般不含玻璃质［图 6－3（a）］。

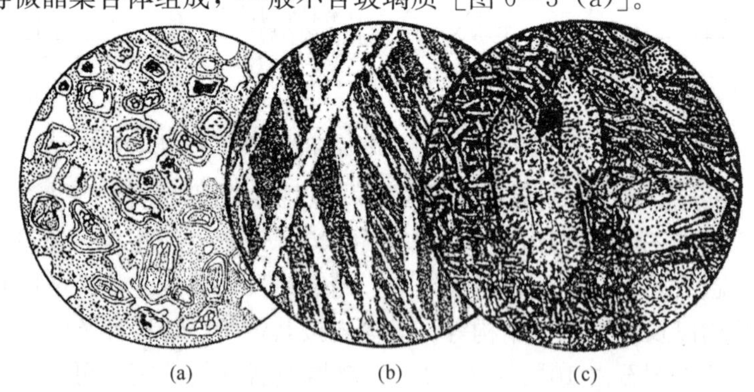

(a)　(b)　(c)

图 6－3　斑状金伯利岩 (a)、科马提岩 (b) 及苦橄玢岩 (c)

(a) 斑状金伯利岩，斑晶为碳酸盐化或蛇纹石化橄榄石，基质具微晶结构，辽宁，单偏光，d=4.5mm；(b) 科马提岩，蛇纹石化的橄榄石板条状骸晶近平行地散布于单斜辉石微晶和脱玻化的基质中，构成具鬣刺结构，加拿大安大略省蒙罗镇，d=0.5mm，单偏光；(c) 苦橄玢岩，由大的自形橄榄石和辉石斑晶以及辉石微晶组成斑状结构，四川通安，d=2.6mm，单偏光

（2）细粒金伯利岩，多分布于斑状金伯利岩的边部，岩石呈暗绿、灰绿、紫、黑灰等颜色，具细粒或显微斑状结构，块状构造或岩球构造。岩球构造中球体多呈圆球形或椭球形，球心多为蛇纹石化橄榄石，外壳由细粒金伯利岩组成，矿物呈同心圆状分布。我国辽宁产出的细粒金伯利岩中的岩球大小不等，大者可达10～20cm，一般0.5～2cm，俗称“凤凰蛋”。“蛋黄”即核心由一颗熔蚀圆化的橄榄石（多已蚀变）组成，“蛋白”即核心的外围由细粒金伯利岩组成，“蛋壳”由蛇纹石及金属矿物组成。细粒金伯利岩是寻找原生金刚石的找矿标志之一。

（3）金伯利角砾岩，其中含有较多的大小不等的角砾，其成分为金伯利岩岩屑、橄榄岩包体及围岩碎块，胶结物可为斑状金伯利岩，也可为细粒金伯利岩。一般认为金伯利角砾岩是岩浆上升到地表浅处经隐爆作用形成的。

金伯利岩极易发生碳酸盐化、硅化和褐铁矿化，外貌常与石灰岩和“铁帽”相似，只有在镜下才能准确区分。

在我国的山东、辽宁、贵州、湖北及河南等地均先后发现金伯利岩，尤其是山东的金伯利岩体往往是很有价值的金刚石矿床。

3. 超基性侵入岩的次生变化

超基性岩在岩浆期后或外来热液的影响下，极易发生次生变化（蚀变）。其中，主要有橄榄石或斜方辉石的蛇纹石化，并伴生水镁石化、菱镁矿化和滑石化；单斜辉石的假象纤闪石（或次闪石）化等。

三、超基性喷出岩

超基性喷出岩在自然界分布更少，目前已发现的有苦橄岩、苦橄玢岩、玻基纯橄岩、科马提岩及与之有关的金伯利岩等。

1. 超基性喷出岩的一般特征

本类岩石为细粒、隐晶质和玻璃质的暗色岩，色率大于90，常与拉斑玄武岩、碱性玄武岩共生。矿物成分与超基性侵入岩相似，富含橄榄石、辉石等铁镁矿物，不含或含很少斜长石，不含石英。某些种属还含有一定量的玻璃质。

2. 超基性喷出岩的主要种属

根据产状、结构、构造及岩石成分，超基性喷出岩一般划分为以下种属：

（1）科马提岩（komatiite），于1968年在南非科马提河太古代绿岩带中首次发现而得名，它由高镁橄榄石（含Fo90%～95%）、辉石、基性火山玻璃和少量金属矿物组成。常具枕状构造，并发育独特的鬣刺结构（spinifex texture），其特点是橄榄石或辉石呈细长的锯齿状骸晶，近平行排列或丛生，状如鬣刺草，由超基性熔岩快速冷凝而成。在化学成分上的主要特点是MgO含量不小于18%，$CaO/Al_2O_3>1$，低碱（K_2O含量小于0.9%）为特征。鬣刺结构是本类岩石的主要特征［图6-3（b）］，即使在较深变质的条件下，也能清晰地保存下来。近年来，在加拿大、澳大利亚、印度以及我国的辽宁鞍山群、河北迁西群、内蒙古集宁群及山东泰山群中也先后发现具有变余鬣刺结构的科马提岩。目前已发现与之伴生的矿产有镍、铜、金矿等。

（2）苦橄岩（picrite），苦橄岩是借用日文译名而来，日文“苦”是镁的意思。苦橄岩含镁较高，成分接近于辉石橄榄岩，往往产于基性喷出岩（玄武岩）的底部。岩石呈淡绿色至黑色，具无斑隐晶结构、微晶结构和嵌晶结构。矿物成分以辉石（小于40%）、橄榄石（50%～75%）为主，尚有少量基性斜长石、角闪石和金属矿物等。具斑状结构者，斑晶为橄榄石和辉石，相应岩石称苦橄玢岩［图6－3（c）］。

（3）玻基纯橄岩（麦美奇岩，meymechite），是相当于纯橄榄岩而具有玻基斑状结构的超基性熔岩。主要由橄榄石斑晶和黑色玻璃基质组成，有时在玻璃基质中有少量含钛普通辉石微晶。如辉石含量较多时，可称玻基辉橄岩。化学成分上 SiO_2 含量占20%～40%，$Al_2O_3+Na_2O+K_2O<10\%$，Na_2O 含量略大于 K_2O 含量。我国浙江天台、山东莱芜及西沙群岛均有发现。

四、超基性岩的产状分布及矿产

超基性岩体常与基性岩一起，组成各种类型的基性—超基性杂岩体，有时也可形成单独的岩体单独或成群产出，其产状常有岩盆、岩盖、岩株、岩床和岩墙等。根据其产出的构造环境、产状和共生组合，一般可划分为以下四种类型：

（1）阿尔卑斯型岩体，产于地槽褶皱带或岛弧区，常呈透镜状、似层状或不规则状，沿构造线方向断续延伸数百至上千千米，以纯橄榄岩和方辉橄榄岩为主，镁铁比值常大于7，富含铬铁矿。此类型岩体在我国西藏、内蒙古、陕西、甘肃、青海等地有着广泛的分布。

（2）层状侵入体，产于较稳定的地台区，多呈岩盆、岩床产出，并与其他侵入岩相互共生，规模大小不等，由数平方千米至数万平方千米。这类岩体自下而上常常有明显分带现象，一般自下而上依次为纯橄榄岩－辉石橄榄岩－辉石岩－苏长岩－辉长岩－斜长岩－闪长岩－花岗岩，各岩相之间连续过渡。其中，超基性岩镁铁比值常小于7。世界上著名的层状侵入体是南非的布什维尔德杂岩体，我国西南“康滇地轴”也有广泛的分布。与层状侵入体有关的矿产主要为铜镍硫化物、钒钛磁铁矿、铬铁矿和铀矿矿床等。

（3）环状侵入体，常产于造山带并沿构造线成群分布，各类岩体大致呈同心环状，围绕岩体中心分布，一般中心部位为超基性岩体，外围常为辉长岩类岩体。岩体的形成一般认为是基性岩浆深部分异多次侵入的结果。在美国阿拉斯加东南部和俄罗斯乌拉尔等地有较多的分布。有关矿产主要有钒钛磁铁矿和铂矿。

（4）与碱性岩和金伯利岩相伴生的超基性岩包体。近年来，在世界各地碱性岩和金伯利岩中常发现大小不一的呈浑圆状、棱角状产出的超基性岩包体，直径可达数十厘米至数米，其矿物成分主要为橄榄石、斜方辉石、单斜辉石、铬尖晶石，具粒状或碎斑结构，分布十分广泛，因此一般认为它们可能是上地幔的碎块，被岩浆喷出时带到地表，代表上地幔的物质组成。这些超基性岩包体对研究上地幔的物质组成有着重要的意义，越来越受到人们的注意。

此外，在阿尔卑斯型超基性岩体的研究中，常发现橄榄岩（蛇纹岩）、层状基性岩、席状岩墙群、枕状熔岩及海相放射虫硅质岩组成的一套特殊类型的岩石共生组合，称为“蛇绿岩套”（ophiolite suite）。板块构造学者把蛇绿岩套的出现位置视为大洋板块与大陆板块的边界与碰撞的证据，引起地质学界的普遍重视。近年来，在我国西藏地区发现数条蛇绿岩套，形成于燕山运动末期至喜马拉雅运动期，被认为是中新生代以来印度板块与欧亚板块的地缝合带，目前尚在继续进行深入研究。

第二节　基性岩类（辉长岩—玄武岩类）

一、基性岩类概述

部分基性岩化学成分分析结果（表 6－2）表明，本类岩石的化学成分与超基性岩有密切的过渡关系，差异在于基性岩之中硅的含量有所增加，SiO_2 介于 45%～52%之间；钙、铝的含量有所增加，是所有岩浆岩中最高的岩石类型（仅碳酸岩除外），一般 CaO 可达 10%以上，Al_2O_3 除个别样品外，一般均介于 14%～18%之间；铁、镁的含量有所减少，即 FeO、Fe_2O_3 的含量比超基性岩有所下降，尤其 MgO 下降更为明显，平均含量一般在 4%～8%之间；钠、钾的含量略有增加，二者之和在 2%～6%之间（碱质含量很高、里特曼指数 $\sigma>9$ 的碱性基性岩除外），一般 $Na_2O>K_2O$，尤其是细碧岩中，Na_2O 的含量可达4%以上。

表 6－2　基性岩类的化学成分　　%

样号	1	2	3	4	5	6	7	8	9
SiO_2	48.24	47.36	47.62	50.40	47.75	44.71	48.80	48.28	48.70
Al_2O_3	17.88	13.25	14.52	28.30	13.42	2.11	13.98	14.99	14.46
Fe_2O_3	3.13	3.08	4.09	1.06	1.57	5.33	3.59	4.18	15.44
FeO	5.95	9.63	9.37	1.12	12.77	6.66	9.78	6.95	3.23
MgO	7.51	12.75	6.47	1.25	5.97	7.15	6.70	7.00	2.93
CaO	10.99	11.52	8.75	12.46	9.89	9.32	9.38	8.07	11.18
Na_2O	2.55	1.63	0.97	3.67	3.95	3.96	2.59	3.40	4.10
K_2O	0.89	0.46	1.18	0.74	0.85	1.77	0.69	2.51	0.24
TiO_2	0.97	0.76	1.67	0.15	1.60	15.10	2.19	2.11	0.91
MnO	0.13	0.21	0.22	0.05	0.25	0.20	0.17	0.20	—
H_2O	1.54	0.12	2.02	0.75	2.43	2.76	1.80	1.26	—
P_2O_5	0.28	0.17	0.46	0.05	0.15	0.87	0.33	0.60	—

注：1 辉长岩（戴里）；2 橄榄辉长苏长岩（济南）；3 辉长岩（济南）；4 斜长岩（戴里）；5 辉绿岩（云南）；6 拉斑玄武岩（汉诺坝，邱家骧）；7 高原玄武岩（戴里）；8 玄武岩（黎彤等）；9 细碧岩（白银厂，宋淑和）。

基性岩类在地壳上分布较广，尤其是基性喷出岩（玄武岩）是地壳上分布最广的一类岩浆岩；相对来说，基性侵入岩则仅占基性岩类的很少部分。

二、基性侵入岩

基性侵入岩的岩石类型较多，代表性岩石是辉长岩、苏长岩和辉绿岩等，但分布面积较小，只相当于基性岩总量的 1/5 左右。

1. 基性侵入岩的一般特征

1）矿物成分

基性侵入岩的主要矿物有基性斜长石和辉石等。基性斜长石常为拉长石或培长石，向中性岩或碱性岩过渡的种属中可出现中长石；常呈板柱状，白—灰色，风化面呈土状，具 {001} 和 {010} 完全解理，常有钠长石律及卡—钠复合双晶，双晶叶片较宽，常有磁铁矿、钛铁矿、金红石、普通辉石、磷灰石等包裹体。辉石主要为普通辉石、透辉石，常呈绿—黑色、短柱状或粒状，具 {110} 两组解理，交角 87°，有时透辉石中发育平行（100）面的细密裂理（称异剥辉石）；某些种属中可含不等量的紫苏辉石或古铜辉石，常具席列结构，表现为磁铁矿、钛铁矿、钛磁铁矿等针状包体沿一个方向或几个方向平行密集定向排列。

次要矿物有橄榄石、普通角闪石、黑云母、碱性长石、石英等。橄榄石多为贵橄榄石，常呈黄绿色或棕褐色粒状，解理不发育，但常具不规则裂纹，多出现在向超基性岩过渡的种属中。普通角闪石常呈黑色或棕黑色柱状或粒状，{110} 两组解理夹角为 56°或 124°，多出现在向中性岩过渡的种属中。黑云母多呈黑色或棕褐色鳞片状，含量一般较少。碱性长石常为正长石，多出现在向碱性岩过渡的种属中。石英一般很少出现，只发育在向中性岩过渡的种属中。

副矿物主要有磁铁矿、钛铁矿、钒钛磁铁矿、磷灰石、尖晶石等。

2）结构和构造

基性侵入岩常呈中、粗粒状全晶质半自形粒状结构，斑状者少见。典型的是辉长结构、辉绿结构及其过渡类型的嵌晶含长结构、辉长辉绿结构等。

辉长结构是基性深成侵入岩（辉长岩）的典型结构，特征是基性斜长石和辉石均呈半自形或他形粒状且粒径相当，表示这两种矿物几乎同时结晶形成 [图 6-4（a）]。辉绿结构的特色是基性斜长石和辉石颗粒大小相近，但斜长石自形程度较高，且在较自形的板柱状斜长石所组成的多角形间隙中充填有单个辉石的他形颗粒，反映斜长石结晶较早，多见于基性浅成侵入岩（辉绿岩）[图 6-4（b）]。嵌晶含长结构与辉绿结构的结晶条件相似，区别在于晚期结晶的辉石数量较多、他形、粒度大，较自形较小的斜长石晶体包含于辉石之中 [图 6-4（c）]。辉长辉绿结构是介于辉长结构和辉绿结构之间的过渡类型，其斜长石自形程度较好，辉石自形程度稍差，但二者粒度相近，随机分布。此外，基性侵入岩中还有反应边结构、海绵陨铁结构等。

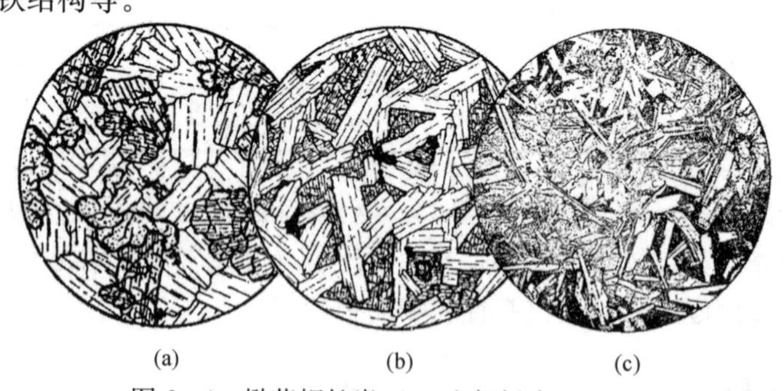

图 6-4　橄苏辉长岩（a）和辉绿岩（b）、（c）

（a）橄苏辉长岩，由橄榄石、紫苏辉石、普通辉石和基性斜长石组成，辉石与斜长石均半自形粒状、相互无规则排列构成辉长结构，橄榄石—紫苏辉石—构成反应边结构，山东济南，d=3.7mm，单偏光；（b）辉绿岩，由普通辉石和基性斜长石及少量橄榄石、磁铁矿组成，自形斜长石和充填状辉石组成辉绿结构，辉石中偶有包含状橄榄石，河北下花园，d=2.2mm，单偏光；（c）辉绿岩，由普通辉石和基性斜长石组成，半自形斜长石被他形辉石包裹构成嵌晶含长结构，河北张家口，d=2mm，正交偏光

基性侵入岩常见块状构造、条带状构造及球状构造等。基性岩中球状构造是指岩石中基性斜长石、辉石或角闪石等矿物构成同心圆状球体，在岩体的某些部位均匀分布(图 6-5)。

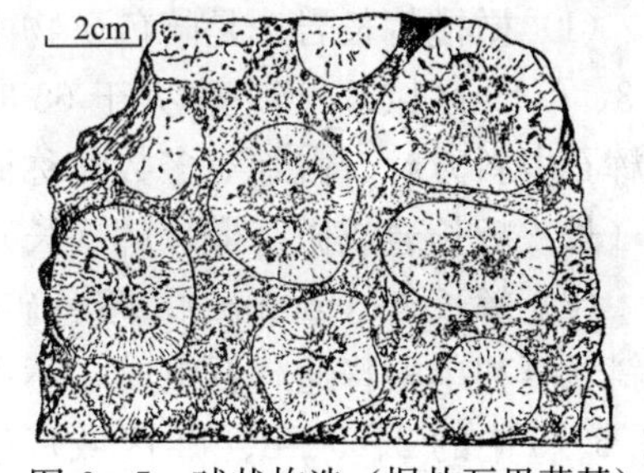

图 6-5 球状构造（据扎瓦里茨基）
球状辉长岩，基性斜长石、辉石或角闪石构成球体，在岩石的某些位均匀分布

2. 基性侵入岩的主要种属

自然界中钙碱性基性侵入岩分布广泛，其种属划分一般采用国际地科联（IUGS，1972）拟定的基性岩定量矿物分类方案。该方案以斜长石、辉石和橄榄石的体积百分含量为分类依据，种属划分与命名如图6-6 (a)所示；对于无橄榄石而同时有单斜辉石和斜方辉石的岩石，其种属划分与命名如图 6-6 (b) 所示。此外，弱碱性的基性侵入岩也有少量分布。

1）辉长岩（类）

辉长岩（类）是国际地科联（IUGS，1972）分类方案中 2 至 10 区域的岩石的总称，也是常见的钙碱性基性侵入岩的总称。该类岩石主要由基性斜长石和暗色矿物（辉石、橄榄石等）组成，不含或极少量碱性长石、石英等矿物。一般具有典型的辉长结构［图 6-4 (a)］，常具块状构造、条带状构造，有时还有流动构造和球状构造，具有球状构造者称为球状辉长岩（图 6-5）。当暗色矿物的含量（色率）达 65%～90%时称暗色辉长岩（图 6-6 中的 8、9、10 区域）；当暗色矿物含量（色率）较小时（35%～10%）称浅色辉长岩（图 6-6中的 2、3、4 区域）。依据斜方辉石、单斜辉石、橄榄石等暗色矿物的相对含量细分为：

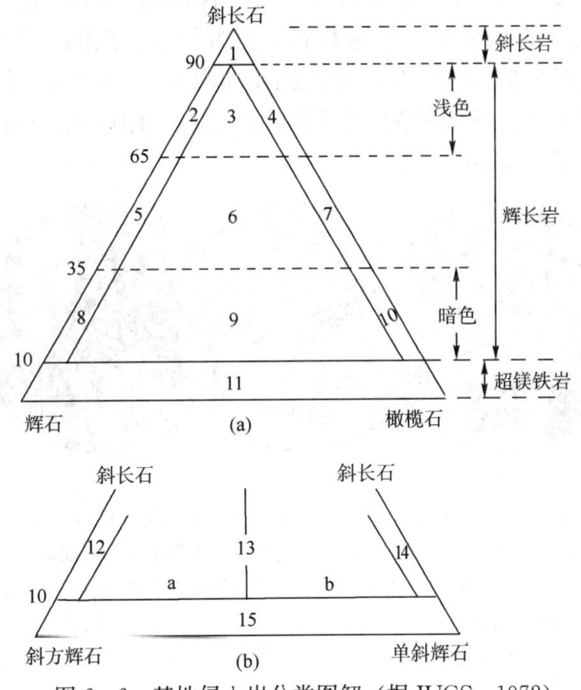

图 6-6 基性侵入岩分类图解（据 IUGS，1972）

1—斜长岩；2—浅色辉长岩、浅色辉长苏长岩、浅色苏长岩；3—浅色橄榄辉长岩、浅色橄榄辉长苏长岩、浅色橄榄苏长岩；4—浅色橄长岩；5—辉长岩、辉长苏长岩、苏长岩；6—橄榄辉长岩、橄榄辉长苏长岩、橄榄苏长岩；7—橄长岩；8—暗色辉长岩、暗色辉长岩；9—暗色橄榄辉长岩、暗色橄榄辉长苏长岩、暗色橄榄苏长岩；10—暗色橄长岩；11—含斜长石超镁铁岩；12—苏长岩；13a—辉长苏长岩；13b—苏长辉长岩；14—辉长岩；15—辉石岩

（1）橄榄辉长岩，是暗色矿物中橄榄石与普通辉石同时并存的辉长岩种属（图6-6中的3、6、9区域）。当色率大于65时称暗色橄榄辉长岩；色率小于35时称浅色橄榄辉长岩。当辉石中斜方辉石占绝对多数时称橄榄苏长岩；当单斜辉石与斜方辉石并存时称为橄（榄）苏（长）辉长岩或橄（榄）辉（长）苏长岩［图6-4（a）和图6-7（a）］。

（2）辉长岩（gabbro），暗色矿物中几乎全部为单斜普通辉石的种属。辉长岩主要由基性斜长石和单斜普通辉石组成，不含或很少含（小于5%）橄榄石、斜方辉石、普通角闪石（图6-6中的2、5、8、14区域）。色率小于35者称浅色辉长岩；色率大于65者称暗色辉长岩。当其中的橄榄石或斜方辉石增多时，则过渡为橄榄辉长岩或橄苏辉长岩。

（3）苏长岩（norite），暗色矿物中几乎全部为斜方辉石（紫苏辉石或古铜辉石），不含或很少含单斜辉石、橄榄石等矿物的种属（图6-6中的2、5、8、12区域）。同样也可按色率的大小，细分为浅色苏长岩和暗色苏长岩。当普通辉石增多时则过渡为辉长苏长岩。

（4）苏长辉长岩（norite—gabbro），是介于辉长岩和苏长岩之间的过渡种属，斜方辉石和单斜辉石含量均大于5%，且斜方辉石少于单斜辉石（图6-6中的13b区域）。如果单斜辉石少于斜方辉石且无或极少量橄榄石者称辉长苏长岩（图6-6中的13a区域）。

（5）橄长岩（troctolite），是一种比较少见的岩石，主要由基性斜长岩和橄榄石组成，辉石含量极少［图6-6（c）］。依据色率的高低可分为暗色橄长岩和浅色橄长岩（图6-6中的4、7、10区域）。当辉石含量超过5%时则过渡为橄榄辉长岩（或橄榄苏长岩、橄榄辉长苏长岩）。

2）斜长岩

斜长岩（anorthosite）几乎全部由基性斜长石（含量达90%以上）组成（图6-6中的1区域），还可以含有极少量橄榄石、普通辉石、斜方辉石、角闪石及磁铁矿、钛铁矿等矿物，它们往往充填于斜长石间隙中或形成分凝团块［图6-6（b）］。斜长岩多分布于层状侵入体的上部，是由基性岩浆分异而成的。我国河北大庙—黑山一带分布有大量的斜长岩，它与钒钛磁铁矿的形成有着密切的联系。

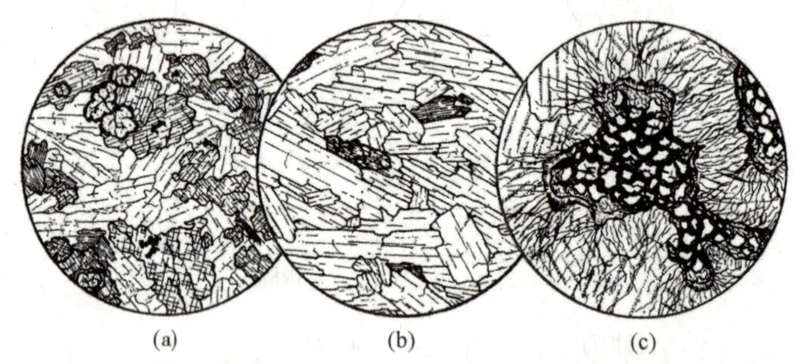

图6-7　橄苏辉长岩（a）、斜长岩（b）及橄长岩（c）

（a）橄苏辉长岩，由基性斜长石、橄榄石、紫苏辉石、普通辉石及少量黑云母组成，辉长结构及反应边结构，山东济南，d=3.7mm，单偏光；（b）斜长岩，由基性斜长石及少量辉石和黑云母组成，自形板条状斜长石大致定向排列，山东济南，d=3.7mm单偏光；（c）橄长岩，由基性斜长石、橄榄石组成，橄榄石裂隙内为分解生成的磁铁矿、边部有普通辉石薄圈（呈反应边结构）及蛇纹石，基性斜长石中有以橄榄石为中心的放射状裂纹，德国，d=3.7mm，单偏光

3）辉绿岩

辉绿岩（diabase）是一种成分与辉长岩相当的浅成相的基性侵入岩，常呈岩墙、岩脉或岩床产出，在地表上分布较广。颜色常呈暗绿或黑绿色，粒度细小，矿物成分与辉长岩相

似，但长条状斜长石自形程度较好，而辉石颗粒多呈他形粒状充填于斜长石多角形空隙中，组成辉绿结构［图6-4（b），（c）］。根据次要矿物种类又可进一步命名为石英辉绿岩、橄榄辉绿岩等。如果斜长石呈斑晶出现时，又称为辉绿玢岩。

4）弱碱性基性侵入岩

碱性辉长岩（alkali gabbro）是一种向碱性岩过渡的富含碱质且硅酸不饱和的基性侵入岩。岩石主要由基性斜长石和单斜辉石组成，尚有不等量的碱性辉石（霓石、霓辉石）、碱性角闪石、碱性长石和极少量的似长石（霞石、方沸石等），它们常呈他形粒状充填于斜长石的间隙中。在某些种属中，可含少量橄榄石。碱性辉长岩在地壳上分布较少。当碱质进一步增加，似长石含量进一步增加时，则过渡为碱性的霞斜岩。

3. 基性侵入岩的次生变化

基性侵入岩在岩浆期后气化热液的影响下，常发生下列蚀变：

（1）钠黝帘石化，特征是基性斜长石被极细粒的钠长石、黝帘石、绿帘石、绿泥石、绢云母等集合体交代，由于这些矿物晶粒细小，突起高低不一，使斜长石表面浑浊不清，又称“糖化”现象。钠黝帘石化是基性侵入岩经常发生的蚀变形象。

（2）次闪石化，指纤维状次生角闪石（主要成分类似于透闪石和阳起石）集合体交代辉石的现象，有时保留辉石的假象，又称假象纤闪石化。它也是基性侵入岩中常见的蚀变现象。

此外，基性岩中也可发育橄榄石的蛇纹石化、鳞石或铁鳞石化以及辉石、角闪石的绿泥石化等。

三、基性喷出岩

基性喷出岩中有代表性的岩石为玄武岩、碱性玄武岩和细碧岩，基性喷出岩是地壳上分布最广的喷出岩。

1. 基性喷出岩石的一般特征

与侵入岩一样，色率较深，常呈黑灰色、暗绿色，氧化后可呈紫红色或猪肝色。

1）矿物成分

主要矿物为基性斜长石和辉石，有时可含较多的橄榄石，次要矿物和副矿物有磁铁矿、钛铁矿、赤铁矿、磷灰石等；某些种属尚可含少量的碱性长石、石英、似长石等。其中，斜长石多为拉长石，但斑晶中可为培长石或钙长石，有序度较低，多为高温变种，有时可见环带结构。辉石主要为普通辉石、易变辉石和紫苏辉石，其中易变辉石是贫钙的单斜辉石，属高温变种，只出现在基质中。橄榄石如果出现，多呈半自形粒状，有时被辉石包围形成反应边结构。

此外，少数基性喷出岩可含少量褐色角闪石和黑云母，但只出现于斑晶中，并往往具有暗化边和熔蚀现象，这是由于角闪石和黑云母首先在地下深处结晶，喷至地表后经强烈氧化和熔蚀而成的。基性喷出岩除含上述矿物外，常含绿色、暗绿色至黑色的“橙玄玻璃”，分布于基质中，折光率大于树胶（$N=1.54$），均质体，在鉴定时应注意分辨。

2）结构和构造

玄武岩通常呈无斑的细粒隐晶质至玻璃质结构，但也有中粒显晶质结构、斑状结构、显微斑状结构和聚斑结构等类型。在厚的熔岩流下部也可出现辉绿结构。常见结构有：

（1）间粒结构，也有人称其为粒玄结构、粗玄结构或徨绿结构，是在不规则排列的板条状基性斜长石微晶组成的多角形孔隙中，充填有若干粒细小他形粒状辉石、橄榄石、磁铁矿等晶粒所组成的结构［图6-8（a)］。斜长石先结晶，辉石等后结晶。当其中部分橄榄石及辉石等呈较粗大的自形显微斑晶时，则构成基质是间粒结构的显微斑状结构［图6-9（b)］。

（2）间隐结构，是在随机分布的板条状基性斜长石微晶组成的多角形空隙中充填有隐晶质和玻璃质的结构，反映在斜长石结晶之后岩浆迅速冷凝而形成岩石的过程。

（3）拉斑（玄武）结构，又称填间结构、间粒间隐结构，是在随机分布的板条状基性斜长石微晶组成的多角形空隙中，既充填有辉石和磁铁矿等细小晶粒，又充填有隐晶质或玻璃质，是介于间粒结构和间隐结构之间的过渡结构类型［图6-8（b)］。

（4）交织结构，大量板条状基性斜长石微晶呈平行或半平行排列，其间夹有辉石或磁铁矿等粒状微晶，有时也可含少量隐晶质或玻璃质，多出现在向中性喷出岩过渡的种属中。

（5）玻璃质结构和玻基斑状结构，二者极相似，前者岩石几乎全由褐色“橙玄玻璃”组成，表明在岩浆冷却极快的条件下形成；后者岩石中除含隐晶质和玻璃质外，尚有少部分（一般超过5%）的斜长石或其他矿物斑晶［图6-8（c)］。

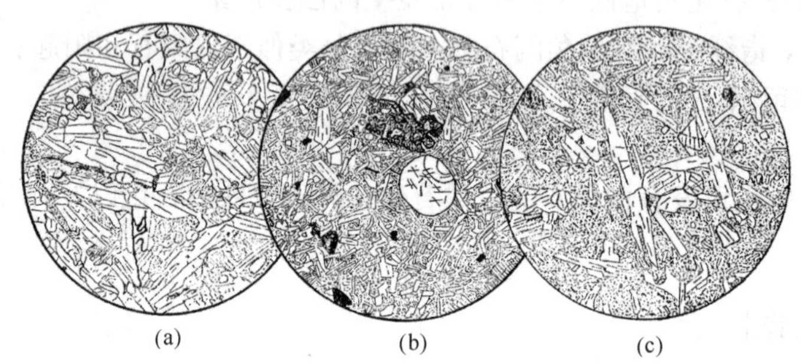

图6-8　间粒结构（a)、拉斑玄武结构（b）及玻基斑状结构（c）

(a）粒玄岩，自形长条状斜长石不规则分布的三角孔中充填数粒辉石磁铁矿小粒呈间粒结构，山东，单偏光，d=4.8mm；(b）玄武岩，斑晶为橄榄石，基质内长条状斜长石微晶三角形空隙中由辉石、磁铁矿物和玻璃质充填，呈拉斑玄武结构，南京方山，单偏光，d=4.8mm；(c）斑状玄武岩，斑晶为斜长石、辉石、橄榄石，基质为橙色橙玄玻璃，河北张家口，单偏光，d=4.8mm

基性喷出岩常普遍发育气孔构造、杏仁状构造、熔渣状构造、碎块构造及绳状构造等；在海底或水下喷发的基性熔岩中，还有枕状构造。此外，柱状节理也是基性熔岩常见的原生构造。基性喷出岩中偶尔还可见球粒构造，球粒状如豌豆或樱桃，是由斜长石组成的放射状集合体。在野外常依据构造特征，将玄武岩分为致密玄武岩、杏仁玄武岩、球粒玄武岩等。

2. 基性喷出岩的主要种属

玄武岩是基性火山熔岩的总称，各种属岩石的化学成分与矿物成分存在连续过渡。因此，玄武岩的分类通常有两种方案，一是按矿物成分与结构、构造特征进行划分；二是按化学组成或根据化学成分换算的CIPW标准矿物成分的差异划分。前者适用于野外及无化学分析资料的情况，后者适用于有化学分析资料且结构细、含玻璃质的情况。

1）按化学成分划分的种属

拉斑玄武岩（tholeiite basalt)，化学成分以SiO_2饱和或弱饱和（平均值大于49%)、低碱、钠多于钾、TiO_2含量中等（平均值为1.8%～2%）为特征，是最常见的钙碱性玄武岩。它的主要矿物为基性斜长石和贫钙的易变辉石、紫苏辉石及富普通辉石、透辉石；斜长石及富钙辉石可组成斑晶和基质，紫苏辉石仅见于斑晶，易变辉石仅于基质中；斑晶中无或有少量橄榄石，并常具有辉石的反应边；基质中可见石英及硅质玻璃。拉斑玄武岩常具显微斑状结构、拉斑玄武结构、间粒结构和间隐结构。含少量石英时，称为石英拉斑玄武岩［图6-9（a）］；含少量橄榄石时，称为橄榄拉斑玄武岩；当橄榄石标准分子含量达25%～50%、长石不足30%时，称苦橄玄武岩。拉斑玄武岩在大洋和大陆均有十分广泛的分布。

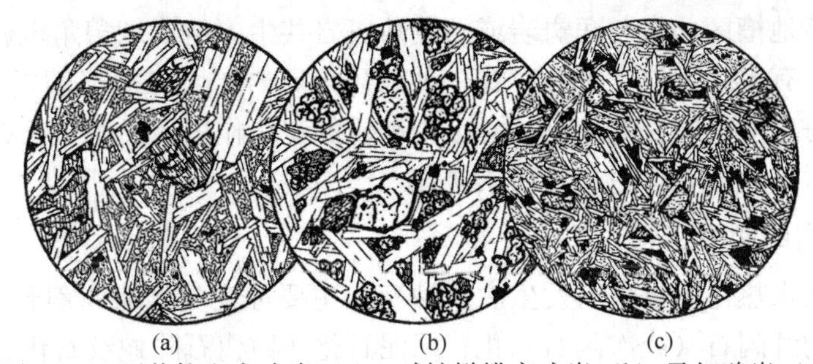

图6-9　石英拉斑玄武岩（a）、碱性橄榄玄武岩（b）及细碧岩（c）

（a）石英拉斑玄武岩，由单斜辉石和基性斜长石组成，其间隙内充填他形粒状石英和片状绿泥石构成间粒结构，德国绍姆堡，单偏光，$d=3.7$mm；（b）碱性橄榄玄武岩，基质为间粒结构，板条基性斜长石的间隙内被粒状辉石橄榄石充填，有的橄榄石呈自形显微斑晶，江苏六合，单偏光，$d=2.2$mm；（c）细碧岩，板条状钠长石杂乱排列，其间充填绿帘石、磁铁矿、片状绿泥石及少量碳盐矿物，细碧结构，广西鹰扬关，单偏光，$d=2.2$mm

高铝玄武岩（high—alumina basalt），化学成分以Al_2O_3高（超过17%）、SiO_2弱饱和、低碱、钾略多于钠、TiO_2含量低（平均值为1.2%）为特征。矿物成分与拉斑玄武岩相似，但Al_2O_3高含量致使斜长石号码（达培长石）及数量均高于拉斑玄武岩。主要分布于造山带、岛弧及活动大陆边缘，在环太平洋安山岩带中就有大量高铝玄武岩分布。

碱性玄武岩（alkali basalt），化学成分以SiO_2不饱和（45%～48%）、碱较高、钾多于钠、TiO_2含量高（平均值为2.7%）为特征，是常见的硅酸不饱和的弱碱性的玄武岩［图6-9（b）］。矿物成分由基性斜长石和单斜辉石组成，常有不等量的橄榄石、碱性长石（歪长石、透长石）。与拉斑玄武岩的差异在于：斜长石号码偏低，多为中—拉长石，甚至为更长石；辉石为富钙、钛的普通辉石；橄榄石无辉石的反应边，斑晶与基质中可出现；不含石英。当其碱质进一步增加而出现似长石矿物（如霞石、白榴石等）时，则过渡为碱性的碱玄岩（tephrite）或碧玄岩（basanite）。碱性玄武岩常分布于板块内裂谷带或板块内大洋岛屿上。

2）按矿物成分、结构构造划分的种属

粒玄岩（dolerite），曾译名为“粗玄岩”，因易与粗面玄武岩相混淆而改用粒玄岩。粒玄岩是一种显晶质的粒度较粗的不含玻璃质的玄武岩，与其他玄武岩比较，肉眼即可辨认矿物颗粒。粒玄岩主要由基性斜长石和辉石组成，常具间粒结构和辉绿结构。与微晶辉长岩的区别在于结构不同；与辉绿岩的区别在于产状不同，即喷出者为粒玄岩，侵入者为辉绿岩。

橄榄玄武岩（olivine basalt），是具有橄榄石斑晶的玄武岩，斑晶为橄榄石，基质为隐晶质的间隐结构、拉斑结构、或为玻璃质结构。当斑晶为其他矿物时，相应地称为辉石玄武岩、伊丁玄武岩。

气孔玄武岩，是一种无斑隐晶质结构而气孔发育的玄武岩。当气孔被后期矿物充填时则称为杏仁玄武岩。

细碧岩（spilite），是一种富含钠质斜长石的基性喷出岩，常具枕状构造［图6-9（c）］。细碧岩主要由钠长石或钠更长石及普通辉石或透辉石组成，单斜辉石多蚀变为阳起石、绿泥石、绿帘石、赤铁矿等。橄榄石缺乏或已变为假象蛇纹石。有时可见变余的基性斜长石残晶。岩石普遍发生水化和碳酸盐化。细碧岩常发育填间结构、间隐结构、间粒结构。还常见间片结构。间片结构表现为在长条状斜长石微晶所组成的多角形空隙中，充填有次生的片状矿物，如绿泥石、绿帘石、蛇纹石等，又称为细碧结构。

细碧岩多产于地槽区，常与角斑岩或石英角斑岩共生，组成细碧角斑岩建造。关于它的成因，争论较大，有人认为地下深处存在一种细碧角斑岩岩浆在海底喷发后直接冷凝而成；多数人认为是由海底喷发的玄武岩受到海水中钠质的交代作用而发生钠长石化、水化和碳酸盐化的结果。最后结论尚有待进一步探索研究。

3. 基性喷出岩的次生变化

基性喷出岩在水热作用下极易发生次生蚀变，主要蚀变类型有：斜长石的钠黝帘石化、绢云母化；辉石的纤闪石（或次闪石）化、绿泥石化；橄榄石除蛇纹石化、鳞石化外，还广泛发育伊丁石化。玄武岩含有较多的伊丁石时，可称为伊丁玄武岩。

四、基性岩的产状分布及矿产

1. 基性侵入岩

基性侵入岩一般可形成独立的岩体，也可与超基性岩形成层状杂岩体，其规模大小不一。常见的产状有岩盆、岩盖及岩株，也有呈岩墙、岩床。著名的南非布什维尔德层状基性—超基性杂岩体，面积达 20000km^2，总厚近 7000m，底部为橄榄岩和铬铁矿床，中部为辉石岩、苏长岩、斜长岩，上部为辉长岩、闪长岩。我国基性侵入岩体分布普遍，遍及许多地台区和褶皱带，几乎出现在各个时代的地层中。其中，属于前寒武纪的有河北大庙—黑山、大别山及武当山等岩体；属于加里东期的有祁连山、陕西紫阳等岩体；属于海西期的有我国西南及西北天山—北山等岩体，如西南地区“康滇地轴”广泛分布着基性侵入岩和基性—超基性杂岩体，累计面积达 50000km^2；属于燕山期的有东部地区的岩体，如南京蒋庙基性侵入岩，面积约 5km^2，自内向外，由角闪橄榄辉长岩、橄榄辉长岩过渡为闪长岩、正长岩。但总的来看，每个岩体的规模都较小。

与基性侵入岩有关的矿产主要有 V、Ti、Cu、Ni、Cr 等，与之伴生的还有 Co、Pt、P 等。如我国四川攀枝花钒钛磁铁矿床位于辉长岩体的下部，含有丰富的 V 和 Ti，还伴生 Co、Ni、Cu、Pt 等；四川力马河 Cu、Ni 硫化物矿床产于辉长岩盆底部的橄榄岩中，并有铂族元素伴生；河北大庙—黑山的辉长—苏长岩及斜长岩中不仅含有钒钛磁铁矿，还伴生有磷灰石矿床。

2. 基性喷出岩

基性喷出岩分布最普遍是各种类型的玄武岩，其分布几乎遍及世界各大洋及各大洲。中心式喷发和裂隙式喷发均有，常形成巨大的熔岩流和熔岩被。著名的印度德干高原泛流玄武岩，形成于白垩纪至古近—新近纪，分布面积达 520000km^2，厚达 2000m；美国哥伦比亚高原玄武岩，形成于始新世至中新世，面积约 90000km^2，厚达 3000m。我国西南地区川滇黔等地大面积分布的“峨眉山玄武岩”，形成于晚二叠世，受南北向深大断裂控制，分布面积约 260000km^2，一般厚 600～1500m，最大厚度可达 3000m 以上，其成分属拉斑玄武岩，但 TiO_2 明显偏高；河北张家口北部的汉诺坝玄武岩，共有 24 次拉斑玄武岩和碱性玄武岩交互喷溢，面积达 1000km^2，厚 295m；黑龙江五大连池第四纪火山群，分布面积 800km^2，其上有 14 座火山锥，1917 年最后一次喷发形成的黑山和火烧山火山锥保留完整，火山现象十分壮观，各种形态的绳状熔岩、熔渣状熔岩、火山口和火山口湖、熔岩隧道等均保存完整，不仅是疗养胜地，也是研究现代火山的典型场所。此外，我国山西大同第四纪火山群也是著名的近代玄武岩质火山岩研究的胜地。

与玄武岩和细碧岩有关的矿产主要有 Cu、Fe、Ti、V、Co 及冰洲石等矿产，玄武岩本身还可作铸石、岩棉及耐酸耐碱材料；此外，玄武岩中的橄榄石、石榴石包体，还可作为宝石原料。随着科技事业的进步，它们将具有广阔的利用前景。

第三节　中性岩类（闪长岩—安山岩及正长岩—粗面岩类）

一、中性岩类概述

中性岩石化学成分的特点是 SiO_2 含量中等（介于 52%～65%之间），属硅酸饱和岩。矿物成分的特点是：以浅色长石族矿物为主，少量或不含石英，偶尔可有少量似长石；暗色矿物以角闪石为主，其次为辉石和黑云母，含量比基性岩少。根据岩石中斜长石占全部长石的比例，可将本类岩石进一步划为闪长岩—安山岩亚类、正长岩—粗面岩亚类及其过渡性的二长岩—粗面安山岩亚类（表 6－3）。根据碱性暗色矿物及似长石的有无，将正长岩一粗面岩亚类划分为钙碱性正长岩—钙碱性粗面岩系列和碱性正长岩—碱性粗面岩系列两种次级类型，后者在化学成分上属弱碱性岩类。

表 6－3　中性岩类各亚类的划分

斜长石/长石	>2/3	1/3～2/3	<1/3
深成岩	闪长岩	二长岩	正长岩
浅成岩	微晶闪长岩、闪长玢岩	二长斑岩	正长斑岩
喷出岩	安山岩	粗面安山岩	粗面岩

中性岩很少形成独立岩体，常与酸性岩或基性岩共生过渡。

1. 闪长岩—安山岩亚类的一般特征

本亚类岩石的化学成分如表 6－4 所示。从表中可知，SiO_2 含量为 52%～65%，一般为 55%～60%，仅有向酸性岩或向基性岩过渡的种属才可超出此范围；与基性岩相比较，铁、镁、钙的含量显著减少，而碱金属的含量明显增多（Na_2O+K_2O 为 5%～7%），Na_2O 明显多于 K_2O，这与基性岩相近似，但与酸性岩不相同（酸性岩碱金属含量高，且 K_2O 多于 Na_2O）。闪长岩与安山岩的化学成分极为相似，但前者的碱金属含量稍高于后者。

在矿物成分上，闪长岩以中性斜长石及普通角闪石为主，次要矿物为黑云母，向基性岩过渡的种属可出现辉石，向酸性岩过渡的种属则含有少量的碱性长石和石英，副矿物常见的有磷灰石、磁铁矿、榍石等。该亚类岩石总的特点是：铁镁矿物较基性岩略有减少，含量为 20%～35%，多数在 30%左右，属于典型的中色岩；硅铝矿物有所增加，中长石为主，环带结构发育，环带的核心部分为拉长石，在安山岩中则为高温斜长石。闪长岩类岩石在分布上与基性岩类相似；喷出岩大大超过深成岩，且分布广泛。据统计安山岩约占全部岩浆岩出露面积的 23%仅次于玄武岩，而闪长岩仅占 1.8%。本类岩石常与铁、铜、金及黄铁矿等金属矿床密切有关。

表 6-4　中性岩类的化学成分　　%

样号	1	2	3	4	5	6	7	8	9	10	11
SiO_2	57.25	60.96	55.86	59.16	58.17	56.46	60.74	65.69	64.75	60.78	60.54
Al_2O_3	16.94	16.66	16.06	17.81	17.26	16.84	16.82	15.54	16.49	17.66	17.51
Fe_2O_3	3.38	3.01	2.57	3.10	3.07	5.74	2.52	2.78	2.57	4.57	4.99
FeO	3.79	2.61	4.09	3.19	4.17	1.91	3.81	1.87	1.13	0.63	2.73
MgO	3.50	2.05	3.33	1.76	3.23	2.29	2.14	1.93	0.66	0.90	0.19
CaO	5.79	5.08	5.81	3.62	6.93	5.03	5.16	2.58	2.06	3.46	1.11
Na_2O	4.40	3.96	4.99	4.10	3.21	4.36	4.04	4.67	3.25	4.72	4.45
K_2O	2.90	3.22	3.74	4.80	1.16	3.01	2.44	3.38	7.54	4.61	4.43
TiO_2	0.81	0.73	0.71	1.25	0.80	1.07	0.84	0.66	0.69	0.81	0.85
MnO	0.10	0.13	0.15	0.11	—	0.12	0.07	0.06	0.07	0.18	0.05
H_2O	0.75	—	1.12	0.50	0.20	0.52	0.43	0.67	0.80	0.20	2.86
P_2O_5	0.40	—	0.23	0.59	1.24	1.67	1.04	0.26	0.09	0.31	0.55
总和	100.01	100.03	99.28	99.99	99.89	100.02	100.05	99.99	100.01	98.83	100.26

注：1 闪长岩（北京，孙绳宗）；2 石英闪长岩（同 1）；3 辉石闪长岩（安徽钟九）；4 黑云母闪长岩（北京花塔）；5 安山岩（蔡斯）；6 安山岩（北京）；7 安山岩（山西临县）；8 石英二长岩（湖北铁山）；9 正长岩（北京）；10 粗面岩（河北张家口）；11 粗面岩（宁芜）。

2. 正长岩—粗面岩亚类的一般特征

从表 6-4 中可知，本亚类的化学成分及其特点是：SiO_2 含量一般在 60%左右，多数种属稍高于闪长岩—安山岩亚类；碱金属含量较高，可达 8%～10%，且多数是 K_2O 多于 Na_2O，这点与闪长岩—安山岩不同。钙碱性正长岩系列与碱性正长岩系列比较，前者 CaO 较高、K_2O+Na_2O 稍低（小于 10%）、K_2O 多于 Na_2O，后者 CaO 较低、K_2O+Na_2O 较高（大于 10%）、K_2O 与 Na_2O 相近或略小。

本亚类在矿物成分上以碱性长石为主，次要矿物有斜长石、普通角闪石、黑云母、普通辉石和石英等，其暗色矿物含量较闪长岩低，一般 20%左右。在碱性系列岩石中出现碱性角闪石、碱性辉石及少量似长石类矿物。副矿物常有磷灰石、磁铁矿、榍石和锆石等。

本亚类岩石在地壳中出露较少，仅占岩浆岩的 0.6%，是一类较少见的岩石。

本亚类岩石常与铁、铜和稀有、放射性元素矿床有密切的关系。

3. 中性岩类与其他岩类的过渡关系

中性岩一般常与酸性岩及基性岩共生过渡，在深成岩体中表现得最为明显。

当中性岩类中 SiO_2 含量增加时可出现石英，则分别过渡为石英闪长岩、石英正长岩；若 SiO_2 及石英含量进一步增多，石英闪长岩可过渡为花岗闪长岩，并进一步过渡为花岗岩，石英正长岩同样将随石英含量增多而逐渐过渡为花岗岩。中性岩和酸性岩之间的这种相互过渡关系，不仅表现为石英含量的增减，还表现为长石性质的变化和斜长石的号码以及暗色矿物性质和含量的变化等方面。

闪长岩与正长岩之间的过渡关系主要表现为岩石中所含钾长石与斜长石的含量与比例的

变化，当两种长石含量近似时，可组成典型的二长岩—粗面安山岩。

当中性岩类中 SiO_2 含量逐渐减少时，闪长岩中斜长石号码及其含量随之增高可过渡为辉长闪长岩，继而可过渡为辉长岩；同样，正长岩随 SiO_2 逐渐减少、斜长石号码逐渐升高含量增加，过渡为辉长正长岩及辉长岩，这就是中性岩与基性岩之间的过渡关系。

二、中性侵入岩

1. 中性侵入岩石的一般特征

1）矿物成分

主要矿物为斜长石和角闪石。斜长石一般为中长石或更长石，前者环带结构发育，多为正常环带或韵律环带，晶体常呈半自形厚板状；似斑状浅成岩中斑晶中斜长石号码高于基质中的斜长石，其差值有时可达 20～30 号；双晶发育，常见有钠长石双晶和卡—钠复合双晶；常发生绢云母化和钠黝帘石化，经次生变化后环带结构显得更清楚而双晶则变得不明显。角闪石一般为普通角闪石，多为绿色，有时为褐色，多呈半自形长柱状晶体；在碱性正长岩中者多属针状及长柱状的钠闪石、钠铁闪石等碱性角闪石；易蚀变为绿泥石或绿帘石，并析出少量磁铁矿。

次要矿物包括黑云母、辉石、碱性长石、石英。黑云母常和角闪石相伴生，在偏酸性的岩石种属中含量较多，往往呈褐色；碱性正长岩中多为红褐色的铁云母或铁锂云母；遭受蚀变后常变为绿泥石或蛭石等。辉石常见于与辉长岩共生过渡的闪长岩和二长岩中，主要为透辉石和普通辉石，有时偶见少量紫苏辉石；在碱性正长岩中则出现霓石、霓辉石等碱性种属；次生变化产物主要有纤闪石、绿泥石、碳酸盐类矿物等。碱性长石一般为正长石及微斜长石，在碱性正长岩中还有钠长石（An<5）；闪长岩中碱性长石含量较少，常呈他形颗粒充填于主要矿物颗粒之间，在二长岩中碱性长石与斜长石含量大致相近，在正长岩中碱性长石则为主要矿物。石英含量很少，一般不超过 5%，他形粒状充填于其他矿物颗粒之间；当石英含量达 5%～20%时，在岩石命名时予以考虑，如石英闪长岩、石英正长岩和石英二长岩。

某些碱性正长岩中还含少量似长石，多为霞石、方钠石、蓝方石、黝方石等，含量一般不超过 5%。其中，蓝方石和黝方石只偶尔出现于超浅成岩石中。

副矿物微量，主要有磷灰石、榍石、磁铁矿、钛铁矿和锆石等。有些副矿物在一些岩石中有两期产出，早期形成极细小的自形晶，常被角闪石或斜长石所包裹，晚期的多是因暗色矿物遭受蚀变时形成的，如角闪石绿泥石化的同时可析出少量磁铁矿小晶粒。

2）结构及构造

本类侵入岩常见半自形粒状结构［图 6-10（a），（b）］。一般情况下总是角闪石、黑云母等暗色矿物首先结晶，然后为斜长石，碱性长石和石英最后结晶。在辉长闪长岩中，可出现辉长辉绿结构。浅成岩具细粒结构和似斑状结构［图 6-10（c）］，偶见斑状结构。在二长岩［图 6-12（b）］中，则具有典型的二长结构，其特点是斜长石比碱性长石自形程度高，较自形的板条状斜长石或嵌于他形碱性长石晶体中，或是他形碱性长石分布于斜长石间隙中组成半自形粒状结构，常见于二长岩中，称二长结构。

本类侵入岩常见的构造有块状构造、晶洞构造和条带状构造，在同化混染作用发育较强的地区也可出现斑杂状构造。

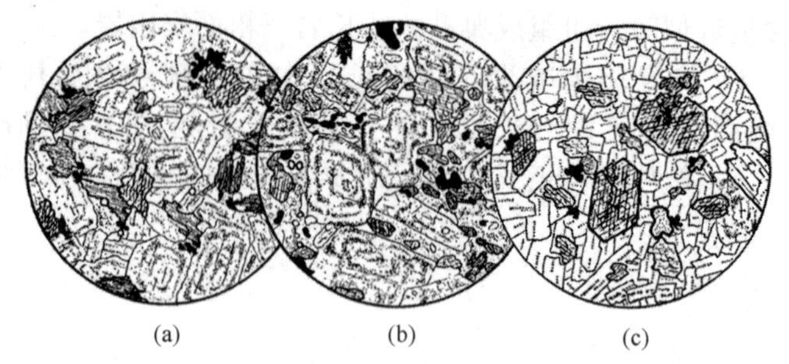

图 6-10　闪长岩（a）、石英闪长岩（b）及闪长玢岩（c）

（a）闪长岩，中长石等粒状半自形晶，具环带结构，少量角闪石和黑云母，极少磷灰石和磁铁矿，具半自形粒状结构，山东淄博，单偏光，d=4.4mm；（b）石英闪长岩，中长石大致呈等粒半自形晶，具环带结构，少量角闪石和黑云母，细小石英他形，安徽铜官山，单偏光，d=4.8mm；（c）闪长玢岩，似斑状结构，斑晶为自形的角闪石和中长石，基质为细小半自形更中长石、角闪石及少量绿帘石，青海茶卡，单偏光，d=4.4mm

2. 中性侵入岩的主要种属

1）闪长岩亚类

岩石一般呈灰色、深灰色及灰绿色，半自形粒状结构。闪长岩亚类主要由斜长石和角闪石等一种或几种暗色矿物组成，斜长石占长石总量的2/3以上，有时可出现少量碱性长石和石英。根据本亚类岩石与其他岩类的过渡关系及结构特征，闪长岩亚类可分为以下种属：

（1）闪长岩（diorite），灰、深灰或灰绿色，细—中粒半自形结构，块状构造。闪长岩主要由普通角闪石和中性斜长石所组成，次要矿物有黑云母或辉石、碱性长石、石英等[图 6-10（a）]。角闪石多呈深绿、褐色长柱状晶体，玻璃光泽，有较好的解理面。斜长石呈浅灰或灰白色长板条状晶体，玻璃光泽，解理明显，可见聚片双晶，变化后为土状，颗粒轮廓变得模糊，颜色也微带淡绿色。闪长岩的有些变种可含少量肉红色碱性长石和烟灰色油脂光泽的石英。此外，还可出现极少量辉石（主要为透辉石）。如我国邯郸地区产出的闪长岩，角闪石28.1%、斜长石69.2%、石英2.4%、碱性长石2.2%。根据闪长岩中暗色矿物的种类，可进一步详细命名为角闪闪长岩（简称闪长岩）、黑云母闪长岩、辉石闪长岩等。

（2）石英闪长岩（quartz—diorite），是石英含量占10%～20%的闪长岩，石英含量只有5%～10%时称含石英闪长岩。暗色矿物含量占15%～20%，中长石含量60%以上。如安徽铜官山产出的石英闪长岩，侵入于二叠纪白云质灰岩中，由具有环带结构的中长石（70%～75%）、绿色普通角闪石（10%）、普通辉石（5%）、石英（10%）及少量钾长石组成，岩石具典型的半自形粒状结构[图 6-10（b）]。

（3）辉长闪长岩（gabbro—diorite），是闪长岩向辉长岩过渡的种属。暗色矿物以单斜辉石为主，含少量角闪石及斜方辉石，一般色率大于30，浅色矿物主要为中性斜长石。它与辉长岩的区别主要在于斜长石号码及暗色矿物的含量，当斜长石 An＜50 时属闪长岩，An＞50 时则应定为辉长岩。如南京宁芜地区的辉长闪长岩，由斜长石（70.5%，平均An=49）、单斜辉石（21.7%）、角闪石（4.3%）组成，个别可见微量的紫苏辉石、磷灰石和磁铁矿（共3.5%）等。

（4）闪长玢岩（diorite—porphyrite），是浅成或超浅成的闪长岩，具似斑状结构[图 6-10（c）]。其矿物成分与闪长岩相似，斑晶为中长石、角闪石或辉石，基质由细粒中长石、角闪石、黑云母等组成。

(5) 微晶闪长岩（microdiorite），是浅成或超浅成的细晶或隐晶质无斑结构闪长岩，矿物成分为中性斜长石、普通角闪石、黑云母，有时含少量石英或辉石。

2）正长岩亚类

正长岩的颜色一般较浅，多为灰、灰白、肉红或灰绿等色，等粒结构，有时为似斑状结构、似粗面状结构。其中，碱性长石占长石总量的2/3以上，暗色矿物含量约占20%，有少量石英（小于20%）或似长石类矿（小于5%）。常依据似长石的有无及暗色矿物的性质分为钙碱性正长岩和碱性正长岩两种次级类型。

(1) 钙碱性正长岩，以不含似长石、不含碱性暗色矿物、可含有斜长石、有时出现少量石英为特征，常见种属有：

①正长岩（syenite），主要由碱性长石（正长石、歪长岩和微纹长石）、少量更—中长石及暗色矿物（角闪石、黑云母或少量辉石）所组成。当石英含量达5%以上时，为含石英正长岩或石英正长岩（quartz—syenite）[图6-11（b）]。依据暗色矿物作进一步命名，如黑云母正长岩、角闪正长岩、辉石正长岩［图6-11（c）]、角闪石英正长岩、辉石石英正长岩等。

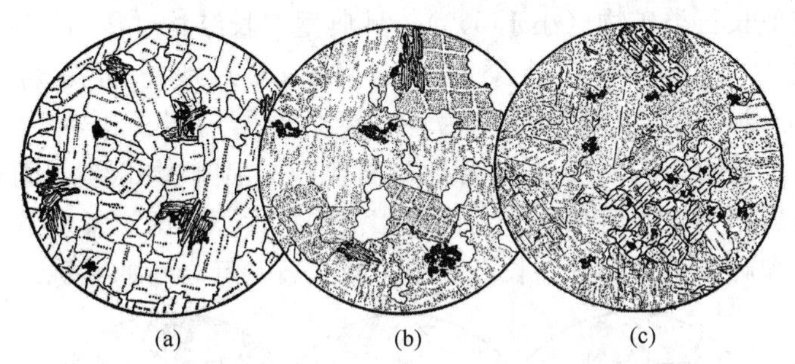

图6-11 钠长岩（a）、石英正长岩（b）及辉石正长岩（c）

（a）钠长岩，半自形粒状结构，主要由板条状钠长石组成，含少量白云母及磁铁矿，安徽马鞍山，单偏光，$d=2.6mm$；（b）石英正长岩，半自形粒状结构，由钾长石及少量石英、黑云母、磁铁矿组成，安徽无为，单偏光，$d=8.2mm$；（c）辉石正长岩，半自形粒状结构，由钾长石（已泥化）和普通辉石及少量斜长石、磷灰石、磁铁矿组成，安徽无为，单偏光，$d=3.7mm$

②钠长岩（albitite），为正长岩亚类中的一种特殊岩石［图6-11（a）]。主要由钠长石组成，有时可含少量钾长石和石英，暗色矿物含量很少或没有，为一种呈灰、灰白或灰红的浅色岩石。若钠长岩中的斜长石是更—中长石时，则称为钠长闪长岩。关于钠长岩的成因，目前存在两种看法：一些人认为是由晚期富钠残余岩浆结晶而成；但更多人认为，可能是富钠的气水溶液交代闪长岩而成，即钠长岩是闪长岩钠长石化的产物。

③正长斑岩（syenite porphyry），指浅成的具似斑状或斑状结构的钙碱性正长岩类的岩石，矿物成分与相应的深成正长岩相似，斑晶主要为碱性长石（正长石及透长石），偶见暗色矿物斑晶，基质为微粒至细粒，少数为隐晶质［图6-12（a）]。

④微晶正长岩（microsyenite），为钙碱性正长岩类的无斑结构的浅成侵入岩。矿物成分与相应的深成岩相同，差异在于结晶环境改变而具有无斑的细粒—微粒等粒结构。

(2) 碱性正长岩，是由碱性长石和一些碱性暗色矿物及少量似长石类矿物组成的岩石，不含斜长石（An>5的）。碱性正长岩随着其中似长石含量的增加而向碱性岩（霞石正长岩）过渡。根据岩石中所含暗色矿物种类及碱性长石的性质，又可分为以下种属：

①霓辉正长岩（aegirine—augite syenite），主要由霓辉石和碱性长石组成，可含少量似长石。如山西临县产出的霓辉正长岩主要由正长石、霓辉石和少量的长石及棕闪石组成，具

半自形中—粗粒结构［图 6－12（c）］。

②碱闪正长岩（umptekite），主要由钾长石和钠铁闪石组成，有时含少量针状霓石和霞石。如四川南江的碱闪正长岩由微斜长石、条纹长石和钠铁闪石及棕闪石组成，还含少量黑云母和钠长石，暗色矿物占 3%～10%。

③歪长（碱性）正长岩（larvikite therlite），主要由歪长石（具细密的格状双晶）、条纹长石和霓辉石、钛辉石、透辉石、棕闪石、铁锂云母等组成。

3）二长岩亚类

二长岩亚类是正长岩向闪长岩或向辉长岩过渡的岩石种属，具典型的二长结构。主要矿物成分为碱性长石、斜长石和一种或数种暗色矿物。其中，碱性长石和斜长石含量大致相等，有时可出现少量石英等矿物，暗色矿物含量与闪长岩相当，约 30%左右。常见的二长岩种属有：

（1）二长岩（monzonite），是一种呈浅灰色、浅玫瑰色的浅色岩，主要由 An＝30～50 的斜长石和近等量的钾长石及普通辉石（常含钛）、普通角闪石、黑云母等组成，某些种属可出现少量石英或似长石类矿物（小于 5%），具典型二长结构［图 6－12（b）］。二长岩原由阿尔卑斯山提罗耳（Tyrol）的蒙召尼（Monzoni）地方而得名，首先由布雷格（W. C. Brogger）加以描述，其矿物成分为：石英 2.5%，正长石 30%，斜长石（An40～50）32%，黑云母及普通角闪石 15%，普通辉石 15%，副矿物 6%。因此，按照原意二长岩应该与辉石正长岩相当，但后来这个名词应用范围扩大了，即二长岩是闪长正长岩（斜长石为更—中长石）和辉长正长岩（斜长石为中—拉长石）等岩石的总称。

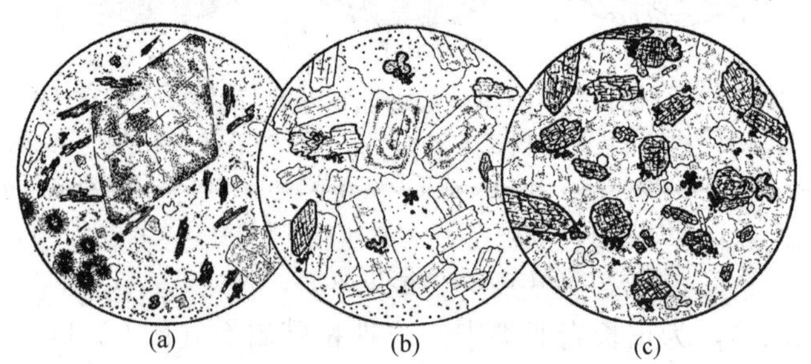

图 6－12 正长斑岩（a）、二长岩（b）及方钠霓辉正长岩（c）

（a）正长斑岩，斑状结构，斑晶为歪长石及角闪石，基质为隐晶质及少量球粒，山西临县，单偏光，d＝2.6mm；（b）二长岩，半自形板条状斜长石和他形粒状碱性长石构成二长结构，含少量角闪石、榍石和磁铁矿，江苏南京，单偏光，d＝4.4mm；（c）方钠霓辉正长岩，半自形粒状结构，霓辉石具环带结构，少量不规则方钠石充填于钾长石晶体组成的空隙内，含少量磷灰石、榍石、磁铁矿，山西临县，单偏光，d＝4.4mm

（2）石英二长岩（quartz—monzonite），是指石英含量 5%～20%的二长岩，其暗色矿物含量较少，是属于向二长花岗岩过渡的种属，可依据暗色矿物的不同分为黑云母石英二长岩、角闪石石英二长岩、辉石石英二长岩等。如我国福建平和钟腾破火山口内，有石英二长岩与花岗岩组成的中央岩株，其平均组分为：正长石 30%，中长石（An40～44）36%，石英 20%，角闪石及辉石 7%，黑云母 5%，副矿物 2%。而在国外（美国和日本），把斜长石和碱性长石大致相等的花岗岩（二长花岗岩）也称为石英二长岩，即认为石英二长岩与二长花岗岩为同义词，这和我国的习惯用法不同，在阅读外文资料时应予以注意。

（3）二长斑岩（monzonite porphyry），是指二长岩的浅成相岩石，其矿物成分与深成的二长岩大致相同，只是具有似斑状结构。斑晶为正长石或条纹长石和斜长石（更—中长石），有时只有斜长石，但在斜长石边缘常被正长石所包围；基质由多具半定向排列的正长石和钠—更长石细小晶粒构成似粗面结构，并可有少量细小散粒状石英及暗色矿物。石英二长岩的浅成相岩石相应称为石英二长斑岩（quartz monzonite porphyry），其斑晶除斜长石、钾长石外，还有少量石英斑晶。

3. 中性侵入岩的次生变化

闪长岩类岩石在后期热水溶液作用影响下，常发生的次生蚀变有：角闪石、黑云母的绿泥石化或绿帘石化；辉石的纤闪石化；斜长石则发生钠长石化（使斜长石号码降低）、绢云母化和钠黝帘石化（钠长石、绿泥石、绿帘石、黝帘石和方解石的混合物）；此外，还可发生碳酸盐化（被方解石所交代）。正长岩类和二长岩类岩石的次生变化主要是钠长石化、绢云母化、高岭土化、绿泥石化和碳酸盐化。

三、中性喷出岩

1. 中性喷出岩石的一般特征

1）矿物成分

中性喷出岩与相应的深成岩相似，但喷出岩是在高温低压下快速结晶而成，因此常有某些差异。

斜长石在安山岩和粗面安山岩中是主要矿物组分，在粗面岩中也可少量存在；在斑晶和基质中均可出现；在斑晶中多为中长石，少数为拉长石，常具正常环带或韵律环带结构；在基质中的斜长石则为更长石或中长石，缺乏环带，属高温斜长石变种。

碱性长石在粗面岩中是主要矿物组分，在斑晶和基质中均可出现，主要是正长石和透长石；在碱性粗面岩中，还可含歪长石和钠长石；在粗面安山岩中斑晶主要为斜长石，一般不含碱性长石，有时碱性长石构成斜长石斑晶的外壳；在安山岩中，碱性长石不出现在斑晶中，仅有少量充填于斜长石微晶之间。石英：一般含量较少，只出现于基质中，有时在气孔中还有高温石英、鳞石英、方英石充填。似长石：在碱性粗面岩中，常可见到少量似长石类矿物，如霞石、白榴石、方钠石、蓝方石、黝方石等，多分布于斑晶中，基质中也可少量存在。

角闪石在粗面岩和粗面安山岩中多为褐色普通角闪石、绿色的较少，呈自形长柱状晶体，常见熔蚀边及暗化现象，主要构成斑晶，基质中无；在碱性粗面岩中，为碱性角闪石（钠闪石、钠铁闪石）；在蚀变的中性喷出岩中，角闪石可部分或全部变为绿泥石、方解石及金属矿物。

黑云母在安山岩和粗面安山岩中较少见，而在粗面中岩则较常见，黑云母常和角闪石共生出现在班晶中，基质一般没有，也常见熔蚀和暗化边现象。

辉石在中性喷出岩中较少见；在安山岩和粗面安山岩中，主要为普通辉石、透辉石和易变辉石，后者仅见于基质中；在碱性粗面岩中，为霓石、霓辉石；在蚀变岩石中，辉石常被交代分解形成绿泥石、绿帘石和方解石的混合物。

中性喷出岩的副矿物主要有磁铁矿、钛铁矿、赤铁矿、磷灰石、榍石等。

2）结构和构造

中性喷出岩一般具斑状结构，而基质结构则是多种多样：在安山岩及粗面安山岩中，有玻晶交织结构（又称玻基交织结构或安山结构）和交织结构；在粗面岩中，有粗面结构、球粒结构、霏细结构；还偶尔可见玻璃质结构及隐晶质结构。

交织结构在安山岩和玄武安山岩中常见，特点是基质中作半定向排列的斜长石微晶之间隙内分布一些辉石和磁铁矿等的细小晶粒［图 6－13（a）］。玻晶交织结构为安山岩中常见的结构，又称安山结构，其特点是在玻璃基质中，散布着许多无定向分布的斜长石微晶［图 6－13（b）］。粗面结构是在粗面岩基质中长条状碱性长石微晶呈平行或半平行状分布，就像在河流中流运木排一样［图 6－13（c）］。球粒结构，球粒是由长石和石英的放射状纤维状维晶组成，镜下具十字形消光。球粒结构可以有两种成因：一种是过冷却结晶形成；另一种为玻璃质脱玻化作用而形成。霏细结构较少见，仅见于石英粗面岩中。霏细结构中，长石和石英颗粒极细小，呈等轴粒状，光性不易观察，有时界线也不很清楚。

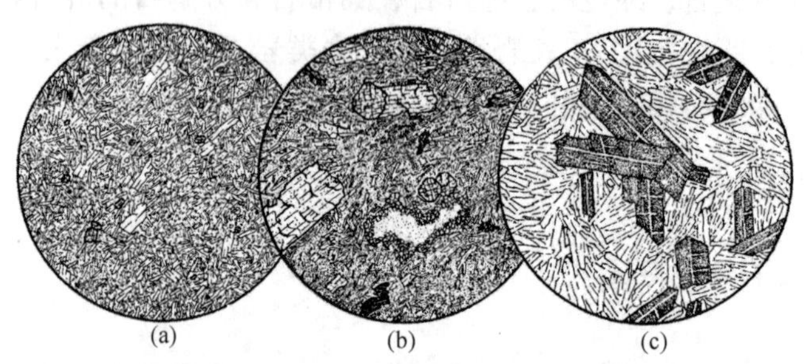

图 6－13　交织结构（a）、安山结构（b）及粗面结构（c）

（a）安山岩，大量大致平行排列的中长石微晶及少量辉石、磁铁矿微粒组成交织结构，安徽滁县，单偏光，$d=2.2$mm；（b）辉石安山岩，斑晶为普通辉石及黑云母，基质为近于平行排列的针状斜长石微晶及大量玻璃质组成玻晶交织结构，基质中有少量杏仁体，岩石具流动构造，山东青岛，单偏光，$d=2.2$mm；（c）粗面岩，斑晶为正长石及少量斜长石（未在图内），基质由长条状正长石微晶组成粗面结构，在正长石微晶间隙中充填有方解石及少量石英，安徽金寨，单偏光，$d=4.2$mm

中性喷出岩常见的构造有气孔构造、杏仁状构造和流动构造等。

2. 中性喷出岩的主要种属

1）安山岩亚类

安山岩是相当于闪长岩成分的喷出岩。裸眼观察：多呈灰至深灰、浅黄、浅褐及浅紫红等颜色；一般为斑状结构或无斑隐晶质结构，很少见的玻璃质；常具块状、气孔状及杏仁状构造；斑晶成分常为斜长石、角闪石及少量黑云母或辉石；斜长石斑晶为中长石少数达拉长石，具长方形断面，常见聚片双晶及环带结构；角闪石斑晶呈暗绿色长柱状或针状；辉石斑晶黑色或黑绿色短柱状，光泽比角闪石稍强；黑云母斑晶为褐色片状，蚀变后为暗绿色；基质多为隐晶质，可呈各种颜色，次贝壳状或平坦断口，常见气孔及杏仁体。镜下观察：斜长石呈斑晶及微晶两种形式出现，斑晶为中至拉长石，环带结构发育；基质中一般为中长石，其号码比斑晶中小，也就是酸性更强些；辉石常为普通辉石、易变辉石或透辉石，可同时出现在斑晶和基质中，但易变辉石多出现在基质中；角闪石多呈褐色（少数绿色），黑云母为褐色，这两种矿物都仅呈斑晶出现，常见熔蚀和暗化边现象［图 6－13（a），（b）］。

据暗色矿物斑晶种类及特征结构，可分为辉石安山岩、角闪安山岩、黑云母安山岩等。

（1）辉石安山岩（pyroxene—andesite），为安山岩中偏基性的种属，在自然界中比较常见。岩石具斑状结构，斑晶为斜长石（An<60 的拉长石），可见环带，核心部分为拉长石，外缘为中长石，基质中均为中长石；辉石斑晶为普通辉石或紫苏辉石，基质中为易变辉石或普通辉石。山东青岛产辉石安山岩具斑状结构，斑晶为普通辉石及黑云母，基质为近于平行排列的针状斜长石微晶及大量玻璃质组成玻晶交织结构，基质中有少量杏仁体，岩石具流动构造［图 6－13（b）］。

(2) 角闪安山岩 (hornblende—andesite)，具斑状结构，斑晶由中长石和角闪石组成。斑晶角闪石多为棕色玄武闪石，具暗化边［图 6-14 (a)］或全部暗化仅保留其假象；斑晶中长石常具环带结构，且多数发生绢云母化或碳酸盐化；基质由斜长石微晶（呈半定向排列）、磁铁矿及玻璃质组成，具典型的玻晶交织结构。

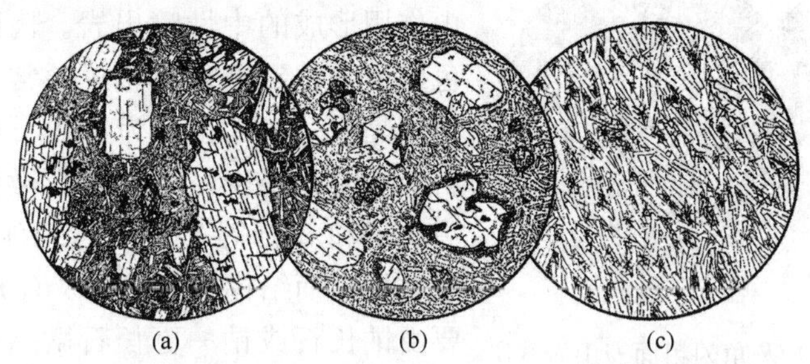

图 6-14 角闪安山岩 (a)、粗面岩 (b) 及霓辉粗面岩 (c)

(a) 角闪安山岩，斑状结构，斑晶为普通角闪石和中长石，基质由斜长石针状微晶和玻璃质组成玻晶交织结构，北京温泉，单偏光，d=2.2mm；(b) 粗面岩，斑状结构，斑晶为透长石和普通辉石及少量中长石，所有斑晶均受熔蚀，特别是长石边缘形成浅褐色熔馈边，基质为透长石微晶分散在玻璃质中组成玻晶交织结构，宁夏阳高，单偏光，d=4.2mm；(c) 霓辉石粗面岩，全晶质，定向排列的板条状歪长石及少量钠长石细小晶体组成粗面结构，针状霓辉石散布于长石之间，德国莱茵地区，单偏光，d=3.7mm

(3) 黑云母安山岩 (biotite—andesite)，常具斑状结构，斑晶由中长石和黑云母组成，有时含少量角闪石，且黑云母、角闪石均具熔蚀及暗化边。基质由微晶斜长石（中—更长石）及磁铁矿颗粒组成，可含少量玻璃质。

2) 粗面岩亚类

粗面岩是相当于正长岩成分的喷出岩。肉眼观察：一般呈浅灰、浅灰黄、灰红等颜色，常为斑状结构，基质多为隐晶质；多具块状构造，有时可有气孔状、杏仁状构造、流纹构造等；斑晶成分主要为透长石，可有少量高温斜长石，暗色矿物斑晶主要有黑云母和少量角闪石及辉石。镜下观察：斑晶中黑云母和角闪石也常见熔蚀及暗化边，基质中以透长石为主，长条形透长石微晶呈半定向平行排列构成典型的粗面结构［图 6-14 (b)］，当发生重结晶后，可形成由钾长石组成的球粒。根据暗色矿物的种类及似长石和斜长石的有与无，可分为钙碱性粗面岩（正常种属，简称粗面岩）和碱性粗面岩两个次级类型（系列）。

钙碱性粗面岩不出现似长石和碱性暗色矿物，可含少量斜长石，有时还含少量石英。常见的种属有以下几种：

(1) 粗面岩 (trachyte)，是成分相当于正长岩的喷出岩。岩石具斑状结构，基质为粗面结构；斑晶成分主要由透长石、斜长石（多为中长石）和少量黑云母组成，角闪石和辉石较少见；基质主要由透长石微晶和少量玻璃质组成［图 6-13 (c)，图 6-14 (b)］。

(2) 石英粗面岩 (quartz—trachyte)，是成分相当于石英正长岩的喷出岩。石英粗面岩与粗面岩的主要区别是出现了少量石英斑晶，有时石英仅存在于岩石的基质中，呈他形或半自形粒状充填于透长石微晶之间，有时石英与长石呈文象状交生。

碱性粗面岩（系列）是一类不含斜长石（An>5 的斜长石）而含少量碱性暗色矿物和似长石类矿物的粗面岩，其成分相当于碱性正长岩。碱性粗面岩常见的种属有以下几种：

(1) 碱性粗面岩 (alkali—trachyte)，是成分相当于碱性正长岩的喷出岩。岩石具斑状结构，斑晶主要由碱性长石（正长石、歪长石、An<5 的钠长石）和少量碱性暗色矿物（如霓石、霓辉石、钠闪石和钠铁闪石等）组成；并含少量似长石（霞石、白榴石、方钠石、

蓝方石、黝方石等）。当似长石含量超过5%时，则过渡为响岩（碱性岩类喷出岩）。碱性粗面岩可根据暗色矿物种类进一步细分命名，如霓辉粗面岩［图6-14（c）］、钠闪粗面岩等；也可根据似长石种类进行命名，如方钠石粗面岩、黝方石粗面岩等。

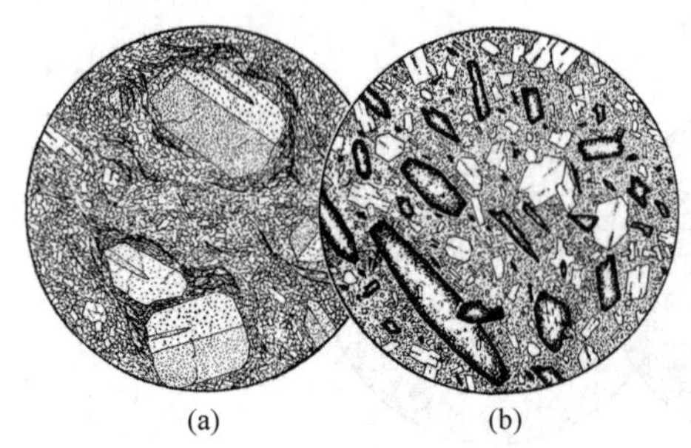

图6-15 角斑岩（a）及角闪粗面安山岩（b）
（a）角斑岩，斑状结构，斑晶为钠长石，基质为细粒状钠长石和鳞片状黑云母，黑云母多围绕斑晶分布，甘肃白银厂，单偏光，$d=3.7$mm；（b）角闪粗面安山岩，斑状结构，斑晶为角闪石和钠—更长石，角闪石具具暗化边，基质由极细小斜长石微晶和已分解的玻璃组成，钾质赋存于基质中，岩石具明显流动构造，安徽当涂，单偏光，$d=4.7$mm

（2）角斑岩（keratophyre），是一种海底火山作用形成的中性喷出岩。肉眼观察：岩石呈灰色或灰绿色致密角质状；通常为斑状结构，基质为隐晶质；斑晶主要为钠长石或钠长石化的更长石，有时出现少量歪长石及微斜长石，偶见少量黑云母和辉石等，但多已绿泥石化。镜下观察：基质具粗面结构［图6-15（a）］或霏细结构，主要由钠长石或钠—更长石微晶组成，其次还有钾长石、绿泥石和方解石等。它以不含碱性暗色矿物和似长石区别于碱性粗面岩。角斑岩常和细碧岩共生组成细碧—角斑岩建造。

3）粗面安山岩亚类主要种属

粗面安山岩是介于安山岩与粗面岩之间的过渡性岩石，其成分相当于二长岩。此亚类岩石的特征是斑晶中的长石主要为斜长石（中长石，少数为拉长石），基质中不仅有斜长石（更—中长石），而且还有碱性长石（主要为透长石）。基质常具有安山结构和粗面结构的双重特点。

（1）粗面安山岩（latite），岩石呈灰、灰黄、灰白或肉红等色，具斑状结构；斑晶成分有斜长石和角闪石、黑云母或辉石等一种或数种暗色矿物；基质具交织结构或玻晶交织结构和粗面结构；基质中矿物成分有斜长石、透长石和少量辉石，常可含数量不等的玻璃质。有时在某些粗面安山岩中，无论是斑晶或基质都不出现碱性长石，钾质仅赋存于隐晶质或填隙的玻璃基质中［图6-15（b）］，此时与安山岩难于区别，只有通过化学分析才能确定。

（2）钠粗面安山岩（doreite），为一种富含钠质的粗面安山岩，以化学成分中K_2O与Na_2O含量相当、含较多紫苏辉石为其特征，它相当于紫苏辉石二长岩的喷出岩，是粗面安山岩亚类中的一种特殊岩石。

3. 中性岩的次生变化

安山岩在热液作用下，常发生青盘岩化形成绿色的青盘岩，其矿物组合为钠长石、绿泥石、绿帘石、黝帘石、绢云母、方解石和黄铁矿等；此外，有时也可发生高岭土化和叶蜡石化等次生蚀变。

粗面安山岩和粗面岩常见的次生变化有绢云母化、高岭土化、明矾石化及沸石化。

四、中性岩的产状分布及矿产

1. 中性侵入岩

中性侵入岩很少组成独立的岩体，往往以小型岩体与基性岩、酸性岩或碱性岩体相伴生或成为这些岩体的边缘部分；即使形成独立的岩体，也是一些小型岩株、岩盖、岩床或脉状侵入体。根据生成条件，中性侵入岩有以下几种地质产状：

(1) 与辉长岩相伴生的岩体。这类岩体在我国分布较广泛。例如，我国山东济南鹊山的辉长岩体，其南端渐变为闪长岩，侵入于济南石灰岩中；南京的蒋庙辉长岩体，其边缘部分已过渡为闪长岩；四川会理的正长岩，常分布在基性—超基性岩体的上部，或呈小岩脉侵入其中。这类中性岩可能是玄武岩浆结晶分异的产物。

(2) 与花岗岩关系密切的中性岩体。这类岩体通常成为花岗岩体的边缘部分或在花岗岩体附近呈独立小岩体出露。例如，我国湖北大冶一带的闪长岩和石英闪长岩，侵入于大冶石灰岩中，其北边为花岗岩体，向南逐渐过渡为石英闪长岩、闪长岩，由于同化混染作用，局部还有正长岩出露。再如，我国安徽黄山和九华山花岗岩基常伴生许多小岩体，当侵入于石灰岩中时，则形成闪长岩或石英闪长岩等小岩体（可能是花岗岩受同化混杂而形成）。

(3) 独立产出的岩体。这类岩体均为小型岩体，常出现在区域断裂带上，如江苏宁芜地区的闪长岩、闪长玢岩脉状小岩体，与安山岩共生，其中闪长玢岩常为闪长岩的边缘相。

中性侵入岩常与某些矿产关系密切，尤其是岩体与石灰岩等钙质岩石的接触带常形成各种类型的矿床，主要有矽卡岩型的铁矿和铜矿。例如，我国的湖北大冶铁矿、安徽铜官山的铜矿都是产于石英闪长岩或石英闪长玢岩与石灰岩接触带附近的矽卡岩中；江苏镇江、高资一带的铜铁矿床则与石英二长岩及其形成的矽卡岩有密切的成因联系。

此外，某些稀有及放射性元素矿床与碱性正长岩关系密切，主要富集于锆石、独居石和褐帘石等副矿物中；闪长岩、正长岩等还是优质建筑材料；有些铁镁矿物含量很少的正长岩及其风化产物，可作优质的陶瓷工业原料。

2. 中性喷出岩

中性喷出岩以安山岩分布最广，主要分布在大陆边缘及岛弧地区，环太平洋年青造山带内最发育。按照现代板块理论，环太平洋的安山岩带发育在大陆板块与大洋板块的碰撞俯冲带上。世界上安山岩的主要产地在南美西部的安第斯山，因而得名安山岩。该地的安山岩主要是辉石安山岩，与玄武岩相伴生。

安山岩在我国各个地质时代几乎都有分布。例如，山西五台前震旦纪变质岩系中，局部夹有安山岩，多已变成钠长斑岩；河北蓟县、平谷一带下震旦统的大红峪石英岩中也夹有安山岩；山西中条山和四川会理、河南熊耳山等地均有安山岩的分布；在我国南方长江中下游及闽浙一带大片中生代火山岩系中，也夹有部分安山岩。

粗面岩及粗面安山岩分布较少，主要分布在大洋内岛屿及大陆内部的深大断裂带附近。我国中生代在闽浙沿海一带有大规模的中、酸性火山喷发，其中就夹有不少粗面岩和粗面安山岩，如宁芜地区上侏罗统火山岩系中的粗面岩及粗面安山岩与安山岩和响岩相伴生。

与中性喷出岩有关的矿产主要有某些斑岩铜矿、铁矿矿床。与安山岩有关的热液矿床有铜矿，其次还有金、银、铅、锌等矿产，它们都与青盘岩化有密切的成因联系。如我国台湾的金瓜石金矿就与青盘岩化有密切的关系。

此外，近年来在我国华东地区陆续发现一些与粗面岩和安山岩有关的大型铁矿床；安山岩、粗面安山岩和某些粗面岩本身可作建筑石材及化学工业用的耐酸材料，有的还可作陶瓷原料。

第四节　酸性岩类（花岗岩—流纹岩）

一、酸性岩类概述

化学成分资料（表6-5）表明：酸性岩类的SiO_2含量高，一般为65%～78%，属SiO_2过饱和岩石；K_2O和Na_2O的含量也较高，平均各占3%～4%；而MgO、FeO+Fe_2O_3和CaO含量是岩浆中最低的岩石类型，一般均小于2%～3%。喷出岩的成分与相应的侵入岩基本相同，但SiO_2含量喷出岩比相应的深成岩略高一些，这和其他岩类的喷出岩有些相似之处。矿物成分表现为以浅色矿物占绝对优势，主要是长石类矿物（碱性长石和斜长石）及石英（含量超过20%）。其次有少量黑云母、角闪石或辉石等矿物（5%～15%），碱性花岗岩可出现碱性角闪石和碱性辉石；副矿物主要有锆石、磷灰石、磁铁矿、榍石、电气石、萤石等矿物。

本类岩石在自然界分布极广，尤其是深成侵入岩几乎占所有岩浆岩的50%，而喷出岩分布相对较少。这点与基性岩类和中性岩类恰恰相反。深成相的岩石常呈大规模的岩基和岩株产出。通常深成相称花岗岩，浅成相称花岗斑岩，喷出相称流纹岩。

表6-5　酸性岩类的化学成分　%

样号	1	2	3	4	5	6	7	8	9	10	11	12	13
SiO_2	71.27	76.67	74.85	64.98	72.08	78.08	62.32	73.67	73.51	72.36	70.69	73.06	65.70
Al_2O_3	14.25	12.96	14.15	16.33	16.47	12.51	17.08	11.94	11.43	12.76	12.76	12.54	15.24
Fe_2O_3	1.24	0.45	0.75	1.89	1.35	1.25	2.21	2.51	2.97	3.36	1.46	1.48	2.88
FeO	1.60	1.31	0.52	2.49	2.11	0.78	3.01	0.11	1.08	0.30	0.93	0.61	1.56
MgO	0.80	0.27	0.21	1.94	0.36	0.16	2.14	0.12	0.16	0.10	—	0.36	1.57
CaO	1.62	1.10	0.61	3.70	1.45	—	3.29	0.86	0.28	0.60	1.16	0.99	4.00
Na_2O	3.79	3.84	3.57	3.67	2.15	4.59	4.56	3.36	4.65	3.34	3.40	3.31	3.13
K_2O	4.02	4.66	4.55	2.95	2.10	4.70	3.67	4.39	4.53	4.49	3.89	3.08	2.83
TiO_2	0.25	0.09	0.32	0.52	0.40	0.12	0.61	0.14	0.29	0.94	0.19	0.17	0.65
MnO	0.08	0.01	0.05	0.09	0.04	—	—	0.16	0.04	0.17	0.12	0.03	0.10
H_2O	0.59	0.53	—	0.83	0.94	0.20	—	2.86	1.02	2.25	3.49	4.41	2.18
P_2O_5	0.16	0.05	0.12	0.32	0.14	0.01	—	—	0.04	0.06	0.08	0.01	0.16
总和	99.67	101.94	99.7	99.71	99.59	102.4	98.89	100.12	100	100.73	98.17	100.05	100

注：1花岗岩（221个平均，黎彤等）；2花岗岩（云南个旧，6个平均）；3花岗岩（西华山，4个平均）；4花岗闪长岩（41个平均，黎彤等）；5更长环斑花岗岩（北京密云，4个平均）；6白岗岩（安徽九华山）；7花岗闪长岩（北京周口店）；8流纹岩（河北张家口）；9碱性流纹岩（R. A. Daly）；10黑曜岩（河北张家口）；11松脂岩（河北张家口）；12珍珠岩（河北张家口）；13英安岩（3个平均，黎彤等）。

本类岩石有两种不同的成因，即岩浆花岗岩和交代花岗岩。前者由高温岩浆侵入地壳不同部位冷凝结晶形成，与围岩呈突变式侵入接触，具冷凝边及热变质晕及各种结晶的结构特征；后者是固体岩石经花岗岩化作用形成。

本类岩石常与各种有色金属、稀有金属和放射性元素矿床有着密切的成因联系。因此，花岗岩类是各类岩浆岩中最重要的类型。

二、酸性侵入岩

1. 酸性侵入岩石的一般特征

1）矿物成分

主要矿物有碱性长石、斜长石和石英，其含量一般不小于 85%。碱性长石包括钾长石和 An<5 的钠长石，钾长石有单斜晶系的正长石，三斜晶系的微斜长石、歪长石，还有条纹长石。钾长石偏离单斜对称的程度称为三斜度，以符号 Δ 表示。钾长石的三斜度（Δ）是其形成温度的函数，形成温度高，则三斜度 Δ 低；形成温度低，则三斜度 Δ 较高。三斜度还与岩体的年龄有关，一般是年轻的花岗岩体，其中的钾长石多为三斜度 Δ 较小的正长石；古老的花岗岩体，所含钾长石多为三斜度 Δ 较大的微斜长石或条纹长石。因此，钾长石三斜度的研究可为岩体的形成温度、岩体年龄的确定提供间接的依据。此外，测定钾长石中钠长石的含量对确定花岗岩的成因也很有意义。有人认为，钾长石中钠长石的含量小于 15% 者，多为交代花岗岩；钠长石含量大于 15%者，多为岩浆成因的花岗岩。斜长石多为更长石或中长石，一般 An＝10～35，聚片双晶纹细而密，自形程度常较碱性长石略高；在花岗岩中斜长石环带较少见，而在花岗闪长岩中斜长石环带比较发育，多为正环带或韵律环带。石英含量一般为 25%～40%，花岗闪长岩中石英含量为 20%～25%；通常是结晶最晚的矿物，多呈不规则粒状充填于其他矿物间隙之中，有时也可与钾长石形成规则的文象连生体；石英中常可有气态、液态和某些固态矿物的包裹体。

次要矿物主要是黑云母、角闪石和辉石等铁镁矿物，含量一般在 15%以下。黑云母是最常见的铁镁矿物，暗褐色或暗绿色，常含磷灰石、锆石或磁铁矿等包裹体；常蚀变成绿泥石，有时可被白云母所取代；在碱性花岗岩中多为富铁的黑云母。角闪石在花岗岩中较少见，在花岗闪长岩中较常见；通常是随斜长石含量增加、黑云母含量减少而有所增加；在正常花岗岩中，角闪石多为普通角闪石，在碱性花岗岩中则为碱性角闪石（钠闪石、钠铁闪石等）；普通角闪石常被蚀变为绿泥石或绿帘石。辉石在花岗岩中较少见，多为普通辉石或透辉石；在碱性花岗岩中，则常出现霓石、霓辉石等碱性辉石；紫苏辉石为紫苏花岗岩中的特有矿物。

副矿物种类繁多，含量极少，一般小于 1%，有时可达 3%，常见的有锆石、磷灰石、榍石、磁铁矿和一些含稀有元素或放射性元素的矿物。详细研究副矿物的光学性质、化学成分及其组合特征，对于花岗岩类岩石的分类命名、时代对比、岩浆演化以及探讨岩石的成矿专属性等方面都具有重要意义，因此，近年来对副矿物的研究日益受到人们的重视。

2）结构和构造

酸性侵入岩常见的结构有半自形细粒至粗粒等粒结构（又称花岗结构），还有似斑状结构和极少见的斑状结构，而更长环斑结构则是似斑状结构中的一种特殊变种，其特点是斑晶中的钾长石边缘有白色斜长石的边环。此外，还有钾长石和石英交生形成的文象结构以及斜长石交代钾长石而形成的蠕虫状结构。

本类岩石多呈块状构造，岩体边部有时有斑杂构造，它是含捕虏体或析离体而出现矿物成分、结构或颜色上不均一的结果。此外，有时可见球状构造、条带状构造以及似片麻状构造等。

2. 酸性侵入岩的主要种属描述

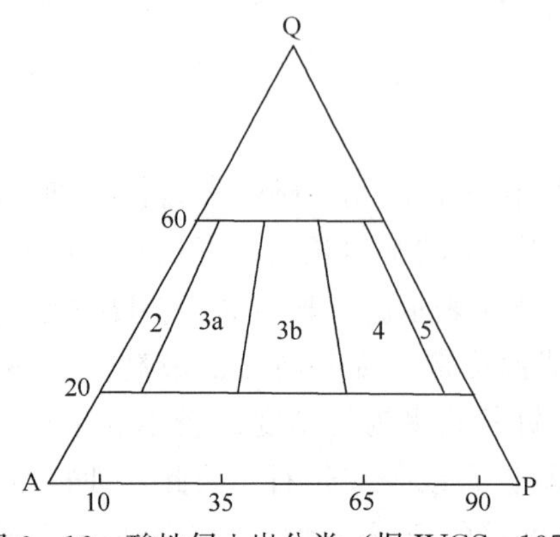

图 6-16 酸性侵入岩分类（据 IUGS，1972）
Q—石英；A—碱性长石（钾长石＋An<5%的钠长石）；P—斜长石（An>5%）；2—碱性花岗岩和碱性长石花岗岩或碱性流纹岩和碱性长石流纹岩；3a—花岗岩或流纹岩；3b—二长花岗岩或英安流纹岩；4—花岗闪长岩或流纹英安岩；5—英云闪长岩及斜长花岗岩或英安岩

酸性侵入岩在自然界分布很广，并存在着许多过渡种属。目前比较统一而又较完善的分类方案是1972年国际地科联（IUGS）推荐的定量矿物分类方案。该方案以石英、碱性长石和斜长石的体积百分含量为依据，按图 6-16 进行划分命名。

上述方案中，2 区属于弱碱性的酸性岩，以碱性长石含量极大、斜长石（An>5）的含量极少为特征；3、4 和 5 区属于在自然界分布十分广泛钙碱性酸性岩，其中 4 和 5 区为酸性岩向中性岩过渡的种属。

在实际工作中一般还应根据岩石中的矿物成分（主要是暗色矿物或副矿物）、结构或特殊构造作进一步命名，加在基本名称之前。习惯的命名方式是，矿物名称按含量少者在前、多者在后的顺序排列。如角闪黑云花岗岩，表示黑云母的含量多于角闪石。

1）弱碱性侵入岩种属

弱碱性侵入岩种属属于图 6-16 中 2 区的侵入岩，依暗色矿物的种类及似长石的有无细分为碱性花岗岩和碱长花岗岩两类。

（1）碱性花岗岩（alkali—granite），在化学成分上以富含碱质为特点。它的主要矿物有石英、碱性长石（含钠长石）；次要矿物为碱性暗色矿物，并含少量铁云母或铁锂云母等；副矿物主要有磷灰石、锆石、磁铁矿、星叶石等。碱性暗色矿物一般比长石结晶稍晚或者同时，因此常具有他形晶、包含浅色矿物或充填于浅色矿物间隙中的结构特点，这与钙碱性花岗岩有所不同。

根据长石性质，碱性花岗岩可分为两种：钾质花岗岩（含正长石、微斜长石及条纹长石）；钠质花岗岩（含歪长石和 An<5 的钠长石）。再根据碱性暗色矿物种类不同，又可进一步细分为霓石花岗岩、霓辉石花岗岩［图 6-17（a）］、钠铁闪石花岗岩等。几乎不含暗色矿物（含量小于 5%）的碱性花岗岩称碱性白岗岩。

（2）碱长花岗岩（alkali feldspar granite），以钾长石为主，斜长石含量一般小于 10%，与碱性花岗岩同属弱碱性的花岗岩，它与碱性花岗岩的区别是不含碱性暗色矿物［图 6-17（b）］。

2）钙碱性侵入岩种属

（1）花岗岩（granite），是图 6-16 中 3a 区的种属，是自然界常见的酸性侵入岩种属。它主要由石英（含量为 25%～40%，一般为 30%左右）、钾长石和酸性斜长石组成，其中钾长石占长石总量的 2/3 以上（主要为正长石、微斜长石或条纹长石）；暗色矿物含量较少，一般为 5%～10%。当暗色矿物含量小于 5%时，则称为白岗岩［图 6-17（c）］。通常依据暗色矿物的种类作进一步命名，如黑云母花岗岩［图 6-18（a）］、角闪花岗岩、二云母花岗岩等。

（2）二长花岗岩，是图 6-16 中 3b 区的种属，以碱性长石（正长石、微斜长石及 An<5%的钠长石）和斜长石含量近于相等为特征。

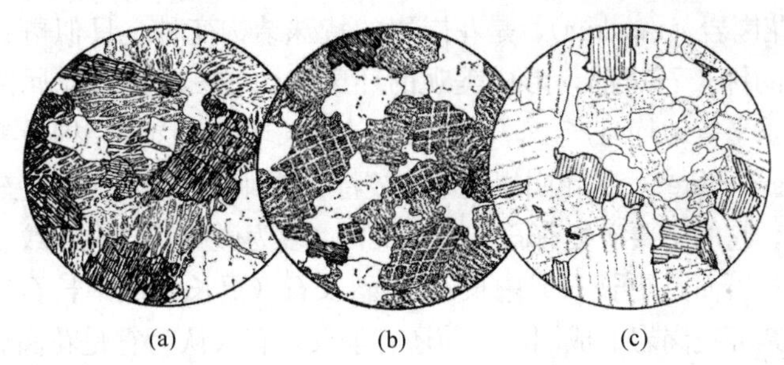

图 6-17　霓辉花岗岩 (a)、钾长花岗岩 (b) 及白岗岩 (c)

(a) 霓石花岗岩，由含纤维状条纹的钾长石、规则圆粒状石英及颜色很浓的霓辉石组成，俄罗斯乌拉尔，单偏光，$d=4$mm（据查瓦里茨基）；(b) 碱长花岗岩，由钾长石（已泥化）及他形石英组成，少量黑云母，安徽马鞍山，单偏光，$d=4$mm；(c) 白岗岩，由钠长石和他形钾长石与石英组成，少量白云母，花岗结构，湖南邓阜山，单偏光，$d=1$mm

(3) 花岗闪长岩（granodiorite），是图 6-16 中 4 区的种属，也是酸性深成岩中的常见重要种属，其特征是：钾长石和石英（20%～25%）含量较少；斜长石较多（占长石总量的 2/3 以上），且多为具环带结构的中长石；暗色矿物含量较多，一般为 10%～20%，多为普通角闪石，黑云母也较常见（表 6-6），有时含少量辉石；常具半自形粒状或似斑状结构（表 6-6）。我国的北京周口店、江苏镇江等地均有花岗闪长岩产出[图 6-18 (c)]。

(4) 斜长花岗岩（plagioclase—granite），是图 6-16 中 5 区的种属，主要由石英、斜长石和暗色矿物组成。斜长石占长石总量的 90%以上，多为更长石或中长石，碱性长石很少，暗色矿物含量一般不超过 10%。当暗色矿物含量超过 10%时，称为英云闪长岩[图 6-18 (b)]。这两种岩石易与石英闪长岩相混，不同点在于，斜长花岗岩及英云闪长岩的石英含量一般超过 25%；石英闪长岩属中性侵入岩，其中石英含量小于 20%。

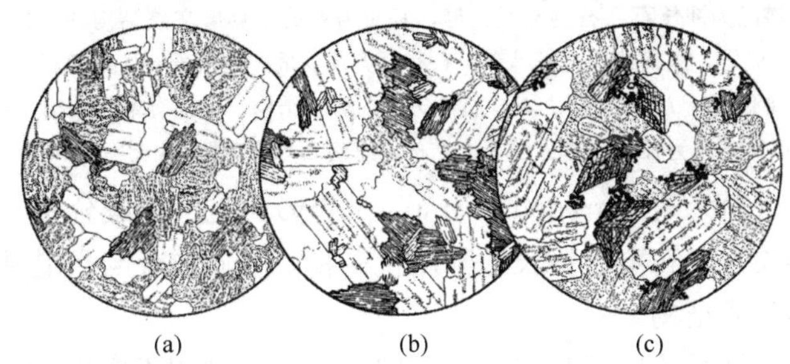

图 6-18　黑云母花岗岩 (a)、英云闪长岩 (b) 及花岗闪长岩 (c)

(a) 黑云母花岗岩，典型花岗结构，由半自形更长石、他形条纹长石和石英以及鳞片黑云母组成，黑云母边缘常被晚期结晶的矿物所熔蚀，江西崇义，单偏光，$d=7.2$mm；(b) 英云闪长岩，主要矿物为中长石和石英，黑云母含量较高，少量磷灰石和磁铁矿，白云母交代斜长石及黑云母，江西戈阳，单偏光，$d=7.2$mm；(c) 花岗闪长岩，自形较好的普通角闪具简单双晶，半自形板状斜长石具环带结构，钾长石（少量）及石英他形，少量磁铁矿及磷灰石，江苏镇江高资，单偏光，$d=3.7$mm

表 6-6　花岗岩与花岗闪长岩的肉眼鉴别

鉴别项目	花岗岩	花岗闪长岩
石英含量	大于 25%	20%～25%
长石性质	钾长石为主	斜长石为主
暗色矿物种类	黑云母为主，角闪石较少	角闪石为主及黑云母
色率	0～10	10～20

（5）更长环斑花岗岩（rapakivi），是花岗岩的特殊结构变种，具似斑状结构，其主要特点是含有具更长石包壳的钾长石斑晶，形成美观的环斑结构。按其成分应属钾长花岗岩。北京密云、河北赤城、江西乐平等地均有产出，以密云产的更长环斑花岗岩结构最美观、研究最详细。

紫苏花岗岩（charnockite），是花岗岩类中比较特殊的种属。岩石的颜色较深，肉眼观察其外貌有些像粗粒片麻岩。它的主要矿物有石英、钾长石（多为微斜长石及条纹长石，其中条纹长石中的条纹成分不是钠长石而是更长石或中长石）；斜长石（更长石或中长石）少量，含少量紫苏辉石和石榴石。关于紫苏花岗岩的成因，目前还有争议，有人认为它是花岗岩浆同化粘土质沉积岩后的产物；但一般认为它不是岩浆成因的，而是在深变质带条件下花岗岩化作用的产物。

3）浅成侵入岩种属

（1）花岗斑岩（granite—porphyry），是常见的浅成侵入岩。矿物成分与花岗岩基本相同，所不同的是具斑状结构，基质为微粒或隐晶质结构，斑晶主要为钾长石和少量斜长石、石英，有时也可出现少量黑云母和角闪石斑晶［图 6－19（b）］。当基质中的长石具有显微文象结构时称为花斑岩［图 6－19（a）］；当斑晶以石英为主时称石英斑岩［图 6－19（c）］；当含碱性暗色矿物时称为碱性花岗斑岩（为与碱性花岗岩相当的浅成相岩石）。

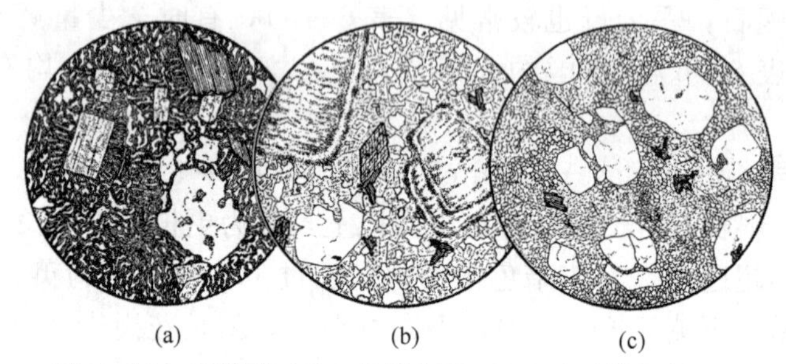

图 6－19　花斑岩（a）、花岗斑岩（b）及石英斑岩（c）

（a）花斑岩，斑状结构，斑晶为钾长石、石英及黑云母，基质为石英及具微文象结构的钾长石，安徽马鞍山，单偏光，$d=2.2$mm；（b）花岗斑岩，斑状结构，斑晶钾长石和石英及少量酸性斜长石、暗色矿物，基质为细粒镶嵌状石英和长石，北京八达岭，单偏光，$d=7.2$mm；（c）石英斑岩，斑状结构，局部有聚斑结构，斑晶为晶形完好的石英，基质为长英质构成的霏细结构，海南石碌，单偏光，$d=7.2$mm

（2）花岗闪长斑（玢）岩（granodiorite porphyry），是一种成分相当于花岗闪长岩的浅成岩，斑晶主要为斜长石、石英、钾长石和暗色矿物，基质成分与斑晶基本相似，但含量有所不同，具微粒或隐晶质结构。

（3）微晶花岗岩及微晶花岗闪长岩，是具细粒等粒结构的浅成岩，其成分相当于花岗岩及花岗闪长岩，在自然界比较少见。

3. 酸性侵入岩的次生变化

花岗岩类岩石在岩浆期后气化热液作用影响下，往往会发生不同程度的次生变化，有些次生变化（蚀变）与矿化作用关系密切。常见的次生变化有：（1）钾长石化，主要是斜长石被富钾的溶液交代形成钾长石而出现交代斑状结构，新生钾长石为交代斑晶，从而改变了花岗岩的面貌。（2）钠长石化，早期形成的斜长石和钾长石部分被钠长石交代。钠长石化常与稀有金属矿化，特别是铌、钽矿化关系密切。（3）云英岩化，指花岗岩受高温热液作用使钾长石分解形成石英和白云母的蚀变作用，常与钨、锡、钼、铍等矿化有关。（4）高岭石化，是在低温热水溶液作用或外生作用下，长石被分解形成高岭石和绢云母的变化，当高岭石富集时，可构成高岭石矿床，如我国江西景德镇生产瓷器使用的高岭土。（5）绿泥石化和绿帘石化，是花岗岩及花岗闪长岩中的暗色矿物黑云母和角闪石等，在热水溶液作用下蚀变为绿泥石或绿帘石现象，蚀变中常有金红石、榍石和磁铁矿等析出。

上述变化主要发生在挥发组分较集中的岩体的顶部、突出的岩瘤、舌状体、岩枝等部位以及发生在晚期的小侵入体中。

三、酸性喷出岩

1. 酸性喷出岩石的一般特征

1）矿物成分

酸性喷出岩的矿物成分基本与相应的深成岩相似，其差异在于石英在斑晶中通常为六方双锥状的高温石英（β—石英），常见部分被熔蚀而呈浑圆状或具港湾状的边缘，基质中的石英可能是鳞石英或方英石。碱性长石在斑晶中主要为透长石（高温钾长石），其次有正长石和少量歪长石。透长石极不稳定，时代较老则向正长石转化。碱性长石是斑晶和基质中的主要组分，变质火山岩中可出现微斜长石。斜长石多出现在斑晶中，基质中较少见，多为高温斜长石，其成分为更长石或中长石，后者常发育环带。斜长石主要见于英安岩中，流纹岩中较少见。

铁镁矿物主要有黑云母和褐色角闪石，只出现在斑晶中，常有熔蚀和暗化边，有时可全部暗化仅保留这两种矿物外形而呈假象；在碱性系列喷出岩中，可含碱性铁镁矿物（霓石、霓辉石或钠闪石等）。

酸性喷出岩的副矿物主要有赤铁矿和磁铁矿，常部分或全部氧化成褐铁矿，有时还可出现少量磷灰石、锆石及榍石等副矿物。

2）结构和构造

酸性喷出岩多具斑状结构，无斑隐晶质结构或全玻璃质结构较少见。基质为隐晶质结构或玻璃质结构，还可出现霏细结构［图 6-20（a）］和球粒结构［图 6-20（b）］。玻璃质不稳定，易脱玻化及重结晶转化为上述的球粒结构或霏细结构。

在酸性喷出岩中，常见流纹构造，为拉长的气孔或基质中不同颜色条带作定向流动状排列而形成的，因此“流纹”可显示熔浆的流动方向［图 6-20（c）］；此外，还有气孔构造、杏仁状构造、多孔构造（浮岩）、块状构造及珍珠构造等。珍珠构造，是由于酸性玻璃在凝结或水化时的张力产生弧形的及近同心圆形的裂纹，把玻璃分割成许多小圆球且易呈珍珠状脱落而得名。

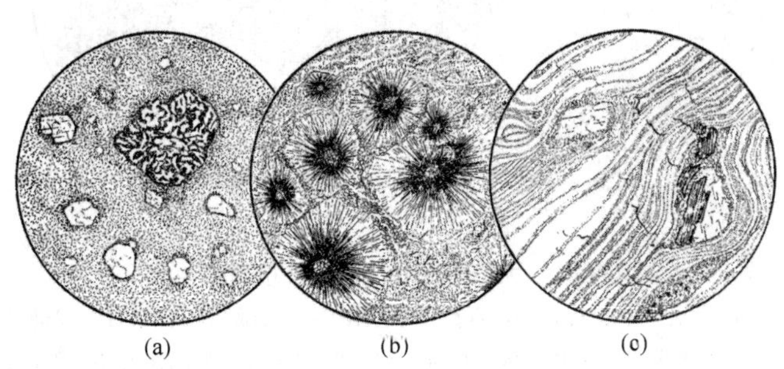

图 6-20　斑状霏细岩（a）、球粒流纹岩（b）及流纹岩（c）

（a）斑状霏细岩，斑状结构，斑晶为透长石和石英，基质为霏细结构，福建闽清，单偏光，d=3.7mm；（b）球粒流纹岩，球粒结构，球粒周围为霏细结构，福建仙游，单偏光，d=7.2mm；（c）流纹岩，斑状结构，量少斑晶为透长石石英及斜长石黑云母，基质为霏细结构至隐晶质结构，具清晰的流纹构造，福建仙游，单偏光，d=3.7mm

2. 酸性喷出岩的主要种属

根据国际地科联的分类方案（图 6 - 16），酸性喷出岩的常见种属有：

（1）碱性流纹岩（alkali rhyolite），又称钠质流纹岩（soda liparite），为碱性花岗岩相应的喷出岩。斑晶为碱性长石（透长石、歪长石、An<5 钠长石）和双锥状石英，暗色矿物为富钠的钠闪石、钠铁闪石、霓石、霓辉石等碱性暗色矿物，偶尔见少量黑云母；基质为隐晶质或含少量玻璃质。

（2）流纹岩（rhyolite），指成分与花岗岩相当的喷出岩。流纹岩通常呈灰色、灰红色；具斑状结构，斑晶成分主要为透长石及石英，常具熔蚀边，有时含少量具暗化边的黑云母或角闪石斑晶；基质为长石、石英隐晶质混合体，或为玻璃质（有时具球粒结构或霏细结构），基质中还常含数量不等的磁铁矿或赤铁矿，但多已氧化成褐铁矿；常具气孔状、杏仁状构造和流纹构造［图 6 - 20（c）］。当透长石和石英斑晶超过 30%时，称斑流岩（nevadite）。

（3）霏细岩（felsite），为一种肉眼看不到斑晶的无斑隐晶质流纹岩。霏细岩色浅，在显微镜下观察具霏细结构，它是玻璃质脱玻化后由极细小的石英和长石骸晶或微晶组成的隐晶质结构。在肉眼观察时，可以把所有无斑隐晶质且致密块状的浅色酸性喷出岩统称为霏细岩；当含少量长石斑晶时，称为斑状霏细岩［图 6 - 20（a）］。

（4）英安岩（dacite），是相当于花岗闪长岩的喷出岩。英安岩颜色比流纹岩稍深一些，多呈灰红、灰绿或浅紫红等色；具斑状结构，斑晶为斜长石、石英和少量透长石或正长石。斜长石斑晶特点与安山岩中有些相似，多为中长石，有时可见拉长石，常具环带结构。基质有霏细结构、玻璃质结构或玻晶交织结构［图 6 - 21（a）］。

（5）石英角斑岩（quartz ceratophyre），为一种海底喷出形成的浅色钠质酸性熔岩。石英角斑岩具斑状结构，斑晶主要由钠长石或由钠长石和石英组成；基质具霏细结构，由钠长石和石英混合组成。它常常是细碧—角斑岩建造中的酸性成员。在我国西部祁连山和秦岭地区，就有石英角斑岩分布［图 6 - 21（b）］。

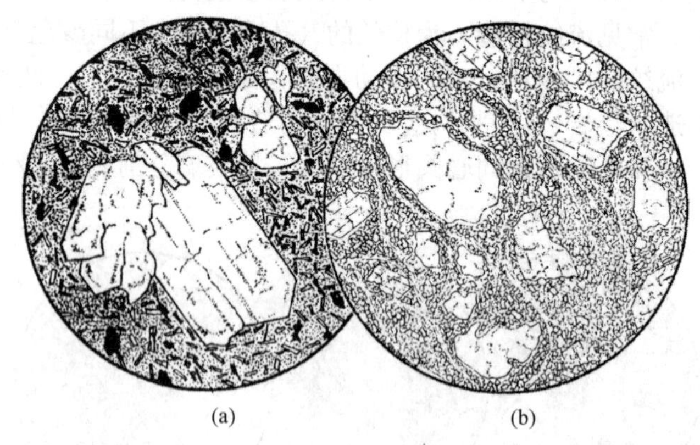

图 6 - 21　英安岩（a）和石英角斑岩（b）

（a）英安岩，聚斑结构，斑晶为更—中长石和少量石英，基质由斜长石微晶和玻璃质组成玻晶交织结构，江苏溧阳，单偏光，d=3.7mm；（b）石英角斑岩，斑状结构，局部为聚斑结构，斑晶为钠长石和石英，基质由石英、钠长石及少量绢云母的细小晶体组成微花岗结构，甘肃白银厂，单偏光，d=7.2mm

（6）黑曜岩（obsidian），是致密块状的酸性玻璃质岩石［图 6 - 22（a）］，深褐、灰黑或黑色，具玻璃光泽和贝壳状断口，含 H_2O 少（小于 2%）为特征，含少量透长石斑晶者称斑状黑耀岩。

(7) 松脂岩（pitchstone），是一种具有松脂光泽的酸性玻璃质岩石，因貌似松脂而得名。有黑、灰、浅绿、褐等颜色，具贝壳状断口，以含 H_2O 高达 6%～10%为特征，有时因脱玻化而出现球粒结构或针状雏晶。

(8) 珍珠岩（pearlite），为一种具珍珠状裂纹构造的酸性玻璃质岩石。颜色为浅灰、蓝绿、红或褐等色，具玻璃光泽，可含少量透长石、石英或黑云母斑晶；基质中发育珍珠状裂纹，以含 H_2O 较少（2%～6%）为特征［图 6－22（b）］。

(9) 浮岩（pumice），为一种质轻而硬度较大的酸性玻璃质岩石。其特点是光泽暗淡，具多孔状构造，貌似蜂窝状，能浮于水面，因而得名浮岩［图 6－22（c）］。

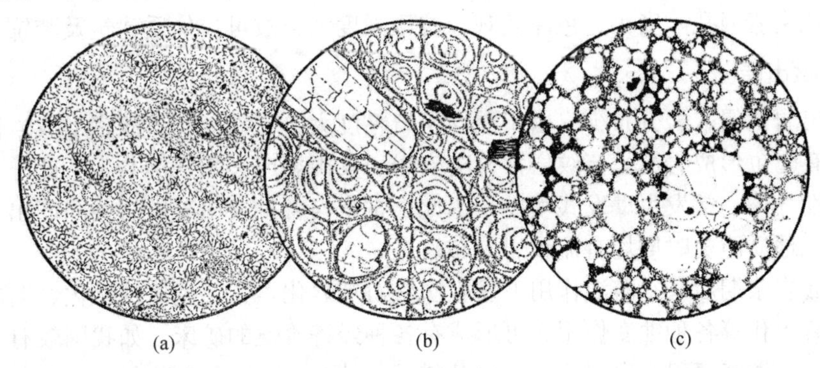

图 6－22　黑曜岩（a）、珍珠岩（b）及浮岩（c）

（a）黑曜岩，玻璃质结构玻璃之中有大量发状、针状雏晶和磁铁矿微晶，偶可见长石和石英的细小斑晶，河北张家口，单偏光，d=3.7mm；（b）珍珠岩，有极少量熔蚀状石英、透长石和黑云母斑晶，基质为玻璃质，具环状裂纹形成珍珠构造，基质中还可见极细小雏晶，河北张家口，单偏光，d=3.7mm；（c）浮岩，岩石由玻璃质组成，具大量气孔，福建，单偏光，d=3.7mm

3. 酸性喷出岩的次生变化

酸性喷出岩在岩浆期后热水溶液作用下，极易发生次生石英岩化形成次生石英岩。次生石英岩是一种呈浅灰或灰白色的细粒致密状岩石，主要由细粒石英（含量占 70%～75%）和一些富铝矿物（刚玉、红柱石、明矾石、叶蜡石和绢云母等）组成。次生石英岩化常可指示寻找斑岩铜—钼矿和叶蜡石、明矾石、刚玉等矿产。在另一些情况下，酸性喷出岩也可产生绢云母化和高岭石化。在外生作用条件下，酸性喷出岩可变为高岭土等。

四、酸性岩产状分布及矿产

1. 酸性侵入岩

花岗岩类岩石在地壳中分布极为广泛。据统计，我国华南地区的花岗岩约占全区面积的1/4，多为燕山期侵入的花岗岩，其中主要是钙碱性花岗岩类，碱性花岗岩极少。例如，安徽黄山和九华山、山东峨山、浙江天台山、江苏苏州天平山等处，都有大型的花岗岩体分布；此外，在秦岭、五台山、大别山、武功山、桐柏山、弓长岭等地也有花岗岩体分布。它们有些是岩浆成因的，也有一部分可能是花岗岩化作用的产物。

花岗岩呈大型岩基和岩株产出，也有呈小型岩株、岩盖、岩墙产出的。较大的岩体往往是不同期次、不同时代形成的复式岩体，有些较小的岩体也可以是不同期次侵入的产物。如北京周口店房山花岗闪长岩岩株，面积约 $65km^2$，就是两次侵入的复式岩体。

许多重要的金属和非金属矿产以及稀有金属和放射性元素的矿产，在空间上及成因上都与花岗岩类有极为密切的关系。这些种类繁多的矿产有的富集于花岗岩体内，有的在岩体上部附近形成伟晶岩型矿床，也有的则是岩浆期后形成的热液矿床或矽卡岩型矿床。例如，著名的内蒙古白云鄂博铁矿、江西大庾岭的钨矿、辽宁杨家仗子的钼矿和铅矿、云南个旧的锡矿以及湖北、江西、广东、广西等地的稀有和稀土元素矿床等，都与酸性侵入岩有成因联系。此外，花岗岩类岩石都富含长石，经风化后常可形成有价值的高岭土矿床，如江西景德镇的高岭土矿床就是国内外著名的陶瓷工业原料。

花岗岩类岩石的含矿性与岩石的酸度（SiO_2 含量）有关，大致是随着岩石酸度的降低，含矿性则按锡—钨—钼—铜—铁的趋势而逐渐变化。

此外，花岗岩因孔隙度小、色泽美观、抗压强度大，故可作优质建筑及装饰石材。

2. 酸性喷出岩

酸性喷出岩比侵入岩分布少。由于酸性熔岩粘度大、不易流动，故多形成岩钟或岩针等火山岩体，有时也形成岩流。流纹岩常与英安岩、安山岩或玄武岩等共生。此外，由于岩浆含大量挥发性气体，常发生爆发式喷发，因此，常常与各种火山碎屑岩共同产出。

我国各个地质历史时期均有流纹岩分布。

流纹岩受岩浆期后气水溶液作用下发生次生石英岩化，常伴生黄铁矿化、明矾石化、叶蜡石化和高岭土化等各种蚀变作用，可形成有各种经济价值的矿床，如我国较有名的安徽庐江的明矾石矿、浙江青田的青田石矿（由叶蜡石组成）。含水的松脂岩、珍珠岩等可加工制成膨胀珍珠岩，它是一种质轻的隔热、隔音或吸音、保温、绝缘的优质材料。浮岩在化学工业中可作过滤器、干燥器，还可作磨料。市场上出现的“麦饭石”，就是含多种微量元素的黑云母花岗岩或二云母花岗岩的风化产物经消毒磨细而成的。

第五节　碱性岩类（霞石正长岩—响岩类）

一、碱性岩类概述

碱性岩类总的特征是碱金属（K_2O+Na_2O）含量很高、里特曼指数大于 9，硅酸（SiO_2）一般不饱和，富含稀有元素及挥发组分，化学成分变化大。矿物成分的特点是碱性长石和似长石类矿物较多，不含石英，暗色矿物主要是碱性暗色矿物，副矿物种类繁多，各种矿物含量变化大。

根据 SiO_2 的含量，碱性岩类可分为以下次级类型。

（1）超基性碱性岩（霓霞岩—霞石岩）亚类，SiO_2 的含量小于 45%（一般为 38%～43%），岩石主要由碱性铁镁矿物和似长石类矿物组成，几乎不含长石。超基性碱性岩侵入岩种属有：霓霞岩（ijolite），主要由霞石、霓石或霓辉石、钛辉石组成，霞石含量 30%～70%，暗色矿物含量 30%～70%，霞石结晶较晚，自形程度较辉石差；磷霞岩（urtite），霞石含量 70%～90%，钛辉石、霓石或霓辉石等暗色矿物相应为 10%～30%。超基性碱性岩喷出岩种属有：霞石岩（nephelinite），呈浅色至暗色，具隐晶质或斑状结构，主要由霞石、霓石、霓辉石、钛辉石或普通辉石组成，可含少量其他似长石及透长石；白榴岩（leucitite），深灰至灰黑色，粒状或全晶质斑状结构，主要由白榴石和霓石、霓辉石及含钛普通辉石组成，不含或极少含长石。

(2) 基性碱性岩（霞斜岩—碱玄岩）亚类，SiO_2 的含量为45%～52%（一般低于正常的辉长岩类），岩石主要由斜长石、碱性铁镁矿物和似长石类矿物组成。基性碱性岩侵入岩种属有：霞斜岩（theralite），主要由含钛的普通辉石、霓石、霓辉石、基性斜长石和似长石（霞石、方沸石、方钠石等）组成，碱性长石极少或无，有少量黑云母、橄榄石。基性碱性岩喷出岩种属有：碱玄岩（tephrite），主要由基性斜长石、钛辉石、霓石、霓辉石及似长石（霞石及白榴石等，含量5%～50%）组成，无橄榄石或极少，可据似长石种类分为白榴碱玄岩和霞石碱玄岩；碧玄岩（basanite），与碱玄岩相似，差异在于富含橄榄石（大于5%，甚至达25%），常具斑状结构，斑晶为橄榄石及辉石，似长石主要存在于基质中，可分为白榴石碧玄岩和霞石碧玄岩。

(3) 中性碱性岩（霞石正长岩—响岩）亚类，SiO_2 的含量为52%～65%（一般为52%～57%），岩石主要由碱性长石、碱性铁镁矿物和似长石类矿物组成。

此外，还有一类极为罕见的特殊类型——碳酸岩类，其 SiO_2 的含量很低（小于20%），主要由各种碳酸岩类矿物组成，少含或不含硅酸盐矿物。

碱性岩类岩石在地壳中分布稀少，出露面积仅占岩浆岩的1%，以中性碱性岩较常见。本节主要介绍中性碱性岩。

二、中性碱性侵入岩

1. 中性碱性侵入岩的一般特征

本类岩石一般为浅灰、肉红或浅绿等色的全晶质岩石，其矿物成分和结构构造变化很大。由于霞石易风化，所以在野外风化露头上，岩石表面可呈现蜂窝状。

1）矿物成分

主要矿物为碱性长石和似长石。碱性长石主要有正长石、歪长石、微斜长石、条纹长石和钠长石（An<5），有时也可出现透长石（主要在次火山岩中），多呈长板状的自形晶存在。似长石数量多（一般大于5%，是与正长—粗面岩类的主要区别），多为含钠的霞石和方钠石等矿物种属。霞石常为他形晶，有时也较自形，新鲜者为肉红色、解理不完全、断口油脂光泽、易风化成凹凸不平的表面，以此区别于石英。新鲜的霞石较少见，常被钙霞石、水霞石及沸石类所代替，有时仅留霞石外形而呈假象。

次要矿物为碱性暗色矿物和富铁黑云母等。碱性辉石类最常见的是霓石和霓辉石，有时还有钛普通辉石，它们常呈较自形的柱状或针状单晶或束状集合体，常具环带结构，中心为色浅的透辉石，边缘则为深绿色的霓石或霓辉石，这是在它们形成过程中碱质不断富集的结果。碱性角闪石主要为蓝绿色且具反吸收和负延性的钠闪石和钠铁闪石，有时也有少量的普通角闪石存在。黑云母为红褐色的富铁的铁锂云母和铁云母。

副矿物数量少而种类极为丰富，大多是含 Ti、Zr 的硅酸盐和富含稀有元素的矿物，常见的有锆石、榍石、磷灰石、萤石、独居石、褐帘石、异性石、黑榴石、闪叶石、星叶石等；此外，还有钙钛矿、铌铁矿、钛铁矿和磁铁矿等。在副矿物含量增加的情况下，可参与岩石的定名。这些副矿物有时还可形成具工业价值的矿床。

2）结构和构造

霞石正长岩类常见有半自形粒状、嵌晶状和似粗面结构。半自形粒状结构中的碱性暗色矿物一般呈较自形的柱状或针状，正长石多为自形程度高的板状，霞石多为粒状充填于长石颗粒的间隙中，在少数情况下霞石也可以比长石自形程度高些。嵌晶结构中的长石与霞石、方钠石与霓石构成嵌晶状连生，常见于霞石正长岩中。似粗面结构中的长石晶体呈近似平行排列，在长石晶体之间充填有霞石和霓石等矿物，常见于霞石正长岩中。

中性碱性侵入岩常见的构造有块状构造、斑杂构造、条带状构造以及似片麻状构造。

2. 中性碱性侵入岩的主要种属

由于岩性变化大，霞石正长岩类岩石种属划分和命名很不统一。一般可根据长石、似长石的性质和含量以及暗色矿物种属、含量及特征矿物等进行划分（表 6-7）。命名时，如果岩石中有两种似长石含量都超过 5%，都可参加命名，且含量多的放在后面。如方钠霞石正长岩，说明霞石多于方钠石。若霞石正长岩中含有两种超过 5%的碱性暗色矿物，也可按含量少者在前、含量多者在后的原则作进一步命名，如霓辉钠闪霞石正长岩等。中性碱性侵入岩的主要种属有以下八种。

（1）正霞正长岩（juvite），由较多的正长石（一般多于 50%）、霞石（20%左右）及碱性暗色矿物（一般少于 30%）组成，具半自形粒状结构。若暗色矿物为富钛—铁的黑云母，具半自形—他形粒状结构及似片麻状构造，则称为云霞正长岩。我国云南永平碱性杂岩体中分布有云霞正长岩，其矿物成分为正长石（63.4%）、霞石（25%）、铁黑云母（6.5%）、含钛透辉石（1.2%）、黑榴石（1.5%）、角闪石（0.5%）以及副矿物（1.9%）。正霞正长岩是霞石正长岩［图 6-23（a）］中常见的种属，广义的霞石正长岩主要指正霞正长岩及云霞正长岩。

表 6-7 霞石正长岩类主要种属划分（似长石含量超过 5%）

<table>
<tr><th>长石种属</th><th>似长石</th><th>岩石种属名称</th><th>岩石的主要特征</th></tr>
<tr><td rowspan="8">钾长石为主（正长石或微斜长石）</td><td rowspan="5">霞石</td><td>正霞正长岩</td><td>正长石为主，含少量霞石及碱性暗色矿物，粒状结构</td></tr>
<tr><td>流霞正长岩</td><td>正长石为主，含少量霞石、钠长石及暗色矿物，似粗面结构</td></tr>
<tr><td>云霞正长岩</td><td>正长石为主，含少量霞石、铁云母及碱性暗色矿物，粒状结构</td></tr>
<tr><td>暗霞正长岩</td><td>正长石为主，含较多铁云母及碱性暗色矿物（超过 30%），粒状结构</td></tr>
<tr><td>异性霞石正长岩</td><td>正长石为主，含异性石，粒状或似粗面结构</td></tr>
<tr><td>方钠石</td><td>方钠正长岩</td><td>正长石或歪长石为主，似长石为方钠石</td></tr>
<tr><td>方沸石</td><td>方沸正长岩</td><td>正长石为主，似长石为方沸石代替了霞石</td></tr>
<tr><td>钙霞石</td><td>钙霞正长岩</td><td>霞石几乎全被钙霞石所代替</td></tr>
<tr><td>钠长石为主</td><td>霞石</td><td>钠霞正长岩</td><td>钠长石为主，含少量霞石、霓石及铁云母等</td></tr>
<tr><td>歪长石为主</td><td>霞石</td><td>歪霞正长岩</td><td>歪长石为主，含少量霞石及碱性暗色矿物</td></tr>
</table>

（2）流霞正长岩（foyaite），主要由正长石（约 60%）和霞石（约 20%）组成，钠长石不多，暗色矿物主要为霓石和碱性角闪石（含量达 10%左右），具似粗面结构［图 6-23（c）］。若不具似粗面结构且暗色矿物以霓石为主，则称为霓霞正长岩。

（3）钠霞正长岩（canadite），矿物成分以钠长石和霞石为主，几乎不含正长石，暗色矿物为霓石及少量铁云母，具半自形粒状结构或似粗面结构。

（4）歪霞正长岩（lardalite），矿物成分以歪长石和霞石为主，歪长石可达 1/3～1/2，有时还含极少量正长石，暗色矿物为霓石及铁锂云母，有时则以碱性角闪石为主，具半自形或他形粒状结构。

（5）异性霞石正长岩（lujavrite），为一种含异性石的霓霞正长岩，矿物成分以含霞石成分较多（达 40%～50%）为特征，暗色矿物为针状霓石（达 20%），异性石常为自形晶

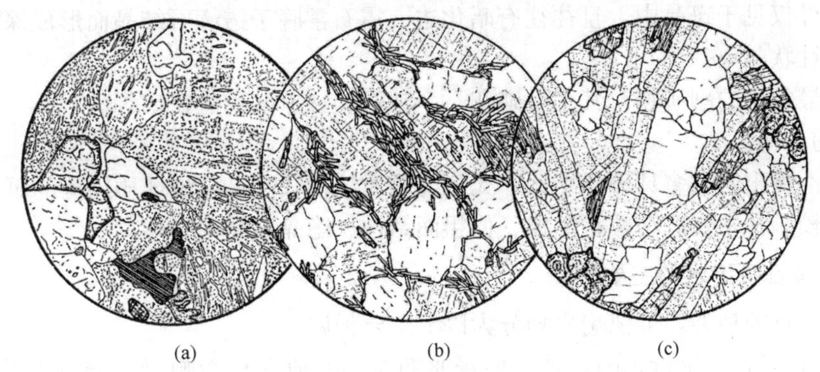

图 6-23 霞石正长岩（a）、异性霞正霞岩（b）及流霞正长岩（c）

（a）霞石正长岩，半自形粒状结构，霞石和具条纹结构的钾长石较自形，霓石、黑云母及黑榴石自形较差，霞石已蚀变为钙霞石，云南个旧，单偏光，$d=4.8$mm；（b）异性霞正霞岩，由霞石、钾钠长石、异性石及霓石组成，霓石结晶晚充填长石和霞石接触处，半自形粒状结构，辽宁赛马，单偏光，$d=2.2$mm；（c）流霞正长岩，由板条状正长石、半自形霞石、粒状黑榴石及柱状霓石和少量黑云母组成，岩石具似粗面结构，山西临县，单偏光，$d=3.7$mm

体，具粒状结构及似粗面结构［图 6-23（b）］。

（6）霞石正长斑岩（nepheline - syenite porphyry），是与霞石正长岩相当的浅成侵入岩。具似斑状或斑状结构，斑晶为碱性长石、霞石及少量暗色矿物。山西临县的碱性杂岩体中有霞石正长斑岩产出。

（7）白榴斑岩（leucite porphyry），是一种具似斑状或斑状结构的浅成侵入岩种属。斑晶主要为粗大自形的白榴石，但常被沸石交代而成假象；基质为细粒状结构。

（8）霓霞斑岩（sussexite），是一种深色的浅成侵入岩，具似斑状结构，斑晶为碱性长石和霞石；基质由碱性长石和较多的针状霓石或霓辉石及少量霞石组成，呈近平行排列构成似粗面结构。

三、中性碱性喷出岩

碱性喷出岩以响岩为代表，其成分与霞石正长岩相当。响岩名称来源于人们敲击这种岩石能发出清脆的响声而得名。

1. 中性碱性喷出岩的一般特征

碱性喷出岩一般为浅灰、灰白、灰褐或灰绿等色，具斑状结构或无斑隐晶质结构，基质具似粗面状结构或隐晶质结构。斑晶主要为碱性长石和似长石类矿物，基质成分与斑晶相似或稍有差异。

1）矿物成分

中性碱性喷出岩与侵入的霞石正长岩基本相似。但由于结晶环境不同，故也有某些差异。

碱性长石常是透长石和歪长石，也可有正长石和条纹长石，还可有少量钠长石（An<5）。这些矿物含量多时，它们在斑晶和基质中都发育；含量少时，则仅见于基质中。碱性长石可部分呈熔蚀港湾状或破碎状。

似长石常见的有霞石、白榴石、方钠石、蓝方石、黝方石等，多呈斑晶出现，常有熔蚀边缘和包裹体存在。白榴石往往被正长石和钾霞石交代而成假白榴石。

铁镁矿物主要为碱性角闪石和霓石、霓辉石，还可有透辉石和钛辉石及黑云母。碱性角闪石和黑云母仅见于斑晶中，且往往有暗化边。霓石常晚于透辉石结晶而形成深绿色的边缘或形成细长针状晶束。

榍石是最常见的副矿物，其次有磷灰石、锆石、钛铁矿、磁铁矿等。

2）结构和构造

中性碱性喷出岩石多具斑状结构，无斑隐晶质结构较少见，玻璃质结构的更为罕见。基质结构种类较多，主要有细粒状结构、似粗面结构、隐晶质结构。

2. 中性碱性喷出岩的主要种属

根据似长石的种类，可把响岩划分为以下主要种属：

（1）霞石响岩（phonolite），是一种普通响岩，一般简称为响岩。岩石多具斑状结构，少数为无斑隐晶质结构。斑晶主要是碱性长石（透长石、歪长石）及霞石，暗色矿物斑晶较少，有时可见辉石斑晶具环带结构，中央部分为透辉石，外缘为色泽较鲜艳的绿色霓石或霓辉石，有时见少量黑云母和碱性角闪石，多有暗化现象。基质成分与斑晶相似，以碱性长石为主，近于平行排列，霞石、碱性辉石等矿物充填其间，构成似粗面结构。

白榴石响岩（leucite phonolite），多具斑状结构，斑晶主要为白榴石和透长石，没有霞石斑晶，有些岩石中白榴石仅存在于基质中，斑晶中暗色矿物有少量碱性辉石和钠质斜长石。基质比较致密，其成分和斑晶相同。白榴石是不稳定矿物，常变成假白榴石（钾霞石和正长石的混合物），含假白榴石的响岩称为假白榴石响岩［图 6-24（a）］。

黝方石响岩（nosean phonolite），常具斑状结构，斑晶多为透长石、霓石、透辉石和黝方石，透长石常为自形板状，黝方石多呈四方形、长方形或六方形断面，断面中部有“棋盘状”细密包体（多为黄铁矿沿二组对角线分布的结果），边部则为无包裹物的黝方石环带［图 6-24（b）］。基质为定向排列的碱性长石，其间充填有细粒状的霓辉石。

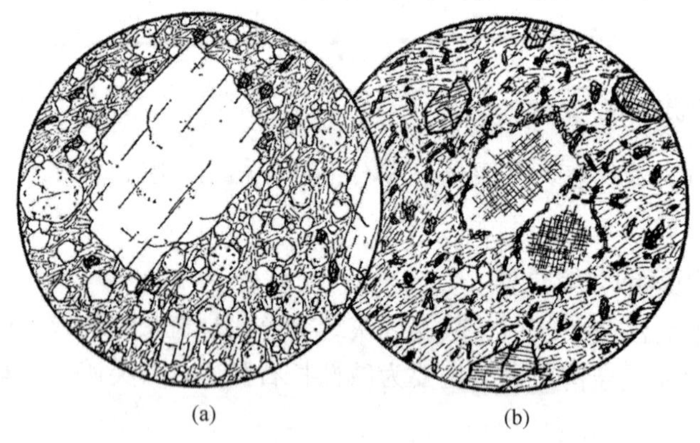

图 6-24 假白榴石响岩（a）及黝方石响岩（b）

（a）假白榴石响岩，斑状结构，斑晶为透长石和假白榴石，基质由透长石微晶和浑圆状假白榴石及霓辉石组成，江苏江宁铜井，单偏光，d=2.2mm；（b）黝方石响岩，斑状结构，斑晶为黝方石及霓辉石，在黝方石周围常有霓辉石和磁铁矿组成的边，内部有格子状分布的包体，基质为大致平行分布的透长石和霓辉石微晶构成似粗面结构，江苏铜井，单偏光，d=2.2mm

四、碱性岩产状分布及矿产

霞石正长岩以小岩体为主，其产状多种多样。一般都形成小岩株、岩床、岩盆、岩脉等产出。碱性岩很少呈独立岩体，多构成杂岩体，通常有两种共生类型：一种是霞石正长岩与碱性正长岩或碱性花岗岩共生；另一种是霞石正长岩与碱性辉长岩相伴生，从时间上说霞石正长岩是晚期形成的。我国著名的碱性岩产地有山西临县紫金山霞石正长岩环状岩体以及辽宁凤城的与碱性正长岩共生的杂岩体，此外，近 20 年来又在云南个旧、四川南江、河南原阳等地都有发现。与霞石正长岩有关的矿产主要是稀有金属和稀土元素矿床，不仅类型多，而且十分丰富，是发展我国现代尖端技术必不可少的矿产资源。

响岩在我国发现较少，主要是小岩流分布在中生代火山岩及碱性岩体中，面积都很小。已知的响岩分布有江苏铜井娘娘山的黝方石响岩，此外，山西临县紫金山碱性杂岩体中的假白榴响岩、辽宁凤城和西藏巴毛穷宗等地均有少量分布。

第六节　脉　岩　类

一、脉岩类概述

在岩浆岩体尤其在深成岩体内部或附近的围岩中，常见到一些呈脉状产出的浅成岩，它们在化学成分和矿物成分上以及时间和空间分布上都和一定的深成岩体有密切的关系，这类岩石统称为脉岩。这些脉岩的宽度一般不大，从几厘米到几十米，延长较远，一般几米至几十千米，多数形成深度较浅，属浅成—超浅成的侵入岩。在成分上有一些脉岩与深成岩相似，另一些脉岩则与深成岩明显不同。与深成岩化学成分和矿物成分相似的脉岩称为“未分脉岩”；而把与深成岩成分不同的脉岩称为“二分脉岩”。未分脉岩，如辉长玢岩、闪长玢岩、花岗斑岩等，已在前面有关类型岩浆岩中作了描述，现仅将与深成岩成分不一致的二分脉岩，即煌斑岩类、细晶岩类和伟晶岩类加以讨论。

二、煌斑岩类

1. 煌斑岩的基本特征

煌斑岩是一种暗色矿物含量较高的暗色脉岩，常具有明显的斑状结构和全自形结构。煌斑岩的主要特点是：SiO_2 含量较低（28%～52%）且变化大，碱金属含量较高，同时含较多的氧化铁、氧化钙、氧化镁；含暗色矿物较多，色率多在 40 以上，主要为黑云母和角闪石，其次为辉石及极少量橄榄石，斑晶及基质中的暗色矿物，均呈完好的自形晶，这种结构常见于煌斑岩中，称为“煌斑结构”；浅色矿物主要是钾长石和斜长石及少量似长石，浅色矿物主要分布在基质中，很少呈斑晶出现。有的煌斑岩不具斑状结构且结晶较细，此时往往与辉绿岩难于区分，这时可一般地统称为“暗色脉岩”或“基性脉岩”。

2. 煌斑岩的常见种属

煌斑岩分类尚无统一方案，一般根据长石的性质和暗色矿物的种类进行分类（表 6-8）。

表 6-8　煌斑岩分类简表

矿物的种类	正长石为主（正煌岩）	斜长石为主（斜煌岩）	黄长石或其他似长石为主
黑云母为主	云母正煌岩	云斜煌岩	云母碱煌岩或黄长煌斑岩
角闪石为主	角闪正煌岩	角闪斜煌岩	角闪碱煌岩
辉石为主	辉石正煌岩	辉石斜煌岩	辉石碱煌岩

续表

矿物的种类	正长石为主（正煌岩）	斜长石为主（斜煌岩）	黄长石或其他似长石为主
黑云母及辉石为主	云辉正煌岩	云辉斜煌岩	云辉碱煌岩
角闪石及辉石为主	闪辉正煌岩	闪辉斜煌岩	闪辉碱煌岩
棕闪石、±钛辉石	—	棕闪斜煌岩	棕闪碱煌岩

常见的煌斑岩有以下七种。

（1）云母正煌岩（minette），又称云煌岩，它为最常见的一种煌斑岩。它的主要矿物成分由褐色黑云母和正长石组成，具斑状结构，斑晶主要为六方片状黑云母，基质由正长石和黑云母组成，偶见少量角闪石或辉石。当含少量霓石或霓辉石时，称钠云煌岩。我国河北涞源的云煌岩，主要由黑云母和长板状正长石组成［图 6-25（a）］。

（2）云斜煌岩（kersantite），主要由黑云母和斜长石及少量辉石组成。斜长石为中长或更长石。有时因长石强烈变化，无法区分斜长石和钾长石时，则统称云母煌斑岩。

（3）闪辉正煌岩（vogesite），主要由普通角闪石、普通辉石和正长石及极少量斜长石、黑云母所组成，具斑状结构。

（4）辉石斜煌岩（odinite），又称拉辉煌斑岩，具斑状结构，主要由辉石及拉长石组成斑晶，基质由斜长石和自形的角闪石及少量黑云母组成。辉石斜煌岩与辉长玢岩的成分相似，但基质中含自形柱状角闪石，而在辉长玢岩基质中为辉石，没有角闪石［图 6-25（b）］。

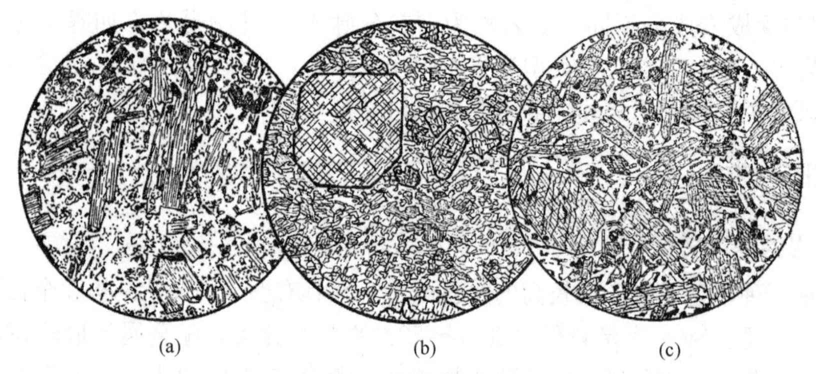

图 6-25　云煌岩（a）、拉辉煌斑岩（b）及闪斜煌斑岩（c）

（a）云煌岩，具斑状结构，主要由黑云母及板条状钾长石组成，部分云母变为绿泥石，河北莱源，单偏光，$d=4.8$mm；（b）拉辉煌斑岩，斑状结构，斑晶为形的单斜辉石，基质由角闪石基性斜长石和少量黑云母组成，青海茶卡，单偏光，$d=4.8$mm；（c）闪斜煌斑岩，斑状结构，斑晶为棕色自形褐色角闪石和少量绿泥石化长板条状斜长石组成，基质为斜长石及角闪石微晶组成，前者多蚀变为土状，江苏龙潭，单偏光，$d=2.2$mm

（5）角闪斜煌岩（spessartite），又称闪斜煌斑岩，具细粒或斑状结构，主要由普通角闪石和斜长石组成，角闪石在斑晶和基质均呈自形晶产出，其含量可达 40%以上，其他还可有少量黑云母、橄榄石、石英、磷灰石及不透明矿物等。我国青海茶卡的闪斜煌斑岩具全自形粒状结构［图 6-25（c）］。

（6）棕闪斜煌岩（camptonite），又称棕闪煌斑岩。岩石外表呈黑色，颇似玄武岩。斑晶为短而粗的棕闪石及少量钛辉石或橄榄石，基质由针状棕闪石、斜长石（中—拉长石）、钛辉石和少量黑云母、似长石、磁铁矿、磷灰石等组成。棕闪石是一种富钠的碱性角闪石，它与一般的棕色角闪石的区别是具有特征的多色性（Np 浅褐至黄色，Nm 红褐色，Ng 深褐色)，而且光轴角也较小（2V=40°～50°)。

（7）黄长煌斑岩（polzenite)，是一种含黄长石的碱煌岩，具斑状结构。斑晶为黄长石、黑云母（或金云母)、橄榄石及辉石；基质呈细粒致密状，由黑云母、黄长石及碳酸盐矿物组成，有时含少量霞石及钛辉石，不含长石，色率大于60～90。我国河北平泉、广东新丰等地均有黄长煌斑岩脉产出。

3. 煌斑岩的成因

煌斑岩的成因目前说法不一，综合起来有岩浆分异说和同化混染说两种。

岩浆分异说认为煌斑岩是岩浆在液态时发生结晶分异或熔离分异作用形成的。由于分异作用，使岩浆中偏基性的组分富集于岩浆下部成为煌斑岩浆，待上部岩浆冷凝固结之后，下部的煌斑岩浆沿上部岩体及围岩裂隙灌入而成。这种学说的主要证据是一些煌斑岩总是与花岗岩体相伴生，呈岩脉、岩墙分布于岩体内及附近围岩中，故认为是花岗岩浆分异的产物；另一些与碱性基性岩相伴生的煌斑岩所含微量元素与花岗岩不同，可能是碱性玄武岩浆的分异产物。

同化混染说认为煌斑岩是岩浆同化混染先期的岩石而形成的。同化混染的方式可以不同，有一些煌斑岩可能是由花岗质岩浆同化混染较基性岩石而形成；另有一些煌斑岩可能是由基性岩浆同化混染酸性花岗岩而形成；还有某些煌斑岩被认为是由碱性岩浆同化混染基性岩而形成的。

具体一个地区的煌斑岩是哪一种成因，则需根据具体情况进行深入的分析研究，才有可能得出比较符合客观实际的结论。

三、细晶岩类

1. 细晶岩的基本特征

细晶岩是一种浅色脉岩，以缺乏暗色矿物并具细粒等粒他形晶结构为特征。在矿物成分上，长石、石英等浅色矿物占绝对优势，一般在95%以上，暗色矿物含量远低于相应的深成岩的暗色矿物正常含量，因此颜色都很浅，主要为灰白、灰黄及肉红等色。细晶岩断面似砂糖粒状。细晶岩在镜下观察为他形等粒状结构（细晶结构）。

2. 细晶岩的常见种属

根据其矿物成分特征，结合相应侵入岩，可把细晶岩分为以下几种常见的种属：

（1）花岗细晶岩（aplite)，简称细晶岩，是一种最常见的细晶岩。岩石呈白、浅黄或肉红等色，主要由石英、钾长石和酸性斜长石组成，暗色矿物只有极少量（含量小于5%）的黑云母，副矿物有磁铁矿、磷灰石、榍石、黄玉、电气石及萤石等。细晶岩常呈细脉状分布于中性及酸性侵入体内，如我国北京周口店房山花岗闪长岩体中就穿插有花岗细晶岩脉［图6-26（a)］。

（2）闪长细晶岩（diorite-aplite)，成分近似于闪长岩，浅灰绿色，主要由他形细粒的斜长石和极少量角闪石组成。与微晶闪长岩的区别是角闪石含量低，色浅。

（3）辉长细晶岩（gabbro-aplite)，成分近似于辉长岩，浅灰至暗灰色，主要由他形细粒斜长石和少量辉石组成。镜下观察呈细粒等粒他形晶结构，即细晶结构。

细晶岩主要与一定类型的硫化矿床有时空上的关系。1970年，湖南某地发现富铌钽矿床的蚀变细晶岩脉，这是铌钽矿床的一种新的类型。

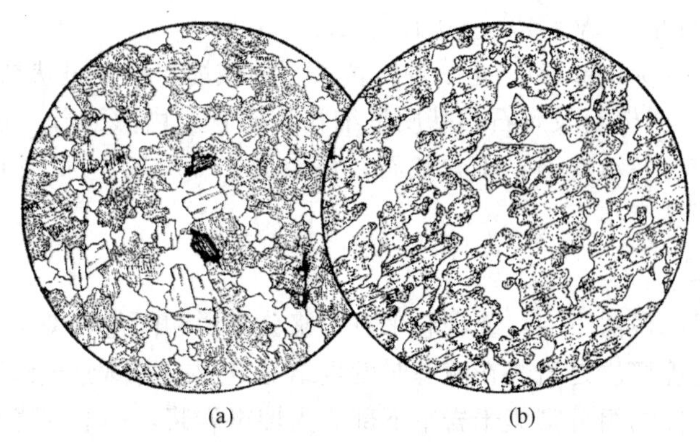

图 6-26　细晶岩（a）及花岗伟晶岩（b）

（a）细晶岩，细晶结构，由他形粒状石英和微斜长石以及少量钠—更长石组成，有少量黑云母，北京周口店，单偏光，d=2.5mm；（b）花岗伟晶岩，巨大的条纹长石与石英嵌晶构成典型的文象结构，安徽大另山，单偏光，d=2.7mm

3. 细晶岩的成因

细晶岩，一般都认为是由大部分岩浆结晶之后的残余岩浆冷凝而成。细晶岩颗粒细小的原因并非由于冷却迅速所致，而是由于围岩破裂，残余岩浆失去挥发组分而降低了长石和石英在残余岩浆中的可溶性，使相应组分趋于过饱和，于是结晶中心大量出现，从而形成他形的细粒结构。此外，细晶岩中含云母、角闪石等矿物很少甚至没有，这也说明形成细晶岩的残余岩浆缺乏挥发组分。

四、伟晶岩类

1. 伟晶岩的一般特征

伟晶岩是一种晶粒特别粗大的浅色脉岩，一般为巨粒结构，因而得名。伟晶岩的种类很多，各种成分的深成岩都有相应成分的伟晶岩，如花岗伟晶岩、正长伟晶岩、霞石正长伟晶岩等。它们与相应成分的侵入岩在形成时间、空间分布和成因上有着密切的联系。它们常产于这些深成岩体之中，或在附近的围岩中。除呈脉状产出外，还可成不规则的透镜体及串珠状等。脉体大小变化很大，脉宽一般数厘米至数十米，长数米至数十米或数百米。

在各种成分的伟晶岩中，分布最广、具有重大工业价值的是花岗伟晶岩。其他成分的伟晶岩类分布较少，多数工业价值不大。因此一般所指伟晶岩往往是指花岗伟晶岩而言。

尽管伟晶岩有各种各样的成分，但都具有以下特征：

（1）矿物颗粒特别粗大，而且粒度很不均匀，对岩浆岩的一般粒级划分已不适应，故有人建议划分为：粒径小于 0.5cm 者为细粒，0.5～2cm 者为中粒，2～10cm 者为粗粒，粒径大于 10cm 者为块状，其结构分别为细粒伟晶结构、中粒伟晶结构、粗粒伟晶结构和块状伟晶结构，相应的伟晶岩依次命名为细粒、中粒、粗粒和块状伟晶岩。

（2）具有一般岩浆岩所没有的特殊结构和构造。伟晶岩具有各种规模的文象结构或伟晶结构；常见的构造有晶洞构造、晶腺构造及脉体的带状构造。

（3）具有复杂的矿物共生组合。如花岗伟晶岩主要由石英和碱性长石组成，还含有少量白云母、锂云母、电气石、绿柱石、黄玉、铌钽铁矿、萤石等矿物。世界上绝大部分的铯、铍、锂、钽，都是从伟晶岩中开采出来的。

（4）交代作用非常明显。许多矿物如稀有元素矿物正是由交代作用形成的。

2. 伟晶岩的常见种属

（1）花岗伟晶岩（granite—pegmatite），是伟晶岩中分布最广、经济意义最大的一种。花岗伟晶岩的基本成分与花岗岩相似，主要由石英、碱性长石所组成。它与花岗岩的差异在于：含较多白云母、锂云母、电气石、绿柱石、萤石等富含挥发组分的矿物，这些矿物往往有较好的晶形，穿插充填于长石和石英中，有时在晶洞壁上形成梳状晶簇；长石和石英晶体粗大，常穿插生长形成伟晶结构或交生形成文象结构［图 6－26（b）］。常依据矿物组合与结构进行分类命名：如具文象结构者，称文象（花岗）伟晶岩；矿物组成复杂者称复杂伟晶岩，简单者称简单（花岗）伟晶岩，或称黑云更长微斜长石（花岗）伟晶岩，或按如白云母—锂辉石—钠长石伟晶岩的形式进行命名。

（2）霞石正长伟晶岩（nepheline—syenite pegmatite），是一种成分与霞石正长岩相似、在空间上与霞石正长岩相伴生的伟晶岩。它主要由霞石和碱性长石（正长石、微斜长石、条纹长石、歪长石）所组成，副矿物有钛铁矿、磷灰石、锆石及多种稀土元素矿物。这类伟晶岩分布较少，但常伴随一些稀土元素矿床的形成，故也有较高的实际意义。

（3）正长伟晶岩（syenite pegmatite），成分与正长岩大致相似，几乎全由碱性长石（正长石、条纹长石等）组成，不含或含很少石英，还有极少量暗色矿物存在。

（4）辉长伟晶岩（gabbro pegmatite），是伴随辉长岩体产出的伟晶岩。它的成分与辉长岩或碱性辉长岩相似，主要由粗大板状的斜长石及柱状辉石或碱性辉石所组成。如我国的四川攀枝花辉长岩体内广泛发育有辉长伟晶岩；山东济南辉长岩体内则产出有碱性辉长伟晶岩。

3. 伟晶岩的成因及有关矿产

关于伟晶岩的成因，目前意见不一，归纳起来有以下两种不同的观点：

（1）岩浆成因说认为伟晶岩是由富含挥发组分的残余岩浆，侵入到母岩体或围岩的裂隙中结晶而成。与深成岩浆岩体相伴生的伟晶岩脉，可作为这一观点的例子。

（2）交代成因说认为是岩浆期后分泌出的富含挥发组分的气化热液，沿裂隙对母岩进行交代和重结晶而形成矿物颗粒粗大的伟晶岩。此观点可解释那些发育在变质岩系中的伟晶岩。

目前，多方面的资料表明，伟晶岩除少部分属于岩浆成因外，大多是交代成因的产物。

伟晶岩具有极为重要的经济价值，因为许多伟晶岩尤其花岗伟晶岩与许多矿产有关系。其中，以稀有金属矿床（Nb、Ta、Be、Li）和某些非金属矿产（白云母、水晶、长石、刚玉等）最为重要。如我国内蒙古乌兰察布盟的褐帘石—锆石矿床，就产于五台系变质岩中的伟晶岩内，共有数条含矿伟晶岩脉，分带现象明显。此外，还有内蒙古官村、四川丹巴和辽宁海城等地的白云母矿床，西藏拉萨附近的刚玉矿床，辽宁林西、海南五指山等地的水晶矿，辽宁海城的长石矿床，都是比较著名的伟晶岩矿床。

第七章　岩浆岩的成因与分布

第一节　岩浆与岩浆岩的形成

一、岩浆的形成

1. 历史认识

早在1928年，鲍文（N. L. Bowen）根据玄武岩熔融实验提出了“反应原理”，由此认为自然界存在一种原始的玄武岩浆。玄武岩浆逐渐冷却过程中，首先结晶形成最富含铁、镁、钙且最贫硅的矿物，继而结晶形成较富铁、镁、钙且较贫硅的矿物，它们的相对密度较大，下沉到岩浆房的底部成为超基性岩及基性岩，由此导致残余熔体酸度不断增大，并结晶形成中性岩和酸性岩。这就是“一元论”的观点，由于有实验基础，又与当时已知地壳中玄武岩大量存在的事实相符，因而当时曾得到广泛的支持。

列文生—列信格（Левинсон—Лессинга）通过计算表明，玄武岩浆分异只能得到5%的花岗岩，但是花岗岩与玄武岩同样是地壳中分布最广泛的岩浆岩，这一事实显然与一元论相对立。同时地球物理和地震学资料表明，莫霍面以上的地壳可分为花岗岩层和玄武岩层。为此，列文生等岩石学家又提出“二元论”的假说，即自然界同时存有玄武岩浆和花岗岩浆二种原始岩浆。

二元论的观点虽解释了地壳中玄武岩和花岗岩普遍深入分布的事实，但还不能解释褶皱带中独立存在的巨大超基性岩体的成因。因此，20世纪30～50年代，以赫斯（H. H. Hess）和库兹涅佐夫（E. A. Кузнецов）为代表的岩石学家又提出“三元论”的假说，认为自然界存在三种不同性质的原始岩浆，即玄武岩浆、花岗岩浆和超基性岩浆，其他多种多样的岩石，都是由这三种岩浆派生而成。三元论暂时平息了对原始岩浆来源的争论。

2. 近代认识

通过全球地质构造、地球物理、地球化学及高温高压模拟实验研究，特别是在“环太平洋带”广泛分布的安山岩及某些地区碳酸盐岩浆、铁质熔浆的发现，不少学者又提出“多元论”的观点，认为原始岩浆应该是“许多种”，取决于岩浆形成的复杂的地质构造背景。也就是说，液态岩浆是固相的上地幔和地壳深部经过部分熔融产生的。导致熔融的因素是：

（1）温度的升高，接近于熔融温度的物质就会发生熔融。局部地热增温率的异常及不均一构造运动等因素均可导致温度升高。在一定温压下，总是那些低熔点物质首先熔融，因而总是局部的部分熔融。在形成一定数量的熔浆之后，受重力及应力等因素作用，较轻的活动性大的熔体就会向低压区运移、聚集进而形成岩浆房（源）。

（2）压力的降低也是形成局部熔融的原因。因为岩石体系的初熔融温度随压力增大而升高，地壳深处的压力很大，一般正常的地热增温率所产生的温度仍不能达到相应压力下固相物质的最低熔点，即地壳深处以及地幔的物质总体上均是固体状态（已为物探资料所证实）。但如果由于构造断裂等因素导致压力的突然降低，即可使局部物质的熔点降低至正常地热增温率所产生温度之下，继而使岩石发生部分熔融形成岩浆。

（3）成分的变化，尤其是水和 CO_2 等流体的加入，可以使地壳深处的物质甚至使地幔物质的初始熔融温度降低，进而发生部分熔融产生岩浆。

可见，地热异常、不均一构造变动、物质成分的改变等因素，均可导致局部温度异常升高、局部压力降低及局部物质熔点降低，都能引起局部熔融形成岩浆，地壳深部物质原本就不均匀，因此，局部熔融形成的原始岩浆必然是多种多样的、“多元的”。

二、岩浆的演化

原始岩浆在上地幔或在地壳不同壳层局部熔融形成后，受地球内动力驱使通常会沿着地壳的断裂带或地壳板块边界不断向上运移，侵入地层或喷出地表。在其形成和运移的过程中，由于物理化学条件和周围环境的改变，这些性质不同的原始岩浆还会发生复杂的变化，演变出更加多样的派生岩浆，它冷凝后成为各种各样的岩浆岩。也就是说，岩浆岩的复杂多样性除与岩浆的多样性有关外，还与岩浆的演化及变异有关。大量的研究资料表明，岩浆的演化大致可分为岩浆分异作用、同化混染作用和岩浆混合作用。

1. 岩浆分异作用

岩浆分异作用（magmatic differentiation）是指原来成分均匀的岩浆，在没有外来物质加入的情况下，依靠自身的变化，使单一成分的岩浆分化为多种不同成分岩浆的过程与结果。岩浆分异作用主要有如下几种方式。

（1）分离结晶作用（fractional crystallization），又称结晶分异作用。它是指岩浆在结晶开始后，随着温度的下降，按一定顺序先后结晶的矿物分别聚集而形成不同成分的矿物集合体或不同岩浆岩的过程与结果，其主要分离方式如下述。

重力分异作用（gravitation differentiation），是指早期析出的矿物因相对密度较大而下沉，晚期析出的矿物因相对密度较轻而上浮，从而形成不同成分的岩浆岩。如玄武岩浆首先结晶的是橄榄石，因相对密度较大沉降到岩浆房底部形成橄榄岩层；由于橄榄石的析出，剩余熔体便相对富含 SiO_2，于是有辉石和斜长石的析出，形成辉长岩层；残余岩浆更富含 SiO_2，所形成的中酸性岩石停滞在岩浆房的上部，从而产生不同成分的层状杂岩体。世界上有许多著名的层状杂岩体，如南非布什维尔德基性—超基性层状杂岩体、我国四川力马河基性—超基性层状杂岩体，都是典型的例子。

压滤分异作用（pressure filtration differentiation），类似浸了水的海绵，稍加挤压，水分即从海绵孔隙中挤出。在岩浆早、中期析出的橄榄石、辉石、斜长石等晶体可形成晶体网，残余熔浆充填其间；此后，如果受到上覆岩层的负荷压力或褶皱运动的侧压力，早期形成的晶体网将发生变形，使充填其间相对富含 SiO_2 的残余熔浆向压力减小的方向运移离开晶体网贯入到另一空间，从而形成不同成分的岩浆岩。有人认为，在某些大岩体附近的围岩中发育的各种细晶岩、伟晶岩或煌斑岩，可能是由于压滤作用形成的。

摩擦作用（frictional action），是指岩浆及其早期析出的晶体在流动过程中与围岩接触带发生摩擦，使早期析出的晶体滞留于岩体的边部形成一种岩石，而残余熔浆可继续流动，在别处冷凝结晶而形成另外一种岩石。这种作用可与携带冰块的流水相比，冰块总是停留在水流缓慢、摩擦力较大的岸边。俄国学者芦契茨基曾用这种方式解释沃伦地区斜长岩的成因。

（2）熔离作用（liquation），是指原来成分均匀的岩浆在冷却过程中分离成几种成分各异互不混熔的派生岩浆的过程与结果。这种作用类似于日常生活中油和水的关系，或炼铁炉中铁水和炉渣熔体的关系。格里戈里耶夫（A. T. Григорьев，1935）曾作了加入氟化钙的硅酸盐熔浆的熔离实验，高温时熔体成分相当于碧玄岩成分，在冷却到一定温度时，均匀的熔体则分离成互不混熔的几层熔体，上部为相当于碱流岩的玻璃质层，中部为相当于白榴橄榄岩的乳浊层，下部为橄榄岩成分的玻璃质层。该实验证明，硅酸盐熔体中如有挥发组分存在时，可以发生熔离作用。

很多岩石学家把斜长岩和辉长岩中条带状构造以及玻璃质岩石中的球粒结构，都看作是熔离作用的证据；有人把岩浆成因的碳酸盐岩也认为是岩浆熔离作用的结果。

实验证明，不仅硅酸盐熔体本身可产生熔离作用，而且某些金属硫化物和氧化物也可从硅酸盐熔体中熔离出来形成矿床。A. R. Philpotts（1967）曾通过实验证实，含磁铁矿、磷灰石的闪长岩熔浆在温度降低时，可熔离出富含磷灰石、富含磁铁矿及富含硅酸盐三种不同成分的熔体，并以此解释瑞典基鲁那铁矿的成因。由此可知，熔离作用在岩浆分异过程中起着重要作用。

（3）扩散作用（diffusion）。岩浆在冷凝过程中，其中心和边缘部分常存在一定的温度差异，致使高熔点的难熔组分向温度较低的边缘部分集中，此种现象称为扩散作用。实验证明，透辉石和斜长石熔浆在1500℃时，其组分的扩散系数为每昼夜0.015g/cm^2，这表明在硅酸盐熔浆中存在着扩散作用。扩散的速度是不稳定的，一般来说，温度越高，扩散能力越大；熔浆中含挥发分越多，扩散能力也越大。根据索列原理，在熔体中，高熔点组分常向低温区扩散。通常岩体边缘靠近围岩处冷凝速度较快，因此常常可见到，在某些岩体的边缘，橄榄石、辉石等高熔点难熔组分的浓度相对较高，在岩体中心部分长石、石英等低熔点组分相对集中，从而形成边部岩石偏基性、中心岩石偏酸性的分离结晶现象。但也有人否认岩浆中扩散作用的存在，认为岩浆粘度较大，其中分子和原子的扩散现象不像水溶液中那样容易，因此他们认为岩体边部暗色矿物的集中并非由扩散作用引起，而是同化混染作用或其他方式形成，这种观点有待进一步研究。

（4）气运作用（gas transportation），是指在岩浆活动过程中，所含的挥发组分常可携带某些组分一起运移，从而使岩浆成分发生改变的一种作用。气体搬运物质的能力取决于气体的温度和压力。在超临界温度下，压力增大会使气体密度加大而接近于液态，此时气体溶解物质的能力很强。当围压低于岩浆的内压时，在凝固阶段即发生气体沸腾，并携带溶解物质上升。在某些岩体的上部，常见有富含挥发组分的黑云母、角闪石、白云母、磷灰石、电气石、黄玉、萤石等矿物，就是气运的结果；在喷出岩体的上部，常见含有较多Fe_2O_3的红色气孔带，也是岩浆析出的气体携带FeO上升到岩体上部后经强烈氧化而成。

此外，气运作用还可携带某些金属元素向着压力减低的方向运移，并在岩体顶部和边部富集成矿，如某些W、Sn、Be、Nb、Ta等矿床均是经气运作用而形成的。

2. 同化混染作用

同化作用（assimilation），是岩浆熔化了围岩及捕虏体，并使其成分、结构、构造发生改变的过程与结果，主要指岩浆对围岩的改造；混染作用（contamination），是岩浆熔化了围岩及捕虏体，使岩浆本身成分发生改变的过程与结果，主要指围岩对岩浆的改造。二者密切相关，实则为同一事物的两个侧面，常统称为同化混染作用。

同化混染作用（assimilation and contamination）的过程，就是岩浆熔化、熔蚀或交代围岩及捕虏体的过程。温度是控制同化混染的首要因素，高温的岩浆具有足够的热量时，可以完全熔化围岩及其捕虏体，否则只可通过互相反应或交代形成新的矿物。挥发组分对同化混染也有重要影响，它具有极大的渗透和扩散能力，在反应和交代过程中起着催化剂的作用。如花岗岩浆与玄武岩质岩石发生同化混染作用时，不能使后者全部熔化，而只能使其中辉石类矿物转化为角闪石、黑云母，使基性斜长石转变为酸性斜长石或产生环带结构等。此外，同化混染作用还受以下三种因素的制约。

(1) 岩浆侵入时的地质条件影响同化混染作用的进行。在构造活动带，断裂构造发育，岩浆穿透性较强，有利于同化混染作用的进行。在复杂褶皱带轴部比翼部同化混染作用更强；在相对稳定的地台和地盾区，岩浆穿透能力较弱，不利于同化混染作用的进行。

(2) 岩浆侵入的深度和岩体的形态也是影响同化混染作用的因素之一。一般岩体侵入深度越大，所含挥发分越多且冷却越慢，有利于同化混染作用的进行。岩体规模越大，形态越不规则，与围岩接触面积大，较有利于同化混染作用的进行。地球上规模巨大的深成不整合侵入体常伴随有强烈的同化混染作用，就是有力的证据。

(3) 围岩成分也是影响同化混染的重要因素。一般围岩成分与岩浆成分差异越大，同化混染作用越明显。如花岗岩浆侵入到石灰岩中，可使岩浆中钙质含量明显增加，硅质含量有所减少，可形成相当于闪长岩和花岗闪长岩质的混染岩，甚至可形成辉长岩和辉长闪长岩质混染岩。我国黑龙江大罗密地区，花岗岩与富含Ca、Mg、Fe的围岩发生同化混染作用后，便形成辉长岩和辉长闪长岩质混染岩。又如花岗岩浆侵入到富铝的泥质岩后，经同化混染作用可形成高铝花岗岩，并出现硅线石、堇青石、红柱石甚至刚玉等富铝矿物。

过去对花岗岩类岩石的同化混染作用研究较多，而对基性—超基性岩类的同化混染作用研究较少，其实基性—超基性岩类由于岩浆形成温度较高而更有利于同化混染作用的发生。如我国北京延庆辉石岩与花岗岩的接触带附近形成了辉长岩质的混染岩；河北大庙等地也多处发现辉长岩与围岩发生同化混染作用，并形成辉长—苏长岩质混染岩。

同化混染作用可在岩石中形成特殊的结构构造，如捕虏体构造、斑杂状构造、条带状构造以及斜长石中的反环带结构、碱性长石中的交代条纹结构及交代蠕英石结构等。

此外，同化混染作用过程中还可使围岩中的某些金属元素富集成矿，如某些锰矿是岩浆同化了含锰石灰岩形成的；某些钨矿是岩浆同化了含钨的铝硅酸盐岩石形成的。

3. 岩浆混合作用

研究表明，某些岩浆岩可由两种及多种不同类型岩浆混合形成。凡由两种及多种不同类型岩浆以不同比例混合而形成新的不同成分岩浆岩的过程与结果称岩浆混合作用。

1951年，Bunson等人通过研究认为，冰岛地区某些英安岩是由玄武岩浆和流纹岩浆混合而成。混合作用的主要证据就是在这类岩石中各种矿物之间出现明显的不平衡现象，如两种成分相差较大的斜长石同时存在，斜长石和石英被辉石类矿物包裹等。I. L. Gibson (1963) 发现斯凯岛上的花岗闪长岩是由含铁质的辉长岩浆与酸性岩浆按不同比例混合而成的，其中斜长石和石英被辉石包裹就是有力证据。

法国岩石学家J. Didier曾对花岗岩中各种包体进行研究后发现了一种微晶粒状包体，这种包体呈浑圆形，具基性岩或中性岩特有的结构，因而提出在花岗岩类岩石中如发现大量微晶粒状包体时，便可认为是酸性岩浆与基性岩浆混合作用的产物。近年来，随着同位素地质研究的发展，K. 贝尔和 J. L. 鲍维尔等人试图用$^{87}Sr/^{88}Sr$、Rb/Sr 比值的变化，来解释非洲西部富含钾质的岩石是由超基性岩浆和酸性岩浆混合而成的。

上述原始岩浆演化过程中的分异、同化混染及混合等作用，均是岩浆及岩浆岩多样性的主要因素。在自然界，这三种作用经常是同时并存、互相促进又互相制约的，它们都是岩浆演化的不同表现形式。不过总体而言，岩浆分异作用在构造稳定的地台区表现更明显，而同化混染作用和岩浆混合作用则在构造活动的造山褶皱带表现更加突出。在具体研究时，要针对不同地区的特征，详细汇总资料，再做具体分析。

三、主要岩浆岩的成因

原始岩浆是上地幔或地壳物质在地球内动力作用下经部分熔融而成的一种熔融体，它可以直接结晶形成岩浆岩，更会在上升过程中演化形成各种派生岩浆，再冷凝形成类型更多样复杂的岩浆岩体。现就主要类型岩浆岩的成因进行简要讨论。

1. 超基性岩的成因

关于超基性岩的成因，主要有以下三种观点：

（1）由玄武岩浆经重力分异作用形成超基性岩。根据地球物理的研究和近代火山的观察表明，上地幔的物质（称地幔岩）与三份纯橄榄岩加一份拉斑玄武岩相当，或者与二辉橄榄岩相当。按正常地热梯度计算，上地幔软流层的顶部温度为 500～1000℃、底部为 1200～2000℃，由于压力巨大，软流层经常仍处于半塑性状态。但是，在地球内动力作用下，特别是断裂构造影响下，可造成局部压力降低将导致地幔物质部分熔融而形成岩浆。林伍德（A. E. Ringwood）以实验证明，软流层经部分熔融后，其上层形成拉斑玄武岩浆，下层形成橄榄岩浆。当这些岩浆在构造比较稳定的地区侵位时，重力分异现象明显，常形成层状分异的岩浆岩体，即自下而上依次为纯橄榄岩、辉石橄榄岩、辉石岩、辉长岩等。如世界上著名的加拿大肖德伯里大岩盆、南非布什维尔德大岩盆，均认为是玄武岩浆经重力分异而成的超基性—基性杂岩体。

（2）由上地幔橄榄岩浆直接结晶而形成超基性岩。这种超基性岩，主要由上地幔物质局部熔融而形成的橄榄岩浆在构造运动的驱使下，沿某些断裂褶皱带挤入到地壳上部冷凝而成。此种类型的超基性岩体，一般不与基性岩共生而呈独立的岩体，常沿褶皱造山带呈条带状、透镜状或链状分布。如我国内蒙古锡林郭勒盟超基性岩带、青海祁连山超基性岩带，有人认为是由橄榄岩浆直接侵入而成独立的超基性岩体。

1968 年在南非首次发现科马提岩（komatiite）以后，由上地幔物质经局部熔融而产生超基性岩浆的观点进一步得到证实。科马提岩中典型的鬣刺结构（呈放射状分布的橄榄石骸晶或向同一方向平行连生的晶簇）与镁橄榄石熔渣结构十分相似，表明它是由橄榄岩浆喷出地表直接冷凝而形成的。

（3）由亏损（残余）的地幔橄榄岩块构成超基性岩。一些深源超基性岩包体和一些阿尔卑型超基性岩块，其围岩无接触变质现象，而成分中某些微量元素和稀土元素与玄武岩呈互补关系。对此，林伍德等设想是地幔岩被加热到 1500℃左右时，产生易熔的玄武岩浆和剩余的难熔的地幔橄榄岩残余碎块，或被其他岩浆包裹携带到达地表，或挤入地壳浅处形成深源超基性岩包体和一些阿尔卑斯型超基性岩块。不过，有人认为阿尔卑斯型橄榄岩也是由橄榄岩浆直接侵入深断裂带冷凝而成。

超基性岩成因问题的最终解决尚须时日。

2. 基性岩的成因

从 1928 年鲍文提出一元论假说以来，地球上玄武岩浆的存在已得到公认。但对于玄武岩浆的来源仍有两种看法，有人认为玄武岩浆是由下地壳的硅镁层局部熔融产生，也有人认为它是由上地幔物质局部熔融产生。全球地质调查表明，这两种成因的玄武岩浆都可能存在，前者易于形成独立的或与中酸性岩共生基性岩体，后者易于形成与超基性岩共生的基性岩体。

特殊种属细碧岩的成因争论较大。大量资料表明，细碧岩枕状构造发育，常与放射虫硅质岩伴生，有时沿走向逐渐过渡为玄武岩，常见拉长石被钠长石交代、辉石被绿泥石交代的现象。因此，细碧岩是玄武岩浆在海底喷发后经钠质交代而形成的解释更为可信。

苏长岩和斜长岩的成因，有人认为是由玄武岩浆经岩浆分异作用形成，也有人认为是由玄武岩浆同化混染泥质岩和石灰岩形成，各持己见，争论仍在继续。

3. 中性岩的成因

中性岩岩浆的来源，目前仍有不同的看法，归纳起来大致有以下三种观点：

（1）由玄武岩浆分异而成。最早，鲍文从一元论观点出发，认为安山岩浆是由玄武岩浆分异而成。他的主要依据是在某些地区安山岩与玄武岩共生，而且在岛弧和大陆边缘安山岩与玄武岩有相似的$^{87}Sr/^{88}Sr$初始比值。深入的地质调查表明，地壳上有玄武岩的地方未必有安山岩，而在有安山岩的地方常缺少伴生的玄武岩，同时根据某些微量元素的分析结果，都不能支持安山岩浆是玄武岩浆分异而成的观点。

（2）由玄武岩浆与地壳硅铝层同化混染而成。这种观点的主要依据是，安山岩化学成分介于玄武岩和花岗岩之间，地壳的硅铝层成分接近于花岗岩成分，从理论上说玄武岩同化混染硅铝层物质，可形成相当于安山岩成分的岩石。但安山岩主要分布于岛弧地区，而岛弧地区硅铝层很薄甚至缺失，且安山岩与玄武岩$^{87}Sr/^{88}Sr$初始比值均很低（0.7030～0.7050），与大洋玄武岩一致，与硅铝层有较大的差异，证明没有地壳物质的混染。

（3）由上地幔物质受板块俯冲作用影响部分熔融而形成。近年来板块学说的研究认为，大洋板块向大陆板块俯冲时，含 H_2O 的矿物在 100km 深处将发生强烈的脱水反应，放出大量的 H_2O，挥发组分 H_2O 的加入使上地幔物质部分熔融，产生富含 H_2O 的玄武岩浆，当其上升到距地表 20～40km 范围时，经由分异作用可衍生出安山岩浆，沿垂直裂隙喷出地表和侵入地壳不同部位，从而形成不同类型的中性岩。

4. 酸性岩的成因

以花岗岩为代表的酸性岩的成因，长期以来就有岩浆说和交代说的争论。但越来越多的事实说明这两种成因的花岗岩都是客观存在，且都与地壳的形成和发展相联系。

根据 O. F. Tuttle 和 G. F. Winkler 等人的研究，地壳中硅铝层物质在含有一定水分的情况下，均可在 650～750℃左右熔融形成花岗质熔浆，其熔融温度要比玄武岩低得多。在地壳深部地热异常区，完全可以达到这样的温度，因此很多人主张大陆地壳中硅铝层的部分熔融可产生花岗岩浆。此外，玄武岩浆在其上升过程中通过分异作用或同化混染作用也可形成花岗岩浆。这些花岗岩浆通过侵入和喷出可形成各种花岗岩和流纹岩。

在某些地槽褶皱带，花岗质岩石常与区域变质岩、混合岩密切共生并相互过渡，无烘烤和接触变质现象，岩石中矿物之间交代现象十分发育。许多人认为这类花岗质岩石是交代作用形成的，即在地槽沉积物褶皱回返时，较高的温度和压力可使沉积物发生区域变质，来自地壳深部富含碱、硅的稀薄溶液通过渗滤交代，使区域变质岩逐步转变为花岗质岩石。这个交代过程，基本上在固体状态下进行，故称交代型花岗岩，它在地壳中广泛分布。当温度增高，交代作用进一步加强，也可产生部分熔浆，称再生岩浆，在构造作用下，也可侵入到地壳上层，形成再生岩浆花岗岩，常与交代花岗岩密切共生。

5. 碱性岩的成因

关于碱性岩的成因，大致有三种观点：

（1）碱性岩浆来自上地幔物质熔融部分。格林等人的实验表明，上地幔物质在较大的压力和较低的熔融程度时，可熔出1%～5%的霞石岩岩浆和碧玄岩岩浆，喷出地表可形成碧玄岩、碱玄岩和霞石岩。

（2）由玄武岩浆或花岗岩浆分异形成。许多学者通过实验证明，碱性玄武岩浆在其运移和演化过程中，经分离结晶作用可形成响岩类碱性熔岩。同样，与花岗岩、碱性花岗岩、正长岩密切共生的碱性岩体也是分异的产物。如我国云南个旧花岗闪长岩—霞石正长岩杂岩体，出露面积共340km^2，其中霞石正长岩类42km^2，其侵入顺序从早期至晚期为花岗闪长岩—细粒霞石正长岩—中粒霞石正长岩—粗粒霞石正长岩，它们在化学成分、矿物成分上具有明显的继承性，说明这些碱性岩是由花岗岩浆在深部分异并多次侵入而形成的。

（3）由花岗岩浆同化混染石灰岩形成。形成机理一般认为是石灰岩中$CaCO_3$与岩浆反应，可形成硅灰石、钙铝石榴石等钙硅酸盐和钙铝硅酸盐矿物，且集中在岩体的下部，残余岩浆中SiO_2含量降低，同时由方解石析出的CO_2及其他挥发组分携带碱质（K_2O、Na_2O）上升到岩浆房的顶部，形成碱性岩。

由上述可见，碱性岩的成因比较复杂，很难用统一的模式解释，需根据实际资料具体分析。

第二节　板块运动与岩浆岩的分布

一、板块构造与岩浆活动

20世纪60年代晚期提出板块构造学说以来，不少学者力图用板块构造学说解释岩浆活动与岩浆岩分布的规律，取得了许多重要的进展。板块学说及地球物理资料均表明，地球上部的岩石圈是由厚50～150km的刚性块体——岩石圈板块拼合而成的。这些板块附着于深部塑性较大的软流层之上。上地幔物质局部熔融形成基性岩浆不断地从大洋中脊向上涌出，形成新的洋壳并向两侧缓慢运移，从而引起板块的相对运动，导致大洋板块与大陆板块之间、大洋与大洋板块之间以及大陆与大陆板块之间的俯冲及碰撞。显然，洋中脊、俯冲带及碰撞带等板块边缘地带，是构造运动最强烈、差异变动最明显、断裂活动最发育的地区，也是岩浆活动最强烈、岩浆岩分布最广泛的地区。各板块的内部一般是比较稳定的地区，岩浆活动相对较弱。也就是说，岩浆活动及岩浆岩的分布明显受板块运动的控制。根据目前研究，板块边缘的岩浆活动大致有下列三种情况。

1. 大洋板块与大陆板块碰撞俯冲带的岩浆活动

大洋中脊附近由于上地幔物质不断向上涌出，形成拉斑玄武岩质新洋壳并向两侧运移，当到达与大陆交界处的海沟后受到很大阻力，便向大陆板块下方俯冲形成俯冲带，当下插到70～100km左右的深度时，由于摩擦作用而产生很大的热能，且越往深处温度越高，当到达上地幔的软流层时，温度可高达1100～1300℃，使上地幔物质发生局部熔融，形成“再生”岩浆。这些“再生”岩浆沿俯冲带上盘的某些垂直裂隙带不断上升，在上升过程中经过岩浆分异作用、同化混染作用及岩浆混合作用，形成各种派生的岩浆，并侵入到地壳上部或喷出地表，形成各种类型的侵入岩和喷出岩。根据某些学者的研究，在板块俯冲的不同深度，可派生出不同成分的岩浆：在60～40km深处，可形成玄武安山岩质的岩浆；在40～20km深处，可形成安山岩质的岩浆；在20km以上，可分离出酸性更强的英安岩质和流纹岩质的岩浆。有人认为，环太平洋的安山岩带就是在大洋板块向大陆板块俯冲后形成的火山岛弧和火山链（图7-1）。

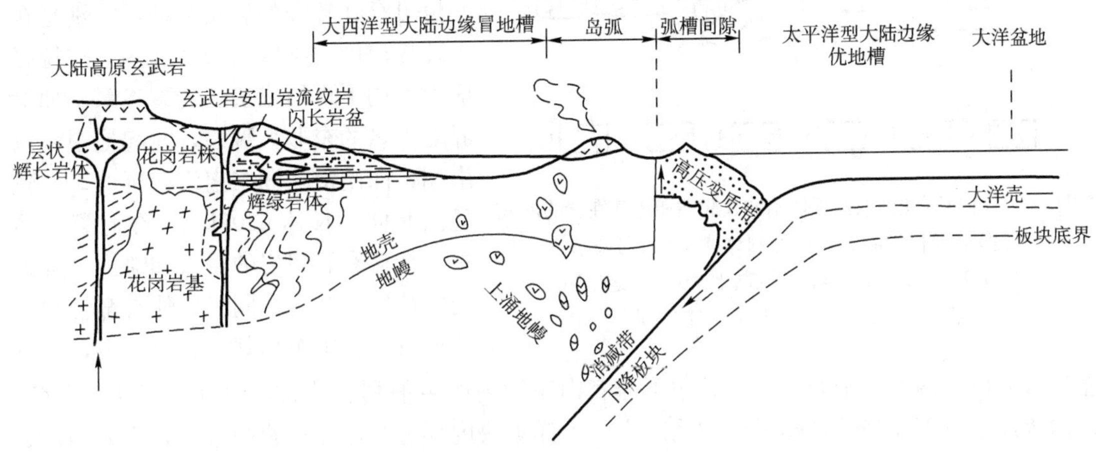

图7-1　大洋板块与大陆板块俯冲带岩浆作用示意图（据都城秋穗，1972）

大洋板块与大陆板块俯冲的结果，除了形成广泛的安山岩带外，在东太平洋的美国西部和西太平洋的日本北部，还形成了100～200km左右的以玄武岩为主的火山岩带，从靠近太平洋的拉斑玄武岩向大陆方向逐渐变为高铝玄武岩和碱性玄武岩。此外，在俯冲带除形成安山岩和玄武岩外，还有大规模花岗岩的侵入。如美国西部的加利福尼亚州、俄勒冈州、内华达州、新墨西哥州以及南美的安第斯山和我国东部的许多花岗岩，都可能是由于板块俯冲作用而形成。

2. 大洋板块与大洋板块边界地带的岩浆活动

大洋中脊是海底扩张的起点，由于海底扩张，使深部上地幔物质局部熔融产生大规模的深海拉斑玄武岩，且分布在海平面以下2000～3500m深处，构成大洋壳的主要部分，其中常含有来自上地幔的二辉橄榄岩质包体，这种现象在地球上四大洋都普遍存在，并以大西洋和印度洋规模最大。在大洋中脊和远离大洋中脊的岛屿上，除玄武岩外，从未发现大规模的花岗岩，说明地球上的原始地壳相当于基性岩，而花岗岩基本上是以后再生的。

在大洋板块之间的俯冲碰撞带，同样也是岩浆活动的强烈地带，如太平洋西南部马里亚纳、汤加、克马德克、阿留申等地广泛分布的安山岩带，很多人认为是大洋板块与大洋板块碰撞带中形成的。由于大洋深处大洋板块之间碰撞的资料较难获得，目前正在进一步深入研究之中。

3. 大陆板块与大陆板块碰撞带的岩浆活动

目前研究最多最典型的是喜马拉雅山地区，该区从古近纪开始，印度大陆板块即向北俯冲到欧亚大陆板块之下，俯冲带位于现今我国西藏高原的雅鲁藏布江以北，此处是两大板块的碰撞缝合带（图 7－2）。两大板块碰撞俯冲的结果，是使地壳硅铝层的厚度大约增加了一倍，最厚可达 70km，并使喜马拉雅山抬升成世界屋脊。俯冲的陆壳由于温度升高，可局部熔融产生大规模的“再生”岩浆，沿俯冲带上盘喜马拉雅山区侵入形成大规模的花岗岩和超基性岩带。

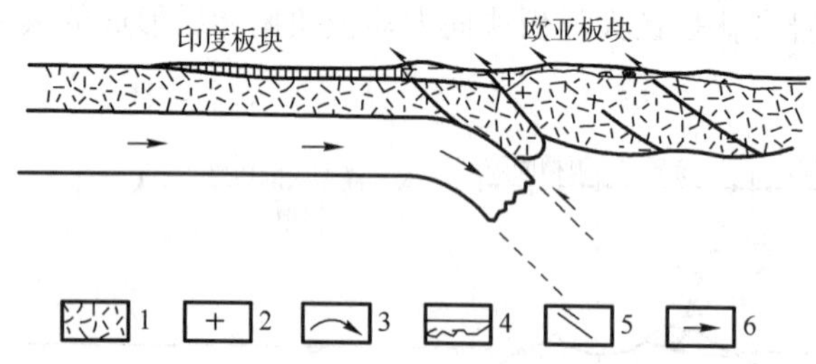

图 7－2　印度板块向欧亚板块俯冲及酸性和超基性岩的形成（据中国科学院青藏高原科学考察队，1981）
1—大陆壳；2—花岗岩；3—超基性岩；4—变质岩；5—冲断层；6—板块运动和俯冲方向

应该指出，板块内部一般是相对稳定的地区，构造—岩浆活动较弱，但有时也可存在较强的岩浆活动，特别是在大陆板块内部某些大型隆起区，在拉张应力作用下可形成狭长的裂谷系。如世界上著名的东非大裂谷，北起地中海东南端，向南沿非洲东南沿海延伸，大致呈南北向，长达 6000km。在此裂谷系中，常伴有岩浆岩的侵入和喷出，且以弱碱性岩石为主，同时还伴有金伯利岩的形成。我国东部郯—庐大断裂，也可能是大陆板块内部一个裂谷系，其中不但有山东境内的金伯利岩分布，而且在苏北、东海、赣榆等地还发现相当于地幔成分的榴辉岩。大洋板块内部有时也存在着构造—岩浆活动，如夏威夷群岛的拉斑玄武岩—碱性玄武岩喷溢序列，既不处于大洋中脊，也不处于板块边界的岛弧地带，而位于太平洋板块内部，显然是大洋板块内的岩浆活动。此外，在格陵兰、西伯利亚、印度中央高原等地玄武岩的分布，也可能属于板块内的岩浆活动。板块内的岩浆活动与板块运动的关系尚有待深入研究。

二、我国岩浆岩分布概况

我国幅员辽阔，地质构造复杂，岩浆活动和岩浆岩的分布十分广泛。

1. 前寒武纪的岩浆岩

前寒武纪早期，包括泰山期、五台期和吕梁期，地质年龄大致在 25 亿～17 亿年之间。

这一时期，侵入岩主要为混合花岗岩、基性岩和超基性岩，大多分布在天山—阴山、秦岭—昆仑山之间，以华北、东北南部、山东、河南、山西等地分布最广。如辽宁锦西兴城、山东泰安、燕山、大青山、鞍山、嵩山等地的花岗岩和伟晶岩，五台山、太行山、吕梁山、昆仑山等地的变质基性岩和超基性岩，都是在这一时期形成的。

这个时期的喷出岩大多是变质的中性、基性及少量酸性火山岩，以五台山、太行山、吕梁山、昆仑山等地变质火山岩和细碧角斑岩为代表。

前寒武纪晚期，包括安东期、雪峰期、澄江期及第四期的岩浆活动，地质年龄介于 17

亿～6 亿年之间。

这一时期，侵入岩以花岗岩、闪长岩为主，也有少量基性、超基性岩分布，主要分布在云南、贵州、四川、湖北、江西、安徽、浙江东部、广西北部等地。此外，河北大庙—黑山地区的斜长—苏长岩及北京密云的更长环斑花岗岩，也认为是本期侵入的结果。

这个时期的喷出岩大多为细碧岩和角斑岩，主要分布在我国北方，其次在西南和东部也有零星出露，广泛出现在昆仑山、大小兴安岭、秦岭、祁连山、大别山及云南、贵州、四川等地。此外，在河南西部还有变质中酸性火山岩，在燕山地区还有碱性粗面岩的发现。

2. 古生代岩浆活动

这一时期包括加里东期和海西期的岩浆活动，地质年龄介于 5.7 亿～2.5 亿年之间。

加里东期，地质年龄为 5.7 亿～3.75 亿年，主要侵入岩为花岗岩和混合花岗岩，大多分布于祁连山、阿尔金山及湖南、广西、广东、江西等地；其次在昆仑山、大巴山、龙门山、大兴安岭、秦岭、内蒙古、天山及云南西部也有零星出露。此外，在祁连山还有超基性侵入岩分布。这个时期的喷出岩主要分布在祁连山、秦岭、昆仑山等地，以细碧角斑岩为主，在湖南、广西、广东、江西、福建等地还有变质中基性火山岩出露。

海西期，地质年龄为 3.75 亿～2.5 亿年，是我国地质历史上比较强烈的一次岩浆活动。侵入岩体早期以超基性、基性岩为主，中期以花岗岩类为主，晚期以碱性花岗岩为主，主要分布在东北、内蒙古、阿尔泰、准噶尔、天山、昆仑山等地；此外，在我国西南地区及台湾有基性、超基性岩出露，湖南、广西、广东、江西等地有花岗岩及混合花岗岩出露。这一期的喷出岩主要为基性、中性、酸性火山岩，部分为细碧角斑岩，大多分布在大兴安岭、天山、秦岭、昆仑山等地，在云南、贵州、四川和秦岭地区有巨厚的“峨嵋山玄武岩”喷发。

3. 中生代岩浆活动

这一时期包括印支期和燕山期的岩浆活动，地质年龄为 2.5 亿～0.6 亿年，是一个重要的岩浆活动时期。

印支期，地质年龄为 2.5 亿～1.85 亿年，这一时期的侵入岩以花岗岩为主，还有少量基性岩、超基性岩，主要分布在云南、四川西部、西藏东部及长江中下游及秦岭等地。此外，在辽宁东部、四川、云南边境还有碱性岩出露。这一时期的喷出岩较不发育，仅在西南金沙江流域、青海南部及西藏东部有零星分布的中、基性火山岩，规模一般较小。

燕山期，地质年龄为 1.85 亿～0.6 亿年，是我国地质历史上最强烈的一次岩浆活动。这一时期的侵入岩以花岗岩为主，还有少量中性、基性、超基性侵入岩和碱性花岗岩，分布遍及全国各地，以我国东部浙江、江西、福建、秦岭、长江中下游、山东半岛、燕山、大兴安岭等地最为发育，此外在云南、西藏等地也有出露。在山西、辽宁、山东、河北等地还发育碱性岩，山东、贵州等地还有金伯利岩产出。这一时期的喷出岩以中酸性火山岩为主，也有少量基性火山岩，主要分布在我国东部，北起大兴安岭，南至广东，形成长 3000km，宽 300～800km 的火山岩带。其次，在我国西南和西北地区，如横断山脉、祁连山、昆仑山、柴达木、北山、阿拉善等地也有不少中基性火山岩出露，部分地区还有海底喷发的细碧岩。

4. 新生代的岩浆活动

这一时期主要是喜马拉雅期的岩浆活动，地质年龄从0.6亿年至今。

侵入岩主要分布在西藏和青海南部，以花岗岩和基性—超基性侵入岩为主。其中，花岗岩的侵入集中在喜马拉雅山、冈底斯山和念青唐古拉山一带，多以小型侵入岩产出；基性—超基性岩体往往沿印度板块和欧亚板块的碰撞缝合线呈长条带状分布，长达千余千米。

喜马拉雅期的喷出岩以中基性火山喷发最为活跃，主要分布在我国东部广大地区。北起黑龙江南至海南岛，均有古近纪、新近纪、第四纪的玄武岩、碱性玄武岩喷发。如黑龙江的五大连池、山西大同、河北汉诺坝、江苏南京及海南岛北部等地均有著名的新生代基性熔岩分布。此外，在西北和西南地区，如祁连山、天山、塔里木、云南、西藏北部及秦岭地区也有中基性、中酸性和碱性火山喷发，但其规模远不如东部普遍和强烈。

由此可知，我国境内岩浆活动遍及各个地质时期，但岩浆活动的规模、强度及岩石类型各地都有不同程度的差异，而且越近晚期，我国中、新生代岩浆活动表现得越为强烈，对进一步探明与岩浆活动有关的矿产和查明矿产资源的分布，都具有十分重要的理论和实际意义。

第八章　变质岩总论

第一节　变质作用及变质岩

一、变质作用与变质岩的概念

组成地壳的矿物岩石，都是在一定地质条件下经由一定地质作用形成并稳定存在的，它们又处于不停地运动、变化和发展之中。受岩浆活动、构造变动等内力地质作用的影响及驱使，已形成的矿物岩石（包括岩浆岩、沉积岩和变质岩等），将离开其初始形成环境而处于新的物理化学条件之下，为适应新的环境，原有矿物岩石虽在固体状态下仍将会发生不同程度的变化，甚至形成新矿物、新岩石。

这种在地球内力地质作用下引物理化学条件改变，导致原有矿物岩石为适应新的地质条件在固体状态下发生变化并形成新矿物岩石的作用（过程与结果），称变质作用（metamorphism）。由变质作用形成的新矿物及新岩石，称变质矿物及变质岩。变质岩是组成大陆地壳的主要岩石类型之一。

变质作用是在较高的温度和压力下进行的，动力来自地球内部，是内力地质作用的次级类型，因而它不同于在常温常压下进行的沉积作用与风化作用。变质作用基本是在固体状态下进行的，因而与岩浆作用也有区别。只有当变质作用异常强烈、温度和压力都很高、原岩发生局部甚至全部重熔时，变质作用和岩浆作用就很难严格区分开了。

根据原岩种类的不同，变质岩可分为两种类型：正变质岩，由岩浆岩经变质作用后形成的变质岩；副变质岩，由沉积岩经变质作用后形成的变质岩。

变质岩的诸多特征既与变质作用类型及强度有关，还受原岩类型及性质的控制，在成分上常常表现出明显的变异性及一定的继承性；变质岩的野外产状也与原岩类型有关，并常常与原岩存在一定的渐变过渡关系。这些特点都是识别变质岩的重要标志。

变质岩在我国分布相当广泛，在地质历史上从前震旦纪至新近纪都有变质岩的分布，特别是前震旦纪的地层，绝大部分属变质岩，多分布在古老结晶基底和构造活动带中。如东北地区的鞍山群和中南—西南地区的昆阳群板溪群等，都是典型的古老变质岩系。

变质作用和其他地质作用同样都是地壳发展演化的产物，因而，对变质作用和变质岩的研究，有助于认识地壳发展历史和演化规律。变质作用又是重要的成矿作用，已经形成的岩石及矿床在变质作用影响下可发生不同程度的改造，进而可形成许多新的矿床，即变质矿床。已知的变质矿床分布广泛类型繁多，比较重要的有沉积变质铁矿（占全部铁矿床的60%以上）、变质磷矿、菱镁矿，还有滑石、石墨、石棉、刚玉等矿床等。研究变质作用有助于了解变质矿产的形成及赋存规律、探求找矿方向。变质岩的某些特征及分布规律还是板块构造学说的主要论据之一。

二、变质作用的因素

变质作用的因素，主要指引起岩石发生变质的内在因素和外在因素。

1. 内在因素——原岩性质

原岩的成分、结构、构造等性质是变质作用的基础，是变化的根据，因此这些性质均对变质作用及变质岩有不同程度的影响。原岩的成分直接控制变质岩的矿物及化学组成。例如，石灰岩经热接触变质作用或区域变质作用只能形成大理岩，砂岩或硅质岩经同样的变质作用只能变成石英岩，绝无可能转变成大理岩；泥质沉积岩在热接触变质作用或区域变质作用中可以形成角岩、板岩、千枚岩、片岩或片麻岩，这些变质岩类型不同、矿物组成各异、结构构造各不相同，但它们的化学成分却仍然基本相似。这是因为变质作用基本是在固体状态下进行的，一般没有物质的带入与带出，有时候即使有水或其他活泼性流体的参与，在总体上数量是有限的因而对原岩成分的影响同样是有限的。

原岩的粒度对变质作用的影响也很明显，因为，变质反应往往是从矿物颗粒表面开始的。原岩矿物颗粒越细，比表面积越大，矿物颗粒之间或矿物颗粒与粒间（孔隙）溶液间的变质反应速率就越快。所以，在一般情况下，粒度极细小的泥质岩及泥晶灰岩变质反应速率最快，对环境条件的变化特别敏感，极易发生变质作用。

原岩的孔隙度和裂隙性对化学反应也有影响。一般当原岩孔隙度较大、裂隙较发育时，有利于流体及热能的渗透传递，有利于变质反应的进行。有些脆性岩石受力极容易破裂形成许多裂隙，同样有利于流体的活动，变质反应同样能较快地进行。

原岩的某些构造也影响流体的渗透与热能的传递循环。如原岩的层理、原生节理等，都可作为流体的通道。一般来说，顺层理方向比垂直层理方向更有利于流体的渗透和热流的传导。上述这些都将加速变质反应的速率，促使变质作用的发生与完成。所以，在相同的变质环境条件下，性质不同的原岩常可形成不同的变质岩。

2. 外部因素——温度、压力及流体等环境条件

影响变质作用的外部因素，主要是指原岩所处的物理化学条件，包括温度、压力及化学活泼性流体，它们是引起原岩发生变质作用的重要因素。

1）温度的变化是引起变质作用最主要的最积极的因素

大多数变质作用是在温度升高或温度变动的情况下进行的。温度的变化对变质作用的影响主要表现有如下几方面。

（1）温度升高有利于重结晶作用的发生，有利于矿物多形转变的完成。在较高温度条件下，岩石内部质点的活动能力增大，有利于质点重新排列组合，有利于非晶质转变为结晶质、细小晶粒变成较大晶粒。如非晶质蛋白石重结晶为玉髓、再结晶成石英，最容易在温度升高的条件发生；在热接触变质作用中，隐晶质的石灰岩变显晶质的大理岩；变质岩中蓝晶石、红柱石因温度升高而转变为矽线石等，均是温度导致并加速变质的例子。

（2）温度是变质反应中最重要的热力学平衡参数。温度的变化能够左右放热变质反应的进行方向，进而影响变质产物的类型与特征。如高岭石等粘土岩与红柱石角岩（红柱石和石英的组合）之间有吸热反应：

$$Al_4[Si_4O_{10}](OH)_8 \underset{放热}{\overset{吸热}{\rightleftharpoons}} 2Al_2[SiO_4]O + 2SiO_2 + 4H_2O$$

高岭石　　　　　　红柱石　　　　石英

因此，在较高温度时反应向右进行，生成吸热的矿物组合红柱石角岩；在低温下粘土岩永远不能变质成角岩，甚至在低温的风化条件下角岩还将变为粘土。

实验表明，对含水矿物不断加热，其层间水、结晶水、结构水等将逐一脱出，即随着温度的升高变质作用的结果是形成少含水甚至不含水的矿物组合。

(3) 温度是物质质点平均动能的标志，一般温度高质点的平均动能大，从而加速原矿物的离解及新矿物的重组。温度也是物质扩散距离的量度，一般物质扩散距离的平方与温度成正比，即在较高温时物质的扩散距离更远，更有利于原矿物的分解及新矿物的形成。变质岩中许多粗大变斑晶的形成，很大程度上可能与高温时物质的扩散能力有关。

由此可知，温度升高所引起的变质作用主要表现为：增加物质质点的动能与扩散能力，促使并加速矿物重结晶，促进变质反应向吸热方向进行形成高温矿物组合，促成并加速高温的贫水新矿物的形成，促成并加速原岩的结构构造的改变。

变质作用中温度上升的原因是：岩浆侵入体所带来的岩浆热；深度加大而引起的地热增温，但地热增温随深度和地区的不同而有变化；来自地幔的上升热流，主要为放射性元素衰变而产生的放射热；由构造变动的机械能转化而来的热能；地壳中物质相转变而释放出来的热能等。不同来源的热能对不同类型的变质反应所起的作用各不相同。但必须指出，温度不是孤立地起作用的因素，变质作用是在多种因素的有机配合下发生的，温度的变化只是引起岩石变质的诸因素中最重要的因素之一。

2）压力是变质作用的第二个重要因素

压力通常可分为均向压力、粒间流体压力和定向压力等次级类型。

(1) 均向压力，又称围压、负荷压力或静水压力，即岩石在地壳中所受到的来自四面八方的大致相等的压力，也是岩石在一定埋藏深度时所承受的上覆岩层的重力，通常以 p_L 表示，国际单位为 GPa（或 MPa）。一般认为，负荷压力是深度和上覆岩层相对密度的函数，其数值可按深度和岩石平均相对密度计算，大致深度每增加 1km，均向压力增加 0.0275GPa，变质作用一般发生在 3～40km 的深度内，因此其均向压力范围一般为 0.1～1.5GPa。

均向压力主要促使岩石减少孔隙，相对密度和硬度增大。在一定温度下，均向压力还常有利于形成分子体积小而相对密度大的矿物组合（或高压矿物组合）。例如，橄长岩中的钙长石和镁橄榄石在较大压力下可形成石榴石，化学反应式如下：

	$Mg_2[SiO_4]$	$+Ca[Al_2Si_2O_8]$	$\longrightarrow CaMg_2Al_2[SiO_4]_3$
	镁橄榄石	钙长石	石榴石
分子体积（=相对分子质量/相对密度）	43.9	101.1	121
相对密度	3.30	2.76	3.52

又如，钠长石在高压条件下形成高压矿物硬玉：

	$Na[AlSi_3O_8]$	$\longrightarrow NaAl[Si_2O_6]$	$+ SiO_2$
	钠长石	硬玉	石英
分子体积	100	61.7	22.7
相对密度	2.61	3.24～3.44	2.65

另外，某些随温度变化而进行的变质反应往往需要一定的压力条件，而且当负荷压力变

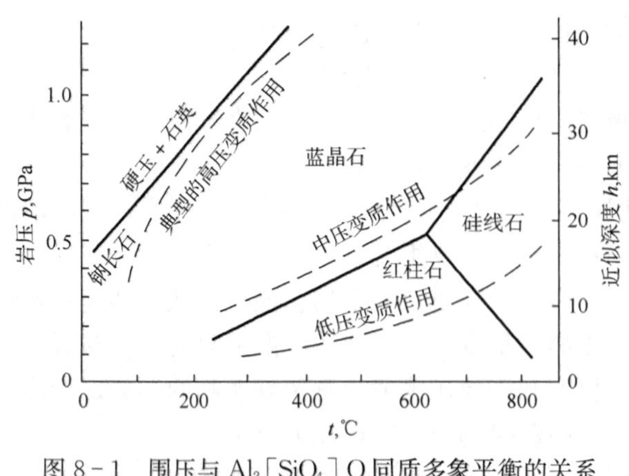

图 8－1 围压与 $Al_2[SiO_4]O$ 同质多象平衡的关系（据都城秋穗，1972）

化时，该特定反应开始发生的温度也随之改变。如红柱石—蓝晶石—矽线石的同质多象转变，其转变点并不固定在某一温度、压力值上，而是随着压力的变化，反应的温度也随之改变（图 8－1）。

负荷压力是变质反应重要的热力学平衡参数之一，它和温度都是独立地决定着岩石中矿物组合的稳定范围，独立地决定着通过特定变质反应形成新矿物组合的可能性。在变质反应过程中，负荷压力的增高，多数情况下可使吸热反应的平衡温度升高。

（2）粒间流体压力，是由岩石颗粒之间存在的少量流体物质主要是水、二氧化碳等对周围物质（包括孔隙四周的壁、顶、底等）赋予的压力，即内压力，又称为流体压力，一般以 p_f 表示。流体相中各组分的分压分别以 p_{H_2O}、p_{CO_2}…表示，其数值与各组分的摩尔百分数成正比，且 $p_f = p_{H_2O} + p_{CO_2} + \cdots$。在地壳较深处的封闭条件下，当流体相在岩石系统中处于饱和状态时，固体岩石所承受的压力能全部传导给流体相，所以，一般是 $p_f = p_L$，它们都取决于上覆岩层的重力。流体压力对绝大多数的脱水反应和形成气相的变质反应有重要的影响。如硅质灰岩的变质反应是：

$$\underset{\text{方解石}}{Ca[CO_3]} + \underset{\text{石英}}{SiO_2} \longleftrightarrow \underset{\text{硅灰石}}{Ca[SiO_3]} + CO_2 \uparrow$$

在常压下（0.1MPa），p_{CO_2} 分压很低，当温度上升至 470℃，CO_2 大部分逃逸反应向右进行，便会有硅灰石结晶；在相同温度下，如压力加大至 100MPa，p_{CO_2} 分压相应增高，反应生成的 CO_2 不能逸散，反应向右不能完成甚至向左进行，将阻碍硅灰石的形成，从而促使其分解。这时只有升高温度至 650℃以上时，才会有硅灰石开始继续结晶。

此外，粒间流体压力对某些矿物的重结晶可起催化剂的作用（促使矿物的水化），而对某些含结构水的矿物的分解起抑制作用。因此，当 p_{H_2O} 增大时，有利于水化反应；当 p_{H_2O} 减小时，则有利于脱水反应的发生。

（3）定向压力，又称应力，是引起岩石变形及变质的重要因素。应力通常和地壳活动带的构造运动及岩浆的灌入有关，在各地区变化很大。在同一个地区定向压力的出现常具有阶段性，一般还随深度增加而减小。

在地壳的浅部，由于负荷压力不大，温度较低，岩石的塑性程度很低，当应力超过岩石的弹性极限时，岩石在应力作用下可发生塑性变形，当超过岩石强度极限时，岩石则破碎形成劈理、节理、裂隙、碎粒等；组成岩石的矿物也会发生变形、碎裂及光学性质的改变，如被弯折、解理面和双晶被扭曲、被压扁拉长、出现光性异常（等轴晶系矿物呈现干涉色、一轴晶变为二轴晶）、出现波状消光、形成机械双晶等。这样，导致岩石在结构、构造上的改变。

在地壳较深处，由于静压力较大，温度较高，岩石的塑性程度相应升高。岩石中某些矿物受应力作用可发生差异性溶解，并沿垂直应力的方向再沉淀形成特殊的压力影构造，或沿着晶格的一定方向发生滑动（如云母和和绿泥石的 {001}、石英的 $\{10\bar{1}1\}$、方解石的

{01$\bar{1}$2} 等方向）引起塑性变形；某些柱状和片状矿物在应力作用下随其基质的流动而发生机械转动等，都能促使岩石中的矿物沿垂直于应力的方向排列，形成片理构造。区域变质岩的片理构造多数都与应力作用下的塑性变形、重结晶和重组合有关。

应力还能通过多种途径增加变质反应和重结晶的速率。比如，应力使岩石碎裂、节理裂隙形成均能有效增大矿物间的接触面，加速流体的渗透扩散，都会有效地促进变质反应的速率。在地壳浅处，岩石处于刚性状态时，应力的垂直分力压可以叠加到负荷压力上，这部分分压称为构造超压（tectonic overpressure），据某些地区的估算可达 0.2～0.3GPa，因此也可对变质反应的物化平衡起控制作用。有些地区高压变质矿物在某些深度较小、负荷压力较低的岩层中出现，有人认为与构造超压有关。

3）化学活动性流体也是引起交代变质及加速化学反应的最有利因素

化学活动性流体通常是指存在于孔隙中的气态和液态物质，主要有 H_2O、CO_2 和其他挥发组分。在变质作用过程中，存在于孔隙之中的化学活动性流体的数量很少，一般不超过岩石总体积的 1%～2%，但却可作为反应的催化剂，是变质反应中的重要因素。在适当的温度、压力条件下，它们便和围岩发生交代作用，使围岩在矿物成分、结构、构造上发生一系列变化，形成与原岩成分有差异的甚至性质完全不同的变质岩。化学性质活泼的流体在变质反应中的主要作用，有水化和脱水反应、碳酸盐化和脱碳酸盐化作用，如：

$$\underset{\text{镁橄榄石}}{2Mg_2[SiO_4]} + 3H_2O \underset{\text{脱水}}{\overset{\text{水化}}{\rightleftarrows}} \underset{\text{蛇纹石}}{Mg_3[Si_2O_5](OH)_4} + \underset{\text{水镁石}}{Mg(OH)_2}$$

$$\underset{\text{方解石}}{Ca[CO_3]} + SiO_2 \underset{\text{碳酸盐化}}{\overset{\text{脱碳酸盐化}}{\rightleftarrows}} \underset{\text{硅灰石}}{Ca[SiO_3]} + CO_2\uparrow$$

由此可知，具化学活动性的流体在某些变质反应中是不可缺少的重要因素之一。但一般情况下，它不能作为变质反应的一个独立因素，只有在一定温度和压力的联合作用下，才能使原岩发生变质作用。

此外，流体是一种溶剂，可导致某些组分的溶解与运移，从而促进交代作用或成矿作用的发生及完成；流体还可降低矿物熔点，有利于在较低温度下发生混合岩化作用。

应该指出，在变质过程中，上述诸因素不是孤立的，通常都是同时存在、互相配合和相互制约的。在一般情况下，温度总是重要的主导因素，加上压力、流体的配合，再加上原岩性质不同程度的差异，才能形成复杂多样的变质反应过程进而形成种类繁多的变质岩石。

三、变质作用的方式

变质作用的方式主要有重结晶作用、变质分异作用、变形和压碎作用及交代作用等。

1. 重结晶作用（recrystallization）

在一定温度及保持固体状态的前提下，原岩中的细小（或非晶质）矿物重新结晶生长成为较大晶体的同种矿物的过程与结果，称重结晶作用。重结晶作用变化前后没有新矿物生成，这是与变质结晶作用的主要区别；重结晶过程没有物质的带出与带入，即重结晶前后岩石的化学成分保持一致，这是与交代作用的主要区别。温度的升高有利于重结晶作用的进行，是常见的热变质方式。重结晶作用多发生在成分单一的原岩和封闭的系统中。例如，石灰岩因方解石在变质作用过程中发生重结晶而变成大理岩。

2. 变质结晶作用（metacrystallization）

变质结晶作用是指变质作用过程中，原岩中的化学成分重新组合分配而形成新矿物的结晶过程。矿物相的转变是通过变质反应来实现的，变质反应的种类很多，有固体—固体反应（如红柱石、蓝晶石、矽线石的同质多象转变）、脱流体相反应（如白云母＋石英＝钾长石＋红柱石或硅线石＋水）等。

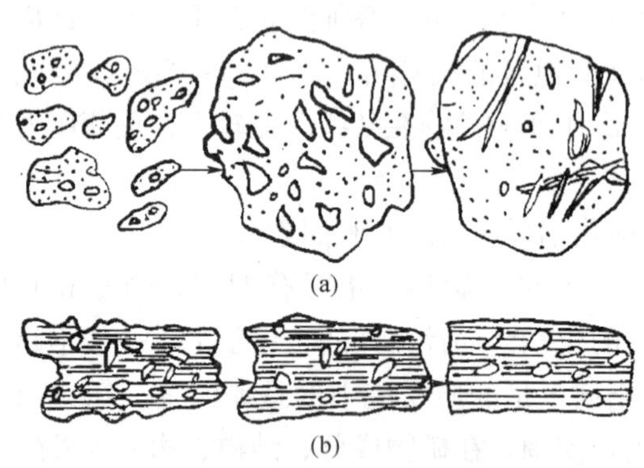

图 8－2　石榴石和角闪石的生长过程示意图
（a）石榴石；（b）角闪石

变质结晶过程中一般没有物质的加入或带出，即变质前后岩石总的化学成分不变。这是与交代作用的主要区别。

在变质结晶过程中，初始形成的新矿物常不具完整的外形，甚至为不规则集合体，每个单体均有许多包体；进一步发展，不规则小块连成大块形成具筛状结构的尚不完整的晶体；再进一步发展才能逐渐将包体吸收或排除而形成较完整的晶体（图 8－2）。

成分复杂的岩石极容易发生变质结晶作用。在温度升高及有化学活动性流体参与的情况下，质点（离子、分子等）的扩散、聚集及交替会更加快速，更有利于变质结晶作用的进行，即有利于新矿物的形成。如在热力或高温的作用下，粘土岩极易发生变质结晶作用而形成角岩，并可生成红柱石、堇青石、石英等新矿物，但总的化学成分基本不变。

3. 变形及碎裂作用（deformation and cataclasis）

变形和碎裂作用是指当应力超过了弹性限度，矿物和岩石就会在应力作用下出现塑性变形；当超过破裂强度时，则发生碎裂。一般柔性岩石（如粘土岩）因塑性流变可产生褶皱或劈理面，在塑性变形时一些鲕粒、化石和某些矿物颗粒可发生转动位移而具方向性。刚性岩石（如花岗岩、砂岩）多发生压碎破裂，岩石的破碎程度与应力大小有关。应力不大时形成角砾状；应力较强时可变为粒状（粒化）或是极细小的粉末状，相应形成碎裂结构、碎斑结构、糜棱结构。在强应力错动面及附近，由于摩擦产生热能还可使碎成粉末状或土状的部位发生局部重结晶或变质结晶，形成某些新的变质矿物。

4. 变质分异作用（metamorphic differentiation）

变质分异作用是指在未发生交代作用或重熔作用的前提下，成分均匀的原岩形成成分不均匀或类型不同的变质岩的作用（过程与结果）。变质分异作用是一种重要的成岩过程，是在变质进行时某些化学成分重新调配、重新组合形成新矿物并局部富集而显示出来的。变质岩中的变斑晶、某种矿物细脉和透镜体的形成均是变质分异作用的明显证据。

变斑晶，是指变质过程中，原岩的某些组分经由迁移、溶解、重组合、重结晶而形成的、成分和粒度均与周围基质差异悬殊的较大晶粒。变斑晶的出现，使原来均一的岩石变得不均一，因此是变质分异的结果。如泥质岩经热变质后形成角岩，其中常有少量红柱石或堇青石变斑晶，正是原岩中 Al_2O_3、SiO_2 等组分迁移集中重结晶而形成的，有时在变斑晶周围可看到某些基质组分贫化形成的晕圈。此外，某些变质结核也是这样形成的。

当岩石节理、裂隙中充满溶液时，在变质过程中，固体部分及溶液部分所受压力不均匀，二者接触处的物质因压力差能够从固体部分向裂隙部分迁移并结晶，结果在均匀的岩石中形成了某种矿物细脉或透镜体。如我国连云港朐山花岗片麻岩中，可见由变质分异作用形成的黑云母细脉，脉两侧为贫黑云母的花岗片麻岩，向外过渡为正常的黑云母花岗片麻岩。因此，变质岩中某种矿物形成的细脉和透镜体也是变质分异的结果。

岩脉的理想发育阶段是在岩石中出现张裂隙后。这时由于岩石受压不均，首先引起靠近裂隙的物质向裂隙迁移，出现了细岩脉；随后因压力差引起远处物质向近处迁移，这样依次进行，直至使裂隙全部被充填，岩石受压趋于平衡为止（图 8-3）。此时，由于岩脉与围岩成分上的差异而发生化学反应，使岩脉最后形成带状构造。

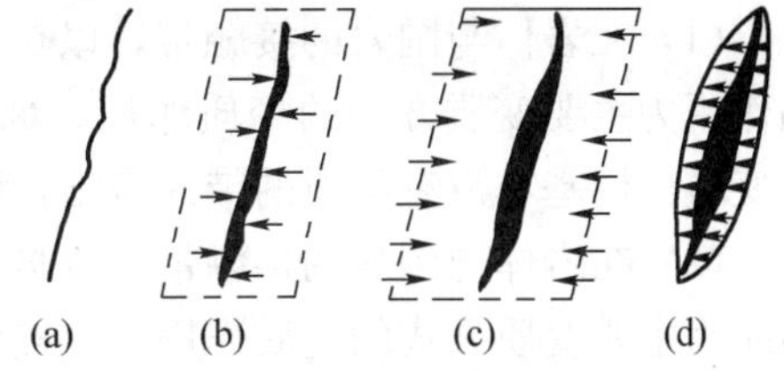

图 8-3　片麻岩的张裂隙中岩脉的理想发育阶段（据兰伯格尔）
箭头示溶质扩散方向

5. 交代作用（metasomatism）

在固体状态下，一种矿物被另一种矿物取代的变化过程与结果，称为交代作用。交代作用过程中必然有物质组分的加入或带出，致使交代前后，原矿物与新矿物的化学组成迥然不同。交代作用是在固体状态下发生并完成的，新矿物的形成与原矿物的消失基本是同时进行的，在有液相参与的条件下更容易进行，交代前后岩石体积一般不变，因此，新生矿物常常具有或保持原矿物的形态，称为交代假象（pseudomorph of metasomatism）。在被交代的岩石中，往往不同程度地保存着原岩的结构、构造及某些组分的残余，同时还可出现被交代矿物假象、某些明显地切穿片理的新矿物、各种交代结构，这些均是交代作用曾经发生的证据。

在变质过程中，交代作用可在多种地质环境中进行，与许多变质作用相伴随。如接触交代变质作用、气成热液变质作用、某些区域变质作用和混合岩化作用等，都伴随有交代作用。交代作用能否发生，主要与组分活泼性有关，一般水和碳酸是最活泼组分，氯、二氧化硫、硫化氢和钾、钠等次之，因此，含有这些组分的矿物都容易发生交代。

原岩通过上述变质作用方式，最后形成了各种类型的变质岩及其有关矿产。

四、变质作用的类型

根据地质环境、变质因素及变质方式的不同（图 8-4），变质作用常可划分为以下类型。

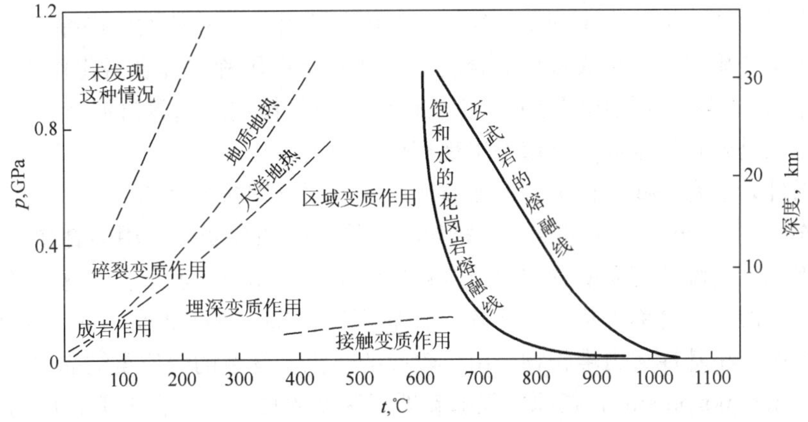

图 8-4　变质作用类型与温度压力的关系示意图（据 E. G. Ehier）

1. 接触变质作用（contact metamorphism）

当炽热的岩浆侵入围岩时，由岩浆带来的热能以及气态、液态物质在接触带附近的岩石中引起的变质作用，统称接触变质作用。根据变质因素，又可分为以下两种。

（1）在岩体与围岩的接触带，以热力（温度）为主要变质因素，以重结晶作用和变质结晶作用为主要变质方式的变质作用，称热接触变质作用（contact thermal metamorphism）。此变质作用基本没有物质的带入带出，因此，变质前后岩石总体化学成分无明显改变。

（2）在岩体与围岩的接触带，以热力和活动性流体为主要变质因素，以交代作用和变质结晶为主要变质方式的变质作用，称接触交代变质作用（contact metasomatism）。在此变质过程中有明显而大量的物质带出带入，因此，变质前后岩石体系的化学成分发生显著改变。

2. 气成热液变质作用（pneumatolytic hydrothermal metamorphism）

岩浆期后具化学活动性的气水溶液（还有部分区域性分布的热水），对已冷凝的岩浆岩及其围岩或其他岩石进行交代的变质作用，称气成热液变质作用。显然，活动性流体是其主要变质因素，交代作用是其主要的变质方式。由于这种变质作用是热水溶液的活动而使原岩石的化学成分和矿物成分发生变化，故又称为蚀变作用（矿床学中称围岩蚀变）。气成热液变质作用主要发生在地壳的浅处，常沿裂隙、节理、断裂带和接触带分布，作用范围较为局限。

3. 动力变质作用（dynamometamorphism）

受构造运动产生的应力影响使原岩发生变形、破碎和重结晶的一种变质作用，称动力变质作用。显然，应力是主要变质因素，变形碎裂是主要变质方式。这种变质作用主要出现在断裂带或其他强烈错动带内，多呈范围较窄的带状分布。

4. 区域变质作用（regional metamorphism）

所谓区域变质作用，是指在温度、围压、应力、流体等多种因素联合作用下，在广阔区域内发生的十分复杂的具有多种变质方式的变质作用。区域变质作用广泛出现于前寒武纪古老的结晶基底及造山带的核部，一般具较大规模，与构造运动及岩浆活动关系密切。近年来，有人把区域变质作用进一步划分为低压区域变质作用、中压区域变质作用和高压变质作用等类型。

5. 混合岩化作用（migmatitization）

在区域变质的核心区，由于埋藏深度加大温度相应升高，致使发生局部重熔而产生的花岗质熔浆灌入于变质岩中，形成各种混合岩，这种变质作用称“混合岩化作用”，也有人称为“超变质作用”。混合岩化作用是介于变质作用和岩浆作用之间具过渡特色的一种地质作用，其最大特征是岩石发生局部重熔并出现有广泛的流体相。

除上述以外，还有一些其他类型的变质作用，下面分别简要介绍。

复变质作用（polymetamorphism），指岩石经受不同期次变质作用的叠加，又称多期变质作用。原来比较高温的变质矿物共生组合被较低温的矿物组合所取代，这样的复变质作用称为退化变质作用，反之称进化变质作用。洋底变质作用（oceanfloor metamorphism），大洋中脊处的基性、超基性火山堆积物，由于较高的热流所发生的变质重结晶作用。埋藏变质作用（burial metamorphism），指原岩仅随着埋藏深度的加深、即在上覆岩层的负荷压力和地热的影响下，而使岩石发生重结晶的一种变质作用，其特点是岩石基本上无变化，不具定向构造。

第二节　变质岩的物质成分

变质岩的物质成分包括化学成分和矿物成分两个方面，它们都是变质岩分类的主要基础。变质岩的物质成分既取决于原岩的性质，又与变质岩形成时所处物理化学环境有十分密切的关系。因此，矿物成分是鉴定变质岩的主要依据之一，又是确定岩石变质程度、分析变质时环境条件的重要依据之一。

一、变质岩的化学成分

变质岩是地壳中的主要岩石类型之一，因此总体上仍主要由 SiO_2、Al_2O_3、FeO、Fe_2O_3、MgO、CaO、K_2O、Na_2O、MnO、H_2O、CO_2 和 TiO_2、P_2O_5 等造岩元素所组成，但各种变质岩的化学成分比岩浆的变异性更大。一般对于没有发生交代作用的变质岩来说，其化学成分主要取决于原岩的化学成分；当岩石在变质过程中有交代作用发生时，其化学成分既与原岩有关还与交代作用有关。因此，变质岩的化学成分相当复杂。

1. 变质岩化学成分特点

（1）由泥质岩及其他泥质沉积岩变质而成的变质岩，如千枚岩、某些片岩及部分片麻岩常含有较多的 Al_2O_3，有的也含较多的 K_2O。一般而言，其特点是 Al_2O_3 含量大于 K_2O+Na_2O+CaO 的含量，这是岩浆岩中不具有的特点。

（2）由不同原岩形成的变质岩，SiO_2 含量变化范围大。例如，由砂岩或硅质岩变成的石英岩，SiO_2 含量可达 90%以上，而 CaO、MgO 等的含量极低；由纯碳酸盐岩变成的大理岩，SiO_2 的含量几乎为零，而 CaO、MgO 及 CO_2 的含量很高；其他变质岩（如片岩、片麻岩）则视原岩性质不同而异，总体上 SiO_2 含量变化也较大。

（3）在许多变质岩中，碱质 K_2O+Na_2O 的含量一般不高，特别是 Na_2O 含量很低（少数例外），多数是 $K_2O>Na_2O$，而在岩浆岩中多数是 $K_2O<Na_2O$（酸性岩和碱性岩除外）。

（4）由于原岩性质不同，使变质岩中 FeO、Fe_2O_3 的含量变化较大。例如，磁铁矿岩中，全铁的含量高达 50%以上；在大理岩及石英岩中，含量都较低。

2. 研究变质岩化学成分的意义

研究变质岩的化学成分，具有多方面的重要意义。

（1）有助于恢复原岩的类型。对于没有发生交代作用的变质岩，可采用化学成分对比的方法来恢复原岩类型。一般可首先比较 SiO_2 的含量，再比较其他氧化物。如果与某一类岩浆岩的各种化学成分都相当，则原岩是该类岩浆岩，否则为副变质岩。另外，正、副变质岩的化学成分还有如下区别：

①在正变质岩中，一般 SiO_2 含量为 35%～78%（超基性—酸性岩）；在副变质岩中 SiO_2 含量变化很大，可从几乎为零至高达 90%以上。②Al_2O_3 含量在正变质岩中一般低于 20%；在副变质岩中，Al_2O_3 含量变化较大，除大理岩以外，多在 20%以上，高的可达 40%，如粘土岩变成的副变质岩，Al_2O_3 含量较高，常形成刚玉、红柱石、蓝晶石等富铝矿物。③全铁（FeO+Fe_2O_3）含量在正变质岩中，一般为 3%～15%；在副变质岩中变化远大于此，如由铁质岩石变成的磁铁矿岩，全铁含量可达 50%或更高，而在大理岩中几乎为零。④CaO、MgO的含量在正变质岩中，一般为2%～13%，MgO含量一般为3%～10%

（超基性岩变成的正变质岩可达30%）；副变质岩中，CaO、MgO的含量变化较大，如某些大理岩中CaO含量可达56%，MgO含量可达47%。⑤K_2O、Na_2O的含量在正变质岩中比较接近或Na_2O稍多于K_2O（花岗岩、正长岩变质形成的除外）；副变质岩中，一般是$K_2O>Na_2O$，有时K_2O含量可达Na_2O含量的2～3倍（因粘土矿物吸附K^+），这是正变质岩中罕见的。

在工作中利用上述原则时，对样品的选择非常重要，对那些经过交代作用或具有明显分异现象的岩石，进行此项工作是不能达到预期的目的的。这时要根据原岩残余的结构构造、产状、交代性质以及周围共生的岩石等来恢复原岩类型。

（2）在找矿和研究成矿规律等方面都具重要意义。原岩类型的地球化学特性及变质作用的特点是变质矿床的主要成矿控制因素。如高铝粘土岩经中高级区域变质后，可形成富铝矿物蓝晶石、硅（矽）线石、刚玉等，含量高时可作矿床开采。

（3）变质作用经常伴随有交代作用，为了研究对比岩石在交代前后化学成分的变化情况，或了解被交代岩石与围岩的成分变化情况，通常需要借助于岩石化学成分的研究对比来实现。为此，必须分别对被交代岩石和未受交代的围岩进行岩石全化学分析。

二、变质岩的矿物成分

变质岩的矿物成分取决于原岩的成分，也与形成时的物理化学条件有密切的关系。原岩的化学成分和矿物成分是变质岩形成的物质基础，而物理化学条件则是变质岩可能出现什么矿物或矿物组合的决定条件，交代作用将使矿物成分变得更加复杂多样。

1. 变质岩矿物成分的特点

与岩浆岩及沉积岩相比，变质岩的矿物成分显得异常复杂，这是因为变质岩既可继承部分原岩中的某些矿物，又可产生新的变质矿物（表8-1）。

表8-1　造岩矿物在变质岩、岩浆岩、沉积岩中的分布

岩石类型 矿物种类	主要在沉积岩中出现的矿物（不包括副矿物）	变质岩和沉积岩中共有的矿物	主要在变质岩中出现的矿物	变质岩和岩浆岩中共有的矿物	主要在岩浆岩中出现的矿物
二氧化硅	蛋白石、玉髓	石英	—	石英	鳞石英
富铝矿物	水铝石	水铝石	刚玉	尖晶石	—
富含铝的硅酸盐	粘土矿物	绢云母、沸石	红柱石、蓝晶石、硅线石、叶蜡石、十字石、硬绿泥石	—	—
碱质或钙质铝硅酸盐	粘土矿物	钾长石、斜长石	浊沸石、方柱石、纳云母、绢云母	钾长石、斜长石、白云母	歪长石、霞石、白榴石、方钠石、蓝方石、黝方石
钙铝质硅酸盐	—	—	帘石类、硬柱石、绿纤石、钙铝榴石、符山石	—	—

续表

岩石类型 / 矿物种类	主要在沉积岩中出现的矿物（不包括副矿物）	变质岩和沉积岩中共有的矿物	主要在变质岩中出现的矿物	变质岩和岩浆岩中共有的矿物	主要在岩浆岩中出现的矿物
含铝的铁镁硅酸盐及铁镁质铝硅酸盐	—	绿泥石	绿泥石、铁铝榴石、含铝的阳起石、蓝闪石	铁铝榴石、堇青石、黑云母、金云母、普通角闪石	—
铁镁质硅酸盐	—	—	滑石、蛇纹石、直闪石、硅镁石	镁铁闪石、斜方辉石、橄榄石、霓石	—
钙镁质和钙质硅酸盐	—	—	透闪石、阳起石、硅灰石、镁橄榄石、钙铁辉石	透辉石、普通辉石、黄长石、榍石	—
碳酸盐	—	碳酸盐矿物	—	碳酸盐矿物	—
炭质	有机炭质	—	石墨	—	—

1）矿物种类方面

在矿物种类方面，变质岩的矿物成分有以下特点：

（1）长石、石英、云母、普通角闪石、普通辉石、透辉石、斜方辉、橄榄石在岩浆岩和变质岩中都是主要造岩矿物，但其相对含量和共生规律可以有明显的区别。例如，在正常岩浆岩中，石英含量很少超过50%，而在变质岩中，它的含量变化范围很大，有时可高达95%以上；在含长石和石英的岩浆岩中，深色矿物总量一般不超过20%～30%，但在长英质变质岩中，它们的含量可高达50%以上（如某些片岩中）；岩浆岩中富含深色矿物时，一般都以辉石或角闪石为主，不会含大量的原生黑云母，但变质岩中则可以含多量黑云母。

（2）鳞石英、歪长石、高温透长石和高温斜长石、白榴石、玄武角闪石、暗化角闪石、暗化黑云母等都是在高温及常压条件下形成的，是火山熔岩中特有的矿物。由于变质作用过程一般不属于这种高温常压环境，所以在变质岩中不出现这些矿物。霞石、黝方石、方钠石、蓝方石等副长石类矿物是具特殊成分的碱性岩浆岩中的特征矿物，一般变质岩中也不存在。粘土矿物、蛋白石、玉髓和海绿石等矿物则属于典型的沉积矿物，只见于沉积岩中，它们只稳定于接近地表的温度和压力条件下，除在变质极轻微岩石中作为残余矿物存在外，一般变质岩中均不出现。

（3）主要出现在变质岩中的矿物有红柱石、蓝晶石、十字石、矽线石、堇青石、符山石、硬绿泥石、透闪石、阳起石、硅灰石、方柱石、硅镁石、滑石、叶蜡石、刚玉、方镁石等矿物，一般称其为“特征变质矿物”，它们是鉴定变质岩的重要标志。还有一些矿物如绿泥石、绿帘石、绢云母、石榴石、钠长石、蛇纹石等，虽不是特征的变质矿物，但是它们大量出现于岩石中时，也可能成为变质岩的一种标志。不过应该注意，有些特征变质矿物，如堇青石、矽线石等也可在岩浆同化作用或一般热液蚀变过程中产生，或以重矿物的形式出现在沉积岩中，此时应结合地质背景、野外产状、结构特征等综合判定。

2）化学成分方面

变质岩中的矿物，在化学成分方面，与岩浆岩相比较还有如下特色：

(1) 铝的硅酸盐类矿物（Al_2SiO_5）如红柱石、蓝晶石和矽线石等只见于变质岩中。

(2) 纯钙的硅酸盐矿物（$CaSiO_3$），如硅灰石只出现于变质岩中。

(3) 变质岩中可出现铁镁铝的铝硅酸盐矿物，如堇青石（$Al_3(Mg, Fe)_2[AlSi_5O_{18}]$）；而岩浆岩中只能有钾钠钙的铝硅酸盐矿物，如长石、黑云母等。

(4) 变质岩中含$(OH)^-$的矿物与岩浆岩相比更为常见。

(5) 变质岩中常见与硅酸盐矿物平衡共生的碳酸盐矿物。

3）内部晶体结构和结晶习性方面

变质岩中的矿物，在内部晶体结构和结晶习性等方面，有如下特点：

(1) 变质岩中具层状或链状晶格结构的矿物较普遍，它们的延展性（长宽比）常比岩浆岩中同类矿物大。例如，黑云母的延展性，岩浆岩中一般为1.5左右，而在变质岩中则可达7～10；角闪石的延展性，岩浆岩中为2.5左右，变质岩中则可达4～7左右。因此，变质岩中广泛发育鳞片状、纤维状、长柱状或针状的矿物如云母、滑石、绿泥石、阳起石、透闪石、矽线石等，并常呈定向排列。

(2) 变质岩中常可出现质点排列紧密、分子体积小、相对密度大的“高压矿物”。如榴辉岩和蓝闪石片岩中的绿辉石、钙铝榴石、蓝闪石、硬玉等都比其原岩（基性岩浆岩）中的矿物相对密度大、分子体积小。

(3) 变质岩中同质多象矿物发育，如红柱石、蓝晶石和矽线石。

(4) 变质岩中的斜长石的环带构造较少见，一般少见复合双晶。

(5) 变质岩中的矿物包裹体发育，主要由于固态下重结晶条件差，往往结晶力较强的矿物包裹结晶力弱的矿物。

(6) 变质岩中矿物的变形现象发育，如矿物的波状消光、光性异常和拉长现象、矿物的延展性大、机械双晶甚至碎裂等。

上述特征主要反映变质岩的原岩成分和变质作用的温度—压力范围比岩浆岩更宽广，并且重结晶和变质结晶过程中常有应力存在。

2. 影响变质岩矿物成分的因素

变质岩的矿物成分，受原岩成分、变质条件及交代作用强度等因素的控制。

(1) 原岩成分是控制及影响变质岩成分的首要因素。原岩成分是变质岩的物质基础，是变质岩中可能出现何种矿物或矿物组合的最基本条件。例如，原岩为硅质灰岩，其主要成分为CaO、CO_2及SiO_2，经变质后出现的矿物有石英、方解石和硅灰石；原岩为粘土岩，其主要成分为SiO_2和Al_2O_3，经变质后可出现石英、红柱石、蓝晶石、硅线石等矿物，若含少量K_2O、Na_2O可出现长石，含FeO、Fe_2O_3时则出现堇青石、十字石、尖晶石等矿物。因此，不同成的原岩遭受相同或相似变质作用后，常常会出现不同的矿物组合（表8-2）。

表8-2　不同原岩在变质作用下出现的矿物成分

系　数	原岩类型	化学成分特征	矿物成分	
			常见矿物	特征矿物
富镁系列	泥质沉积岩（泥质岩、粉砂及砂质泥岩等）	富铝贫钙，$Al_2O_3/(K_2O+Na_2O)$值高，$K_2O > Na_2O$	石英、酸性斜长石、绿泥石、绢云母、黑云母、白云母	红柱石、蓝晶石、硅线石、堇青石、铁铝榴石、硬绿泥石

续表

系 数	原岩类型	化学成分特征	矿物成分	
			常见矿物	特征矿物
长英质系列	各种砂岩、粉砂岩、中酸性、酸性岩浆岩及火山碎屑岩	基本同上一系列，但 Al_2O_3 较低，而 SiO_2 较高	基本同上，但长石、石英含量较高	上列矿物出现较少或不出现
碳酸盐系列	各种石灰岩、白云岩	富钙、镁，Al_2O_3、FeO、SiO_2 含量低，且变化范围大	方解石、白云石为主，因所含杂质不同，可分别出现蛇纹石、滑石、镁橄榄石、透辉石、透闪石、硅灰石、方柱石、金云母、符山石、钙铝榴石、黝帘石、斜长石等	
富钙、铁、镁系列	基性岩浆岩（包括火山碎屑岩）及铁质、白云质泥灰岩	富钙、铁、镁，含一定量的 Al_2O_3，贫 K_2O、Na_2O	各种斜长石、石英、绿帘石、绿泥石、蛇纹石、阳起石、普通角闪石、透辉石、紫苏辉石等	
富镁系列	超基性岩浆岩及一些富镁、沉积岩	富 MgO，贫 CaO、Al_2O_3、SiO_2	滑石、蛇纹石、透闪石、镁铁闪石、橄榄石、尖晶石、菱镁矿及其他碳酸盐类矿物等	

（2）变质条件是影响变质岩成分的极重要的因素。变质岩的矿物成分除受原岩成分控制外，还受变质条件的影响。如硅质灰岩，在常压下的热接触变质中，温度低于470℃时，出现的矿物组合为石英＋方解石，只发生重结晶使粒度变粗；当压力增大，温度高于470℃时，则出现方解石＋硅灰石，或石英＋方解石＋硅灰石的矿物组合，这时有新矿物形成。由此可知，同一种原岩在不同的变质条件下，出现的矿物组合也不相同。

在没有交代作用发生的情况下，变质岩的矿物成分受上述两方面因素的共同制约，但实际情况要复杂得多。如原岩虽基本相同，但由于含某些杂质或是有类质同象置换及同质多相转变存在时，都会有一定的影响。

在变质过程中伴随有交代作用时，变质岩矿物成分将变得更加复杂，其控制因素除原岩成分及变质条件外，还与不同性质的溶液组分的加入或带出有密切关系，这些都将影响变质岩的矿物成分或矿物组合。

3. 变质岩矿物的成因分类

变质岩中的矿物成分，按成因可分为原生矿物、新生矿物、残余矿物等。

（1）原生矿物，是在变质作用过程中被保留下来的原岩中稳定的矿物。如云英岩中的一部分石英就是花岗岩（原岩）在云英岩化过程中被保留下来的原生矿物。

（2）新生矿物，又称变晶矿物。它是原岩在变质作用过程中，在新的物理化学条件下新生成的矿物，如泥质岩经变质作用后形成的红柱石、蓝晶石、硅（矽）线石等。这些矿物稳定范围较窄，对外界条件的变化反应较灵敏，可用来说明变质作用的性质和强度，故又称特征变质矿物。原生矿物和新生矿物都可在一定的变质条件下稳定存在，统称为稳定矿物。

（3）残余矿物（变余矿物），是在变质作用过程中残留下来的原岩中不稳定的矿物，如花岗岩在云英岩化过程中，残余的不稳定的长石。这类矿物常与其他矿物之间有交代关系，反映出这类矿物在某一条件下，能够被其他矿物替换，只是由于反应不彻底、不完全才侥幸被部分地残留下来的。

第三节　变质岩的结构和构造

一、概述

变质岩的结构，是指组成岩石的矿物晶粒的形状、大小及矿物晶体之间的结合关系所显现的形态面貌特征，它着重于描述矿物晶粒个体的性质和特征。变质岩的构造，是指岩石中各组成部分（由矿物集合体构成）的形态、空间分布及排列方式等所显现的形态面貌特征，它着重于描述矿物集合的空间方位和分布特征。也就是说，结构与构造分别从微观和宏观的角度描述岩石的形貌特征，一般都必须采用素描图或照片来记录并描述。

变质岩的结构、构造既可继承保留原岩的某些结构、构造特征，也可在不同的变质条件下形成新的结构和构造。因此，变质岩的结构、构造比岩浆岩更为复杂。

研究变质岩的结构、构造，可以了解变质岩的形成过程，可以了解其所经受的变质作用类型、作用因素、作用方式以及变质程度等方面的特点。如某些具鳞片变晶结构和片状构造的岩石，一般认为是中高级区域变质作用的产物，是由于较高温度和一定应力联合作用，通过变形和重结晶作用形成的。其次，变质岩的结构，常具一定的可以辨认的继承性。因此，对变余结构和变余构造的研究，常可作为直接确定原岩的矿物成分、结构及成因特点。例如，变余斑状结构、变余杏仁状构造等，可作为正变质岩的识别标志；而变余砂状结构和变余层理构造，则是副变质岩的特征。此外，变质岩的结构和构造又是变质岩分类命名的基础。例如，具碎裂结构的岩石划入动力变质岩类，可命名为碎裂岩；具片麻状构造的岩石，多数属于区域变质岩类，称为片麻岩。

二、变质岩的结构

根据成因，变质岩的结构一般可分为四类：变余结构、碎裂结构、变晶结构和交代结构。但有些形态相似的结构，有时可有几种不同的成因。如变质岩中的变斑晶，既可以是重结晶形成的，也可以是交代成因的，还可以是变余的性质。所以在研究结构时，必须结合多方面的特征标志进行具体分析，予以区别。

1. 变余（残余）结构（relict texture）

在变质作用过程中，由于变质程度较浅，重结晶作用不完全，原岩的矿物成分和结构特征部分地被保留下来，称为变余结构（或残余结构）。例如，原岩为岩浆岩时，常可部分保留原岩中的斑状结构、辉绿结构等；原岩为沉积岩时，则可部分保留砾状结构、砂状结构等。在命名变余结构时，只要在原结构名称前加上“变余”二字作前缀即可，如变余斑状结构、变余砾状结构等。

原岩结构得以明显保留的原因如下：

（1）原岩结构粒度比较粗大，变形和重结晶作用都未能使其彻底改变，如某些变质砾岩或变质砂岩中的变余砾状结构和变余砂状结构。

（2）在浅变质条件下，由于温度不高，重结晶作用进行不彻底，原岩结构易于保留，因此浅变质岩较容易出现变余结构。在某些热接触变质作用或气成热液变质作用条件下，变质作用是在应力极弱的情况下发生的，在这类岩石中容易出现变余结构，如某些角岩中发现有变余泥质结构的存在。

(3) 不含或含水少的原岩，在变质作用过程中由于溶液活动性较弱，扩散作用不充分，原岩的结构也容易保留下来。某些基性岩浆岩就比较容易保留部分原岩结构，如变余辉绿结构和变余斑状结构。

现将与原岩有关的变余结构简述如下：

(1) 与岩浆岩有关的变余结构。正变质岩中，最常见的是变余斑状结构。如中性或酸性喷出岩经变质后，基质已重结晶成绿泥石、阳起石及石英，定向排列呈具片理构造，有熔蚀现象的钠长石斑晶仍可辨认［图 8-5 (a)］。此外，流纹岩经变质后，石英斑晶的双锥状形态及熔蚀边也常可保留下来。变质岩中还可见到变余辉绿结构［图 8-5 (b)］、变余花岗结构等。

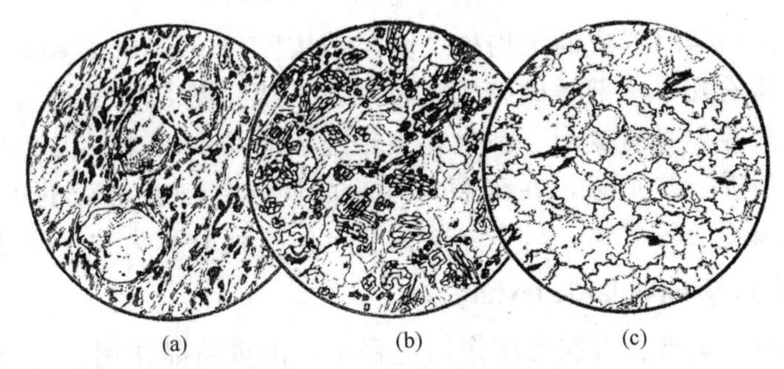

图 8-5　变余斑状结构 (a)、变余辉绿结构 (b) 及变余砂状结构 (c)

(a) 绿泥阳起石片岩，变余斑状结构，斑晶为有熔蚀的钠长石，陕西洛南，单偏光，d=3.7mm；(b) 绿帘阳起片岩，变余辉绿结构，隐约可斜长石与暗色矿物组成辉绿结构，陕西略阳，单偏光，d=3.7mm；(c) 黑云变粒岩，石英边缘有氧化物薄膜及自生加大痕迹呈变斜砂状结构，原岩为长石砂岩，河北迁安，单偏光，d=5.6mm

(2) 与沉积岩有关的变余结构。当原岩为砾岩、砂岩等粒度较粗的碎屑岩时，在变质作用过程中，化学成因的胶结物比较容易重结晶或发生反应生成绢云母、绿泥石等变质矿物，而砾石和砂粒不易发生变化，其基本形态常被保留下来，称为变余砾状结构和变余砂状结构［图 8-5 (c)］。在变质砾岩中，有时虽经较高温度的重结晶或强烈变形，砾石的成分也有某些改变，但外形轮廓仍可辨认。泥质岩的结构特征只有在较微变质的板岩及角岩化泥岩中才能部分地保留下来，称为变余泥质结构。当变质程度加深后，因片状矿物发育而使变余泥质结构逐渐消失。

2. 碎裂结构 (cataclastic texture)

当刚性岩石在温度、压力不高而受应力较强时，岩石及其组成矿物就会发生破裂、错动或磨损等现象而形成碎裂结构。这类结构是动力变质岩的特征，主要出现在构造破碎带。按破碎程度，碎裂结构可分为下列类型：

(1) 破碎作用轻微时形成的结构称“压碎角砾结构”，特色是岩石受应力已发生破碎，但细小碎粒（或碎基）的含量小于 10%，其余为直径大小不等的碎块或构造角砾。

(2) 碎裂作用稍强时形成的结构称“碎裂结构”，其特色是细小碎粒（碎基）的含量达 10%～50%，但仍以大的碎块为主［图 8-6 (a)］。

(3) 碎裂作用较强时形成的结构称“碎斑结构”，其特色是岩石受较强应力作用，岩石强烈破碎，大部分变成细小的碎粒或碎粉（统称为碎基），只残留有少部分颗粒较粗的碎块（碎斑），好像“斑晶”一样，散布于碎基之中［图 8-6 (b)］。

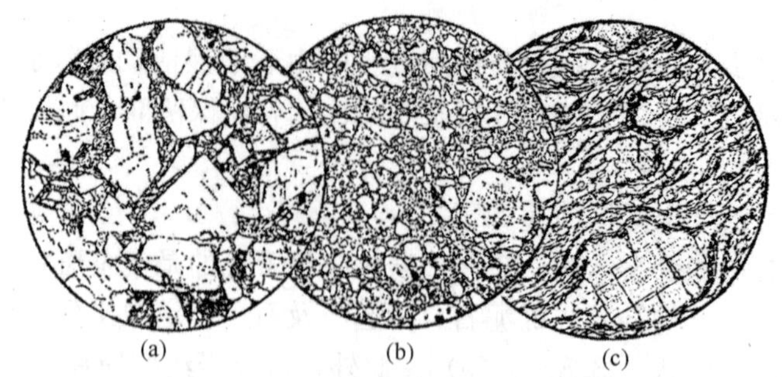

图 8-6 碎裂结构（a）、碎斑结构（b）及糜棱结构（c）（据 A. 哈克尔）

（a）碎裂辉长岩，典型碎裂结构；（b）花岗碎裂岩，典型碎斑结构；（c）花岗糜棱岩，典型糜棱结构全部产于英国斯凯，单偏光，$d=2.48$mm

（4）碎裂作用很强时形成的结构称“糜棱结构”（mylonitic texture），特色是岩石在强应力作用下，岩石几乎全部被破碎成微粒或粉末状［图 8-6（c）］，整体呈条带状或条痕状，有时可残存少量有变形、圆化和旋转迹象的具“眼球”状外貌的碎斑。

（5）碎裂作用进一步加强，在碎裂为细粉的同时伴随有轻微的重结晶作用，形成细小的绢云母、绿泥石等矿物，呈明显的流状定向排列时称为“千糜结构”。

3. 变晶结构（crystalloblastic texture）

所谓变晶结构，是指岩石在变质作用过程中，由重结晶作用、变质结晶作用等方式形成的变晶矿物所组成的结构。变晶结构与岩浆岩中的结晶结构都主要由矿物晶粒组成，十分相似，但是，变晶结构是在固态下重结晶和重组合的产物，各种矿物几乎同时结晶，所以又有以下一些不同于结晶结构的特点：

（1）具变晶结构的岩石为全晶质的（极少数为隐晶质），没有玻璃质；（2）岩石中各种矿物晶粒自形程度变化很大，多为他形粒状或半自形粒状，少数变斑晶自形程度较高，矿物颗粒排列紧密，彼此互相镶嵌或互相包裹；（3）矿物的自形程度不反映结晶先后顺序，仅表明矿物结晶能力的强弱，即结晶能力强者自形较好；（4）变斑晶常有大量基质物质的包体，一般是稍晚于基质或与基质同时结晶，这与岩浆岩中斑晶早于基质形成不同；（5）岩石中柱状、针状、片状和放射状矿物较发育，且常呈定向分布，长石和石英等粒状矿物也有所“拉长”并略呈定向分布，显微镜下可见破碎和波状消光及光性异常等现象。

根据变晶矿物的粒度大小、矿物的晶体习性和形状、矿物颗粒之间的相互关系，变晶结构可划分出下列不同类型。

1）据变晶矿物晶粒的绝对大小划分

（1）粗粒变晶结构，是主要由平均粒径超过 3mm 的变晶矿物所组成的结构。

（2）中粒变晶结构，是主要由平均粒径 1～3mm 的变晶矿物所组成的结构。

（3）细粒变晶结构，是主要由平均粒径为 0.1～1mm 的变晶矿物所组成的结构。

（4）显微变晶结构，是主要由平均粒径小于 0.1mm 的变晶矿物组成的结构，此结构的岩石在肉眼下观察呈隐晶质，只有显微镜下才能分辨矿物颗粒。

一般来说，岩性相似的原岩，变质时温度越高，变晶矿物粒度也越粗。在相同变质条件下，原岩成分较单纯者重结晶后变晶矿物粒度较粗，成分复杂者重结晶后变晶粒度比较细。对变质作用敏感组分高的原岩（如粘土岩），经变质后变晶粒度常较粗。

2）根据变晶矿物晶粒的相对大小划分

（1）等粒变晶结构，是指主要变晶矿物平均粒径近于相等的结构。

（2）不等粒变晶结构，是指主要变晶矿物平均粒径大小不等且粒径连续变化的结构。

（3）斑状变晶结构，又称变斑状结构，是指由细粒变晶矿物与少量粗大变晶矿物组成的结构。细粒及粗粒变晶的粒度截然不同，大者称变斑晶，细小者称变基质。变斑晶常常是石榴石、红柱石等结晶能力较强的特征变质矿物，颗粒粗大、自形程度较高，且常含有变基质的包体［图8-7（a）］。与岩浆岩中斑晶不同，变斑晶常有大量基质物质的包体，还常有推开四周片理的现象，说明变斑晶是由原岩中的物质成分重新组合聚集而形成的。

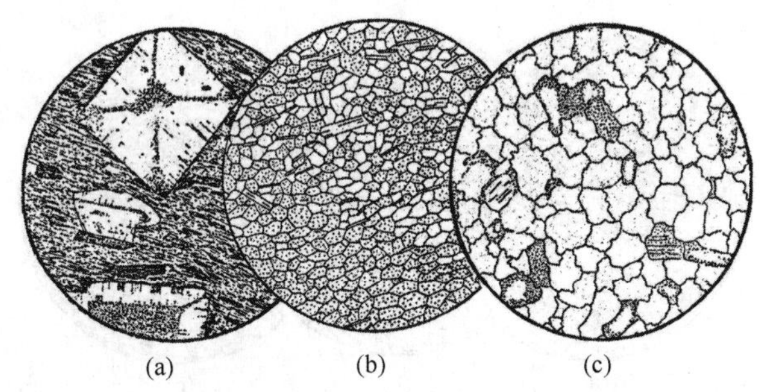

图8-7　斑状变晶结构（a）、镶嵌粒状变晶结构（b）及缝合粒状变晶结构（c）（据A. 哈克尔）

（a）空晶石片岩，变斑晶为空晶石，基质为定向排列的黑云母，英国坎伯兰，单偏光，$d=2.5$mm；（b）白云石大理岩，白云石晶粒镶嵌状分布，有少量白云母，瑞士瓦莱，单偏光，$d=3.2$mm；（c）石英岩，石英晶粒缝合线状接触，含白云母黑云母，英国珀思郡，单偏光，$d=2.0$mm

3）根据变晶矿物的结晶习性和形状划分

许多变质矿物都有比较固定的结晶习性，如角闪石常呈长柱状、云母和绿泥石常呈片状等。根据主要变质矿物的结晶习性和形状，变晶结构可划分为以下三种基本类型：

（1）粒状变晶结构，是主要石英、方解石、长石等自形程度各异的颗粒状变晶矿物所组成的结构，有时又称为花岗变晶结构，不过这个名词已与成分无关。在描述岩石时，常结合矿物粒度相对大小与晶粒边界特征来命名，如不等粒粒状变晶结构、等粒粒状变晶结构、镶嵌粒状变晶结构、缝合粒状变晶结构［图8-7（b），（c）］等。

热接触变质岩中的角岩结构，主要由大量细粒及显微粒径的粒状变晶矿物组成，无定向性，即使其中的片状矿物也不定向，因此为粒状变晶结构的特殊变种。

（2）鳞片变晶结构，是主要由绿泥石、滑石、云母等片状或鳞片状变晶矿物所组成的一种结构。此结构中粒状矿物很少，片状矿物一般呈定向排列构成片理［图8-8（a）］。

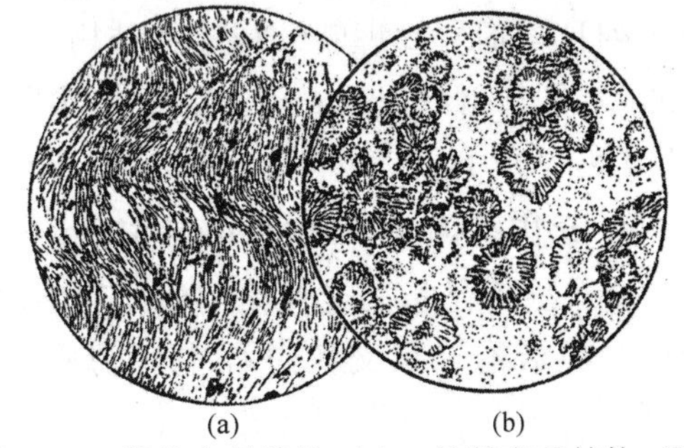

图8-8　鳞片变晶结构（a）、放射变晶结构（b）

（a）云母片岩，主由云母和少量石英组成，典型鳞片变晶结构，英国阿盖尔，单偏光，$d=3.2$mm（据A. 哈克尔）；（b）红柱石角岩，红柱石细柱状晶体呈放射状排列，如菊花状，山东莱芜，单偏光，$d=3.2$mm（据贺同兴）

(3) 纤维变晶结构，是主要由柱状、针状、纤维状变晶矿物所组成的一种变晶结构。这些矿物常在应力作用下作定向排列构成片理，有时可呈束状、放射状分布则称为束状变晶结构、放射状变晶结构［图 8-8 (b)］。

4) 根据变晶矿物颗粒间相互关系（包裹和交生）划分

变质岩中矿物共生组合，除表现为单个晶体相互紧密接触外，有时也表现为相互包裹和交生的关系，常见的结构有以下三种类型。

(1) 包含变晶结构，是由粗大变晶矿物（多为变斑晶）及包裹其中的细小固相包裹物所组成的结构。大者称主晶，细粒包裹物称客晶。如二云母片岩中有石榴石变斑晶，其中有云母和石英等的细小包体，则主晶石榴石与客晶云母等小包体组成包含变晶结构［图 8-9 (a)］。

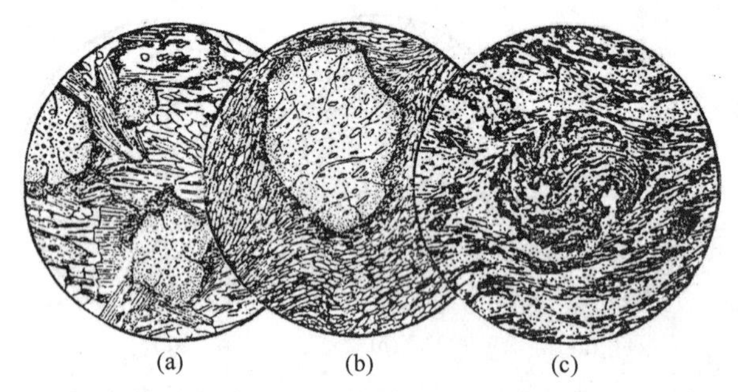

图 8-9　包含变晶结构 (a)、残缕结构 (b) 及旋转结构 (c)

(a) 二云母片岩，变斑晶石榴石中有石英包裹体呈包含变晶结构，黑云母被绿泥交代，山西中条山，单偏光，$d=2.5$mm；(b) 石榴石云母片岩，石榴石变斑晶中石英包裹体与片理断续相连，单偏光，$d=5.6$mm；(c) 石榴石黑云母片岩，石榴石变斑晶中石英包裹体呈"S"形分布构成旋转结构，山东新泰，单偏光，$d=2.5$mm

(2) 筛状变晶结构，是由粗大变晶矿物及包裹其中的数量较多的细小矿物颗粒所组成的结构。以包裹物较多，致使主晶好像有许多"筛孔"一样，而与包含变晶结构区别。

(3) 残缕结构，是粗大变晶矿物中包裹有数量较多的细小矿物颗粒，包裹物作定向排列且与围岩片理断续相连的结构［图 8-9 (b)］。如残缕的细小包裹物作"S"形分布，表明在变晶过程中变斑晶曾发生了旋转，则称为"旋转结构"或"雪球结构"［图 8-9 (c)］。

4. 交代结构 (metasomatic texture)

交代结构是指因交代作用使原岩中的矿物部分或全部被取代消失，并同时形成新矿物的一类结构，在交代过程中有物质成分的交换和结构的改组。交代结构的常见类型有：

(1) 交代残余结构 (metasomatic relict texture)，是指交代作用进行不十分彻底时，被交代矿物的细小残余颗粒散布于（交代成因的）新矿物之中组成的结构。如在某些区域变质岩中，石榴石被绿泥石交代，可残留少部分石榴石细小颗粒于绿泥石中组成交代残余结构。

(2) 交代蚕蚀结构 (metasomatic corrosion texture)，是指以交代关系相接触的两种矿物，新生矿物以不规则形态伸入被交代矿物之中，使接触线呈港湾状或犬牙状的一种结构［图 8-10 (a)］。

(3) 交代假象结构 (metasomatic pseudomorphic texture)，是指交代作用十分彻底，先期矿物完全被新矿物所取代而仅保留原矿物外形轮廓的一种结构。这种结构在气热变质和接触交代变质的岩石中较常见，如蛇纹石置换橄榄石、黑云母被绿泥石所交代等[图 8-10 (b)]。

(4) 交代穿孔结构 (metasomatic perforation texture)，是指当溶液沿原生矿物解理缝进行交代，形成浑圆形乳滴状的新生矿物，称为交代穿孔结构[图 8-11 (a)]。

(5) 交代蠕虫(英)结构 (metasomatic myrmekitic texture)，是由交代作用形成的蠕虫结构。如斜长石交代钾长石时，在接触处的斜长石中分布有蠕虫状石英[图 8-11 (b)]。

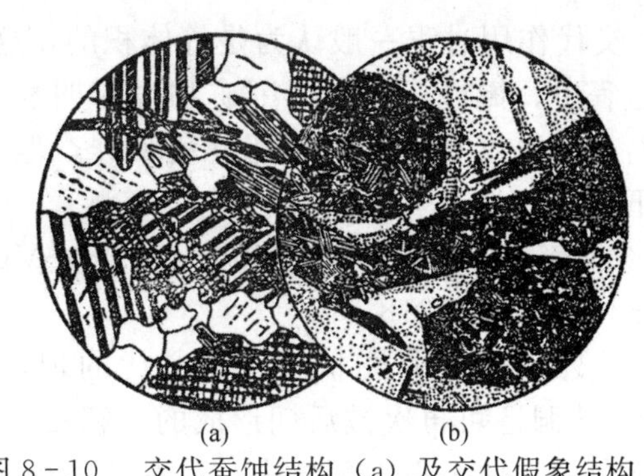

图 8-10　交代蚕蚀结构 (a) 及交代假象结构 (b)(据 A. 哈克尔)

(a) 混合花岗岩，斜长石被微斜长石交代，接触线犬牙交错，零星岛状斜长石残余散布微斜长石中，内蒙古丰镇，正交偏光，$d=2.3$mm；(b) 变质煌斑岩，自形角闪石被细粒黑云母集合体交代，长石表面开始变化，磷灰石未受波及，英国阿伦，正交偏光，$d=2.4$mm

(6) 交代净边结构 (metasomatic edulcoration—border texture)，是主要发育在斜长石中的一种结构。特征是在蚀变较强烈(绢云母化等)的斜长石晶粒四周有一圈洁净的钠长石边[图 8-11 (c)]。这是绢云母化了的斜长石的边部绢云母再次被钠长石化所吸收的结果。

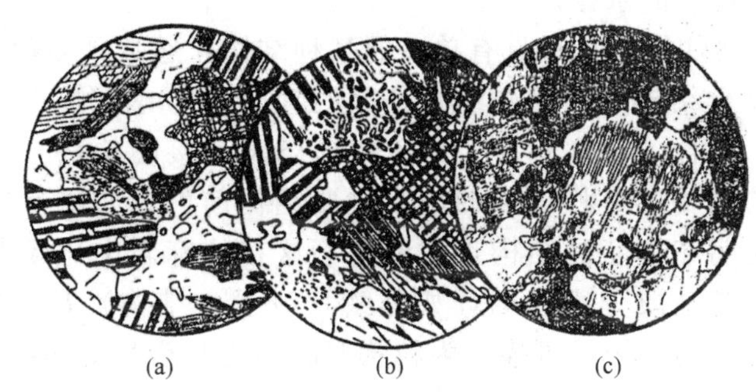

图 8-11　交代穿孔结构 (a)、交代蠕虫(英)结构 (b) 及交代净边结构 (c)

(a) 混合花岗岩，石英呈浑圆状出现在长石晶体中交代长石，河北迁安，正交偏光，$d=2.3$mm；(b) 混合花岗岩，斜长石交代微斜长石，在临近的斜长石内有许多细小蠕虫状石英构成交代蠕英结构，河北迁安，正交偏光，$d=2.3$mm；(c) 阴影混合岩，斜长石被交代出现条纹长石的净边，福建，正交偏光，$d=1.14$mm

(7) 交代条纹结构 (metasomatic perthitic texture)，由交代作用形成的条纹结构(长石)。与岩浆岩中分解条纹长石的区别在于，钾长石中分布的斜长石条纹形态极不规则，常呈分叉状或树枝状，且分布极不均匀。

(8) 交代斑状结构 (metasomatic porphyritic texture)，是由交代成因的自形而粗大的变斑晶，分散于较细粒的变基质中，构成交代斑状结构。这种结构在混合岩中最常见。交代斑晶与一般的变斑晶有些不同：交代斑晶内常有交代残留体的基质矿物成分，呈不均匀分布；交代斑晶常切割(不是推开)原岩的片理，后者可在斑晶中断续通过，因此一些交代斑晶(如钾长石)内常包含一些光性方位互不相同的斜长石和石英颗粒。

交代作用过程一般认为是等体积的，这可由结构表现得到证实。如蛇纹石交代橄榄石过程中，橄榄石假象周围矿物没有明显的扰动，说明交代过程中体积变化极小。橄榄石变成蛇纹石虽要失去部分镁和硅，但同时又补充了水，其反应式及分子体积变化如下：

$$5Mg_2[SiO_4]+6H_2O+4H^+ \longrightarrow Mg_6[Si_4O_{10}](OH)_8+Si^{4+}+4Mg(OH)_2$$

分子体积：　218　　　　　　　　220

此外，也有少数非等体积交代的现象，这时可能会因体积缩小而出现空洞（晶洞），孔洞还可再次被后期形成的方解石、石英等充填。例如，某些矽卡岩就有这种充填现象；在白云石大理岩中，也有此种现象。

5. 变质岩结构的观察、描述和命名

变质岩的结构是变质岩最重要特征之一，是变质岩相互区别及分类的主要依据之一，还是探讨其成因不可缺少的证据之一。变质岩结构种类繁多，有的结构类型之间差异很大，有的结构类型之间差异微小，甚至还具有相互过渡的性质。其中，变晶矿物的晶粒大小、晶粒形态和晶粒间的相互关系是结构特征的主要内容，也是研究描述及区分岩石结构的重要标志。一般应从变晶矿物粒度的相对大小开始，然后观察变晶矿物的结晶习性和形态，再进一步观察描述变晶矿物颗粒间的数量比例、相互包含穿插的关系等特征。对于斑状变晶结构，则应分别观察描述变斑晶和变基质的结构特征。对于交代结构，还必须注意原矿物与新矿物的成分、交代关系、交代次序及发育程度与分布情况（反映交代程度）等。对于浅变质岩要特别注意变余结构的观察，以便为恢复原岩提供充分而可靠的依据。

一般来说，变质岩往往不是只具有单一的某种结构，通常是多种结构并存，或者是两种或多种类型的复合结构，因而对结构命名时应全面考虑、综合描述。例如，等粒镶嵌粒状变晶结构，包含了粒度相对大、矿物形态及其接触关系三个方面的综合描述内容。对过渡类型的结构，可将次要的放在主要结构前面，如鳞片花岗变晶（或鳞片粒状变晶）结构，说明花岗变晶结构是主要的，这在片麻岩中比较典型。对斑状变晶结构，应对变斑晶和变基质分别命名，如具鳞片变晶（结构）基质的斑状变晶结构。此外，对条带状片麻岩的结构，可描述为粒状变晶结构与鳞片变晶结构呈条带状相间。

三、变质岩的构造

按成因可将变质岩的构造分为变余构造、变成构造两大类。

1. 变余（残留）构造（palimpsest structure）

与变质岩的结构一样，在浅变质的岩石中，原岩的构造常不同程度地保留下来，称为变余（残留）构造。它们是恢复原岩性质的重要标志之一。正变质岩中，常见的有变余气孔构造、变余杏仁构造、变余流纹构造、变余枕状构造等；副变质岩中，常见的有变余层理构造、变余泥裂构造、变余波痕构造等。

在描述命名这类构造时，只要在原岩构造前面加上“变余”二字即可。

2. 变成构造（metamorphic structure）

变成构造是指岩石在变质作用过程中所形成的构造。这类构造在变质岩中占有重要地位。常见的变成构造有以下类型：

（1）斑点构造（spotted structure）。在变质作用过程中，由于温度升高，岩石中某些组分发生扩散、迁移集中而形成的大小不等的斑点或团块，称为斑点构造。这些斑点主要是由极微小的质点（铁质、碳质等）聚集而成，有时则是微粒石英或是红柱石、堇青石等的雏晶集合体，属隐晶质，因而在肉眼下不能辨别矿物成分，不过往往在颜色上有明显的差异。随着温度的升高，这些斑点可以重结晶成变斑晶。这是热接触变质岩中常见的构造［图 8－12（a）］。

（2）板状构造（platy structure）。在变质过程中，泥岩或页岩等柔性岩石受应力作用达到一定限度后，常出现一组互相平行的破裂面（劈理），称为板状构造或劈理构造。由于岩石基本未重结晶，故肉眼不能分辨颗粒，因而劈理面光滑平整，此种构造在板岩中最为典型［图 8－12（b）］。板状构造是在低温而应力较强的变质条件下形成的。

（3）千枚状构造（phyllitic structure）。岩石重结晶程度不高，但在劈理面上有某些矿物（绢云母、绿泥石）呈定向密集平行排列，故具明显的丝绢光泽，有时还见有一些小皱纹，这种构造称为千枚状构造［图 8－12（c）］。此构造在千枚岩中最发育。

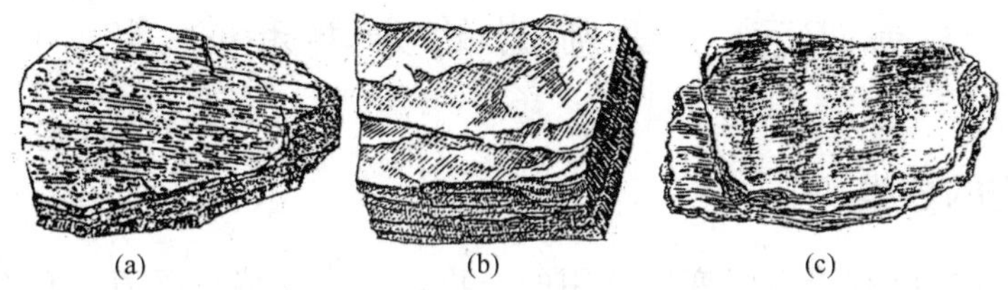

图 8－12　斑点构造（湖南新化）（a）、板状构造（陕西略阳）（b）、千枚状构造（c）

（4）片状构造（schistose structure）。由云母、绿泥石、角闪石等片柱状矿物作定向平行排列成片理，故称片状构造或片理构造。岩石重结晶较明显，片理面可以是平直的，也可以波状弯曲，与原岩层理多数平行，但有时也可斜交，沿片理面可劈成不平整的薄片［图 8－13（a）］。

（5）片麻状构造（gneissic structure）。岩石主要由粒状变晶矿物（长石、石英等）组成，其间有少量片状或柱状矿物（云母、角闪石等）呈断续定向平行排列而成的一种构造，称片麻状构造［图 8－13（b）］。这种构造在区域变质的片麻岩中常见。

（6）条带状构造（striped structure）。条带状构造与片麻状构造有些相似，但不同点是：粒状浅色矿物和片、柱状暗色矿物分别集中而呈现颜色和粒度不均一的条带交替分布［图 8－13（c）］。

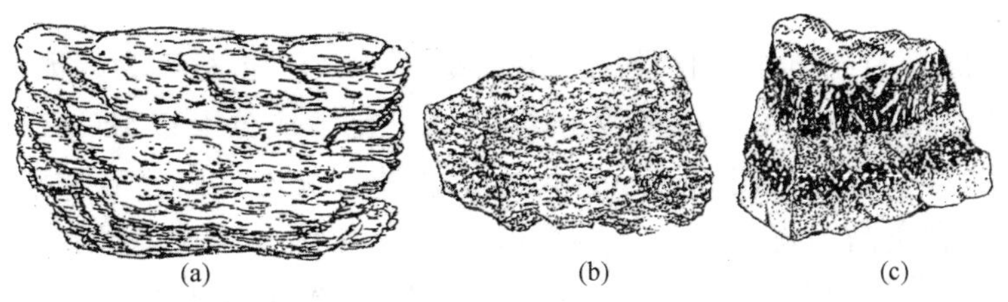

图 8－13　片状构造（山西繁峙）（a）、片麻状构造（四川丹巴）（b）、条带状构造（湖南香花岭）（c）

（7）块状构造（massive structure）。块状构造与岩浆岩中的块状构造相似，是指岩石中矿物成分和结构都很均匀，矿物或矿物集合体作无定向分布的一种均一构造。石英岩和大理岩具有这种构造。

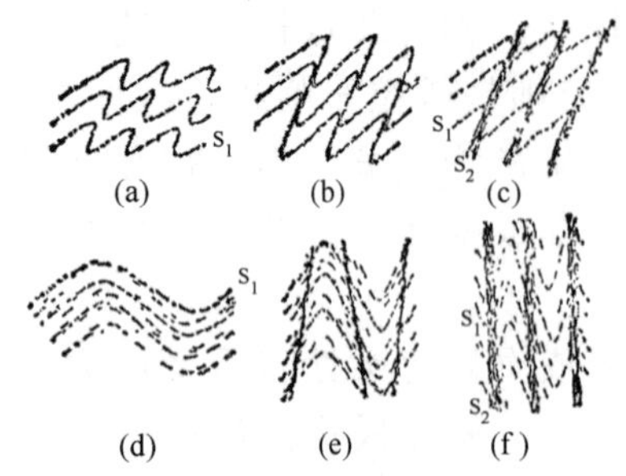

图 8－14　两向片理的形成与交切（据 A. 斯普瑞）

此外，在混合岩中还常有眼球构造、网脉构造、肠状构造等类型。

从总体上看，板状构造、千枚状构造、片状构造、片麻状构造中的矿物均具有程度不同的定向性，又可以通称为片理构造。所以，广泛发育片理是变质岩重要特征之一。片理是在区域应力的持续作用下通过变形与重结晶交替发育的方式而形成的，有时还可见到两个方向的相互交切的片理。如图 8－14 所示，在应力的作用下先形成褶皱［（a）、（b）、（c）为不对称的，（d）、（e）、（f）为对称的］，同时形成早期的片理 S_1，而后褶皱持续发展加剧并形成片理 S_2，后期生成的片理 S_2 常切割早生成的片理 S_1。因此，通过对变质岩构造特征的仔细观察研究，还可以提供变质岩演化历史的有关资料与信息。

第四节　变质岩的分类和命名

一、变质岩的分类

变质岩是地壳中已有岩石经变质作用的产物，其岩性特征受原岩和变质作用的双重控制，而原岩类型众多，变质作用类型与变质因素同样繁多，致使变质岩更为多样复杂，所以，迄今为止，变质岩的分类、命名还多有争议。

1. 几种常见的分类法

根据变质岩物质成分进行分类，可以格鲁宾曼（U. Graubenman）的矿物分类法为代表，即根据岩石的主要矿物组成，适当照顾结构构造进行分类，把变质岩分为正长石片麻岩等 12 大类。此分类实质只是侧重于区域变质岩的岩石分类，且对成因的反映不清楚。

根据变质岩的成因进行分类，这种分类应属较完善的分类，但是对成因中主要因素的选取仍然各不相同。其中，F. J. Turner 以原岩性质为分类基础，并按化学组成的不同将原岩简化为五种类型，已被许多学者接受作为分类基础。原岩化学成分的五种类型是：

（1）泥质，原岩为泥质岩，化学成分上以富含 Al_2O_3 和 K_2O 为特征；（2）长英质，原岩相当于砂岩、酸性岩浆岩及其有关的凝灰岩，化学成分上以 SiO_2 含量高、FeO 和 MgO 含量低为特点；（3）钙镁质，原岩相当于各种石灰岩、白云岩和泥灰岩，化学成分以 CaO、MgO 含量高为特征；（4）基性质，原岩主要为基性岩浆岩、基性火山碎屑岩及不纯泥灰岩，化学成分富含 FeO、MgO、CO_2 和 Al_2O_3 为特征；（5）铁镁质，原岩相当于超基性岩及化学成分相似的沉积岩，以富含 MgO 和 FeO 而贫 SiO_2 和 Al_2O_3 为特征。

著名学者程裕淇等 1961 年提出了《常见区域变质岩分类表草案》，属于比较完善的分类。表中划分出九大类变质岩，分别提出了各类的原岩类型和化学特征，特别考虑到混合岩化过程中物质成分的迁移。这一分类表已成为我国各省区变质岩分类的基础。但是这些分类主要是针对区域变质岩的。

贺同兴（1988）等强调变质程度的低、中、高级，结合原岩的五种类型将区域变质岩分为五类 15 级（表 8-3）。

表 8-3　常见区域变质岩分类表（据贺同兴等，1988，略简化）

岩石类型	原岩及化学特征	低级变质岩	中级变质岩	高级变质岩
千枚岩—云母片岩类（泥质变质岩）	粘土岩、粘土质粉砂岩，富 Al_2O_3 贫 CaO，$K_2O > Na_2O$，FeO、MgO 不定	板岩、千枚岩、钠长绿泥绢云片岩	白云母片岩、黑云母片岩、可含十字石、硬绿泥石、堇青石、红柱石、蓝晶石等的石英云母片岩	黑云母片岩、可含石榴石、硅线石、堇青石等的黑云母片麻岩
斜长片麻岩—变粒岩—石英岩类（长英质变质岩）	各种砂岩、粉砂岩部分页岩、中酸性火山岩、火山碎屑岩，以富 SiO_2 贫 FeO、MgO 为特色	变质砂岩、砂板岩、变质流纹岩、变质英安岩、石英绢云母千枚岩、钠长绿泥绢云片岩、石英岩、浅粒岩	黑云母变粒岩、细粒角闪黑云母斜长片麻岩、云母石英片岩、斜长云母片岩、黑云母石英片岩、斜长石英岩等	含黑云母或角闪石的片麻岩及变粒岩、浅色麻粒岩、可含石榴石、硅线石、堇青石等的黑云母石英片岩及石英岩
大理岩—钙镁硅酸盐岩类（钙镁质变质岩）	各种碳酸盐类沉积岩（含泥灰岩、钙质页岩等），以富含 CaO、MgO 为特征	大理岩（可含石英、绿泥石、蛇纹石、滑石等）、钙质千枚岩	方柱石、透闪石及白云石大理岩、含钙铝榴石及云母等的大理岩及钙质云母片岩、含透辉石等的钙镁硅酸盐变粒岩	金云母透辉石大理岩、镁橄榄石大理岩、含透辉石方柱石及基性斜长石等的钙质片麻岩、辉闪斜长变粒岩
绿片岩—斜长角岩类（基性变质岩）	基性火山岩、凝灰岩、多杂质白云质灰岩，以 FeO、MgO、CaO 高，SiO_2 较低，$K_2O < Na_2O$ 为特征	钠长绿泥片岩、绿帘绿泥片岩、钙质钠长绿泥片岩、阳起石片岩、绢云母绿泥石片岩等	可含绿帘石、透辉石、铁铝榴石等的斜长角闪岩、角闪变粒岩、角闪石英片岩、角闪片岩、钙质角闪片岩	斜长角闪岩、角闪石岩、角闪片岩、角闪辉石变粒岩及紫苏麻粒岩、角闪二辉麻粒岩等、榴辉岩及部分榴闪岩
滑石—蛇纹石片岩类（镁质变质岩）	超基性岩及部分不纯白云岩，以富含 MgO 为特征	蛇纹石片岩、滑石片岩、滑棱片岩、直闪绿泥片岩	（片状）角闪石岩、直闪片岩及榴闪片岩等	辉石岩、角闪石岩、橄榄石岩

2. 本书采用的分类

从油气普查勘探的需要出发，参照现行业标准 SY/T 5368—2000，本书提出一简明分类。首先按变质作用类型及产状，将变质岩分为五大类：接触变质岩类（又分为热接触变质岩类、接触交代变质岩类）、区域变质岩类、动力变质岩类、气成热液变质岩类、混合岩类。

再依据原岩性质、变质岩的矿物组合、结构与构造特征对各大类变质岩作进一步划分，具体分类性情况后面有关章节再作讨论。

二、变质岩的命名

在鉴定变质岩时，首先应根据成因及产状等因素定出合理的大类名称，而后依据岩石的构造特征、结构特征和主要矿物成分，定出岩石的基本名称，再结合特征变质矿物与次要矿物的数量，作为命名的前缀加在基本名称的前面。命名的一般原则是把矿物含量多的放在紧靠基本名称的前面，而含量少的放在最前面，即按次要矿物＋主要矿物＋基本名称的格式进行。

在命名中，矿物含量大于15％的可直接参加命名；含量为5％～15％时冠于“含”字作次要命名；小于5％的常见矿物不参加命名；特征矿物含量虽小于5％，有时也参加命名，如硅线石榴白云母片岩。

长石、石英这两种矿物在变质岩中比较常见，尤其在片岩和片麻岩中普遍存在。在片岩中，长石含量均小于25％，石英含量变化较大，当长石＋石英含量小于50％时，石英及长石都不参与命名；当长石＋石英含量大于50％且长石含量小于25％时，石英参加命名，如石英二云母片岩。在片麻岩中，长石均超过25％，一般只用长石参加命名，石英不论多少均不参加命名，如钾长片麻岩、斜长片麻岩或二长片麻岩等。再如某岩石，由黑云母26％、斜长石30％、石英40％及硅线石4％组成，具片麻状构造，岩石名称可定为硅线黑云斜长片麻岩。这里石英含量虽然很多，但在命名中不必反映。更具体的命名将在后面有关章节介绍。

在岩石命名时，矿物名称一般可取头两个字用作前缀，且次要矿物（含量小于15％）一般应少于三个为宜，如黑云斜长片麻岩、硅线斜长二云片岩等。但有个别矿物会引起混淆的应取全名，如白云大理岩，由于不知是白云母大理岩还是白云石大理岩，这时就取全称定名，称为白云石大理岩。

在变质岩的命名中，不能仅仅依据矿物成分及结构、构造，尤其对某些相似的岩石，必须结合野外产状及成因。如主要由白云母和石英组成的岩石，可以是白云母石英片岩（区域变质），也可以是云英岩（气热变质）。

对于那些轻变质具变余结构（或构造）的岩石，应恢复原岩名称，然后在原岩名称前加上“变质”二字作前缀来命名，如变质砂岩、变质流纹岩等。

以上对岩石命名的讨论，只是在命名中应遵守的原则，更具体的命名方法将在后面有关章节中再详细阐述。

第九章　变质岩各论

第一节　接触变质岩类

一、接触变质岩概述

1. 接触变质作用因素

接触变质作用是以岩浆作用为主热源的一种局部变质作用。当岩浆侵入围岩时，在侵入体与围岩的接触带附近，由于受岩浆所散发的热量及气体挥发组分或流体的影响，使围岩发生重结晶、变质结晶和交代作用等。在整个变质过程中，一般无明显的应力作用。

根据变质过程中是否发生交代作用，接触变质作用又可分为热接触变质作用和接触交代变质作用。前者在变质过程中，主要受岩浆散发的热能烘烤而发生变质，未发生交代作用，又简称“热变质作用”；后者受岩浆热能及活性组分的双重影响，交代作用强烈。

接触变质作用的形成深度一般都不大（多数不超过 7km），静水压力较小，一般小于 0.2GPa，温度变化范围大致为 300～800℃，有时高达 1000℃。接触变质岩在矿物成分和结构、构造方面的许多特点，都与高温、低压这种条件分不开。

接触变质岩石的特征变质矿物主要是红柱石、黑云母、堇青石、硅灰石、石榴石及辉石等。岩石一般呈块状构造，定向性不明显，有时具某些变余构造。变质轻微者常见某些变余结构，变质较强者的典型结构有角岩结构、斑状变晶结构和某些交代结构。

2. 接触变质晕

当岩浆侵入后，与其直接接触的围岩温度最高，热变质作用最强，随着远离侵入体，温度逐渐降低，变质程度也随之降低。所以围绕岩浆岩体的围岩中，不同变质程度的岩石便呈环带状顺序分布，这种环带称为“接触变质晕”或“变质圈”。靠近侵入体的内带为高变质的岩石，远离侵入体的外带为低变质的岩石。在侵入体尚未出露的地区，利用接触变质晕可以推断地下隐伏岩体的存在，对指导寻找有关矿产具有实际意义。

接触变质晕的宽度一般不大，多数只有几米至数千米，变质晕的宽度主要受岩浆侵入体的形态、大小、岩浆的成分、侵入深度以及围岩性质等因素的影响。

在侵入体与围岩接触面的形态复杂或较平缓处，接触变质晕一般较宽；反之，在接触面形态（即侵入体形态）简单或较陡处变质晕则较窄（图 9－1）。此外，当接触面垂直围岩的层理或片理时，因热量及挥发组分易沿此方向传播进入围岩而形成较宽的变质晕；反之，当接触面平行围岩层理或片理对，热量及挥发组分难于进入围岩，变质晕相对较窄。

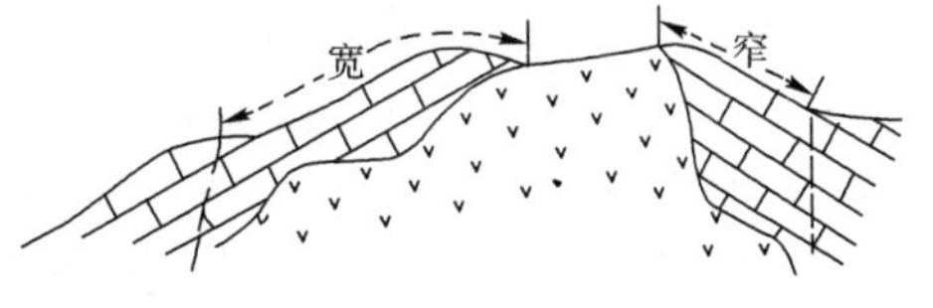

图 9－1　变质圈宽度与侵入体接触面产状关系示意图

在变质条件相同时，侵入体规模大，则其热容量也大，可使围岩温度升高并保持足够长的反应时间，常能形成较宽的变质晕；反之，侵入体较小，则温度较低且散热较快，则只能形成较窄的变质晕。

一般而言，中酸性、酸性和碱性侵入体由于能析出较多的挥发组分，有利于变质过程中化学反应的进行，因而能形成较宽的变质晕，而基性侵入体因含挥发组分少，使围岩的接触变质现象不很发育。

当岩浆侵入体深度大（中深成侵入体）、缓慢冷却时，对围岩作用时间长且挥发组分不易逃散，故在围岩中能够形成较宽的变质晕；浅成或喷出岩体则影响范围较小，只能形成高温而狭窄的变质晕。

具有低温表生矿物组合的沉积岩（如泥质沉积岩及碳酸盐岩）对温度变化最敏感，能形成较宽的变质晕；当围岩为长英质或基性岩浆岩，它们可以在较高温度下仍能保持稳定的矿物组合，不易发生变化，故形成较为狭窄的变质晕。此外，围岩的粒度细、孔隙度大、导热性能良好者，容易产生强烈的热变质，因而变质晕的宽度较大。

二、热接触变质岩的主要类型

热接触变质岩的特征主要与原岩性质及热变质作用的强度有关。因此，不同成分的原岩受热变质后可形成不同的矿物组合及热变质岩，同一原岩在不同温度影响下，变质后的矿物成分和结构、构造也可不同。发生热接触变质的原岩主要有泥质岩、碳酸盐岩、碎屑岩和岩浆岩等。

1. 泥质岩原岩的热接触变质岩

泥质岩主要由各种粘土矿物（高岭石、水云母、蒙脱石等）组成，并含少量石英、绢云母和绿泥石及其他化学成因的杂质。它们的粒度细小，混合也较均匀，表面能大，富含水，化学成分复杂（富含 Al_2O_3，$K_2O>Na_2O$，CaO、FeO、MgO 含量低）。当温度升高时反应极灵敏，即使受较轻微的热变质，其矿物成分和结构也将发生明显的变化。当泥质岩受不同温度作用时，其变化也各不相同，故在野外常可作为划分变质岩的标准。因此，深入研究泥质岩的热变质非常重要。根据变质程度不同，其岩石类型有以下几种。

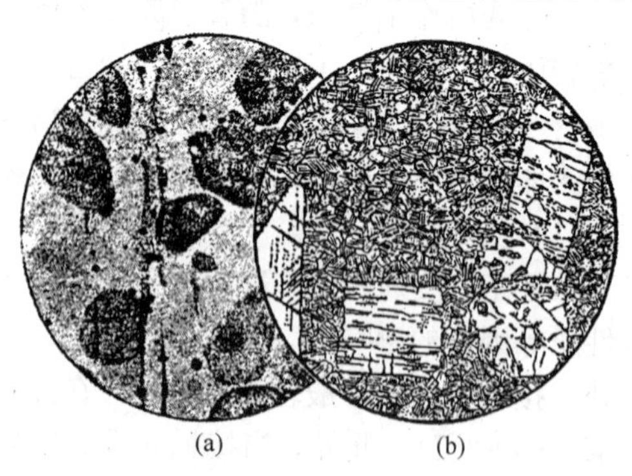

图 9-2 斑点板岩（a）及红柱石黑云母角岩（b）（据 A. 哈克尔）

（a）斑点板岩，斑点由分散状碳质聚而成，现已变成石墨，英国，单偏光，$d=2.3$mm；（b）红柱石黑云母角岩岩石由变斑晶红柱石和变基质黑云母组成，基质为典型角岩结构，英国，单偏光，$d=2.3$mm

（1）斑点板岩（spotted slate），是泥质岩变质程度最低的热接触变质岩，出现在远离侵入体的外带。原岩只受低温的影响，岩石变化不大，重结晶极微弱，只有一些次要组分（杂质）发生变化。肉眼观察岩石呈隐晶质，具斑点构造及变余层理构造。镜下常见变余泥质结构，重结晶程度极弱，原粘土矿物可部分保留下来，并含绿泥石、绢云母等矿物。斑点为隐晶质，矿物难于辨认。一般由极细小的碳质、铁质及红柱石、堇青石、绢云母等的雏晶聚集而成斑点构造，其余大部分未经变化，岩石因劈理常成薄板状，故称为斑点板岩［图 9-2（a）］。含新生矿物少且晶体极细小（隐晶质），常具变余泥质结构，以此与角岩相区别。

(2) 瘤状板岩（warty slate)，重结晶程度比斑点板岩略高，斑点因温度升高而重结晶长大形成红柱石、堇青石、黑云母等微晶聚合在一起，被包裹在由石英、绢云母、绿泥石等组成的基质之中，肉眼观察呈瘤状突起（即瘤状构造)，故称为瘤状板岩。如红柱石板岩、堇青石板岩是富铝的泥质岩变质的产物。

板岩的矿物组合与原岩成分关系密切，详细鉴定其矿物组合，有助于恢复原岩成分。如由单纯富铝的以高岭石为主的泥岩变质形成的岩石，含红柱石（空晶石）和绢云母较多；含铁、镁的胶岭石为主的泥岩变质形成的岩石，则含堇青石和绿泥石较多；由富钾的以水云母为主的泥岩变质形成的岩石，含绢云母（白云母)、绿泥石和黑云母较多。

(3) 角岩（hornfels)，是接触变质岩中特有而又常见的岩石，变质程度较板岩高些，原岩中一些组分发生了明显的重结晶或重组合，原岩结构基本消失。肉眼观察为致密块状，其中矿物为细粒至微粒等粒状作无定向分布，所含少量的云母也不显定向性，组成典型的角岩结构，变余层理构造或块状构造。角岩是按结构命名的，有时可形成红柱石、堇青石、十字石、石榴石等特征变质矿物的变斑晶。出现变斑晶时岩石可按变斑晶矿物成分进一步命名，如红柱石角岩、堇青石角岩、红柱石黑云母角岩［图 9-2 (b)］等。若角岩进一步受到应力的影响（因岩浆侵入引起的侧压力)，矿物呈定向分布时称为接触片岩或接触片麻岩。

2. 碳酸盐岩的热接触变质岩

碳酸盐岩（石灰岩、白云岩及泥灰岩）主要由方解石、白云石组成，泥灰岩则含较多的粘土矿物。此外，碳酸盐岩还含少量硅质、铁质或碳质等组分。由于这些岩石具有常温常压下形成的表生矿物组合，因此当温度升高时反应很灵敏，故也常见它们的热接触变质岩。碳酸盐岩在变质作用过程中除发生重结晶使矿物粒度变粗外，还可形成一些新的矿物。

由方解石组成的纯石灰岩，在热变质时仅发生重结晶，颗粒变粗，形成大理岩。变质程度的高低仅对粒度变化有一定影响。

白云岩或白云质灰岩在低或中级变质中也仅发生重结晶形成白云石大理岩。在高级变质时，白云石发生分解形成方镁石大理岩；经水化则形成水镁石大理岩。

当含 SiO_2、Al_2O_3、FeO、MgO 等杂质时，随着温度的升高，可形成石英、硅灰石、透闪石、透辉石、钙铝榴石、蛇纹石、镁橄榄石等，含有机碳质可出现石墨。根据这些变晶矿物可给岩石进一步命名，如硅灰石大理岩、蛇纹石大理岩、石墨大理岩等。

大理岩的特点是具浅色（灰白、灰绿等)，具粒状（花岗）变晶结构，主要矿物为方解石或白云石。某些大理岩因其色泽美观，易于加工，可作建筑及艺术雕刻优质石材。

3. 碎屑岩的热接触变质岩

碎屑岩中分布最广的是各种砂岩，主要由石英、长石等碎屑矿物组成。它们在热接触变质条件下属较稳定的矿物，一般不易发生变化；而胶结物和泥质杂基反应较灵敏，易于变化。硅质胶结的纯石英砂岩，经热变质后可重结晶成为石英岩。变质较浅时，仍可保留砂状结构，称为变质砂岩。铁质胶结物可重结晶形成赤铁矿或磁铁矿；钙质胶结物形成方解石、绿帘石、角闪石、石榴石等；泥质杂基则重结晶生成绢云母、绿泥石、红柱石、堇青石、黑云母、白云母等。温度继续升高可出现微斜长石或正长石，形成云母长英角岩或云母石英岩［图 9-3 (b)］。

当原岩为粒度细小的粉砂岩时，在热变质过程中可重结晶形成含云母、长石、石英等矿物组成的长英角岩。如原岩为砾岩，经热变质后是变余砾状结构，胶结物发生重结晶。

4. 岩浆岩的热接触变质岩

岩浆岩一般具有高温的矿物组合，所以在发生热接触变质时变化不显著。但存在某些晚期结晶及次生蚀变形成的低温矿物时，遇温度升高时仍能发生变化，重结晶形成新矿物。其次，由于岩浆结晶过程是随温度下降而进行的，化学反应有时不完全，早期结晶的某些矿物呈“过稳定”状态；当温度再度升高时，可促使反应继续进行，出现比原来矿物较低温（与变质温度相适应）的矿物组合，如辉石的纤闪石化、角闪石的黑云母化等。

在热接触变质岩中，玻璃质和隐晶质喷出岩变化较显著，常随温度升高而发生脱玻化及重结晶。酸性火山岩经热接触变质后常形成由长石、石英和少量云母组成的长英角岩；岩石呈浅色致密块状，具典型角岩结构，也常见残留有长石、石英的变余斑晶。基性火山岩经热变质常形成由透辉石、基性斜长石和石英等矿物组成的辉绿角岩［图 9-3（a)］；岩石呈深色致密块状，具典型角岩结构；变质程度增高时，可形成由基性斜长石、一种或两种辉石及少量石英或正长石组成的岩石，粒度较粗，称为斜长石辉石角岩。

三、接触交代变质岩的主要类型

1. 接触交代变质岩概述

在接触变质作用中，由岩浆带来的热量及岩浆结晶晚期所析出的挥发组分和热水溶液与围岩发生交代作用，形成新矿物组合的变质作用，称为接触交代变质作用。此作用主要发生在岩浆侵入体与围岩的接触地带。由于具活动性的气水溶液常起到主导作用，因此有人将接触交代变质作用归入气成热液变质作用的范畴。此变质作用最常出现在中酸性及酸性侵入体与碳酸盐岩的接触带，岩浆侵入体中 SiO_2、Al_2O_3、FeO 部分带入围岩，而围岩中的 CaO、MgO 等组合转入岩体内，使二者之间发生了物质的交换（称双交代作用），形成一种新的岩石，称为矽卡岩。因此，常常可把此种变质作用称为矽卡岩化作用。

2. 矽卡岩

矽卡岩一名来自“skarns”的译音，最早由瑞典的地质学家首先提出。矽卡岩是指发育在花岗岩与石灰岩接触带，由透辉石和石榴石等所组成的一套岩石。资料表明，矽卡岩常常由石榴石（钙铝榴石—钙铁榴石)、辉石（透辉石—钙铁辉石）及一些其他富钙的硅酸盐矿物（绿帘石、硅灰石等）组成，还常出现不定量的透闪石、阳起石、石英、方解石等矿物，各种矿物含量变化大，岩性相当复杂。肉眼观察，矽卡岩呈浅褐、红褐和暗绿等色；具细—粗粒、等粒或不等粒变晶结构；致密块状构造，有时也有斑杂状、带状构造，还常有一些大小不等的空洞或空隙，呈疏松多孔状，孔洞常被一些不规则状、被膜状或晶簇状的次生矿物所充填。由于矽卡岩中含较多的石榴石，因而岩石相对密度较大。

按矿物成分的不同，矽卡岩可划分为以下两个类型：

（1）钙质矽卡岩，主要是由钙铝榴石—钙铁榴石、透辉石—钙铁辉石系列的单斜辉石、硅灰石、符山石等富钙硅酸盐矿物组成的一类岩石。钙质矽卡岩是在浅处或中等深度条件下，由酸性或中酸性岩浆侵入体侵入石灰岩经高温交代作用而形成，是自然界最常见的矽卡岩。

根据岩石中的主要矿物，钙质矽卡岩常见的岩石种属有：石榴石矽卡岩［图9-3（c)］、石榴—辉石矽卡岩、辉石矽卡岩、石榴—绿帘石矽卡岩及绿帘石矽卡岩、石榴—符山石矽卡岩及符山石矽卡岩等。

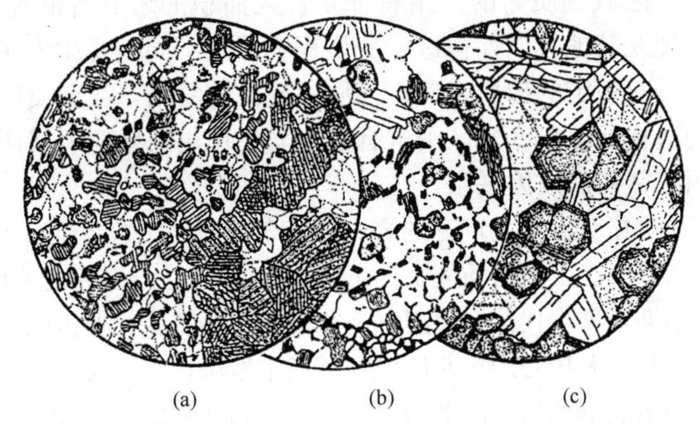

(a)　　(b)　　(c)

图 9-3　辉绿角岩（a）、石榴石云母石英岩（b）及石榴石矽卡岩（c）

（a）辉绿角岩，由普通辉石、斜长石、磁铁矿及橄榄石假象组成，右下方原为绿泥石和沸石充填的气孔，现已变成普通辉石和长石集合体，陕西略阳，单偏光，d=5mm；（b）石榴石云母石英岩，岩石显示带状特征，左上部颗粒较粗，含白云母，下部颗粒较细，富含黑云母，d=2.5mm，单偏光（据 A. 哈克尔）；（c）石榴石矽卡岩，石榴石具环带构造和异常干涉色，康沃尔（英），正交偏光，d=2.3mm（据 A. 哈克尔）

对于细粒至粗粒的矽卡岩，因其组成矿物结晶较好，所以易于辨认；对于某些隐晶质致密状的矽卡岩，只能根据其产状（产于岩体与围岩接触带）、颜色、硬度、相对密度较大等作出判断，详细鉴定需在显微镜下观察。

（2）镁质矽卡岩，主要是由镁橄榄石、透辉石、尖晶石、金云母和硅镁石、白云母等组成的一类岩石。镁质矽卡岩是由中酸性岩侵入到白云岩或白云质灰岩经接触交代形成的矽卡岩。

根据岩石中主要矿物成分，镁质矽卡岩常可划分如下种属：透辉石矽卡岩、镁橄榄—透辉石矽卡岩（蛇纹石化透辉石矽卡岩）、硅镁—金云母矽卡岩、粒状硅镁石矽卡岩、金云母—橄榄石矽卡岩及金云母矽卡岩等。

矽卡岩在我国分布相当广泛，以长江中下游地区尤其是安徽铜陵一带最具代表性，其他各省区也有矽卡岩产出。与矽卡岩有关的矿产有：铁、铜、铅、锌、钨、锡、铋、钴、铍等；此外，还有硼、磷、稀土元素及金云母等矿产。

第二节　区域变质岩类

一、区域变质岩概述

1. 区域变质作用及区域变质岩

区域变质作用是指在广大区域内，原岩在温度、压力（静水压力和应力）和化学活动性流体等因素联合作用下发生不同程度变质的一种区域性变质作用。温度变化范围为 200～300℃至 700～800℃，压力为0.1～1.0GPa，局部甚至更高，地热梯度的变化范围也很大，可为 7～60℃/km。此外，在不同的地区、不同的构造单元中以及不同的构造活动阶段，各种变质因素的作用情况也不相同，既有低温低压、中温中压和高温高压的情况，也有高压低温和低压高温的情况。

由区域变质作用形成的变质岩即区域变质岩。由于区域变质作用的因素多、范围广阔、变质方式复杂，因此，区域变质岩的突出特征是：大面积的岩石普遍经历了程度不等的变质；普遍具有结晶片理及其他方向性构造；变质程度深浅不同的变质岩在空间上常作带状分布，即区域变质岩常具有一定的地质走向；地质构造比较复杂；浅变质区常可部分保留原岩某些矿物或结构、构造特征，深变质区则常有混合岩化作用及伴有岩浆活动；区域变质作用常与构造及岩浆作用有密切的成因联系。

区域变质岩是变质岩中分布最为广泛的岩石，分布面积可达数百至数千平方千米，有的地区甚至达百万平方千米以上。区域变质岩在时间上及空间上均与地壳的造山运动有密切关系。区域变质岩从太古代早期至新生代都有出露，前寒武纪结晶基底主要由区域变质岩和混合岩构成。例如，作为我国大陆古老核心的华北地块和塔里木地块，就主要是由各种区域变质岩组成的；古生代以后的地槽褶皱带和某些准地槽褶皱带也多有区域变质岩分布，含下古生界的广西龙山系、昆仑山的祁连系、上古生界秦岭的镇安系等；中、新生代的区域变质岩在我国较少，横断山有中生界的千枚岩，台湾有白垩纪和古近—新近纪的绿泥石片岩和片麻岩。

2. 区域变质作用中矿物的稳定范围

变质矿物是在一定的温度、压力条件下形成和稳定的。在区域变质作用过程中，各种矿物的形成和存在的稳定范围差异很大（表 9-1）。有些矿物如石英、方解石、白云石等，稳定范围很广，在浅带、中带、深带三个变质带中都可出现，称为贯通矿物；有些矿物稳定范围则很窄，当外界环境稍有变化时就变得不稳定，将转变成其他矿物，如红柱石、蓝晶石、十字石等，称为特征矿物。为达到正确分析变质环境并划分变质等级的目的，要特别注意鉴别各种特征矿物，同时还应注意以下问题。

表 9-1　区域变质岩中常见矿物稳定范围

原岩	变质岩矿物		低级变质	中级变质	高级变质
泥质岩	常见矿物	绿泥石 绢云母			
		白云母			
		黑云母			
		斜长石			
		正长石			
		石英			
	特征矿物	硬绿泥石			
		铁铝榴石			
		十字石			
		蓝晶石			
		硅线石			
		紫苏辉石			
		堇青石			
碳酸盐岩	常见矿物	方解石、白云石			
	特征矿物	蛇纹石			
		滑石			
		镁橄榄石			
		透辉石			
		硅灰石			
		透闪石			
		方柱石			
		金云母			
		符山石			
		钙铝榴石			
		尖晶石			

续表

原岩	变质岩矿物		低级变质	中级变质	高级变质
铁质白云质泥灰岩（或基性岩）	常见矿物	钠长石 < An.6			
		斜长石 > An.15			
		阳起石			
		普通角闪石			
		石英			
		绿帘石			
		黑云母			
		透辉石			
		铁铝榴石			

注：表中粗线表示主要稳定范围，细实线为稳定范围，虚线为可能稳定范围。

不同性质的原岩经变质后形成不同的特征变质矿物，所以特征变质矿物可反映其原岩性质和类型。例如，富铝的蓝晶石、十字石、硅线石等矿物的出现，说明其原岩主要为泥质岩；富钙、镁的蛇纹石、滑石、硅灰石、方柱石等矿物的出现，说明原岩主要是碳酸盐岩或者是化学成分相当的超基性岩浆岩；阳起石、绿帘石等的出现，则表示原岩可能是铁质白云质泥灰岩或者是化学成分相当的基性岩浆岩。由此可见，变质矿物的组合与原岩密切相关。

在注意特征变质矿物的形成与稳定范围时，也不可忽视常见贯通矿物的形成条件与环境。如蓝晶石、十字石为中级变质的产物，硅线石为高级变质的产物；黑云母在三个变质级中都可出现，但以中级变质更为稳定常见，白云母在低级和中级变质都可出现，若云母大量出现一般作为中低级更为合理。

有时特征变质矿物与常见贯通矿物并无严格的分界。例如，绿泥石及绢云母一般属于常见矿物，当其大量产出时也可成为低级变质的特征矿物；有些矿物如黑云母、铁铝榴石等，可由多种原岩变质产生，其变质等级和稳定范围基本相同，这时应根据矿物组合来分析判断其原岩及变质等级。

3. 区域变质岩的分类及命名原则

区域变质岩分类方案很多，尚不统一。本书将区域变质岩分为板岩类、千枚岩类、片岩类、片麻岩类、长英质粒岩类、麻粒岩类、榴辉岩类、大理岩类等九类，作为基本名称。分类命名原则是：(1) 以与主要矿物含量及变质程度相关的构造为岩石基本名称；(2) 主要矿物用在基本名称之前，有数种矿物同时参加命名时，含量较少者放在前面，较多者放在后面；(3) 次要矿物含量在5%～15%时，冠以“含”字；含量大于15%者直接参加命名；(4) 次要矿物种类较多时，在命名时选取一种相对较多的矿物即可；(5) 特征变质矿物含量小于5%时，冠以“含”字，5%～25%时与其他矿物一起直接参加命名，25%以上直接用该矿物命名；(6) 岩石名称中的矿物应予简化；(7) 特殊的结构、构造参加命名；(8) 变质较轻的岩石留用原岩石名称，前面加“变质”字样。

二、区域变质岩的主要类型

现把常见的主要区域变质岩按变质程度由浅到深叙述如下。

1. 板岩（slate）

板岩是由泥质岩、粉砂质泥岩、泥质粉砂岩及中酸性火山碎屑岩经轻微变质而成的一种岩石。板岩具典型的板状构造，原岩结构多数被保留下来。平整光滑的劈理面光泽暗淡，可沿劈理裂成薄板状。原岩的矿物成分只有少部分发生轻微重结晶，主要表现为脱水，岩石硬度增高，呈致密隐晶质，少数向千枚岩过渡的板岩在劈理面上因轻微重结晶而出现少量绢云母或绿泥石等新生矿物，呈现微弱的丝绢光泽。代表岩石有斑点板岩［图 9-2（a)］、碳质板岩、钙质板岩、千枚状板岩等。板岩在低级变质的地层中分布很广，如我国北方的滹沱群、南方的板溪群和昆阳群都有大量板岩出露。

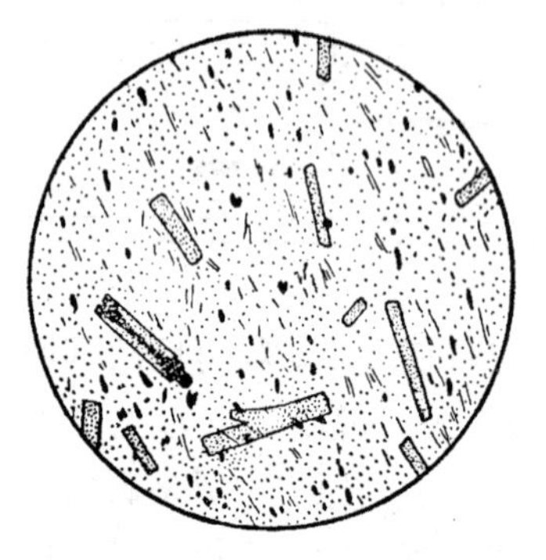

图 9-4 硬绿泥石千枚岩（据 A. 哈克尔）斑状变晶结构，硬绿泥石为变斑晶，基质由绿泥石、绢云母等组成显微鳞片变晶结构，千枚状构造，单偏光，×25

2. 千枚岩（phyllite）

千枚岩是一种具显微鳞片变晶结构或显微纤维变晶结构及典型的千枚状构造的低级变质岩石。千枚岩的原岩性质与板岩相同，但变质程度比板岩稍高，原岩已基本发生了重结晶，且粒度细小。主要矿物成分有绢云母、绿泥石和石英等新生矿物，其次还可出现少量的钠长石、硬绿泥石和黑云母等，在劈理面上具极明显的强丝绢光泽，有时还形成一些小褶曲［图8-12（c)］。千枚岩外观具有灰绿、灰红、深灰等颜色，其常见标准的矿物组合主要由绢云母、绿泥石、石英、硬绿泥石等，这些矿物也是千枚岩进一步命名的基础，如绢云母千枚岩、硬绿泥石千枚岩（图 9-4）等。

此外，还有一些过渡类型的岩石。若岩石重结晶不完全，原岩的结构、构造可部分被保留下来，但劈理面上已显千枚状构造时，可命名为板状千枚岩；当岩石受较高温度的影响而出现十字石、石榴石等中级变质矿物，基质中出现一定量黑云母时，可称为片状千枚岩或直接命名为片岩。我国中南、西南等地浅变质岩系中常见有千枚岩分布。

3. 片岩（schist）

片岩是一类具鳞片变晶结构和典型的片理构造的中级变质程度的岩石。它主要由片状和柱状矿物（黑云母、绿泥石、滑石、透闪石、阳起石、普通角闪石等）以及较多的粒状矿物（长石、石英等）所组成。其中，片状及柱状矿物含量超过 30%，常呈定向平行排列，粒状矿物含量一般为 50%～70%，其中长石含量小于 25%，它们充填于片理之间。岩石中变晶矿物粒度较粗，粒径常超过 0.1mm，据此可与千枚岩相区别。常依据片状柱状矿物的种类及数量进行命名，如绿泥石、云母、角闪石等分别含量大于 50%时，分别称绿泥石片岩、云母片岩、角闪石片岩，若含量小于 50%时，分别称石英绿泥石、石英云母片岩、石英角闪石片岩；当有特征矿物时参与命名，如石榴石白云母片岩、蓝晶石角闪石片岩等。现介绍几种常见的片岩及其特征。

1）云母片岩

云母片岩是一类以云母为其主要矿物的岩石，可分为以白云母为主的白云母片岩、以黑云母为主的黑云母片岩、以含量近相等的两种云母为主的二云母片岩。它们除含云母外，可含较多的粒状矿物（石英和少量长石）；此外，还含有一些特征变质矿物，如石榴石、堇青石、红柱石、十字石等。这些特征矿物可指示岩石的变质程度。

白云母片岩属于低级变质作用的产物，其典型的矿物组合为白云母—绿泥石—石英，并可含少量钠长石、绿帘石、方解石、硬绿泥石和堇青石等矿物。如含硬绿泥石或堇青石斑晶时，可称为硬绿泥石白云母片岩或堇青石白云母片岩（堇青石在低级变质条件下不稳定，易转变为细小鳞片状绢云母)；若含较多方解石时，可称为钙质白云母片岩。

黑云母片岩和二云母片岩一般为中级变质作用的产物（在此条件下，白云母和绿泥石将变得不稳定，易转变为黑云母）；此外，还可形成中级变质条件下较稳定的石榴石、十字石、蓝晶石等特征矿物，它们常呈变斑晶出现，可分别称为石榴石云母片岩、十字石云母片岩、蓝晶石云母片岩等。在区域变质岩区，石榴石云母片岩及十字石榴二云母片岩广泛分布，如我国山西繁峙的石榴石云母片岩。

2）绿色片岩

绿色片岩又称绿片岩。岩石具鳞片变晶结构和片状（理）构造。矿物成分以绿泥石、绿帘石、阳起石及少量角闪石等绿色矿物为主，故使岩石呈现绿色，浅色矿物为长石（主要为钠长石），石英含量较少，有时含磷灰石、方解石、榍石及磁铁矿等副矿物。绿色矿物含量一般超过 50%，长石含量小于 25%。根据矿物组合的不同，常见的绿片岩有：方解钠长绿帘石片岩、绢云绿泥石片岩、阳起石绿泥石片岩［图 9－5（a）］等。

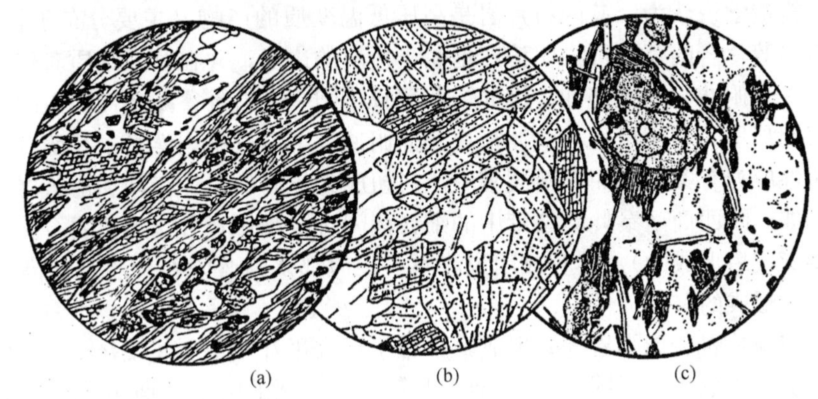

图 9－5　阳起绿泥石片岩（a）、蓝闪石片岩（b）及石榴石二长片麻岩（c）

（a）阳起绿泥石片岩，主要由绿泥石、阳起石、绿帘石和石英组成，粒状鳞片变晶结构，辽宁鞍山，单偏光，d＝2.5mm；（b）蓝闪石片岩，由硬玉（呈放射状）、蓝闪石和钠长石组成，加利福尼亚（美），单偏光，d＝2.3mm（据 A. 哈克尔）；（c）石榴石二长片麻岩，由石榴石、白云母、黑云母、正长石、斜长石和石英组成，法尔郡（英），单偏光，d＝3.2mm（据 A. 哈克尔）

绿片岩在我国区域变质岩区广泛发育，如辽宁鞍山、山西繁峙、天山南麓及西昆仑山一带分布很广。从 20 世纪 60 年代以来，对世界屋脊珠穆朗玛峰的地质科学考察发现，珠峰北侧出露的中生代变质岩系主要是由绿片岩组成。另外，在山西繁峙有绿泥石片岩，四川彭县有绿泥钠长阳起石片岩及绿帘钠长阳起石片岩出露。

3）滑石片岩

滑石片岩主要矿物成分为滑石，通常还含有少量蛇纹石、绿泥石及菱镁矿等。岩石外观呈灰白、黄白或淡黄绿等色。硬度低，具滑感为其主要特点。滑石片岩主要由超基性岩或富铁镁的白云质泥灰岩在温度较低的浅变质条件下形成的。

4）角闪片岩

角闪片岩主要由角闪石、石英和少量斜长石组成。由于原岩成分的某些差异，常形成浅色矿物和暗色矿物定向相间成条带状而显示片状构造，一般认为角闪片岩是基性岩浆岩或铁质白云质泥灰岩经中级变质而形成的。

5）石墨片岩

石墨片岩主要矿物成分有云母、石英、钾长石、石榴石、石墨、磁铁矿等。其中，石墨含量一般为5%～10%，故外观呈灰黑色、染手，片理面上显金属光泽（分布有石墨及磁铁矿之故）。石墨片岩是由碳质泥岩经中高级区域变质作用形成的。石墨含量高时，可作石墨矿床开采利用。

6）石英片岩

石英片岩（quartz schist）主要由石英（含量超过50%）和片状、柱状矿物所组成。片状、柱状矿物含量为30%～50%，常为细粒鳞片粒状变晶结构、片状构造。特征变质矿物除石榴石外，其他少见。常见类型有绢云母石英片岩、白云母石英片岩、绢云钠长石英片岩等。这种岩石常为粉砂岩、泥质砂岩或酸性凝灰质砂岩变质而成。

7）蓝闪石片岩

蓝闪石片岩（glaucophane schist）简称蓝片岩，主要是由富钠的角闪石和富钠的辉石以及白云母、绿泥石、绿帘石、石榴石、石英、钠长石等矿物组成。原岩是基性岩和富铁镁的杂砂岩。板块构造学说认为，蓝闪石片岩是高压低温变质的产物，主要分布于板块俯冲带。因此，造山带中蓝片岩的存在可说明该产地属于板块的边缘，并在某一地质时代曾发生过两个板块相撞，一个俯冲，一个仰冲。例如，西藏日喀则一带沿雅鲁藏布江的蛇绿岩中的分布有蓝片岩，表明那里为印度板块与欧亚板块碰撞俯冲带。不过我国学者王嘉荫认为：蓝闪石的形成与压扭性应力有关，因而在断裂带中，在扭应力作用下，经错动和褶皱之后，也可出现蓝闪石。例如，陕西商南秦岭断裂带中的细粒蓝闪石石英片岩可作为蓝闪石交代更长石的证据（系直接交代后形成的）。尽管成因说法不一，但都认为蓝闪石片岩是在高压和相对低温的条件下变质形成的。

蓝片岩可与绿片岩、榴辉岩等共生成，分布于环太平洋褶皱带的日本、印尼苏拉威西、新西兰、美国加利福尼亚州［图9－5（b）］及智利、欧洲的阿尔卑斯山脉、俄罗斯的乌拉尔山脉等地，其时代以中生代和新生代为主，前寒武地区迄今为止尚未发现蓝片岩。

4. 片麻岩（gneiss）

片麻岩是一类变质程度较高的区域变质岩，具鳞片粒状变晶结构，粒度一般比相应的片岩稍粗一些，具典型的片麻状构造［图8－13（b）］，有时具条带构造或条痕构造。片麻岩主要由石英、长石和云母、角闪石、辉石等矿物组成。其中，粒状矿物占优势，一般超过70%，长石（钾长石或斜长石）含量超过25%，而片状矿物和柱状矿物含量小于30%。此外，还可出现少量石榴石、硅线石、蓝晶石、堇青石等特征矿物。片麻岩与片岩在主要矿物的含量上常常是相互过渡，它们的主要区别在于：片麻岩具典型的片麻状构造，粒度较粗，长石含量超过25%（包括钾长石和斜长石），片状矿物和柱状矿物含量小于30%；片岩具片状构造，粒度较细，长石含量小于25%（一般无钾长石），片状矿物和柱状矿物含量超过30%。

片麻岩一般按长石种属分类，命名原则是，片柱状矿物—长石—片麻岩，有特征变质矿物时应参与命名。如角闪斜长片麻岩、黑云二长片麻岩等，常见片麻岩种属简介如下。

（1）钾长（二长）片麻岩，主要由钾长石、酸性斜长石、石英以及少量黑云母、角闪石等组成，特征矿物有石榴石、硅线石和刚玉等。具鳞片粒状变晶结构，片麻状构造不一定十分清楚。这种岩石因主要矿物与岩浆成因的花岗岩相似，故又称花岗片麻岩。据数量较多的特征变质矿物及片柱状矿物命名，如石榴石黑云母钾长（二长）片麻岩［图9－5（c）］、角闪钾长片（二长）麻岩等。它与岩浆花岗岩的区别是暗色矿物作定向排列，且有特征变质矿物的存在。此外，花岗片麻岩与片麻状花岗岩容易混淆，区别在于：后者具有的似片麻状构造（暗色矿物作定向排布）是由岩浆流动造成的，与变质作用无关，主要分布在花岗岩体的边缘部分。原岩类型多样，可由花岗岩、长石砂岩、泥质岩、中—酸性火山岩经高级变质形成。

（2）斜长片麻岩，主要由斜长石和石英以及数量不等的普通角闪石、黑云母、辉石（透辉石或紫苏辉石）等组成。有时含石榴石等特征矿物，粒度粗细不限，具有明显的片麻状构造或条带状构造。可细分为黑云母斜长片麻岩、角闪斜长片麻岩等。主要是由中性岩浆岩、基性岩浆岩或铁质白云质泥灰岩等原岩经高级区域变质作用而形成。

（3）富铝片麻岩，矿物组成及结构、构造与斜长片麻岩相似，差异在于：富铝片麻岩富含硅线石、蓝晶石、石榴石、堇青石等富铝矿物，并含钾长石。主要由富铝粘土岩经高级变质形成。

（4）钙质片麻岩，主要由斜长石、石英、云母、角闪石、阳起石、透辉石、绿帘石等组成，还常含方解石、方柱石、钙铝榴石等。主要由泥灰岩、钙质页岩经中高级变质形成。

根据原岩类型不同，片麻岩又可分为正片麻岩和副片麻岩两类。然而，随着变质程度的加深，二者的区分较为困难。因此，在恢复原岩性质时，应着重参考以下标志：(1）副片麻岩常呈层状产出，其片理、条带常与两侧浅变质岩或沉积岩的层理基本一致，并逐渐过渡；而正片麻岩则常呈规则的封闭外形，与围岩接触界线不规则，片理产状不很固定。(2）副片麻岩即使变质很深，原有交错层、韵律层或某些重矿物形成的细层仍可不同程度的保存；正片麻岩则无这些特点，而还可部分残留流纹、气孔、杏仁等构造。(3）副片麻岩常夹有薄层或透镜状的大理岩、石英岩或石墨片岩等副变质岩，正片麻岩一般不与这些岩石共生。

片麻岩分布很广，主要出露于前寒武纪变质岩系地层中。如我国四川丹巴见有石榴黑云钠长片麻岩；河北建屏产有刚玉硅线石片麻岩；在西藏地区南部出露有大面积前寒武纪变质岩系，厚度达20000余米，命名为“珠穆朗玛峰群”，主要由各种片麻岩及一部分片岩组成，并伴有混合岩化现象。

5. 长英质粒岩类

本类岩石主要由石英和长石等粒状矿物组成，一般占矿物总量的70％以上，还含有黑云母、白云母、角闪石等片柱状矿物。长英质粒岩类是一种定向构造不发育的粒状变晶结构或鳞片粒状变晶结构的区域变质岩。原岩主要为粉砂岩、硅质页岩、多种类型砂岩以及中—酸性火山岩。依据长石、石英的比例及暗色矿物的数量可分为以下三种类型。

（1）变粒岩（granular rock），主要由石英和长石（中酸性斜长石为主、少量钾长石）组成，长石含量超过25％，还有少量黑云母、白云母及角闪石等。其中片柱状矿物10％～30％，暗色矿物一般含量小于15％。常具细粒均粒他形粒状结构，块状构造。当暗色矿物含量小于5％时称浅粒岩（或白粒岩）。变粒岩细分命名可按表9－2进行。

表9－2　变粒岩的划分及命名

矿物及含量		石英含量超过长石	石英含量小于长石		
			斜长石	斜长石＋钾长石	钾长石
黑云母	5％～10％	含黑云变粒岩	含黑云斜长变粒岩	含黑云二长变粒岩	含黑云钾长变粒岩
	超过10％	黑云变粒岩	黑云斜长变粒岩	黑云二长变粒岩	黑云钾长变粒岩
角闪石	5％～10％	含角闪变粒岩	含角闪斜长变粒岩	含角闪二长变粒岩	含角闪钾长变粒岩
	超过10％	角闪变粒岩	角闪斜长变粒岩	角闪二长变粒岩	角闪钾长变粒岩

（2）长石石英岩，主要由石英及少量长石、云母、帘石、闪石、榍石等组成，石英含量超过75%，常具粒状变晶结构，粒度变化较大，块状构造。长石增多时过渡为变粒岩。

（3）石英岩，主要由石英组成，石英含量大于90%，少量长石、云母、帘石、绢云母、绿泥石、角闪石、辉石或磁铁矿等。一般粒状变晶结构，致密坚硬的块状。此外，由于热接触交代也可形成石英岩。两种成因的石英岩外貌有时难以区别，这时需结合野外产状、空间分布特征加以区别。热变质石英岩形成于岩浆岩体的周围，分布比较局限；而区域变质作用下形成的石英岩则较稳定，成大面积区域性分布。

石英岩分布较广，是制造玻璃的重要原料，也是良好的建筑材料和研磨材料；有些粒度细小、致密、细腻且色泽美观的石英岩可用作玉石，如河南密县的密玉就是这种石英岩。

6. 角闪岩及斜长角闪岩

角闪岩及斜长角闪岩是一种具细至粗粒粒状（又称柱粒状）变晶结构、块状构造的中至高级变质岩。角闪岩及斜长角闪岩的矿物成分主要由角闪石和斜长石所组成，还常含少量石英、黑云母、透辉石、绿帘石、石榴石、榍石等矿物。若角闪石含量大于85%时，称为角闪岩；当角闪石在85%～50%时称为斜长角闪岩［图9-6（a）］。当角闪石含量减少且出现片状构造或片麻构造时，可过渡为角闪片岩或角闪斜长片麻岩。角闪岩及斜长角闪岩是由超基性和基性岩浆岩，以及基性火山碎屑岩经中级或高级区域变质而形成的。

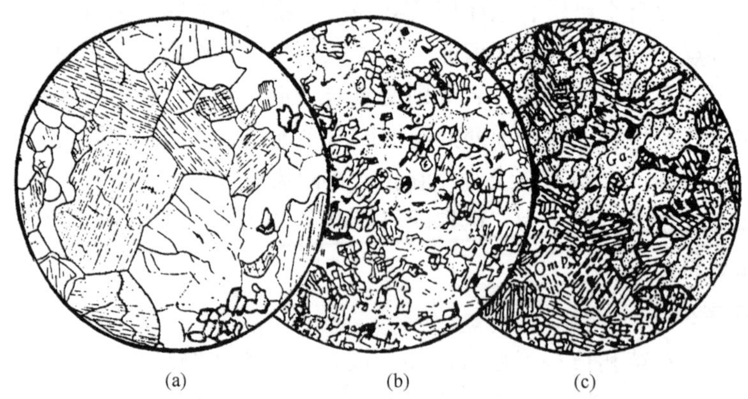

图9-6　斜长角闪岩（a）、紫苏辉石麻粒岩（b）及榴辉岩（c）

（a）斜长角闪岩，由角闪石、中长石及少量石英组成，四川丹马，单偏光，d=5mm；（b）紫苏辉石麻粒岩，主要由紫苏辉石、培长石组成，少量石英，副矿物有石榴石，粒状变晶结构，河北迁安，单偏光，d=2.5；（c）榴辉岩，主要由石榴石和绿辉石组成，粒状变晶结构，山东荣成，单偏光，d=8mm

7. 麻粒岩（granulite）

麻粒岩是一种颗粒比较粗大、变质程度较深的岩石，具粗粒等粒或不等粒变晶结构，块状构造。麻粒岩的矿物成分主要有长石、石英、紫苏辉石、透辉石等，一般不含角闪石、黑云母等含挥发组分矿物。其中，部分石英具压扁拉长的特点，并与粒状长石和石英的集合体相间排列构成“麻粒岩结构”。此外，有时可含少量石榴石、硅线石、蓝晶石等特征矿物。根据矿物共生组合，麻粒岩常见有以下几种类型：

（1）长英麻粒岩，主要由颗粒粗大的石英、钾长石和少量斜长石组成，可含少量石榴石、硅线石等特征矿物。具等粒变晶结构。如我国河北迁安分布有石榴长英麻粒岩，它是由石英、微斜长石、条纹长石和石榴石组成。

（2）紫苏长英麻粒岩，主要由钾长石、斜长石（更—中长石）、石英、紫苏辉石和少量透辉石、石榴石等组成。具粗粒等粒或不等粒变晶结构，块状构造。有时见少量拉长成透镜状的石英颗粒或石英颗粒集合体，略显定向构造，据此可与成分相似的紫苏花岗岩区别。当岩石中紫苏辉石含量大于85%时，则称为紫苏辉石麻粒岩［图9-6（b)］。如我国河北宣化产有辉石麻粒岩，由透辉石和少量铁铝榴石和斜长石组成。

麻粒岩是在高温、中—高压下由各种岩石经高级变质而形成的。麻粒岩分布较为局限，常呈不规则层状夹于深变质的片麻岩中。

8. 榴辉岩（eclogite）

榴辉岩是具细至粗粒粒状变晶结构、块状构造（有时具条带构造或片麻状构造）的较特殊的高级变质岩石。榴辉岩的矿物成分主要由粉红色的石榴石（镁铝—钙铝榴石的固溶体）和绿辉石（硬玉和透辉石的固溶体）所组成，可含少量顽火辉石、蓝闪石、蓝晶石和石英等，特征副矿物为金红石［图9-6（c)］。此外，有时见角闪石交代辉石形成次变边。

榴辉岩的颜色较深，多为暗绿、褐绿等颜色，相对密度大，可达3.6～3.9，是变质岩中密度最大的岩石，其产状多种多样。目前对榴辉岩的成因看法不一，一般认为榴辉岩是超基性或基性岩浆岩在极大的压力条件下变质而成的，温度可由低温至高温，变化范围较大；还有人认为，部分榴辉石是上地幔的橄榄岩经过部分重熔和重结晶而形成的。

9. 大理岩（marble）

大理岩主要由碳酸盐类矿物，如方解石、白云石所组成，具等粒变晶（花岗变晶）结构，块状或带状构造。质纯的大理岩呈灰白至白色，含杂质时出现各种不同的颜色或花纹。

大理岩是由碳酸盐类沉积岩在不同温度条件下变质形成的。由于常含少量的Fe、Mg、Al、Si等杂质，因而在不同变质条件下，可出现不同的特征变质矿物。一般在低级变质条件下，可形成含蛇纹石、滑石、绿帘石；中级变质时，可出现含透闪石、阳起石、钙铝榴石等；高级变质条件下，则出现含透辉石、镁橄榄石等。这些特征矿物是确定大理岩变质程度的标志，也是大理岩种属命名的依据，如蛇纹石大理岩、透闪石大理岩等。

大理岩还常在热变质作用中形成，其岩性与区域变质成因的大理岩极为相似，此时常可依据野外产状、空间分布及岩石组合等特征进行区别。

大理岩分布广泛，我国云南大理就因盛产有美丽花纹的大理岩而得名。大理岩是很好的建筑材料和优质装饰石料。需要注意，大理岩在建材工业上称大理石，但目前市场出售的装饰材料也统称为大理石，其中有很大一部分不是大理岩，而是由具各种花纹的石灰岩磨制而成的，还有其他岩石磨制的。

三、区域变质作用的有关矿产

区域变质作用成因的矿产种类很多，包括多种金属矿产和丰富的非金属矿产。

在许多前震旦纪古老的变质岩系中，沉积成因的巨厚铁质石英砂岩及部分铁质岩、经区域变质作用后形成的变质铁矿床（磁铁石英岩型铁矿床）都是极重要的铁矿类型。世界上已发现的大型铁矿几乎都属于这种类型，占世界铁矿总储量的50%～55%，产量占总产量的60%左右。其中，乌克兰南部的克里夫斯罗格铁矿床、美国上湖区铁矿床、印度的比哈尔矿床、巴西的依塔比拉矿床、我国东北鞍山—本溪一带的“鞍山式铁矿”，这些都是特大型铁矿床。此外，河南许昌、鲁山和舞阳等地也有丰富的变质铁矿床分布；山西静乐式变质锰矿床、前震旦纪的变质铜矿、变质含金砾岩中的金、铀矿床及含金石英脉型金矿床等，也都是具有很高工业价值的矿床。

与区域变质作用有关的非金属矿产也很丰富。例如，沉积成因的碳质泥岩经区域变质形成的石墨片岩或片麻岩，当其中石墨含量达到工业品位时就是石墨矿床，我国山东莱西南墅、东北鸡西柳毛以及河南西南部的镇平、西峡、浙川一带的石墨矿床，都是前寒武纪变质岩系中的矿床实例。又如，我国江苏连云港有东海式变质磷矿床以及安徽宿松、湖北黄梅、孝感等地也有变质磷矿床的分布。一些富铝的泥质岩、铝质岩经变质可形成含刚玉、红柱石、蓝晶石、硅线石等的变质岩，这些矿物含量多时也可开采利用。此外，在区域变质岩发育地区还可形成石棉、滑石、菱镁矿等多种非金属矿床；许多变质岩本身就可作为建筑石材加以利用，如板岩、千枚岩、大理岩、蛇纹岩、石英岩等。

区域变质岩直接和间接地与石油天然气有密切关系，原因在于古老的区域变质岩系经常构成我国中、新生代含油盆地的物源区或基底岩系。当为物源区时，常可提供大量长石和石英碎屑物质有利于形成良好的碎屑岩储集层；当为盆地基底时，常有发育良好的古风化壳而往往成为古潜山油气藏。如胜利油田胜坨地区的沙一、二段是储油层（以钾长片麻岩为物源区），已稳产 20 余年，而其北侧罗家地区相同层位（以石炭系石灰岩为物源区）则不产或极少产油。

第三节　动力变质岩类

一、动力变质岩概述

动力变质岩（dynamometamorphic rock）是各种岩石受动力变质作用的产物，是构造断裂带（错动带）中的原岩在应力的影响下发生变形、碎裂和重结晶等作用而形成的一类变质岩石。由于动力变质作用与构造运动密切相关，且以岩石的变形和碎裂为主，所以动力变质岩又称为“构造岩”或“碎裂变质岩”。

动力变质作用引起岩石的结构和构造发生改变，应力的性质和强度是决定性因素，原岩的类型、岩性及物态（脆性或塑性）等特征，对动力变质作用产物的特点也有明显的影响。在应力作用下，岩石和矿物的形变一般可分为塑性变形和脆性变形。

塑性变形可以通过多种机制表现出来。当应力作用于页岩、泥岩等塑性岩石时，则主要沿垂直于挤压方向产生板状劈理或片理以及小褶皱和变质条带。另外，矿物的粒内滑动也是常见的塑性变形现象。粒内滑动主要有移置滑动和双晶滑动。移置滑动的结果是导致颗粒外形的改变以及矿物颗粒在某些方位的优选生长。有时两组移置滑动相交构成“交滑动”，“吕德尔线”就是这种机制形成的。这在石英中较常见，表现为由包裹体排列的交叉状条纹。当应力进一步作用时，则往往沿这两个方向发生脆性破裂。双晶滑动则使矿物晶格变形，低温和较快应变速率下的滑动有利于促成双晶。滑动形成的双晶即滑动双晶，又称机械双晶或应力双晶。方解石的滑动双晶常见（图 9-7）。另外，矿物变形的常见标志有裂开发育、波状消光、碎裂、扭折、变斑晶中残缕晶体与变基质的片理不整合，变斑晶两端具有压力影结构等（图 9-8）。

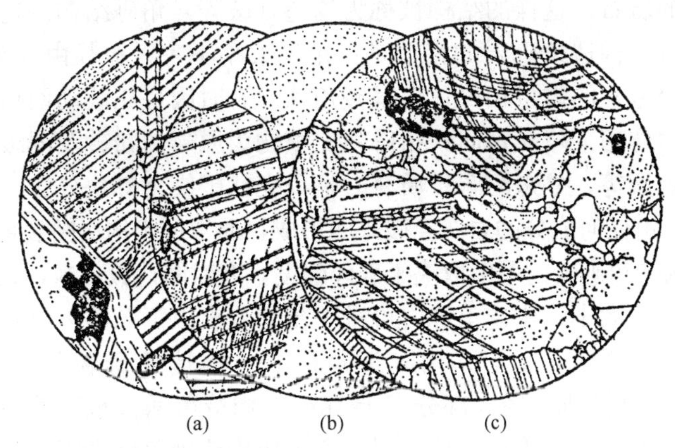

(a) (b) (c)

图 9－7 方解石的滑动双晶（据 A. 哈克尔）

含白云母、榍石、磁黄铁矿和石英的粗晶大理岩，应力双晶发育，比利牛斯，正交偏光，$d=2.3$mm

（a）方解石的滑动双晶及白云母的弯曲；（b）滑动双晶的不连续性；（c）某些方解石发生弯曲并破碎形成更细小的颗粒

当应力超过岩石强度时脆性岩石主要发生机械破碎，形成粒径大小各异的碎屑，碎屑及粉末的数量可作为应力大小的标志，一般碎屑细小、数量大则应力强，反之亦然。

动力变质作用一般发生在地壳较浅处的错动带，以机械效应为主，当其温度较高或有沿裂隙活动的水溶液的作用时，可使岩在发生变形破碎的同时也发生局部重结晶，并形成某些新矿物，如绢云母、绿泥石、叶蜡石等。

我国著名的岩石学家王嘉荫教授曾对动力变质岩的分类和岩石类型、岩性特征以及动力变质岩的发育过程和形成机制等方面，都做过大量的研究工作。

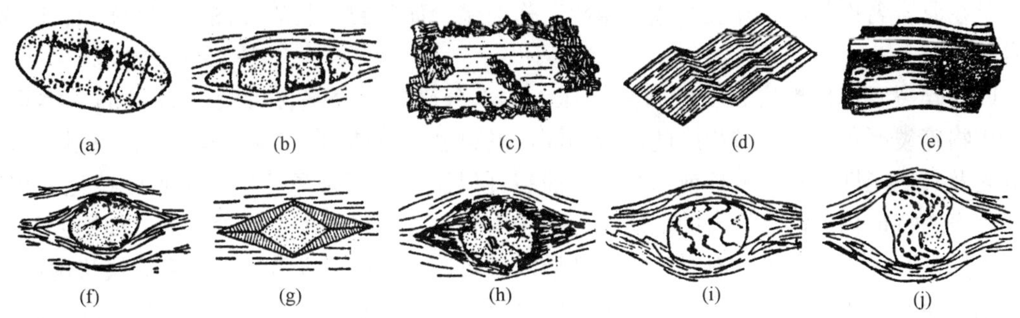

(a) (b) (c) (d) (e)

(f) (g) (h) (i) (j)

图 9－8 矿物在应力作用下的变化

（a）石英中波状消光和叶片状变形；（b）碎块状石榴石；（c）角闪石大晶体被破碎成小晶体的集合体；（d）扭折黑云母；（e）具变形双晶的斜长石；（f）破裂了的石榴石被片理所包绕；（g）黄铁矿的压力影；（h）石榴石具有沿片理生长的绿泥石带；（i），（j）石榴石变斑晶中的残缕结构与雪球结构

二、动力变质岩的主要类型

动力变质岩的分类目前尚不统一，但多数人是根据岩石的破碎程度、变形性质及岩性特征等进行分类，据此可将动力变质岩分为构造（破碎）角砾岩类、碎裂岩类、糜棱岩类、千糜岩类等。这四类岩石的特点及其主要种属现叙述如下。

1. 构造角砾岩类（tectonic breccia）

构造角砾岩是指由于应力作用使原岩破碎成角砾状（碎块）并被破碎的细碎屑及断层泥

所充填、胶结而成的岩石。这样的结构被称为构造（破碎）角砾结构，这是动力变质岩中破碎程度最轻微的岩石。构造角砾岩的特征是：角砾大小不一，粒径由几毫米至1m或更大，总体上细小碎屑（碎基）的数量很少；多呈棱角状，有时因挤压滚动而略有圆化；排列杂乱无章，有时在压应力作用下略显定向；角砾间充填物为原岩的粉砂及泥级碎屑，也有部分外来的碳酸、硅质、铁质等，外来溶解物质有时呈贝壳状围绕角砾块分布。

构造角砾岩可以由任何成分的岩石经破碎而形成，通常见于构造断裂带中，角砾主要来自断层两侧的岩石。构造角砾岩的厚度取决于破碎强度，有时厚达数百米，长数十至数百千米。

按构造角砾粒径的大小，构造角砾岩可进一步划分出以下三类：（1）构造粗角砾岩，构造角砾粒径大部分大于5mm；（2）构造细角砾岩，构造角砾粒径大部分为1～5mm；（3）构造微角砾岩，构造角砾粒径大部分小于1mm。构造角砾岩的种属名称可在基本名称前冠以原岩名称即可，如花岗质构造粗角砾岩、安山质构造细角砾岩等。

2. 碎裂岩类（cataclastic rocks）

碎裂岩是指原岩在较强应力作用下，受挤压破碎而形成的具碎裂结构及碎斑结构的岩石。碎裂作用主要发生在矿物的边缘，尚未达到糜棱阶段，还残留部分较大的矿物晶体及岩石碎块，形成碎裂结构及碎斑结构，原岩的特征被部分被保留下来，比较容易判断原岩的类型及名称。根据碎裂程度及碎基含量，碎裂岩可进一步划分为以下两种类型；

（1）初碎裂岩，是指那些受轻微挤压，局部被压碎，碎基含量小于50%的一类岩石。这类岩石外观与原岩相似，但具有碎裂结构，少数组成矿物呈现拉长或压扁现象。在显微镜下，可见到某些矿物因受应力而产生的光学性质异常现象，如石英颗粒的粒化（周围被许多细小碎屑颗粒所围绕）及波状消光、云母的弯曲与断折、斜长石双晶纹错动等。初碎裂岩的命名是在原岩名称前用“碎裂”或“压碎”作前缀，如碎裂辉长岩［图8-6（a)］、碎裂大理岩等。

（2）碎裂岩，是指岩石受较强烈挤压，大部分破碎，碎基含量大于50%的一类岩石。岩石矿物碎裂严重，颜色较相应的原岩加深，具典型碎斑结构，矿物普遍具有变形拉长、波状消光及其他光性异常、解理或双晶纹扭曲裂开以至压扁等现象，但未达到糜棱化的程度。根据碎斑的特征仍能恢复原岩的性质。碎裂岩中有时可以出现少量新生矿物，如绢云母、绿泥石、绿帘石、方解石等，有时粒间有铁质浸染痕迹。一般不发育片理，多为块状构造，偶尔粗细相间而呈条带构造。主要根据碎裂大小及碎基数量进行细分命名，如碎裂岩、碎斑岩、碎粒岩、碎粉岩、断层泥（未固结的膏泥状碎粉岩）等，还常将原岩性质作为前缀，如花岗碎裂岩［图8-6（b)］。

碎裂岩可发生在任何岩石中，但主要在刚性岩石中发育，如长英质岩石（花岗岩、砂岩）及石灰岩。

3. 糜棱岩类（mylonite）

糜棱岩是岩石在强构造应力作用下发生强烈破碎而成的一类动力变质岩。岩石常被碎裂研磨成极细小的微粒至粉末状的颗粒，构成典型的糜棱结构。糜棱岩的突出特征在于：（1）几乎均由极细小的（粒径小于0.5mm）、较均匀的破碎颗粒（碎基）组成，有时有少量变形的、圆化的眼球状碎斑，碎斑的长轴多平行于断层错动方向；（2）岩性坚硬致密，有时甚至很像硅质岩石，可有压力影，根据压力影的对称情况可判断应力是压性或压扭性；（3）常具带状构造和眼球纹理构造，纹理系由矿物颗粒大小、颜色、成分的不同以及碎屑颗粒定向排列而形成；(4) 常见绿泥石、绢云母、白云母、滑石、蛇纹石、绿帘石等新生矿物，这些矿物常作定向排列，致使条带构造更趋明显 [图 8-6 (c)]。

糜棱岩常以原岩性质或主要矿物作前缀来命名，如花岗糜棱岩 [图 8-6 (c)]、斜长石石英糜棱岩等。糜棱岩主要是由花岗岩、石英砂岩、石英岩、片麻岩等刚性而较稳定的岩石经强应力研磨而形成的，主要分布于断层错动带内。

4. 千糜岩类 (phyllonite)

千糜岩（或称千枚糜棱岩）是一类与千枚岩性质类似的动力变质岩，可以看作糜棱岩与千枚岩的过渡类型的岩石。与致密坚硬的糜棱岩相比，千糜岩具有如下特点：(1) 重结晶较明显，含大量绢云母、绿泥石、钠长石、绿帘石等新生矿物，并含较多的重结晶石英和长石微粒，这说明千糜岩在变质过程中不仅有强烈的破碎，而且还经历了一系列的变质反应；(2) 片理发育，肉眼可见一组或几组片理，有时还发育有紧密的小褶曲；(3) 岩石中被压碎变形的刚性矿物常聚集成透镜状条带；(4) 千糜岩手标本上具有千枚状构造，片理面上可见强烈的丝绢光泽。千糜岩与千枚岩十分相似，区别在于前者是动力变质成因的，分布于构造断裂带，与各种动力变质岩共生。

不同种属的千糜岩可采用原岩类型或主要矿物作前置形容词进行命名，如花岗千糜岩、石英绢云母千糜岩、石英绿泥石千糜岩等。千糜岩一般是由花岗岩、砂岩、片麻岩等粒状岩石经强烈糜棱岩化作用而形成的，常呈不规则或断续的带状分布于大断裂带中。

第四节　气成热液变质岩石类

一、气成热液变质岩概述

1. 气成热液变质变质岩

气成热液变质作用是指在岩浆冷凝过程中，岩浆期后析出的挥发组分及热水溶液对已经固结的岩浆岩及附近岩石发生交代作用，使原岩的矿物成分和结构、构造发生改变而形成新矿物和新岩石的一种变质作用，常简称气热变质作用，又称为蚀变作用。

由气成热液变质作用形成的变质岩称气成热液变质岩。流体（气水溶液）是蚀变作用必备的因素，它包括岩浆期后析出的富含挥发组分的热水溶液及来自围岩和地下的热水。所以，水是主要成分，它们可以是液相也可以是气相；另一个必备条件是岩石存在有利于流体贮存与迁移的孔隙和裂隙，这个条件只有在地壳浅处才具备，因此蚀变作用主要发生在浅处或地表的条件下，它们的作用范围常较局限。

2. 气成热液变质作用的阶段划分

气热变质作用从理论上可以划分为两个阶段，即气化作用阶段和热液作用阶段。水的临界温度为 374℃，当其中含有大量挥发组分时，温度可略升高一些，故一般认为大约在 400℃以上时为气化作用阶段，在此阶段中，一些温度很高的、富含挥发组分的气态溶液起主导作用；当温度下降到 400℃以下时，为热液作用阶段，在这一阶段中，一些缺乏挥发组分的热水溶液起着主要的作用，还可依据热液温度及特征矿物组合将热液作用细分为高温热液、中温热液和低温热液三个次级阶段。但实际上这两种作用在变质过程中往往是紧密相联的，难于截然分开，故统称为气成热液变质作用。

3. 气成热液变质作用及蚀变岩石的分类命名

气热变质作用及气热变质岩的分类，大多是根据原岩性质、蚀变作用产生的新生矿物组合以及蚀变后的结构、构造等进行分类。气热变质作用的名称一般是在蚀变岩或蚀变矿物后面加一个“化”字来命名，如蛇纹石化、青盘岩化、云英岩化、矽卡岩化等。气热变质岩的分类命名则是根据蚀变作用产生的新生矿物的含量多少，加上不同形容词来进行，具体命名原则见表 9－3。

表 9－3　气成热液变质岩命名法

蚀变矿物含量，%	命名原则	岩石名称	实例
0～5	不参加命名	原岩名称	纯橄榄岩、安山岩、花岗岩
5～15	以蚀变矿物命名	××化＋原岩名称	蛇纹石化纯橄岩，绿泥石化安山岩
15～50	冠以弱蚀变岩化	弱××岩化＋原岩名称	弱蛇纹岩化纯橄岩、弱青盘岩化安山岩
50～85	冠以蚀变岩化	××岩化＋原岩名称	蛇纹岩化纯橄岩，青盘岩化安山岩
>85	蚀变岩为基本名称，冠以蚀变矿物进一步命名	××岩	泥钠长—绿泥青盘岩、电气石云英岩、叶蜡石次生石英岩、叶蛇纹石蛇纹岩

气热变质作用的研究对了解岩浆作用晚期演化与变质作用之间的联系具有重要的理论意义；同时，各种蚀变作用又和许多矿产有着密切的成因联系，常可作为重要的找矿标志，故又具有极重要的实际意义。

二、气成热液变质岩的主要类型

1. 蛇纹石化及蛇纹岩（serpentite）

蛇纹岩主要是由富含 FeO、MgO 而贫 SO_2 和 K_2O、Na_2O 的超基性岩，经由岩浆期后作用——中温热液交代作用引起蛇纹石化而形成的岩石。自然界完全新鲜的橄榄岩极为罕见，一般均遭受不同程度的蛇纹石化，甚至完全转变为蛇纹石［图 9－9（a）］。

蛇纹岩一般呈隐晶质致密块状，质较软，略具滑感。岩石常呈灰绿、黄绿至暗绿色，颜色常分布不均匀而呈蛇纹状斑块，因而得名。岩石主要由叶蛇纹石、利蛇纹石、纤蛇纹石及胶蛇纹石等蛇纹石族矿物和镁质碳酸盐、滑石、水镁矿等富镁矿物组成，还含有数量不等的磁铁矿、钛铁矿、铬铁矿以及少量透闪石、阳起石等矿物。岩石经风化后，由于部分色素离子被带走而呈浅色，最后可变为灰白色土状。

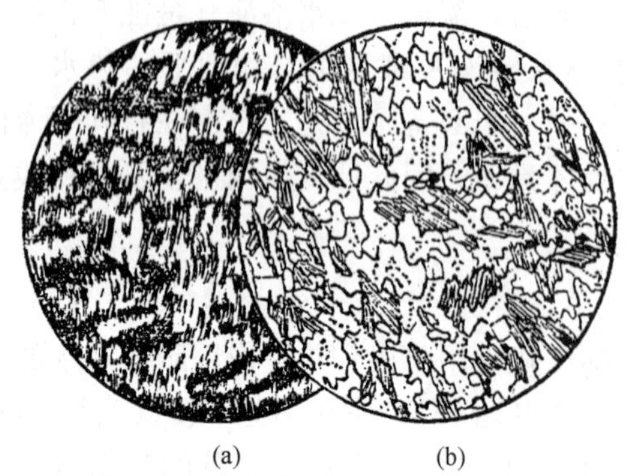

图 9－9　蛇纹岩（a）和云英岩（b）

(a)蛇纹岩，由纤维蛇纹石组成，具纤维状变晶结构，云南墨江，正交偏光，$d=2.3$mm；(b)云英岩，由白云母和石英组成，含少量萤石，具鳞片粒状变晶结构，云南腾冲，单偏光，$d=2.3$mm

蛇纹岩是典型的水热变质产物，蛇纹石化的温度一般不超过 300～500℃，一般认为 400℃左右为蚀变的最有利条件，其深度一般不超过 500m。超基性岩中的橄榄石及辉石在发生水化反应及碳酸盐化作用时可形成蛇纹石、滑石、菱镁矿等，其反应式如下：

水化作用　$5Mg_2[SiO_4]+4H_2O \longrightarrow 2H_4Mg_3[Si_2O_9]+4MgO+SiO_2$
镁橄榄石　蛇纹石　进入溶液

硅化作用　$3Mg_2[SiO_4]+4H_2O+SiO_2 \longrightarrow 2H_4Mg_3[Si_2O_9]$
镁橄榄石　蛇纹石

碳酸盐化作用　$2Mg_2[SiO_4]+2H_2O+CO_2 \longrightarrow H_4Mg_3[Si_2O_9]+Mg[CO_3]$
镁橄榄石　蛇纹石　菱镁矿

由以上三种反应可知，变质反应多数是在有 H_2O 参与下进行的。对于反应中所需的水溶液及溶解于其中的 SiO_2、CO_2 等组分的来源，可能各不相同，主要有以下几种情况：(1) 轻微的蛇纹石化作用所需的热水溶液可能是岩浆结晶后的残余产物再与结晶的岩浆岩发生交代作用，故有人称为自变质作用；(2) 有些蛇纹石化作用，是附近有后期花岗岩浆的侵入所析出的岩浆期后热水溶液对超基性岩中的橄榄石或辉石作用的结果；(3) 形成大规模的蛇纹岩时，其水溶液可能来源于周围含水的沉积物，或来源于地壳深部上升的其他热水溶液，而与岩浆作用无关。

目前一般认为，蛇纹岩的成因具有多样性，既可以是自变质的（水溶液与被交代的岩体是同源的），也可以是属于他变质的（后期侵入的岩浆析出的热水溶液对前期岩体发生交代作用的结果）。蛇纹石化常可形成许多有价值的矿床，主要有铬、镍、铂、石棉、滑石、菱镁矿等，也可以用于提取镁。此外，蛇纹岩本身就是一种有用矿产，可用作化肥原料及美观的装饰石材。

蛇纹岩分布较广，我国的内蒙古、祁连山、秦岭、西藏和云南、四川西部的石棉县是我国著名的石棉产地；河南信阳附近分布有蛇纹石矿床。

2. 滑石菱镁岩化及滑石菱镁岩（talc - magnesite rock）

滑石菱镁岩是由滑石、菱镁矿、白云石、石英及铁的氧化物等矿物组合而成的蚀变岩石，主要是超基性岩或蛇纹岩，经过富含 CO_2 的热水溶液交代而形成的，反应式如下：

$$4(Mg,Fe)_2[SiO_4]+H_2O+5CO_2 \longrightarrow (Mg,Fe)_3[Si_4O_{10}](OH)_2+5(Mg,Fe)[CO_3]$$

橄榄石　滑石　菱镁矿

$$(Mg,Fe)[SiO_4]+2CO_2 \longrightarrow 2(Mg,Fe)[CO_3]+SiO_2$$

橄榄石　铁菱镁矿　石英

上述两反应式中的蚀变产物虽不完全相同，但其实质都是硅酸盐类岩石发生了碳酸盐化，有时还伴有水化。

滑石菱镁岩化作用主要发生在超镁铁质岩体内的近地表到浅成条件的构造破碎带中。滑石菱镁岩主要由菱镁矿、滑石、铁菱镁矿、方解石、铁白云石和石英等矿物组成，有时还可含有蛇纹石、透闪石、绿泥石、磁铁矿、赤铁矿、铬云母、铬尖晶石及一些金属硫化物矿物。肉眼观察，滑石菱镁岩多呈灰白、灰绿、黄绿及粉红等色，具细粒变晶结构，块状构造，或片状、角砾状及透镜状等构造。当片理发育时，称为滑石菱镁片岩。

滑石菱镁岩中蚀变带分带明显，一般分为蛇纹岩带、滑石菱镁岩带、石英菱镁岩等蚀变带。如我国陕西略阳的滑石菱镁岩，深部为蛇纹岩，中部为透闪石岩，浅部或顶部为滑石菱镁岩和石英菱镁岩，垂直分带非常明显。

滑石菱镁岩多与金矿有关。超镁铁质岩发生滑石菱镁岩化时，生成滑石—绿泥石、滑石—碳酸盐、滑石—碳酸盐—蛇纹石等矿物组合，并析出金和大量的 SiO_2，这里 SiO_2 既是金运移的搬运剂，也为脉体和网脉体提供了石英。我国的四川、陕西、甘肃三省交界地带的蛇纹岩体的构造变形带内，普遍有滑石菱镁岩及金矿床分布。

3. 青盘岩化及青盘岩（propylite）

青盘岩是一种呈灰绿至暗绿色，致密块状的水热变质岩，常具变余斑状结构或变余火山碎屑结构（如变余凝灰结构等），主要是由中性及部分中基性火山岩及火山碎屑岩经低—中温含 H_2S 及 CO_2 的气水溶液交代蚀变后形成的产物。实际上青盘岩化是钠长石化、绿泥石化、绿帘石化和碳酸盐化的综合作用的体现。青盘岩化一般在安山质火山岩中最发育，故也有人称青盘岩为“变安山岩”。

青盘岩化是分布较为广泛的热液蚀变作用之一，它不仅可单独出现在火山岩区，也可与次生石英岩伴生，分布于次生石英岩的最外带。青盘岩多与中—低温的铜、铅、锌和金、银等脉状多金属硫化物矿床关系密切。河北宣化、安徽芦江有此类铜矿床分布。

4. 云英岩化及云英岩（greisen）

云英岩是由酸性及中酸性岩浆岩和部分石英砂岩等富含 SiO_2 而贫铁镁的岩石，经气热变质作用而形成的。云英岩外表呈浅灰、灰黄、灰绿或粉红等色，具中粒等粒（或花岗）变晶结构或鳞片粒状变晶结构的块状岩石［图 9－9（b）］。云英岩主要由白云母和石英组成，其中石英含量一般大于 50%，有时可达 70%～80%，白云母含量通常小于 40%；此外，还常含有黄玉、电气石、萤石、绿柱石、锂云母等含挥发组分的矿物；金属矿物常见的有锡石、黑钨矿、辉钼矿、黄铁矿等。

云英岩化作用主要表现为长石发生分解形成白云母和石英的集合体，黑云母转变为白云母或绿泥石，其反应式如下：

$$\underset{\text{钾长石}}{3K[AlSi_3O_8]} + CO_2 + H_2O \longrightarrow \underset{\text{白云母}}{KAl_2[AlSi_3O_{10}](OH)_2} + \underset{\text{石英}}{6\,SiO_2} + K_2[CO_3]$$

$$\text{黑云母} \longrightarrow \text{水白云母} + \text{绿泥石} \longrightarrow \text{白云母}$$

云英岩多分布于酸性或中酸性侵入体顶部及边缘部分，或在金属矿脉两侧呈脉状、网状或带状等形态。云英岩化是高温热液矿床的重要找矿标志，常形成钨、锡、锡及某些稀土元素矿床。如我国江西大庚西华山的黑钨矿，矿脉两侧发育有云英岩；此外，湖南南部和广西等地也有这类矿床的分布；江西、湖南、广东、广西等地花岗岩发育地区都广泛发育有云英岩及与其有关的矿床。

5. 黄铁绢英岩化及黄铁绢英岩（beresite）

黄铁绢英岩是一种外貌呈浅灰、灰白、黄绿或翠绿等色，具微粒至细粒状鳞片粒状变晶结构和块状构造的岩石。岩石粒度细小，故又称为黄铁细晶岩或黄铁长英岩。主要矿物成分有石英、黄铁矿、绢云母和一些碳酸盐类矿物（方解石和白云石），还可含一些其他硫化物矿物（方铝矿、闪锌矿等），有时可见长石斑晶的残留体。

黄铁绢英岩多数是由中酸性浅成或超浅成小岩体经中—低温热水溶液绢云母化交代所形成的岩石。与黄铁绢英岩化有关的矿产有斑岩型、含金石英脉型金矿以及某些铜、铅、锌、银等多金属矿床。它是金矿的主要找矿标志之一。

6. 次生石英岩化及次生石英岩（secondary quartzite）

次生石英岩是一种浅色致密块状的岩石，具隐晶质或微粒至细粒变晶结构，常可残留原岩的斑状结构和火山碎屑结构，具有块状及斑杂状等构造。次生石英岩的主要矿物成分是石英（有时为玉髓）及一些富铝矿物，其中石英含量很大，往往达 70%～80%，富铝矿物有刚玉、红柱石、蓝晶石、叶蜡石、硬水铝石；此外，还常含少量硫酸盐类矿物，如明矾石、硬石膏等。次生石英岩的主要岩石类型及其特点如下：

（1）红柱石及刚玉红柱石次生石英岩，颜色深，成分较复杂，粒度较粗，很少见变余结构，主要由红柱石、刚玉和石英组成，还常含少量明矾石、水铝石、白云母、金红石、黄铁矿及赤铁矿等矿物。

（2）水铝石次生石英岩，颜色较深，常具油脂光泽，成分也较复杂，变余结构少见，主要由水铝石和石英组成，前者常部分地被绢云母或明矾石所交代。

（3）明矾石次生石英岩，颜色较浅，具明显的交代结构，主要由明矾石和石英组成，前者由长石变化而来，常成长石的假象，有时也形成不规则团块或分散的鳞片状；此外，还含少量的水铝石和叶蜡石。这是明矾石矿产的主要来源之一。

（4）叶蜡石次生石英岩，呈浅黄或黄绿色，主要由叶蜡石和石英组成，含少量的水铝石、高岭石及绢云母等矿物。叶蜡石次生石英岩质地细腻、色泽美观，是装饰工艺品及刻图章的优质原料。我国浙江青田的青田石和福建寿山的寿山石均属上品。

（5）绢云母次生石英岩，具有色浅和成分较简单的特点，主要由绢云母和石英组成，二者含量变化很大，绢云母最多时可达40%～50%，多呈不定向的细小鳞片状，有时可成为长石斑晶的假象；其他矿物很少，偶尔可见极少量金红石或黄铁矿。此外，也有几乎全部由石英组成的次生石英岩（或仅含极少量绢云母）。

次生石英岩化过程中，原岩中的 K_2O、Na_2O、CaO、MgO 等组分被溶出带走，而较稳定的 SiO_2、Al_2O_3、FeO、TiO_2 等组分则残留下来相对富集，同时还可由溶液带入 H_2O、S、F、Cl 及一些重金属元素，对原岩进行复杂的交代反应而形成各种次生石英岩。如钾长石在 HCl、H_2SO_4 的参与下的蚀变过程及其蚀变产物是：

$$\underset{\text{钾长石}}{5K[AlSi_3O_8]} + 2H_2SO_4 + 4HCl \longrightarrow \underset{\text{明矾石}}{KAl_3[SO_4]_2(OH)_6} +$$

$$\underset{\text{高岭石}}{Al_4[Si_4O_{10}](OH)_8} + \underset{\text{石英}}{11SiO_2} + 4KCl$$

$$\underset{\text{钾长石}}{2K[AlSi_3O_8]} + H_2SO_4 \longrightarrow \underset{\text{刚玉}}{Al_2O_3} + \underset{\text{石英}}{6SiO_2} + K_2[SO_4] + H_2O$$

此外，斜长石在蚀变过程中也有类似的变化。

次生石英岩在我国分布较广，如浙江、安徽、福建、江西等地均有产出。与次生石英岩有关的矿产有浙江平阳和福建福鼎等地的明矾石矿床，浙江青田、福建寿山等地的叶蜡石矿床，江西景德镇的部分高岭石矿床；此外，还有刚玉、红柱石、蓝晶石等矿床以及铜、铅、锌、金、银、锑等金属矿床。它们多产于中酸性火山岩或火山碎屑岩形成的次生石英岩外带（主要为绢云母次生石英岩）的蚀变岩石中。

第五节　混合岩岩类

一、混合岩概述

1. 混合岩化作用及混合岩

在地壳活动的地带，由于高级（包括部分中级）区域变质作用的进一步发展，随着温度继续升高和静水压力的增大，使岩石发生部分重熔，产生长英质熔浆，对固态难熔的变质岩进行渗透、贯入和交代作用而形成一种宏观上不均匀的复合岩石的作用，称为混合岩化作用。由混合岩化作用形成的岩石称为混合岩。

混合岩化作用又可分为区域混合岩化作用和边缘混合岩化作用两种类型。

区域混合岩化作用是在地壳深部区域变质作用的基础上进一步发展起来的，常与区域变质岩（片麻岩、斜长角闪岩等）伴生，并在分布上与区域变质带一致，在空间上常呈带状分布。边缘混合岩化作用是在地壳较浅部，岩浆侵入体周围由于局部重熔而出现的混合岩化现象，常伴有岩体的存在。

混合岩通常是由基体和脉体（也称岩脉）两部分组成。基体是指混合过程中残留的暗色难熔的铁镁质变质岩，主要是片麻岩、斜长角闪岩、变粒岩等区域变质岩，其颜色一般较深。脉体是指混合过程中由流体相贯入基体中结晶形成的长英质或花岗质的部分，主要有花岗质、伟晶质、细晶质等，其颜色较浅。基体、脉体常以不同比例、不同形式混合形成各种类型的混合岩。

混合岩以普遍发育交代现象而区别于区域变质岩。随着注入的长英质熔浆的数量不断增加，交代作用相应加强，表现在化学组分上 K、Na、Si、Al 等组分相对增加，而 Fe、Mg 相对减少，最后通过固相交代作用而形成一种花岗质岩石，其岩性与岩浆成因的花岗岩很难区别。这种固态岩石不经岩浆阶段而就地转变成花岗质岩石的作用，称为花岗岩化作用。从发展进程来说，花岗岩化作用代表混合岩化作用最高阶段。

2. 混合岩的分类和命名

混合岩分类的依据主要有：基体与脉体的含量比例、基体中交代作用的强度、混合岩构造特征、基体和脉体的物质成分。通常可将混合岩分为四类：

（1）混合岩化变质岩，原岩只受轻微的混合岩化，脉体含量小于 15%，交代作用不明显。命名时可以原岩（基体岩石）作基本名称，即按脉体性质＋混合岩化＋原岩名称来进行，如细晶质细脉混合岩化角闪片麻岩等。

（2）混合岩，指混合岩化较弱，脉体含量 15%～50%，交代作用尚不太强烈，脉体与基体界线一般较清楚。命名时以混合岩作基本名称，前面再冠以构造特征及脉体性质，即脉体＋构造＋混合岩，如伟晶质条带状混合岩、花岗质网状混合岩等。

（3）混合片麻岩，指受强烈混合岩化作用的岩石，脉体含量大于 50%，交代作用普遍较发育，脉体与基体界线模糊，基体仅保留部分残留体呈片麻状或条痕状分布于长英质或花岗质脉体中。命名时可按深色矿物＋构造＋混合片麻岩公式进行，如黑云母眼球状混合片麻岩。

（4）混合花岗岩，指混合岩化作用最强烈的岩石，基体已基本消失，仅在局部地方散布有深色矿物相对集中呈斑点、条带或团块状，它们反映了交代残留的基体模糊轮廓，称阴影构造。命名时可按构造＋深色矿物＋混合花岗岩的方式来进行，如阴影状黑云母混合花岗岩。若不显特征构造而呈块状时，构造可省略，如黑云母更长混合花岗岩。

二、混合岩的主要类型

根据混合岩化程度及脉体形成方式，混合岩可分为注入混合岩类、混合片麻岩类、混合花岗岩类等三种类型。

1. 注入混合岩类（diadysites）

注入混合岩类是指前面分类中的混合岩化变质岩及混合岩类，混合程度较弱，只有少量长英质脉体（含量小于 50%）注入变质岩基体中，交代作用不强，脉体与基体界线清楚。

若脉体含量小于15%，则属于混合岩化变质岩；脉体含量为15%～50%时，为混合岩类。按构造特征，可划分出如下种属：

（1）角砾状混合岩（brecciated migmatite），是指基体呈角砾状碎块分布于脉体中的混合岩［图9-10（a）］。它具特殊的角砾状构造，通常角砾是片理不发育的富含铁镁矿物的块状变质岩（斜长角闪岩、角闪岩或片麻岩），角砾大小不一，脉体呈"胶结物"状分布于角砾之间。我国山东新泰、泰安有这种混合岩产出。

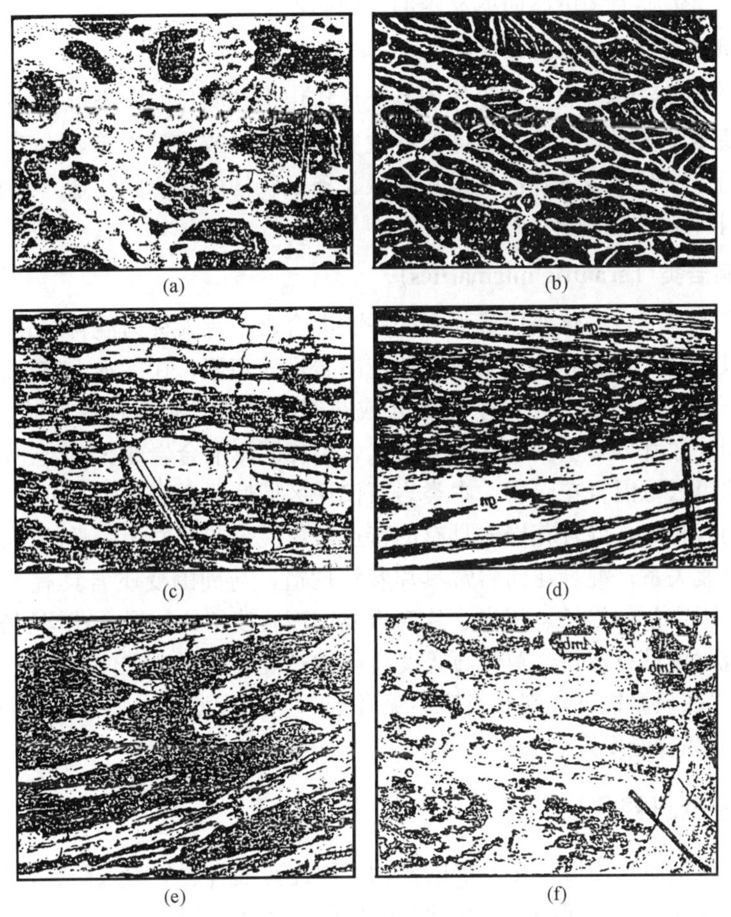

图9-10　常见混合岩类型

（a）角砾状混合岩；（b）网状混合岩；（c）条带状混合岩；（d）眼球状混合岩；（e）肠状混合岩；（f）混合花岗岩

（2）网状混合岩（dyktyonite），是指脉体呈网状分布于基体中的一种混合岩。基体为块状岩石（斜长角闪岩、变粒岩等），脉体方位不定［图9-10（b）］。若脉体含量较少不能切断基体而呈分叉状或树枝状分布时，则称为枝状混合岩。

（3）条带状混合岩（striped migmatite），是指脉体呈条带状平行于基体的片理分布的混合岩，具典型的条带状构造［图9-10（c）］。脉体厚度一般较均匀，且延伸较远。基体岩石一般为片理发育的黑云母片麻岩或斜长角闪岩。条带状混合岩一般是以注入—交代方式形成的。分布较广。

（4）眼球状混合岩（ocular migmatite），是指脉体呈眼球状、透镜状长石、石英集合体，沿基体片理分布的混合岩，具特征的眼球状构造。基体一般是富含黑云母或角闪石的变质岩（片岩或片麻岩），基体的片理常绕过“眼球”。眼球状混合岩主要由注入—交代作用（钾质交代为主）而形成，代表中等混合程度的产物［图 9-10（d）］。

（5）肠状混合岩（ptygmatic migmatite），是指浅色花岗质或伟晶质脉体形成复杂的肠状褶曲分布于暗色基体中的一种混合岩［图 9-10（e）］。基体多为片理发育的云母片岩或片麻岩。脉体厚度不等，但有一条脉体厚度相当稳定。肠状混合岩的成因，一般认为是脉体注入基体中在塑性状态下受挤压而成复杂的褶曲状。

2. 混合片麻岩类（amphogneisses）

混合片麻岩类是受强烈混合岩化作用及交代作用也较明显的一类混合岩。脉体含量大于50%，脉体与基体界线模糊不清。基体岩石主要为片麻岩或麻粒岩等，由于交代强烈，岩石外表向均匀的趋势发展，基体残留体是片麻状、条痕状构成片麻状构造，如常见的花岗质混合片麻岩及角闪石条痕状混合片麻岩等。

3. 混合花岗岩类（granitic migmatites）

混合花岗岩类是混合岩化作用最强烈的一类混合岩，有人称为混合岩化的极端产物。脉体与基体已难以区分，其岩性与岩浆成因的花岗岩极为相似，在标本上甚至在露头上有时也很难区别。岩石总的矿物成分相当于花岗岩或花岗闪长岩。有的种属有暗色矿物集中的斑点、条片，或团块散乱分布呈阴影状或云雾状，可称阴影混合岩或雾迷岩。阴影状不十分明显时，称阴影状黑云母混合花岗岩。本类岩石仅在区域性混合岩区才有分布。

与岩浆花岗岩相比，混合花岗岩具有的特点是：混合花岗岩无完整的产状形态，与周围混合岩呈渐变过渡关系；混合花岗岩常具片麻状构造，与周围变质岩具有一致的片理方向；混合花岗岩常含不定量的斜长角闪岩、片麻岩或大理岩残留体；混合花岗岩岩性不均匀，粒度变化较大，有时可见石榴石、堇青石等变质矿物；混合花岗岩交代结构发育（钾长石化普遍）；混合花岗岩在显微镜下，斜长石多不见环带，少或无双晶，而岩浆花岗岩中多见环带（如中长石）且双晶普遍发育。

三、混合岩的研究意义

混合岩是区域变质作用进一步发展的产物，因此对混合岩的深入研究，将有助于更深入地了解区域构造变动、岩浆活动及区域地质作用的演化和发展；还有助于了解混合岩化作用与区域成矿作用的关系，用于指导找矿。

大规模的区域性混合岩化作用常常出现在大型褶皱带及断裂带附近，强烈混合岩化的地段常位于背斜的轴部。因此，深入研究混合岩就有可能查明褶皱、断裂的性质、强度及由此而带来的热力学条件，进而了解构造运动的性质和强度。

边缘混合岩主要受强烈的岩浆侵入作用的影响，研究混合岩有助于了解岩浆活动的性质、强度及岩浆期后热液对围岩的作用特点。

混合岩化作用十分强烈的地区广泛发育交代作用，使某些组分容易发生迁移和富集成矿。有些学者特别强调混合岩化与成矿的关系，认为在混合岩的演化过程中，每一阶段都与一定的成矿作用相联系，特别是在混合岩化后期可能产生“热液”，可带入某些元素，但更多情况下是将其所通过围岩中的某些元素以交代方式聚集成有用矿产。例如，我国鞍山地区的富铁矿体、山东海州的磷矿就是由原来的贫矿经混合岩化而形成的。因此，混合岩发育区的找矿问题很值得详细深入研究，以指导寻找有关的矿产。

第六节　变质岩研究概述

在区域变质岩发育的地区开展地质研究工作，首先应在野外通过地质填图的方法分析区域变质作用的特点、岩石类型及其矿物组合，并依此划分变质带及变质相，初步确定各种变质岩的原岩性质，然后才能对变质岩区地质环境及其发展历史作出较正确的判断。现仅就变质带、变质相及变质相系、原岩性质的识别和恢复作简要讨论。

一、变质作用研究

1. 变质带的概念及变质带的划分

在野外常见岩性不同的变质岩按照变质程度的强弱，在空间呈规律性的带状分布的现象，称为变质带。

一定岩性的原岩，由于变质条件（温度、压力）的不同，其变质程度也不相同。不同变质带的连续变化是由变质条件的改变所决定的。同一变质带内的岩石是在相同变质条件下形成的，其变质程度相同，属于等物理系列岩石。所以，变质带也就是变质程度带。

早期的地质工作者认为，引起岩石变质的主要因素——温度和压力是随深度变化而变化的，即埋藏越深，变质程度也越高，因而把变质带理解为变质深度带，并据此把变质带划分为浅带、中带和深带，其理论基础是地热增温率，认为由深度决定温度、压力的变化。事实上，岩石变质程度的高低与埋藏深度并不是固定关系。深度不能完全决定岩石的变质程度，还需考虑构造运动和岩浆活动等因素的影响。因此，目前一般都放弃了变质深度带的概念。现在广为应用的浅（变质）带、中（变质）带、深（变质）带的概念，主要是指岩石的变质程度（表 9－4）。各变质带划分的界线可以某些标志矿物的最初出现或消失作为依据，因而变质带的界线就具有等温线的意义。各个变质带的名称可用最初出现的标志矿物或矿物组合来命名。

表 9－4　区域变质带的划分及其特征

变质带	变质级	温度,℃	静压力	应力	常见矿物组合特征	主要结构、构造
浅带	低级	小于 300	不大	较强	主要是含 $(OH)^-$ 的矿物：绢云母、绿泥石、硬绿泥石、蛇纹石、滑石、白云母等，斜长石多为钠长石	变余结构、纤维变晶结构、鳞片变晶结构、细粒变晶结构；板状、千枚状构造为主
中带	中级	300～500	较大	很强	有含 $(OH)^-$ 的矿物：黑云母、白云母、透闪石、阳起石、绿帘石、角闪石；有不含 $(OH)^-$ 的矿物：石榴石、十字石、蓝晶石，斜长石为酸性斜长石	中粒或粗粒变晶结构；片理构造发育，并有片麻状构造
深带	高级	500～600	很大	极弱	主要是不含 $(OH)^-$ 且相对密度大的矿物：堇青石、硅线石、石榴石、紫苏辉石、透辉石、镁橄榄石、碱性长石、中—基性斜长石，有个别含 $(OH)^-$ 矿物：黑云母、角闪石	粗粒变晶结构；片理一般不发育，主要有条状、片麻状、块状有时有眼球状构造

与上述三个变质带相对应，岩石的变质程度可划分为三个等级，即低级变质、中级变质、高级变质，称为变质级。同一变质级的岩石属于一个变质带，不同变质级的岩石分别属于不同变质带，因此变质级和变质带是一致的。判别它们的标志是利用岩石的矿物共生组合及结构构造特征（表 9-4）。

2. 变质相及变质相系

变质相与岩浆岩相一样，是指变质岩形成环境的物质表现。早在 20 世纪初，人们就发现：基本相同的原岩在不同的温、压条件下可生成不同的矿物组合；在大致相同的温、压条件下，岩石的矿物组合是随着岩石的总体（全岩）化学成分而呈有规律的变化。1920 年，艾斯科拉（P. Eskola）首先将变质相定义为："变质相是指类似的温度、压力条件下达到化学平衡的所有岩石的总和（不论其结晶方式），在一个变质相内部，随着岩石总体化学成分的改变，其矿物组合相应作有规律的变化。"后来，特纳（F. J. Turner）等人对变质相概念进行了修订指出："一个变质相是指一定的温度、压力区间内一整套变质矿物的共生组合，它们在时间上、空间上反复出现并紧密地伴随在一起，一个变质相内部其矿物组合和岩石总体化学成分之间存在着固定的因而也是可以预测的对应关系。"

由上述定义可知，一个变质相是代表一定温度、压力范围内反应达到或接近平衡状态时产生的各种岩石的总和。换句话说，在一定温、压条件下所形成的各种岩石，均可划为一个变质相。

艾斯科拉首先提出变质相的分类，他划分出八个变质相（表 9-5）。在此基础上，随着对变质作用的深入研究与发展，目前对变质相的分类如表 9-6 所示。

表 9-5　艾斯科拉变质相分类表（据 P. Eskola，1939）

温度增加→

压力增大↓

岩浆岩中生成沸石			透长石岩相
绿片岩相	绿帘石角闪岩相	角闪岩相	辉石角岩相
			麻粒岩相
	蓝闪石片岩相		榴辉岩相

表 9-6　变质相分类表

热接触变质相	区域变质相
低温的：1. 钠长石—绿帘石角岩相（斑点角岩相）	很低温的：5. 沸石相；6. 葡萄—绿纤石相；7. 蓝片岩相
中温的：2. 角闪石角岩相	低温的：8. 绿片岩相；9. 绿帘角闪岩相
高温的：3. 辉石角岩相（钾长石—堇青石角岩相）	中温的：10. 角闪岩相
极高温的：4. 透长岩相	高温的：11. 麻粒岩相
	高压的：12. 榴辉岩相

在变质相研究的基础上，人们发现一个变质相内部，在近似的变质温度范围内，可能有不同的压力类型，并联系地质环境及地热梯度的某些差异，在同一种变质作用条件下，有可能形成一系列的变质相。因此，在 1961 年，都城秋穗在他发表的"变质带的演变"一文中提出有关变质相系列（即变质相系）的概念。他认为："在一个变质地区，温度的变化常常

以一系列的变质相为特征，因而可以用一系列的变质相来表示，这种系列称为变质相系。”之后（1973）他又指出：“地球各处的地热梯度均不一样，一定温度下的深度从一个地区到另一个地区是不相同的，因此岩石压力也不相同。”据此，他把区域变质相系分为以下三种压力类型（图 8-1 和表 9-7）：（1）低压型红柱石—硅线石型；（2）中压型蓝晶石—硅线石型；（3）高压型硬玉—蓝闪石型。

表 9-7 区域变质相系的三种类型（据都城秋穗，1973）

压力型	特征矿物	常见矿物	常见变质相	伴生的岩浆作用
低压	红柱石	黑云母、堇青石、十字石、硅线石	绿片岩相、角闪岩相、麻粒岩相	有基性到酸性地槽型火山作用，但通常不多；花岗岩大量存在，有时伴有安山岩和流纹岩
中压	蓝晶石、无蓝闪石	黑云母、铁铝榴石、十字石、硅线石	绿片岩相→绿帘石—角闪岩相→角闪岩相→麻拉岩相	有蛇绿岩和花岗岩出现
高压	蓝闪石、硬玉、硬柱石	铁铝榴石、蓝绿钠闪石、黑硬往石	蓝闪片岩相→绿帘石—角闪岩相；蓝闪片岩相→绿片岩相；葡萄石—绿纤石→蓝闪片岩相	超基性到基性的蛇绿岩大量存在；通常没有花岗岩

目前随着对变质相系研究的进展，一般划分为四个变质相系，各相系之间的地热梯度范围和矿物成分特征见表 9-8。

表 9-8 各变质相系的地热梯度和矿物成分特征表

相系名称	地热梯度,℃/km	矿物成分特征
接触变质相系	≥60	硅灰石、堇青石、红柱石（基本不含矽线石，不含十字石）
低压区域变质相系	60～25	红柱石、矽线石、堇青石（不含硅灰石、蓝晶石，基本不含十字石）
中压区域变质相系	25～16	浊沸石、蓝晶石、矽线石、十字石（不含红柱石、堇青石、蓝闪石、硬玉）
高压区域变质相系	16～7	硬柱石、蓝晶石、蓝闪石、硬玉（不含矽线石、浊沸石）

变质相系的研究是建立在不同变质岩地区具有特定的地热梯度的基础上的，而地壳内部热流的变化则反映了该地区大地构造、岩浆作用和变质作用之间的联系，即反映了该地区地壳发展演化的特点。因此，研究变质相系不仅为不同地区温度、压力变化提供了对此的依据，还为深入研究区域地质作用指出了新的方向。

二、变质作用与板块构造的关系

不同类型的板块边缘其变质作用的类型和特点不同。

1. 聚敛型板块边缘

聚敛型板块边缘存在如下几种构造环境：（1）俯冲带，如中生代以来太平洋板块向北美和南美太平洋边缘俯冲；（2）在岛弧之下的变质带，如新西兰中生代变质带；（3）在倒转岛弧之下变质带，如北海道的双变带；（4）大陆板块碰撞所形成的造山带，如阿尔卑斯、乌拉尔等。根据现有资料，显生宙的变质带几乎都发生在板块的边缘。

聚敛型板块边线可以分出两个明显不同的地质环境，一个是高压低温带，另一个是高温低压带，它们在弧沟间隙的两侧成对出现，称为双变质带。高压带被认为是海沟带，具有低的热流值；而低压带则相当于岛弧火山带，具有较高的热流值。若就岛弧火山带垂直剖面而言，其深部属高压高温变质环境，向上过渡为低压高温带。此种双变质带在日本西南分布很有规律，在靠大洋一侧为高压低温型变质带，而在靠在陆一例为低压高温型变质带。在日本西南部有两个双变质带平行排列，其时代由大陆向海洋有由老变新的趋势。高压变质带的特征矿物是蓝闪石和硬玉；低压变质带的特征矿物是红柱石。大多数高压变质带中都见有大量的蛇绿岩套；在几乎所有的低压变质带中，都有少量辉长岩出现，以后又受到花岗岩的侵入。除日本外，在加利福尼亚、智利和新西兰等地也有双变质带存在。双变质带的形成是大洋板块在岛弧和大陆边缘之下俯冲的结果，是变质相系的一种特殊表现形式。我国祁连山、西藏、云南等地近年来都发现有双变质带。

2. 背离型板块边缘

近年来，业已查明在洋中脊之下沿着大洋板块的背离接合处，有大规模的变质作用发生，称为洋底变质作用。这是由于洋中脊拥有较高的热流值，能引起沸石相、绿片岩相或更高级的变质作用。洋底变质作用发生于洋壳坚硬岩石内，自上而下变质作用加深，最上部的变质温度在200℃以下为沸石相，变质玄武岩重结晶不完全，多数为弱片理化或不具片理，枕状构造、火山角砾等原岩构造保持完好，具有埋藏成岩作用的结构特征；200～450℃之间为绿片岩相，绿片岩变质玄武岩，除了 H_2O 含量增加外，大部分保持深海拉斑玄武岩成分，有时显示 CaO 含量明显减少，变成细碧岩；变质温度高达 450℃以上时，可达到角闪岩相，主要发生在辉长岩带内。洋底变质的地温梯度是很高的，意大利的利古里亚蛇绿岩套变质作用的地温梯度极高，可达 900～1300℃/km，一般地温梯度如特鲁多斯蛇绿岩约为150℃/km。洋底变质常伴随有成矿作用。

3. 转换断层

转换断层是大规模的断层带，以剪切作用为主。在这些断层带上可以产生一系列断层岩，在表层或近表层为未粘结断层岩，如断层泥、断层角砾等；向下过渡为粘结的碎裂岩带；至深部为糜棱岩带。伴随重结晶作用从沸石岩相、绿片岩相，可达角闪岩相，有些深部断层可达麻粒岩相。有关转换断层变质作用带的实例，诸如加利福尼亚的圣安德烈斯断层带、新西兰的阿尔卑斯断层带和我国东部的郯城—卢江断裂带，均沿断层带有多种断层岩存在，这类断层变质带延伸上千千米，宽数百千米，深度可达 10～15km 以下。

三、变质岩原岩性质的识别和恢复

识别和恢复变质岩的原岩性质，是研究变质作用和变质岩的重要内容之一。很显然，只有深入地研究了原岩性质的特点，才能更好地了解在某一特定的变质条件下岩石所发生的变化及其组合规律，以便更好地阐明该地区所经历的地质作用和演化过程，从而为探明某些矿产的成因和其他地质问题提供必要的依据。

值得注意的是，同一原岩类型变质条件不同，可形成不同的变质岩组合。如以基性岩类为例，在不同的温度和压力条件下可形成不同类型的变质岩，由绿片岩至角闪岩，以至麻粒岩均可出现。反之，不同原岩在相同变质条件下，也可形成同样的变质岩。如长石石英砂岩、杂砂岩和和花岗岩都可变成钾长（花岗）片麻岩；辉长岩、辉绿岩、玄武岩、基性凝灰岩以及富铁质的白云质泥灰岩，都能变成斜长角闪岩。

因此，在识别和恢复变质岩原岩的过程中，往往需要采用多种方法，综合研究各种可能的标志，以揭示原岩基本特点方可合理地达到此目的。一般应从以下方面入手。

1. 变质岩的产状和岩石组合

变质岩的原岩恢复总是从野外观察研究其地质产状和岩石组合开始的，其内容包括：所研究的变质岩体是层状的还是块状的，与围岩接触关系是渐变的还是突变的，是整合的还是斜切的，有无接触变质和冷凝边，有无岩浆通道，岩石组合是否显示沉积韵律等。

沉积岩呈层状，常具韵律性层理，当变质程度浅时，常有变余层理；若变质很深，也可在大范围内看出其层序。如原岩为砂岩—页岩—石灰岩，代表水进层序，当其变质后，石英砂岩变为石英岩，粘土岩变为富铝的变质岩、云母片岩等，石灰岩则变为大理岩。上述的层序实际上即为一定的岩石组合，说明此变质岩系属于副变质岩。

例如，云南大理城西的点苍山是由前寒武纪的一套片岩、片麻岩、变粒岩、大理岩组成的，著名的点苍山大理岩即呈厚层状、条带状产在这套岩层中，根据变质岩的共生组合，它们也应属于副变质岩。

岩浆岩有一定的岩体形态，常呈不规则封闭的外形，和周围的岩石是突变的关系，有明显的侵入或喷出覆盖接触，还可能发现岩浆通道或脉岩穿插，不论变质程度如何，其轮廓都会不同程度地保存下来。有时在岩浆岩侵入体与围岩的接触带可具有冷凝边缘，这种冷凝边缘变质后常反映在结构构造的规律性变化上。

变质火山岩系的岩石组合因形成条件不同而异，有的保留有由基性至酸性完整的火山喷发—沉积旋回。因火山作用地质环境不同，可形成陆相的玄武岩—安山岩—流纹岩组成，或海相的细碧—角斑岩系和绿岩建造等，其中往往有硅质岩、碳酸盐岩等夹层。

2. 变质岩的结构和构造特征

变余结构和变余构造是恢复原岩的最可靠的证据之一，即使在深变质区，仍可找到某些变余结构和变余构造。

岩浆岩经变质后最常见的变余结构有变余辉长结构、变余辉绿结构、变余间粒结构等，而在变余的基性熔岩中，还可出现变余气孔构造、变余杏仁构造等。岩浆岩的斑状结构也常改变为变余斑状结构，斑晶矿物有时与基质矿物的变质条件不协调。如在绿色片岩中，基质矿物是绿泥石＋绿帘石＋阳起石＋钠长石＋（石英），而斑晶则可能是橄榄石、辉石或基性斜长石。在变质酸性岩中，变余斑状结构甚至能保留至麻粒岩相中。

火山碎屑岩在浅变质条件下可残存各种火山碎屑结构，如变余凝灰结构、变余玻屑结构和变余岩屑结构等。变质较深时，火山碎屑结构将逐渐消失，出现蚀变现象，各种火山碎屑成分变得模糊不清，但在阴极发光下仍可见残余玻屑结构。

由沉积岩变质而成的浅变质岩中，常残留有变余泥质结构、变余砂状结构、变余砾状结构以及变余层理（斜层理）、变余波浪、变余泥裂等构造。在深变质的副片麻岩中，也经常出现原始的沉积结构和构造。长石砂岩变成的变质岩，在显微镜下，有时能见到石英重结晶后的生长圈或石英和长石颗粒组成的碎屑状集合体，正变质岩中不存在这种现象。

3. 变质岩的其他特征

岩石地球化学特征基于不同性质的原岩可能伴有不同的微量元素组合，在丰度上也不相同。因此，可以利用某些微量元素的比值，或含量的消长关系等，并通过图解的方法来区分原岩。例如一般认为泥质、泥砂质沉积岩与基性岩相比，具有更低的 Cr、Ni、Ti，因此，有人将 Cr—Mg、Ni—Mg 分别作图解来识别原岩性质。此外，根据硫和碳的同位素情况，查明原岩性质，也得到了一些使用。

对变质岩中副矿物的研究，有时也能有效地判定原岩性质，最主要的副矿物有锆石、独居石、磷亿矿和金红石等。在副变质岩中它们往往保留原始碎屑成因外貌特征，如浑圆的滚圆度，粗糙凹凸不平的表面，有时表面具条纹、刻痕和断口等，同时有一定的分选性。因此，当自形的锆石晶粒中有滚圆的核心时，则可说明它们是沉积成因的。有人对锆石的形态、结晶习性、延长系数（长宽之比）、粒度大小等特点进行研究，此外还有人对变质岩中的气—液态包裹体进行大小、数量、成分、温压测量等研究，对恢复原岩也起到一定的作用。

综上所述，识别和恢复变质岩的原岩性质是一项复杂而重要的工作。在这里虽然列举了一些判别的准则，但往往需要全面、综合考虑才能奏效。首先应在野外工作过程中进行仔细的观察，充分地收集资料，然后在此基础上进行必要的室内工作。

参考文献

北京大学地质系．1980. 岩石和岩体野外工作方法．北京：地质出版社
陈世悦主编．2002. 矿物岩石学．东营：石油大学出版社
陈武，季寿元．1985. 矿物学导论．北京：地质出版社
成都地质学院岩石教研室编．1981. 岩石学简明教程．北京：地质出版社
从柏林编著．1979. 岩浆活动与火成岩组合．北京：地质出版社
狄明信主编．1998. 矿物岩石学实验技术．东营：石油大学出版社
方奇，于文涛编著．2002. 晶体学原理．北京：国防工业出版社
戈定夷等．1989. 矿物学简明教程．北京：地质出版社
管守锐，赵澄林．1989. 岩浆岩及变质岩简明教程．东营：石油大学出版社
贺同兴等．1988. 变质岩岩石学．北京：地质出版社
贾炳文等．1994. 岩浆岩及变质岩简明教程．北京：煤炭工业出版社
乐昌硕等．1984. 岩石学．北京：地质出版社
李高山，李英堂编著．1994. 量子矿物学概论．北京：地质出版社
李石等．1981. 山火岩．北京：地质出版社
刘之远著．1956. 矿物学通论．北京：商务印书馆
路凤香，桑隆康主编．2002. 岩石学．北京：地质出版社
罗谷风．1985. 结晶学导论．北京：地质出版社
马鸿文主编．2002. 工业矿物与岩石．北京：地质出版社
南京大学地质学系岩矿教研室．1978. 结晶学与矿物学．北京：地质出版社
潘兆橹．1994. 结晶学与矿物学．北京：地质出版社
邱家骧．1985. 岩浆岩岩石学．北京：地质出版社
邱家骧等．1996. 火山岩．北京：地质出版社
佘振宝，宁乃忠编著．2005. 沸石加工与应用．北京：化学工业出版社
沈明道，狄明信等．1996. 矿物岩石学及沉积相简明教程．东营：石油大学出版社
孙鼎等．1985. 火成岩岩石学．北京：地质出版社
王德滋等．1982. 火山岩岩石学．北京：科学出版社
王根元主编．1989. 矿物学．武汉：中国地质大学出版社
王嘉荫．1978. 应力矿物概论．北京：地质出版社
王嘉荫．1957. 火成岩（增订本）．北京：地质出版社
王仁民等．1989. 变质岩石学．北京：地质出版社
王永华，刘文荣．1985. 矿物学．北京：地质出版社
西北大学地质系矿物教研室编．1978. 矿物学．北京：地质出版社
叶大年，从柏林．1981. 岩矿实验室工作方法．北京：地质出版社
游振东，王方正．1988. 变质岩岩石学教程．武汉：中国地质大学出版社
张瑞林，崔相旭等．2002. 结晶状态．长春：吉林大学出版社
张树业等．1985. 变质岩结构构造图册．北京：地质出版社
张树业等．1982. 火成岩结构构造图册．北京：地质出版社
赵敬松，唐洪明等．2003. 矿物岩石薄片研究基础．北京：石油工业出版社
周光尔主编．2002. 矿石学基础．第 2 版．北京：冶金工业出版社
周乐光主编．1990. 工艺矿物学．北京：冶金工业出版社

须藤俊男著．1974. 严寿鹤，刘万，贾克实译．粘土矿物学．北京：地质出版社
牛来正夫著．1983. 林强等译．火成论．北京：地质出版社
A H 查瓦里茨基著．1959. 蔡毅等译．火成岩．北京：地质出版社
Blatt H. 1980. Origin of Sedimentary Rocks. 2nd ed. New Jersey: Prentice Hall
D S 巴尔克著．1992. 黄福生等译．火成岩．北京：地质出版社
G C 特里冈艾亚特等著．1981. 罗谷风译．矿物的多型性．北京：地质出版社
H B 别洛夫，A A 戈道维柯夫等．1988. 齐进英等译．理论矿物学概论．北京：地质出版社
H G Winkler. 1960. 邵克忠译．晶体构造和晶体性质．北京：科学出版社
Lindholm R C. 1987. A Practical Approach to Sedimentology. London: Allen & Unwin
P H Ribbe 主编．1989. 曾荣树等译．长石矿物学．北京：地质出版社
R S 索普，G C 布朗著．1990. 王章俊等译．火成岩的野外描述．北京：地质出版社
T 佐尔泰，J H 斯托特著．1992. 施倪承等译．矿物学原理．北京：地质出版社
V S 托鲁基安等著．1990. 单家增等译．岩石矿物的物理性质．北京：地质出版社
Б K 斯坦著．1990. 吴自勤译．现代晶体学．北京：中国科技出版社